*Burkhard König und
Holger Butenschön*
Organische Chemie

200 Jahre Wiley – Wissen für Generationen

John Wiley & Sons feiert 2007 ein außergewöhnliches Jubiläum: Der Verlag wird 200 Jahre alt. Zugleich blicken wir auf das erste Jahrzehnt des erfolgreichen Zusammenschlusses von John Wiley & Sons mit der VCH Verlagsgesellschaft in Deutschland zurück. Seit Generationen vermitteln beide Verlage die Ergebnisse wissenschaftlicher Forschung und technischer Errungenschaften in der jeweils zeitgemäßen medialen Form.

Jede Generation hat besondere Bedürfnisse und Ziele. Als Charles Wiley 1807 eine kleine Druckerei in Manhattan gründete, hatte seine Generation Aufbruchsmöglichkeiten wie keine zuvor. Wiley half, die neue amerikanische Literatur zu etablieren. Etwa ein halbes Jahrhundert später, während der „zweiten industriellen Revolution" in den Vereinigten Staaten, konzentrierte sich die nächste Generation auf den Aufbau dieser industriellen Zukunft. Wiley bot die notwendigen Fachinformationen für Techniker, Ingenieure und Wissenschaftler. Das ganze 20. Jahrhundert wurde durch die Internationalisierung vieler Beziehungen geprägt – auch Wiley verstärkte seine verlegerischen Aktivitäten und schuf ein internationales Netzwerk, um den Austausch von Ideen, Informationen und Wissen rund um den Globus zu unterstützen.

Wiley begleitete während der vergangenen 200 Jahre jede Generation auf ihrer Reise und fördert heute den weltweit vernetzten Informationsfluss, damit auch die Ansprüche unserer global wirkenden Generation erfüllt werden und sie ihr Ziel erreicht. Immer rascher verändert sich unsere Welt, und es entstehen neue Technologien, die unser Leben und Lernen zum Teil tiefgreifend verändern. Beständig nimmt Wiley diese Herausforderungen an und stellt für Sie das notwendige Wissen bereit, das Sie neue Welten, neue Möglichkeiten und neue Gelegenheiten erschließen lässt.

Generationen kommen und gehen: Aber Sie können sich darauf verlassen, dass Wiley Sie als beständiger und zuverlässiger Partner mit dem notwendigen Wissen versorgt.

William J. Pesce
President and Chief Executive Officer

Peter Booth Wiley
Chairman of the Board

Burkhard König und Holger Butenschön

Organische Chemie

Kurz und bündig für die Bachelor-Prüfung

WILEY-VCH Verlag GmbH & Co. KGaA

Autoren

Prof. Dr. Burkhard König
Institut für Organische Chemie
Universität Regensburg
Universitätsstraße 31
D-93040 Regensburg

Prof. Dr. Holger Butenschön
Institut für Organische Chemie
Leibniz Universität Hannover
Schneiderberg 1B
D-30167 Hannover

■ Alle Bücher von Wiley-VCH werden sorgfältig erarbeitet. Dennoch übernehmen Autoren, Herausgeber und Verlag in keinem Fall, einschließlich des vorliegenden Werkes, für die Richtigkeit von Angaben, Hinweisen und Ratschlägen sowie für eventuelle Druckfehler irgendeine Haftung

**Bibliografische Information
der Deutschen Nationalbibliothek**
Die Deutsche Nationalbibliothek verzeichnet diese Publikation in der Deutschen Nationalbibliografie; detaillierte bibliografische Daten sind im Internet über
<http://dnb.d-nb.de> abrufbar.

© 2007 WILEY-VCH Verlag GmbH & Co. KGaA, Weinheim

Alle Rechte, insbesondere die der Übersetzung in andere Sprachen, vorbehalten. Kein Teil dieses Buches darf ohne schriftliche Genehmigung des Verlages in irgendeiner Form – durch Photokopie, Mikroverfilmung oder irgendein anderes Verfahren – reproduziert oder in eine von Maschinen, insbesondere von Datenverarbeitungsmaschinen, verwendbare Sprache übertragen oder übersetzt werden. Die Wiedergabe von Warenbezeichnungen, Handelsnamen oder sonstigen Kennzeichen in diesem Buch berechtigt nicht zu der Annahme, dass diese von jedermann frei benutzt werden dürfen. Vielmehr kann es sich auch dann um eingetragene Warenzeichen oder sonstige gesetzlich geschützte Kennzeichen handeln, wenn sie nicht eigens als solche markiert sind.

Printed in the Federal Republic of Germany

Gedruckt auf säurefreiem Papier.

Setzerei: primustype Robert Hurler GmbH, Notzingen
Druckerei: betz-druck GmbH, Darmstadt
Buchbinderei: Litges & Dopf Buchbinderei GmbH, Heppenheim
Umschlaggestaltung: Adam Design, Weinheim
Wiley Bicentennial Logo: Richard J. Pacifico

ISBN: 978-3-527-31827-8

Inhaltsverzeichnis

Vorwort *XIII*

1	**Historische Entwicklung der Organischen Chemie** *1*	
1.1	Eine kurze Chronologie *1*	
2	**Informationsquellen in der Organischen Chemie** *7*	
2.1	Wie findet man Informationen zu einem Thema der Organischen Chemie? *7*	
2.2	Wie findet man Informationen über eine bestimmte Verbindung? *8*	
2.3	Wie findet man Informationen zu einer chemischen Reaktion? *9*	
2.4	Forschungsfördernde Institutionen und Gesellschaften *9*	
2.5	Informationsmöglichkeiten mit Hilfe des Internets *11*	
2.5.1	Suchmaschinen und Hinweise auf Chemie-Seiten *12*	
2.5.2	Sicherheit *12*	
2.5.3	Wissenschaftliche Gesellschaften, Institutionen, Unternehmen, Verlage *12*	
2.5.4	Informationen aller Art für Organiker *12*	
2.5.5	Computer *13*	
2.5.6	Nomenklatur *13*	
2.5.7	Literatur (Recherche, Verlage etc.) *13*	
2.5.8	Patente *13*	
2.5.9	Spektroskopie *13*	
2.5.10	Molecular Modelling und Visualisierung *14*	
2.5.11	Allgemeine nützliche Informationen *14*	
3	**Techniken in der Organischen Chemie** *15*	
3.1	Sicherheitsvorschriften und der Umgang mit Gefahrstoffen *15*	
3.2	Chemische Apparaturen *16*	
3.3	Präparative Techniken zum Trennen von Substanzgemischen *19*	
3.3.1	Kristallisation *20*	
3.3.2	Destillation und Rektifikation *20*	
3.3.3	Sublimation *21*	
3.3.4	Extraktion *22*	
3.3.5	Chromatographische Methoden *22*	

3.3.5.1	Gaschromatographie (GC)	22
3.3.5.2	Dünnschichtchromatographie (DC)	24
3.3.5.3	Säulenchromatographie (SC)	26
3.3.5.4	Hochleistungs-Flüssigkeitschromatographie (HPLC)	26
3.4	Instrumentelle Analytik	28
3.4.1	Elektronen- oder UV/VIS-Spektroskopie	29
3.4.2	Infrarot- oder IR-Spektroskopie	32
3.4.2.1	Grundlagen	32
3.4.2.2	IR-Spektren wichtiger organischer Substanzklassen	34
3.4.2.3	Phasen zur Aufnahme von IR Spektren	37
3.4.2.4	FT-IR-Spektroskopie	38
3.4.3	NMR-Spektroskopie	38
3.4.3.1	Grundlagen	38
3.4.3.2	Praxis der NMR-Spektroskopie	40
3.4.3.3	Chiralität und NMR	44
3.4.3.4	Temperaturabhängige NMR-Spektroskopie	44
3.4.3.5	Kern-Overhauser-Effekt (NOE)	45
3.4.3.6	^{13}C-NMR-Spektroskopie	45
3.4.4	ESR-Spektroskopie	46
3.4.5	Massenspektrometrie	47
3.4.6	Thermoanalysen	50

4	**Grundlegende Konzepte der Organischen Chemie**	**57**
4.1	Atombau und chemische Bindung	57
4.2	Delokalisierte π-Systeme	64
4.3	Stereochemie organischer Verbindungen	68
4.4	Nomenklatur der Organischen Chemie	76
4.5	Mechanismen organischer Reaktionen	81
4.5.1	Thermodynamik und Kinetik organischer Reaktionen	81
4.5.2	Reaktive Zwischenstufen	83
4.5.3	Methoden zur Untersuchung von Reaktionsmechanismen	86
4.5.4	Das HSAB-Prinzip	87
4.6	Retrosynthese	88

5	**Substanzklassen, ihre Darstellung und Reaktionen**	**101**
5.1	Tabellarische Übersicht	101
5.2	Alkane	104
5.2.1	Nomenklatur und Eigenschaften der Alkane	104
5.2.2	Reaktionen der Alkane	105
5.2.2.1	Pyrolysereaktionen	105
5.2.2.2	Oxidation und Verbrennung	105
5.2.2.3	Umsetzung mit Halogenen	106
5.2.2.4	Partielle Oxidation und C–H-Aktivierung	108
5.3	Halogenalkane	110
5.3.1	Darstellung der Halogenalkane	110
5.3.1.1	Radikalische Halogenierung von Alkanen	110

5.3.1.2	Halogen- und Halogenwasserstoffaddition an Alkene	*111*
5.3.1.3	Umwandlung von Alkoholen in Halogenalkane	*111*
5.3.1.4	Synthese von Halogenalkanen durch Austausch des Halogenatoms	*112*
5.3.2	Reaktionen der Halogenalkane	*112*
5.3.2.1	Nucleophile Substitution	*112*
5.3.2.2	β-Eliminierungen	*114*
5.3.2.3	Bildung metallorganischer Verbindungen	*117*
5.4	Alkene	*120*
5.4.1	Darstellung der Alkene	*121*
5.4.1.1	Durch Eliminierung aus Halogenalkanen und Alkoholen (Dehydrohalogenierung und Dehydratisierung)	*121*
5.4.1.2	Wittig-Reaktionen	*122*
5.4.1.3	McMurry-Kupplung	*125*
5.4.1.4	Metathesereaktionen	*125*
5.4.1.5	Reduktion von Alkinen	*126*
5.4.2	Reaktionen der Alkene	*127*
5.4.2.1	Elektrophile Addition von Halogenen und Halogenwasserstoffen	*127*
5.4.2.2	Hydrierung	*127*
5.4.2.3	Hydratisierung	*128*
5.4.2.4	Hydroborierung	*128*
5.4.2.5	Ozonolyse	*129*
5.4.2.6	Epoxidierung und 1,2-Dihydroxylierung	*129*
5.4.2.7	Cyclopropanierung	*130*
5.4.2.8	Cycloadditionen und elektrocyclische Reaktionen	*131*
5.4.2.9	Heck-Reaktionen	*132*
5.4.2.10	Polymerisationen	*133*
5.5	Alkine	*136*
5.5.1	Darstellung der Alkine	*137*
5.5.1.1	Ethindarstellung	*137*
5.5.1.2	Eliminierungsreaktionen	*138*
5.5.1.3	Substitutionsreaktionen	*138*
5.5.2	Reaktionen der Alkine	*139*
5.5.2.1	Reduktionen	*139*
5.5.2.2	Oxidationen	*139*
5.5.2.3	Additionen	*141*
5.5.2.4	Alkinpolymerisation	*142*
5.5.2.5	Isomerisierungen	*142*
5.6	Aromaten	*145*
5.6.1	Aromatizitätsbegriff und Aromatizitätskriterien	*148*
5.6.2	Darstellung von Aromaten	*149*
5.6.3	Reaktionen des Benzols	*150*
5.6.3.1	Katalytische Hydrierung	*150*
5.6.3.2	Birch-Reduktion	*150*
5.6.3.3	Elektrophile aromatische Substitution	*151*
5.6.3.4	Nucleophile aromatische Substitution	*156*
5.6.3.5	Metallierung von Aromaten	*158*

Inhaltsverzeichnis

5.7	Substituierte Benzolderivate	*160*
5.7.1	Zweitsubstitution	*160*
5.7.2	Aromatensubstitution mit Aryl-, Alkenyl- und Alkinylgruppen	*163*
5.8	Polycyclische Aromaten	*167*
5.8.1	Darstellung polycyclischer aromatischer Kohlenwasserstoffe	*169*
5.8.2	Fullerene	*169*
5.9	Alkohole und Phenole	*172*
5.9.1	Darstellung von Alkoholen	*174*
5.9.1.1	Technische Alkoholsynthesen	*174*
5.9.1.2	Alkohole durch nucleophile Substitution aus Halogenalkanen	*176*
5.9.1.3	Alkohole durch Reduktion von Carbonylverbindungen	*176*
5.9.1.4	Aldolreaktion	*178*
5.9.1.5	Direkte Synthese von Alkoholen aus Kohlenwasserstoffen durch C–H-Aktivierung	*178*
5.9.2	Reaktionen der Alkohole	*178*
5.9.2.1	Oxidationsreaktionen	*178*
5.9.2.2	Dehydratisierung	*180*
5.9.2.3	Umwandlung in Halogenalkane	*180*
5.9.2.4	Bildung von Ethern	*180*
5.9.2.5	Bildung von Carbonsäureestern	*181*
5.9.2.6	Kationische Umlagerungen	*181*
5.10	Ether und Epoxide	*184*
5.10.1	Darstellung von Ethern	*184*
5.10.1.1	Säurekatalysierte Dehydratisierung	*184*
5.10.1.2	Ethersynthese nach Williamson	*185*
5.10.1.3	Synthese cyclischer Ether	*185*
5.10.2	Reaktionen der Ether und Epoxide	*186*
5.10.2.1	Oxoniumsalzbildung	*186*
5.10.2.2	Etherspaltung	*186*
5.10.2.3	Autoxidation von Ethern	*186*
5.10.2.4	Reaktionen der Epoxide	*187*
5.11	Thiole und Sulfide	*190*
5.11.1	Darstellung und Reaktionen der Thiole und Sulfide	*190*
5.12	Aldehyde und Ketone	*194*
5.12.1	Darstellung von Aldehyden und Ketonen	*195*
5.12.2	Reaktionen von Aldehyden und Ketonen	*197*
5.12.2.1	Hydrierung	*197*
5.12.2.2	Reduktion mit Hydriden	*197*
5.12.2.3	Reduktion zum Kohlenwasserstoff	*198*
5.12.2.4	Pinakol-Kupplung	*198*
5.12.2.5	McMurry-Kupplung	*199*
5.12.2.6	Addition metallorganischer Reagenzien	*199*
5.12.2.7	Cyanhydrinbildung	*199*
5.12.2.8	Wittig-Reaktion	*200*
5.12.2.9	Nucleophile Addition von Wasser: Hydratbildung	*200*
5.12.2.10	Acetalbildung	*200*

5.12.2.11	Nucleophile Addition von Ammoniak und Aminen	201
5.12.2.12	Cannizzaro-Reaktion	202
5.12.2.13	Baeyer-Villiger-Oxidation	202
5.12.2.14	Oxidation von Aldehyden zu Carbonsäuren	203
5.12.2.15	Halogenierung	203
5.12.2.16	Alkylierung	204
5.12.2.17	Aldolreaktion	205
5.12.2.18	Michael-Addition	207
5.12.2.19	Nucleophile Addition an α,β-ungesättigte Aldehyde und Ketone	208
5.13	Kohlenhydrate	211
5.13.1	Reaktionen der Kohlenhydrate	214
5.13.1.1	Oxidationen und Reduktionen	214
5.13.1.2	Phenylosazone	214
5.13.1.3	Ester- und Etherbildung	215
5.13.1.4	Auf- und Abbau von Zuckerketten	216
5.13.2	Di-, Oligo- und Polysaccharide	216
5.13.2.1	Saccharose und Lactose	216
5.13.2.2	Cellulose, Stärke und Glycogen	217
5.14	Carbonsäuren und Sulfonsäuren	220
5.14.1	Darstellung von Carbonsäuren	222
5.14.1.1	Oxidation von Alkoholen	222
5.14.1.2	Oxidation von Aren-Seitenketten	222
5.14.1.3	Hydrolyse von Carbonsäurederivaten	222
5.14.1.4	Hydrolyse von Nitrilen	223
5.14.1.5	Malonestersynthese	223
5.14.1.6	Benzilsäureumlagerung	224
5.14.1.7	Reaktion metallorganischer Verbindungen mit Kohlendioxid	224
5.14.1.8	Industrielle Carbonsäuresynthesen	224
5.14.2	Reaktionen von Carbonsäuren	225
5.14.2.1	Reduktion zum Alkohol	225
5.14.2.2	Reaktion mit lithiumorganischen Verbindungen	226
5.14.2.3	Bildung von Persäuren	226
5.14.2.4	Hell-Volhard-Zelinsky-Reaktion	226
5.14.2.5	Hunsdiecker-Abbau	227
5.14.3	Sulfonsäuren	227
5.14.4	Tenside	228
5.15	Derivate der Carbonsäuren	231
5.15.1	Carbonsäurehalogenide	232
5.15.2	Ketene	233
5.15.3	Carbonsäureanhydride	234
5.15.4	Carbonsäureester	234
5.15.5	Carbonsäureamide	239
5.15.6	Nitrile	241
5.16	Amine und Phosphane	245
5.16.1	Darstellung der Amine	246
5.16.1.1	Synthese von Aminen durch Alkylierung	246

Inhaltsverzeichnis

5.16.1.2	Synthese von Aminen durch Reduktion von Stickstoffverbindungen	247
5.16.2	Reaktionen der Amine	249
5.16.2.1	Elektrophile Reaktion: Acylierung und Alkylierung	249
5.16.2.2	Umsetzung mit salpetriger Säure	250
5.16.2.3	Oxidation	250
5.16.2.4	Mannich-Reaktion	251
5.16.2.5	Hofmann-Eliminierung	251
5.16.3	Phosphane	251
5.16.3.1	Darstellung der Phosphane	252
5.17	Diazoniumsalze und Diazoverbindungen	256
5.18	Aminosäuren, Peptide und Proteine	262
5.18.1	Darstellung von Aminosäuren	263
5.18.1.1	Synthese racemischer Aminosäuren	263
5.18.1.2	Synthese enantiomerenreiner Aminosäuren	264
5.18.2	Reaktionen der Aminosäuren	265
5.18.3	Peptidsynthese	266
5.18.4	Peptidstruktur und -analyse	269
5.19	Nucleinbasen, Nucleoside und Nucleotide	273
5.20	Heterocyclen	280
5.20.1	Nichtaromatische Heterocyclen	280
5.20.1.1	Darstellung nichtaromatischer Heterocyclen	281
5.20.1.2	Reaktionen nichtaromatischer Heterocyclen	283
5.20.2	Aromatische Heterocyclen	283
5.20.2.1	Darstellung von Heteroaromaten	283
5.20.2.2	Reaktionen aromatischer Heterocyclen	285
5.21	Alkaloide	289
6	**Spezial- und Grenzgebiete der Organischen Chemie**	**319**
6.1	Naturstoffsynthese	320
6.2	Medizinische Chemie	325
6.3	Kombinatorische Chemie	329
6.4	Ungewöhnliche Molekülstrukturen	333
6.5	Cyclische Verbindungen	337
6.6	Supramolekulare Chemie	340
6.7	Bioorganische Chemie	343
6.8	Chemie der Farbstoffe	346
6.9	Makromolekulare Chemie	351
6.9.1	Polymerisation	352
6.9.2	Polykondensation	353
6.9.3	Polyaddition	354
6.9.4	Spezielle Polymere	354
6.10	Industrielle Verfahren	357
6.10.1	Formaldehyd-Herstellung	357
6.10.2	Maleinsäureanhydrid-Herstellung durch Oxidation von Buten	357
6.10.3	Acrolein-Herstellung durch partielle Oxidation von Propen	358

6.10.4	Oxosynthese im Zweiphasensystem	*358*
6.10.5	Herstellung von Adipinsäuredinitril	*359*
6.11	Metallorganik	*361*
6.12	Katalyse	*367*
6.13	Computermethoden	*376*
6.14	Organische Photochemie	*381*
6.15	Nachhaltige Chemie – „Green Chemistry"	*388*

7 Antworten zu den Übungsaufgaben *405*

Kapitel 1 *405*
Kapitel 3 *405*
Kapitel 4 *406*
Kapitel 5 *412*
Kapitel 6 *429*

Sachverzeichnis *433*

Vorwort

Mit der Umstellung von Diplom- auf Bachelor- und Master-Studiengänge haben sich auch die Lehrinhalte in ihrer Gewichtung verlagert. Für die Organische Chemie, eines der Kernfächer der Chemie, bedeutet dies, dass im Rahmen der Bachelor-Ausbildung nun grundlegende und weiterführende Fakten, Reaktionen und Methoden in ganzer Breite vermittelt werden, um Studierende optimal auf sich anschließende spezialisierte Master Studiengänge vorzubereiten. Aber nicht nur im Bachelor-Studium der Chemie und Biochemie nimmt die Organische Chemie eine zentrale Rolle ein. Sie ist auch in allen grundlegenden Studiengängen der Lebens- und Materialwissenschaften, z. T. auch der Ingenieurswissenschaften, als Pflichtfach vertreten, da sich die zukünftigen Herausforderungen dieser Wissenschaftsbereiche auf molekularer Ebene nur mit guten Kenntnissen der Organischen Chemie meistern lassen.

Das vorliegende Buch fasst die wesentlichen Grundlagen der Organischen Chemie kurz und bündig zusammen, gibt aber auch Einblicke in speziellere aktuelle Bereiche. Wir kommen schnell auf den Punkt und geben keine lange Erklärungen, wie sie in einem klassischen Lehrbuch zu finden sind. Will man zu einem Thema aber mehr wissen, z. B. für ein Referat oder die Bachelor-Arbeit, so helfen die angegebenen zahlreichen Literaturstellen weiter. Mit Fragen, die wir aus unserem langjährigen Fundus aus Klausuren und Prüfungen zusammengestellt haben, kann man zudem sein Wissen zu den jeweiligen Bereichen selbst überprüfen. Die Antworten finden sich am Ende des Buches.

Wir haben uns bemüht, alle wesentlichen Themen der Organischen Chemie zu berücksichtigen, die für das Bachelor-Niveau wichtig sind. Dennoch mag die eine oder andere Frage unbeantwortet bleiben, oder Sie entdecken einen Fehler. Schreiben Sie uns dann bitte (e-mail an: burkhard.koenig@chemie.uni-regensburg.de), damit wir direkt weiterhelfen können und die nächste Auflage besser und vollständiger wird.

Wir bedanken uns beim Team von Wiley-VCH für die gute Zusammenarbeit bei der Erstellung der Druckfassung und bei Prof. R. Herges, Universität Kiel, für die Durchsicht des Kapitels 6.13.

Regensburg und Hannover
im Juli 2007

Burkhard König
Holger Butenschön

Organische Chemie. Burkhard König und Holger Butenschön
Copyright © 2007 WILEY-VCH Verlag GmbH & Co. KGaA, Weinheim
ISBN: 978-3-527-31827-8

1
Historische Entwicklung der Organischen Chemie

1.1
Eine kurze Chronologie

1780 **T. Bergman** unterscheidet erstmals die Anorganische und die Organische Chemie. Die der Organischen Chemie angehörenden Substanzen stammen danach aus dem Reich der organischen Materie und enthalten hauptsächlich Kohlenstoff, Wasserstoff, Sauerstoff und Stickstoff. **A. Lavoisier** (1743–1791) zeigt durch die Verbrennung von Naturstoffen und die Analyse der Verbrennungsprodukte, dass diese Elemente in komplizierten Gewichtsverhältnissen vorliegen. **J. Berzelius** (1779–1848) verbessert später die Methoden der C,H-Analyse.

1828 **Friedrich Wöhler** (1800–1884) synthetisiert Harnstoff aus Ammoniak und Bleicyanat (Abb. 1.1). Zum ersten Mal wurde damit ein tierisches Stoffwechselprodukt durch Synthese im Laboratorium hergestellt. Die vis-vitalis-Hypothese, in der angenommen wurde, dass organische Substanzen nur von lebenden Organismen synthetisiert werden können, war damit widerlegt. Wöhler schreibt in einem Brief an Liebig: „....*denn ich kann sozusagen mein chemisches Wasser nicht halten und muss Ihnen sagen, dass ich Harnstoff machen kann, ohne dazu Nieren oder überhaupt ein Thier, sey es Mensch oder Hund, nöthig zu haben. Das cyansaure Ammoniak ist Harnstoff.*"
Justus von Liebig (1803–1873) wird Professor in Gießen und errichtet ein erstes Unterrichtslaboratorium im heutigen Sinne für Organische Chemie (1826).

1845 **H. Kolbe** (1818–1884) gelingt mit der Darstellung von Essigsäure aus den Elementen C und S die erste Totalsynthese einer organischen Verbindung (Abb. 1.2).
A. Kekulé (1829–1896) erkennt, dass der Kohlenstoff in fast allen organischen Verbindungen vierbindig ist (1857).[1] Es erscheint sein Lehrbuch der Organischen Chemie, und bereits 1866 schlägt er die richtige Benzolformel vor. Etwas später werden das im Schierling enthaltene Alkaloid Coniin und erste synthetische Schlafmittel hergestellt. Die Konstitutionsaufklärung der

$$Pb(OCN)_2 + 2\,H_2O + 2\,NH_3 \longrightarrow 2\;\underset{H_2NNH_2}{\overset{O}{\|}}\!C + Pb(OH)_2$$

Abb. 1.1 Harnstoffsynthese nach Wöhler aus Bleicyanat.

1 Historische Entwicklung der Organischen Chemie

$$C + S \longrightarrow CS_2 \xrightarrow{Cl_2} CCl_4 \xrightarrow{\Delta} Cl_2C=CCl_2$$

$$\xrightarrow[H_2O]{Cl_2,\ Licht,} Cl_3C-\overset{O}{\underset{OH}{C}} \xrightarrow[2)\ H_2O]{1)\ Na/Hg} H_3C-\overset{O}{\underset{OH}{C}}$$

Abb. 1.2 Darstellung von Essigsäure aus den Elementen Kohlenstoff und Schwefel.

Anilinfarbstoffe glückt. Eine umfangreichere Darstellung der historischen Entwicklung der Chemie findet sich in Monographien zum Thema.[2]
Seit dem Jahr 1901 vergibt die Schwedische Akademie der Wissenschaften jährlich Nobelpreise für Chemie, Physik, Medizin, friedliche Völkerverständigung und Literatur. Alle Informationen zum Nobelpreis und den Preisträgern finden sich im Internet unter http://nobelprize.org.[3] Nach der Anweisung im Testament des Stifters, **Alfred Nobel** (1833–1896), sollen die Preise an diejenigen verliehen werden, die „im vergangenen Jahr durch ihre Entdeckung den größten Beitrag zum Wohle der Menschheit geleistet haben". Für Forschungen auf dem Gebiet der Organischen Chemie wurden die folgenden Wissenschaftler ausgezeichnet:

Tab. 1.1 Nobelpreisträger und ihre Forschungsgebiete auf dem Gebiet der Organischen Chemie.

Jahr	Preisträger	Arbeitsgebiete
1902	Emil Fischer (1852–1919)	Zucker- und Purinsynthesen (Abschnitt 5.13)
1905	Adolf von Baeyer (1835–1917)	Organische Farbstoffe (Abschnitt 6.8), heteroaromatische Verbindungen (Abschnitt 5.20.2)
1907	Eduard Buchner (1860–1917)	Biochemische Forschung und die Entdeckung der zellfreien Gärung
1910	Otto Wallach (1847–1931)	Alicyclische Substanzen
1912	Victor Grignard (1871–1935), Paul Sabatier (1854–1941)	Entdeckung des Grignard-Reagenzes (Abschnitt 5.3.2.3), Hydrierung (Abschnitte 5.4.2.2 und 5.12.2.1) organischer Substanzen in Gegenwart fein verteilter Metalle
1915	Richard Willstätter (1872–1942)	Farbstoffe im Pflanzenreich, insbesondere das Chlorophyll
1923	Fritz Pregl (1869–1930)	Methode der Mikroanalyse organischer Substanzen
1927	Heinrich Wieland (1877–1957)	Erforschung der Gallensäuren und analoger Substanzen
1928	Adolf Windaus (1876–1959)	Konstitution der Sterine und ihre Beziehung zu den Vitaminen
1929	Sir Arthur Harden (1865–1940), Hans von Euler-Chelpin (1873–1964)	Erforschung der Zuckergärung und der Gärungsenzyme
1930	Hans Fischer (1881–1945)	Konstitution von Hämin und Chlorophyll sowie die Häminsynthese
1937	Walter Norman Haworth (1883–1950), Paul Karrer (1889–1971)	Konstitutionsaufklärung der Kohlenhydrate (Abschnitt 5.13), Carotinoide, Flavine und der Vitamine A, B und C

1.1 Eine kurze Chronologie

Tab. 1.1 Fortsetzung

Jahr	Preisträger	Arbeitsgebiete
1938	Richard Kuhn (1900–1967)	Carotinoide und Vitamine
1939	Leopold Ruzicka (1887–1976), Adolf Butenandt (1903–1995)	Polymethylene, höhere Terpene, Sexualhormone
1947	Sir Robert Robinson (1886–1975)	Alkaloide (Abschnitt 5.21)
1950	Otto Diels (1876–1954), Kurt Alder (1902–1958)	Arbeiten auf dem Gebiet der Dienchemie (Abschnitt 5.4.2.8)
1952	Archer J. Martin (1910–2002), Richard L. M. Synge (1914–1994)	Chromatographie (Abschnitt 3.3.5)
1953	Hermann Staudinger (1881–1965)	Makromolekulare Chemie (Abschnitt 6.9)
1954	Linus C. Pauling (1901–1994)	Natur der chemischen Bindung (Abschnitt 4.1); Strukturaufklärung von Proteinen (Helix)
1957	Alexander R. Todd (1907–1997)	Nucleotide (Abschnitt 5.19) und Nucleotid-Coenzyme
1960	Willard F. Libby (1908–1980)	^{14}C als Zeitmesser
1962	John C. Kendrew (1917–1997), Max. F. Perutz (1914–2002)	Struktur von Hämoglobin und Myoglobin
1963	Karl Ziegler (1898–1973), Giulio Natta (1903–1979)	Polymerisation an Metallkatalysatoren (Abschnitte 5.4.2.10 und 6.9.1)
1965	Robert B. Woodward (1917–1979)	Organische Synthese (Abschnitt 4.6)
1966	Robert S. Mulliken (1896–1986)	Entwicklung der MO-Theorie (Abschnitt 4.1)
1969	Derek H. R. Barton (1918–1998), Odd Hassel (1897–1981)	Konzept der Konformation und die Anwendung auf die Chemie (Abschnitt 4.2)
1970	Luis L. Leloir (1906–1987)	Zucker-Nucleotide und die Biosynthese von Kohlenhydraten
1973	Ernst O. Fischer (1918), Geoffrey Wilkinson (1921–1997)	Organometallchemie (Abschnitt 6.11)
1975	John W. Cornforth (1917), Vladimir Prelog (1906–1998)	Stereochemie (Abschnitt 4.3)
1976	William N. Lipscomb (1919)	Chemie der Borane
1979	Herbert C. Brown (1912–2004), Georg Wittig (1897–1987)	Anwendung von Bor- und Phosphorreagenzien in der organischen Synthese (Abschnitte 5.4.2.4 und 5.4.1.2)
1980	Paul Berg (1926), Walter Gilbert (1932), Frederick Sanger (1918)	Nucleotidchemie (Abschnitt 5.19)
1981	Kenichi Fukui (1918–1998), Roald Hoffmann (1937)	Theorie chemischer Reaktionen
1984	Robert B. Merrifield (1921–2006)	Einführung der Festphasensynthese (Abschnitt 5.18)
1987	Donald J. Cram (1919–2001), Jean-Marie Lehn (1939), Charles Pederson (1904–1989)	Supramolekulare Chemie (Abschnitt 6.6)
1988	Johann Deisenhofer (1943), Robert Huber (1937), Hartmut Michel (1948)	Aufklärung der molekularen Struktur des Photosynthesereaktionszentrums
1990	Elias J. Corey (1928)	Theorie und Methodik der Organischen Chemie
1991	Richard R. Ernst (1933)	Hochauflösende Kernresonanz-Spektroskopie (NMR)

1 Historische Entwicklung der Organischen Chemie

Tab. 1.1 Fortsetzung

Jahr	Preisträger	Arbeitsgebiete
1994	Georg A. Olah (1927)	Carbokationenchemie
1996	Robert F. Curl (1933), Harold W. Kroto (1939), Richard E. Smalley (1943–2005)	Entdeckung der Kohlenstoffmodifikation C_{60} (Abschnitt 5.8)
1997	Paul D. Boyer (1918) John E. Walker (1941) Jens C. Skou (1918)	Aufklärung der enzymatischen Mechanismen der ATP-Synthese und die Entdeckung des Ionentransportenzyms Na^+,K^+-ATPase
1999	Ahmed H. Zewail (1946)	Untersuchung von Übergangszuständen durch Femtosekunden-Spektroskopie
2000	Alan J. Heeger (1936) Alan G. MacDiarmid (1927) Hideki Shirakawa (1936)	Leitfähige Polymere
2001	William S. Knowles (1917) Ryoji Noyori (1938) K. Barry Sharpless (1941)	Asymmetrische Katalyse
2002	John B. Fenn (1917) Koichi Tanaka (1959) Kurt Wüthrich (1938)	Identifizierung und Strukturanalyse biologischer Makromoleküle
2003	Peter Agre (1949) Roderick MacKinnon (1956)	Kanäle in Zellmembranen
2004	Aaron Ciechanover (1947) Avram Hershko (1937) Irwin Rose (1926)	Ubiquitin-mediierter Proteinabbau
2005	Yves Chauvin (1930) Robert H. Grubbs (1942) Richard R. Schrock (1945)	Metathesereaktion in der Organischen Chemie
2006	Roger D. Kornberg (1947)	Molekularer Mechanismus der Gentranskription

Der interdisziplinäre Charakter der chemischen Forschung nimmt weiter zu. In Kapitel 6 werden verschiedene Arbeitsgebiete im Grenzbereich von Chemie, Biologie, Pharmazie und Materialwissenschaften vorgestellt.

Übungsaufgaben

1–1 Wer wurde mit dem Nobelpreis für Chemie im vergangenen Jahr ausgezeichnet? Für welche Leistungen?

1–2 Wo wurde das erste Unterrichtslaboratorium für Organische Chemie eingerichtet? Durch wen?

1–3 Für welche Entdeckung wurden Curl, Kroto und Schmalley 1996 mit dem Nobelpreis für Chemie ausgezeichnet?

Literaturhinweise

1 Zur historischen Entwicklung der Stereochemie siehe: S. Hauptmann, G. Mann, *Stereochemie*, Spektrum, Heidelberg, **1996**, Abschnitt 7.2.

2 S. Neufeldt, *Chronologie Chemie. Entdecker und Entdeckungen*, Wiley-VCH, Weinheim, **2003**. A. J. Ihde, *The Development of Modern Chemistry*, Dover Publication, New York, 1984.

3 Als Student kann man Nobelpreisträger persönlich treffen und kennen lernen. Seit 1951 finden in Lindau regelmäßig Tagungen mit Nobelpreisträgern für Studierende statt. Informationen findet man im Internet unter: http://www.lindau-nobel.de.

4 Monographie zur Rolle von Chemikern und Biochemikern in der NS-Zeit: U. Deichmann, *Flüchten, Mitmachen, Vergessen*, 1. Aufl., Wiley-VCH, Weinheim, **2001**.

2
Informationsquellen in der Organischen Chemie

Um Informationen zu einer Frage aus dem Bereich der Organischen Chemie zu bekommen, gibt es viele Wege. Man wird vielleicht mit geeigneten Büchern beginnen oder einen Zeitschriftenaufsatz zum Thema suchen. Daneben gibt es Institutionen, die angesprochen werden können, man kann Veranstaltungen besuchen oder sich der elektronischen Medien bedienen. Ohne Anspruch auf Vollständigkeit sollen hier die wichtigsten Möglichkeiten zusammengestellt werden, Informationen über Organische Chemie zu gewinnen.

2.1
Wie findet man Informationen zu einem Thema der Organischen Chemie?

Hier wird man sich zunächst eines der aktuellen **Lehrbücher** über Organische Chemie[1] bedienen. Einen guten Einstieg bietet auch das *Römpp Chemie Lexikon*,[2] welches neben lexikalischen Angaben zum Thema auch weiterführende Literatur angibt und auch online angeboten wird. Zu zahlreichen Teilgebieten der Organischen Chemie gibt es **Monographien**, beispielsweise deckt die Reihe *Topics in Current Chemistry* mit ihren Beiträgen weite Bereiche der modernen Chemie ab. Zur Einarbeitung oder umfassenderen Information zu einem Thema sind auch **Übersichtsartikel (Reviews)** geeignet, die in unterschiedlichem Umfang in Zeitschriften publiziert werden. Hier sind besonders die folgenden Zeitschriften zu erwähnen: *Chemical Reviews* (umfassende Reviews mit umfangreichem Literaturverzeichnis), *Accounts of Chemical Research* (weniger umfangreiche, meist gut lesbare Reviews zu spezielleren Themen), *Angewandte Chemie* (kompetente Aufsätze), *Synlett* (persönlich gehaltene „Accounts"), *Synthesis* („Feature Articles"), *Chemische Berichte* („Microreviews") und andere mehr. Etwas aus der Reihe klassischer Übersichtsartikel heraus fallen die **Highlights**, die in der *Angewandten Chemie* erscheinen und besonders wichtige, aktuelle Entwicklungen auf wenigen Seiten zusammenfassen. Lesenswert ist auch die Reihe **Synthese im Blickpunkt** in den *Nachrichten aus der Chemie*, in der Teilgebiete der präparativen Organischen Chemie in meist didaktisch geschickter Weise zusammengefasst werden. Die Zeitschrift erhalten Mitglieder der Gesellschaft Deutscher Chemiker kostenlos. Um Übersichtsartikel zu einem Thema zu finden, eignen sich die Register der genannten Zeitschriften. Oft sind jedoch andere Wege effektiver: Von der *Angewand-*

2 Informationsquellen in der Organischen Chemie

ten *Chemie* existiert ein Inhaltsverzeichnis der in den Jahren 1962–2001 erschienenen Aufsätze. *Synthesis* stellt die Datenbank *Synthesis Reviews* kostenlos zur Verfügung, die mehrere tausend Einträge enthält (http://www.thieme-chemistry.com/thieme-chemistry/journals/info/freedata/index.shtml; Format EndNote). Manche weiterführenden Lehrbücher[1] enthalten wertvolle Literaturhinweise, die den Einstieg in ein Thema erleichtern. Einen schnellen Zugang zu chemischen Fachzeitschriften bieten elektronische Zeitschriftenbibliotheken (gute Übersicht im Internet unter: http://rzblx1.uni-regensburg.de/ezeit/index.phtml), allerdings ist der Zugriff auf die meisten Zeitschriften kostenpflichtig bzw. nur von Universitäten aus möglich, die über ein Abonnement verfügen.

2.2
Wie findet man Informationen über eine bestimmte Verbindung?

Es gibt einige Sammlungen, in denen man recherchieren kann, um zu klären, ob eine chemische Verbindung bereits bekannt ist und wo man weitere Literatur dazu findet. Diese Systeme stehen meist sowohl in gedruckter als auch in elektronischer Form zur Verfügung. Die elektronischen Versionen erleichtern die Recherche und sind in der Regel aktueller als die gedruckten Versionen. Die wichtigsten Informationssysteme dieser Art sind *Chemical Abstracts* und das damit verbundene System *SciFinder*, *Beilstein* sowie *Gmelin*. Die Recherche wird sich meist an der Summenformel, Substanznamen, der Substanzklasse, bestimmten Stichworten oder dem Autorennamen orientieren, wobei die Summenformel den Vorteil hat, eindeutig zu sein. Eine nicht exakte Zuordnung oder unterschiedliche Schreibweisen können bei Verwendung der übrigen Kriterien die Recherche erschweren. Wichtig ist, dass bei elektronischen Recherchen oft die Eingabe als Konstitutionsformel und damit eine **Struktur-** oder **Substruktursuche** möglich ist. Als Resultat erhält man Informationen über die wichtigsten Daten der Verbindung sowie Literaturstellen, in denen sie erwähnt wird. Röntgenstrukturanalysen sind in der *Cambridge Structure Database* (http://www.ccdc.cam.ac.uk/) enthalten.

Wichtige Informationsquellen sind auch **Chemikalienkataloge**, die für die jeweils erhältlichen Chemikalien physikalische Daten sowie **Sicherheits- und Entsorgungshinweise** bereithalten. Daneben erhält man durch den Preis einen Eindruck des materiellen Wertes der Verbindung. Tabellarische Zusammenfassungen von Stoffeigenschaften finden sich auch im *CRC Handbook of Chemistry and Physics* (CRC Press, Boca Raton, USA; erscheint jährlich in geringfügig veränderten Auflagen. Die jeweils vorangehende Auflage kann oft zu einem erheblich verminderten Preis erworben werden.). Biologisch und medizinisch wichtige Verbindungen sind in *The Merck Index*[3] systematisch erfasst. Häufig werden Angaben zu bestimmten Reagenzien in der Organischen Chemie benötigt. Hier ist die Reihe *Reagents for Organic Synthesis*[4] seit Jahren etabliert und hat kürzlich durch *Encyclopedia of Reagents for Organic Synthesis* starke Konkurrenz bekommen. Um Informationen zu bestimmten Stoffklassen zu erhalten, kann ein Blick in die Reihe *Patai Series: The Chemistry of Functional Groups* hilfreich sein.[5] Die Reihe umfasst zahlreiche Bände und wird laufend fortgesetzt.

2.3
Wie findet man Informationen zu einer chemischen Reaktion?

Neben den oben erwähnten Wegen, sich zu einem Thema der Organischen Chemie zu informieren, gibt es speziellere Möglichkeiten, Informationen zu chemischen Reaktionen zu gewinnen. Besonders effektiv und auch bequem ist die Nutzung von **Reaktionsdatenbanken** wie *SciFinder*, *REACCS*, *Beilstein Crossfire* oder *ChemInform RX*. Der Zugang zu diesen Datenbanken ist in der Regel gebührenpflichtig. In diesem Zusammenhang wichtige Bücher und Monographien sind *Comprehensive Organic Transformations*[6] und das *Compendium of Organic Synthetic Methods*[7] sowie *Theilheimers Synthetic Methods of Organic Chemistry*. Besonders zu erwähnen sind noch *Organic Reactions*[8] und *Organic Synthesis*. In der erstgenannten Reihe werden einzelne Reaktionen umfassend in ihren Anwendungen dargestellt. In der zweiten Reihe werden geprüfte und damit sehr verlässliche Experimentalvorschriften zur Darstellung bestimmter Verbindungen publiziert. *Organic Synthesis* wird in regelmäßigen Abständen in *Collective Volumes* zusammengefasst, wobei die Angaben in den jährlich erscheinenden Einzelbänden aktualisiert werden. *Org. Synth. Coll. Vol. X* erschien 2004. *Organic Synthesis* ist kostenlos auch online verfügbar (http://www.orgsyn.org/) und enthält eine Fülle solcher Vorschriften, so dass man dort für die meisten Reaktionstypen fündig wird. Die wohl umfassendste Darstellung von Methoden der Organischen Chemie liefern der *Houben-Weyl* (*Houben-Weyl Methods of Organic Chemistry*, Thieme, Stuttgart **1958–1997**) und sein auch online verfügbares Nachfolgeorgan *Science of Synthesis* (48 Bände, Thieme, Stuttgart **2000–2008**; im Internet unter: http://www.science-of-synthesis.com).

2.4
Forschungsfördernde Institutionen und Gesellschaften

Hier sind zunächst die nationalen chemischen Gesellschaften zu nennen, in Deutschland die **Gesellschaft Deutscher Chemiker (GDCh)**; Adresse: Varrentrappstr. 40–42, 60486 Frankfurt am Main, Tel. 069/7917–334, Fax: 069/7917–374, E-mail: gdch@gdch.de; Internet: http://www.gdch.de). Die GDCh hat fast 27 000 Mitglieder, davon zahlreiche studentische. Es gibt 26 Fachgruppen und Sektionen zu allen Bereichen der Chemie. In 62 Ortsverbänden finden regelmäßig Kolloquien statt. Die Vortragsthemen können den *Nachrichten aus der Chemie*[3] oder der Website des Ortsverbandes (http://www.gdch.de/strukturen/ov/ovliste.htm)[9] entnommen werden. Wie andere chemische Gesellschaften gibt auch die GDCh zahlreiche renommierte Fachzeitschriften heraus, die von Mitgliedern zu besonders günstigen Konditionen abonniert werden können. Von der Website der GDCh aus kann man über *Nationale und internationale Kooperationen* und *Links zu anderen* bequem zu den Websites aller anderen chemierelevanten Gesellschaften, Institutionen, Industrieunternehmen, Verlage sowie der Fachbereiche Chemie der Hochschulen gelangen.

2 Informationsquellen in der Organischen Chemie

Ähnliche Möglichkeiten bieten in Österreich die **Gesellschaft Österreichischer Chemiker** (GÖCH; Adresse: Nibelungengasse 11/6, A-1010 Wien, http://www.goech.at/), deren Veranstaltungen ebenfalls in den *Nachrichten aus der Chemie* angekündigt werden, und in der Schweiz die **Schweizerische Chemische Gesellschaft** (SCG; Adresse: Schwarztorstr. 9, CH-3007 Bern, Schweiz, http://www.swiss-chem-soc.ch/).

Die **Max-Planck-Gesellschaft zur Förderung der Wissenschaften e. V.** (MPG; Adresse: Hofgartenstr. 8, 80539 München, Internet: http://mpg.de/) unterhält zahlreiche wissenschaftliche Institute, darunter auch eine Reihe chemisch orientierter. Daneben ist auf die Institute der **Fraunhofer-Gesellschaft** (Adresse: Fraunhofer-Gesellschaft zur Förderung der angewandten Forschung e. V., Hansastr. 27 c, 80686 München, Internet: http://www.fraunhofer.de), die der **Leibniz-Gemeinschaft** (Adresse: Eduard-Pflüger-Str. 55, 53113 Bonn, http://www.wgl.de/) sowie die **DECHEMA** – Gesellschaft für Chemische Technik und Biotechnologie e. V. (Adresse: Theodor-Heuss-Allee 25, 60486 Frankfurt am Main, http://www.dechema.de/) hinzuweisen. Die chemischen Gesellschaften richten wichtige Tagungen aus, von denen für die Organische Chemie insbesondere die Hauptversammlungen der Gesellschaften, die Chemiedozententagung sowie die alle zwei Jahre stattfindende ORCHEM-Tagung wichtig sind.

Eine Reihe von Institutionen bietet Förderprogramme für Vorhaben der unterschiedlichsten Art an. Besondere Bedeutung haben hier die **Deutsche Forschungsgemeinschaft** (DFG; Adresse: Deutsche Forschungsgemeinschaft, 53170 Bonn, http://www.dfg.de/), die **Volkswagen Stiftung** (Adresse: **Volkswagen Stiftung**, Kastanienallee 35, 30519 Hannover, http://www.volkswagenstiftung.de/) und die **Europäische Union** (http://fp6.cordis.lu/). Die Förderung der Europäischen Union erfolgt im Rahmen von Forschungsrahmenprogrammen. Derzeit (2007–2013) läuft das 7. Forschungsrahmenprogramm (fp7). Besonders interessant sind hier die Mobilitätsstipendien im Rahmen der *Marie Curie Actions* (http://www.cordis.lu/fp7/mobility.htm). Forschungsvorhaben werden entsprechend den Regeln der jeweiligen Institution gefördert, in bestimmten Fällen ist auch die Beantragung von Stipendien möglich. Neben den Universitäten (**Graduiertenförderung**) vergibt eine Reihe von Institutionen **Promotionsstipendien**. Einige derartige Institutionen sind in Tab. 2.1 zusammengefasst. Daneben gibt es eine Reihe weiterer spezialisierter Stipendiengeber, siehe z. B. http://www.e-fellows.net/show/detail.php/5789. Während des Studiums oder nach der Promotion wollen zahlreiche Chemiker für eine begrenzte Zeit in einer anderen, meist ausländischen Arbeitsgruppe tätig werden. Eine Möglichkeit zur Finanzierung eines solchen Vorhabens besteht in **Auslands-** oder **post-doc-Stipendien**.

Tab. 2.1 Institutionen, die Promotions- und post-doc-Stipendien für den Bereich Chemie vergeben.

Institution	Adresse	Internetadresse
Cusanuswerk	Baumschulallee 5 53115 Bonn	http://www.cusanuswerk.de/
Deutsche Bundesstiftung Umwelt	An der Bornau 2 49090 Osnabrück	http://www.dbu.de

2.4 Forschungsfördernde Institutionen und Gesellschaften

Tab. 2.1 Fortsetzung

Institution	Adresse	Internetadresse
Evangelisches Studienwerk	Iserlohner Str. 25 58239 Schwerte	http://www.evstudienwerk.de/
Friedrich-Ebert-Stiftung	Godesberger Allee 149 53170 Bonn	http://www.fes.de
Friedrich-Naumann-Stiftung	Karl-Marx-Str. 2 14482 Potsdam	http://www.fnst.de
Hanns-Seidel-Stiftung	Lazarettstr. 33 80636 München	http://www.hss.de/
Hans-Böckler-Stiftung	Hans-Böckler-Str. 39 40476 Düsseldorf	http://www.boeckler.de/
Konrad-Adenauer-Stiftung	Rathausallee 12 53757 Sankt Augustin	http://www.kas.de/
Stiftung der Deutschen Wirtschaft	sdw im Haus der Deutschen Wirtschaft Breite Str. 29 10178 Berlin	http://www.sdw.org
Heinrich-Böll-Stiftung	Rosenthaler Str. 40/41 10178 Berlin	http://www.boell.de/
Rosa-Luxemburg-Stiftung	Franz-Mehring-Platz 1 10243 Berlin	http://www.rosalux.de
Stiftung Stipendien-Fonds des Verbandes der Chemischen Industrie	Karlstr. 21 60329 Frankfurt	http://fonds.vci.de
Studienstiftung des Deutschen Volkes	Ahrstr. 41 53175 Bonn	http://www.studienstiftung.de/
Stipendien für Auslandsaufenthalte		
Alexander-von-Humboldt-Stiftung	Jean-Paul-Str. 12 53173 Bonn	http://www.avh.de
Feodor Lynen-Forschungsstipendien; Vorauswahl der Stipendien der *Japan Society for the Promotion of Science* (JSPS) und des *National Science Council* (NSC), Taiwan		Deutsches Mobilitätsportal für Forscher: http://www.eracareers-germany.de
Deutscher Akademischer Austauschdienst	Kennedyallee 50 53175 Bonn	http://www.daad.de
Deutsche Forschungsgemeinschaft	Kennedyallee 40 53175 Bonn	http://www.dfg.de
Helmholtz-Gemeinschaft	Anna-Louisa-Karsch-Straße 2 10178 Berlin	http://www.helmholtz.de

2.5
Informationsmöglichkeiten mit Hilfe des Internets

Im Internet findet man heute Informationen über alles und damit auch über Organische Chemie. Da sich Inhalte des Internets schnell ändern, kann hier nur

2 Informationsquellen in der Organischen Chemie

eine unvollkommene Liste der für den Organiker interessanten Websites gegeben werden. Vielfach werden *cross links* zu anderen interessanten Websites gegeben. Um die Möglichkeiten auszuschöpfen wird empfohlen, die angegebenen Links auszuprobieren und ggf. als Lesezeichen zu speichern.

2.5.1
Suchmaschinen und Hinweise auf Chemie-Seiten

http://www.google.de
http://scholar.google.de/
http://meta.rrzn.uni-hannover.de/
http://de.yahoo.com/   sowie http://de.dir.yahoo.com/Forschung_und_Wissenschaften/Naturwissenschaften/Chemie/Organische_Chemie/
http://www.scirus.com/srsapp/
http://www.chemie.de/

2.5.2
Sicherheit

http://www.eusdb.de/
http://www.chemie.fu-berlin.de/chemistry/safety/chemsafety.html
http://www.chemie.fu-berlin.de/chemistry/safety/gef_sym.html
http://www-organik.chemie.uni-wuerzburg.de/   darin *Sicherheit*
http://www.chemlin.de/chemie/sicherheit.htm
http://www.tu-berlin.de/~iaac/aglc/links1.html#sicherheit
http://www.chemie.uni-bremen.de/kataster/links.htm
http://www.bgchemie.de

2.5.3
Wissenschaftliche Gesellschaften, Institutionen, Unternehmen, Verlage

http://www.gdch.de/ darin: *Links zu anderen*
http://www.gdch.de/strukturen/jcf.htm (Jungchemikerforum der GDCh)

2.5.4
Informationen aller Art für Organiker

http://www.vs-c.de/vsengine/topics/de/vlu/Chemie/Organische_00032Chemie/index.html
http://www.organische-chemie.ch/
http://www.organic-chemistry.org/
http://www.chm.bris.ac.uk/sillymolecules/sillymols.htm
http://www.chemie.fu-berlin.de/chemistry/index.html
http://www.liv.ac.uk/Chemistry/Links/
http://www.claessen.net/chemistry/
http://www.chemdex.org/

2.5 Informationsmöglichkeiten mit Hilfe des Internets

http://www.chemweb.com/
http://chemfinder.cambridgesoft.com/
http://www.chemie.uni-halle.de/311_59357/index.de.php
http://www.nist.gov/
http://www.oc-praktikum.de
http://rzblx1.uni-regensburg.de/ezeit/
http://www.organicworldwide.net/
http://www.chemie-im-alltag.de/

2.5.5
Computer

http://www.mdli.com/downloads/index.jsp
http://www.cambridgesoft.com/
http://www.chmoogle.com/
http://www.acdlabs.com/download/

2.5.6
Nomenklatur

http://www.iupac.org
http://www.acdlabs.com/products/name_lab/

2.5.7
Literatur (Recherche, Verlage etc.)

http://www.cas.org/SCIFINDER/SCHOLAR/
http://www.tib.uni-hannover.de/
http://portal.isiknowledge.com/
http://chemport.fiz-karlsruhe.de
http://dict.leo.org (online Englischwörterbuch)

2.5.8
Patente

http://publikationen.dpma.de/

2.5.9
Spektroskopie

http://www.aist.go.jp/RIODB/SDBS/cgi-bin/cre_index.cgi

2 Informationsquellen in der Organischen Chemie

2.5.10
Molecular Modelling und Visualisierung

http://cmm.info.nih.gov/modeling/
http://chemviz.ncsa.uiuc.edu/
http://www.colby.edu/chemistry/OChem/demoindex.html
http://www.canby.com/hemphill/chmvis.htm
http://www.liv.ac.uk/Chemistry/Links/refmodl.html

2.5.11
Allgemeine nützliche Informationen

http://www.labexchange.com/
http://www.unister.de/
http://www.chemie.uni-hannover.de/links.html
http://www.chemie.uni-jena.de/ivs/internet/datenbanken.htm
http://www.chemspy.com/
http://www.webelements.com/
http://www.chem.qmul.ac.uk/iupac/AtWt/
http://www-sul.stanford.edu/depts/swain/beilstein/bedict1.html/

Literaturhinweise

1 K. P. C. Vollhardt, N. E. Schore, *Organische Chemie*, 4. Aufl., Wiley-VCH, Weinheim, **2005**; A. Streitwieser, C. H. Heathcock, E. M. Kosower, *Organische Chemie*, 2. Aufl., VCH, Weinheim, **1994**; H. Beyer, W. Walter, *Lehrbuch der Organischen Chemie*, 24. Aufl., S. Hirzel Verlag,, Stuttgart, **2004**; P. Y. Bruice, *Organic Chemistry*, 4. Aufl., Pearson Educ. Intern., Upper Saddle River, NJ (USA), **2004**; M. A. Fox, J. K. Whitesell, *Organische Chemie*, Spektrum, Heidelberg, **1995**; J. Clayden, N. Greeves, S. Warren, P. Wothers, Oxford Univ. Press, Oxford, **2001**; weiterführende Lehrbücher: F. A. Carey, R. J. Sundberg, *Organische Chemie*, VCH, Weinheim, **1995**; M. B. Smith, J. March, *Advanced Organic Chemistry*, 5. Aufl., Wiley, New York, **2001**.

2 H. Römpp, J. Falbe, M. Regitz, *Römpp Chemie Lexikon*, 6 Bände, 10. Aufl., Thieme, Stuttgart, **1996–1999**; http://www.roempp.com/index.shtml.

3 Merck & Co., Inc, *The Merck Index*, 13. Aufl., Merck, Rahway, N.J., USA, **2001**; The Merck Index Version 13.4 CD-ROM (Commercial) Wiley, Chichester, **2005**.

4 L. F. Fieser, M. Fieser, *Reagents for Organic Synthesis*, Vol. 1–22, Wiley, New York, 1967–2004.

5 L. A. Paquette (Hrsg.), *Encyclopedia Reagents for Organic Synthesis*, Vol. 1–8, Wiley, New York, 1995.

6 *Patai Series: The Chemistry of Functional Groups*, Z. Rappoport (Hrsg.), Wiley, Chichester.

7 R. C. Larock, *Comprehensive Organic Transformations*, 2. Aufl., Wiley-VCH, New York 1999.

8 I. T. Harrison, S. Harrison, M. B. Smith, *Compendium of Organic Synthetic Methods*, Vol. 1–11, Wiley, New York, 1971–2003.

9 *Organic Reactions*, Vol. 1–48, Wiley, New York, 1967–1994; *Organic Synthesis*, Vol. 1–82, Wiley, New York, 1936–2005.

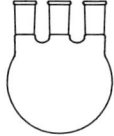

3
Techniken in der Organischen Chemie

3.1
Sicherheitsvorschriften und der Umgang mit Gefahrstoffen

Das Arbeiten im chemischen Labor und der Umgang mit Chemikalien sind mit Gefahren verbunden, so dass besondere Vorsichtsmaßnahmen nötig sind, um die Sicherheit von Personen und Umwelt zu gewährleisten.[1] Alle Schutzmaßnahmen und Vorschriften sind für den jeweiligen Arbeitsplatz in der **Allgemeinen Betriebsanweisung** gemäß Gefahrstoffverordnung (GefStoffV) geregelt. Sinn dieser Betriebsanweisung ist es, die Gefährdung von Menschen und Umwelt zu minimieren. Die Betriebsanweisung enthält deshalb zahlreiche Vorschriften, die eingehalten werden müssen, z. B. das Tragen einer Schutzbrille oder das Rauchverbot in Laboratorien. Daneben enthält sie aber auch Anleitungen, die es allen im Labor Beschäftigten ermöglichen sollen, selbständig Probleme zu lösen. Ein Beispiel dafür ist die Entsorgung von Abfällen. Die Betriebsanweisung basiert auf Vorschriften, die speziell den Umgang mit Chemikalien regeln (z. B. Chemikaliengesetz, Gefahrstoffverordnung, Umgang mit Gefahrstoffen an Hochschulen (TRGS 451), Verordnung über brennbare Flüssigkeiten (VbF)), berücksichtigt aber auch allgemeingültige Vorschriften (z. B. Unfallverhütungs- und Arbeitsschutzvorschriften, Laborrichtlinien, Abfallgesetze, Vorschriften für den Umgang mit Druckgasflaschen). Die Betriebsanweisung gilt verbindlich. Bei Nichtbeachtung gehen die Beschäftigten das Risiko ein, ihren Versicherungsschutz zu verlieren und für Schäden haftbar gemacht zu werden. Vor Beginn experimenteller Arbeiten in einem Labor sollte man sich daher unbedingt mit der zuständigen allgemeinen Betriebsanweisung vertraut machen. Im Praktikumsbetrieb werden die wichtigsten Punkte im Rahmen der Sicherheitsbelehrung vorgestellt. Da die Betriebsanleitung für jeden chemischen Arbeitsplatz unterschiedlich und daher sehr umfangreich ist, können an dieser Stelle nur **zehn allgemeine Gebote für sicheres Arbeiten in chemischen Laboratorien** (Tab. 3.1) genannt werden. Im Internet und von den Unfallversicherungsträgern sind Gesetzestexte, Vorschriften, Anleitungen und Broschüren erhältlich.[2]

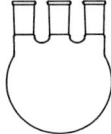

3 Techniken in der Organischen Chemie

Tab. 3.1 Zehn allgemeine Gebote für sicheres Arbeiten in chemischen Laboratorien.

1.	Bei Arbeiten mit Chemikalien oder an Apparaturen muss geeignete Schutzausrüstung getragen werden, mindestens Schutzbrille, Laborkittel, lange Hose und festes Schuhwerk.
2.	Essen, Trinken und Rauchen sind in Laboratorien verboten. Regelmäßig sollte man sich die Hände waschen.
3.	Apparaturen müssen so aufgebaut und betrieben werden, dass von ihnen keine Gefahr für Personen und Umwelt ausgehen und sie jederzeit gefahrlos außer Betrieb gesetzt werden können.
4.	Vor dem Umgang mit Chemikalien muss man sich über die Gefahren informieren, die von den Chemikalien ausgehen.
5.	Mit Chemikalien ist so sauber zu arbeiten, dass keine Gegenstände oder Einrichtungen verschmutzt werden, die nicht speziell für den Umgang mit Chemikalien bestimmt sind.
6.	Alle Chemikaliengebinde sind so zu etikettieren und kennzeichnen, dass ihr Inhalt auch für andere eindeutig erkennbar ist.
7.	Mit Gefahrstoffen muss im Abzug gearbeitet werden.
8.	Die Beschäftigungsbeschränkungen für Jugendliche, werdende und stillende Mütter und Frauen im gebärfähigen Alter für den Umgang mit Gefahrstoffen müssen beachtet werden.
9.	Grundsätzlich sollten unnötige Abfälle aller Art vermieden werden. Abfälle, die nicht vermieden werden können, sollten in der Menge verringert werden, z. B. durch Recycling von Papier, Glas, Styropor, Lösungsmitteln oder die Verkleinerung von Reaktionsansätzen. Es dürfen nur die Abfälle entsorgt werden, die nicht wieder verwendet werden können.
10.	Mit Fluchtwegen und Rettungsgeräten, insbesondere den Standorten von Notduschen, Telefon, Feuermelder und Feuerlöscher, muss man sich so vertraut machen, dass man sich selbst und andere in Notfällen retten kann. Dafür sollte man auch die Grundlagen der Ersten Hilfe beherrschen.

3.2
Chemische Apparaturen

Chemische Apparaturen für den Laborgebrauch werden meist aus Glasteilen mit Normschliff zusammengestellt. Je nach Reaktionsbedingungen und Reaktionsführung, z. B. Erhitzen unter Rückfluss und Zutropfen eines flüssigen Reaktanden, sind für Synthese- und Aufarbeitungsoperationen unterschiedliche **Standard-Apparaturen** geeignet. Der Aufbau von Standard-Apparaturen und technische Aspekte der Versuchsdurchführung werden in Lehrbüchern zur **Praktikumstechnik** erläutert.[3] Standard-Apparaturen sind für chemische Umsetzungen in der ungefähren Größenordnung von 0.5 mmol bis 5 mol geeignet, wobei dies natürlich von zahlreichen Faktoren abhängt, wie z. B der Wärmetönung der Reaktion, der Viskosität der Reaktionsmischung, der Luft- und Feuchtigkeitsempfindlichkeit von Reaktanden, der Reaktionstemperatur oder freiwerdenden Gasen. Für viel größere Ansätze (> 10 mol) wird man auf Reaktoren oder Spezialapparaturen ausweichen.

Beim **Arbeiten mit großen Reaktionsvolumina** können sich bei falschem Versuchsaufbau Schwierigkeiten ergeben: Zur Durchmischung sollte ein mechanischer Rührer verwendet werden. Magnetrührer sind für Volumina über 1 L ungeeignet. Die Kontrolle der Reaktionstemperatur wird mit zunehmendem Volumen schwieriger, da es viel länger dauert, die Reaktionsmischung zu erhitzen oder abzukühlen. Vor allem exotherme Reaktionen können problematisch werden, da die Reaktion häufig erst nach einer Induktionsperiode einsetzt, dann aber leicht

3.2 Chemische Apparaturen

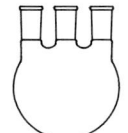

außer Kontrolle gerät. In solchen Fällen muss die Temperatur mit großzügig dimensionierten Kühlbädern sehr sorgfältig kontrolliert werden. Reagenzien, die zu einer exothermen Reaktion führen, müssen langsam zugegeben werden.

Sollen **sehr kleine Mengen** einer Substanz (< 0.3 mmol) umgesetzt werden und sind die Reaktanden zudem luft- oder hydrolyseempfindlich, so kann das Abmessen der Reaktanden und der Ausschluss von Wasserspuren Schwierigkeiten bereiten.[4] Das Problem des Abmessens kleiner Mengen empfindlicher Reagenzien lässt sich vergleichsweise leicht lösen: Es wird eine größere Menge eingewogen und mit einem inerten Lösungsmittel, am besten dem Reaktionsmedium, auf ein bestimmtes Volumen aufgefüllt. Ein entsprechendes Äquivalent dieser Lösung kann dann mit einer Injektionsspritze oder kalibrierten Pipette zur Reaktionslösung gegeben werden. Als Reaktionsgefäß ist ein mit einem Septum verschlossener Einhalskolben mit Inertgasanschluss geeignet. Der Kolben wird vor der Zugabe von Substanzen mit der Vakuumpumpe evakuiert und mit einem Heißluftfön erhitzt. Durch mehrfaches Beschicken mit trockenem Schutzgas (N_2, Ar) und erneutes Evakuieren lassen sich an der Glaswand haftende Wasserspuren entfernen. Nach dem Abkühlen ist der mit Schutzgas gefüllte Kolben bereit zur Reaktion. In manchen Fällen kann eine **Reaktion direkt im NMR-Röhrchen** durchgeführt werden. Dies erlaubt eine einfache und aussagekräftige Kontrolle des Reaktionsverlaufs, doch müssen dafür einige Bedingungen erfüllt sein: Ein geeignetes deuteriertes Lösungsmittel muss vorhanden sein, die Reaktionsmischung sollte während der gesamten Reaktion homogen bleiben und zudem keine paramagnetischen Anteile enthalten. In jedem Fall ist zu Vergleichszwecken vor Reaktionsbeginn ein NMR-Spektrum der authentischen Probe aufzunehmen.

Das wichtigste Hilfsmittel, um organische Reaktionen unter wasserfreien Bedingungen und Luftausschluss durchführen zu können, ist die kombinierte **Vakuum-Inertgas-Linie** (Abb. 3.1) in Verbindung mit der **Schlenk-Technik** (Abb. 3.2).[5] Sie sollte Bestandteil jedes modernen Synthesearbeitsplatzes sein. Die Linie besteht aus zwei Glasröhren, von denen die eine durch die Hochvakuumpumpe evakuiert wird und die andere mit Inertgas, meist Stickstoff, gefüllt ist. Die Vakuumlinie sollte am Ende nicht fest verschlossen, sondern mit einem Schliff NS29 und Glashohlstopfen versehen werden. Dies erleichtert die Reinigung und erlaubt die Kombination mehrerer Vakuumlinien. Die Anschlüsse lassen sich über ein zwei-

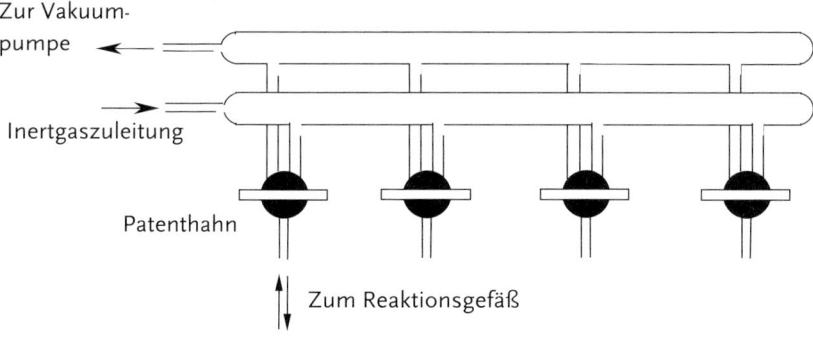

Abb. 3.1 Kombinierte Vakuum-Inertgas-Linie.

3 Techniken in der Organischen Chemie

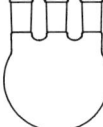

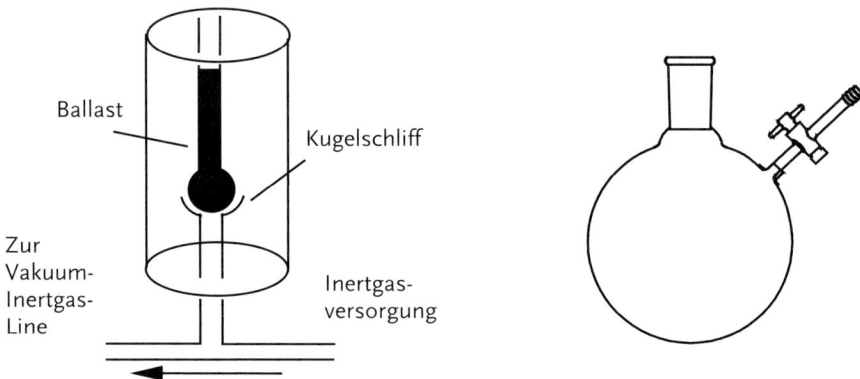

Abb. 3.2 Inertgasüberdruckventil (links) und Schlenk-Kolben (rechts).

fach schräg durchbohrtes Zweiwegehahnküken (Patenthahn) wahlweise mit jeder der Röhren verbinden. Auf diese Weise lässt sich eine an die Linie angeschlossene Apparatur durch das Umlegen des Hahns alternativ evakuieren oder mit Inertgas füllen. Bei der Schlenk-Technik benutzt man Glasgeräte, die mit einem zusätzlichen Schutzgashahn versehen sind. Durch einen Inertgasstrom, der das geöffnete Gefäß verlässt, ist gewährleistet, dass keine Luft eindringt. Die Regulierung des maximalen Stickstoffdrucks erfolgt am einfachsten durch eine in die Stickstoffzuleitung eingebaute Überdrucksicherung in Form eines Kugelschliffes. Ein zu hoher Inertgasüberdruck sollte vermieden werden, und alle Schliffverbindungen und Glasstopfen sind durch Klammern oder Federn zu sichern. Bei besonders empfindlichen Verbindungen müssen die Hahnküken mit Inertgas gespült werden.

Für **Überdruckreaktionen**, z. B. katalytische Hydrierungen (Abschnitt 5.4.2.2) sind Spezialapparaturen erforderlich. Glasautoklaven (bis ca. $5 \cdot 10^5$ Pa) und Bombenrohre (bis ca. $20 \cdot 10^5$ Pa) werden für geringe Überdrucke verwendet, während in Stahlautoklaven Reaktionen bei bis zu ca. $300 \cdot 10^5$ Pa durchgeführt werden können. Das Arbeiten mit Wasserstoffgas und aktiven Katalysatoren erfordert besondere Vorsicht. Halten Sie sich streng an die jeweiligen hausinternen Sicherheitsregeln!

Photochemische Reaktionen[6] werden normalerweise in einem speziellen Photolysereaktor mit Tauchschacht durchgeführt. Ist für die Reaktion Licht einer Wellenlänge < 300 nm erforderlich, so muss der Tauchschacht aus Quarzglas bestehen. Die Reaktionen werden gewöhnlich in stark verdünnten Lösungen durchgeführt. Ein Stickstoffstrom entfernt Luft aus der Reaktorlösung und sorgt für die nötige Konvektion. Das Emissionsspektrum der verwendeten Lampe muss dem Wellenlängenbereich entsprechen, der für die Reaktion benötigt wird. Typische Lichtquellen sind Quecksilberniederdrucklampen (Hg-Druck ca. 10^{-5} atm) mit Emissionswellenlängen bei 185 nm (5 %) und 254 nm (95 %), Quecksilbermitteldrucklampen (Hg-Druck ca. 5 atm) mit Emissionslinien zwischen 250 und 600 nm, Quecksilberhochdrucklampen (Hg-Druck 100 atm) mit breiten Emissionslinien von 360–600 nm und Natriumdampflampen mit einer Emissionswellenlänge von 600 nm. Für Wellenlängen größer 360 nm lassen sich heute Licht emittierende Dioden (LEDs) einsetzen, die definierte Emissionsspektren liefern und einfacher im Betrieb sind. Sehr hohe Lichtintensitäten liefern Laser. Auch das Emissionsspektrum des Sonnenlichts (300–1400 nm) ist eine geeignete Lichtquelle für die Photochemie.

Ozon für Ozonolysen (Abschnitt 5.4.2.5) wird mit einem kommerziellen Ozongenerator erzeugt. Beim Arbeiten mit Ozon ist Vorsicht geboten: Ozon ist sehr giftig und viele Ozonide sind explosiv.

In einigen Reaktionen wird **flüssiger Ammoniak** (Sdp. −33 °C) als Reaktionsmedium verwendet. Dazu wird Ammoniakgas aus einer Druckgasflasche in einen Kolben einkondensiert, der mit einem Aceton/Trockeneis-Kühler bestückt ist. Ist eine Reaktionstemperatur unterhalb von −33 °C erforderlich, so wird ein Kältebad verwendet.

Für **elektroorganische Synthesen**[7] werden spezielle Elektrolysezellen verwendet. Im einfachsten Fall ist dies ein Reaktionsgefäß mit zwei Elektroden, der **Anode** (z. B. aus Graphit, Pt, Au, Ti oder Pb) und der **Kathode** (alle Metalle und Graphit). Je nach **Elektrodenmaterial** treten verschiedene **Überspannungen** für die Gasentwicklung, z. B. H_2, O_2 oder Cl_2, auf. Für größere Umsätze sind Durchflusszellen oft vorteilhafter. Eine Trennung von Kathoden- und Anodenraum kann durch ein **Diaphragma** erreicht werden. Die an der Kathode bzw. Anode entstandenen Produkte werden so vor Reaktionen an der Gegenelektrode geschützt. Die **Elektrolyse** kann bei konstantem Stromfluss oder konstantem Potential durchgeführt werden, wobei im zweiten Fall eine **Referenzelektrode** (z. B. Ag/AgCl oder Kalomel) und ein Potentiostat zur Potentialeinstellung benötigt werden. Potentiale und Potentialbereiche werden häufig auf die Standard-Kalomelelektrode (SCE) als Referenzelektrode bezogen und abgekürzt *vs* SCE angegeben. Typische Lösungsmittel für elektroorganische Synthese sind Acetonitril (**Potentialbereich** bei Verwendung von $LiClO_4$ als Hilfselektrolyt: −3,2 V bis +2,6 V *vs* SCE), Dimethylformamid (Potentialbereich, Et_4NClO_4: −2,8 V bis +1,9 V *vs* SCE), Tetrahydrofuran (Potentialbereich, $LiClO_4$: −3,2 V bis +1,6 V *vs* SCE), aber auch Methanol (Potentialbereich, $LiClO_4$: −1 V bis +1,3 V *vs* SCE) oder Wasser (Potentialbereich: 2,7 V mit Bu_4NClO_4, bis zu +1,5 V mit $HClO_4$ *vs* SCE). Die Leitfähigkeit dieser Lösungsmittel ist für die Elektrolyse zu gering, so dass **Hilfselektrolyte** zugesetzt werden. Diese Salze müssen sich gut im entsprechenden Lösungsmittel lösen und unter den Elektrolysebedingungen stabil sein. Verwendet werden z. B. Bu_4NClO_4, $LiClO_4$, Bu_4NPF_6 oder Et_4NClO_4.

3.3
Präparative Techniken zum Trennen von Substanzgemischen

Oft ist es nötig das Rohprodukt einer chemischen Umsetzung weiter zu reinigen oder Einzelverbindungen aus Substanzgemischen zu isolieren. Je nach Reinheitsanforderung an das Produkt und die Komplexität des Gemisches müssen dazu verschiedene Trenntechniken kombiniert oder auch mehrfach durchgeführt werden. Die Grundlagen der wichtigsten Techniken werden hier vorgestellt.

3 Techniken in der Organischen Chemie

3.3.1
Kristallisation

Feste Stoffe lassen sich gut durch Umkristallisation reinigen. Dazu wird eine übersättigte Lösung der betreffenden Substanz hergestellt, aus der die Kristallisation erfolgt. Verschiedene Techniken können dazu angewendet werden, z. B. langsames Abkühlen einer heiß gesättigten, filtrierten Lösung oder die Zugabe eines Lösungsmittels, in dem die Substanz schlecht löslich ist, zu einer gesättigten Lösung der Verbindung und Abkühlen der Mischung. Dabei muss die Lösung homogen bleiben, und es dürfen weder Phasentrennung noch Niederschlag auftreten. Das Lösungsmittel darf die Substanz bei der Umkristallisation chemisch nicht verändern. Setzt die Kristallisation nicht spontan ein, wird mit Impfkristallen angeimpft. Auch durch Kratzen an der Gefäßwand mit einem scharfen Glasstab können Kristallisationskeime erzeugt werden. Bei der Auswahl des Lösungsmittels kann die vor allem für einfache Verbindungen gültige Regel helfen, nach der Substanzen von chemisch nahe stehenden Lösungsmitteln gut gelöst werden. Eine erste Orientierungshilfe für die Löslichkeit verschiedener Substanzklassen gibt Tab. 3.2. Die Übergänge zwischen den Substanz- und den Lösungsmittelklassen sind dabei fließend. Oft werden Lösungsmittelgemische verwendet.

Tab. 3.2 Lösungsmittel und ihre Lösungseigenschaften.

Substanzklasse	Gutes Lösungsmittel
	unpolar, hydrophob
Alkane, Alkene, unsubstituierte Aromaten	↓ Kohlenwasserstoffe
Halogenalkane	Ether, Halogenalkane
Ether	Ester
Amine	↓
Ester	Dioxan
Nitroverbindungen	Alkohole, Essigsäure
Nitrile	↓
Ketone	
Aldehyde	Alkohole
Phenole	↓
Amine	Wasser
Alkohole	
Carbonsäuren	↓
Sulfonsäuren	
Salze	Wasser
	↓
	polar, hydrophil

3.3.2
Destillation und Rektifikation

Zur Trennung und Reinigung flüssiger Substanzen eignet sich die Destillation. Der Dampfdruck einer Flüssigkeit steigt mit der Temperatur stark an. Wenn er gleich dem äußeren Druck ist, siedet die Flüssigkeit. Besitzen zwei Substanzen bei

3.3 Präparative Techniken zum Trennen von Substanzgemischen

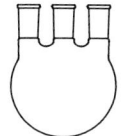

gegebener Temperatur unterschiedliche Dampfdrücke, so unterscheidet sich die Zusammensetzung von flüssiger und gasförmiger Phase. Dadurch wird eine Trennung möglich. Das Verhältnis der Dampfdrücke der reinen Komponenten wird als relative Flüchtigkeit α bezeichnet. Eine einfache Destillation ist aber nur dann sinnvoll, wenn sich die Siedepunkte der Komponenten um mindestens 60 °C unterscheiden. Ist eine höhere Trennleistung erforderlich, muss das Gemisch in einer Gegenstromdestillation oder **Rektifikation** über eine Kolonne fraktioniert werden. Komponenten mit Siedepunktsdifferenzen von mindestens 2 °C können noch mit Hilfe von Spaltrohr- oder Drehbandkolonnen getrennt werden. Die Siedetemperatur der zu destillierenden Substanz sollte bei Normaldruck zwischen 50–120 °C liegen. Liegt der Siedepunkt höher, so muss oft im Vakuum destilliert werden, um Pyrolysereaktionen zu vermeiden. Die Abnahme des Siedepunkts einer Substanz im Vakuum kann grob abgeschätzt werden: **Eine Verringerung des äußeren Drucks um die Hälfte reduziert den Siedepunkt um etwa 15 °C** (Tab. 3.3). Den exakten physikalischen Zusammenhang von Temperatur und Dampfdruck beschreibt die Clausius-Clapeyron'sche Gleichung.

Tab. 3.3 Ungefähre Abnahme des Siedepunkts Δ Sdp. [°C] bei Verringerung des Drucks.

Torr	760	380	190	95	48	24	12	6	3	1,5	0,7	0,35	0,18
mbar[*]	1013	506	253	127	63	32	16	8	4	2	1	0,5	0,2
Δ Sdp.	–	–15	–30	–45	–60	–75	–90	–105	–120	–135	–150	–165	–180

[*] Die Angabe in mbar entspricht etwa [10^2] Pa. Die Aufstellung ist eine grobe Orientierungshilfe. Sie ist nicht zur Umrechnung von Siedepunkten geeignet!

Viele Stoffe bilden **azeotrope Gemische**, d. h. bei einem bestimmten Mischungsverhältnis besitzen sie ein Siedepunktsmaximum oder -minimum. Ein azeotropes Gemisch kann daher durch Destillation nicht getrennt werden. Die Azeotropbildung wird genutzt, um eine Komponente aus einem Gemisch „herauszuschleppen" z. B. Wasser aus einer Reaktion als Benzol-Wasser-Azeotrop (Zusammensetzung 91:9 Gew.%, Siedepunkt 69.2 °C). Wichtige Anwendungsbeispiele dieser Technik sind die Acetalbildung (Abschnitt 5.12.2.10) und die Veresterung von Carbonsäuren (Abschnitt 5.15.4).

3.3.3
Sublimation

Bei der Sublimation erfolgt die Verdampfung eines Feststoffs im Vakuum bei erhöhter Temperatur unterhalb seines Schmelzpunkts. Die Dämpfe kondensieren an einem Kühlfinger direkt in fester Form. Besitzt die Substanz einen höheren Dampfdruck als die Verunreinigungen, kann sie auf diese Weise gereinigt werden. Um hohe Sublimationsgeschwindigkeiten zu erreichen, sollte der Weg zwischen Verdampfungszone und Kühlfinger möglichst kurz sein. Sublimationen werden oft im Hochvakuum vorgenommen.

3 Techniken in der Organischen Chemie

3.3.4
Extraktion

Unter Extraktion versteht man die Überführung einer Substanz aus einer Phase, in der sie gelöst oder suspendiert vorliegt, in eine zweite flüssige Phase. Die Verteilung der Substanz auf die beiden flüssigen Phasen wird durch den **Nernst'schen Verteilungssatz** ($c_A/c_B = K$) bestimmt, wobei c die Konzentration in den Phasen A und B ist. Der Nernst'sche Verteilungssatz gilt in dieser Form aber nur für geringe Konzentrationen, bei denen der gelöste Stoff in beiden Phasen identische Assoziationszustände hat (ideale Verhältnisse). Der Verteilungskoeffizient K ist bei einer bestimmten Temperatur eine stoffspezifische Konstante. In den meisten Fällen ist eine mehrfache Extraktion mit frischem Lösungsmittel erforderlich, um eine Substanz vollständig zu extrahieren. Zur wiederholten einfachen Extraktion von Feststoffen stehen spezielle Apparaturen zur Verfügung (Soxhlet-Extraktor, Thielepape-Aufsatz). Die einfache Extraktion von Flüssigkeiten erfolgt im Schütteltrichter. (**Achtung**: *Wird mit tiefsiedenden Lösungsmitteln extrahiert, so muss der Schütteltrichter während der Extraktion immer wieder entlüftet werden. Es kann Überdruck auftreten.*). Für die kontinuierliche Flüssig-Flüssig-Extraktion werden Perforatoren verwendet. In der Technik werden Vielstufenextraktionen benutzt, wobei zwei Phasen im Gegenstrom zueinander bewegt werden.

3.3.5
Chromatographische Methoden

Unter dem Begriff Chromatographie[8] werden physikalische Methoden zusammengefasst, bei denen eine Stofftrennung durch multiplikative Verteilung zwischen einer stationären (ruhenden) und einer mobilen (sich bewegenden) Phase erfolgt. Ein chromatographisches System besteht daher aus zwei nicht miteinander mischbaren Phasen, von denen sich die eine an der anderen vorbeibewegt. Das Trennprinzip besteht darin, dass unterschiedliche Stoffe mit der stationären und der mobilen Phase unterschiedlich starke Wechselwirkungen eingehen und das System zu verschiedenen Zeiten verlassen. Chromatographische Trennverfahren sind für die Analytik organischer Stoffe sehr wichtig. Sie werden zur Stoffanreicherung, Reaktionskontrolle, Vortrennung und Abtrennung einzelner Stoffe bis hin zur hochauflösenden Trennung komplexer Gemische und quantitativen Spurenanalyse eingesetzt. Chromatographische Methoden können nach der Art der mobilen Phase in drei große Gruppen eingeteilt werden: die Gaschromatographie, die Flüssigkeitschromatographie, zu der Dünnschicht-, Säulen- und Hochleistungs-Flüssigkeitschromatographie zählen, und die Chromatographie im überkritischen Bereich, z. B. mit flüssigem CO_2.[9]

3.3.5.1
Gaschromatographie (GC)[10]

Nur ohne Zersetzung und Umwandlung verdampfbare Verbindungen können gaschromatographisch analysiert werden. Die mobile Phase, das **Trägergas** (N_2, H_2 oder He), durchströmt die **Trennsäule** und übernimmt den Transport der

3.3 Präparative Techniken zum Trennen von Substanzgemischen

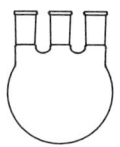

eingespritzten Probe der zu trennenden Mischung. Die Probe wird zur Injektion meist in einem niedrigsiedenden Lösungsmittel gelöst. Es können aber auch hochsiedende Lösungsmittel oder die reine Substanz verwendet werden. Die einzelnen Komponenten werden von der stationären Phase der Chromatographiesäule gelöst (flüssige stationäre Phase) oder adsorbiert (feste stationäre Phase).[11] Durch kontinuierliche, multiplikative Verteilung der Komponenten zwischen den Phasen erfolgt die Trennung. Wenn die mobile Phase ein Gas und die stationäre Phase, wie in den meisten Fällen, eine Flüssigkeit ist, werden die Gleichgewichtskonzentrationen einer bestimmten Komponente in den beiden Phasen für sehr kleine Konzentrationen durch das **Henry'sche Gesetz** beschrieben. Verbindungen mit hohem Dampfdruck und/oder geringer Wechselwirkung mit der stationären Phase werden früh eluiert, sie haben eine kurze **Retentionszeit**. Verbindungen mit niedrigem Dampfdruck und/oder starker Wechselwirkung mit der stationären Phase werden stärker zurückgehalten und später eluiert, sie haben eine lange Retentionszeit. In der Praxis müssen meist für eine gegebene Komponente oder Mischung durch Variation der Arbeitstemperatur und Trägergasströmung die optimalen **Trennbedingungen** einer Säule gefunden werden. Die Trennkraft wird durch die **Trennstufenhöhe**, die dem Quotienten aus Säulenlänge durch Zahl der theoretischen Böden entspricht, charakterisiert. Den theoretischen Zusammenhang zwischen Trennstufenhöhe (oder der theoretischen Bodenhöhe) und der Strömungsgeschwindigkeit liefert die **Van-Deemter-Gleichung**: $h = A + B/u + C \cdot u$. Dabei bedeutet h = HETP (hight equivalent to a theoretical plate) theoretische Bodenhöhe, A, B und C sind Parameter, u = Strömungsgeschwindigkeit [cm s^{-1}]. In der Gaschromatographie werden für Säulen mit hoher Trennkraft Trennstufenzahlen von über 300 000 erreicht, entsprechend theoretischen Bodenhöhen von 0.2 bis 0.5 mm.

Die beiden wichtigsten Komponenten gaschromatographischer Systeme sind Trennsäule und Detektor. Man unterscheidet die folgenden **Säulentypen**:
1. **gepackte Säulen**, die mit einem feinkörnigen Trägermaterial gefüllt sind, das zusätzlich mit einer stationären Flüssigphase imprägniert sein kann,
2. **Dünnfilm-Trennkapillaren**, in denen Stahl- oder Glaskapillaren einer Länge von 10 bis 200 m und einem Durchmesser von ca. 0.1 bis 0.5 mm auf der inneren Oberfläche mit der stationären Flüssigkeit benetzt sind und
3. **Dünnschicht-Trennkapillaren**, wobei die innere Kapillaroberfläche mit dünnen imprägnierten Trägerschichten belegt ist.[12]

Die beiden wichtigsten **gaschromatographischen Detektoren** sind der **Wärmeleitfähigkeitsdetektor (WLD)** und der **Flammenionisationsdetektor (FID)**. Das Prinzip des WLDs beruht auf der kontinuierlichen Messung der Wärmeleitfähigkeit des Trägergases mit der Hitzedrahtmethode, während beim FID das Eluat der Säule in eine Wasserstoffflamme geleitet und deren Ionisation zwischen zwei Elektroden gemessen wird. Ein gaschromatographischer Detektor liefert zu jedem Zeitpunkt der chromatographischen Trennung ein elektrisches Signal, dessen Intensität sich während der Elution einer Substanz kontinuierlich in konzentrationsabhängiger Weise ändert. Strömt nur reines Trägergas, so wird die Basis- oder Nulllinie registriert. Die Fläche des bei der Elution registrierten Peaks ist bei Substanzen mit vergleichbarer Wärmeleitfähigkeit oder Ionisation in erster Näherung propor-

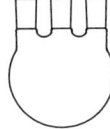

3 Techniken in der Organischen Chemie

tional zur eluierten Substanzmenge. Eine gaschromatographische Trennung kann mit der IR-Spektroskopie (siehe Abschnitt 3.4.2) oder der Massenspektrometrie (siehe Abschnitt 3.4.5) kombiniert werden. Man spricht dann von GC-IR- bzw. GC-MS-Kopplung. Die Gaschromatographie eignet sich bei Verwendung entsprechender Trennsäulen auch für semipräparative Trennungen.

3.3.5.2
Dünnschichtchromatographie (DC)[13]

Bei der Dünnschichtchromatographie (DC, engl. TLC) wird die stationäre Phase als dünne Schicht auf einen geeigneten Träger, z. B. eine Glasplatte, Polyester- oder Aluminumfolie, aufgebracht. Auf dieser Schicht wird das Substanzgemisch durch Elution mit einem **Laufmittel** (in der DC häufig die Bezeichnung für die mobile Phase) getrennt. Das Laufmittel transportiert die einzelnen Komponenten des Substanzgemisches je nach Löslichkeit und/oder Adsorptionsverhalten unterschiedlich weit. Die Laufstrecke der Substanzen, angegeben als R_f-**Wert**, wird dann zu ihrer Identifizierung benutzt. Der R_f-Wert ist der Quotient aus der Laufstrecke der Substanz, geteilt durch die Gesamtlaufstrecke.

Tab. 3.4 Laufmittel für die Dünnschichtchromatographie geordnet nach ihrer Polarität.

unpolar
Fluoralkane
Pentan
Isooctan
Petrolether
Hexan
Heptan
Cyclohexan
Tetrachlorkohlenstoff
Xylol
Diisopropylether
Toluol
Chlorbenzol
Benzol
Chloroform
Diethylether
Methylenchlorid
Tetrahydrofuran
Dioxan
Essigester
Pyridin
Aceton
Dimethylsulfoxid
Nitromethan
Acetonitril
Ethanol
Methanol
Essigsäure
polar

3.3 Präparative Techniken zum Trennen von Substanzgemischen

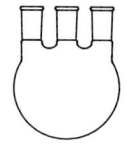

Die Dünnschichtchromatographie ist für nichtflüchtige und eingeschränkt auch für flüchtige Proben geeignet, wobei die Trennleistung deutlich geringer als die der Gas- oder Hochleistungs-Flüssigkeitschromatographie ist. Dennoch ist sie eine der wichtigsten Analysentechniken im organisch-chemischen Labor, da Aufwand und Analysenzeit gering sind. Die DC kann auch semipräparativ, z. B. zur Naturstoffisolierung, genutzt werden. Hierzu werden Platten mit einer dickeren Schicht der stationären Phase verwendet. Die Methode wird dann auch als Dickschichtchromatographie bezeichnet.

Bei der Wahl der stationären Phase müssen die Eigenschaften der zu trennenden Verbindungen berücksichtigt werden. Für lipophile Substanzen werden **Kieselgel**, **Alumiumoxid**, **Cellulosederivate** und für hydrophile Substanzen Umkehrphasen (**Reversed-Phase-Materialien**) verwendet. Bei Reversed-Phase-Materialien handelt es sich z. B. um Kieselgele oder Cellulosederivate, deren polare Oberfläche mit hydrophoben Resten, wie Alkylketten, derivatisiert worden ist. Kieselgel ist das wichtigste Sorptionsmittel in der Dünnschichtchromatographie. Kieselgele sind in verschiedenen Korngrößen erhältlich. Die Korngröße wird häufig als **Mesh-Zahl** angegeben. Je größer die Mesh-Zahl, umso kleiner ist die Korngröße. Der mittlere Teilchendurchmesser wird üblicherweise zur Produktklassifizierung verwendet. Handelspräparate werden oft mit den Zusatzbezeichnungen G (Beimengung von Gips als Bindemittel), UV$_{254}$ (Zusatz eines Fluoreszenzindikators) und HR (hochreine Qualität) versehen. Als mobile Phase können im Prinzip alle Lösungsmittel verwendet werden, die die Analysensubstanz lösen. Bei der Wahl eines optimalen Trennsystems aus stationärer und mobiler Phase hilft die folgende Beziehung: Ist das Analysengemisch polar, so sollte die stationäre Phase eine nur geringe Aktivität (geringes Rückhaltevermögen) aufweisen und die mobile Phase polar sein. Ist das Analysengemisch unpolar, so arbeitet man am besten mit einer stationären Phase hoher Aktivität und einem unpolaren Elutionsmittel. Oft müssen Gemische verschiedener Elutionsmittel eingesetzt werden, um eine optimale Trennung zu erreichen.

Die Polarität von Lösungsmitteln kann durch empirische Parameter angegeben werden.[14] So wurden u. a. solvatochrome Farbstoffe verwendet und ihr längstwelliger charge-transfer-Übergang im UV-Spektrum (Abschnitt 3.4.1) in verschiedenen Lösungsmitteln gemessen. Die so erhaltenen Übergangsenergien sind als E_T-Werte (in kcal mol^{-1}) tabelliert und werden als Lösungsmittel-Polaritätsparameter verwendet.

Die Standardmethode zur Entwicklung ist die aufsteigende DC in einer Trennkammer, deren Atmosphäre mit der mobilen Phase gesättigt ist. Alternativ kann eine Zirkularentwicklung durchgeführt werden, wobei das Fließmittel in der Plattenmitte zugeführt wird und radial nach außen fließt. Im Chromatotron wird die Fließgeschwindigkeit durch schnelle Rotation der Kieselgelplatte erhöht. Meistens wird eine Einfachentwicklung durchgeführt, obwohl die Mehrfachentwicklung in der Regel zu besseren Trennergebnissen führt. Die Detektion der Substanzen nach der Trennung gelingt im einfachsten Falle durch ihre Eigenfarbe, UV-Absorption und Fluoreszenz. Auch durch Farbreaktionen mit geeigneten Reagenzien können die Verbindungen sichtbar gemacht werden.

3 Techniken in der Organischen Chemie

Nützliche Färbereagenzien zur Detektion auf Kieselgel

VORSICHT: Färbereagenzien sollen mit vielen organischen Substanzen reagieren und sind daher sehr reaktiv. Jeglicher Hautkontakt und das Einatmen von Sprühnebeln muss unbedingt vermieden werden.

Kaliumpermanganat Sprüh- oder Tauchlösung: 3 g $KMnO_4$, 20 g K_2CO_3, 5 mL 5 %ige NaOH und 300 mL Wasser. Nachbehandlung: Erwärmen. Färbt reduzierende und ungesättigte Verbindungen.

Anisaldehyd-Schwefelsäure Sprühlösung: 0.5 mL Anisaldehyd (4-Methoxybenzaldehyd) in 50 mL Eisessig unter Zusatz von 1 mL konz. Schwefelsäure; Tauchlösung: mit 300 mL Ethanol auffüllen. Nachbehandlung: Erwärmen. Färbt viele funktionalisierte Verbindungen, z. B. Aldehyde, Alkohole oder Amine.

Vanillin Tauchlösung: 8.6 g Vanillin werden in 200 mL Ethanol gelöst und mit 2,5 mL konz. Schwefelsäure versetzt. Nachbehandlung: Erwärmen. Färbt viele ungesättigte Verbindungen.

Cer-Molybdatophosphorsäure Tauchlösung: 5.0 g Molybdatophosphorsäure und 16 mL konz. Schwefelsäure werden in 200 mL Wasser gelöst. Anschließend werden 2 g Cer(iv)-sulfat hinzugegeben. Nachbehandlung: Erwärmen. Färbt viele Verbindungen dunkelblau an.

3.3.5.3
Säulenchromatographie (SC)

Die Säulenchromatographie wird auch als Flüssigkeitschromatographie (LC) bezeichnet und basiert auf demselben Prinzip wie die Dünnschichtchromatographie: Aus einer stationären Phase, meist Kieselgel oder Aluminiumoxid, wird mit Lösungsmitteln die Substanz eluiert. Die Säulenchromatographie wird für präparative Trennungen genutzt. Dazu wird die stationäre Phase im Laufmittel suspendiert und in eine Glassäule gefüllt. Diesen Vorgang bezeichnet man auch als „Packen" der Säule. Die Säule kann auch mit trockenem Kieselgel gefüllt werden, und es wird erst dann Lösungsmittel durch die Säule gegeben. Nachdem die stationäre Phase sich abgesetzt hat und das Lösungsmittel soweit abgelaufen ist (Achtung: Während der Chromatographie sollte die stationäre Phase immer mit Lösungsmittel bedeckt sein!), wird die Substanz rein oder als Lösung in einer möglichst dünnen Schicht aufgetragen. Nun wird Lösungsmittel durch die Chromatographiesäule gegeben, wobei eine Deckschicht aus Sand oder Filterpapier eine Rückvermischung der Substanz verhindert. Die Säuleneluate werden fraktioniert aufgefangen, z. B. in Reagenzgläsern, und die Substanzfraktionen mit Hilfe der DC oder HPLC analysiert. Wird sehr feinkörniges Kieselgel verwendet und das Lösungsmittel unter leichtem Überdruck mit Pressluft durch die Säule geleitet, so spricht man von „Flash-Chromatographie".[15]

3.3.5.4
Hochleistungs-Flüssigkeitschromatographie (HPLC)[16]

Bei der Hochleistungs-Flüssigkeitschromatographie dient wie bei der Säulenchromatographie ein Lösungsmittelstrom als mobile Phase. Die zu trennende Probe wird mittels einer Dosiervorrichtung aufgegeben und mit der mobilen Phase mit konstanter Fließgeschwindigkeit durch die mit der stationären Phase gefüllte Säule transportiert. Dabei können, je nach Korngröße des Säulenmaterials, Fließgeschwindigkeit und Viskosität des Eluenten hohe Drücke von über 100 bar auftreten.

3.3 Präparative Techniken zum Trennen von Substanzgemischen

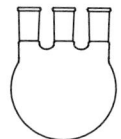

Am Säulenende werden die getrennten Substanzen durch einen Detektor qualitativ und quantitativ erfasst. Die **Detektion** erfolgt über die **UV-Absorption**, eine Änderung des **Brechungsindex**, die **Fluoreszenz**, die **Leitfähigkeit** (Ionen) oder **auf elektrochemischem Wege** (oxidierbare und reduzierbare Substanzen). Die HPLC wird meist zur Analyse schwer- oder nichtflüchtiger, stark polarer oder ionischer, thermisch labiler und leicht zersetzlicher Substanzen angewendet. Da die Trennleistung der HPLC weitaus höher ist als die der SC bzw. LC, wird sie bei schwierigen Trennproblemen auch zur semipräparativen und präparativen Isolierung genutzt. Die Wirksamkeit einer HPLC-Säule wird durch ihre Länge, die Korngröße des Packungsmaterials, die Art der stationären Phase und durch die Fließgeschwindigkeit und Temperatur der mobilen Phase bestimmt. Bleibt die Lösungsmittelzusammensetzung während der Chromatographie gleich, so spricht man von **isokratischer Chromatographie**, wird sie verändert, von **Gradientenchromatographie**. Neben der Adsorptions- und Verteilungschromatographie an Normal- oder Umkehrphasen (Reversed-Phase), kann die Trennung auch durch Ionenaustausch- oder Ausschlusschromatographie erfolgen.

Das Phasensystem in der **Normalphasenchromatographie** besteht in der Regel aus einer polaren stationären und einer unpolaren mobilen Phase. An den unterschiedlichen stationären Phasen werden nichtionische unpolare bis mittelpolare Substanzen getrennt. Die Retention steigt dabei mit zunehmender Polarität. Die Chromatographie an chemisch gebundenen **Umkehrphasen** gehört zu den heute am meisten verwendeten Techniken in der HPLC. Die am häufigsten verwendete stationäre Phase ist chemisch gebundenes Octadecylsilan (ODS oder RP 18). Das Phasensystem in der **Reversed-Phase-Chromatographie** besteht aus einer unpolaren stationären und einer polaren mobilen Phase. Je nach Wahl der stationären Phase können solche Reversed-Phase-Systeme Verteilungs- oder Adsorptionscharakter annehmen. Als mobile Phasen werden Wasser/Methanol-, Wasser/Acetonitril-, Wasser/Dioxan-Systeme oder Pufferlösungen eingesetzt. Ein wichtiges Einsatzgebiet der Umkehrphasenchromatographie ist die Trennung polarer Substanzen, wie Aminosäuren, Peptide oder Proteine.

Die **Ausschlusschromatographie** oder **Gelpermeationschromatographie** (GPC)[17] wird zur Bestimmung des Molekulargewichts und der Molmassenverteilung von künstlichen Polymeren, Proteinen oder Peptiden und zur Trennung von Substanzgemischen nach ihrer **Molekülgröße** genutzt. Wichtig für die Trennung sind **Porengröße** und Porengrößenverteilung des Füllmaterials und die Löslichkeit der Probe in der mobilen Phase. In der Gelpermeationschromatographie werden meist synthetisch hergestellte Polystyrole definierter Porengröße oder modifizierte Sepharosegele als Füllmaterial und organische Lösungsmittel als mobile Phasen verwendet. Das Porenvolumen bestimmt den Molekulargewichtsbereich, in dem eine Trennung stattfinden kann. Je kleiner ein Probenmolekül ist, desto größer ist das zur Verfügung stehende Porenvolumen und umso länger ist seine Retentionszeit auf der Säule. Die größten Moleküle eines Substanzgemisches werden daher zuerst eluiert.

Ionische Substanzen können durch **Ionenaustauschchromatographie** (**IEC, Ion Exchange Chromatography**)[18] getrennt werden. Die stationäre Phase für diese Chromatographie besitzt kationische Gruppen für die Trennung von Anionen

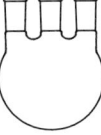

3 Techniken in der Organischen Chemie

Abb. 3.3 Chemische Formel von α-Cyclodextrin.

(**Anionenaustauscher**) oder anionische Gruppen für die Trennung von Kationen (**Kationenaustauscher**). Anionenaustauscher eignen sich zur Trennung von Polyphosphaten, organischen Phosphaten und Kohlenhydraten, während Kationenaustauscher für die Trennung von Aminen, Polyaminen und Hydrazinen geeignet sind. Die ionischen Gruppen sind chemisch an ein Polymer gebunden. Für Anionenaustauscher werden meist quartäre Ammoniumgruppen -NR_3^+ und für Kationenaustauscher Sulfonatgruppen -SO_3^- verwendet. Je mehr ionische Gruppen der Ionenaustauscher enthält, desto größer ist seine Austauschkapazität. Die Ladung der gebundenen Ionen wird durch bewegliche Gegenionen kompensiert, die während des Chromatographieprozesses gegen das Probenion ausgetauscht werden. Die Retention der jeweiligen Probenionen ergibt sich aus den ionischen Coulombkräften und den nichtionischen Dispersionswechselwirkungen. Als mobile Phasen werden für die Austauschchromatographie vorwiegend wässrige Pufferlösungen mit geringen Anteilen von organischen Lösungsmitteln eingesetzt.

Sollen mit Hilfe der HPLC Enantiomere einer Verbindung getrennt werden, so müssen **chirale stationäre Phasen** verwendet werden.[19] Als besonders wirkungsvoll haben sich **Cyclodextrine** (siehe Abb. 3.3) erwiesen, die aus 6, 7 oder 8 ringförmig verknüpften Glucoseeinheiten aufgebaut sind. Cyclodextrine werden technisch durch den partiellen enzymatischen Abbau von Stärke gewonnen (siehe auch: http://www.wacker.com).

3.4
Instrumentelle Analytik

Organische Verbindungen werden in der Regel mit den Mitteln der instrumentellen Analytik charakterisiert.[20] Darunter sind die schon lange bekannte **Elektronenspektroskopie** oder **Ultraviolettspektroskopie (UV/VIS)** und die **Infrarotspektroskopie (IR)** zu verstehen. Später ist die heute für die Organische Chemie wohl

3.4 Instrumentelle Analytik

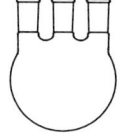

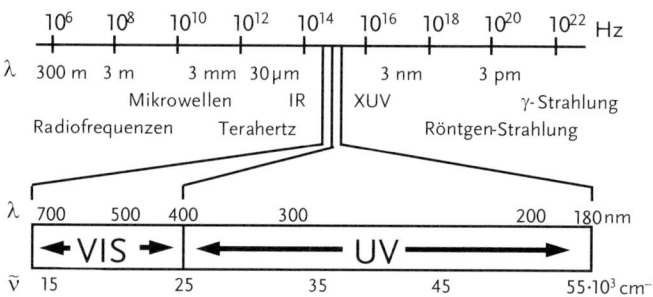

Abb. 3.4 Frequenzen v, Wellenlängen λ und Wellenzahlen $\tilde{v}$ verschiedener Bereiche des elektromagnetischen Spektrums.

wichtigste Methode, die **Kernresonanz-Spektroskopie (NMR)** hinzugekommen. Die ^{1}H-NMR- und ^{13}C-NMR-Spektroskopie zählen zu den Routinemethoden in der Organischen Chemie. Daneben haben die ^{31}P- und die ^{19}F-NMR-Spektroskopie wachsende Bedeutung. Zur Untersuchung paramagnetischer Verbindungen dient die **Elektronenspinresonanz-Spektroskopie (ESR)**. Die spektroskopischen Methoden beruhen auf einer Veränderung elektromagnetischer Strahlung durch die Wechselwirkung mit einer Substanzprobe. Abbildung 3.4 zeigt die verschiedenen Bereiche des elektromagnetischen Spektrums. Zwischen den spektroskopischen Eigenschaften einer Verbindung und ihrem molekularen Aufbau besteht oft ein klaren Regeln folgender Zusammenhang. Eine spektroskopische Analyse erfordert in der Regel keinen Substanzverbrauch.

Im Gegensatz zu den spektroskopischen Methoden beruht die **Massenspektrometrie (MS)** auf der massenabhängigen Ablenkung bewegter Ionen in einem Magnetfeld. NMR-Spektroskopie und Massenspektrometrie sind heute die aussagekräftigsten Methoden zur Bestimmung der Konstitution und Konfiguration organischer Verbindungen. Neben den bisher erwähnten Messtechniken gibt es einige speziellere, von denen hier chiroptische und thermoanalytische Verfahren als ausgewählte Beispiele angesprochen werden.

3.4.1
Elektronen- oder UV/VIS-Spektroskopie

Die UV/VIS-Spektroskopie[21] basiert auf der **elektronischen Anregung** von Molekülen mit ultraviolettem (UV) oder sichtbarem (VIS) Licht der Wellenlänge 150–800 nm. In der Praxis misst man meist nicht unter 200 nm, da dann Sauerstoff UV-Licht absorbiert und man mit speziellen Apparaturen arbeiten muss (Vakuum-UV). Bei der elektronischen Anregung eines Moleküls wird ein Elektron durch Absorption eines Lichtquants „passender Energie" ΔE in ein höheres, energiereicheres Orbital gehoben. Es gilt $\Delta E = h \cdot v$, so dass die Frequenz v der absorbierten Strahlung wie auch deren Wellenlänge $\lambda = c \cdot v^{-1}$ (c = Lichtgeschwindigkeit) ein Maß für die zur Anregung erforderliche Energie ist. Die absorbierte Energie entspricht weitgehend dem Energieunterschied der beiden beteiligten Orbitale ΔE_{el}. Kleinere Anteile resultieren aus der Überlagerung der einzelnen Elektronenzu-

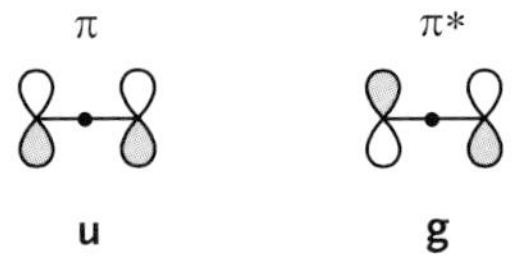

3 Techniken in der Organischen Chemie

Abb. 3.5 Paritäten gerade (g) und ungerade (u) am Beispiel der π- und π*-Orbitale des Ethens; ● = Symmetriezentrum.

stände durch Schwingungszustände (ΔE_{vib}) und Rotationszustände (ΔE_{rot}) sowie eines Translationsanteils (ΔE_{trans}). Nach dem **Franck-Condon-Prinzip** erfolgt die elektronische Anregung viel schneller als die der Schwingungs-, Rotations- und Translationszustände, so dass die Positionen der Atomkerne im Zuge der elektronischen Anregung praktisch unverändert bleiben und die Terme ΔE_{vib}, ΔE_{rot} und ΔE_{trans} je nach der Position der Atomkerne zum Zeitpunkt der elektronischen Anregung durchaus unterschiedlich sein können. Das führt dazu, dass die als Folge der elektronischen Anregung absorbierte Energie entsprechend unterschiedlich sein kann und eine breite Absorptionsbande anstatt einer scharfen Absorptionslinie auftritt. **Atom-** und **Molekülspektren** unterscheiden sich daher klar: Für isolierte Atome in der Gasphase wird ein scharfes **Linienspektrum** erhalten, während Moleküle mehr oder weniger strukturierte **Bandenspektren** liefern.

Die Vielzahl der denkbaren Elektronenübergänge von besetzten in nicht vollständig besetzte Orbitale wird durch **Auswahlregeln** bestimmt und erheblich begrenzt, so dass normalerweise nur einige wenige der zahlreichen denkbaren Übergänge tatsächlich beobachtet werden. Das *Spin-Verbot* besagt, dass der Gesamtspin des Moleküls vor und nach dem Übergang gleich sein muss. Aus einem Singulett-Zustand geht also immer ein Singulett-Zustand hervor und nicht etwa ein Triplett-Zustand. Das *Symmetrie-Verbot* ist am besten am Fall eines Moleküls mit zentrischer Symmetrie zu erklären, beispielsweise dem Ethen, dessen π- und π*-Orbitale bezüglich des Symmetriezentrums unsymmetrisch (ungerade, u) bzw. symmetrisch (gerade, g) sind (Abb. 3.5). Nach dem Symmetrie-Verbot kann nur eine Anregung in ein Orbital unterschiedlicher Parität erfolgen, also g → u oder u → g, nicht aber g → g oder u → u.

Bei monochromatischem Licht und verdünnten Lösungen, bei denen die gelösten Moleküle untereinander oder mit den Lösungsmittelmolekülen keine Assoziate bilden, gilt für die Lichtabsorption in Lösungen das Gesetz von Lambert, Beer und Bouguer (kurz: **Lambert-Beer'sches Gesetz**). Danach ist die **Absorption** A (engl. *absorbance*, früher Extinktion), die als dekadischer Logarithmus des Quotienten aus ein- und austretender Lichtintensität I_0 bzw. I definiert ist, sowohl der Schichtdicke d (in cm) der Lösung als auch ihrer Konzentration c (in mol L^{-1}) proportional. Die Proportionalitätskonstante ist der **Absorptionskoeffizient** ε (in 1000 cm^2 mol^{-1}, wird meist dimensionslos angegeben, früher Extinktionskoeffizient), bei dem es sich um die Stoffkonstante handelt, die mittels der UV/VIS-Spektroskopie ermittelt wird und die Rückschlüsse auf die untersuchte Verbindung erlaubt.

$$A = \log \frac{I_0}{I} = \varepsilon \cdot c \cdot d \quad \text{(Lambert-Beer'sches Gesetz)}$$

Mit Hilfe des Lambert-Beer'schen Gesetzes lassen sich auch sehr genaue Konzentrationsbestimmungen verdünnter Lösungen durchführen (**Photometrie**).[22]

3.4 Instrumentelle Analytik

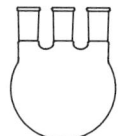

Die der UV/VIS-Absorption zugrunde liegenden **Elektronenübergänge** gehen in der Regel von bindenden σ- oder π-Orbitalen oder von nichtbindenden n-Orbitalen aus und führen in antibindende σ^*- oder π^*-Orbitale. $\sigma \rightarrow \sigma^*$-Übergänge sind energiereich und erfordern UV-Licht von Wellenlängen $\lambda \leq 190$ nm, ein Bereich, der nur der apparativ aufwändigen Vakuum-UV-Spektroskopie zugänglich ist. $n \rightarrow \sigma^*$-Übergänge können bei etwa 200 nm beobachtet werden, sind jedoch selten. Praktische Bedeutung haben für die Organische Chemie $\pi \rightarrow \pi^*$- und $n \rightarrow \pi^*$-Übergänge, deren exakte Bandenlage von der chemischen Umgebung des **Chromophors**, des für die UV-Absorption ursächlichen π-Systems, bestimmt wird. Wichtig ist die Berücksichtigung von **Lösungsmitteleffekten** (siehe auch Abschnitt 3.3.5.2 für Lösungsmittel-Polaritätsparameter und E_T-Werte).[23] So stabilisieren polare Lösungsmittel durch verstärkte Solvatation angeregte Zustände, wenn diese stärker polar sind als die entsprechenden Grundzustände. Dadurch wird die Anregungsenergie vermindert, was zu einer Rotverschiebung (größere Wellenlänge, bathochromer Effekt) führt. Umgekehrt führt eine Stabilisierung des Grundzustands, etwa durch ein zu Wasserstoffbrücken befähigtes Lösungsmittel zu einer Vergrößerung der erforderlichen Anregungsenergie (Blauverschiebung, hypsochromer Effekt).

Die wesentlichen Merkmale des UV/VIS-Spektrums sind die Lage und die Intensität der Absorptionsbanden. Je ausgedehnter ein Chromophor ist, desto größer ist die Wellenlänge der absorbierten Strahlung, denn das HOMO und das LUMO rücken relativ näher zusammen (Abschnitt 4.2). Die Intensität der Absorption wird durch den Absorptionskoeffizienten ε bestimmt, für den in Tab. 3.5 einige typische Werte zusammengefasst sind.

Tab. 3.5 Absorptionsmaxima λ_{max} und Absorptionskoeffizienten ε

Verbindung	λ_{max} [nm]	ε
Ethen	171	15 500
1,3-Butadien	217	21 000
trans-1,3,5-Hexatrien	268	36 300

Substituenten am Chromophor können Veränderungen der Absorptionswellenlänge bewirken, wobei sich jede Erweiterung des Chromophors in einer Erhöhung von λ_{max} niederschlägt. Die durch Substituenten bewirkten Veränderungen der Absorptionswellenlänge des „reinen" Chromophors lassen sich durch Inkrementsysteme ziemlich genau vorhersagen. Dabei wird von einem Basiswert des jeweiligen Chromophors ausgegangen, zu dem die tabellierten Beiträge (siehe z. B. Lehrbücher in [8]) der daran gebundenen Strukturelemente addiert werden, um einen Erwartungswert zu errechnen. Das Verfahren gelingt nur, wenn keine Resonanzeffekte zwischen den Substituenten auftreten.

Die UV/VIS-Spektroskopie ist ein außerordentlich empfindliches Verfahren. Daher muss mit besonders reinen Lösungsmitteln gearbeitet werden, und es ist wichtig, vor einer Messung grundsätzlich ein Spektrum der verwendeten Lösungsmittelcharge zu messen.

3.4.2
Infrarot- oder IR-Spektroskopie

3.4.2.1
Grundlagen

Die IR-Spektroskopie[24] dient meist zum **Nachweis funktioneller Gruppen** und basiert auf der Tatsache, dass Moleküle keine starren Gebilde sind, sondern **Molekülschwingungen** ausführen, die durch die im jeweiligen Molekül vorhandenen chemischen Bindungen charakterisiert sind. Infrarotlicht hat mit Wellenlängen λ zwischen 2500 und 25 000 nm (dies entspricht 2.5–25 μm oder einer Wellenzahl von 4000–400 cm^{-1}) die für die Anregung solcher Schwingungen erforderliche Energie. Damit die Wechselwirkung zum elektrischen Vektor des IR-Lichts erfolgen kann, muss eine wesentliche Voraussetzung erfüllt sein: IR-Licht wird nur dann absorbiert, wenn sich durch die Molekülschwingung das Dipolmoment des Moleküls ändert. Als **Auswahlregel** gilt: Nur diejenigen Molekülschwingungen sind IR-aktiv, die mit einer Dipolmomentänderung einhergehen. **Ohne Änderung des Dipolmoments keine IR-Absorption!** Als Konsequenz ist festzustellen, dass die Molekülschwingungen von C≡O oder I–Cl IR-aktiv sind, nicht aber die von H_2, N_2 oder Cl_2. Wichtig ist, dass sich die IR- und die **Raman-Spektroskopie**[25] gegenseitig ergänzen: IR-inaktive Schwingungen sind in der Regel Raman-aktiv. Der Grund liegt darin, dass die wesentliche Auswahlregel der Raman-Spektroskopie eine andere als die der IR-Spektroskopie ist. Molekülschwingungen sind nämlich nur dann Raman-aktiv, wenn sie mit einer Änderung der **Polarisierbarkeit** des Moleküls verbunden sind. Dies lässt sich an einem Vergleich der symmetrischen und der unsymmetrischen Schwingungen des CO_2-Moleküls verdeutlichen (Abb. 3.6). Man erkennt einen wichtigen Zusammenhang zur Symmetrie organischer Verbindungen: Je symmetrischer eine Verbindung ist, desto eher sind IR-inaktive Molekülschwingungen zu erwarten, und desto bandenärmer wird das IR-Spektrum sein. Symmetrische und unsymmetrische Schwingungen treten auch bei anderen Strukturelementen des Typs AB_2 auf, beispielsweise bei Carboxylaten (RCO_2^-), primären Aminen (RNH_2), Nitroverbindungen (RNO_2) oder isolierten Methylengruppen (RCH_2R).

Im Wesentlichen sind zwei Schwingungstypen zu unterscheiden, die **Valenzschwingungen** (auch Streckschwingungen genannt) und **Deformationsschwingungen**. Bei einer Valenzschwingung bewegen sich die aneinander gebundenen Molekülteile aufeinander zu bzw. voneinander weg, vereinfacht gesprochen handelt es

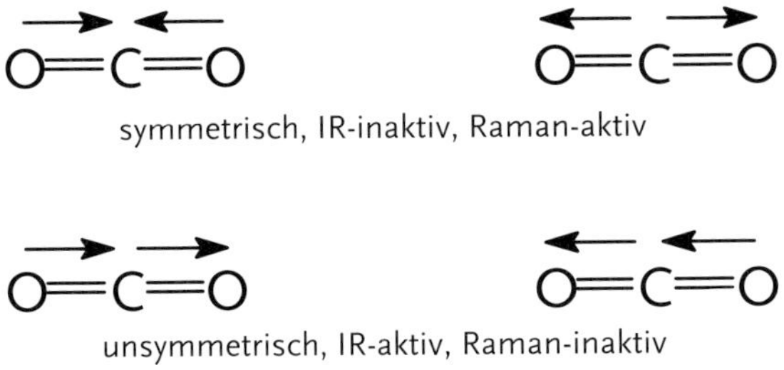

symmetrisch, IR-inaktiv, Raman-aktiv

unsymmetrisch, IR-aktiv, Raman-inaktiv

Abb. 3.6 Symmetrische und unsymmetrische Schwingungen des Kohlendioxids.

3.4 Instrumentelle Analytik

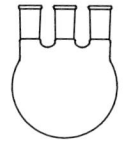

sich um einen eindimensionalen Vorgang. Bei den Deformationsschwingungen finden kompliziertere Bewegungen statt; man unterscheidet „bending"- (Spreiz-), „rocking"- (Pendel-) und „out-of-plane"- (Torsions- und Kipp-) Schwingungen. Die Valenzschwingungen haben größere Bedeutung und lassen oft den direkten Schluss auf eine Stoffklasse zu, während die Deformationsschwingungen für speziellere Fragestellungen wie die Bestimmung der Substitutionsmuster von Alkenen oder Arenen wichtig sind.

Bei der Anregung einer Molekülschwingung wird eine der Schwingung entsprechende Energiemenge $\Delta E = h\nu$ absorbiert. Nach $\nu = c/\lambda$ (c = Lichtgeschwindigkeit) gilt also $\Delta E = hc/\lambda$: Die Energie der Schwingung ist zur Wellenlänge der absorbierten Strahlung umgekehrt proportional. Das führt dazu, dass die Skalierung von IR-Spektren, in denen die Absorption gegen die Wellenlänge aufgetragen wird, hinsichtlich der Energie nicht linear ist. Um dies zu vermeiden, wurde die **Wellenzahl** eingeführt und definiert als $\tilde{\nu} = 1/\lambda$ (gemessen in cm^{-1}); damit ist die Energie der absorbierten Strahlung zur Wellenzahl proportional. In der Organischen Chemie interessieren Wellenzahlen $\tilde{\nu}$ zwischen 400 und 4000 cm^{-1}, was Energien von 4–40 kJ mol^{-1} entspricht.

Die meisten Valenzschwingungen werden oberhalb von $\tilde{\nu} = 1500\,cm^{-1}$ beobachtet, während die Deformationsschwingungen meist unterhalb dieses Wertes registriert werden. Der Bereich unterhalb von 1500 cm^{-1} ist meist schwerer zu analysieren, da hier viele einander überlagernde Absorptionen auftreten. Bei nichtlinearen Molekülen mit mehr als zwei Atomen gibt es $3n-6$ Grundschwingungstypen, hinzu kommen oft Oberschwingungen. Dennoch ist dieser Bereich nicht wertlos, denn zwei Proben der gleichen Verbindung haben bis ins Detail identische IR-Spektren, während selbst geringfügige Unterschiede zwischen zwei Proben normalerweise zu deutlich erkennbaren Unterschieden in diesem so genannten **Fingerprint-Bereich** des IR-Spektrums führen.

Molekülschwingungen können mit Hilfe des **Hooke'schen Gesetzes** beschrieben werden:

$$\tilde{\nu} = k \cdot \sqrt{f \cdot \frac{(m_1 + m_2)}{m_1 \cdot m_2}}$$

Darin ist k ein Proportionalitätsfaktor, f die Kraftkonstante und m_1 und m_2 die Massen am Ende der Bindung (Atome). f ist ein Maß für die Festigkeit einer Bindung, und man kann mit Hilfe des Hooke'schen Gesetzes verstehen, dass stärkere Bindungen zu höheren Wellenzahlen der entsprechenden Schwingungen führen (Tab. 3.6).

Tab. 3.6 Typische Wellenzahlen einiger funktioneller Gruppen.

Bindung	$\tilde{\nu}$ [cm^{-1}]
C–C, C–N, C–O	800–1300
C=C, C=N, C=O	1500–1900
C≡C, C≡N, C≡O	2000–2300

3 Techniken in der Organischen Chemie

Aus dem Hooke'schen Gesetz folgt auch die Abhängigkeit der Wellenzahl $\tilde{\nu}$ von den Massen der beteiligten Atome; es ergeben sich die folgenden typischen Werte für C–E-Einfachbindungen (siehe Tab. 3.7).

Tab. 3.7 Änderung der Wellenzahl mit der Masse der beteiligten Atome.

C–E	$\tilde{\nu}$ [cm^{-1}]
C–H	3000
C–D	2100
C–C	1000
C–Cl	700

3.4.2.2
IR-Spektren wichtiger organischer Substanzklassen

Im Folgenden werden die wichtigsten funktionellen Gruppen mit ihren IR-spektroskopischen Charakteristika kurz angesprochen.

Alkane: Intensive C–H-Valenzschwingung bei 2850–2970 cm^{-1}, bei gesättigten Systemen immer unter 3000 cm^{-1}. Ausnahmen: Cyclopropane, Epoxide u. ä. ca. 3050 cm^{-1}, Grund ist die Ringspannung; elektronegative Substituenten erhöhen den ionischen Charakter unmittelbar benachbarter C–H-Bindungen, CHCl$_3$ absorbiert bei 3020 cm^{-1}.

Alkene: C–H-Valenzschwingung bei 3010–3095 cm^{-1}, mittlere Intensität, manchmal wegen teilweiser Überlappung mit C–H-Banden aliphatischer Gruppen schwer identifizierbar. Immer > 3000 cm^{-1}, die C(sp^2)–H-Bindung hat wegen des höheren s-Charakters des sp^2-Hybridorbitals eine größere Kraftkonstante als die C(sp^3)–H-Bindung. C=C-Valenzschwingung bei 1590–1680 cm^{-1}, oft wenig intensiv, bei symmetrischer *trans*-Disubstitution IR-inaktiv. Out-of-plane-C–H-Deformationsschwingungen erlauben die Bestimmung des Substitutionsmusters (Abb. 3.7).

Alkine: Terminales Alkin intensive, scharfe C–H-Valenzschwingung bei 3300 cm^{-1}. C≡C-Valenzschwingung 2150–2260 cm^{-1}, scharf, von unterschiedlicher Intensität. Wenn die Substituenten gleich oder sehr ähnlich sind, wird die Schwingung IR-inaktiv, ist dann jedoch Raman-aktiv.

Alkohole und **Ether:** RO–H-Valenzschwingung der Alkohole um 3500 cm^{-1}; scharf, wenn freies OH vorliegt (z. B. in der Gasphase), normalerweise jedoch breit als Folge von Wasserstoffbrücken. Je stärker Wasserstoffbrücken vorliegen, desto tiefere Wellenzahlen werden beobachtet: Wasserstoffbrücken können durch konzentrationsabhängige Messung in Lösung nachgewiesen werden. Dies gilt allerdings nur für intermolekulare Wasserstoffbrückenbindungen. Bei intramolekularen H-Brücken ändert sich die $\tilde{\nu}_{OH}$-Bande nicht mit der Konzentration. Wasser absorbiert bei $\tilde{\nu}$ = 3710 cm^{-1}. Intensive C–O-Valenzschwingungen in Alkoholen und Ethern bei $\tilde{\nu}$ = 1050–1200 cm^{-1}, dies sind oft die intensivsten Banden im Fingerprint-Bereich.

980–960s   995–985m   895–885s
730–675s   915–900s

840–790m

[cm^{-1}]
s = stark (strong)
m = mittel (medium)

Abb. 3.7 Charakteristische *out-of-plane*-C–H-Deformationsschwingungen für unterschiedlich substituierte Alkene.

Aromaten: Wenig intensive C–H-Valenzschwingung bei 3010–3040 cm^{-1}. C=C-Valenzschwingungen bei 1500, 1580 und 1600 cm^{-1}, von denen meist zwei Banden vorhanden sind, die Schwingung bei 1500 cm^{-1} ist normalerweise die intensivste. Diese Banden sind meist auch bei polycyclischen Aromaten und Pyridinderivaten vorhanden. Ähnlich wie bei Alkenen erlauben die C–H-out-of-plane-Deformationsschwingungen Rückschlüsse auf das Substitutionsmuster (Tab. 3.8).

Tab. 3.8 Zusammenhang zwischen dem Substitutionsmuster eines Aromaten und charakteristischen C–H-out-of-plane-Deformationsschwingungen.

Aromat	$\tilde{\nu}$ [cm^{-1}]
monosubstituiert	770–730 und 720–680
ortho-disubstituiert	770–735
meta-disubstituiert	900–860 und 810–750
para-disubstituiert	860–800

Halogenverbindungen: Aufgrund des Hooke'schen Gesetzes ergibt sich die folgende typische Abstufung der C–X-Valenzschwingungen (X = Halogen) für **Halogenalkane:** C–I ca. 500 cm^{-1}, C–Br 510–670 cm^{-1}, C–Cl 550–840 cm^{-1}, C–F 1110–1370 cm^{-1}. Die Interpretation ist nicht immer leicht, da die Banden oft mit denen anderer Strukturelemente überlappen und von vergleichbarer Intensität wie z. B. C–H-Deformationsschwingungen von Aromaten oder Alkenen sind. Die Absorptionsbanden der **Halogenaromaten** liegen im Bereich von 1030–1270 cm^{-1}: C–F 1270–1100 cm^{-1}, C–Cl, C–Br und C–I 1100–1030 cm^{-1}.

Nitroverbindungen: Zwei intensive Banden um 1600–1500 (unsymmetrische) und 1400–1300 cm^{-1} (symmetrische) N–O-Valenzschwingungen.

Amine: N–H-Valenzschwingungen 3300–3500 cm^{-1}; primäre Amine zeigen zwei Banden (sym. und unsym.), sekundäre Amine nur eine. Damit können primäre, sekundäre und tertiäre Amine IR-spektroskopisch unterschieden werden.

3 Techniken in der Organischen Chemie

Carbonylverbindungen

Alle Carbonylverbindungen zeigen intensive, gut erkennbare Banden der C=O-Valenzschwingung im Gebiet von 1900–1600 cm^{-1}. Jede Klasse von Carbonylverbindungen hat ihren charakteristischen Absorptionsbereich, wobei die exakte Bandenlage der C=O-Valenzschwingung auch von benachbarten Strukturelementen der Carbonylgruppe beeinflusst wird. Eine bessere Unterscheidung verschiedener Carbonylgruppen gelingt allerdings über die chemische Verschiebung des Carbonylkohlenstoffatoms im ^{13}C-NMR-Spektrum. Bevor auf die einzelnen Carbonylverbindungen eingegangen wird, sollen einige allgemeine Regeln angesprochen werden:

Je stärker elektronenziehend die an das Carbonyl-Kohlenstoffatom gebundenen Gruppen sind, desto größer ist dessen positive Partialladung, was den ionischen Charakter der C=O-Bindung erhöht. Dadurch wird die Bindung fester, und gemäß dem Hooke'schen Gesetz steigt die Wellenzahl der Valenzschwingung. Beispiele: Ketone $\tilde{v}$ = 1705–1725 cm^{-1}, Säureamide $\tilde{v}$ = 1630–1690 cm^{-1}, Carbonsäurechloride $\tilde{v}$ = 1790–1820 cm^{-1}. Mit Ausnahme der Amide haben α,β-ungesättigte Carbonylverbindungen um 10–40 cm^{-1} erniedrigte Wellenzahlen der C=O-Valenzschwingung, denn durch die Konjugation wird die C=O-Bindung etwas geschwächt. Weitere Konjugation hat praktisch keinen Effekt. Ringspannung erhöht die Wellenzahl der Carbonyl-Valenzschwingung in charakteristischer Weise, wodurch bei Cycloalkanonen und Lactonen die Ringgröße bestimmt werden kann. Wasserstoffbrücken zur Carbonylgruppe führen zu um 40–60 cm^{-1} erniedrigten Wellenzahlen, was insbesondere bei Carbonsäuren, Amiden und β-Dicarbonylverbindungen (cyclisch chelatisierte Enole) von Bedeutung ist. Die hier beschriebenen Einflüsse verhalten sich im Allgemeinen additiv.

Carbonsäureanhydride: Zwei Banden bei (I) 1850–1800 und (II) 1790–1740 cm^{-1}, $\Delta\tilde{v}$ = 60 cm^{-1}. I ist in acyclischen, II in cyclischen Anhydriden intensiver.

Carbonsäurechloride: Starke Absorptionsbande bei 1815–1790 cm^{-1}, Aryl- und α,β-ungesättigte Derivate bei 1790–1750 cm^{-1}.

Ester und Lactone: Absorptionsbande bei 1750–1735 cm^{-1}, α-Ketoester bei 1755–1740 cm^{-1}. Die Lage der Carbonylbande bei Lactonen hängt empfindlich von der Ringgröße ab: Siebenringlactone 1730 cm^{-1}, Sechsringlactone 1750 cm^{-1}, Fünfringlactone 1775 cm^{-1} und Vierringlactone 1840 cm^{-1}. β-Ketoester zeigen aufgrund der intramolekularen Wasserstoffbrücke eine Carbonylabsorption bei nur 1650 cm^{-1}, daneben wird bei 1630 cm^{-1} die Valenzschwingungsbande der C,C-Doppelbindung des Enols beobachtet. Alle Ester und Lactone zeigen C–O-Einfachbindungen zuzuordnende intensive Absorptionsbanden bei 1300–1050 cm^{-1}.

Aldehyde: Gesättigt bei 1740–1720 cm^{-1}, Aryl- und α,β-ungesättigte bei 1705–1685 cm^{-1}. Aldehyde zeigen meist zwei Valenzschwingungen für die Aldehyd-C–H-Bindung, davon eine bei 2750 cm^{-1}.

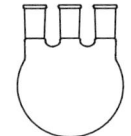

Ketone: Gesättigt offenkettig bei 1725–1705 cm^{-1}. Cyclohexanone bei 1725–1705 cm^{-1}, Cyclopentanone bei 1750–1740 cm^{-1}, Cyclobutanone bei ca. 1780 cm^{-1}. α-Halogensubstitution erhöht die Wellenzahl um ca. 20 cm^{-1} je Halogenatom, α,β-ungesättigte Ketone zeigen um ca. 20 cm^{-1} je Doppelbindung verminderte Wellenzahlen.

Carbonsäuren: Breite Bande bei 3500–2500 cm^{-1} aufgrund starker Wasserstoffbrücken (Dimer!); Carbonylabsorption bei 1725–1700 cm^{-1}. In verdünnter Lösung wird bisweilen bei 1760 cm^{-1} die Carbonylbande der monomeren Säure beobachtet. α-Halogensubstituenten erhöhen die Wellenzahl der Carbonylbande um ca. 20 cm^{-1}, Aryl- und α,β-ungesättigte Säuren absorbieren bei 1715–1680 cm^{-1}.

Carbonsäureamide: Primäre Amide CO–NH$_2$: Carbonylabsorption bei 1690 cm^{-1} (Amid I), N–H-Bending bei 1600 cm^{-1} (Amid II). Amid I ist meist intensiver als Amid II. Sekundäre Amide CO–NHR: 1700–1670 cm^{-1} (Amid I), 1550–1510 cm^{-1} (Amid II, nur in offenkettigen). Tertiäre Amide CO–NRR': 1670–1630 cm^{-1} (Amid I).

3.4.2.3
Phasen zur Aufnahme von IR Spektren

Gasphase: Messungen in der Gasphase werden in 10 cm langen Gasküvetten mit Kochsalzfenstern an den Enden ausgeführt (NaCl absorbiert nicht im Messbereich). Sie liefern besonders gut aufgelöste Spektren. Die zu vermessende Substanz muss dazu hinreichend flüchtig sein. Leichtes Erwärmen der Gasküvette mit einem Fön kann hilfreich sein. Wichtig: Gasküvetten müssen nach Benutzung besonders gründlich mit wasserfreien Lösungsmitteln gereinigt werden.

Flüssig: Man bringt einen Tropfen der flüssigen Substanz auf eine Kochsalzplatte auf. Nach Auflegen der zweiten Platte bildet sich dazwischen ein kapillarer Flüssigkeitsfilm. Die Platten werden in einem Plattenhalter behutsam fixiert, damit sie nicht zerbrechen.

Lösung: Man sollte möglichst unpolare Lösungsmittel verwenden, um Wechselwirkungen mit dem Substrat zu minimieren. Das Lösungsmittel sollte im interessierenden Bereich nicht selbst absorbieren; es empfiehlt sich, unter denselben Messbedingungen ein Spektrum der authentischen Charge des verwendeten Lösungsmittels aufzunehmen. Man arbeitet mit 1–5 %igen Lösungen in speziellen Küvetten mit Kochsalzfenstern mit 0,1–1 mm Schichtdicke. Man kann zum Ausgleich der Lösungsmittelabsorption eine zweite Zelle mit dem reinen Lösungsmittel in den Referenzstrahl des Spektrometers bringen. CHCl$_3$ sollte alkoholfrei sein. Für wässrige Lösungen kann man Messzellen aus CaF$_2$ verwenden.

Nujol: Ca. 1 mg der festen Substanz wird mit Nujol (ges. Kohlenwasserstoff) zur Suspension verrieben und die erhaltene Paste wie eine Flüssigkeit zwischen Kochsalzplatten vermessen.

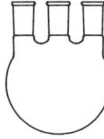

3 Techniken in der Organischen Chemie

Fest (KBr): 1–2 mg der festen Substanz werden mit 50–100 mg KBr fein zerrieben. Das Pulver wird in einem speziellen Presswerkzeug unter Vakuum in einer hydraulischen Presse zu einem fast durchsichtigen Pressling verdichtet. Das verwendete KBr muss möglichst frei von Wasser sein, welches bei 3450 cm^{-1} absorbiert. Nicht hinreichend fein gemahlenes Pulver führt zu Phasenfehlern im Spektrum (Christiansen-Effekt).

ATR (attenuated total reflectance): Bei diesem Verfahren wird die Probe auf einem optisch dichteren sog. ATR-Kristall aufgebracht. Wenn innerhalb des ATR-Kristalls der Einfallswinkel eines Lichtstrahls auf die Grenzfläche den Grenzwinkel der Totalreflexion übersteigt, wird er reflektiert. Dennoch dringt ein Teil der elektromagnetischen Energie wenige Wellenlängen in das optisch dünnere Medium ein und kehrt dann, sofern keine Absorption erfolgt, wieder in das optisch dichtere Medium zurück (Totalreflexion). Findet jedoch aufgrund von Schwingungsanregung eine Absorption statt, wird der Strahl dementsprechend verändert. Der ATR-Kristall ist so aufgebaut, dass sich dieser Vorgang viele Male wiederholt und schließlich gemessen werden kann. In Verbindung mit der FT-IR-Technik wird schließlich ein IR-Spektrum erzeugt.

3.4.2.4
FT-IR-Spektroskopie

Während früher das Spektrum durch Variation der Wellenlänge Schritt für Schritt durchfahren und die Absorption gemessen wurde, hat sich mittlerweile eine neue Technik, die FT-IR-Spektroskopie, durchgesetzt. Dabei werden alle Wellenlängen gleichzeitig eingestrahlt und in ein Interferogramm umgewandelt. Beim Durchtritt der Strahlung durch die Substanzprobe wird das Interferogramm aufgrund der IR-Absorption in für die Substanz charakteristischer Weise verändert. Nach dem Durchtritt durch die Probe wird aus dem Interferogramm durch eine mathematische Fourier-Transformation das Spektrum erzeugt. Der Vorteil dieser computergestützten Methode liegt in einer höheren Messgeschwindigkeit, einem deutlich verbesserten Signal-Rausch-Verhältnis und einer größeren Genauigkeit der Messung der Wellenzahlen von Absorptionsbanden. Daneben wird die Speicherung und Bearbeitung der Spektren im Computer möglich, was beispielsweise den Vergleich innerhalb von Spektrenbibliotheken ermöglicht.

3.4.3
NMR-Spektroskopie

3.4.3.1
Grundlagen

Der NMR-Spektroskopie[26] liegt als physikalisches Phänomen die Kernresonanz (*Nuclear Magnetic Resonance*, NMR) von Atomkernen zugrunde, die über einen **Kernspin** $I \neq 0$ verfügen. In einem von außen angelegten Magnetfeld können sich diese Spins in $2I+1$ Richtungen orientieren, deren Energien sich unterscheiden. Absorption eines eingestrahlten, „passenden" Energiequants führt zur Anregung, der Kernspin nimmt eine Orientierung höherer Energie ein. Die dazu erforderliche exakte Energie ist neben der Natur des Atomkerns von dessen chemischer Umgebung abhängig und erlaubt sehr weitgehende Schlüsse auf Konstitution, Konfiguration und Konformation der betreffenden Verbindung. Die für die Organische Chemie wichtigsten Atomkerne mit Kernspin sind ^{1}H, ^{13}C, ^{19}F und ^{31}P, sie weisen alle einen Kernspin $I = ½$ auf. Demnach existieren für diese Kerne zwei unterschiedliche Energieniveaus, zwischen denen die Anregung stattfindet. Die dazu erforderliche **Resonanzenergie** ΔE berechnet sich zu

$$\Delta E = h\,\nu = h\,\gamma\,B_0/2\pi \qquad \text{(Resonanzbedingung)}$$

Darin sind h das Planck'sche Wirkungsquantum, ν die Resonanzfrequenz, γ das magnetogyrische Verhältnis (eine kernspezifische Proportionalitätskonstante) und B_0 das von außen angelegte Magnetfeld (genauer: dessen magnetische Flussdichte). Danach sind der Energieunterschied ΔE der beiden Spinorientierungen sowie die dementsprechende Resonanzfrequenz ν dem äußeren Magnetfeld proportional. Es ist keineswegs so, dass normalerweise alle Spins die energieärmere Orientierung einnehmen und erst bei entsprechender Energieeinstrahlung in den energiereicheren Zustand angeregt werden. Stattdessen ergibt sich die Verteilung N_β/N_α der Spins im energiereicheren (β) und dem energieärmeren (α) Zustand aus der **Boltzmann-Verteilung** zu

$$N_\beta/N_\alpha = e^{(-\Delta E/kT)}$$

Das Besetzungsverhältnis der beiden Energieniveaus liegt normalerweise sehr nahe bei 1. Bei einer magnetischen Flussdichte B_0 des von außen angelegten Magnetfelds von 7.05 T (Messfrequenz 300 MHz) ist N_β/N_α etwa 0.99995, was heißt, dass sich von 100 000 Spins 50 001 im energieärmeren und 49 999 im energiereicheren Zustand befinden. Durch die Anregung wird dieses Zahlenverhältnis nur geringfügig verändert, weswegen zur Messung der Kernresonanz ein hoher apparativer Aufwand nötig ist. Wenn beide Energieniveaus gleich besetzt sind, kann keine weitere Anregung stattfinden, man spricht von **Sättigung**. Das nach der Bolzmann-Verteilung gegebene Verhältnis stellt sich durch Abgabe der vorher absorbierten Energie (**Relaxation**) wieder ein. Zur **Aufnahme eines NMR-Spektrums** gibt es unterschiedliche Verfahren. Beim heute veralteten **CW-Verfahren** (continuous wave) wird von einer Sendespule mit einer Frequenz ν auf eine Messprobe eingestrahlt und die abgegebene Strahlung von einer Empfängerspule registriert. Kernresonanz tritt ein, wenn die Resonanzbedingung erfüllt ist. Das kann bewirkt werden, indem bei konstanter Frequenz ν der eingestrahlten Energie die magnetische Flussdichte B_0 des von außen angelegten Magnetfelds verändert wird (**Feld-Sweep**) oder indem bei konstanter magnetischer Flussdichte B_0 die Frequenz ν der eingestrahlten Energie verändert wird (**Frequenz-Sweep**). Der Messbereich wird Punkt für Punkt registriert und im Spektrum die Absorption gegen die Frequenz aufgetragen. In den vergangenen Jahren ist an die Stelle des CW- das **Fourier-Transform-Impulsverfahren (FT)** getreten, das vor allem durch die Verfügbarkeit leistungsfähiger Computer zu einer wesentlichen Weiterentwicklung der NMR-Spektroskopie geführt hat, die auch heute noch andauert. Dabei wird mit Hilfe eines Hochfrequenzge-

3 Techniken in der Organischen Chemie

nerators für eine kurze Zeit (Impulslänge τ_P einige µs) Energie eines kontinuierlichen Frequenzbands eingestrahlt. Die Impulslänge τ_P wird so gewählt, dass die Breite des Frequenzbands die Spektrenbreite um eine oder zwei Zehnerpotenzen überschreitet. Der Puls induziert ein oszillierendes Magnetfeld B_1 (definitionsgemäß in x-Richtung), welches senkrecht zum äußeren Magnetfeld B_0 (z-Richtung) gerichtet ist. Wegen des geringen Besetzungsunterschieds von N_α und N_β erfährt die Probe eine Magnetisierung M in Richtung z des äußeren Magnetfelds. Durch den Puls wird die Richtung dieser Magnetisierung um den Winkel Θ verändert. Es gilt

$$\Theta = \gamma \, B_1 \, \tau_P$$

Die Empfängerspule misst die Magnetisierung in y-Richtung (Quermagnetisierung). Die Messung ergibt das Bild einer Schwingung, deren Amplitude als Folge der Relaxation zeitlich exponentiell abnimmt. Diese Kurve wird als FID (*Free Induction Decay*) bezeichnet. Durch eine Fourier-Transformation (FT) erhält man daraus das aus der Resonanz resultierende Spektrum mit der Frequenz als Abszisse. Enthält die Probe mehrere Kerne mit verschiedenen Resonanzfrequenzen oder tritt aufgrund von Spin-Spin-Kopplungen eine Aufspaltung von Signalen auf, so überlagern sich die Abklingkurven der Magnetisierung zu einem komplizierten Interferogramm, dem FID, der immer noch sämtliche spektralen Informationen enthält. Auch hier wird der FID (Spektrum der Zeitdomäne) durch eine Fourier-Transformation in ein normales NMR-Spektrum der Frequenzdomäne umgerechnet. Aus einem Puls wird so die gesamte NMR-spektroskopische Information der Probe erhalten. Allerdings ist die Intensität eines einzelnen FIDs in der Regel so gering, dass das erhaltene Spektrum durch ein ungünstiges Signal-Rausch-Verhältnis beeinträchtigt wird, was insbesondere das Erkennen schwacher Signale sehr erschwert. Das Problem wird durch Spektrenakkumulation gelöst: Im Computer werden viele FIDs addiert, akkumuliert und danach transformiert. Auf diese Weise mittelt sich das zufällige Rauschen heraus, während die systematisch auftretenden Signale verstärkt werden. Das Signal-Rausch-Verhältnis wächst dabei proportional zur Quadratwurzel $n^{1/2}$ der Anzahl n der Einzelmessungen (Scans). Diese Technik erlaubt es, mit viel geringeren Probenmengen auszukommen als bei der früher üblichen CW-Technik.

3.4.3.2
Praxis der NMR-Spektroskopie

Normalerweise werden NMR-Spektren nur von diamagnetischen Verbindungen gemessen. NMR-Spektren werden üblicherweise in Lösung in Präzisionsglasröhrchen von 5 mm Durchmesser aufgenommen, die im Magnetfeld des Spektrometers (übliche Messfrequenzen liegen heute zwischen 200 und 600 MHz) schnell gedreht werden (30–60 Umdrehungen pro s), um möglichst hohe Homogenität des Felds zu erreichen. Je nach Kern werden 3–150 mg oder mehr der Substanz in einem deuterierten Lösungsmittel gelöst (Tab. 3.9). Als interner Standard wird oft eine kleine Menge Tetramethylsilan (TMS) zugegeben. Diese Verbindung ist wenig reaktiv und flüchtig, kann also leicht wieder abgetrennt werden. Ausgewählte NMR-Lösungsmittel sind in Tab. 3.9 zusammengestellt.

Tab. 3.9 Deuterierte Lösungsmittel für die NMR-Spektroskopie.

Lösungsmittel	Siedepunkt [°C]	^{1}H-NMR chemische Verschiebung δ [ppm] (einfach undeuteriert)	^{13}C-NMR chemische Verschiebung δ [ppm]
[D]-Chloroform	61.3	7.24	77.0
[D$_6$]-Aceton	56.5	2.04	206.0
			29.8
[D$_2$]-Dichlormethan	40.1	5.33	53.8
[D$_6$]-Benzol	80.1	7.15	128.0
[D$_4$]-Methanol	64.5	4.78	49.0
[D$_8$]-Tetrahydrofuran	66	3.58	67.4
		1.73	25.2

Die **Anzahl der NMR-Signale** einer Verbindung steht in engem Zusammenhang zu ihrer Molekülsymmetrie: Magnetisch äquivalente Kerne ergeben gleiche Signale. Für ^{1}H-NMR-Spektren gilt aufgrund ihrer besonders schnellen Relaxation, dass die relative Intensität der Signale, die durch **Integration** ermittelt wird, der relativen Anzahl der ihnen entsprechenden Wasserstoffatome entspricht. So zeigt das ^{1}H-NMR-Spektrum des Diethylethers (H$_3$CCH$_2$OCH$_2$CH$_3$) zwei Signale der relativen Intensität 3:2. Das intensivere Signal ist den beiden äquivalenten Methylgruppen, das weniger intensive den beiden äquivalenten Methylengruppen zuzuordnen.

Die Lage eines NMR-Signals wird durch die **chemische Verschiebung δ** beschrieben (Abb. 3.8 und 3.9). Darunter versteht man den Frequenzunterschied (in Hz) eines Signals zu dem des TMS ($δ_{TMS}$= 0 ppm), bezogen auf die Messfrequenz (in MHz – die Messfrequenz ist in Abhängigkeit des zu messenden Kerns ein Maß für die magnetische Flussdichte des von außen angelegten Magnetfelds).

$$δ = (ν_{Substanz} - ν_{TMS}) / \text{Messfrequenz} \cdot 10^6$$

Bei der chemischen Verschiebung handelt es sich um eine geräteunabhängige Größe, deren Zahlenwert in ppm angegeben wird. Die Skala der chemischen Verschiebung ist je nach untersuchtem Atomkern unterschiedlich (Tab. 3.10).

Tab. 3.10 Chemische Verschiebungsbereiche für wichtige Atomkerne.

Kern	Natürliche Häufigkeit [%]	δ-Bereich organischer Verbindungen [ppm]	Standard
^{1}H	99,985	0–20	TMS
^{13}C	1,10	0–200	TMS
^{19}F	100	−300–10	CFCl$_3$
^{31}P	100	−220–250	85 % wässr. H$_3$PO$_4$

Der genaue Wert der chemischen Verschiebung eines Atomkerns wird stark durch dessen Elektronenhülle beeinflusst; es werden dem äußeren Feld entgegen gerichtete Felder induziert. Dies ist umso stärker der Fall, je mehr elektronenschiebende Substituenten vorhanden sind. Man spricht von **Abschirmung**, was einer

3 Techniken in der Organischen Chemie

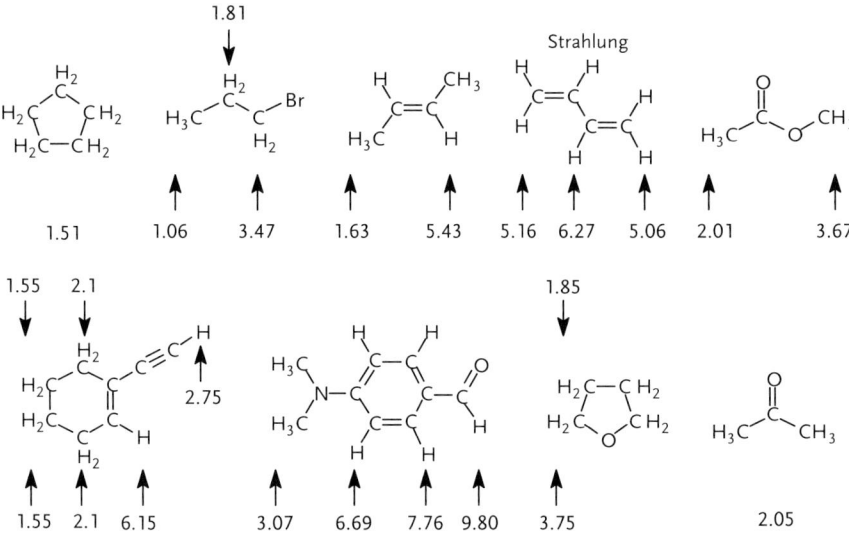

Abb. 3.8 Typische chemische Verschiebungen δ (^{1}H-NMR) in ppm.

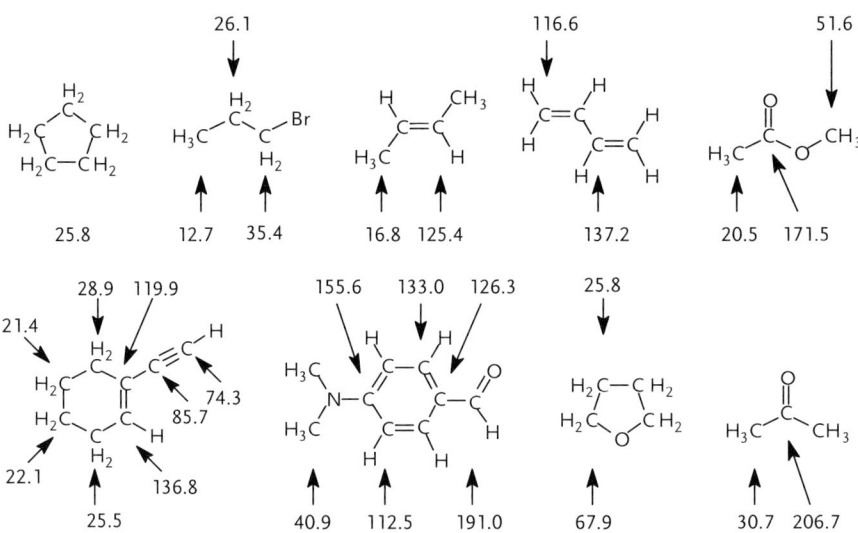

Abb. 3.9 Typische chemische Verschiebungen δ (^{13}C-NMR) in ppm.

Verringerung der chemischen Verschiebung entspricht. Elektronenziehende Substituenten bewirken das Gegenteil, eine **Entschirmung**, mit der eine Vergrößerung der chemischen Verschiebung einhergeht. Diese Effekte nehmen mit zunehmender Entfernung des Substituenten vom betreffenden Atom ab. Aufgrund dieser Abhängigkeit von der chemischen Umgebung des beobachteten Kerns ergeben sich für die unterschiedlichen Klassen organischer Moleküle typische Werte der chemischen Verschiebung.

3.4 Instrumentelle Analytik

Neben der Anzahl der Signale, ihrer Intensität (Integral) und ihrer chemischen Verschiebung ist deren Aufspaltung infolge **Spin-Spin-Kopplung** eine weitere wichtige Informationsquelle. Benachbarte Spins beeinflussen sich gegenseitig: Je nachdem, ob ein benachbarter Spin α- oder β-orientiert ist, ist die Resonanzfrequenz des betreffenden Kerns geringfügig unterschiedlich. Da beide Fälle praktisch gleich wahrscheinlich sind, werden bei Kopplung mit einem Nachbarkern *zwei* Resonanzsignale gleicher Intensität beobachtet. Der Frequenzunterschied in Hz ist substanzspezifisch (also geräteunabhängig) und heißt **Kopplungskonstante** J, die in der ^{1}H-NMR-Spektroskopie meist zwischen −20 und 20 Hz liegt.

Die Anzahl der zwischen koppelnden Kernen liegenden chemischen Bindungen wird durch einen Exponenten angegeben: Beispielsweise handelt es sich bei der Kopplung der beiden olefinischen Protonen der *E*-3-Phenylpropensäure (*trans*-Zimtsäure) um eine ^3J-Kopplung (vicinale Kopplung) von 15.8 Hz. Es gibt auch ^2J-Kopplungen (geminale Kopplung) und Fernkopplungen wie ^4J- und ^5J-Kopplungen, letztere sind normalerweise klein (typische Kopplungskonstanten siehe Abb. 3.10). Die **Multiplizität** eines NMR-Signals, das ist die Linienzahl, in die es aufgespalten ist, entspricht der Anzahl der Energieniveaus, die äquivalente Nachbarkerne einnehmen können und folgt der **(N+1)-Regel**. Ein Nachbarkern kann zwei Energieniveaus einnehmen, α und β. Zwei äquivalente Nachbarkerne können drei Energieniveaus einnehmen, nämlich αα, αβ (= βα) und ββ und so weiter. Die **Intensität** der Linien eines Multipletts ergibt sich aus dem **Pascal'schen Dreieck** (siehe Tab. 3.11).

Tab. 3.11 Multiplettintensitäten nach dem Pascal'schen Dreieck.

Anzahl N der äquivalenten Nachbarkerne	Anzahl (N+1) der Linien	Aufspaltungsmuster (Abk.)	Intensitätsverhältnis der einzelnen Linien	Beispiel
0	1	Singulett (s)	1	$CHCl_3$
1	2	Dublett (d)	1:1	Cl_2HCCH_3
2	3	Triplett (t)	1:2:1	$H_3CCH_2OCH_2CH_3$
3	4	Quartett (q)	1:3:3:1	$H_3CCH_2OCH_2CH_3$
4	5	Quintett (quin)	1:4:6:4:1	$ClCH_2CHCH_2Cl$
5	6	Sextett (sex)	1:5:10:10:5:1	sehr selten
6	7	Septett	1:6:15:20:15:6:1	$H_3CCHClCH_3$

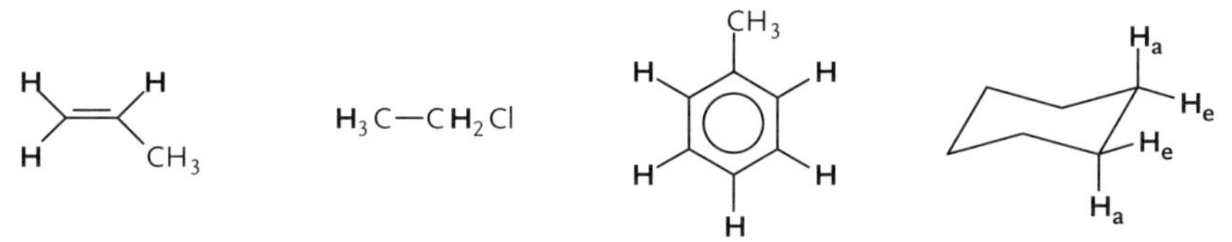

$^3J_{trans}$ = 16.8 Hz
$^3J_{cis}$ = 10.0 Hz
^2J = 2.1 Hz

^3J = 7.2 Hz

$J_{o,m}$ = 7.6 Hz
$J_{o,p}$ = 1.3 Hz
$J_{m,p}$ = 7.5 Hz

$^2J_{ae}$ = −14.5 Hz
$^3J_{ae}$ = 2.2 Hz
$^3J_{aa}$ = 10.6 Hz
$^3J_{ee}$ = 5.6 Hz

Abb. 3.10 Typische Kopplungskonstanten J (^{1}H-NMR, in Hz, koppelnde Kerne fett).

3 Techniken in der Organischen Chemie

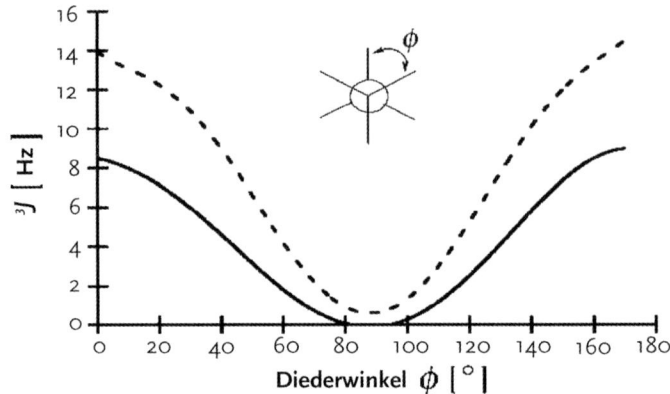

Abb. 3.11 Die Karplus-Kurve (—— Linie). Gemessene Werte sind vor allem für den Bereich $\varphi = 0°$ und $\varphi = 180°$ meist etwas größer und erstrecken sich bis zur – – – Linie.

Die Größe der Kopplungskonstanten J ist strukturabhängig: In Alkenen ist die *trans*-Kopplung üblicherweise größer als die *cis*-Kopplung, und die unterschiedlichen ^3J-Kopplungen im Cyclohexan-System sind Ausdruck der **Karplus-Beziehung**, nach welcher diese Kopplungskonstante in charakteristischer Weise vom Diederwinkel zwischen den koppelnden Protonen abhängt (siehe Abb. 3.11).

$^3J = 8{,}5 \cos^2 \varphi - 0{,}28$ \hfill für $0° \leq \varphi \leq 90°$
$^3J = 9{,}5 \cos^2 \varphi - 0{,}28$ \hfill für $90° \leq \varphi \leq 180°$

Die gemessenen Kopplungen sind insbesondere im Bereich von $\varphi = 0°$ und $\varphi = 180°$ meist etwas größer (Bereich bis zur gestrichelten Linie in Abb. 3.11).

3.4.3.3
Chiralität und NMR

Die NMR-Spektren von Enantiomeren unterscheiden sich nicht. Der Enantiomerenüberschuss chiraler Verbindungen lässt sich NMR-spektroskopisch jedoch mit Hilfe paramagnetischer **Shift-Reagenzien**[27] (Verschiebungsreagenzien) ermitteln. Dabei handelt es sich um enantiomerenreine chirale Verbindungen von Seltenerdmetallen wie Eu, Pr oder Yb, in deren Gegenwart sich die chemische Verschiebung der untersuchten Kerne ändert. Die gebildeten Komplexe fallen als Diastereomere an und liefern daher unterschiedliche NMR-Signale. Daneben besteht bisweilen die Möglichkeit, chirale Verbindungen mit chiralen Derivatisierungsreagenzien[28] (**CDA**) zu Diastereomeren umzusetzen. Insbesondere chirale Alkohole werden dazu in **Mosher-Ester**[29] umgewandelt.

3.4.3.4
Temperaturabhängige NMR-Spektroskopie

Es wurde erwähnt, dass die Zahl der beobachteten NMR-Signale in engem Zusammenhang zur Molekülsymmetrie steht, und dass äquivalente Kerne gemeinsame

Signale ergeben. Es gibt Fälle, in denen sich zwei Moleküle bezogen auf die NMR-Zeitskala schnell ineinander umwandeln. Dann wird nur ein aus beiden Verbindungen gemitteltes NMR-Spektrum beobachtet. Erst wenn man die Messtemperatur so weit erniedrigt, dass die Umwandlung der Verbindungen ineinander relativ zur NMR-Zeitskala langsam wird, werden die Spektren beider Verbindungen nebeneinander beobachtet. Wenn man danach wieder erwärmt, geht das Spektrum wieder in das gemittelte Spektrum über. Die Temperatur, bei der die Signale der beiden Verbindungen in die des gemittelten Spektrums übergehen, heißt **Koaleszenztemperatur** T_c, aus der die **Aktivierungsenergie** des Vorgangs abgeschätzt werden kann.[30]

3.4.3.5
Kern-Overhauser-Effekt (NOE)

Beim Kern-Overhauser-Effekt[31] handelt es sich um eine magnetische Dipol-Dipol-Wechselwirkung durch den Raum, die abstandsabhängig mit r^{-6} abnimmt. Der NOE wird benutzt, um die räumliche Nähe zweier Atome (meist Wasserstoffatome) nachzuweisen.

3.4.3.6
^{13}C-NMR-Spektroskopie

Während das bisher Gesagte weitgehend für die ^{1}H- und die ^{13}C-NMR-Spektroskopie[32] gilt, gibt es doch einige spezielle Punkte, die für die ^{13}C-NMR-Spektroskopie wichtig sind. **Integral:** Wegen unterschiedlicher Relaxationszeiten der Kohlenstoffatome einer Verbindung ist eine Integration der Signalintensitäten in der Regel *nicht* geeignet, um die Anzahl der Kohlenstoffatome zu ermitteln, die einem Signal zuzuordnen sind. **Kopplungen:** Das Isotop ^{13}C kommt in der Natur nur zu 1.1 % vor, das Hauptisotop ist ^{12}C, welches keinen Kernspin aufweist. Es ist daher sehr unwahrscheinlich, dass in einer Verbindung zwei ^{13}C-Atome direkt aneinander gebunden sind. Daher werden Kopplungen zwischen ^{13}C-Kernen normalerweise nicht beobachtet. Es treten jedoch Kopplungen zwischen ^{13}C-Kernen und daran gebundenen Wasserstoffkernen auf. Hier gilt für die Multiplizität des ^{13}C-NMR-Signals die (N+1)-Regel: Primäre Kohlenstoffatome (CH$_3$) ergeben im ^{13}C-NMR-Spektrum ein Quartett (q), sekundäre (CH$_2$) ein Triplett, tertiäre (CH) ein Dublett und quartäre Kohlenstoffatome (C) ein Singulett (s). $^1J_{C,H}$-Kopplungskonstanten stehen in einfacher Beziehung zur Hybridisierung des betreffenden Kohlenstoffatoms bzw. zu dessen anteiligen *s*-Charakter:

$$^1J_{C,H} = 500\,p \quad (p = 0.25 \text{ für } sp^3, 0.33 \text{ für } sp^2, 0.50 \text{ für } sp)$$

Damit ergeben sich die typischen Werte für derartige Kopplungen zu 125 Hz (sp^3), 167 Hz (sp^2) und 250 Hz (sp). Abweichungen werden jedoch bei Auftreten elektronischer oder sterischer Effekte (z. B. Ringspannung) beobachtet. Für ^{13}C-NMR-Spektren sind mehrere Aufnahmetechniken gebräuchlich. **Breitband-entkoppelte Spektren (BB):** Hier wird die Kopplung zu den Wasserstoffkernen durch entsprechende Einstrahlung (Sättigung) unterbunden. Da auch keine C,C-Kopplungen auftreten, erhält man meist recht übersichtliche Linienspektren, welchen die che-

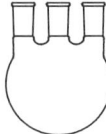

3 Techniken in der Organischen Chemie

mischen Verschiebungen der Signale zu entnehmen sind. **Gekoppelte Spektren (gated)**: Hier treten sämtliche Kopplungen auf, die Spektren sind oft weniger übersichtlich, man kann ihnen jedoch die Multiplizitäten der Signale sowie die Kopplungskonstanten entnehmen. Die Aufnahme von gated-Spektren mit akzeptablem Signal-Rausch-Verhältnis erfordert vergleichsweise viel Zeit, da die einzelnen Signale in kleinere Linien aufgespalten sind. **DEPT** (*Distortionless Enhancement by Polarization Transfer*): Hierbei handelt es sich um eine Folge aus mehreren Pulsen,[33] die C,H-entkoppelte Spektren liefert, bei denen primäre und tertiäre Kohlenstoffatome Signale ergeben, deren Phase denen von sekundären Kohlenstoffatomen entgegengesetzt ist. Signale quartärer Kohlenstoffatome werden unterdrückt. In der Praxis werden DEPT-Spektren immer zusätzlich zu einem BB-Spektrum aufgenommen. Durch eine kombinierte Auswertung erhält man neben der chemischen Verschiebung auch die Multiplizitäten aller Signale. Wegen der kürzeren Messdauer wird heutzutage in der Regel auf die Aufnahme von gated-Spektren zugunsten der von BB- und DEPT-Spektren verzichtet.

Heutzutage wird die Aussagekraft NMR-spektroskopischer Messungen durch eine Reihe spezieller Methoden, durch zwei- oder mehrdimensionale Spektren[9,34] sowie durch Festkörper-NMR-Messungen[34] ganz erheblich erweitert. Insbesondere die zweidimensionale NMR-Spektroskopie (z. B. H,H-COSY, H,C-COSY, NOESY) hat große praktische Bedeutung erlangt, da sie die schnelle Analyse koppelnder Kerne erlaubt. Häufig werden HMQC- (*Heteronuclear Multiple-Quantum Correlation*) sowie HMBC- (*Heteronuclear Multiple-Bond Correlation*) Spektren aufgenommen. Diese Pulsfolgen erlauben eine eindeutige Zuordnung von Kohlenstoff- und Wasserstoffatomen eines Moleküls durch eine Differenzierung der vorhandenen Kopplungen über eine oder mehrere Bindungen. Kohlenstoffgerüste können auch durch Messung von C,C-Kopplungen benachbarter Kohlenstoffatome detailliert analysiert werden (INADEQUATE). Als NMR-Tomographie (Kernspintomographie) hat die NMR auch in der Medizin erhebliche Bedeutung erlangt (MRI, magnetic resonance imaging).

3.4.4
ESR-Spektroskopie

Die ESR-Spektroskopie[35] (*Elektronen-Spin-Resonanz*) ist eine der wichtigsten Methoden zur Untersuchung von Radikalen. Der ESR-Spektroskopie liegt als physikalisches Phänomen die Anregung von Spins von Elektronen paramagnetischer Verbindungen (Radikale) in einem Magnetfeld zugrunde. Das Messprinzip ist dem der NMR-Spektroskopie ähnlich, beide Methoden ergänzen einander.

$$\Delta E = h\nu_0 = g\,\mu_B\,B_0 \qquad \textbf{(Resonanzbedingung)}$$

(h = Planck'sches Wirkungsquantum, ν_0 = Resonanzfrequenz, g = spektroskopischer Aufspaltungsfaktor, μ_B = Bohr'sches Magneton, B_0 = magnetische Flussdichte). Übliche Messfrequenzen liegen um 10^{10} Hz, die magnetische Flussdichte beträgt normalerweise 0.37 T. Der g-Faktor entspricht mit 2.0023 meist dem des freien Elektrons. Abweichungen deuten auf Lokalisierung des Elektrons auf einem

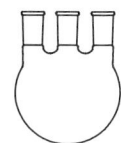

Heteroatom hin. Da das ungepaarte Elektron und im Molekül befindliche Wasserstoffkerne in bestimmten Fällen miteinander koppeln können, kommt der Aufspaltung des ESR-Signals besondere Bedeutung zu. Diese **Hyperfeinstruktur** hängt nicht von der Stärke des Magnetfelds, sondern nur von der Zahl und der Stärke der Elektron-Kern-Wechselwirkungen ab. Die Kopplungskonstante ist der Spinpopulation am Protonen tragenden π-Zentrum proportional (**McConnell-Beziehung**) und erlaubt daher wichtige Rückschlüsse auf die Molekülstruktur und auf die Aufenthaltswahrscheinlichkeit des ungepaarten Elektrons (Spindichte). Das ist insbesondere bei π-Radikalen mit Delokalisierung über größere Teile des Moleküls von Bedeutung. Eine wichtige Weiterentwicklung ist die ENDOR-Spektroskopie (*E*lectron *N*uclear *DO*uble *R*esonance) die wegen ihrer erhöhten Auflösung auch zur Untersuchung von Radikalen in biologischen Systemen herangezogen wird.[36]

3.4.5
Massenspektrometrie

Das Prinzip der Massenspektrometrie[37] beruht auf der Ionisierung von Molekülen und der Analyse der gebildeten Ionen und ihrer Bruchstücke. Dies erlaubt wichtige Rückschlüsse auf die Konstitution der betreffenden Verbindung. Die durch **Ionisierung** und **Fragmentierung** entstandenen Ionen werden durch elektrische Felder beschleunigt, in einem Magnetfeld entsprechend ihrem Koeffizienten m/z (m = molare Masse, z = Ladung des Ions) unterschiedlich stark abgelenkt und separat registriert. Die Massenspektrometrie wird oft mit chromatographischen Trennverfahren kombiniert, um die in einer Mischung enthaltenen Verbindungen effektiv zu analysieren (GC-MS, LC-MS).[38] Es werden nur Ionen, keine Neutralteilchen erfasst. Unter dem Massenspektrum versteht man die Auftragung von m/z gegen die Häufigkeit des Auftretens des Ions. Das am häufigsten registrierte Signal wird zu 100 % festgelegt (**Basispeak**). Das dem unfragmentierten Molekülion zuzuordnende Signal ist der **M$^+$-Peak (Molekülion-Peak)**. Er ist, abgesehen von Isotopenpeaks und höheren Aggregaten, der bei größtem m/z auftretende Peak, muss aber keineswegs der Basispeak sein. Die Intensität der Signale wird oft als Maß für die Stabilität der betreffenden Ionen betrachtet. Dabei ist zu berücksichtigen, dass es als Folge der Ionisierung auch zu Umlagerungsreaktionen kommen kann. So wird bei Verbindungen, die Bruchstücke der Summenformel C_7H_7 bilden können, fast immer das Signal bei $m/z = 91$ als Basispeak beobachtet, da sich diese Bruchstücke leicht in das sehr stabile, aromatische Cycloheptatrienyl-Kation (Tropylium-Ion) umlagern.

Es gibt mehrere Methoden zur **Ionenerzeugung**. EI (*E*lectron *I*mpact): Die im Hochvakuum verdampfte Substanz wird beschleunigten Elektronen (Energie üblicherweise 70 eV) ausgesetzt, die aus der Elektronenhülle ein Elektron herausschlagen. Die erzeugten Kationen (meist Radikalkationen) können zu anderen Kationen und Neutralteilchen fragmentieren, die gebildeten Kationen werden zu einem Ionenstrahl fokussiert. Es kommt vor, dass zwei Elektronen herausgeschlagen werden und sich so zweifach geladene Kationen bilden, dann entspricht z in m/z zwei Elementarladungen, das Signal wird beim halben Wert beobachtet. Ein Nachteil der Methode ist bisweilen, dass das Molekülion M$^+$ nicht mit hinreichender

3 Techniken in der Organischen Chemie

Intensität detektiert wird. **CI** (*Chemical Ionization*): Ein Reagenzgas (Methan, Isobutan, Ammoniak) wird ähnlich der EI-MS, jedoch bei höherem Druck ionisiert. Als Folge von Kollisionen bildet sich bei Methan als Reagenzgas u. a. das Kation CH_5^+, welches mit dem zu untersuchenden Molekül M zu MH^+ und Methan reagiert. Das Kation MH^+ fragmentiert praktisch nicht, die massenspektrometrische Analyse zeigt nur den zu MH^+ gehörenden Peak. Diese Methode ist besonders wichtig für die Molekulargewichtsbestimmung sowie die Untersuchung besonders empfindlicher Verbindungen. Neben diesen gängigen Methoden gibt es weitere, die insbesondere die Bildung von Ionen aus sehr polaren Verbindungen oder solchen mit hohem Molekulargewicht erlauben, die für EI und CI nicht hinreichend flüchtig sind. Die wichtigsten Methoden sind **LD** (*Laser Desorption*), **FAB** (*Fast Atom Bombardement*), **SIMS** (*Secondary Ion MS*) und die Plasmadesorption. Bei diesen Methoden wird die Probe hoher Energie ausgesetzt, wodurch die Ionen entstehen. In jüngster Zeit ist **MALDI** (*Matrix Assisted Laser Desorption Ionization*) hinzugekommen, eine Methode, die auf der Absorption von Laserstrahlung durch eine Matrix beruht, in der sich die Substanz befindet. MALDI ist für Verbindungen mit großen Molekulargewichten (bis etwa 200 000 g mol^{-1}), wie z. B. biologische Moleküle, besonders wichtig.[39] Schließlich ist die **ESI** (*Electron Spray Ionization*) zu nennen, bei der Lösungen der Substanz aus einer Kapillare zerstäubt und durch ein elektrisches Feld Ionen erzeugt werden.[40]

Zur Analyse der gebildeten Ionen gibt es unterschiedliche Verfahren. Im Normalfall (Sektorfeld) werden die Ionen in einem Magnetfeld aufgrund der Lorenz-Kraft nach m/z getrennt und dann registriert. Daneben gibt es Quadrupol-Massenspektrometer und Flugzeit-Massenspektrometer (TOF, *Time Of Flight*).

Bei der Auswertung von Massenspektren ist zu berücksichtigen, dass man jedes Isotop eines Elements registriert. Es ist daher von den Atommassen der einzelnen Isotope[41] (Tab. 3.12) und nicht vom entsprechend ihrer Häufigkeit gemittelten Atomgewicht auszugehen. Dies nutzt man in **Hochaufgelösten Massenspektren (HRMS)** aus: Durch eine sehr exakte Messung von m/z kann die Summenformel eines Ions ermittelt bzw. verifiziert werden. Man kann beispielsweise zwischen den vier Summenformeln mit m/z = 98 unterscheiden: C_7H_{14} (98.1096), $C_6H_{10}O$ (98.0732), $C_5H_6O_2$ (98.0368), $C_5H_{10}N_2$ (98.0845). Bemerkenswert sind die Isotopenhäufigkeiten von Chlor (^{35}Cl:^{37}Cl = 3:1) und Brom (^{79}Br:^{81}Br = 1:1). Dies führt bei den Signalen von Ionen, die diese Atome enthalten, zu charakteristischen Signalmustern, die leicht erkannt werden. Durch Vergleich der Intensitäten des M^+- und des (M^++1)-Peaks kann die Anzahl n der Kohlenstoffatome der Verbindung ermittelt werden, der (M^++1)-Peak hat $n \cdot 1.1\%$ der Intensität des M^+-Peaks.

Tab. 3.12 Isotopenverteilung wichtiger Atome.

Isotop	Natürliche Häufigkeit [%]	Atommasse	Isotop	Natürliche Häufigkeit [%]	Atommasse
^1H	99.985	1.007825	^{31}P	100	30.973762
^2H	0.015	2.014100	^{32}S	95,02	31.972070
^{12}C	98.9	12.000000	^{33}S	0,75	32.971456
^{13}C	1.108	13.003355	^{34}S	4,21	33.967866

Tab. 3.12 Fortsetzung

Isotop	Natürliche Häufigkeit [%]	Atommasse	Isotop	Natürliche Häufigkeit [%]	Atommasse
^{14}N	99.63	14.003074	^{36}S	0.02	35.967080
^{15}N	0.37	15.000108	^{35}Cl	75.77	34.968852
^{16}O	99.762	15.994915	^{37}Cl	24.23	36.965903
^{17}O	0.038	16.999131	^{79}Br	50.69	78.918336
^{18}O	0.200	17.999160	^{81}Br	49.31	80.916289
^{19}F	100	18.998403	^{127}I	100	126.904473
^{28}Si	92.23	27.976927	^{10}B	19.9	10.012938
^{29}Si	4.67	28.976495	^{11}B	80.1	11.009305
^{30}Si	3.10	29.973770	^{59}Co	100	58.933198

Das Aussehen von Massenspektren hängt von der Natur der Verbindung und den an ihr möglichen Fragmentierungen ab. Unsymmetrische Verbindungen ergeben meist eine größere Vielfalt an Bruchstücken als symmetrische Substanzen, so dass deren Massenspektren oft einfacher aussehen. Eine wichtige Fragmentierung ist die leicht eintretende α-Spaltung (Abb. 3.12) zwischen einer Carbonylgruppe und dem daran gebundenen Kohlenstoffatom.

Von Bedeutung ist auch die **McLafferty-Umlagerung** (Abb. 3.13), die eintreten kann, wenn sich in γ-Position zur Carbonylgruppe eine C–H-Bindung befindet. Man beachte die Ähnlichkeit zur Esterpyrolyse (Abschnitt 5.15.4)!

Der Vergleich der Massenspektren von 2-Pentanon und 3-Pentanon (Abb. 3.14) ist hier instruktiv: Während bei 2-Pentanon eine McLafferty-Umlagerung eintritt, findet bei 3-Pentanon lediglich eine α-Spaltung statt.

Neben diesen speziellen Fragmentierungen wird oft die Abspaltung funktioneller Gruppen beobachtet, deren Massen tabelliert sind.[42]

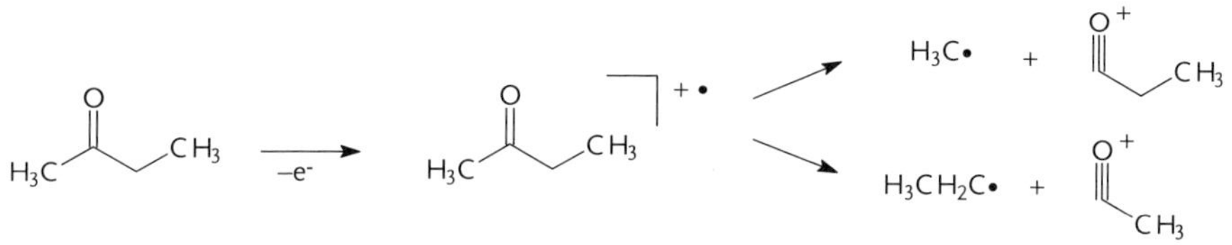

Abb. 3.12 Die α-Spaltung.

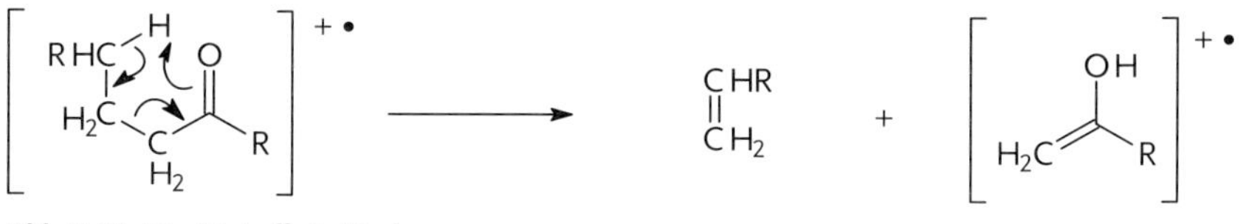

Abb. 3.13 Die McLafferty-Umlagerung.

3 Techniken in der Organischen Chemie

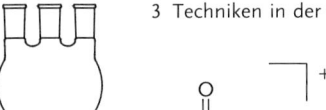

Abb. 3.14 Im Massenspektrum beobachtete Fragmente von 2- und 3-Pentanon.

3.4.6
Thermoanalysen

Bei einer Thermoanalyse[43] wird eine physikalische Größe in Abhängigkeit von der Temperatur gemessen. Die für die organische Chemie wichtigsten Methoden sind die **Differenzthermoanalyse** (DTA, Abb. 3.15) und die modernere **dynamische Differenzkalorimetrie** (DSC, *Differential Scanning Calorimetry*).[44] Daneben hat die **Thermogravimetrie** (TG) Bedeutung, die auch mit den beiden erstgenannten Methoden kombiniert werden kann. Bei der DSC wird der Wärmestrom zur Probe in Abhängigkeit von der Temperatur gemessen. Damit werden Informationen über alle thermischen Effekte der Probe gewonnen: Phasenumwandlungen und chemische Reaktionen sind die für den Organiker wichtigsten, aber auch Aussagen zur Kinetik eines Prozesses sind möglich.[45] Der Substanzbedarf für diese Messungen liegt bei 2–10 mg.

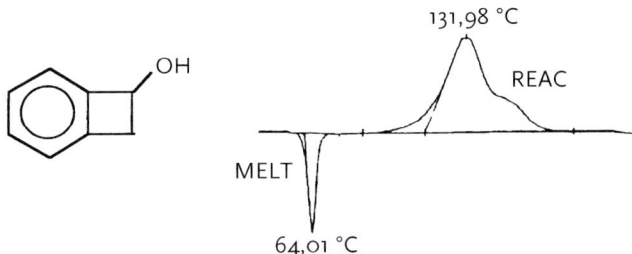

Abb. 3.15 Differenzkalorimetrie (DSC) am Beispiel des 1-Benzocyclobutenols. Das endotherme Signal bei 64 °C entspricht dem Schmelzen der Verbindung, das Signal bei 132 °C zeigt eine exotherme Reaktion an, bei der es sich um die Öffnung des gespannten Vierrings unter Bildung des entsprechenden *ortho*-Chinodimethans handelt.

Übungsaufgaben

3.4 Instrumentelle Analytik

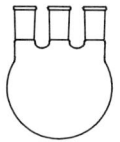

3.1
3.1–1 Was ist zu tun, wenn ein Laborabzug nicht funktioniert?

3.2
3.2–1 Worauf ist beim Aufbau einer Standard-Versuchsapparatur besonders zu achten?

3.3
3.3–1 Bei Extraktionen ist es wichtig zu wissen, ob die organische Phase schwerer oder leichter ist als Wasser. Kennzeichnen Sie die folgenden organischen Lösungsmittel als entweder schwerer oder leichter als Wasser. Machen Sie auch deutlich, welche in jedem Verhältnis mit Wasser mischbar sind: Diethylether, Pentan, Dichlormethan, Ethanol, Toluol, Aceton, Ethylacetat (Essigester), Chloroform, *tert*-Butylmethylether, Tetrachlormethan, Essigsäure.

3.3–2 Warum muss man bei präparativen säulenchromatographischen Trennungen besonders reine Laufmittel einsetzen?

3.3–3 Wie kann man auf chromatographischem Wege eine Racematspaltung bewirken?

3.4
3.4–1 In einer UV-Küvette von 1 cm Länge wird eine $3.2 \cdot 10^{-6}$-molare Lösung bei 217 nm vermessen. Der austretende Lichtstrahl hat 85.66 % der Intensität des eintretenden Lichtstrahls. Berechnen Sie den Absorptionskoeffizienten ε.

3.4–2 *cis*-4-Octen zeigt im IR-Spektrum im üblichen Bereich zwischen 1620 und 1680 cm^{-1} die Absorption der Valenzschwingung der C,C-Doppelbindung, *trans*-4-Octen hingegen nicht. Erklären Sie!

3.4–3 Wie kann man primäre, sekundäre und tertiäre Amine IR-spektroskopisch voneinander unterscheiden?

3.4–4 Warum sind in der Gasphase gemessene IR-Spektren meist hoch aufgelöst?

3.4–5 Wie kann man entscheiden, ob es sich in einem NMR-Spektrum bei zwei sehr eng zusammen liegenden Linien um das Dublett eines Signals oder um zwei verschiedene Singulett-Signale handelt?

3.4–6 Wie viele unterschiedliche Signale sind in den ^{1}H- und den ^{13}C-NMR-Spektren der drei isomeren Dimethylcyclopropane zu erwarten?

3.4–7 Eine ^3J-Kopplung im ^{1}H-NMR-Spektrum beträgt 4.5 Hz. Wie groß ist der entsprechende Diederwinkel?

3.4–8 Im ^{13}C-NMR-Spektrum wird eine $^1J_{C,H}$-Kopplung von 248.5 Hz gemessen. Welche funktionelle Gruppe liegt vor?

3.4–9 Im Massenspektrum einer Verbindung werden im Bereich des Molekülionen-Peaks zwei annähernd gleich große Signale beobachtet. Welchen Rückschluss lässt dies zu?

3.4–10 Eine Verbindung hat einen Molekülionen-Peak mit ungeradem Wert für m/z. Welchen Rückschluss legt das nahe?

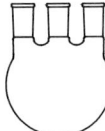

3 Techniken in der Organischen Chemie

3.4–11 Eine Verbindung zeigt im Massenspektrum nicht den erwarteten Molekülionen-Peak bei $m/z = 560$. Stattdessen zeigt die massenspektrometrische Analyse ein Signal bei $m/z = 280$. Erklären Sie!

Literaturhinweise

1. H. F. Bender, *Sicherer Umgang mit Gefahrstoffen*, 3. Aufl., Wiley-VCH, Weinheim, **2005**; *Umgang mit Gefahrstoffen in Hochschulen* (GUV-SR 2005) http://regelwerk.unfallkassen.de/daten/s_regeln/SR_2005.pdf;http://www.oc-praktikum.de/de/articles/pdf/LegalRequirements_de.pdf

2. *Sicheres Arbeiten in chemischen Laboratorien – Einführung für Studenten*, Bundesverband der Unfallversicherungsträger der öffentlichen Hand e.V, **2000**, 6. Aufl., Bestell-Nr. GUV 50.0.4; *MAK- und BAT-Werte-Liste 2006*, Deutsche Forschungsgemeinschaft, Senatskommission zur Prüfung gesundheitsschädlicher Arbeitsstoffe, Wiley-VCH, Weinheim.
Gesetze und Vorschriften ändern sich schnell. Aktuelle Angaben findet man am besten im Internet. *Gesetze im Internet*: http://bundesrecht.juris.de/index.html
Gefahrstoffverordnung: http://www.gesetze-im-internet.de/gefstoffv_2005/index.html
http://www.umweltrecht.de/recht/gefstoff/gefahrst.vo/gfv_ges.htm
Chemikaliengesetz: http://www.gesetze-im-internet.de/chemg/index.html
Chemikalienverbotsverordnung: http://bundesrecht.juris.de/chemverbotsv/
Weitere Seiten mit Informationen zur Arbeitssicherheit:
Berufsgenossenschaft der chemischen Industrie: http://www.bgchemie.de
Bundesverband der Unfallversicherungsträger der öffentlichen Hand; alle Regelwerke und Broschüren zum download: http://regelwerk.unfallkassen.de/regelwerk
Bundesverband der Unfallkassen: http://www.unfallkassen.de
Versuche zur Arbeitssicherheit und viele weitere Hinweise und Unterlagen: http://userpage.chemie.fu-berlin.de/~tlehmann/

3. L. F. Tietze, T. Eicher, *Reaktionen und Synthesen*, 2. Aufl., Wiley-VCH, **2006**, Abschnitt 1.4; T. Eicher, L. F. Tietze, *Organisch-Chemisches Grundpraktikum*, 2. Aufl., Wiley-VCH, Weinheim, **1995**. Ausführlicher: J. Leonard, B. Lygo, G. Procter, *Praxis der Organischen Chemie*, VCH, Weinheim, **1996**. L. M. Harwood, C. J. Moody, J. M. Percy, Experimental Organic Chemistry, 2. Aufl., Blackwell Science, Oxford, **1998**. J. W. Zubrick, *The Organic Chem Lab Survival Manual*, 5. Aufl. Wiley, New York, **2001**. K. Schwetlick, Organikum, Wiley-VCH, 21. Aufl. Weinheim, **2001**. J. Leonard, B. Lygo, G. Procter, G. Dyker, *Praxis der Organischen Chemie*, Wiley, New York, **1996**. S. Hünig, J. Sauer, G. Märkl, P. Kreitmeier, *Arbeitsmethoden in der Organischen Chemie*, **2006**; zum download: http://www.ioc-praktikum.de und bei Lehmanns Media – LOB.de.

4. D. W. Mayo, R. M. Pike, S. S. Butcher, P. K. Trumper, *Microscale Techniques for the Organic Laboratory*, Wiley, New York, **1991**; B. N. Campbell, M. McCarthy Ali, *Organic Chemistry Experiments Microscale and Semi-Microscale*; Books/Cole Publishing Company, **1994**.

5. W. A. Herrmann, A. Salzer (Hrsg.), *Synthetic Methods of Organometallic and Inorganic Chemistry*, Vol. 1, Thieme, Stuttgart, **1996**, 16.

6. J. Mattay, A. Griesbeck (Hrsg.), *Photochemical Key Steps in Organic Synthesis*, VCH, Weinheim, **1994**; J. Kopecky, Jan, *Organic Photochemistry*, Wiley-VCH, Weinheim, **1992**; D. Wöhrle, M. W. Tausch, W.-D. Stohrer, *Photochemie*, Wiley-VCH, Weinheim, **1998**; M.

Literaturhinweise

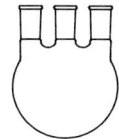

Klessinger, J. Michl, *Excited States and Photochemistry of Organic Molecules*, Wiley-VCH, Weinheim, **1995**.

7 T. Shono, *Elektroorganic Synthesis*, Academic Press, London, **1991**; V. S. Bagotsky, *Fundamentals of Electrochemistry*, 2. Aufl., Wiley, New York, **2005**; C. H. Hamann, W. Vielstich, *Elektrochemie*, 4. Aufl., Wiley-VCH, Weinheim, **2005**.

8 R. J. Gritter, J. M. Bobbitt, A. E. Schwarting, *Einführung in die Chromatographie*, Springer, Berlin, **1987**; G. Schwedt, *Chromatographische Trennmethoden*, 3. Aufl., Wiley-VCH, Weinheim, **1994**; A. Wollrab, *Chromatographie*, Aulius Verlag, Köln, **1991**.

9 C. D. Bevan, D. S. Marshall, *Nat. Prod. Rep.* **1994**, *11*, 451–466.

10 B. Kolb, *Gaschromatographie in Bildern. Eine Einführung*, Wiley-VCH, Weinheim, **2002**; H. M. McNair, J. M. Miller, *Basic Gas Chromatographie*, Wiley-VCH, Weinheim, **1997**; G. Schomburg, *Gaschromatography. A Practical Course*, VCH, Weinheim, **1990**; P. J. Baugh, W. Engewald, H. G. Struppe, *Gaschromatograpie: Eine anwendungsorientierte Darstellung*, Springer, Heidelberg, **1997**; R. L. Grob, *Modern Practice of Gas Chromatography*, Wiley, New York, 3. Aufl., **1995**. Literatur zur Messtechnik und Fehlersuche: D. Rood, *A Practical Guide to the Care, Maintenance and Troubleshooting of Capillary Gas Chromatographic Systems*, Wiley-VCH, Weinheim, **1998**; W. David, B. Kusserow, *GC-Tips. Problemlösungen rund um den Gaschromatographen*, Hoppenstedt, Darmstadt, **1999**.

11 H. Rotzsche, *Stationary Phases in Gas Chromatography*, Elsevier, Amsterdam, **1991**.

12 W. G. Jennings, N. John, *Capillary Chromatography – The Applications*, Hüthig-HVS, **1998**.

13 E. Hahn-Deinstrop, *Dünnschicht-Chromatographie, Praktische Durchführung und Fehlervermeidung*, Wiley-VCH, Weinheim, **1998**; E. Hahn-Deinstrop, *Applied Thin-Layer Chromatography. Best Practice and Avoidance of Mistakes*, Wiley-VCH, Weinheim, **2000**; H. P. Frey, K. Zieloff, *Qualitative und quantitative Dünnschichtchromatographie*, VCH, Weinheim, **1993**; H. Jork, W. Funk, W. Fischer, H. Wimmer, *Dünnschichtchromatographie: Reagenzien und Nachweismethoden*, VCH, Weinheim, **1993**.

14 C. Reichardt, *Solvents and Solvent Effects in Organic Chemistry*, 3. Aufl., Wiley-VCH, Weinheim, **2002**.

15 W. C. Still, M. Kahn, A. Mitra, *J. Org. Chem.* **1978**, *43*, 2923–2925.

16 V. R. Meyer, *Practical High-Performance Liquid Chromatography*, Wiley, New York, 3. Aufl., **1999**; V. R. Meyer, *Praxis der Hochleistungs-Flüssigkeitschromatographie*, 7. Aufl., Salle & Sauerländer, Frankfurt/Aarau, **1992**; W. Gottwald, *RP-HPLC für Anwender*, VCH, Weinheim, **1993**; M. C. McMaster, *HPLC. A Practical User Guide*, Wiley, New York, **1994**; G. J. Eppert, *Flüssigchromatographie. HPLC – Theorie und Praxis*, Springer, Heidelberg, 3. Aufl., **1997**; S. Lindsey, *Einführung in die HPLC*, Springer, Heidelberg, **1996**; L. R. Snyder, J. L. Glajch, J. J. Kirkland, *Practical HPLC Method Development*, Wiley, New York, **1988**; K. K. Unger (Hrsg.), *Handbuch der HPLC: Teil 1, Leitfaden für Anfänger und Praktiker*, GIT Verlag, Darmstadt, **1989**; K. K. Unger (Hrsg.), *Handbuch der HPLC: Teil 2, Präparative Säulenflüssigkeits-Chromatographie*, GIT Verlag, Darmstadt, **1994**; Neuere Auflage auf Englisch: K. K. Unger, E. A. Weber, *A Guide to Practical HPLC*, GIT Verlag, Darmstadt, **1999**. Fehlersuche: V. R. Meyer, *Fallstricke und Fehlerquellen in der HPLC in Bildern*, Wiley-VCH, Weinheim, 2. Aufl., **1999**. Spezielleres: P. C. Sadek, The HPLC Solvent Guide, Wiley-VCH, **1996**; U. D. Neue, *HPLC Colums: Theory, Technology and Practice*, Wiley-VCH, Weinheim, **1997**; G. Patonay, *HPLC Detection. Newer Methods*, Wiley-VCH, Weinheim, **1993**; S. E. Katz, R. Eksteen, P. Schoenmakers, N. Miller, *Handbook of HPLC*, Chromatographic Science Series, Vol. 78, Marcel Dekker, New York, 2. Aufl., **1998**.

17 C.-S. Wu (Hrsg.), *Handbook of Size Exclusion Chromatography and Related Techniques*, Marcel Dekker, **2003**; S. Mori, H. G. Barth, *Size Exclusion*

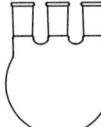

18 J. Weiß, *Ionenchromatographie*, 3. Aufl., Wiley-VCH, Weinheim, **2001**.

19 W. J. Lough, *Chiral Liquid Chromatography*, Chapman & Hall, New York, **1989**. Enantiomerentrennung durch Gas-Chromatographie: W. A. König, *Gas Chromatographic Enantiomer Separations with Modified Cyclodextrins*, Hüthig, Heidelberg, **1992**.

20 Allgemeine Literatur: M. Hesse, H. Meier, B. Zeeh, *Spektroskopische Methoden in der organischen Chemie*, 7. Aufl., Thieme, Stuttgart, **2005**; H. Naumer, W. Heller (Hrsg.), *Untersuchungsmethoden in der Chemie*, 3. Aufl., Wiley-VCH, Weinheim, **1997**.

21 W. Gottwald, K. H. Heinrich, *UV/VIS-Spektroskopie für Anwender*, Wiley-VCH, Weinheim, **1998**; M. Klessinger, J. Michl, *Lichtabsorption und Photochemie organischer Moleküle*, VCH, Weinheim, **1990**.

22 U. R. Kunze, G. Schwedt, *Grundlagen der qualitativen und quantitativen Analyse*, 5. Aufl., Wiley-VCH, Weinheim, **2001**.

23 C. Reichardt, *Solvents and Solvent Effects in Organic Chemistry*, 3. Aufl., Wiley-VCH, Weinheim, **2002**.

24 H. Günzler, H.-U. Gremlich, *IR-Spektroskopie. Eine Einführung*, 4. Aufl., Wiley-VCH, Weinheim, **2003**.

25 M. Hesse, H. Meier, B. Zeeh, *Spektroskopische Methoden in der organischen Chemie*, 7. Aufl., Wiley-VCH, Weinheim, **2005**, 69–73; E. Smith, G. Dent, *Modern Raman Spectroscopy*, Wiley, New York, **2005**; N. B. Colthup, L. H. Daly, L. H., S. E. Wiberley, *Introduction to Infrared and Raman Spectroscopy*, 3. Aufl., Academic Press, Boston, **1990**.

26 H. Friebolin, *Ein- und zweidimensionale NMR-Spektroskopie. Eine Einführung*, 4. Aufl., Wiley-VCH, Weinheim, **2006**; E. Breitmaier, *Vom NMR-Spektrum zur Strukturformel organischer Verbindungen*, 3. Aufl., Wiley-VCH, Weinheim, **2005**.

27 R. v. Ammon, R. D. Fischer, *Angew. Chem.* **1972**, *84*, 735–755; *Angew. Chem. Int. Ed. Engl.* **1972**, *11*, 675–692; R. Hulst, R. M. Kellogg, B. L. Feringa, *Recl. Trav. Chim. Pays-Bas* **1995**, *114*, 115–138,

28 E. L. Eliel, S. H. Wilen, L. N. Mander, *Stereochemistry of Organic Compounds*, Wiley, New York, **1994**, 221 ff.

29 J. M. Seco, E. Quinoa, R. Riguera, *Chem. Chem.* **1969**, *34*, 2543–2549.

30 H. Günther, *NMR-Spektroskopie*, 3. Aufl., Thieme, Stuttgart, **1992**; H. Friebolin, *Ein- und zweidimensionale NMR-Spektroskopie*, VCH, Weinheim, **1992**, 291 ff.

31 T. Claridge, *High-Resolution NMR Techniques in Organic Chemistry.*, Elsevier Science, Amsterdam, The Netherlands, **1999**.

32 H.-O. Kalinowski, S. Berger, S. Braun, ^{13}*C-NMR-Spektroskopie*, Thieme, Stuttgart, **1984**.

33 R. Benn, H. Günther, *Angew. Chem.* **1983**, *95*, 381–411; *Angew. Chem., Int. Ed. Engl.* **1983**, *22*, 350–380.

34 H. Kessler, M. Gehrke, C. Griesinger, *Angew. Chem.* **1988**, *100*, 507–554; *Angew. Chem., Int. Ed. Engl.* **1988**, *27*, 490–536; U. Eggenberger, G. Bodenhausen, *Angew. Chem.* **1990**, *102*, 392–402; *Angew. Chem. Int. Ed. Engl.* **1990**, *29*, 374–383; W. R. Croasmun, R. Carlson (Hrsg.), *Two-Dimensional NMR Spectroscopy. Applications for Chemistry and Biochemistry*, Wiley-VCH, Weinheim **1997**.

35 R. Voelkel, *Angew. Chem.* **1988**, *100*, 1525–1540; *Angew. Chem., Int. Ed. Engl.* **1988**, *27*, 1468–1483; B. Blümich, H. W. Spiess, *Angew. Chem.* **1988**, *100*, 1716–1734; *Angew. Chem., Int. Ed. Engl.* **1988**, *27*, 1655–1672.

36 F. Gerson, W. Huber, *Electron Spin Resonance Spectroscopy for Organic Chemists*, Wiley-VCH, Weinheim, **2003**.

37 H. Kurreck, B. Kirste, W. Lubitz, *Angew. Chem.* **1984**, *96*, 171–193; *Angew. Chem., Int. Ed. Engl.* **1984**, *23*, 173–194.

38 H. Budzikiewicz, M. Schäfer, *Massenspektrometrie. Eine Einführung*, 5. Aufl., Wiley-VCH, Weinheim, **2005**; J. H. Gross, *Mass Spectrometry*.

39 W. M. A. Niessen, J. Van der Greef: *Liquid Chromatography-Mass Spectrometry. Principles and Applications (Chromatographic Science Series)*, Dekker, New York, **1992**, Vol. 58.

40 K. Tanaka, *Angew. Chem.* **2003**, *115*, 3989–3998; *Angew. Chem. Int. Ed.* **2003**, *42*, 3860–3870.

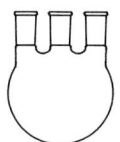

41 J. B. Fenn, *Angew. Chem.* **2003**, *115*, 3999–4024; *Angew. Chem. Int. Ed.*, **2003**, *42*, 3871–3894.

42 R. C. Weast (Hg.), *CRC Handbook of Chemistry and Physics*, 66. Aufl., CRC Press, Boca Raton, **1985**, B233–B454.

43 D. H. Williams, I. Fleming, *Spectroscopic Methods in Organic Chemistry*, 5. Aufl., McGraw-Hill, London, **1995**, 202; M. Hesse, H. Meier, B. Zeeh, *Spektroskopische Methoden in der organischen Chemie*, 7. Aufl., Wiley-VCH, Weinheim, **2005**, 242 ff.

44 G. Widmann, R. Riesen, *Thermoanalyse*, 3. Aufl., Hüthig, Heidelberg, **1990**; H. K. Cammenga, M. Epple, *Angew. Chem.* **1995**, *107*, 1284–1301; *Angew. Chem., Int. Ed. Engl.* **1995**, *34*, 1171–1187.

45 G. W. H. Höhne, W. Hemminger, H.-J. Flammersheim, *Differential Scanning Calorimetry*, Springer, Heidelberg, **1996**.

46 H. J. Borchardt, F. Daniels, *J. Am. Chem. Soc.* **1957**, *79*, 41–46.

4
Grundlegende Konzepte der Organischen Chemie

In diesem Kapitel werden einige für das Verständnis organischer Reaktionen wichtige grundlegende Konzepte zusammengefasst. Die ersten Abschnitte behandeln den Atombau und die chemische Bindung, die Besonderheiten konjugierter Systeme und die Stereochemie organischer Verbindungen. Es folgen ein Abschnitt zur Nomenklatur organischer Verbindungen nach den IUPAC-Regeln und eine Zusammenfassung über elementare Reaktionsmechanismen der Organischen Chemie. Das Kapitel schließt mit einer Darstellung des Prinzips der Retrosynthese, die für die Planung einer Synthese unabdingbar ist.

4.1
Atombau und chemische Bindung

Moleküle sind aus **Atomen** aufgebaut, die durch **chemische Bindungen** zusammengehalten werden.[1] Atome bestehen aus Elementarteilchen: **Protonen** und **Neutronen** im **Atomkern**, **Elektronen** in der **Atomhülle**. Die Anzahl der Protonen ist die **Ordnungszahl** des Atoms und bestimmt das Element. Atome gleicher Ordnungszahl mit einer unterschiedlichen Zahl von Neutronen sind **Isotope** eines Elements. Protonen sind positiv geladen, Neutronen sind elektroneutral. Die in der Atomhülle befindlichen Elektronen sind negativ geladen. Neutrale Atome enthalten gleich viele Protonen und Elektronen. Sind mehr oder weniger Elektronen vorhanden als Protonen, so liegen geladene **Ionen** vor. Positiv geladene Ionen heißen **Kationen**, negativ geladene **Anionen**. Die Elektroneutralität wird dadurch gewahrt, dass Anionen und Kationen normalerweise gemeinsam auftreten, beispielsweise in Salzen. Die Bildung von Ionen wird begünstigt, wenn sich dadurch Elektronenkonfigurationen wie bei den Edelgasen ergeben, also vollständig aufgefüllte Elektronenschalen. So besitzt das Natrium-Kation dieselbe Elektronenkonfiguration wie das Edelgas Neon, während die des Chlorid-Anions der des Edelgases Argon entspricht. Die **Oktettregel**, die in der zweiten Periode des Periodensystems streng gilt, ist Ausdruck dieses Bestrebens. Neben der durch die Coulomb-Anziehung bewirkten Bindung zwischen Kationen und Anionen (**Ionenbindung**) ist in der Organischen Chemie besonders die **kovalente Bindung** von Bedeutung.

Für chemische Bindungen sind die Elektronen der Atome verantwortlich, deren Energiezustände durch **Wellengleichungen** (Schrödinger-Gleichungen) beschrie-

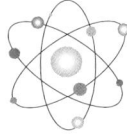

4 Grundlegende Konzepte der Organischen Chemie

s p_x p_y p_z

Abb. 4.1 Gestalt der s- und p-Orbitale.

ben werden. Die Lösungen der Wellengleichungen von Atomen sind Wellenfunktionen, die auch als **Atomorbitale** bezeichnet werden. Atome der ersten Periode des Periodensystems haben lediglich das 1s-Orbital, die der zweiten Periode, darunter auch Kohlenstoff, haben zusätzlich ein 2s- und drei 2p-Orbitale – letztere sind in die drei Raumrichtungen ausgerichtet. Elemente höherer Perioden weisen neben s- und p-Orbitalen auch fünf d-Orbitale sowie f-Orbitale auf. Für die Organische Chemie haben s- und p-Orbitale die größte Bedeutung. Sie haben charakteristische Gestalten: s-Orbitale sind kugelsymmetrisch, und p-Orbitale haben eine typische Keulenform (Abb. 4.1), wobei beide Orbitallappen unterschiedliche mathematische Vorzeichen tragen. Es ist wichtig, die hier üblichen Bezeichnungen + und – nicht mit elektrischen Ladungen zu verwechseln. Daher werden zur Kennzeichnung des unterschiedlichen Vorzeichens oft auch unterschiedliche Farbgebungen benutzt. Wenn die Wellenfunktion an verschiedenen Positionen unterschiedliche Vorzeichen aufweist, bedeutet dies, dass irgendwo dazwischen ein Nulldurchgang (Knotenebene) der Wellenfunktion erfolgen muss. Oft werden die Orbitale als Bild des Aufenthaltsbereiches der betreffenden Elektronen missverstanden. Stattdessen ist die Elektronenaufenthaltswahrscheinlichkeit dem Quadrat der Wellenfunktion proportional. Die entsprechenden geometrischen Aufenthaltsräume ähneln allerdings den Gestalten der Orbitale sehr. Mit steigender Ordnungszahl der Elemente werden auch ihre Orbitale nach steigender Energie mit Elektronen aufgefüllt. Jedes Orbital kann zwei Elektronen entgegengesetzten Spins (Drehimpulses) aufnehmen. Die abgeschlossene Elektronenkonfiguration verleiht den Edelgasen eine besondere Stabilität. Atomarer Kohlenstoff hat die Elektronenkonfiguration $1s^2 2s^2 2p^2$, was heißt, dass die beiden s-Orbitale 1s und 2s doppelt besetzt sind und dass zwei Elektronen in den drei zur Verfügung stehenden 2p-Orbitalen angesiedelt sind.

Wenn Atomorbitale (AO) geeigneter Symmetrie und möglichst ähnlicher Energie in Wechselwirkung treten („überlappen"), kann es zur Ausbildung einer **chemischen Bindung** kommen. Man spricht von der Linearkombination von Atomorbitalen (LCAO, *Linear Combination of Atomic Orbitals*). Beide Atome bilden gemeinsame **Molekülorbitale (MO)**. Wenn zwei Atomorbitale überlappen, muss man zwei Möglichkeiten unterscheiden: Die überlappenden Bereiche der Orbitale können gleiches oder entgegengesetztes Vorzeichen haben. Demnach findet zwischen den Atomkernen der beiden Atome kein Nulldurchgang (gleiches Vorzeichen) der Wellenfunktion statt, oder es findet ein Nulldurchgang statt (engegengesetzte Vorzeichen). Wenn man berücksichtigt, dass die Elektronenaufenthaltswahrscheinlichkeit dem Quadrat der Wellenfunktion proportional ist, heißt das für die Über-

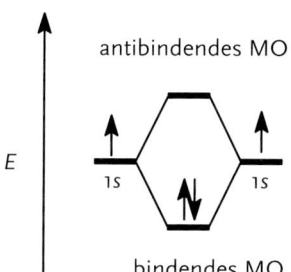
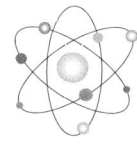

Abb. 4.2 Molekülorbital (MO)-Schema des Wasserstoffmoleküls H_2.

lappung von Orbitallappen gleichen Vorzeichens, dass überall zwischen den Atomen Elektronen vorhanden sind; es handelt sich um ein **bindendes Molekülorbital.** Bei der Überlappung von Orbitallappen unterschiedlichen Vorzeichens ergibt sich dagegen, dass die Elektronenaufenthaltswahrscheinlichkeit am Ort des Nulldurchgangs ebenfalls Null ist. Dieser Bereich wird als **Knotenebene** bezeichnet. Da chemische Bindungen durch Elektronen bewirkt werden, kann es in einer derartigen Situation keine bindende Wechselwirkung geben: Man spricht von der Bildung eines **antibindenden Molekülorbitals**. Aus zwei Atomorbitalen ergeben sich so zwei Molekülorbitale und zwar ein bindendes und ein antibindendes. Natürlich gibt es auch kompliziertere Kombinationen von Atomorbitalen, grundsätzlich gilt jedoch, dass immer so viele Molekülorbitale entstehen, wie Atomorbitale eingesetzt werden. Für Struktur und Eigenschaften des so gebildeten Orbitals sind nur diejenigen Molekülorbitale wirksam, die auch von Elektronen besetzt sind. Dazu werden die im Molekül vorhandenen Elektronen nach steigender Energie auf die Orbitale verteilt. Wie das Beispiel des Wasserstoffmoleküls H_2 (Abb. 4.2) zeigt, führt dies insgesamt zu einer bindenden Wechselwirkung, denn das antibindende MO ist völlig unbesetzt: Das Molekül ist eine stabile Verbindung. Im Gegensatz dazu wäre im He_2 auch das antibindende MO mit zwei Elektronen vollständig besetzt, insgesamt ergibt sich daher keine bindende Wechselwirkung.

Um diese Überlegungen auf Methan anzuwenden, ist das Modell der **Hybridisierung** nützlich. Methan weist eine tetraedrische Molekülstruktur auf, in der alle vier C–H-Bindungen äquivalent sind. Dies ist mit dem Orbitalschema des atomaren Kohlenstoffs jedoch nur schwer zu erklären. Durch Hybridisierung werden das s- und die drei p-Orbitale zu vier äquivalenten sp^3-Hybridorbitalen „gemischt" (Abb. 4.3 und 4.4). In ähnlicher Weise kann man das s-Orbital und zwei der drei äquivalenten p-Orbitale zu drei sp^2-Hybridorbitalen kombinieren, die eine trigonal planare Struktur ausbilden. Das vierte p-Orbital bleibt davon unberührt und steht senkrecht auf der Ebene der drei sp^2-Orbitale. Schließlich ist es möglich, das s-Orbital mit nur einem der drei p-Orbitale zu „mischen", was zu zwei äquivalenten sp-Hybridorbitalen führt, die linear zueinander angeordnet sind. Die beiden übrigen p-Orbitale bleiben von der Hybridisierung unberührt und stehen senkrecht auf dem linearen System der beiden sp-Orbitale. sp^3-Hybridisierte Kohlenstoffatome werden als gesättigt bezeichnet und finden sich in Alkanen (Abschnitt 5.2). sp^2-Hybridisierte Kohlenstoffatome sind an Doppelbindungen beteiligt, also in Alkenen (Abschnitt 5.4) oder Carbonylverbindungen (Abschnitt 5.12). sp-Hybri-

4 Grundlegende Konzepte der Organischen Chemie

sp^3-Hybridisierung: Tetraedrische Ausrichtung der Hybridorbitale, Valenzwinkel 109,5°, Beispiel: Methan.

sp^2-Hybridisierung: Trigonal planare Ausrichtung der Hybridorbitale, Valenzwinkel 120°, p_z steht senkrecht auf der Ebene, Beispiel: Ethen.

sp-Hybridisierung: Lineare Ausrichtung der Hybridorbitale, Valenzwinkel 180°, p_y und p_z stehen senkrecht auf der Geraden, Beispiel: Ethin.

Abb. 4.3 Merkmale wichtiger Hybridorbitale.

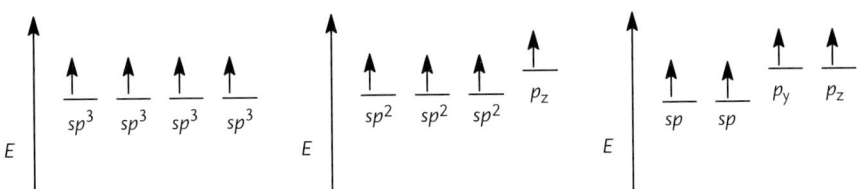

Abb. 4.4 Valenzelektronenkonfiguration und Hybridisierung des atomaren Kohlenstoffs.

disierte Kohlenstoffatome sind an Dreifachbindungen in Alkinen (Abschnitt 5.5) und Nitrilen (Abschnitt 5.15.6) beteiligt und treten auch in Cumulenen (Abschnitt 5.4) auf.

Mit Hilfe der Hybridorbitale lassen sich die Molekülstrukturen von Alkanen, Alkenen und Alkinen erklären. Gesättigte Kohlenstoffatome wie im Ethan haben vier sp^3-Hybridorbitale, die tetraedrisch orientiert sind und mit den drei s-Orbitalen der Wasserstoffatome sowie einem sp^3-Orbital der anderen Methylgruppe σ-**Bindungen** bilden. Im Ethen werden die Bindungen zu den Wasserstoffatomen entsprechend gebildet. Zwischen den beiden Kohlenstoffatomen besteht zunächst eine kovalente Bindung, die durch Überlappung je eines sp^2-Orbitals der beiden Kohlenstoffatome zustande kommt. Darüber hinaus überlappen die beiden zueinander parallel stehenden p_z-Orbitale oberhalb und unterhalb der durch die

4.1 Atombau

δ−δ+	δ+δ−	δ+δ−	δ+δ−
H$_3$C—Li	H$_3$C—NH$_2$	H$_3$C—OH	H$_3$C—Cl
Dipolmoment	1,31 D	1,70 D	1,87 D

Abb. 4.5 Beispiele polarer Bindungen. (Werte für Moleküle in der Gasphase aus *Handbook of Chemistry and Physics*, 77. Aufl., CRC Press, Boca Raton, **1996**.)

Atome aufgespannten Ebene unter Bildung einer **π-Bindung**. Der wesentliche Unterschied zwischen σ- und π-Bindung besteht darin, dass **σ-Bindungen frei drehbar** sind, während wegen der mehrfachen Überlappung **bei π-Bindungen keine freie Drehbarkeit** gegeben ist. Bei Alkenen führt dies zu *cis*- und *trans*-Isomeren (Abschnitte 4.3 und 5.4). Bei Alkinen (Abschnitt 5.5) kommt eine weitere π-Bindung senkrecht zur ersten hinzu, die durch analoge Überlappung der p_y-Orbitale zustande kommt.

Die Unterscheidung von kovalenter und ionischer Bindung bedeutet nicht, dass kovalente Bindungen völlig unpolar sind. Die Elektronen können auch in einer kovalenten Bindung ungleich verteilt sein. Das Vermögen eines Atoms oder einer funktionellen Gruppe, Elektronen an sich zu ziehen, wird als **Elektronegativität** bezeichnet. Der von L. Pauling[2] eingeführte Parameter der Elektronegativität beschreibt auf einer relativen Basis die Tendenz eines Atoms, die Bindungselektronen in einem Molekül an sich zu ziehen. Auch wenn Elektronegativität selbst keine exakt definierte molekulare Eigenschaft ist, können aus den Elektronegativitätsdifferenzen zweier Atome Aussagen über die Polarität und den ionischen Charakter einer Bindung zwischen ihnen getroffen werden. Je nach den Elektronegativitäten der beteiligten Atome oder funktionellen Gruppen ergibt sich eine mehr oder weniger starke **Polarisierung**, die durch Partialladungen δ+ bzw. δ− in Formeln hervorgehoben werden kann und die chemische Reaktivität der betreffenden Verbindung prägt (Abb. 4.5).

Das Maximum der Elektronegativität findet sich im **Periodensystem der Elemente** mit 4.0 für Fluor, das Minimum mit 0.9 für Francium. Die Elektronegativität des Kohlenstoffs beträgt 2.5, die von Wasserstoff 2.2: Die C−H-Bindung ist somit kaum polar. Insbesondere die Halogene, Sauerstoff und Stickstoff weisen größere Elektronegativitäten als Kohlenstoff auf und sind daher elektronenziehend. Metalle haben kleinere Elektronegativitäten als Kohlenstoff und wirken daher gegenüber Kohlenstoff elektronenschiebend. Diese Verbindungen besitzen ein **Dipolmoment** $\vec{\mu}$, das als Produkt aus der Ladungsdifferenz und dem Abstandsvektor der Ladungsschwerpunkte definiert ist und in der Einheit Debye (D) angegeben wird (Dipolmoment: $\vec{\mu} = e \cdot \vec{r}$; Debye: 1 D = 0,33 · 10^{-27} A s cm).

Zur graphischen Darstellung von organischen Molekülen werden verschiedene Formelschreibweisen verwendet (Abb. 4.6). In der Kekulé-Formel sind die Atome durch einen Strich verbunden, der das Bindungselektronenpaar symbolisiert. Die Schreibweise einer kondensierten Formeldarstellung wird häufig in Texten verwendet. In Valenzstrichformeln wird die Formelschreibweise auf die Darstellung der Bindungselektronen reduziert. Das Kohlenstoffsymbol wird nicht ausgeschrieben und Wasserstoffatome nicht angegeben. Ein Strichende steht hier für eine CH$_3$-Gruppe, eine Strichecke für eine CH$_2$-Gruppe. Zu beachten ist, dass in

4 Grundlegende Konzepte der Organischen Chemie

Verbindung	Kekulé-Formel	Kondensierte Formel	Valenzstrichformel
Methan	H–CH₃ (H oben, H unten)	CH_4	
Ethan	H–CH₂–CH₂–H	CH_3CH_3	—
Ethanol	H–CH₂–CH₂–OH	CH_3CH_2OH	╱OH
Propan	H–CH₂–CH₂–CH₂–H	$CH_3CH_2CH_3$	⋀
N,N-Dimethylamin	(CH₃)₂NH Struktur	$(CH_3)_2NH$	Struktur mit N
Hexan	H–(CH₂)₆–H Struktur	$CH_3CH_2CH_2CH_2CH_2CH_3$	Zickzack

Abb. 4.6 Formelschreibweisen organischer Moleküle.

Valenzstrichformeln, die Heteroatome mit Wasserstoffsubstituenten enthalten, diese sehr wohl ausgeschrieben werden müssen.

Zur Veranschaulichung einer Molekülgestalt werden, heute meist am Computer, auch Darstellungen, wie Kalotten- und Kugel-Stabmodelle genutzt.

Es gibt jedoch Verbindungen, deren so gezeichnete Valenzstrichformeln die Realität nur sehr unzureichend wiedergeben. So sind die C–C-Bindungslängen im Allyl-Kation oder im Benzol im Gegensatz zur Wiedergabe in Valenzstrichformeln nicht unterschiedlich, und auch die C–O-Bindungslängen in Carboxylaten wie dem Acetat-Ion sind tatsächlich nicht unterschiedlich. Um die Realität durch die Formelschreibweise einigermaßen zutreffend wiederzugeben, behilft man sich mit der Umschreibung des tatsächlichen Zustands durch mehrere **mesomere Grenzformeln**, die auch als **Resonanzformeln** bezeichnet werden (Abb. 4.7). Mesomere Grenzformeln werden durch einen einfachen Doppelpfeil verknüpft. Es ist wichtig, das Phänomen der **Mesomerie** oder **Resonanz** klar von dem des chemischen Gleichgewichts zu unterscheiden: Im Gleichgewicht liegen die daran beteiligten Verbindungen gleichzeitig nebeneinander vor, man kann die Zusammen-

4.1 Atombau

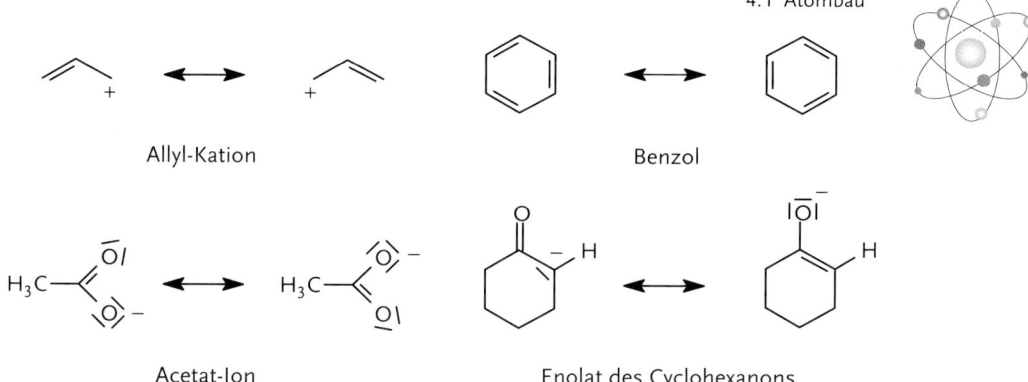

Abb. 4.7 Beispiele mesomerer Grenzformeln (Resonanzformeln).

Abb. 4.8 Beispiele von Resonanzhybriden.

setzung eines Gleichgewichtsgemisches beispielsweise durch spektroskopische Methoden (Abschnitt 3.4) untersuchen und beobachtet die Signale aller beteiligten Verbindungen. Im Falle der Mesomerie liegt jedoch nur eine einzige Verbindung vor, die durch mehrere Formeln umschrieben wird. Beim Erstellen der Resonanzformeln ist zu beachten, dass sich die Identität der Verbindung dadurch nicht ändern darf, es dürfen lediglich freie Elektronenpaare und π-Bindungen verschoben werden. Nicht allen mesomeren Grenzformeln muss das gleiche Gewicht zukommen. Meist kommt solchen mit einer vollständigen Ladungstrennung geringere Bedeutung bei der Umschreibung der Realität zu. So wird man die gezeigte Grenzfomel des Cyclohexanons mit Ladungstrennung nur zur Erklärung der Reaktivität der Verbindung heranziehen. Zur realistischeren Beschreibung der Verbindungen benutzt man oft so genannte **Resonanzhybride**, das sind aus den Grenzformeln „gemischte" Formeln (Abb. 4.8).

4 Grundlegende Konzepte der Organischen Chemie

Zusammenfassung

Atome sind durch chemische Bindungen zu Molekülen verknüpft. Neben der Ionenbindung ist in der Organischen Chemie besonders die kovalente Bindung von Bedeutung. Chemische Bindungen werden durch Elektronen der Atome gebildet, deren Energiezustände durch Wellengleichungen (Schrödinger-Gleichungen) beschrieben werden. Aus den Lösungen der Wellengleichungen lassen sich Atomorbitale ableiten: s- und p-Orbitale für die Elemente der 1. und 2. Periode, zusätzlich d- und f-Orbitale für die Elemente höherer Perioden. Durch Hybridisierung werden aus s- und p-Orbitalen sp^3-, sp^2- und sp-Hybridorbitale erhalten. Wenn Atomorbitale geeigneter Symmetrie und ähnlicher Energie in Wechselwirkung treten, kann es zur Ausbildung einer chemischen Bindung kommen. Beide Atome bilden gemeinsame Molekülorbitale (MO), wobei zwischen bindenden, nichtbindenden und antibindenden MOs unterschieden wird. Die aus s- und p-Hybridorbitalen entstehenden σ-Bindungen sind frei drehbar. π-Bindungen, die aus der Überlappung von p-Orbitalen hervorgehen, besitzen keine freie Drehbarkeit. Formeln chemischer Verbindungen werden oft als Valenzstrichformeln gezeichnet, in denen ein Strich zwei Elektronen entspricht. Um die Realität durch die Formelschreibweise besser wiederzugeben, wird der tatsächliche Zustand auch durch mehrere mesomere Grenzformeln oder Resonanzformeln beschrieben. Mesomere Grenzformeln werden dann durch einen einfachen Doppelpfeil verknüpft.

4.2
Delokalisierte π-Systeme

Unter Konjugation versteht man die Wechselwirkung der p-Orbitale sp^2- oder sp-hybridisierter Atome über eine einzelne Doppelbindung hinaus. Die π-Elektronen sind dabei über mehr als zwei Atome verteilt, man nennt sie **delokalisiert**. In diese Kategorie fallen allylische Systeme (Allyl-Kation, -Anion und -Radikal), konjugierte Alkene (solche, in denen sich Einfach- und Doppelbindungen abwechseln) sowie cyclisch konjugierte Systeme, zu denen die große Gruppe der Aromaten gehört. Aromaten werden in den Abschnitten 5.6 bis 5.8 behandelt. Im Allgemeinen sind Systeme mit delokalisierten π-Elektronen thermodynamisch stabiler als Isomere ohne Delokalisation. Das gilt auch für Ionen, die durch die Delokalisation ihrer Ladung stabilisiert werden. Die Delokalisation steht in engem Zusammenhang zu den mesomeren Grenzformeln (Abschnitt 4.1): Je mehr Grenzformeln sich zeichnen lassen, desto größer ist die Delokalisation der π-Elektronen und desto größer ist die thermodynamische Stabilität der Verbindung.

Das kleinste delokalisierte π-System ist das **Allylsystem** (2-Propenyl-System; Abb. 4.9), welches als Kation, Radikal und Anion existiert. Alle drei Kohlenstoffatome sind sp^2-hybridisiert. Die Delokalisation der π-Elektronen setzt voraus, dass die beteiligten p-Orbitale annähernd parallel zueinander angeordnet sind, so dass das Molekül im betreffenden Bereich eine planare Struktur aufweist. Jetzt ist eine

4.2 Delokalisierte π-Systeme

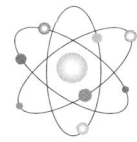

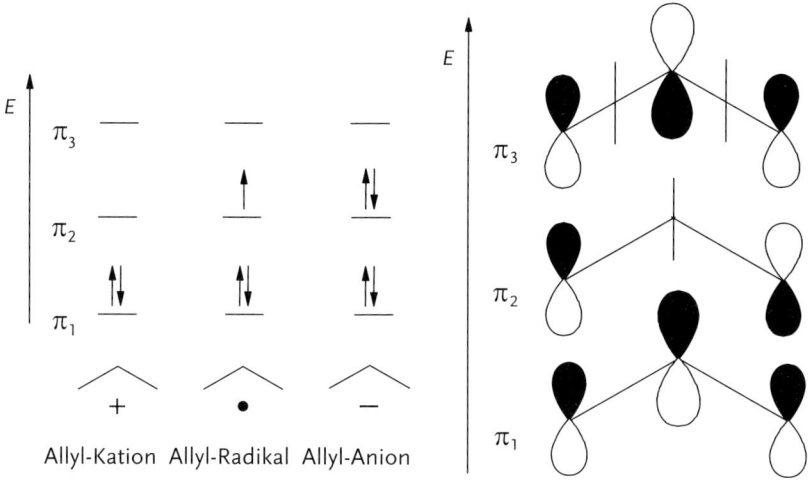

Abb. 4.9 Molekülorbitale des Allylsystems. Die senkrechten Striche | kennzeichnen Knotenebenen.

Wechselwirkung der drei *p*-Orbitale möglich. Daraus ergibt sich, dass die zur Rotation eines *p*-Orbitals zu überwindende Aktivierungsenergie dem Energiegewinn entspricht, der durch die Delokalisation erreicht wird. Für das Allyl-Kation wurden dafür Werte um 110 kJ mol^{-1} abgeschätzt.[3] Die erhöhte Stabilität des Allyl-Radikals wird u. a. dadurch deutlich, dass die Dissoziationsenergie allylischer C–H-Bindungen mit 364 kJ mol^{-1} für Propen erheblich geringer ist als die von Alkyl-C–H-Bindungen (423 kJ mol^{-1} für Ethan).

Das MO-Schema des Allylsystems ist instruktiv und zeigt, dass alle wesentlichen Unterschiede im nichtbindenden π_2-Orbital liegen: Der Elektronenmangel des Kations konzentriert sich auf die beiden peripheren Kohlenstoffatome, denn in π_2 geht die Knotenebene durch das zentrale Kohlenstoffatom. Entsprechend ist die Spindichte des Radikals sowie die negative Ladung des Anions auf die beiden äußeren Atome lokalisiert, so dass elektrophile, radikalische und nucleophile Angriffe auf das Allylsystem meist an diesen Atomen erfolgen. Die wichtigste radikalische Reaktion des Allylsystems ist **die Bromierung eines Alkens in Allylposition** mit *N*-Brombutanimid (*N*-Bromsuccinimid, **NBS**, Abschnitt 5.2.2.3). Allyl-Kationen sind Intermediate bei unimolekularen nucleophilen Substitutionen (S$_N$1) allylischer Halogenide. Aufgrund des delokalisierten π-Systems des intermediären Allyl-Kations werden normalerweise Produktgemische gebildet, wenn dieses unsymmetrisch ist (Abb. 4.10).

Welches der beiden Produkte überwiegt, hängt entscheidend von der Reaktionsführung ab. Unter Bedingungen **kinetischer Reaktionskontrolle** (tiefe Temperatur, kurze Reaktionszeit) wird hier reversibel bevorzugt das Produkt gebildet, welches schneller entsteht. Unter Bedingungen **thermodynamischer Reaktionskontrolle** (höhere Temperatur, längere Reaktionszeit) wird bevorzugt das thermodynamisch stabilere Produkt gebildet. Auch unter thermodynamischer Reaktionskontrolle wird zunächst das Produkt entstehen, welches sich schneller bildet. Aufgrund der

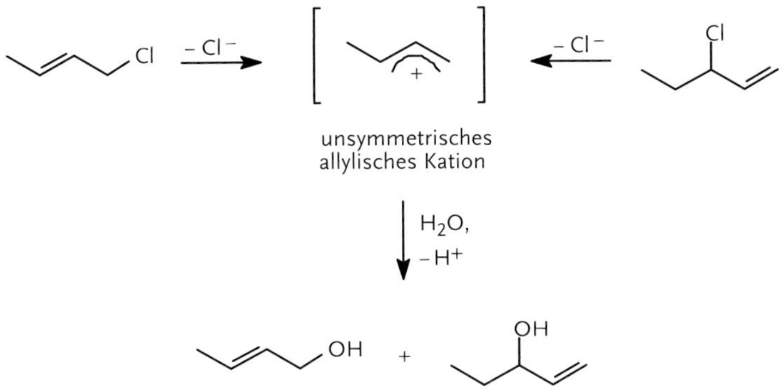

4 Grundlegende Konzepte der Organischen Chemie

Abb. 4.10 Unimolekulare nucleophile Substitution unsymmetrischer Allylhalogenide.

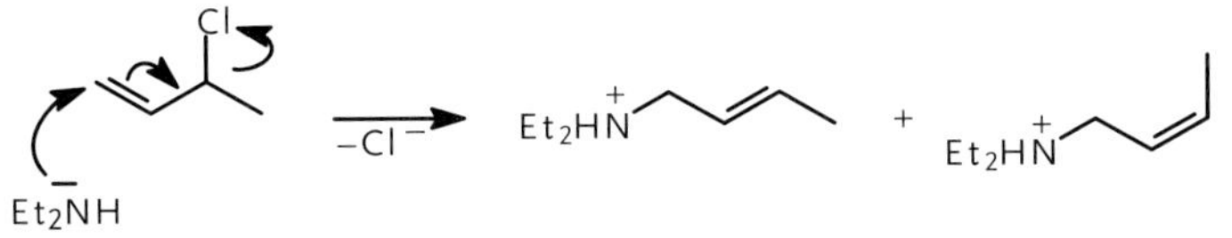

Abb. 4.11 Bimolekulare nucleophile Substitution unter Allylverschiebung (S_N2').

Reaktionsbedingungen ist jedoch in einer Gleichgewichtsreaktion die Umwandlung in das thermodynamisch stabilere Produkt möglich.[4]

Neben der unimolekularen ist an Allylsystemen auch eine bimolekulare nucleophile Substitution (S_N2) möglich. Dabei wird der Übergangszustand, in dem das reagierende Kohlenstoffatom sp^2-hybridisiert ist, durch die benachbarte Doppelbindung resonanzstabilisiert. So ist zu erklären, dass die S_N2-Reaktion von 3-Chlor-1-propen zu 3-Iod-1-propen 73-mal schneller abläuft als die entsprechende Reaktion von 1-Chlorpropan. Neben der S_N2-Reaktion ist an unsymmetrischen Systemen eine bimolekulare nucleophile Substitution unter Allylverschiebung möglich, die S_N2' genannt wird (Abb. 4.11).[5]

Allylische Anionen lassen sich durch **Deprotonierung in Allylposition** mit einer starken Base wie Butyllithium/TMEDA (TMEDA = Tetramethylethylendiamin) erzeugen. Daneben besteht die Möglichkeit einer **Transmetallierung** (Abschnitt 6.11), bei der z. B. Tetraallylzinn mit Butyllithium zu Allyllithium und Tetrabutylzinn umgesetzt wird. Die wohl gebräuchlichste Methode ist die Reaktion eines Allylhalogenids mit Magnesium zum entsprechenden **Grignard-Reagenz** (Abschnitt 5.3.2.3). Da die Ladungsdichte in Allyl-Anionen an den beiden Termini des Allylsystems lokalisiert ist, kann der Angriff eines Elektrophils grundsätzlich an beiden Termini erfolgen.

Enolether, Enthioether (Alkenylsulfide) und Enamine, deren freie Elektronenpaare in die Konjugation einbezogen werden können (Abb. 4.12), sind wichtige elektroneutrale Allyl-Anion-Analoga, die am β-Kohlenstoffatom elektrophil angegriffen werden können.

Als nächstgrößeres delokalisiertes π-System folgt dem Allylsystem das 1,3-Dien-System, dessen einfachster Vertreter 1,3-Butadien ist (Abb. 4.13). 1,3-Diene haben

Abb. 4.12 Elektroneutrale Allyl-Anion-Analoga.

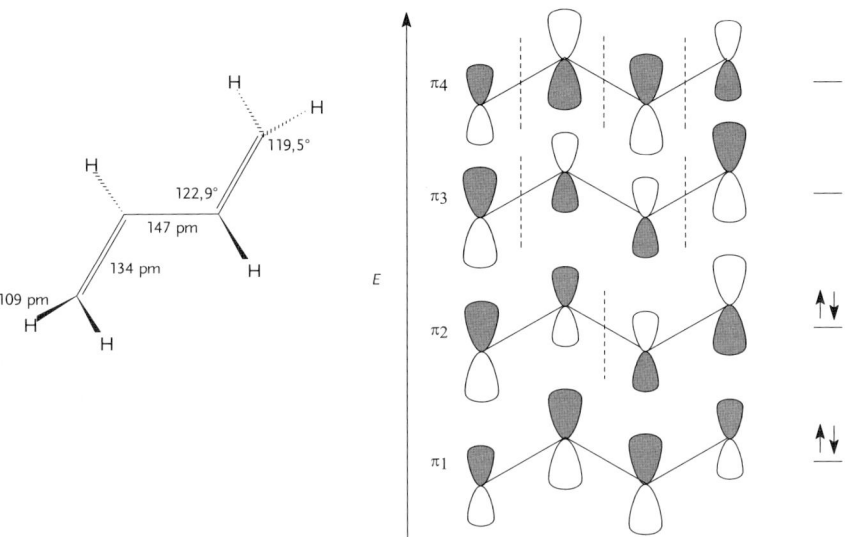

Abb. 4.13 Struktur und MO-Schema des 1,3-Butadiens.

konjugierte Doppelbindungen, die miteinander wechselwirken. Konjugierte Doppelbindungen sind stabiler als nichtkonjugierte. Der Unterschied in den Hydrierwärmen zeigt dies: Während bei der Hydrierung von 1,4-Pentadien eine Hydrierwärme $\Delta H°$ von $-253\,\text{kJ}\,\text{mol}^{-1}$ gemessen wird, also ziemlich genau der doppelte Wert der Hydrierwärme einer Doppelbindung, liegt das Resultat einer entsprechenden Messung beim 1,3-Butadien mit $\Delta H° = -236\,\text{kJ}\,\text{mol}^{-1}$ signifikant niedriger. Ein weiterer, eher qualitativer Hinweis auf die Stabilisierung von Doppelbindungen durch Konjugation ist die große Anzahl von Isomerisierungsreaktionen, bei denen isolierte zu konjugierten Systemen isomerisieren. Die C–C-Einfachbindung des 1,3-Butadiens in der *s-trans*-Konformation (um etwa $12\,\text{kJ}\,\text{mol}^{-1}$ stabiler als die *s-cis*-Konformation, Abschnitt 4.3) ist mit 147 pm etwas kürzer als eine normale C–C-Einfachbindung (154 pm), die C=C-Doppelbindungen sind geringfügig verlängert. Es gibt eine ganze Reihe wichtiger Reaktionen konjugierter Alkene, an denen mehrere Doppelbindungen beteiligt sind (1,4-Addition, Diels-Alder-Cycloaddition, elektrocyclische Reaktionen, Abschnitt 5.4.2.8).

Allgemein besteht eine ausgeprägte Tendenz zur Bildung konjugierter Systeme, wo dies möglich ist. Je länger die konjugierten Systeme werden, desto geringer ist der Abstand des höchsten besetzten zum niedrigsten unbesetzten Molekülorbital. Dadurch werden die Verbindungen leichter elektronisch anregbar und somit farbig. **Aromaten** (Abschnitt 5.6 bis 5.8) sind die wichtigsten Vertreter mit cyclisch konjugiertem π-System. Alternierende und **gekreuzt konjugierte Systeme** lassen

4 Grundlegende Konzepte der Organischen Chemie

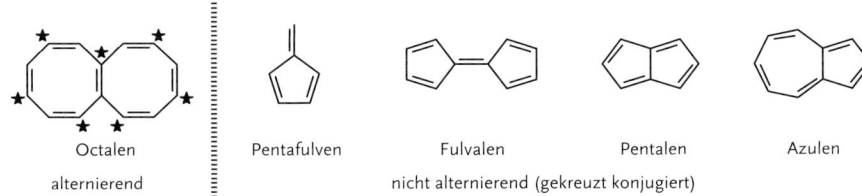

Octalen
alternierend

Pentafulven

Fulvalen

Pentalen

Azulen

nicht alternierend (gekreuzt konjugiert)

Abb. 4.14 Beispiele alternierender und gekreuzt konjugierter Systeme.

sich leicht identifizieren, indem man jedes zweite olefinische Kohlenstoffatom markiert. Wenn durch das gesamte System keine zwei Markierungen direkt benachbart sind, liegt ein alternierendes, andernfalls ein nicht alternierendes, gekreuzt konjugiertes System vor (Abb. 4.14).

Zusammenfassung

Konjugation bezeichnet die Wechselwirkung von *p*-Orbitalen sp^2- oder *sp*-hybridisierter Atome über eine einzelne Doppelbindung hinaus. Freie Elektronenpaare können in die Konjugation einbezogen werden. Die Elektronen sind dabei über mehr als zwei Atome delokalisiert. Das kleinste delokalisierte π-System ist das Allylsystem, das als Kation, Radikal und Anion vorliegen kann. Der einfachste Vertreter des nächstgrößeren delokalisierten π-Systems ist das 1,3-Butadien. 1,3-Diene besitzen konjugierte Doppelbindungen, die 1,4-Additionen, Diels-Alder-Cycloadditionen oder elektrocyclischen Reaktionen eingehen können (Abschnitt 5.4.2.8). Je ausgedehnter ein konjugiertes System ist, desto geringer wird der Abstand des höchsten besetzten (HOMO) zum niedrigsten unbesetzten Molekülorbital (LUMO). Dadurch werden die Verbindungen leichter elektronisch anregbar und zunehmend farbig.

4.3
Stereochemie organischer Verbindungen

Unter der **Struktur** einer Verbindung ist die räumliche Molekülgestalt[6] zu verstehen, die mit strukturanalytischen Methoden (Röntgenstrukturanalyse, RSA; Elektronenbeugung) bestimmt werden kann. Die Struktur einer Verbindung kann durch unterschiedliche Formelschreibweisen, durch Molekülmodelle oder auch als Computergraphik veranschaulicht werden (Abschnitt 4.1). Der Begriff Struktur wird oft ungenau benutzt, um die Identität einer Verbindung durch die Konnektivitäten ihrer Atome zu beschreiben. Hier ist exakter von der **Konstitution** zu sprechen. Die Konstitution einer Verbindung wird heute meist mit spektroskopischen Methoden[7] (Abschnitt 3.4) bestimmt. Früher hatte die chemische Korrelation dazu größere Bedeutung, bei der eine unbekannte Verbindung bekannten chemischen Reaktionen unterzogen wird, bis eine bereits bekannte Verbindung entsteht. Von dieser wird dann auf die Identität der Ausgangsverbindung geschlossen. Eine Verbindung einer bestimmten Konstitution kann häufig in unterschiedlichen

4.3 Stereochemie organischer Verbindungen

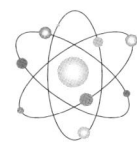

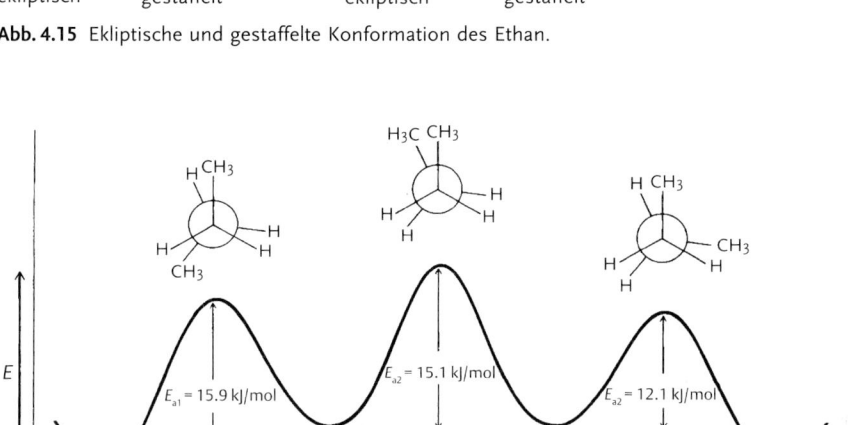

Abb. 4.15 Ekliptische und gestaffelte Konformation des Ethan.

Abb. 4.16 Konformationen des Butans und ihre unterschiedlichen potentiellen Energien. (Abbildung aus: K. P. C. Vollhardt, N. E. Schore, *Organische Chemie*, 4. Aufl., Wiley-VCH, Weinheim, **2005**.)

Konformationen vorliegen. Darunter sind unterschiedliche Strukturen einer Verbindung zu verstehen, die sich durch die Rotation um σ-Bindungen ineinander überführen lassen. Konformationen lassen sich durch **Sägebock-Formeln** oder oft besser durch Newman-Projektionen darstellen (Abb. 4.15 und 4.16). Bei größeren Molekülen sind noch weitere Konformationen zu unterscheiden, die auch energetisch deutlich voneinander abweichen können.

Daneben werden Konformationen auch durch die Begriffe *s-cis* und *s-trans* beschrieben (Abb. 4.17).[8] Der Buchstabe *s* steht dabei für „single" und betont den Bezug auf eine Einfachbindung, und die Bezeichnungen *cis* und *trans* beschreiben, ob die betreffenden Gruppen zueinander hin oder voneinander weg weisen.

Besondere Bedeutung haben die Konformationen des **Cyclohexans** (Abb. 4.18). Der Sechsring ist nicht planar, sondern liegt in zwei **Sesselkonformationen** vor, bei denen **axiale** (*a*) und **äquatoriale** (*e*) Positionen der Substituenten zu unterscheiden sind. Die beiden Sesselkonformationen lassen sich durch Drehungen um

4 Grundlegende Konzepte der Organischen Chemie

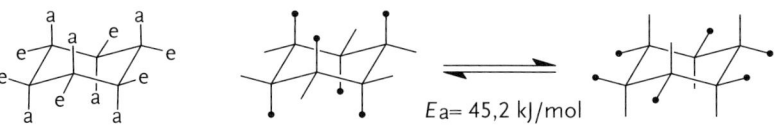

Abb. 4.17 s-cis- und s-trans-Konformationen am Beispiel von 1,2-Diketonen.

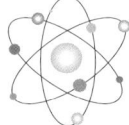

E_a = 45,2 kJ/mol

Abb. 4.18 Links: Axiale (*a*) und äquatoriale (*e*) Positionen am Cyclohexan in Sesselkonformation. Rechts: Gleichgewicht beider Sesselkonformationen; die markierten axialen Positionen werden zu äquatorialen.

C–C-σ-Bindungen ineinander überführen. Bei dieser **Inversion der Konformation** wird eine Boot-Konformation, die ein lokales Energieminimum repräsentiert, offenbar nicht durchlaufen. Stattdessen findet über Halb-Twist-Konformationen ein Übergang zur Twist-Konformation als Intermediat statt. Die Aktivierungsenergie der Umwandlung von der einen in die andere Sesselkonformation beträgt 45.2 kJ mol^{-1}. Bei diesem Vorgang vertauschen alle Wasserstoffatome ihre Positionen, d. h. die axialen werden zu äquatorialen und umgekehrt.

Zwischen den axialen Positionen im Cyclohexanring kommt es im Gegensatz zu den äquatorialen Positionen zu einer **1,3-diaxialen Abstoßung**, da die jeweils übernächsten axialen Positionen einander räumlich besonders nahe sind. Daher bevorzugen substituierte Cyclohexanderivate diejenige Konformation, in der der Substituent eine äquatoriale Position einnimmt. *tert*-Butylcyclohexan liegt fast vollständig in der Konformation vor, in der die sterisch aufwändige *tert*-Butylgruppe äquatorial steht.

Während σ-Bindungen acyclischer Moleküle frei drehbar sind, ist eine Rotation in cyclischen Molekülen und um π-Bindungen eingeschränkt. Daher muss bei substituierten Alkenen und cyclischen Verbindungen die **relative Konfiguration** berücksichtigt werden, durch die die Lage der Substituenten relativ zueinander angegeben wird. Die relative Konfiguration wird in eindeutigen Fällen durch die Bezeichnungen *cis* und *trans* beschrieben (Abb. 4.19).

Bei höhersubstituierten Alkenen sind die Bezeichnungen *cis* und *trans* nicht mehr eindeutig. Man benutzt dann die Bezeichnungen E (entgegen) und Z (zusammen) (Abb. 4.20). Dazu wird an jedem Ende der Doppelbindung der Substitu-

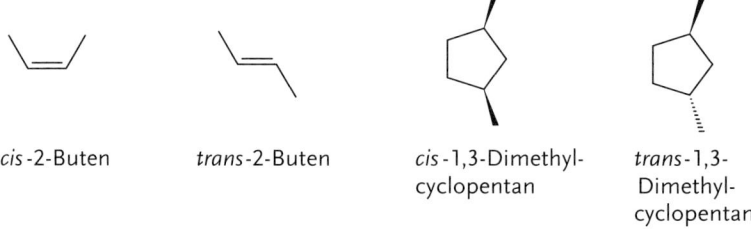

cis-2-Buten   *trans*-2-Buten   *cis*-1,3-Dimethylcyclopentan   *trans*-1,3-Dimethylcyclopentan

Abb. 4.19 *cis* und *trans* zur Beschreibung der relativen Konfiguration.

4.3 Stereochemie organischer Verbindungen

H, Cl / Br, F	H₃C, NH₂ / H₅C₂, OCH₃	Li, CH₃ / H₃CS, CH₃	D, H / F, SO₃H	Cl₂B, CH₃ / H₃C, C₆H₅
E	Z	E	E	Z

Abb. 4.20 *E*- und *Z*-Konfigurationen substituierter Alkene.

instabile Brückenkopfolefine   isolierte oder als kurzlebige Zwischenstufe beobachtete Brückenkopfolefine

Bicyclo[2.2.1]hept-1-en   Bicyclo[3.3.1]non-1-en   Adamanten
Bicyclo[3.2.1]oct-1(8)-en   Bicyclo[2.2.2]oct-1-en

Abb. 4.21 Brückenkopfolefine.

ent der höchsten Priorität bestimmt. Liegen beide Substituenten höchster Priorität auf derselben Seite der Doppelbindung, wird die relative Konfiguration als *Z* bezeichnet, liegen sie auf entgegengesetzten Seiten der Doppelbindung, ist die relative Konfiguration *E*. Die **Prioritäten der Substituenten** werden nach den **Cahn-Ingold-Prelog-Regeln** (CIP) bestimmt, die auch zur Bestimmung der absoluten Konfiguration (siehe Exkurs) benutzt werden und sich primär an den Ordnungszahlen, an der Atommasse und am Substitutionsgrad der Substituentenatome orientieren.

Der Aufbau der Doppelbindung aus zwei zueinander parallel stehenden π-Orbitalen bedingt, dass nur solche Alkene stabil sind, in denen diese Orientierung möglich ist. Dies ist der Hintergrund der **Bredt'schen Regel**, nach der Brückenkopfolefine nicht stabil sind. Die Bredt'sche Regel gilt nicht für Nullbrücken. Wenn die Anzahl der Brückenatome groß genug wird, um eine annähernde Parallelstellung der an der Doppelbindung beteiligten *p*-Orbitale zu ermöglichen, können Brückenkopfolefine (Abb. 4.21) isoliert werden.[9]

Verbindungen mit übereinstimmender Konstitution und relativer Konfiguration können sich noch in einem Punkt voneinander unterscheiden: in ihrer **absoluten Konfiguration**.[10] Diese ist eng verbunden mit dem Phänomen der **Chiralität** organischer Verbindungen. **Eine Verbindung ist chiral, wenn sie sich nicht mit ihrem Spiegelbild zur Deckung bringen lässt.** Solche Verbindungen treten in Form zweier **Enantiomerer** auf, die sich zueinander wie Bild und Spiegelbild verhalten. Eine Verbindung, die eine Symmetrieebene oder ein Symmetriezentrum aufweist, ist achiral.[11] Eine Verbindung ist bereits dann achiral, wenn eine ihrer Konformationen eines dieser Symmetrieelemente aufweist (Abb. 4.22). Andere Symmetrieelemente, z. B. Drehachsen, sind chiralitätsunschädlich. Viele chirale Verbindungen weisen asymmetrische Atome auf, die auch **Stereozentren** genannt werden.

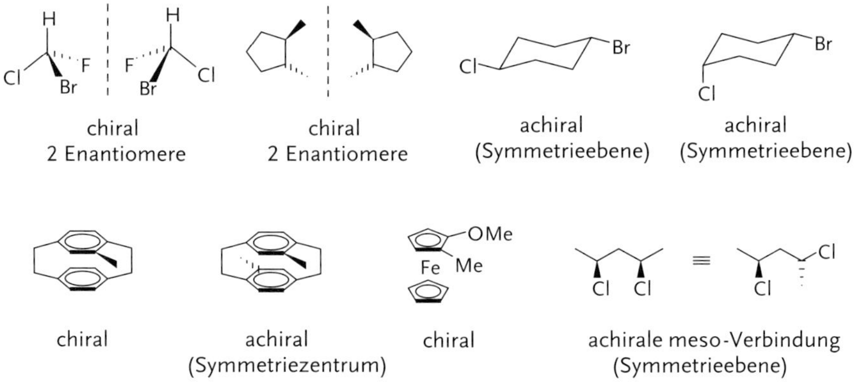

4 Grundlegende Konzepte der Organischen Chemie

Abb. 4.22 Chirale und achirale organische Verbindungen.

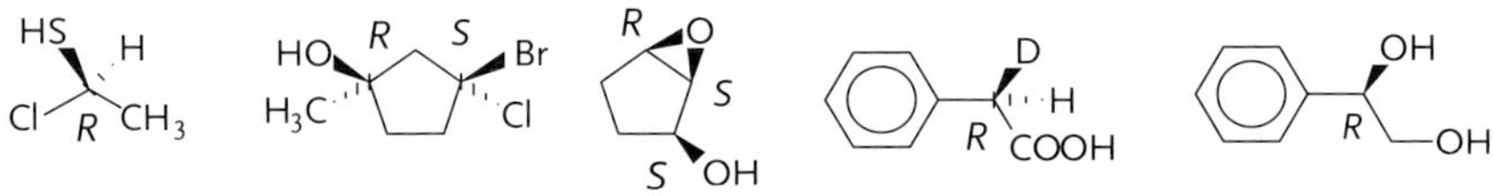

Abb. 4.23 Chirale Verbindungen mit *R*- und *S*-konfigurierten Kohlenstoffatomen.

Das sind Atome, die vier unterschiedliche Substituenten tragen, so dass durch sie keine Symmetrieebene gelegt werden kann. Asymmetrische Atome sind jedoch kein hinreichendes Kriterium für Chiralität. In achiralen *meso*-**Verbindungen** ist eine gerade Anzahl asymmetrischer Atome symmetrisch um eine Symmetrieebene angeordnet.

Die absolute Konfiguration eines Enantiomeren wird durch die Bezeichnungen *R* bzw. *S* angegeben (Abb. 4.23). Zur Bestimmung der absoluten Konfiguration eines asymmetrischen Atoms werden seine Substituenten entsprechend den CIP-Regeln[12] nach ihren Prioritäten geordnet. Das Molekül wird so gedreht, dass der Substituent niedrigster Priorität nach hinten zeigt. Wenn dann die übrigen Substituenten in aufsteigender Priorität im Uhrzeigersinn zueinander stehen, liegt ein *R*-konfiguriertes Atom vor. Im entgegengesetzten Fall handelt es sich um ein *S*-konfiguriertes Atom.

> **CIP-Regeln zur Bestimmung der Priorität von Substituenten:**[8,12]
> Die Regeln werden in ihrer Reihenfolge *nacheinander* angewandt, bis eine Unterscheidung der Substituenten erfolgt.
> 1. **Ordnungszahl:** Ein Substituent, der mit einem Atom höherer Ordnungszahl an das asymmetrische Atom gebunden ist als ein anderer, hat höhere Priorität.
> 2. **Atommasse:** Ein Substituent, der mit einem Atom höherer Atommasse an das asymmetrische Atom gebunden ist als ein anderer, hat höhere Priorität.
> 3. **Substitutionsgrad:** Erlauben die ersten beiden Regeln keine Differenzierung über die an das asymmetrische Atom gebundenen Atome so werden die jeweils nächsten Substituentenatome herangezogen, bis eine Differenzierung möglich wird.

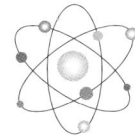

4. **Mehrfachbindungen**: Doppel- und Dreifachbindungen werden in der Weise behandelt, dass man von einer Verdoppelung bzw. Verdreifachung der Atome der Mehrfachbindung ausgeht.

Enantiomere haben identische physikalische Eigenschaften mit der einen Ausnahme, dass sie die Schwingungsebene des linear polarisierten Lichts zwar um denselben Betrag, jedoch in unterschiedliche Richtungen drehen. Die **spezifische Drehung** [α] einer Verbindung, welche mit Hilfe eines Polarimeters gemessen wird, ist eine charakteristische, dimensionslose Stoffkonstante, die folgendermaßen definiert ist:

Für Lösungen: $[\alpha]_D^T = \dfrac{\alpha}{lc}$ Für Flüssigkeiten: $[\alpha]_D^T = \dfrac{\alpha}{ld}$

Dabei sind α der gemessene Drehwert in °, l die Länge der Meßzelle in dm, c die Konzentration der Lösung in $g\,mL^{-1}$ und d die Dichte der Flüssigkeit in $g\,mL^{-1}$. D steht für die Wellenlänge des verwendeten Lichts, hier die D-Linie einer Natriumdampflampe ($\lambda = 589\,nm$), T gibt die Messtemperatur an. Je nachdem, welches Enantiomere vermessen wird, kann die spezifische Drehung ein positives (Drehung im Uhrzeigersinn) oder ein negatives (Drehung gegen den Uhrzeigersinn) Vorzeichen haben. **Es gibt keinen einfachen Zusammenhang zwischen dem Vorzeichen der spezifischen Drehung eines Enantiomeren und seiner absoluten Konfiguration.**

Wenn ein Enantiomerengemisch einer Verbindung beide Enantiomere zu gleichen Teilen enthält, spricht man von einem **Racemat** oder einem **racemischen Gemisch**. Mischungen beider Enantiomerer, in denen eines mengenmäßig überwiegt, heißen **nichtracemisch**. Derartige Mischungen werden durch den **Enantiomerenüberschuss** *ee* (*e*nantiomeric *e*xcess) charakterisiert, unter dem man den Überschuss eines Enantiomeren gegenüber dem Racemat versteht. Wenn *ee* = 100%, spricht man von enantiomerenreinem Material.

$$ee = \dfrac{|[R]-[S]|}{[R]+[S]} \cdot 100 = |\%R - \%S|$$

Wenn in einer Verbindung mehrere Chiralitätselemente vorhanden sind, hat man **Stereoisomere** zu unterscheiden (Abb. 4.24). Die Gruppe der Stereoisomeren einer Verbindung setzt sich zusammen aus den Enantiomeren und den **Diastereomeren**. Das Enantiomere einer Verbindung erhält man durch Umkehr der absoluten Konfiguration *aller* Chiralitätselemente. Kehrt man nicht alle, sondern nur einige um, so erhält man Diastereomere. Diastereomere einer Verbindung haben unterschiedliche physikalische Eigenschaften.

Es ergibt sich, dass eine Verbindung mit n Chiralitätselementen maximal 2^n Stereoisomere hat, wovon 2 Enantiomere sind und 2^n-1 Diastereomere. Wenn zwei Diastereomere vorliegen, kann man die Zusammensetzung des Gemisches durch den Diastereomerenüberschuss *de* angeben, der analog dem Enantiomerenüberschuss *ee* definiert ist. Gängiger ist die Angabe des **Diastereomerenverhältnisses** A:B, welches auch anwendbar ist, wenn mehr als zwei Diastereomere vorliegen.

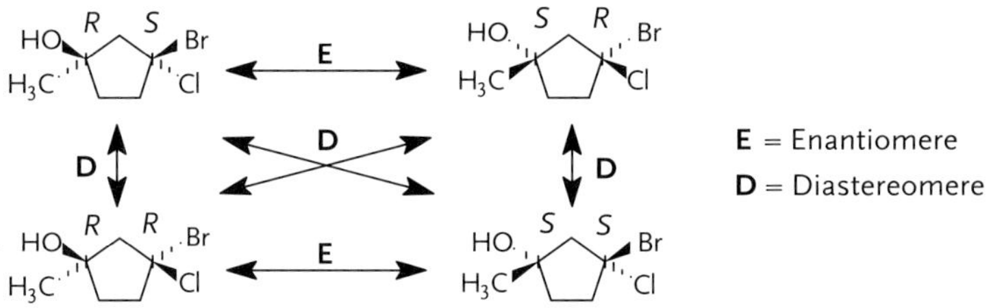

4 Grundlegende Konzepte der Organischen Chemie

Abb. 4.24 Stereoisomerie in einem Molekül mit zwei Chiralitätszentren.

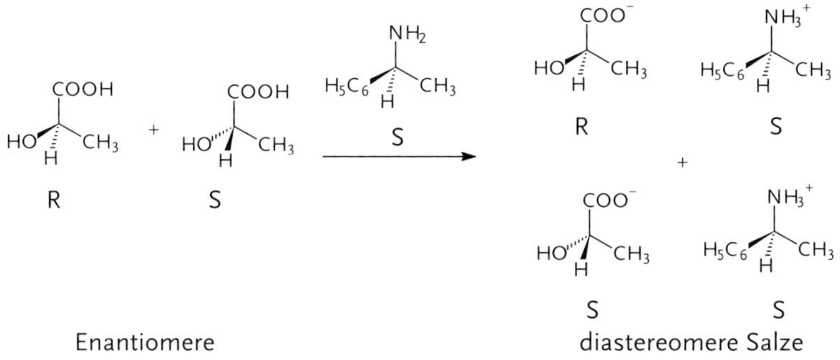

Abb. 4.25 Racematspaltung am Beispiel der (R,S)-Milchsäure mit (S)-Phenylethylamin als chiralem Auxiliar. Das R,S- und das S,S-Ammoniumsalz sind Diastereomere, die durch fraktionierte Kristallisation voneinander getrennt werden können. Durch Ansäuern nach der Trennung wird die Milchsäure jeweils als reines Enantiomeres erhalten, das Auxiliar wird als Ammoniumsalz zurückgewonnen.

Diastereomere sind für die **Racematspaltung** wichtig (Abb. 4.25). Dabei wird ein Racemat einer Verbindung mit einer anderen enantiomerenreinen Verbindung (**chirales Hilfsreagenz, Auxiliar**) zu einem Diastereomerengemisch umgesetzt,[13] welches aufgrund der unterschiedlichen physikalischen Eigenschaften der Diastereomeren mit den üblichen Methoden aufgetrennt wird. Anschließend wird das chirale Auxiliar vom jeweiligen Diastereomeren wieder abgespalten und möglichst zurückgewonnen. Man erhält die reinen Enantiomeren. Daneben gibt es Methoden der kinetischen Racematspaltung[14] (Ausnutzung unterschiedlicher Reaktionsgeschwindigkeiten der Enantiomeren bei Reaktion mit einem enantiomerenreinen Reaktionspartner) sowie chromatographische Methoden zur Racematspaltung[15] (Abschnitt 3.3.5.4, chirale, nichtracemische stationäre Phase). Eine weitere Möglichkeit zur Herstellung nichtracemischer chiraler Verbindungen ist die enantioselektive Desymmetrisierung, bei der mit Hilfe eines chiralen Reagenzes oder Katalysators eine Symmetrieebene einer prochiralen Verbindung gebrochen wird.[16]

Wird eines der beiden Wasserstoffatome an C-2 des 1,3-Dichlorpropans durch ein Bromatom ersetzt, liegt nach wie vor eine achirale Verbindung vor. Derartige Substituenten werden als **homotop** bezeichnet (Abb. 4.26). Führt man dieselbe Operation an einem der an C-1 gebundenen Wasserstoffatome aus, erhält man eine chirale Verbindung, und zwar ein bestimmtes Enantiomeres, je nachdem, welches der beiden Wasserstoffatome ersetzt wurde. Solche Substituenten werden

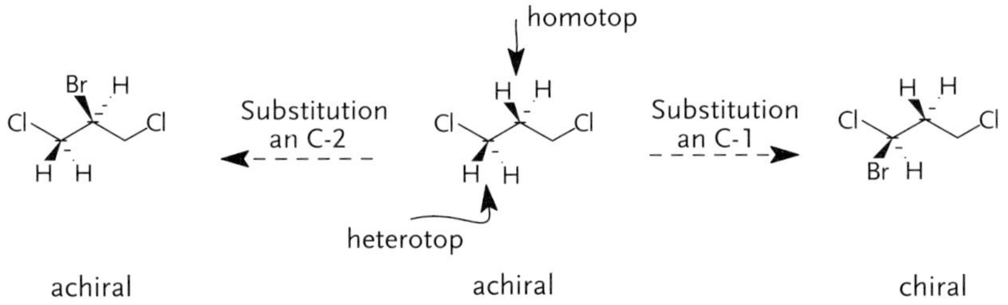

4.3 Stereochemie organischer Verbindungen

Abb. 4.26 Homotope und heterotope Wasserstoffatome im 1,3-Dichlorpropan.

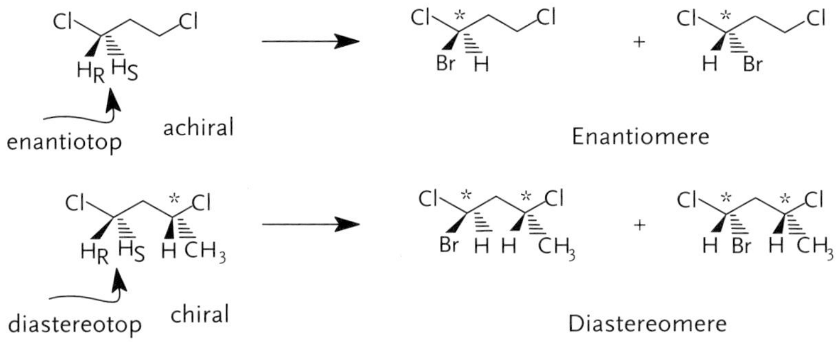

Abb. 4.27 Enantiotope und diastereotope Protonen.

als **heterotop** bezeichnet. Verbindungen mit heteropen Substituenten werden auch als **prostereogen** oder **prochiral** bezeichnet.

Wenn der Ersatz eines heterotopen Substituenten zu Enantiomeren führt, werden die zu ersetzenden Substituenten auch als **enantiotop** bezeichnet. Oft ist schon vorher ein Chiralitätselement vorhanden, so dass sich durch die Substitution Diastereomere bilden. Dann werden die zu ersetzenden Substituenten als **diastereotop** bezeichnet. Im Gegensatz zu diastereotopen Gruppen oder Atomen sind enantiotope nur bei Wechselwirkung mit chiralen Reagenzien oder in einer chiralen Umgebung unterscheidbar. Im 1,3-Dichlorpropan wird das Wasserstoffatom, dessen Ersatz zu einem *R*-konfigurierten Kohlenstoffatom C-1 führt, als *pro-R*, das andere als *pro-S* bezeichnet (in der Formel abgekürzt als H_R und H_S, Abb. 4.27).

Additionen an sp^2-hybridisierte Kohlenstoffatome können, z. B. bei der Addition von Methyllithium an Propanal (Abb. 4.28), zur Bildung eines Chiralitätszentrums führen. In solchen Fällen trägt die Verbindung keine prostereogenen Substituenten, die ersetzt werden, sondern sie weist prostereogene Seiten auf, die entsprechend den Prioritäten der drei Substituenten des jeweiligen sp^2-hybridisierten Atoms mit *Re* bzw. *Si* bezeichnet werden.

Abb. 4.28 Prostereogene Seiten des Propanals.

4 Grundlegende Konzepte der Organischen Chemie

Zusammenfassung

Die Konstitution einer organischen Verbindung beschreibt die Konnektivität ihrer Atome, die Konformation die unterschiedlichen Strukturen, welche sich durch die Rotation von σ-Bindungen ineinander überführen lassen. σ-Bindungen cyclischer Moleküle und π-Bindungen sind nicht frei drehbar, so dass die relative Lage der Substituenten zueinander berücksichtigt werden muss. Die relative Konfiguration wird durch die Bezeichnungen *cis* und *trans* bzw. *E* und *Z* beschrieben. Verbindungen mit identischer Konstitution und relativer Konfiguration können sich in ihrer absoluten Konfiguration unterscheiden. Eine Verbindung ist chiral, wenn sie sich nicht mit ihrem Spiegelbild zur Deckung bringen lässt. Solche Verbindungen treten in Form zweier Enantiomerer auf, die sich zueinander wie Bild und Spiegelbild verhalten. Eine chirale Verbindung besitzt weder eine Symmetrieebene noch ein Symmetriezentrum. Die absolute Konfiguration eines Stereozentrums wird durch die Bezeichnungen *R* bzw. *S* angegeben. Das Racemat einer chiralen Verbindung enthält beide Enantiomeren zu gleichen Teilen. Besitzt eine Verbindung mehrere Chiralitätselemente, können verschiedene Stereoisomere vorliegen. Das Enantiomere einer Verbindung erhält man durch Umkehr der absoluten Konfiguration *aller* Chiralitätselemente. Kehrt man nur *einige* um, so erhält man Diastereomere. Diastereomere einer Verbindung haben unterschiedliche physikalische Eigenschaften.

4.4
Nomenklatur der Organischen Chemie

Die Nomenklatur chemischer Verbindungen wird durch die *International Union of Pure and Applied Chemistry* (IUPAC) verbindlich festgelegt.[17] In einzelnen Punkten weicht die von den *Chemical Abstracts* benutzte Bezeichnungsweise von der IUPAC-Nomenklatur ab. Die Nomenklatur der einzelnen Stoffklassen ist in den entsprechenden Abschnitten in Kapitel 5 wiedergegeben. Daher wird hier ein Überblick über die allgemeinen Prinzipien gegeben.

Es gibt Computerprogramme, mit deren Hilfe der IUPAC-Name einer chemischen Verbindung ermittelt werden kann, z. B. http://www.acdlabs.com/download/iupacname.html oder AUTONOM: http://www.akosgmbh.de/autonom.htm.

Das Prinzip besteht in der Definition eines Stammsystems, an das die Substituenten angehängt werden. Die Namen der Alkane finden sich in Abschnitt 5.2. Normalerweise besteht das Stammsystem aus der längsten im Molekül enthaltenen Kette aus Kohlenstoffatomen, deren Atome so durchnummeriert werden, dass die Substituenten tragenden Atome möglichst kleine Nummern haben. Vorsilben Di-, Tri- usw. zeigen die Anzahl der jeweils vorhandenen Substituenten an (Abb. 4.29).

Für bestimmte, häufig vorkommende Substituenten haben sich Bezeichnungen etabliert, die einfacher sind als die systematischen IUPAC-Namen (Abb. 4.30).

4.4 Nomenklatur der Organischen Chemie

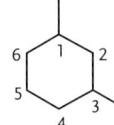
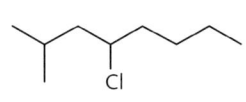
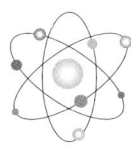

3-Methylhexan   1,3-Dimethylcyclohexan   4-Chlor-2-methyloctan
(nicht 5-Methylhexan)   (nicht 1,5-Dimethylcyclohexan)

Abb. 4.29 Alkanstammsysteme mit Nummerierung der Kohlenstoffkette.

CH_3	CH_3	CH_3	CH_3	CH_3
$H_3C-\overset{|}{C}-H$	$H_3C-\overset{|}{\underset{|}{C}}-H$	$H_3C-\overset{|}{C}-\overset{|}{\underset{|}{C}}-H$	$H_3C-\overset{|}{C}-CH_3$	$H_3C-\overset{|}{\underset{|}{C}}-CH_3$
	CH_2	H_2		CH_2
Isopropyl	Isobutyl	*sec*-Butyl	*tert*-Butyl	Neopentyl

Abb. 4.30 Bezeichnungen für verzweigte Kohlenwasserstoffsubstituenten.

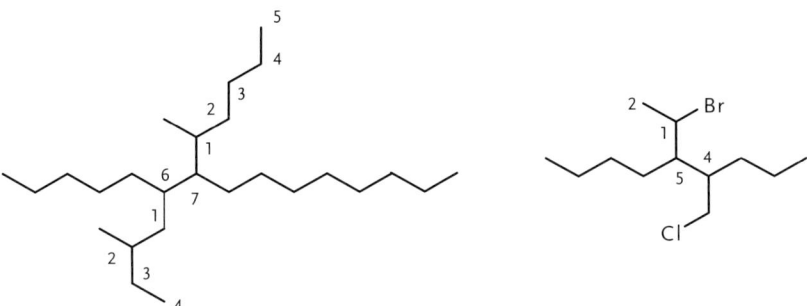

6-(2-Methylbutyl)-7-(1-methylpentyl)pentadecan   5-(1-Bromethyl)-4-(chlormethyl)nonan
                                                                 5-(1-bromoethyl)-4-(chloromethyl)nonane

Abb. 4.31 Namen und Nummerierung verzweigter Kohlenstoffgerüste.

Bei komplizierteren Seitenketten werden diese analog durchnummeriert und benannt (Abb. 4.31). Die Reihung der Substituenten im Namen erfolgt alphabetisch und kann von der Nummerierung im Molekül abweichen.

Die englischsprachigen Bezeichnungen unterscheiden sich geringfügig von den deutschen. Beispielsweise werden Alkane am Ende mit einem e versehen, die Alkinendung -in wird durch -yne ersetzt, und Halogensubstituenten werden mit einem o versehen. Wichtig ist u. a. der Unterschied in Namen, die sich von Chinon (engl. Quinone) ableiten, denn hier ändert sich der Anfangsbuchstabe und damit die Alphabetisierung in allen Verzeichnissen.

Monocyclische Alkane erhalten den Präfix *Cyclo-*, dem etwaige Substituenten vorangestellt werden. Bicyclen und höhere überbrückte Systeme können eindeutig benannt werden, indem man die Längen der Brücken angibt, wobei die Brücken-

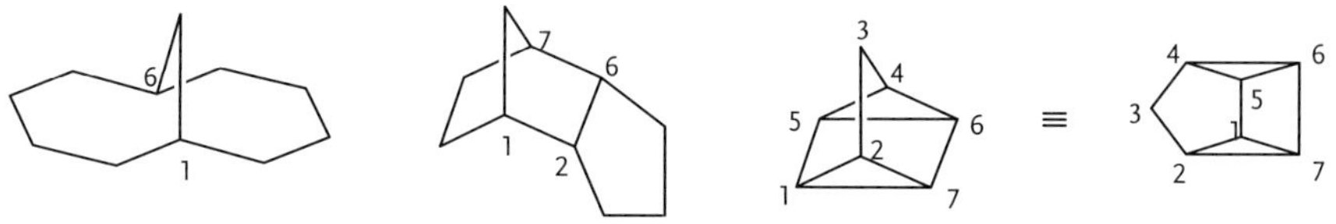

4 Grundlegende Konzepte der Organischen Chemie

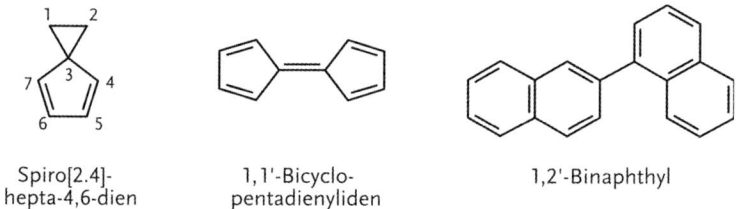

Bicyclo[4.4.1]undecan   Tricyclo[5.2.1.0^{2,6}]decan   Tetracyclo[3.2.0.0^{2,7}.0^{4,6}]heptan

Abb. 4.32 Überbrückte Systeme.

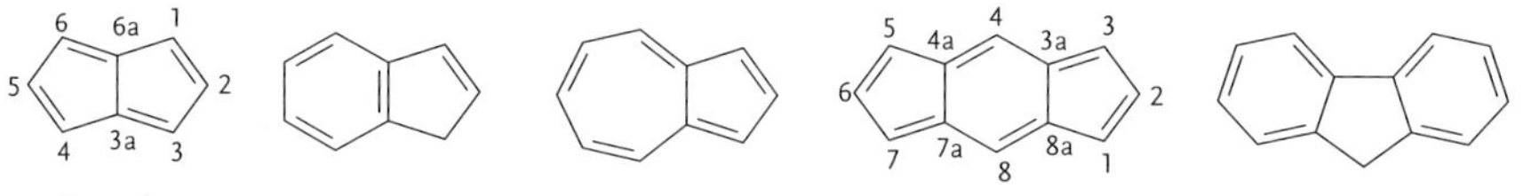

| Pentalen | Inden | Azulen | s-Indacen | Fluoren |

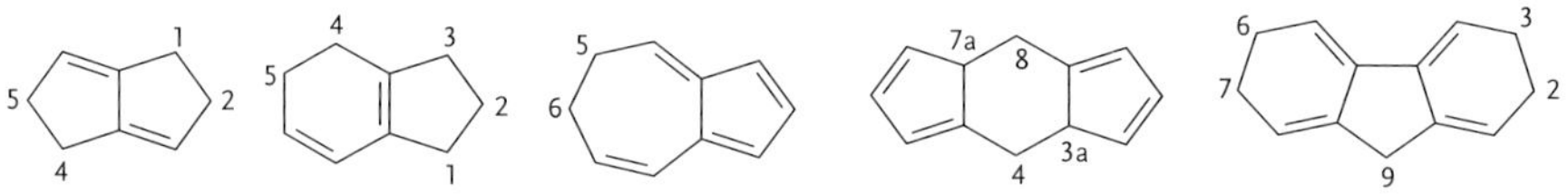

1,2,4,5-Tetra-hydropentalen   2,3,4,5-Tetra-hydro-1H-inden   5,6-Dihydroazulen   3a,4,7a,8-Tetra-hydro-s-indacen   3,6,7,9-Tetra-hydro-2H-fluoren

Abb. 4.33 Anellierte ungesättigte polycyclische Kohlenwasserstoffe.

Spiro[2.4]-hepta-4,6-dien   1,1'-Bicyclo-pentadienyliden   1,2'-Binaphthyl

Abb. 4.34 Spiro-anellierte und verknüpfte Kohlenwasserstoffe.

kopfatome nicht mitgezählt werden. Im Zweifelsfall wird die Lage der Brücke exakt angegeben (Abb. 4.32).

Bei anellierten ungesättigten polycyclischen Kohlenwasserstoffen gibt es einige Trivialnamen, die beibehalten werden, und von denen sich die teilweise oder ganz abgesättigten Systeme ableiten. Bei der Atomzählung tragen Brückenkopfatome die Nummer des vorangehenden Atoms und einen Buchstaben (a, b, c...; Abb. 4.33).

Bei spiroanellierten Kohlenwasserstoffen (Abb. 4.34) wird das Präfix *Spiro-* vorangestellt und die Anzahl der Brückenatome in eckigen Klammern dahintergesetzt. Die Zählung erfolgt zuerst im kleineren Ring! Wenn zwei Ringe durch eine Bindung miteinander verbunden sind, kann das System als ein dimerisiertes Radikal oder (im Falle einer Doppelbindung) als dimerisiertes Carben betrachtet werden.

4.4 Nomenklatur der Organischen Chemie

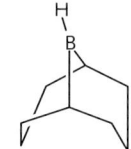 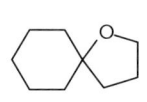 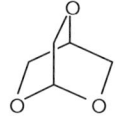 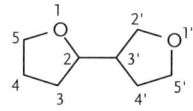 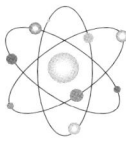

9-Borabicyclo[3.3.1]nonan   1-Oxaspiro[4.5]decan   2,5,7-Trioxa-bicyclo[2.2.2]octan   2,3'-Bifuryl

Abb. 4.35 Aliphatische Heterocyclen.

substitutiv: 2*H*-Pyran-6-carbonsäure   radikofunktionell: Cyclopropan-carbonylchlorid   additiv: trans-Stilbenoxid   subtraktiv: 1,2-Dehydro-benzol   konjunktiv: 2-Naphthalinessigsäure

Abb. 4.36 Verschiedene Nomenklatursysteme zur Benennung substituierter Moleküle.

Die Heterocyclennomenklatur ist in Abschnitt 5.20 erläutert, hier sollen der Vollständigkeit halber nur einige Beispiele (Abb. 4.35) erwähnt werden, die insbesondere die „a-Nomenklatur" betreffen.

Zur Benennung substituierter Systeme stehen grundsätzlich mehrere Möglichkeiten zur Verfügung: substitutive, radikofunktionelle, additive, subtraktive, konjunktive und andere mehr. Abbildung 4.36 zeigt einige typische Beispiele.

Neben der systematischen Nomenklatur werden in der Organischen Chemie nach wie vor **Trivialnamen** benutzt. Viele von ihnen sind nach IUPAC beizubehalten und zulässig, eine Reihe von ihnen wird jedoch auch benutzt, ohne dass sie in den IUPAC-Regeln vorgesehen sind. In Abb. 4.37 sind einige typische Verbindungen, die üblicherweise mit dem Trivialnamen benannt werden, zusammengefasst.

Zusammenfassung

Die Nomenklatur chemischer Verbindungen wird durch die International Union of Pure and Applied Chemistry (IUPAC) verbindlich festgelegt. Die Benennung beginnt mit einem Stammsystem, an das Substituenten angehängt werden. Normalerweise besteht das Stammsystem aus der längsten im Molekül enthaltenen Kette aus Kohlenstoffatomen, deren Atome so durchnummeriert werden, dass die Substituenten tragenden Atome möglichst kleine Nummern haben. Vorsilben Di-, Tri- usw. zeigen die Anzahl der jeweils vorhandenen Substituenten an. Die Reihung der Substituenten im Namen erfolgt alphabetisch und kann von der Nummerierung im Molekül abweichen. Neben der systematischen Nomenklatur werden in der Organischen Chemie nach wie vor Trivialnamen benutzt.

4 Grundlegende Konzepte der Organischen Chemie

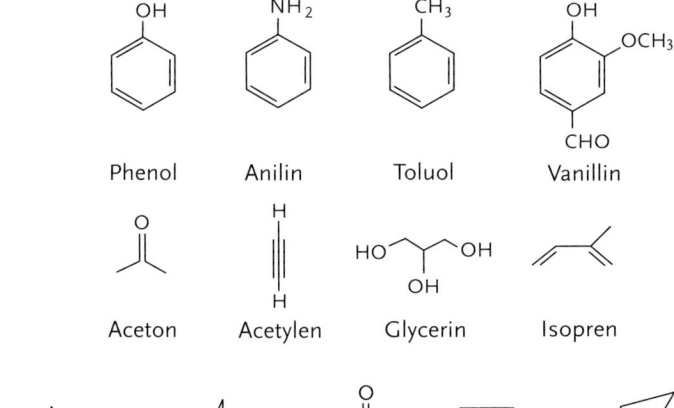

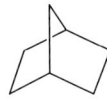 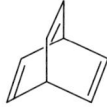 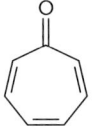 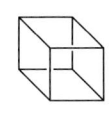 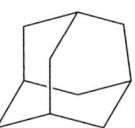

Norbornan   Barrelen   Tropon   Cuban   Adamantan

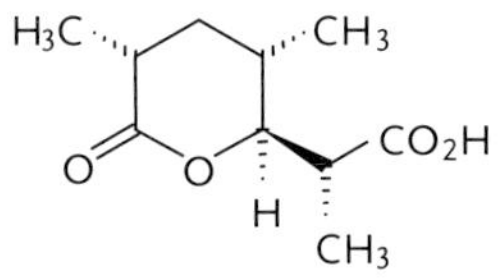

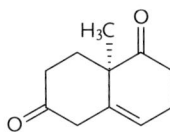

Prelog-Djerassi-Lacton

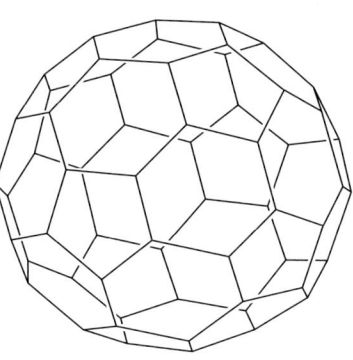

Fulleren, Footballene,
Buckminster-Fullerene
(Doppelbindungen wurden zur besseren Übersichtlichkeit weggelassen)

(+)-Wieland-Miescher-Keton
(S)-(+)-8a-Methyl-3,4,8,8a-tetra-
hydronaphthalin-1,6(2H,7H)-dion

Abb. 4.37 Trivialnamen.

4.5
Mechanismen organischer Reaktionen

4.5.1
Thermodynamik und Kinetik organischer Reaktionen

Der Zusammenhang zwischen der Änderung der freien Enthalpie ($\Delta G°$), der Enthalpie ($\Delta H°$) und der Entropie ($\Delta S°$) unter Normalbedingungen wird durch die Gibbs-Helmholtz-Gleichung beschrieben. Die Gleichung gilt für isotherme Prozesse bei einer Temperatur T.

$$\Delta G° = \Delta H° - T \Delta S°$$

Wichtig ist auch der Zusammenhang zwischen ΔG und der Gleichgewichtskonstanten K der Reaktion:

$$\Delta G = -RT \ln K$$

Die Reaktionsenthalpie[18] kann als Differenz der Summe der Bindungsenergien der gebildeten Bindungen und der Summe der Bindungsenergien der gebrochenen Bindungen abgeschätzt werden. Dafür werden die tabellierten Werte $\Delta H°_f$ der Bildungsenthalpien unter Normalbedingungen (25 °C, 1 atm) benutzt, die in Datenbanken (http://webbook.nist.gov/chemistry) zusammengefasst vorliegen. Bei Reaktionen $\Delta H° < 0$ wird Wärme frei, sie werden **exotherm** genannt. Wird Wärme aufgenommen ($\Delta H° > 0$), ist die Reaktion **endotherm**. Der Entropieterm in der Gibbs-Helmholtz-Gleichung wird meist erst dann bedeutend, wenn sich die Zahl der Teilchen im Zuge der Reaktion ändert, wie es etwa bei Eliminierungsreaktionen der Fall ist. Dann wird meist eine ausgeprägte Temperaturabhängigkeit von $\Delta G°$ beobachtet. Eine Abschätzung von $\Delta G°$ erlaubt eine Beurteilung der Gleichgewichtslage und damit der grundsätzlichen Durchführbarkeit der Reaktion. Die Abschätzung thermodynamischer Daten kann durch quantenchemische Berechnungen unterstützt werden (Abschnitt 6.13).

Dass eine Reaktion thermodynamisch möglich ist, heißt jedoch nicht, dass sie auch realisierbar ist: Beispielsweise ist Ethin eine stabile Verbindung (Abschnitt 5.5), obwohl die Trimerisierung zu Benzol thermodynamisch stark begünstigt ist. Damit die Reaktion stattfindet, muss es auch einen funktionierenden Mechanismus geben, also einen detaillierten Reaktionsweg vom Edukt zum Produkt mit überwindbaren Energiebarrieren. Andernfalls ist die Aktivierungsenergie der Reaktion so hoch, dass sie unendlich langsam abläuft. Die Untersuchung der Reaktionsgeschwindigkeiten ist Gegenstand der **Kinetik** und erlaubt Einblick in den Reaktionsmechanismus. Die Kinetik einer Reaktion wird durch ein **Geschwindigkeitsgesetz** (Abb. 4.38) beschrieben, welches den mathematischen Zusammenhang zwischen der Reaktionsgeschwindigkeit, also der zeitlichen Änderung einer Stoffkonzentration, und den Konzentrationen der an der Reaktion beteiligten Stoffe bildet. Bei einer **Reaktion erster Ordnung** hängt die Reaktionsgeschwindigkeit nur von der Konzentration einer Verbindung ab. Typische Beispiele sind S_N1-Reaktio-

4 Grundlegende Konzepte der Organischen Chemie

Reaktion 1. Ordnung

A ⟶ B

$$\frac{db}{dt} = k \cdot a$$

$$k = \frac{1}{t} \ln \frac{a_0}{a}$$

Reaktion 2. Ordnung

A + B ⟶ C

$$\frac{dc}{dt} = k \cdot a \cdot b$$

$$k = \frac{1}{t(a_0 - b_0)} \ln \frac{b_0 a}{a_0 b}$$

Abb. 4.38 Geschwindigkeitsgesetze. a, b = Konzentrationen von A bzw. B nach Reaktionsdauer t; a_0, b_0 = Anfangskonzentrationen an A bzw. B; k = Geschwindigkeitskonstante.

nen oder elektrocyclische Reaktionen. Bei einer **Reaktion zweiter Ordnung** besteht eine Abhängigkeit von den Konzentrationen zweier Verbindungen wie bei einer S_N2-Reaktion. Um das Geschwindigkeitsgesetz einer neuen Reaktion zu ermitteln, muss daher die Reaktionsgeschwindigkeit in Abhängigkeit unterschiedlicher Konzentrationen der Reaktanden gemessen werden. Dazu ist die Verwendung der integrierten Form der Geschwindigkeitsgesetze hilfreich. Aus mehreren, auch reversiblen Schritten aufgebaute Reaktionsfolgen haben kompliziertere Geschwindigkeitsgesetze. Die Proportionalitätskonstante k heißt **Geschwindigkeitskonstante** und ist eine für die jeweilige Reaktion charakteristische Größe. Beim Vergleich von Geschwindigkeitskonstanten ist darauf zu achten, dass sie je nach Reaktionsordnung eine andere Dimension haben. Kinetische Messungen beziehen sich normalerweise nur auf den **geschwindigkeitsbestimmenden Schritt**, das ist der langsamste Schritt einer Reaktionsfolge. Das Geschwindigkeitsgesetz einer Reaktion erlaubt oft Schlüsse auf den detaillierten Reaktionsverlauf, den **Reaktionsmechanismus**.

Die Reaktionsgeschwindigkeit einer Reaktion steht in engem Zusammenhang zu der **Aktivierungsenergie** E_a der Reaktion. Darunter versteht man bei einer einstufigen Reaktion den Energieunterschied zwischen Edukt und **Übergangszustand**, der ein Maximum auf der Reaktionskoordinate r (ein Maß für den Fortschritt der Reaktion) bildet (Abb. 4.39). Der Weg von den Edukten zu den Produkten verläuft quer über eine Energieoberfläche, das System beschreitet dabei den Weg der geringsten Energie. Da dieser Weg sowohl für die Hin- wie auch für die Rückreaktion die geringste Energie erfordert, ergibt sich daraus das **Prinzip der mikroskopischen Reversibilität**.

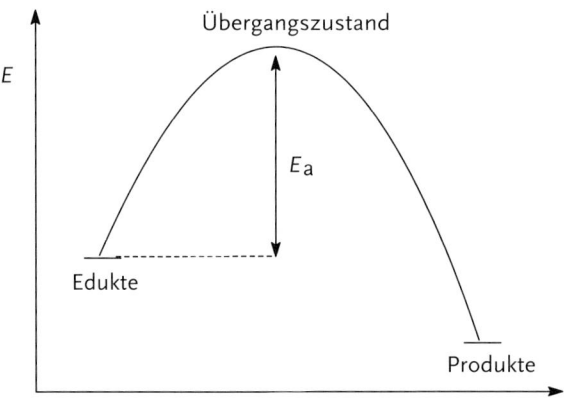

Abb. 4.39 Reaktionsprofil einer einstufigen Reaktion.

4.5 Mechanismen organischer Reaktionen

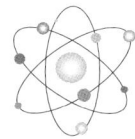

Mit Hilfe der **Arrhenius-Gleichung** lässt sich aus der Temperaturabhängigkeit der Geschwindigkeitskonstanten einer Reaktion ihre Aktivierungsenergie bestimmen, indem man ln k gegen $1/T$ aufträgt; die Steigung der Geraden ist E_a/RT.

$$k = A\,e$$
$$\ln k = -E_a/RT + \ln A$$

Der Einfluss von Substituenten auf chemische Reaktionen wurde u. a. untersucht, indem man die Dissoziationskonstanten von Benzoesäure und substituierten Derivaten mit den Hydrolysegeschwindigkeiten der entsprechenden Ethylester verglich. Man fand einen linearen Zusammenhang zwischen dem Logarithmus des Quotienten der Dissoziationskonstanten und dem Logarithmus des Quotienten der Geschwindigkeitskonstanten (Achtung: Auftragungen logarithmischer Größen gegen logarithmische Größen können einen beträchtlichen Fehler beinhalten). Dieser Zusammenhang zwischen thermodynamischen und kinetischen Größen ist theoretisch nicht begründet, und es gibt auch Reaktionen, die keinen derartigen Zusammenhang aufweisen. Beziehungen dieser Art werden als **lineare Freie-Enthalpie-Beziehungen**[19] bezeichnet und besagen, dass die Änderung der Freien Enthalpie in diesen Fällen zur Änderung der Freien Aktivierungsenergie der Reaktion proportional ist. Die wichtigste Beziehung in diesem Zusammenhang ist die **Hammett-Gleichung** für das Reaktionsgleichgewicht und die Reaktionsgeschwindigkeit.

$$\log (K/K_0) = \sigma\rho$$
$$\log (k/k_0) = \sigma\rho$$

Dabei beziehen sich die Substituentenkonstante σ und die Reaktionskonstante ρ auf die Dissoziation der substituierten Benzoesäuren. ρ wird willkürlich gleich 1 gesetzt und die σ-Werte gemessen. Mit diesen σ-Werten werden dann für andere Reaktionen die ρ-Werte bestimmt.

4.5.2 Reaktive Zwischenstufen

Bei vielen der bisher diskutierten Reaktionen handelt es sich um einstufige Reaktionen. Daneben gibt es auch zahlreiche Reaktionen, die über **reaktive Zwischenstufen** oder **Intermediate** verlaufen. Während ein Übergangszustand ein lokales Maximum im Reaktionsprofil bildet, liegt eine Zwischenstufe in einem lokalen Minimum (Abb. 4.40). Ein Übergangszustand ist daher nicht „in Substanz" isolierbar, während ein Intermediat isolierbar oder beobachtbar sein kann, wenn die Aktivierungsenergie der Weiterreaktion so groß ist, dass sich eine hinreichende Menge des Intermediats anreichert. Oft sind hier spezielle Bedingungen wie tiefe Temperatur erforderlich. Die Beobachtung oder das Abfangen eines reaktiven Intermediats und sein Nachweis durch eine definierte Folgereaktion ist neben der kinetischen Analyse die zweite wichtige Methode zur Untersuchung eines Reaktionsmechanismus.

4 Grundlegende Konzepte der Organischen Chemie

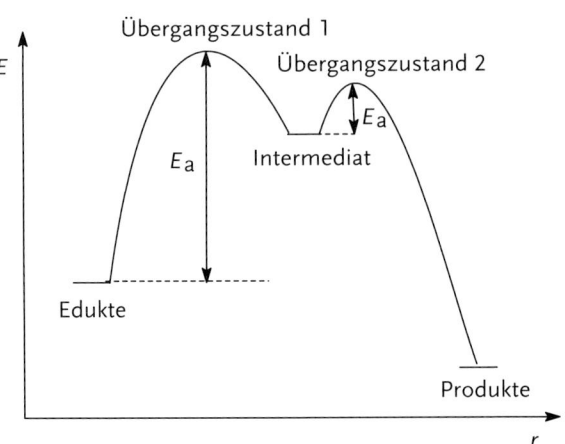

Abb. 4.40 Reaktionsprofil einer zweistufigen Reaktion.

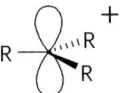

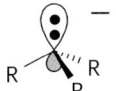

Carbenium-Ion:
sp^2, planar,
leeres p-Orbital

Kohlenstoffradikal:
sp^2, planar,
einfach besetztes
p-Orbital

Carbanion:
sp^3, pyramidal,
doppelt besetztes
sp^3-Hybridorbital

Abb. 4.41 Reaktive Zwischenstufen.

Wichtige reaktive Zwischenstufen (Abb. 4.41) organischer Reaktionen[20] sind **Carbenium-Ionen**,[21] **Radikale**[22] und **Carbanionen**.[23] Während das zentrale Kohlenstoffatom in Carbenium-Ionen und Radikalen meist sp^2-hybridisiert ist, weist das Kohlenstoffatom eines Carbanions meist sp^3-Hybridisierung auf. Carbenium-Ionen und Radikale sind daher in der Regel planar, während Carbanionen eine pyramidale Struktur aufweisen, in der das freie Elektronenpaar eine Tetraederecke besetzt. Geladene Intermediate werden oft von polaren Lösungsmitteln solvatisiert, während Radikale als elektroneutrale Spezies durch Lösungsmittel weniger stabilisiert werden. Stabile Radikale werden auch als „persistent" bezeichnet.[24]

Für das Verständnis vieler Reaktionen ist es wichtig, die relativen Stabilitäten dieser Spezies zu kennen. Insbesondere bei Carbenium-Ionen und Kohlenstoffradikalen ist hierzu der Substitutionsgrad von entscheidender Bedeutung: Tertiäre Carbenium-Ionen und Kohlenstoffradikale sind stabiler als sekundäre, und diese sind wiederum stabiler als primäre (Abb. 4.42). Als Erklärung wird hier oft das Modell der **Hyperkonjugation**[25] herangezogen, wonach das Elektronendefizit des Carbenium-Ions bzw. des Kohlenstoffradikals im unvollständig besetzten p-Orbital durch eine Wechselwirkung mit benachbarten, parallel angeordneten C–H-σ-Bindungen teilweise behoben wird. Dieser Effekt ist umso stärker, je mehr Substituen-

H_3C^+ < RH_2C^+ < R_2HC^+ < R_3C^+ ≤ $(H_3C)_3C^+$

$H_3C\cdot$ < $RH_2C\cdot$ < $R_2HC\cdot$ < $R_3C\cdot$ ≤ $(H_3C)_3C\cdot$

R = Alkyl

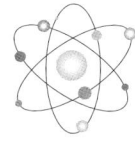

Abb. 4.42 Stabilität von Carbenium-Ionen und Kohlenstoffradikalen.

ten dieser Art vorhanden sind. Daneben werden Ionen und Radikale durch Möglichkeiten der Ladungs- bzw. Spindelokalisation stabilisiert (Abschnitt 4.2).

Die Instabilität primärer Carbenium-Ionen ist die Ursache dafür, dass primäre Substrate praktisch immer nach S_N2 und nicht nach S_N1 reagieren. Primäre Carbenium-Ionen werden bereitwillig nur dann gebildet, wenn sie resonanzstabilisiert sind, wie es im Allyl-Kation (Abschnitt 4.1) oder im Benzyl-Kation der Fall ist.

Neben den geschilderten Methoden kann man Reaktionsmechanismen auch durch **Isotopenmarkierung** untersuchen. Wenn man ein bestimmtes Wasserstoff- oder Kohlenstoffatom einer Verbindung durch ein ^{2}H- bzw. ein ^{13}C-Atom ersetzt, muss der vorgeschlagene Mechanismus einer Reaktion mit dem spektroskopisch leicht zu klärenden Verbleib dieser Markierung vereinbar sein. Daneben dient die Isotopenmarkierung zur Untersuchung **kinetischer Isotopieeffekte**.[26] Da hier das Verhältnis der Atomgewichte der Isotope zugrunde liegt, wird meist mit ^{2}H an Stelle von ^{1}H markiert. Als kinetischen Isotopieeffekt bezeichnet man den Quotienten der Geschwindigkeitskonstanten ohne und mit Markierung k_H/k_D. Beispielsweise weist die Oxidation von Benzaldehyd PhCHO bzw. PhCDO zu Benzoat mit Permanganat einen kinetischen Isotopieeffekt von 7.5 auf. Bei diesem **primären kinetischen Isotopieeffekt** ist die Bindung zum markierten Atom direkt an der Reaktion beteiligt. **Sekundäre kinetische Isotopieeffekte**, bei denen dies nicht der Fall ist, haben Werte zwischen 0.7 und 1.5.

Die genannten Methoden zur Untersuchung von Reaktionsmechanismen haben oft den Nachteil, indirekter Natur zu sein oder in den Reaktionsablauf einzugreifen. Ungleich wertvoller sind Methoden, die eine unmittelbare Beobachtung reaktiver Intermediate[27] und – wenn möglich – sogar des Übergangszustands einer Reaktion erlauben. Geeignete Methoden, die der hohen Reaktivität der beobachteten Spezies Rechnung tragen, sind die **Matrixspektroskopie**[28] und die **zeitaufgelöste Absorptionsspektroskopie**. Theoretische Rechnungen auf unterschiedlichem Niveau können solche Untersuchungen sinnvoll ergänzen (Abschnitt 6.13). Bei der Matrixspektroskopie wird das Edukt zusammen mit einem großen Überschuss (> 1000:1) eines Inertgases (meist N_2 oder Ar) bei tiefer Temperatur (< 30 K) auf ein Spektrometerfenster kondensiert. Die interessierende reaktive Spezies wird nun durch eine photochemische Reaktion erzeugt. In der Matrix wird die reaktive Spezies durch die tiefe Temperatur stabilisiert, die Reaktionen mit Aktivierungsenergien > ca. 6 kJ mol^{-1} unterbindet. Zudem sind die reaktiven Spezies in der Matrix immobilisiert, was intermolekulare Reaktionen praktisch ausschließt. Die spektroskopische Charakterisierung erfolgt meist durch IR-Spektroskopie, gelegentlich auch UV/VIS- oder ESR-spektroskopisch (Abschnitt 3.4). Beispiele reaktiver Intermediate und Verbindungen, die auf diesem Wege untersucht wurden, sind Carbene,[29] Trimethylenmethan,[30] Cyclobutadien[31] und *ortho*-Chinodimethan.[32]

4 Grundlegende Konzepte der Organischen Chemie

Methoden der zeitaufgelösten Absorptionsspektroskopie werden nach der jeweiligen zeitlichen Auflösung unterteilt. Der Nanosekundenbereich wird durch **Blitzlichtphotolyse** erfasst, bei der die reaktive Spezies durch einen Lichtblitz einer Blitzlampe (bis μs) oder besser eines gepulsten Lasers (bis ns) erzeugt und mit einem zweiten Lichtstrahl spektroskopisch vermessen wird.[33] Zeitaufgelöste Spektroskopie im Picosekundenbereich ist apparativ aufwendiger und arbeitet mit einem extrem kurzen Laserpuls, der in zwei Komponenten aufgeteilt wird. Während die eine zur Photolyse der Probe dient, wird mit Hilfe der anderen das Absorptionsspektrum der Probe erzeugt.[34] Übergangszustände sind Sattelpunkte auf einer Energiehyperfläche und Energiemaxima auf der Reaktionskoordinate. Sie sind außerordentlich kurzlebig (10–100 fs), und ihre spektroskopische Charakterisierung gelingt erst seit kurzem an Modellverbindungen. Man setzt eine Reaktion mit sehr kurzen Laserpulsen in Gang und beobachtet den Reaktionsverlauf mit Hilfe eines zweiten Laserpulses. Daneben untersucht man entsprechende Reaktionen von Molekülen, deren Struktur der des Übergangszustands ähnelt. Hier werden Abspaltungen von Photonen oder Elektronen untersucht, die viel schneller als die geometrische Ortsänderung der Atomkerne erfolgen. Das Molekül verbleibt so für kurze Zeit in der Ausgangsgeometrie, die nun kein Energieminimum mehr darstellt.

Durch die Methode der Femtosekundenspektroskopie können Reaktionen mit so hoher Auflösung verfolgt werden, dass die Begriffe Intermediat und Zwischenstufe in Einzelfällen verschmelzen. Wichtige Grundlagen im Gebiet der Femtochemie hat Prof. Zewail gelegt, der dafür 1999 mit dem Nobelpreis für Chemie ausgezeichnete wurde (http://www.zewail.caltech.edu).[35]

Auch die Stereochemie (Abschnitt 4.3) einer Reaktion muss mit dem vorgeschlagenen Mechanismus im Einklang stehen. Ein klassisches Beispiel ist die Inversion der Konfiguration eines asymmetrischen Kohlenstoffatoms im Zuge einer nucleophilen Substitution nach dem idealen S_N2-Mechanismus.

4.5.3
Methoden zur Untersuchung von Reaktionsmechanismen

- Bestimmung des Geschwindigkeitsgesetzes der Reaktion
- Isolierung, Abfang oder spektroskopische Beobachtung von Intermediaten
- Isotopenmarkierung bzw. kinetische Isotopieeffekte
- Untersuchung der Stereochemie der Reaktion

Grundsätzlich sind die genannten Methoden geeignet, vorgeschlagene Mechanismen zu widerlegen. Die Vereinbarkeit eines vorgeschlagenen Mechanismus mit den Ergebnissen dieser Untersuchungen ist streng genommen jedoch kein Beweis des Mechanismus.

Die wichtigsten Reaktionsmechanismen der organischen Chemie sind Substitutionen, Eliminierungen, Additionen, Cycloadditionen, Umlagerungen sowie elektrocyclische Reaktionen. Die Mechanismen werden in Kapitel 5 im Zusammenhang mit den dafür typischen Stoffklassen angesprochen. Wesentliche Unterscheidungsmerkmale von Reaktionsmechanismen sind die Ein- oder Mehrstufigkeit von

4.5 Mechanismen organischer Reaktionen

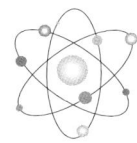

Reaktionen, ihr ionischer oder radikalischer Verlauf sowie die mögliche Mitwirkung von Katalysatoren (Kapitel 6). Hier sind insbesondere die **Säure- und Basekatalyse**[36] sowie die Wirkung von **Lewis-Säure-Katalysatoren**[37] zu nennen. Säure- bzw. Basekatalyse findet dann statt, wenn die konjugierte Base bzw. Säure des Substrats reaktiver ist als das Substrat selbst. Das ist bei vielen ionisch verlaufenden Reaktionen der Fall, bei denen durch Protonierung bzw. Deprotonierung eine Coulomb-Wechselwirkung zwischen den Reaktanden möglich wird. Die Wirkung von Lewis-Säuren besteht oft in einer Wechselwirkung mit den freien Elektronenpaaren von Carbonylgruppen oder π-Elektronensystemen von Alkenen, Alkinen oder Arenen, was zu einer Polarisierung der Substrate führt und einen nucleophilen Angriff erleichtert.

4.5.4
Das HSAB-Prinzip

Das HSAB-Prinzip[38] (*Hard* and *Soft* *Acids* and *Bases*) ist ein von Pearson[39] eingeführtes empirisches Prinzip, wonach harte Säure bevorzugt mit harten Basen und weiche Säuren bevorzugt mit weichen Basen reagieren. Die Begriffe Härte (hohe Ladungskonzentration) oder Weichheit (leichte Polarisierbarkeit) sind nicht quantifiziert; sie entsprechen einer relativen Reihung verschiedener Säuren und Basen. Harte Säuren sind meist kleine, hochgeladenen Kationen. Weiche Säuren besitzen einen großen Ionenradius und eine hohe Polarisierbarkeit. Harte Basen haben meist einen kleinen Ionenradius, eine hohe Ladung und eine große Elektronenaffinität, weiche Basen hingegen einen großen Ionenradius und eine hohe Polarisierbarkeit. In Abb. 4.43 sind wichtige Beispiele zusammengefasst. Für die Reaktionen von weichen Basen mit weichen Säuren sind Orbitalwechselwirkungen entscheidend. Die Reaktionen harter Säuren mit harten Basen werden besonders durch die Ladungswechselwirkungen bestimmt.

Harte Säuren	Harte Basen
H^+, Li^+, Na^+, K^+, Mg^{2+}, Al^{3+}, Fe^{3+}, $RC^+=O$, CO_2, SO_3, BR_3, AlR_3	H_2O, OH^-, Cl^-, SO_4^{2-}, NO_3^-, PO_4^{3-}, CO_3^{2-}, ClO_4^-, NH_3
Weiche Säuren	**Weiche Basen**
Hg^{2+}, Ag^+, Cd^{2+}, Cu^+, H_3C^+, I_2, Br_2	R_2S, RS^-, I^-, SCN^-, CN^-, Br^-, R_3P, CO

Abb. 4.43 Typische weiche und harte Basen und Säuren nach dem HSAB-Konzept.

4 Grundlegende Konzepte der Organischen Chemie

Zusammenfassung

Die Änderung der freien Enthalpie (ΔG), die sich aus Enthalpie und Entropie zusammensetzt, zeigt an, ob eine Reaktion thermodynamisch erlaubt ist. Die Kinetik einer Reaktion hingegen beschreibt die Reaktionsgeschwindigkeit in Form eines Geschwindigkeitsgesetzes. Bei einer Reaktion erster Ordnung hängt die Reaktionsgeschwindigkeit nur von der Konzentration einer Verbindung ab; bei einer Reaktion zweiter Ordnung besteht eine Abhängigkeit von den Konzentrationen zweier Verbindungen. Die Proportionalitätskonstante k, die Konzentrationen und Reaktionsgeschwindigkeit verbindet, heißt Geschwindigkeitskonstante und ist eine für die jeweilige Reaktion charakteristische Größe. Mit Hilfe der Arrhenius-Gleichung lässt sich aus der Temperaturabhängigkeit der Geschwindigkeitskonstanten einer Reaktion ihre Aktivierungsenergie bestimmen. Der Übergangszustand einer Reaktion bildet immer ein lokales Maximum im Reaktionsprofil, während reaktive Zwischenstufen oder Intermediate lokalen Minima entsprechen. Wichtige reaktive Zwischenstufen organischer Reaktionen sind Carbenium-Ionen, Radikale und Carbanionen. Zur Aufklärung von Reaktionsmechanismen organischer Reaktionen dienen die kinetische Analyse, der Abfang von Intermediaten, die Isotopenmarkierung und heute auch Matrixspektroskopie, Blitzlichtphotolyse und schnelle, zeitaufgelöste spektroskopische Methoden sowie die Stereochemie.

4.6 Retrosynthese

Die Synthese von Molekülen ist eine der Hauptaufgaben des organischen Chemikers. Doch jede Synthese muss sorgfältig geplant sein, damit das Zielmolekül möglichst effizient erreicht wird. Der erste Schritt einer **Syntheseplanung** ist daher die **retrosynthetische Analyse** der Struktur des Zielmoleküls.[40]

Selbst ein erfahrener Synthetiker kann aus der mehr oder weniger komplexen Formel eines organischen Moleküls nur selten einen idealen Syntheseweg direkt ablesen.[41] Diese Aufgabe wird aber erheblich vereinfacht, wenn man schrittweise vorgeht und dabei das Molekül durch die Trennung einzelner Bindungen und die Umwandlung funktioneller Gruppen zerlegt. Das Zielmolekül wird rückwärts aufgearbeitet und auf Vorstufen zurückgeführt, aus denen es hervorgehen könnte. Jeder retrosynthetische Schritt, also jede Teilung oder Umwandlung, soll dabei einem Schritt in der Synthese entsprechen, muss also synthetisch realisierbar sein. Grundkenntnisse einfacher organischer Reaktionen und ihrer Mechanismen sind die Voraussetzung, um die retrosynthetische Analyse von Molekülen durchführen zu können. Mit zunehmender Erfahrung und Ausbildung werden immer neue und speziellere Reaktionen erlernt und so das methodische Repertoire erweitert. Die Vorgehensweise der retrosynthetischen Analyse einer Molekülstruktur jedoch bleibt immer gleich.

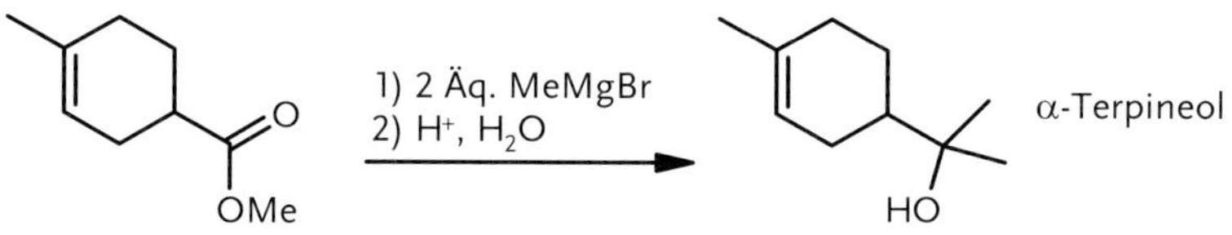

4.6 Retrosynthese

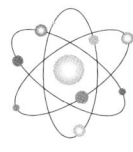

Abb. 4.44 Synthese von α-Terpineol (**2**).

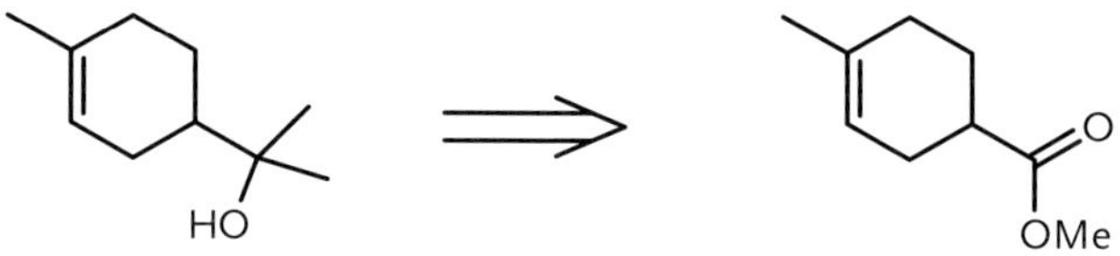

Abb. 4.45 Retrosynthetische Analyse von α-Terpineol (**2**).

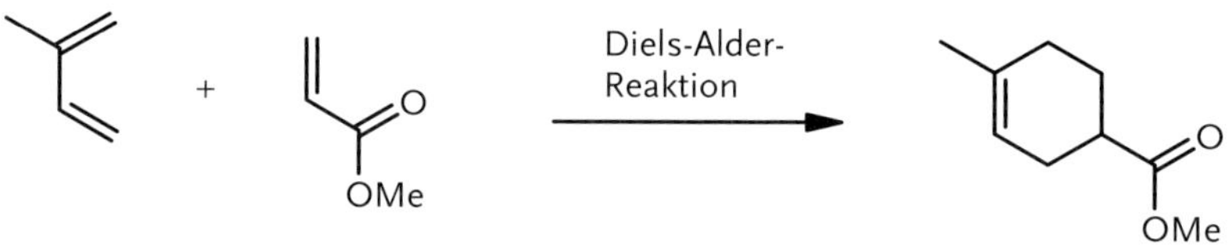

Abb. 4.46 Synthese der Verbindung **1**.

An einem Beispiel wird diese abstrakte Vorgehensweise klarer: Das Syntheseziel sei α-Terpineol (**2**), ein einfacher Naturstoff, der einen Cyclohexenring und eine *tertiäre* Alkoholfunktionalität enthält. Aus welchen einfachen Substanzen lässt sich α-Terpineol (**2**) synthetisieren? Die Lösung dieses zunächst komplex erscheinenden Problems vereinfacht sich erheblich, wenn man bedenkt, dass in der Reaktion eines Grignard-Reagenzes (Abschnitt 5.3.2.3) mit einem Ester (Abschnitt 5.15.4) ein *tertiärer* Alkohol entsteht (Abb. 4.44).

Liest man diese Reaktionsgleichung in umgekehrter Richtung, so erhält man die erste **retrosynthetische Zerlegung** (engl. **Disconnection**, Abb. 4.45), die durch einen Retrosynthesepfeil (⇒) gekennzeichnet wird.

Auch der substituierte Cyclohexenring von **1** lässt sich weiter zerlegen. So entstehen ungesättigte Sechsringe als Produkte der Diels-Alder Reaktion von Dienen mit Olefinen (Abschnitt 5.4.2.8). Die in Abb. 4.46 gezeigte Reaktion von Acrylsäuremethylester (Methylacrylat, **4**) mit Isopren (2-Methyl-1,3-butadien, **3**) würde das angestrebte Zwischenprodukt **1** liefern. Die Umkehr der Reaktionsgleichung (Abb. 4.47) entspricht wieder der retrosynthetischen Zerlegung des Moleküls.

Durch zwei retrosynthetische Schritte lässt sich α-Terpineol also auf die einfachen Moleküle Methylacrylat (**4**) und Isopren (**3**) zurückführen. Tatsächlich wurde bereits 1940 von Alder und Vogt aus diesen Molekülen α-Terpineol synthetisiert.[42] Abbildung 4.48 zeigt die Synthese mit Reaktionsbedingungen und Ausbeuten.

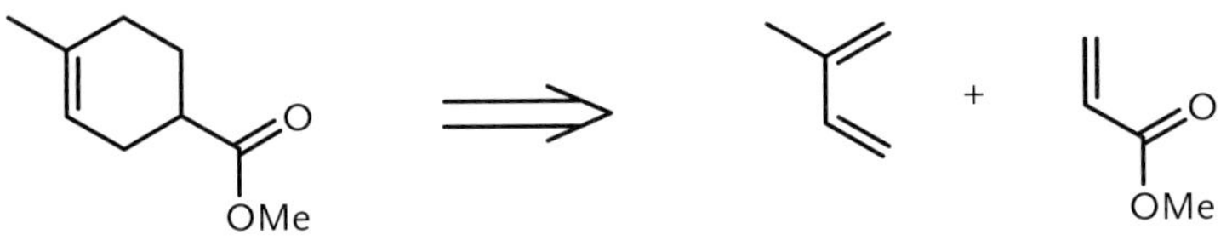

4 Grundlegende Konzepte der Organischen Chemie

Abb. 4.47 Retrosynthese der Verbindung **1**.

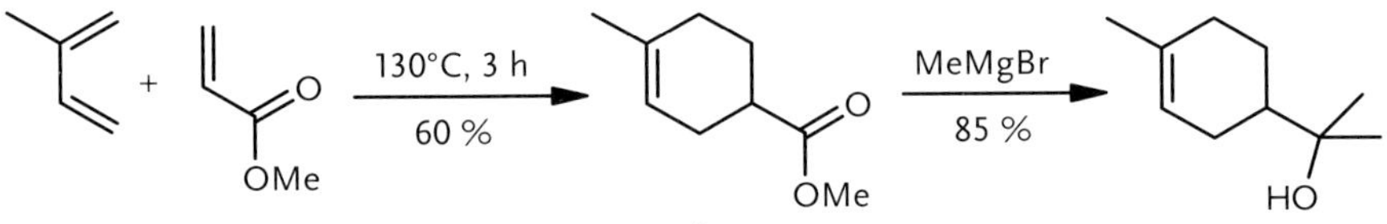

Abb. 4.48 α-Terpineolsynthese nach Alder und Vogt.

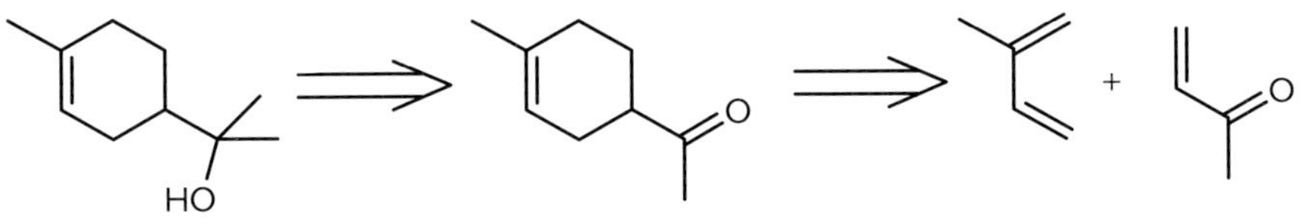

Abb. 4.49 Alternative retrosynthetische Analyse von α-Terpineol.

Die vorgestellte Synthese des α-Terpineols ist aber nur eine von vielen möglichen retrosynthetischen Zerlegungen. So könnte das Zielmolekül auch aus dem Methylketon **5** durch Reaktion mit Methylmagnesiumbromid erhalten werden. Die Diels-Alder-Reaktion von Isopren (**3**) mit Methylvinylketon (**6**) sollte das benötigte Zwischenprodukt **5** liefern. Abbildung 4.49 zeigt die retrosynthetische Analyse.

Methylvinylketon (**6**) ist allerdings im Vergleich zum Acrylsäuremethylester (**4**) ein wesentlich teureres Ausgangsmaterial, wogegen das in der ersten Synthese benötigte zweite Äquivalent des Grignard-Reagenzes finanziell kaum ins Gewicht fällt. Der erste Syntheseweg ist daher unter Laborbedingungen der preiswertere.

Dieses Beispiel zeigt, dass sowohl bei der Auswahl der möglichen Zerlegungen des Moleküls als auch bei ihrer synthetischen Realisierung verschiedene Faktoren zu beachten sind. So sollte die Zerlegung des Zielmoleküls zu sinnvollen synthetischen Bausteinen führen. Die Zielstruktur wird nur so weit zerlegt, bis einfache und leicht zur Verfügung stehende Ausgangsmaterialien erreicht sind. Ergibt die retrosynthetische Analyse Teilstrukturen, die keinem realen Molekül entsprechen, müssen Syntheseäquivalente, so genannte **Synthone**,[43] gefunden werden. Ein Beispiel ist in Abschnitt 5.12.2.10 zu finden: Die Umpolung von Aldehyden und Ketonen liefert das Synthon für eine am Carbonylkohlenstoffatom negativ geladene Carbonylverbindung. Das elektrophile Carbonylkohlenstoffatom wird durch Über-

4.6 Retrosynthese

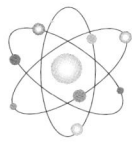

führen ins Dithioacetal und Deprotonierung nucleophil. Nach der Reaktion mit einem Elektrophil kann die Carbonylfunktionalität zurückgebildet werden.

Für eine effiziente Synthese sind die folgenden Kriterien wichtig:

- Die Zahl der erforderlichen Synthesestufen soll möglichst klein sein.
- Jede Umsetzung sollte hohe chemische Ausbeuten liefern.
- Um Nebenprodukte zu vermeiden, wird man möglichst selektive Reaktionen anwenden.
- Bei der Wahl von Ausgangsmaterialien und Reagenzien spielen Preis und Verfügbarkeit eine entscheidende Rolle.
- Auch ökologische Faktoren sind von Bedeutung, vor allem in industriellen Synthesen. So müssen hochtoxische und schwer zu entsorgende Reagenzien vermieden werden. Nichthalogenierten, wiederverwendbaren Lösungsmitteln oder Lösungsmittel-freien Synthesen ist der Vorzug zu geben.

Der leider nur selten erreichte Idealfall ist ein Syntheseweg, der von den Ausgangsmaterialien und Reagenzien ohne Verluste und Nebenprodukte zur Zielverbindung führt. Dies entspricht einer spontanen Isomerisierung des Ausgangsmaterials zum Produkt in Substanz. Verschiedene Konzepte werden benutzt, um die Gesamteffizienz chemischer Reaktionen zu beschreiben, z. B. die Atomökonomie (Wie viele der im Ausgangsmaterial und Reagenz eingesetzen Atome landen im Produkt?)[44] oder der Sheldon-Faktor der Umweltverträglichkeit (Abb. 4.50). Vom Prinzip her besonders atomökonomisch sind z. B. katalysierte Isomerisierungen und Additionsreaktionen, während der stoichiometrische Einsatz von Reagenzien weniger atomökonomisch ist (Abschnitte 6.12 und 6.15).

Im Unterschied zum vorhergehenden Beispiel beinhaltet ein Syntheseweg häufig auch Reaktionen, die das Kohlenstoffgerüst des Moleküls unverändert lassen. Dabei wird eine funktionelle Gruppe in eine andere umgewandelt. Ein einfaches Beispiel findet sich in der Synthese von *trans*-Hept-2-en-1-ol (8). Aus welchem Ausgangsmaterial kann dieser allylische Alkohol erhalten werden?

Umweltverträglichkeit (E)

$$E = \frac{\text{kg Abfall + nicht gewünschte Nebenprodukte}}{\text{kg gewünschte Produkte}}$$

	Produktionsmenge in Tonnen pro Jahr	E-Wert
Öl-Raffinierung	$10^6 - 10^8$	0,1
Basischemikalien	$10^4 - 10^6$	< 1,5
Feinchemikalien	$10^2 - 10^4$	5 – 50
Wirkstoffe	$10^1 - 10^4$	25 – >100

Höher optimierte Prozesse → Aufwändigere Synthese

Abb. 4.50 Sheldon-Faktor (E) der Umweltverträglichkeit einer chemischen Reaktion.

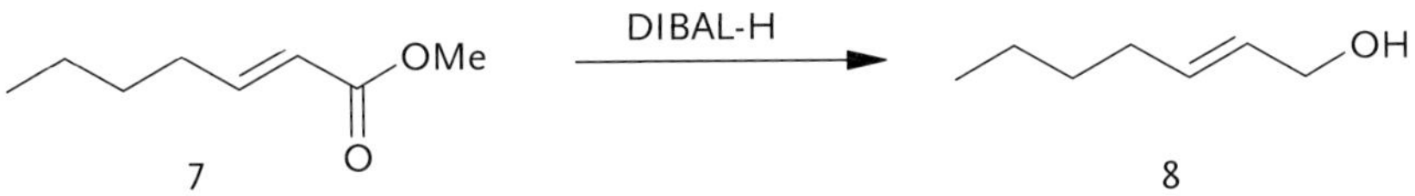

4 Grundlegende Konzepte der Organischen Chemie

Abb. 4.51 Synthese von *trans*-Hept-2-en-1-ol (**8**).

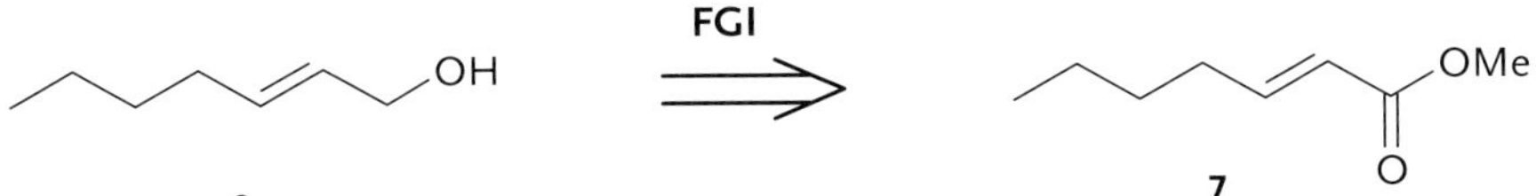

Abb. 4.52 Functional Group Interconversion (FIG).

Die Reduktion des Methylesters der *trans*-Hept-2-ensäure (**7**) mit Diisobutylaluminiumhydrid (DIBAL-H) liefert *trans*-Hept-2-en-1-ol (**8**) (Abb. 4.51 und Abschnitt 5.9.1.3).

Die Umkehr dieser Reaktionsgleichung in einen retrosynthetischen Schritt wird als **Functional Group Interconversion** (**FGI**, Abb. 4.52) bezeichnet. Nur die funktionelle Gruppe ist verändert, wohingegen das Kohlenstoffgerüst des Moleküls unverändert bleibt.

Wie an den Beispielen gezeigt wurde, umfasst die Retrosynthese zwei **Grundoperationen**:
- die Zerlegung durch Bindungsbruch (Disconnection)
- die Umwandlung einer funktionellen Gruppe (FGI).

Beide sind am Beispiel der Synthese von *trans*-Hept-2-en-1-ol (**8**) noch einmal dargestellt. Hierbei liefert die Horner-Wadsworth-Emmons-Reaktion[45] (Abschnitt 5.4.1.2) eines Phosphonats mit β-Carbonylgruppe[46] (**10**) nach Deprotonierung mit DBU (1,8-Diazabicyclo[5.4.0]undec-7-en) oder Diisopropylethylamin im Umsatz mit Pentanal (**9**) den Heptensäuremethylester (**7**) in der gewünschten *trans*-Konfiguration. Dieser lässt sich wie schon beschrieben durch das Reduktionsreagenz Diisobutylaluminiumhydrid reduzieren (Abb. 4.53).

Zusammenfassung

Die retrosynthetische Analyse dient als Denkhilfe, um komplexe Strukturen auf einfache Bausteine zurückzuführen und ist damit der erste Schritt in der Syntheseplanung. Hierbei wird das Zielmolekül zunächst auf Funktionalitäten untersucht, die Ausgangspunkte für mögliche Zerlegungen bieten. Aus der Kenntnis von Reaktionsmechanismen und Reagenzien können daraufhin die passenden Bausteine identifiziert und der günstigste Syntheseweg ausgewählt werden.

4.6 Retrosynthese

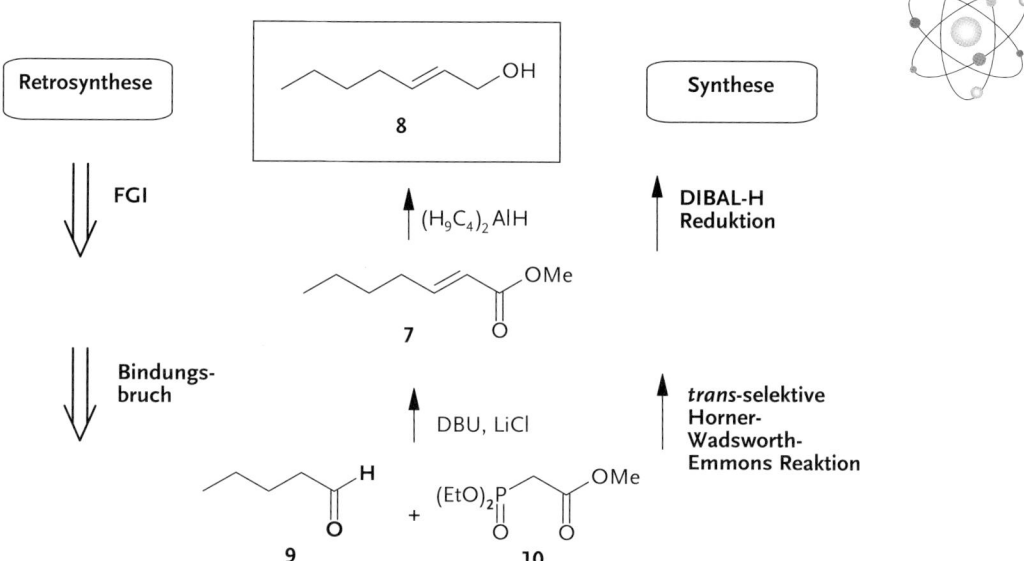

Abb. 4.53 Retrosynthetische Analyse und Synthese von *trans*-Hept-2-en-1-ol.

4 Grundlegende Konzepte der Organischen Chemie

Übungsaufgaben

4.1

4.1–1 Geben Sie für jedes Kohlenstoffatom der folgenden Verbindungen seine Hybridisierung an.

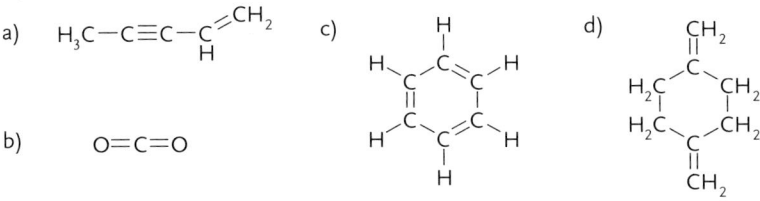

4.1–2 Kennzeichnen Sie in den folgenden Formeln Atome mit positiver oder negativer Partialladung mit δ+ bzw. δ–:

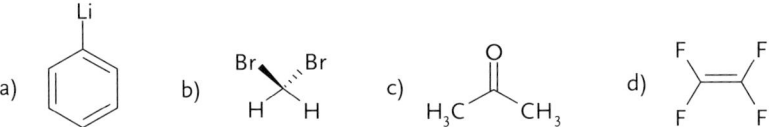

4.1–3 Zeichnen Sie Resonanzformeln der folgenden Verbindungen:

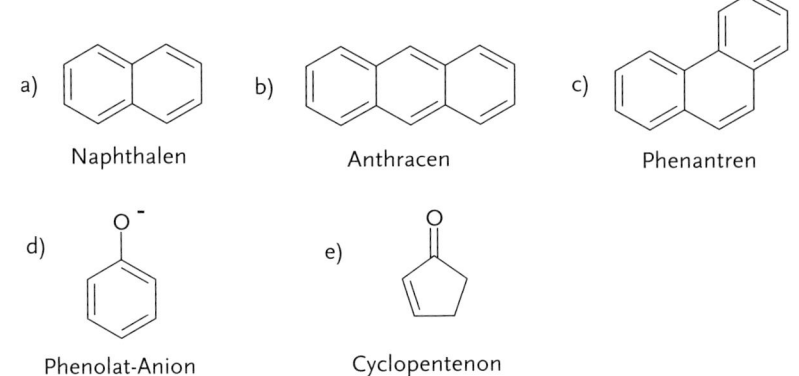

4.2

4.2–1 a) Erklären Sie anhand des MO-Schemas des 1,3-Butadiens, warum die Bindung zwischen C-2 und C-3 mit 147 pm kürzer ist als eine normale C–C-Einfachbindung (154 pm).
b) Durch Reduktion, die Übertragung eines Elektrons auf das 1,3-Butadien, kann man das 1,3-Butadien-Monoanion herstellen. Klären Sie mit Hilfe des MO-Schemas des 1,3-Butadiens, ob die Bindung zwischen C-2 und C-3 im Butadien-Monoanion kürzer oder länger ist als im 1,3-Butadien.

4.2–2 Bei der Reaktion von *trans*-1-Brom-2-buten mit Dimethylamin entstehen *trans*-1-Dimethylamino-2-buten und 2-Dimethylamino-1-buten. Erklären Sie!

4.2–3 Was versteht man unter thermodynamischer und was unter kinetischer Reaktionskontrolle?

4.6 Retrosynthese

4.2–4 Bei welchen der folgenden Verbindungen handelt es sich um alternierende und bei welchen um nicht alternierende π-Systeme?

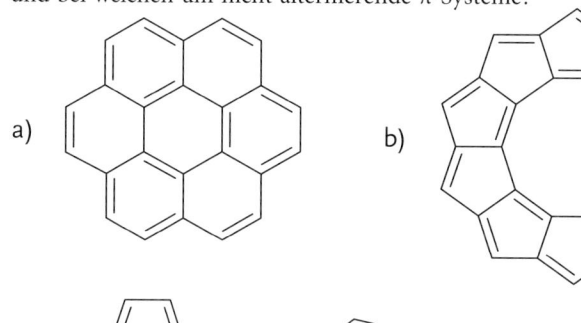

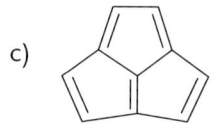   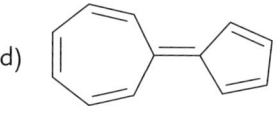   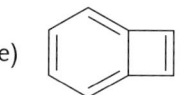

4.3
4.3–1 Zeichnen Sie (R,S)-2,3-Dibrombutan und (R,R)-2,3-Dibrombutan in ihren ekliptischen und in ihren gestaffelten Konformationen als Sägebock-Formeln und als Newman-Projektionen. Sind die Verbindungen chiral?

4.3–2 Zeichnen Sie die Formeln der folgenden Verbindungen in ihrer stabilsten Konformation: a) *trans*-1,2-Dimethylcyclohexan, b) *cis*-1,2-Dimethylcyclohexan, c) *cis*-1,3-Dimethylcyclohexan, d) *trans*-1,4-Dimethylcyclohexan.

4.3–3 Ordnen Sie in den folgenden Verbindungen allen asymmetrischen Kohlenstoffatomen die richtige absolute Konfiguration sowie allen C,C-Doppelbindungen die richtige relative Konfiguration zu.

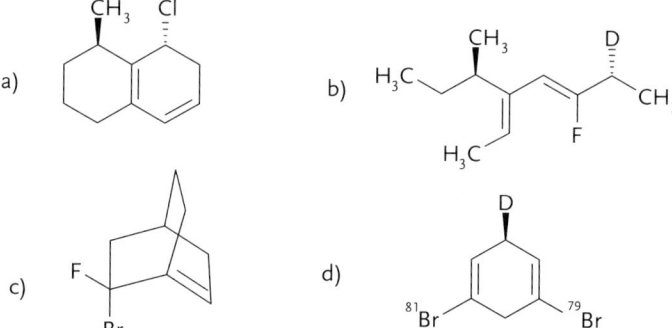

4.3–4 Kennzeichnen Sie in den folgenden Verbindungen diastereotope und enantiotope Wasserstoffatome als solche.

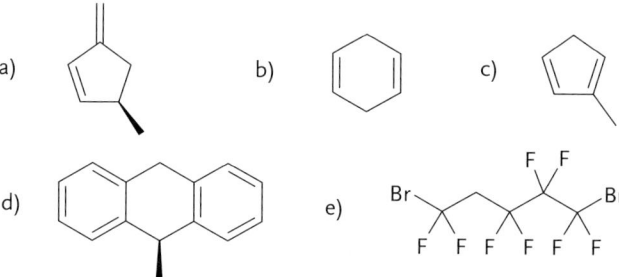

4 Grundlegende Konzepte der Organischen Chemie

4.4

4.4–1 Zeichnen Sie die Konstitutionsformeln der folgenden Verbindungen: a) (S)-2-Methylhexan-4-ol, b) 1,4-Diazabicyclo[2.2.2]octan, c) Phosphabenzol, d) 1,2,3-Trimethylpentalen.

4.4–2 Benennen Sie die folgenden Verbindungen:

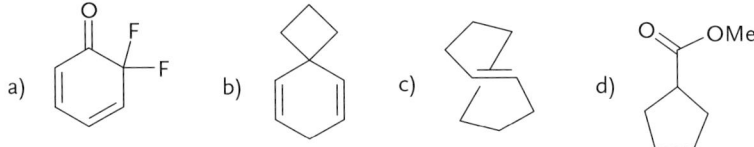

4.4–3 Ermitteln Sie mit Hilfe anderer Quellen (Lehrbücher, Internet) die Konstitutionsformeln der Verbindungen mit folgenden Trivialnamen: a) Diamantan, b) Tetrahedran, c) [1.1.1]Propellan, d) Basketen, e) Tetralin.

4.5

4.5–1 a) Berechnen Sie die freie Reaktionsenthalpie ΔG bei 25 °C für die Gleichgewichtskonstanten 0.10, 3, 1000. b) Berechnen Sie für Gleichgewichtsgemische zweier Verbindungen der folgenden Zusammensetzung die freie Reaktionsenthalpie ΔG bei 25 °C: 25:75, 80:20, 99.9:0.1.

4.5–2 Die Geschwindigkeitskonstante k der Isomerisierung von *cis*-1,2-Dideuterioethen in *trans*-1,2-Dideuterioethen wird bei verschiedenen Temperaturen gemessen: $2.16 \cdot 10^{-43}\,\text{s}^{-1}$ (60 °C), $8.12 \cdot 10^{-39}\,\text{s}^{-1}$ (100 °C), $9.18 \cdot 10^{-31}\,\text{s}^{-1}$ (200 °C), $1.60 \cdot 10^{-25}\,\text{s}^{-1}$ (300 °C), $4.17 \cdot 10^{-19}\,\text{s}^{-1}$. Berechnen Sie daraus die Aktivierungsenergie E_a der Reaktion. Wie groß wäre die Geschwindigkeitskonstante k bei 25 °C?

4.5–3 a) Ordnen Sie die Carbenium-Ionen A bis C nach abfallender Stabilität. b) Ordnen Sie die Carbenium-Ionen D und E sowie F und G jeweils nach abfallender Stabilität.

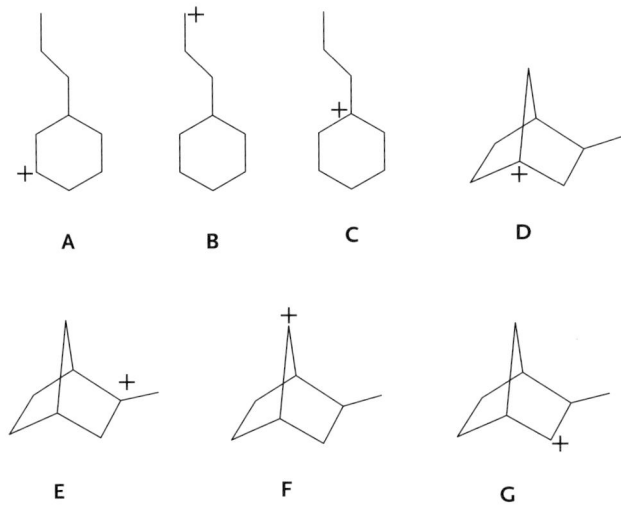

4.6

4.6–1 Erstellen Sie ein Retrosyntheseschema der folgenden Verbindung, aus dem sich drei unterschiedliche Synthesewege entwickeln lassen. Welche der Ausgangsverbindungen für die Synthese sind käuflich erhältlich? Konsultieren Sie gängige Chemikalienkataloge!

4.6–2 Entwickeln Sie ein Retrosyntheseschema für die Synthese der folgenden Verbindung. Gehen Sie von einem C_2- und einem C_6-Baustein als Ausgangsverbindungen aus.

Literaturhinweise

1 Das Gebiet ist in zahlreichen Lehrbüchern der Organischen Chemie in den ersten Kapiteln dargestellt: F. A. Carey, R. J. Sundberg, *Advanced Organic Chemistry, Part A und B*, Springer, New York, **2000**; F. A. Carey, R. J. Sundberg, *Organische Chemie*, VCH, Weinheim, **1995**; A. Streitwieser, C. H. Heathcock, E. M. Kosower, *Organische Chemie*, VCH, Weinheim, **1994**; K. P. C. Vollhardt, N. E. Schore, *Organische Chemie*, Wiley-VCH, Weinheim, 4. Aufl., Wiley-VCH, Weinheim **2005**; J. March, *Advanced Organic Chemistry*, 5. Aufl., Wiley, New York, **2001**. Eingehendere Behandlungen finden sich in Lehrbüchern der Physikalischen Chemie oder der Quantenchemie, z. B.: P. W. Atkins, Physikalische Chemie, 3. Aufl., Wiley-VCH, Weinheim, **2002**; G. Wedler, *Lehrbuch der Physikalischen Chemie*, 5. Aufl., Wiley-VCH, Weinheim, **2004**; W. J. Moore, *Physikalische Chemie*, 4. Aufl., de Gruyter, Berlin, **1986**; M. W. Hanna, *Quantenmechanik in der Chemie*, Steinkopff, Darmstadt, **1976**; W. J. Hehre, L. Radom, P. v. R. Schleyer, J. Pople, *Ab Initio Molecular Obital Theory*, Wiley, New York, **1986**; M. J. S. Dewar, *The Molecular Orbital Theory of Organic Chemistry*, McGraw Hill, New York, **1969**.

2 L. Pauling, *The Nature of the Chemical Bond*, Cornell Univ. Press, 3. Aufl., New York, **1960**; D. Bergmann, J. Hinze, *Angew. Chem.* **1996**, *108*, 162–176; *Angew. Chem., Int. Ed.* **1996**, *35*, 150–163.

3 N. L. Allinger, J. F. Siefert, *J. Am. Chem. Soc.* **1975**, *97*, 752–760.

4 Eine detaillierte Diskussion von kinetischer *vs.* thermodynamischer Reaktionskontrolle findet sich in: F. A. Carey, R. J. Sundberg, *Organische Chemie*, VCH, Weinheim, **1995**, 202–204.

5 R. M. Magid, *Tetrahedron* **1980**, *36*, 1901–1930; R. Yates, N. D. Epiotis, F. Bernardi, *J. Am. Chem. Soc.* **1975**, *97*, 6615–6621.

6 Umfassend: E. L. Eliel, S. H. Wilen, *Organische Stereochemie*, Wiley-VCH, Weinheim, **1997**; P. G. Moss, *Pure Appl. Chem.* **1996**, *68*, 2195–2222.

7 M. Hesse, H. Meier, B. Zeeh, *Spektroskopische Methoden in der organischen Chemie*, 7. Aufl., Thieme, Stuttgart, **2005**.

8 F. A. Carey, R. J. Sundberg, *Organische Chemie* (H. J. Schäfer, D. Hoppe, G. Erker, Hrsg.), VCH, Weinheim, **1995**, 125 f; K. P. C. Vollhardt, N. E. Schore, *Organische Chemie*, 4. Aufl., Wiley-VCH, Weinheim, **2005**.

9 G. Köbrich, *Angew. Chem.* **1973**, *85*, 494–503; *Angew. Chem., Int. Ed. Engl.* **1973**, *12*, 464–473; G. L. Buchanan, *Chem. Soc. Rev.* **1974**, *3*, 41–63; L. A. Paquette, *Chem. Soc. Rev.* **1995**, 9–17; W. F. Maier, P. v. R. Schleyer, *J. Am. Chem.* **2001**, *113*, 865–894; *Angew. Chem. Int. Ed.* **2001**, *40*, 820–849.

10 F. A. Carey, R. J. Sundberg, *Organische Chemie* (H. J. Schäfer, D. Hoppe, G. Erker, Hrsg.), VCH, Weinheim, **1995**, Kap. 2; K. P. C. Vollhardt, N. E. Schore, *Organische Chemie*, 4. Aufl., Wiley-VCH, Weinheim, **2005**, Kap. 5.

11 F. A. Cotton, *Chemical Applications of Group Theory*, Wiley, 3. Aufl., New York, **1990**; G. Derflinger in *Chirality: from Weak Bosons to the Alpha-Helix* (R. Janoschek, Hrsg.), Springer-Verlag, Berlin, **1991**, 34–58.

12 R. S. Cahn, C. Ingold, V. Prelog, *Angew. Chem.* **1966**, *78*, 413–447; *Angew. Chem., Int. Ed. Engl.* **1966**, *5*, 385–415; V. Prelog, G. Helmchen, *Angew. Chem.* **1982**, *94*, 614–631; *Angew. Chem., Int. Ed. Engl.* **1982**, *21*, 567–583.

13 P. G. Hultin, M. A. Earle, M. Sudharshan, *Tetrahedron*, **1997**, *53*, 14 823–14 870; A. Abiko, *Rev. Heteroatom Chem.* **1997**, *17*, 51–71; C. Agami, F. Couty, *Eur. J. Org. Chem.* **2004**, 677–685; J. Christoffers, *Chem. Eur. J.* **2003**, *9*, 4862–4867; C. W. Y. Chung, P. H. Toy, *Tetrahedron: Asymmetry* **2004**, *15*, 387–399; D. Enders, M. Klatt, *Synthesis* **1996**, 1403; A. R. Katritzky, B. V. Rogovoy, *Chem. Eur. J.* **2003**, *9*, 4586–4593.

14 F. A. Carey, R. J. Sundberg, *Organische Chemie* (H. J. Schäfer, D. Hoppe, G. Erker, Hrsg.), VCH, Weinheim, **1995**, 79 ff; R. Stürmer, *Angew. Chem.* **1997**, *109*, 1221–1222; *Angew. Chem., Int. Ed. Engl.* **1997**, *36*, 1173–1175; S. Caddick, K. Jenkins, *Chem. Soc. Rev.* **1996**, *25*, 447; D. E. J. E. Robinson, S. D. Bull, *Tetrahedron: Asymmetry* **2003**, *14*, 1407–1446; H. Pellissier, *Tetrahedron* **2003**, *59*, 8291–8327; J. Eames, *Angew. Chem.* **2000**, *112*, 913–916; *Angew. Chem., Int. Ed.* **2000**, *39*, 885–888.

15 T. E. Beesley, P. W. R. Scott, *Chiral Chromatography*, Wiley, Chichester, **1998**; W. H. Pirkle, T. C. Pochapsky, *Chem. Rev.* **1989**, *89*, 347–362; E. Yashima, C. Yamamoto, Y. Okamoto, *Synlett* **1998**, 344.

16 M. C. Willis, *J. Chem. Soc., Perkin Trans. 1* **1999**, 1765–1784.

17 IUPAC, *Nomenclature of Organic Chemistry*, Pergamon, New York, **1979**; http://www.acdlabs.com/iupac/nomenclature/; IUPAC, *A Guide to IUPAC Nomenclature of Organic Compounds (Recommendations 1993)*, Blackwell Scientific, **1993**; IUPAC, *Nomenklatur der Organischen Chemie*, VCH, Weinheim, **1997**; R. C. Weast (Hrsg.), *CRC Handbook of Chemistry and Physics*, CRC Press, Boca Raton (jährliche neue Auflage), C-1 ff; für laufende Aktualisierungen, siehe: Hinweise für Autoren, *Helv. Chim. Acta*, im ersten Heft jedes Jahrgangs.

18 Methoden zur Abschätzung thermochemischer Daten finden sich in: S. W. Benson, *Thermochemical Kinetics*, 2. Aufl., Wiley, New York, **1976**; Thermodynamische Daten: J. D. Cox, G. Pilcher, *Thermochemistry of Organic and Organometallic Compounds*, Academic Press, London, **1970**.

19 T. H. Lowry, K. Schueller Richardson, *Mechanismen und Theorie in der Organischen Chemie*, Verlag Chemie, Weinheim, **1980**, 5 ff; F. A. Carey, R. J. Sundberg, *Organische Chemie*, VCH, Weinheim, **1995**, 190–202; E. V. Anslyn, D. A. Dougherty, *Modern Physical Organic Chemistry*, University Science Books, Sausalito, CA, **2004**; R. Brück-

Literaturhinweise

ner, *Reaktionsmechanismen: Organische Reaktionen, Stereochemie, moderne Synthesemethoden*, 3. Aufl., Elsevier-Spektrum, Heidelberg, **2004**.

20 Umfassende Darstellungen: R. A. Moss, S. M. Platz, M. Jones (Hrsg.), *Reactive Intermediate Chemistry*, Wiley, New York, **2004**; C-Radikale: M. Regitz, B. Giese (Hrsg.), *Houben-Weyl* E19 a; Linker, M. Schmittel, *Radikale und Radikalionen in der Organischen Synthese*, Wiley-VCH, Weinheim, **1998**; Carbene (Carbenoide): M. Regitz (Hrsg.), *Houben-Weyl* E19 b; Carbokationen, Carbokation-Radikale: M. Hanack (Hrsg.), *Houben-Weyl* E19 c; Carbanionen: M. Hanack (Hrsg.), *Houben-Weyl* E19 d. Es gibt noch weitere reaktive Zwischenstufen, z. B. Zwitterionen, Carbene, Nitrene u. a.

21 G. A. Olah, G. K. S. Prakash (Hrsg.), *Carbocation Chemistry*, Wiley, New York, **2004**; G. A. Olah, *Angew. Chem.* **1995**, *107*, 1519–1532; *Angew. Chem., Int. Ed. Engl.* **1995**, *34*, 1393–1405; G. A. Olah, *Angew. Chem.* **1973**, *85*, 183–225; *Angew. Chem., Int. Ed. Engl.* **1973**, *12*, 173–212; P. v. R. Schleyer, C. Maerker, *Pure Appl. Chem.* **1995**, *67*, 755–760.

22 J. Fossey, D. Lefort, J. Sorba, *Free Radicals in Organic Synthesis*, Wiley, New York, **1995**; D. P. Curran, N. A. Porter, B. Giese, *Stereochemistry of Radical Reactions*, VCH, Weinheim, **1996**; B. Giese, *Radicals in Organic Synthesis: Formation of Carbon-Carbon Bonds*, Pergamon, Oxford, **1986**; M. Schmittel, A. Burghart, *Angew. Chem.* **1997**, *109*, 2658–2699; *Angew. Chem., Int. Ed. Engl.* **1997**, *36*, 2550–2589; P. Renaud, M. P. Sibi (Hrsg.), *Radicals in Organic Synthesis*, Wiley-VCH, Weinheim, **2001**.

23 R. Brückner, *Reaktionsmechanismen: Organische Reaktionen, Stereochemie, moderne Synthesemethoden*, 3. Aufl., Elsevier-Spektrum, Heidelberg, **2004**; E. Buncel, J. M. Dust, *Carbanion Chemistry: Structures and Mechanisms*; ACS, Washington, DC, **2003**.

24 D. Griller, K. U. Ingold, *Acc. Chem. Res.* **1976**, *9*, 13–19; P. Renaud, M. P. Sibi (Hrsg.), *Radicals in Organic Synthesis*, Wiley-VCH, Weinheim, **2001**.

25 J. B. Lambert, R. A. Singer, *J. Am. Chem. Soc.* **1992**, *114*, 10 246–10 248; P. v. R. Schleyer, C. Maerker, *Pure Appl. Chem.* **1995**, *67*, 755–760; T. Kato, C. A. Reed, *Angew. Chem.* **2004**, *116*, 2968–2971; *Angew. Chem. Int. Ed.* **2004**, *43*, 2908–2911.

26 K. B. Wiberg, *Chem. Rev.* **1955**, *55*, 713–743; F. H. Westheimer, *Chem. Rev.* **1961**, *61*, 265–273; P. Krumbiegel, *Isotopieeffekte*, Akademie-Verlag, Berlin, **1970**; T. H. Lowry, K. Schueller Richardson, *Mechanismen und Theorie in der Organischen Chemie*, Verlag Chemie, Weinheim, **1980**, 60–67; W. D. Jones, *Acc. Chem. Res.* **2003**, *36*, 140–146; H. Maskill, *Structure and Reactivity in Organic Chemistry*, Oxford University Press, New York, **2000**.

27 C. A. Schalley, G. Hornung, D. Schröder, H. Schwarz, *Chem. Soc. Rev.* **1998**, *27*, 91–104.

28 L. Andrews, M. Moskovits, *Chemistry and Physics of Matrix-isolated Species*, North-Holland, Amsterdam, **1989**; R. J. H. Clark, R. E. Hester, *Spectroscopy of Matrix Isolated Species*, Wiley, Chichester, **1989**.

29 W. Sander, G. Bucher, S. Wierlacher, *Chem. Rev.* **1993**, *93*, 1583–1621.

30 G. Maier, H. P. Reisenauer, K. Lanz, R. Troß, D. Jürgen, B. A. Hess Jr., L. J. Schaad, *Angew. Chem.* **1993**, *105*, 119–121; *Angew. Chem., Int. Ed. Engl.* **1993**, *32*, 74–76.

31 O. L. Chapman, C. L. McIntosh, J. Pacansy, *J. Am. Chem. Soc.* **1973**, *95*, 614–617; A. Krantz, C. Y. Lin, M. D. Newton, *J. Am. Chem. Soc.* **1973**, *95*, 2744–2746; Review: G. Maier, *Angew. Chem.* **1988**, *100*, 317–341; *Angew. Chem., Int. Ed. Engl.* **1988**, *27*, 309–332.

32 K. L. Tseng, J. Michl, *J. Am. Chem. Soc.* **1977**, *99*, 4840–4842.

33 L. M. Hadel in *CRC Handbook of Organic Photochemistry* (J. C. Scaiano, Hrsg.), Vol. 1, 279–292, CRC Press, Boca Raton, **1989**.

34 E. F. Hilinski, P. M. Rentzepis, *Acc. Chem. Res.* **1983**, *16*, 224–232.

35 J. C. Polany, A. H. Zewail, *Acc. Chem. Res.* **1995**, *28*, 119–132; F. C. de Schryver, S. de Feyter, G. Schweitzer (Hrsg.), *Femtochemistry*, Wiley-VCH, Weinheim, **2005**; A. Zewail, *Reise durch*

4 Grundlegende Konzepte der Organischen Chemie

die Zeit – Weg zum Nobel-Preis, Verlag Helvetica Chimica Acta, Zürich, **2006**.

36 F. A. Carey, R. J. Sundberg, *Organische Chemie*, VCH, Weinheim, **1995**, 216–223.

37 K. Suzuki, *Pure Appl. Chem.* **1994**, *66*, 1557–1564; Z.-H. Zhang, *Synlett* **2005**, 711–712; H. Yamamoto (Hrsg.), *Lewis Acids in Organic Synthesis*, Wiley-VCH, Weinheim, **2000**.

38 T. L. Ho, *Hard and Soft Acids and Bases Principle in Organic Chemistry*, Academic Press, New York, **1977**; R. Pearson, *J. Chem. Educ.* **1987**, *64*, 561–567; T. L. Ho, *Tetrahedron* **1985**, *41*, 1–86; T. L. Ho, *J. Chem. Educ.* **1978**, *55*, 355–360; T. L. Ho, *Chem. Rev.* **1975**, *75*, 1–20; Beispiele: I. Fleming, *Grenzorbitale und Reaktionen organischer Verbindungen*, VCH, Weinheim, **1979**; S. Woodward, *Tetrahedron* **2002**, *58*, 1017–1050.

39 R. Pearson, *J. Am. Chem. Soc.* **1963**, *89*, 3533–3539.

40 R. W. Hoffmann, *Elemente der Syntheseplanung*, Spektrum, Heidelberg, **2006**; S. Warren, *Designing Organic Syntheses – The Synthon Approach*, Wiley, New York, **1983**; deutsche Übersetzung: *Organische Retrosynthese*, Teubner, Stuttgart, **1997**; K. P. C. Vollhardt, N. E. Schore, *Organische Chemie*, 5. Aufl., Wiley-VCH, Weinheim, **2004**; S. Warren, *Organic Synthesis – The Disconnection Approach*, Wiley, Chichester, **1982**; M. B. Smith, *Organic Synthesis*, McGraw-Hill, New York, **1994**; E. J. Corey, X.-M. Cheng, *The Logic of Chemical Synthesis*, Wiley, New York, **1995**. C. Ghiron, R. J. Thomas, *Übungen zur organischen Synthese*, Teubner, Stuttgart, **1999**; T. Wirth, *Syntheseplanung – aber wie?*, Spektrum, Heidelberg, **1998**.

41 Beispiele aus dem Bereich der Naturstoffsynthese: K. C. Nicolaou, E. J. Sorensen, *Classics in Total Synthesis. Targets, Strategies, Methods*, Wiley-VCH, Weinheim, **1996**; K. C. Nicolaou, S. A. Snyder, *Classics in Total Synthesis II*, Wiley-VCH, Weinheim, **2003**.

42 K. Alder, W. Vogt *Liebigs Ann.* **1940**, *564*, 109–120.

43 E. J. Corey, *Pure Appl. Chem.* **1967**, *14*, 19–37.

44 B. M. Trost, *Science* **1991**, *254*, 1471–1477.

45 W. S. Wadsworth, *Org. React.* **1977**, *25*, 73–253; R. Thomas, *Chem. Rev.* **1974**, *74*, 87–99.

46 M. A. Blanchette, W. Choy, J. T. Davis, A. P. Essenfield, S. Masamune, W. R. Roush, T. Sakai, *Tetrahedron Lett.* **1984**, *25*, 2183–2186.

5
Substanzklassen, ihre Darstellung und Reaktionen

5.1
Tabellarische Übersicht

Organische Verbindungen werden nach ihren funktionellen Gruppen[1] klassifiziert. Die folgende Übersicht (Tab. 5.1) zeigt die im Kapitel 5 behandelten Substanzklassen mit ihren funktionellen Gruppen und einen typischen Vertreter.

Tab. 5.1 Funktionelle Gruppen in der Organischen Chemie.

Verbindungsklasse	funktionelle Gruppe	Beispiel
Alkane (siehe Abschnitt 5.2)	keine	$CH_3CH_2CH_3$ Propan
Halogenalkane (siehe Abschnitt 5.3)	—X (X = F, Cl, Br, I)	CH_3CH_2—I Iodethan
Alkene (siehe Abschnitt 5.4)	$>C=C<$	$CH_3CH=CH_2$ Propen
Alkine (siehe Abschnitt 5.5)	—C≡C—	$CH_3C≡CCH_3$ 2-Butin
Aromaten (siehe Abschnitt 5.6)	(Benzolring)	Benzol
Substituierte Benzole (siehe Abschnitt 5.7)		Anilin
Polycyclische aromatische Kohlenwasserstoffe (siehe Abschnitt 5.8)	(Naphthalin)	Pyren
Alkohole (siehe Abschnitt 5.9)	—OH	CH_3CH_2—OH Ethanol
Ether (siehe Abschnitt 5.10)	—C—O—C—	CH_3CH_2—O—CH_2CH_3 Diethylether

Organische Chemie. Burkhard König und Holger Butenschön
Copyright © 2007 WILEY-VCH Verlag GmbH & Co. KGaA, Weinheim
ISBN: 978-3-527-31827-8

5 Substanzklassen, ihre Darstellung und Reaktionen

Tab. 5.1 Fortsetzung

Verbindungsklasse	funktionelle Gruppe	Beispiel
Thiole und Sulfide (siehe Abschnitt 5.11)	—C—SH —C—S—C—	CH_3CH_2—SH Ethanthiol
Aldehyde und Ketone (siehe Abschnitt 5.12) und ihre Derivate	\C=O \C=N—R (Imin)	Aceton (H_3C–CO–CH_3)
Kohlenhydrate (siehe Abschnitt 5.13)	—OH \C=O	β-D-Glucose
Carbonsäuren und Sulfonsäuren (siehe Abschnitt 5.14)	—COOH —SO_3H	CH_3COOH Essigsäure
Derivate von Carbonsäuren (siehe Abschnitt 5.15)	—COOR —$CONR_2$ —COX —C≡N	$CH_3COOCH_2CH_3$ Ethylacetat (Essigsäureethylester)
Amine und Phosphane (siehe Abschnitt 5.16)	—NH_2 \NH —N\	$(CH_3CH_2)_3N$ Triethylamin
Diazoniumsalze und Diazoverbindungen (siehe Abschnitt 5.17)	R—N_2^+ R—N=N—R	CH_2N_2 Diazomethan
Aminosäuren und Peptide (siehe Abschnitt 5.18)	—CO_2H, —NH_2	Alanin
Nucleotide (siehe Abschnitt 5.19)		2-Desoxyadenylsäure
Heterocyclen (siehe Abschnitt 5.20)	Heteroatome	Furan
Alkaloide (siehe Abschnitt 5.21)	Stickstoff	Tropinon

Übungsaufgabe

5.1–1 Außer den in der tabellarischen Übersicht aufgeführten Stoffklassen gibt es noch weitere. Zeichnen Sie mit Hilfe anderer Quellen (Lehrbücher, Internet) die Konstitutionsformeln je eines Vertreters der folgenden Stoffklassen: a) Keten, b) Lacton, c) Lactam, d) Carbamidsäure, e) Isocyanat, f) Nitroverbindung, g) Silan.

5.2 Alkane

5.2.1
Nomenklatur und Eigenschaften der Alkane

Alkane[2] oder Paraffine sind Kohlenwasserstoffe, die nur Einfachbindungen enthalten. Als Hauptbestandteil von Erdgas und Erdöl sind sie unsere wesentlichen fossilen Energiequellen. Aufgrund ihrer Struktur lassen sie sich in verschiedene Typen einteilen: **geradkettige** Alkane (*n*-Alkane), **verzweigte** Alkane, in denen sich in der Kohlenstoffkette ein oder mehrere Verzweigungspunkte befinden, und **cyclische** Alkane, in denen die Kohlenstoffkette zum Ring geschlossen ist. Man unterscheidet zwischen primären, sekundären und tertiären C–H-Bindungen (Abb. 5.1).

Alkane werden mit der allgemeinen Formel C_nH_{2n+2} beschrieben, wobei n die Anzahl der C-Atome angibt. Alkane mit einer unverzweigten Grundstruktur werden *n*-Alkane genannt. Eine fortlaufende Reihe derartiger verwandter Verbindungen nennt man eine **homologe** Reihe (siehe Tabelle 5.2). Die ersten Glieder der homologen Reihe zeigen wesentlich größere Unterschiede in den physikalischen Eigenschaften als dies bei den höheren Vertretern der Fall ist.

Tab. 5.2 Physikalische Eigenschaften einiger Alkane.

n	Name	Formel	Siedepunkt [°C]	Schmelzpunkt [°C]
1	Methan	CH_4	−161.7	−182.5
2	Ethan	CH_3CH_3	− 88.6	−183.3
3	Propan	$CH_3CH_2CH_3$	− 42.1	−187.7
4	Butan	$CH_3CH_2CH_2CH_3$	− 0.5	−138.3
5	Pentan	$CH_3(CH_2)_3CH_3$	36.1	−129.8
6	Hexan	$CH_3(CH_2)_4CH_3$	68.7	− 95.3
7	Heptan	$CH_3(CH_2)_5CH_3$	98.4	− 90.6
8	Octan	$CH_3(CH_2)_6CH_3$	125.7	− 56.8
9	Nonan	$CH_3(CH_2)_7CH_3$	150.8	− 53.5
10	Decan	$CH_3(CH_2)_8CH_3$	174.0	− 29.7
15	Pentadecan	$CH_3(CH_2)_{13}CH_3$	270.6	10.0
20	Eicosan	$CH_3(CH_2)_{18}CH_3$	343.0	36.8
40	Tetracontan	$CH_3(CH_2)_{38}CH_3$	–	81.0

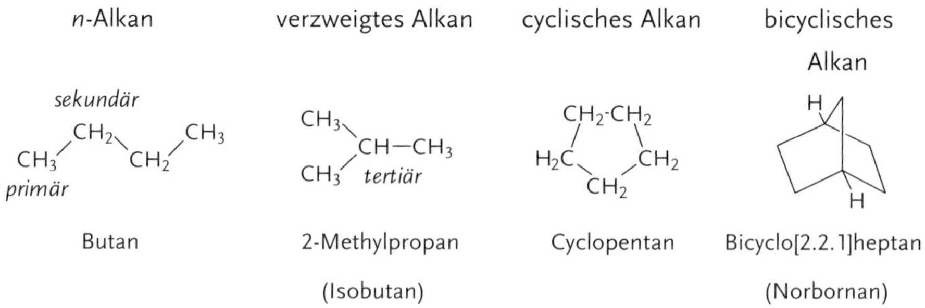

Abb. 5.1 Verschiedene Alkane.

Für Alkane mit einem, zwei, drei oder vier C-Atomen werden die Namen Methan, Ethan, Propan und Butan verwendet. Die Namen der höheren Alkane leiten sich von der griechischen und lateinischen Bezeichnung für die Anzahl der C-Atome des Alkans ab. So setzt sich der Name **Heptadecan** [$CH_3(CH_2)_{15}CH_3$] aus dem griechischen Wort **hepta**, sieben, und dem lateinischen Wort **decem**, zehn, zusammen.[3]

Aufgrund der schwachen Bindungspolaritäten und des symmetrischen Aufbaus der Bindungen sind Alkanmoleküle unpolar oder äußerst schwach polar. Die **zwischenmolekularen Kräfte**, die unpolare Moleküle zusammenhalten (**van-der-Waals-Kräfte**, Abschnitt 4.1), sind schwach und von kurzer Reichweite. Durch die zunehmende Größe und damit größere Kontaktoberfläche der Moleküle werden die zwischenmolekularen Kräfte innerhalb einer homologen Reihe stärker. Beim Siede- oder Schmelzvorgang müssen diese intermolekularen Kräfte in der Flüssigkeit bzw. dem Feststoff überwunden werden. Da diese Kräfte mit zunehmender Molekülgröße wachsen, erhöhen sich die Siede- bzw. Schmelzpunkte der Alkane in der homologen Reihe. Die Siedepunkte **isomerer Alkane** mit gleicher Kohlenstoffanzahl, aber unterschiedlicher Konstitution sind verschieden: Pentan, Sdp. 36 °C, 2-Methylbutan, Sdp. 28 °C, 2,2-Dimethylpropan, Sdp. 10 °C. Stets nimmt der Siedepunkt mit zunehmender Kettenverzweigung ab.[4]

Während intermolekulare Kräfte die makroskopischen physikalischen Eigenschaften der Alkane prägen, bestimmen intramolekulare Kräfte die relative Stabilität ihrer **Konformationen**,[5] d. h. der sich durch Rotation um σ-Bindungen unterscheidenden Anordnungen von Atomen und Atomgruppen im Molekül (Abschnitt 4.3).

5.2.2
Reaktionen der Alkane

5.2.2.1
Pyrolysereaktionen

Erhitzt man Alkane auf hohe Temperaturen, werden C–H- und C–C-Bindungen aufgebrochen. Diesen Prozess bezeichnet man als **Pyrolyse**. In Abwesenheit von Sauerstoff können sich die entstandenen Radikale zu neuen Kohlenwasserstoffen verbinden. Durch Abspaltung von Wasserstoffradikalen werden ungesättigte Verbindungen erhalten. Die sonst komplexe Produktverteilung lässt sich durch Reaktionsbedingungen und **Katalysatoren** so beeinflussen, dass hohe Anteile definierter Substanzen erhalten werden. In der **Erdölraffination** spielen diese Prozesse eine wichtige Rolle. Dabei bezeichnet man das Zerlegen eines Alkans in kleinere Bruchstücke als **Cracken** und Verfahren, in denen Aromaten neu gebildet werden, als **Reforming**.

5.2.2.2
Oxidation und Verbrennung

Die vollständige Verbrennung von Alkanen mit Sauerstoff führt zu den Endprodukten CO_2 und Wasser (Abb. 5.2). Die Reaktion ist stark **exotherm**. Aus der **Verbrennungswärme** (oder aus der Bildungsenthalphie, Abschnitt 4.5.1) einer Substanz lässt sich ihr Energieinhalt bestimmen.

H₃C—CH₃   5 Substanzklassen, ihre Darstellung und Reaktionen

$$CH_4 + 2\,O_2 \longrightarrow CO_2 + 2\,H_2O \qquad \Delta H = -890 \text{ kJ mol}^{-1}$$

$$C_4H_{10} + 6.5\,O_2 \longrightarrow 4\,CO_2 + 5\,H_2O \qquad \Delta H = -2870 \text{ kJ mol}^{-1}$$

Abb. 5.2 Vollständige Verbrennung von Alkanen.

5.2.2.3
Umsetzung mit Halogenen

Die wichtigste Methode zur Funktionalisierung von Alkanen ist die Halogenierung (Reaktionsvorschriften finden sich in vielen Praktikumsbüchern).[6] Alkane sind relativ reaktionsträge. Die weitgehend unpolaren C–C- und C–H-Bindungen können aber unter Bildung freier Radikale gespalten werden. So verläuft die radikalische Halogenierung in einer Radikalkettenreaktion (Abb. 5.3). Dabei wird zum Start der Reaktion das Halogenmolekül thermisch oder photochemisch homolytisch gespalten. Auch mit thermisch labilen **Radikalstartern**, wie Azobisisobutyronitril (AIBN) oder Dibenzoylperoxid, die unter Bildung von Radikalen zerfallen (Abb. 5.4), gelingt es, radikalische Halogenierungen zu initiieren.

Im Kettenfortpflanzungsschritt erfolgt dann die Wasserstoffabstraktion durch das Halogenradikal unter Bildung eines Alkylradikals. Stehen verschiedene Positionen zur **Wasserstoffabstraktion** im Alkanmolekül zur Verfügung, so sind tertiäre C–H-Bindungen reaktiver als sekundäre und diese reaktiver als primäre. Der Grund hierfür ist die abnehmende Stabilität der entstehenden Alkylradikale. Alkylgruppen in Nachbarschaft eines Radikalzentrums stabilisieren dieses durch eine Überlappung von σ- und p-Orbitalen, die zur Unterscheidung der Wechselwirkung von π- mit p-Orbitalen (Konjugation) als **Hyperkonjugation** (Abb. 5.5) bezeichnet wird. Wasserstoffabstraktion tritt bevorzugt an Positionen auf, die eine Stabilisierung des Radikals durch Konjugation (Abschnitt 4.2) erlauben.

Durch **Rekombination von Radikalen** wird die Radikalkettenreaktion beendet. In höheren Alkylradikalen als dem Methylradikal kann auch die **Disproportionierung** in Alkan und Alken zum Kettenabbruch führen.

1) Kettenstart durch photochemische Radikalerzeugung

$$Cl_2 \xrightarrow{h \cdot \nu} 2\,Cl\cdot$$

2) Kettenfortpflanzung

$$CH_4 + Cl\cdot \longrightarrow \cdot CH_3 + HCl \qquad \Delta H^0 = +8.4 \text{ kJ mol}^{-1}$$

$$\cdot CH_3 + Cl_2 \longrightarrow CH_3Cl + Cl\cdot \qquad \underline{\Delta H^0 = -113.0 \text{ kJ mol}^{-1}}$$

$$\Delta H^0 = -104.6 \text{ kJ mol}^{-1}$$

3) Kettenabbruch

$$2\,Cl\cdot \longrightarrow Cl_2 \qquad 2\,CH_3\cdot \longrightarrow C_2H_6 \qquad Cl\cdot + CH_3\cdot \longrightarrow CH_3Cl$$

Abb. 5.3 Kettenmechanismus der radikalischen Halogenierung von Alkanen.

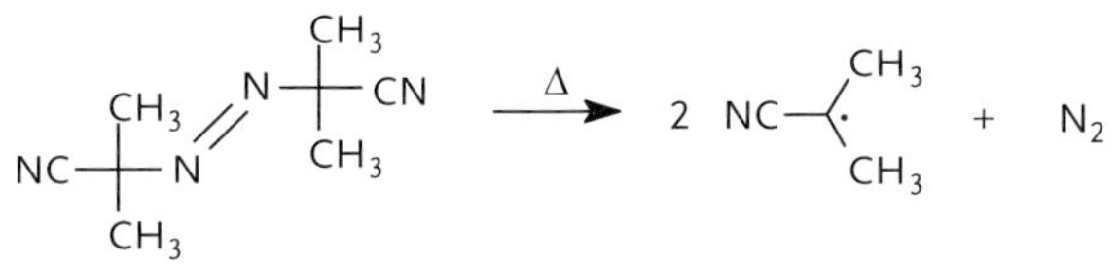

5.2 Alkane

[Diagram: AIBN decomposition]

2,2'-Azodi(2-methylpropannitril)
(Azobisisobutyronitril, AIBN)

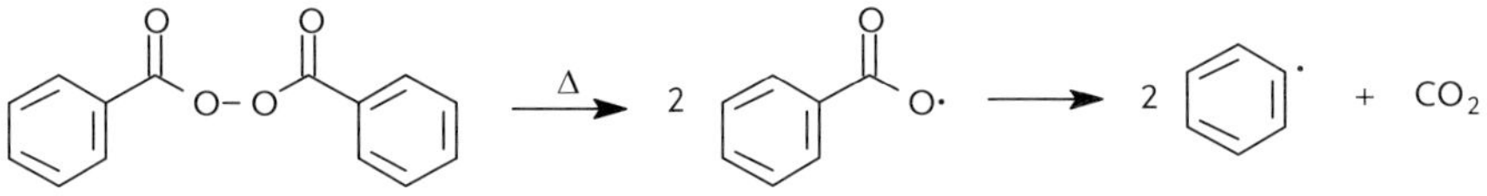

[Diagram: Dibenzoylperoxid decomposition]

Dibenzoylperoxid   Benzoylradikal   Phenylradikal

Abb. 5.4 Thermische Radikalerzeugung durch Initiatoren.

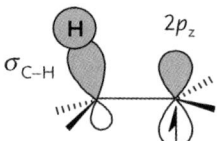

Abb. 5.5 Stabilisierung eines Radikals bei der Überlappung mit vicinalen nichtorthogonalen σ_{C-H}-Molekülorbitalen (Hyperkonjugation).

Die **Reaktivität der Halogene** in Radikalreaktionen ist sehr unterschiedlich. Fluor ist hochreaktiv, und seine Reaktionen sind daher wenig selektiv. Direkte **Fluorierungen** finden nur selten präparative Verwendung. Radikalische **Chlorierungen** sind wichtige Reaktionen in der chemischen Industrie zur Darstellung von Chlorkohlenwasserstoffen. Während in industriellen Verfahren das billige Chlorgas benutzt wird, sind für den Laboratoriumsgebrauch besser handhabbare Chlorierungsmittel entwickelt worden, wie z. B. **Sulfurylchlorid** SO_2Cl_2 und **N-Chlorsuccinimid** (N-Chlorbutanimid, NCS). Radikalische **Bromierungen** können direkt mit elementarem Brom oder selektiveren Bromierungsmitteln wie **N-Bromsuccinimid** (N-Brombutanimid, NBS),[7] durchgeführt werden. Mit NBS gelingt die Bromierung von Alkenen in Allylpositionen (Abschnitt 4.2) ohne Bromaddition an die Doppelbindung des Alkens (Abb. 5.6).

Als Lösungsmittel für NBS-Bromierungen eignet sich Tetrachlormethan (Vorsicht: sehr toxisch) besonders gut. N-Bromsuccinimid ist schwerer als CCl_4 und liegt am Boden des Reaktionsgefäßes, solange die Reaktion unvollständig ist, während das gebildete Succinimid nach dem Abkühlen als Feststoff auf der Reaktionslösung schwimmt und abfiltriert werden kann. Radikalische **Iodierungen** sind im Allgemeinen präparativ nicht nutzbar, da Iod nicht mehr in der Lage ist, C–H-Bindungen radikalisch unter Substitution anzugreifen. Hier wird die umgekehrte Reaktion beobachtet: Alkyliodide werden durch Iodwasserstoff zu Alkanen und Iod reduziert. Unter besonderen Reaktionsbedingungen gelingt im Mehrphasensystem aber z. B. die selektive Synthese von Iodcyclohexan aus Cyclohexan und Iodoform (HCI_3).[8]

5 Substanzklassen, ihre Darstellung und Reaktionen

1) Kettenstart durch thermische oder photochemische Radikalerzeugung
2) Kettenfortpflanzung

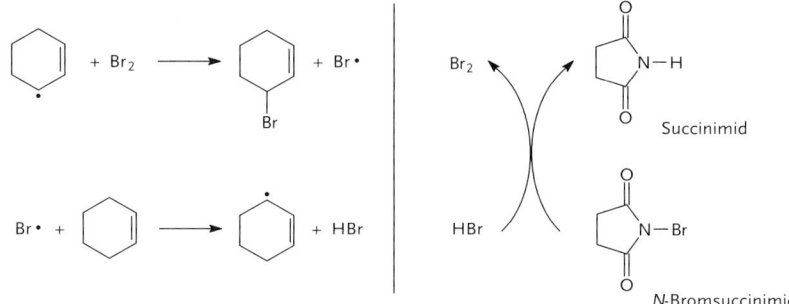

3) Kettenabbruch durch Rekombination oder Disproportionierung

Abb. 5.6 Radikalische Bromierung mit *N*-Bromsuccinimid.

5.2.2.4
Partielle Oxidation und C–H-Aktivierung

Eine direkte Funktionalisierung und synthetische Nutzung von Alkanen durch selektive Aktivierung von C–H-Bindungen[9] ohne den Umweg über die radikalische Halogenierung wäre ökonomisch und ökologisch günstiger.[10] Doch noch fehlen präparativ anwendbare Methoden in ausreichender Anzahl, um dies zu verwirklichen. Während z. B. biologische Enzymsysteme in der Lage sind, bei Raumtemperatur Methan selektiv zu Methanol zu oxidieren,[11] ist der vergleichbare großtechnische Prozess noch unbekannt. Als abiotische Katalysatoren für eine selektive Oxigenierung von Alkanen haben Metallporphyrine, aber auch Rhodium-, Iridium- und Quecksilberverbindungen Verwendung gefunden.[12] Die Leistungsfähigkeit derartiger Systeme ist jedoch bislang noch begrenzt. In katalytischen Reaktionen wurden Carbometallierungen beobachtet, bei denen ein Rutheniumkomplex in die C–H-Bindung von Kohlenwasserstoffen eingeschoben wird und diese so funktionalisiert.[13]

Zusammenfassung

Alkane sind Kohlenwasserstoffe, die nur Einfachbindungen und keine weiteren Funktionalitäten enthalten. Es werden geradkettige, verzweigte und cyclische Alkane unterschieden.	Alkane sind unpolar und reaktionsträge. Die wichtigste Reaktion zur Funktionalisierung von Alkanen ist die radikalische Halogenierung.

Übungsaufgaben

5.2–1 Die radikalische Chlorierung von Propan ergibt bei hoher Temperatur (600 °C) das Produktgemisch aus 1-Chlorpropan und 2-Chlorpropan im statistisch zu erwartenden Verhältnis von 3:1. Führt man die Reaktion jedoch bei 25 °C durch, erhält man die Produkte im Verhältnis von 43:57. Welchen Schluss lässt dies bezüglich der Reaktivität primärer und sekundärer C–H-Bindungen in derartigen Reaktionen zu?

5.2–2 Radikalische Halogenierungen lassen sich thermodynamisch gut beschreiben. Beispielsweise kann man das Nichtfunktionieren der radikalischen Iodierung gut anhand der Energiebilanz aus Bindungsbrüchen und Bindungsneubildungen erklären. Warum werden bei derartigen thermodynamischen Berechnungen nur die beiden im mechanistischen Schema unter Kettenfortpflanzung stehenden Reaktionsgleichungen berücksichtigt, nicht aber der Kettenstart und der Kettenabbruch?

5.2–3 Wie können die aus den Radikalstartern entstandenen Radikale R· ($Me_2(CN)C·$, Phenyl-Radikal) den Kettenstart einer radikalischen Chlorierung bewirken?

5 Substanzklassen, ihre Darstellung und Reaktionen

5.3
Halogenalkane

Das Kennzeichen der Halogenalkane (Abb. 5.7)[14] ist die **Halogen-Kohlenstoff-Bindung**. Diese Funktionalität bestimmt die Eigenschaften und die Reaktionen dieser Substanzklasse. Die Halogen-Kohlenstoff-Bindung ist durch den Elektronegativitätsunterschied zwischen Halogenen (δ^-) und Kohlenstoff (δ^+) polar. Die höhere Elektronegativität der Halogene führt zu einer ungleichen Elektronenverteilung entlang der Kohlenstoff-Halogen-Bindung und so zu einer positiven Partialladung am Kohlenstoffatom und einer negativen Partialladung am Halogenatom. Das Kohlenstoffatom der C–X-Bindung in Halogenalkanen besitzt daher elektrophile Eigenschaften und kann durch Nucleophile (OH$^-$, NR$_3$ etc.) angegriffen werden. **Die Stärke der C–X-Bindung nimmt mit zunehmender Größe des Halogens, also vom Fluor zum Iod, ab.** Die Siedepunkte von Halogenalkanen liegen aufgrund der **Dipol-Dipol-Wechselwirkungen** höher als die der entsprechenden Alkane. Die Nomenklatur der Halogenalkane entspricht der der Alkane (Abschnitt 5.2.1). Flüssige Chloralkane, wie Chloroform (30 EUR/L; typischer Katalogpreis für Labormengen ohne Rabatte) oder Methylenchlorid (20 EUR/L), sind gute Lösungsmittel für organische Verbindungen. Deuteriertes Chloroform, CDCl$_3$, (290 EUR/kg) ist das wichtigste Lösungsmittel für die NMR-Spektroskopie (Abschnitt 3.4.3.2).

5.3.1
Darstellung der Halogenalkane[15]

5.3.1.1
Radikalische Halogenierung von Alkanen

Zahlreiche Halogenalkane werden in industriellen Verfahren durch Halogenierung (häufig Chlorierung) von Alkanen hergestellt (Abschnitt 5.2.2.3). Aus diesen Zwischenprodukten der **Chlorchemie** entstehen dann Produkte in den Bereichen Feinchemikalien, Pharmazeutika, Farben oder Polymere. Auch im Labor werden Kohlenwasserstoffe durch radikalische Halogenierung (häufig Bromierung) funktionalisiert, doch ist die Verwendung der Reaktion durch ihre geringe Selektivität auf aktivierte Gruppen, wie Benzyl- oder Allylhalogenide, beschränkt. Mit geeigneten Methoden und Reagenzien kann die Reaktion umgekehrt werden, d. h. Alkylhalogenide werden durch selektive Entfernung des Halogensubstituenten in Alkane umgewandelt.[16]

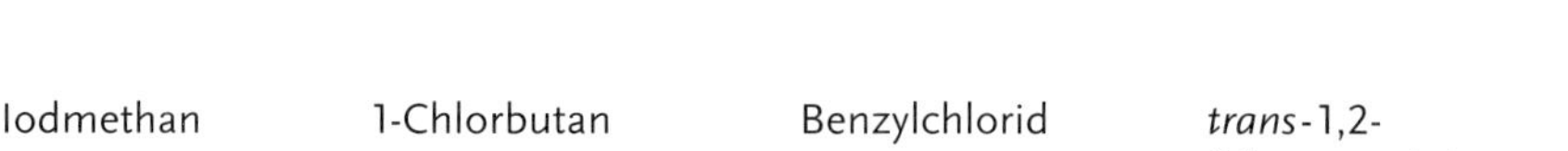

Iodmethan   1-Chlorbutan   Benzylchlorid   *trans*-1,2-Dibromcyclohexan

Abb. 5.7 Halogenalkane.

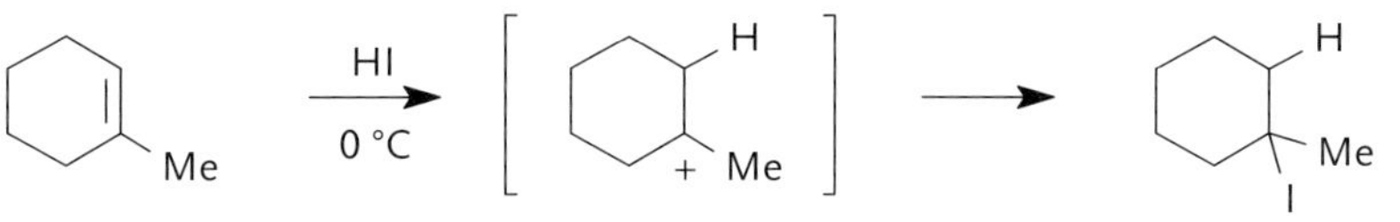

Abb. 5.8 Halogenwasserstoffaddition an Alkene.

racemisches *trans*-1,2-Dibromcyclohexan

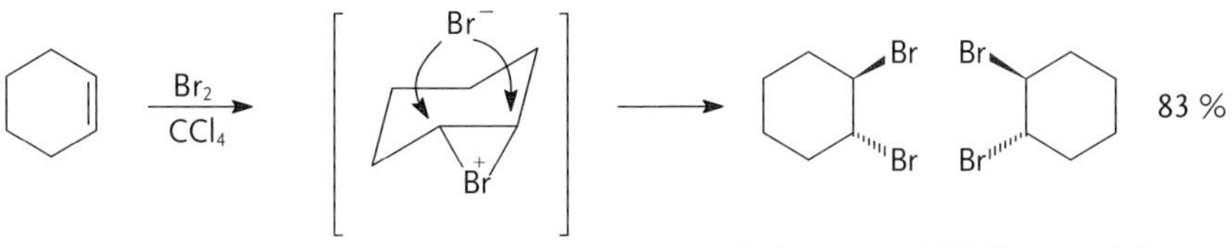

Abb. 5.9 Halogenaddition an Alkene.

5.3.1.2
Halogen- und Halogenwasserstoffaddition an Alkene

Das Produkt der Additionsreaktion von Halogenwasserstoffen an Alkene sind Halogenalkane (Abb. 5.8; Abschnitt 5.4.2.1). Dabei lagert sich zunächst das elektrophile Proton an die elektronenreiche Doppelbindung an. Das entstehende **Carbenium-Ion** reagiert nucleophil mit dem Halogenid-Anion unter Bildung des Halogenalkans. Die Regioselektivität dieser Addition ergibt sich aus der **Regel von Markovnikov**, wonach das Proton des Halogenwasserstoffs an das weniger substituierte Kohlenstoffatom gebunden wird. Die Regel lässt sich durch die Stabilität der entstehenden Carbenium-Ionen erklären (Abschnitt 4.5.2). Präparativ werden vor allem HCl- und HBr-Additionen durchgeführt.

Die Addition von Halogenen an Alkene liefert **1,2-Dihalogenalkane** (Abb. 5.9; Abschnitt 5.4.2.1). Im Falle der Bromaddition verläuft die Additionsreaktion über ein **cyclisches Bromonium-Ion**.[17] Dies erklärt die Stereochemie der Reaktion: Es wird ausschließlich *anti*-**Addition** beobachtet. Die Chloraddition verläuft analog, allerdings werden keine cyclischen Chloronium-Ionen als Zwischenstufen formuliert. Die Addition von Fluor an Alkene ist zu heftig, um präparativ nutzbar zu sein. Die Addition von Iod an Alkene unter Bildung von Diiodiden ist thermodynamisch ungünstig. Wird die Halogenaddition in nucleophilen Lösungsmitteln ausgeführt, so erhält man α-Halogenalkohole (in Wasser) oder α-Halogenether (in Alkoholen).

Auch die zweifache Addition von Halogenen und Halogenwasserstoffen an Alkine (Abschnitt 5.5) unter Bildung von Tetra- und Dihalogenalkanen ist möglich. Aufgrund der geringeren Neigung von Alkinen zu Additionsreaktionen ist dieser Weg präparativ aber wenig bedeutsam.

5.3.1.3
Umwandlung von Alkoholen in Halogenalkane

Eine in der präparativen Organischen Chemie sehr häufig verwendete Synthesemethode zum selektiven Aufbau von Halogenalkanen ist die Umwandlung von Alkoholen (Abschnitt 5.9.2.3). Diese gelingt in einigen Fällen durch direkte Einwirkung von Halogenwasserstoffen auf den Alkohol, schonender und selektiver ist

$3\ HC\equiv CCH_2OH\ +\ PBr_3\ \xrightarrow[\text{Rückfluss}]{\text{Et}_2\text{O, Pyridin}}\ 3\ HC\equiv CCH_2Br\ +\ P(OH)_3\quad 70\ \%$

Abb. 5.10 Halogenalkane aus Alkoholen durch Reaktion mit Phosphorhalogeniden.

$\sim\!\!\!\sim\!\!\text{OH} + \text{MeSO}_2\text{Cl} \xrightarrow[\text{NEt}_3]{\text{CH}_2\text{Cl}_2} \sim\!\!\!\sim\!\!\text{OSO}_2\text{CH}_3 \xrightarrow[S_N 2]{I^-} \sim\!\!\!\sim\!\!\text{I} + \text{CH}_3\text{SO}_3^-$
90 %

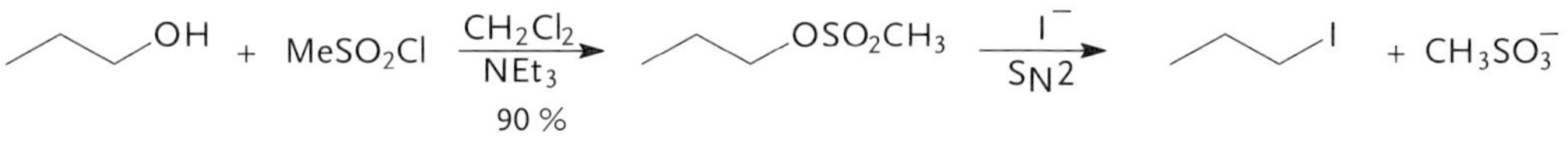

Abb. 5.11 Halogenalkane aus Alkoholen über Sulfonate.

$\sim\!\!\sim\!\!\sim\!\!\text{Cl} + \text{NaI} \xrightarrow[\text{Rückfluss}]{\text{Aceton}} \sim\!\!\sim\!\!\sim\!\!\text{I} + \text{NaCl}\downarrow\quad 70\ \%$

Abb. 5.12 Iodalkane durch Finkelstejn-Reaktion.

aber die Reaktion mit **Phosphorhalogeniden**, wie PCl_5 oder PBr_3 (Abb. 5.10). Auch Phosphoniumbromide, die durch die Reaktion von Triphenylphosphan (PPh_3) mit Brom oder CBr_4 zugänglich sind, wandeln viele Alkohole glatt in die entsprechenden Bromide um. Die Umwandlung der funktionellen Gruppe gelingt an aktivierten Allyl- oder Benzylpositionen besonders leicht.[18] Eine zweistufige Reaktionsvariante zu Halogenalkanen aus Alkoholen verläuft über die Bildung von Sulfonaten (Abb. 5.11). Durch die Bildung des Sulfonats aus Alkohol und Chlorsulfonsäure (häufig wird Methansulfonsäurechlorid, $MeSO_2Cl$ oder abgekürzt MsCl, genutzt) verwandelt sich die Hydroxylgruppe in die gute Methylsulfonat-Abgangsgruppe, die durch Halogenid-Anionen nucleophil substituiert wird.

5.3.1.4
Synthese von Halogenalkanen durch Austausch des Halogenatoms
Halogenatome in Halogenalkanen lassen sich nach der Methode von **Finkelstejn**[19] durch andere Halogenatome ersetzen. Das Verfahren wird vor allem zur Darstellung primärer Iodalkane aus den entsprechenden Chloriden oder Bromiden genutzt. Im Lösungsmittel Aceton lösliches NaI wird dabei mit dem Chloralkan erhitzt. Das sich bildende NaCl ist schwerer löslich und verschiebt so das Reaktionsgleichgewicht zugunsten des Iodalkans (Abb. 5.12). Auch Fluorsubstituenten können auf diese Weise eingeführt werden.

5.3.2
Reaktionen der Halogenalkane

5.3.2.1
Nucleophile Substitution
Eine typische Reaktion der Halogenalkane ist die nucleophile Substitution des Halogensubstituenten durch ein angreifendes Nucleophil. Bei der nucleophilen Substitution (Abschnitt 4.5) am gesättigten Kohlenstoffatom können im Hinblick auf den Reaktionsmechanismus zwei Extremfälle unterschieden werden: **monomolekulare nucleophile Substitution (S_N1)** (Abb. 5.13) und **bimolekulare nucleophile Substitution (S_N2)** (Abb. 5.14). Die bimolekulare nucleophile Substitution

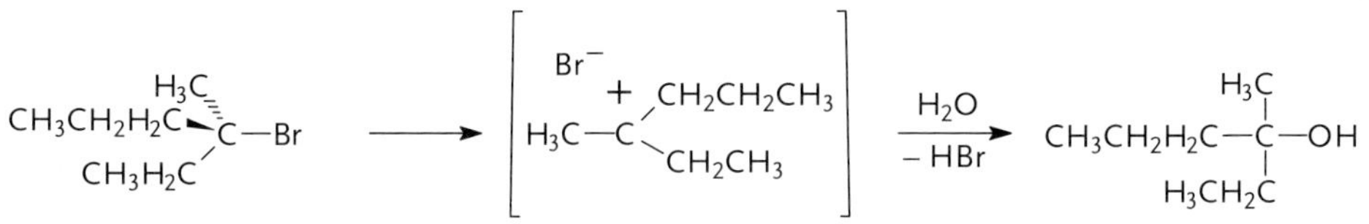

5.3 Halogenalkane

Abb. 5.13 Beispiel einer S_N1-Reaktion.

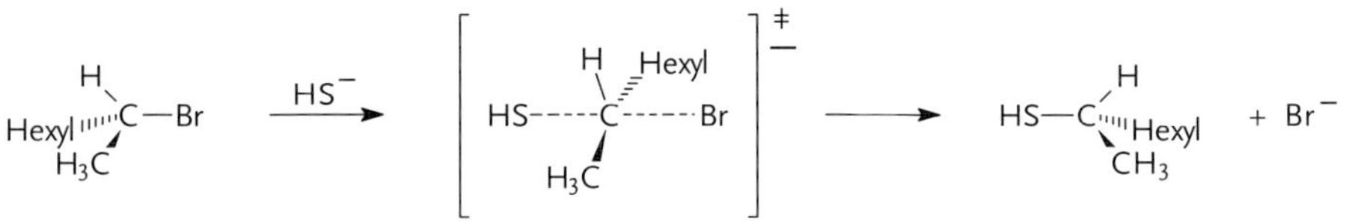

Abb. 5.14 Beispiel einer S_N2-Reaktion.

unter Allylverschiebung (S_N2'-Reaktion) stellt einen Sonderfall dar (Abschnitt 4.2). Die S_N1-Reaktion verläuft im Idealfall über die Zwischenstufe eines planaren Carbenium-Ions, so dass die stereochemische Information eines chiralen Ausgangsmaterials durch einen gleich wahrscheinlichen Vorder- und Rückseitenangriff verlorengeht. Die ideale S_N2-Reaktion hingegen ist ein konzertierter, einstufiger Prozess, bei dem eine **Inversion der Konfiguration** des Reaktionszentrums erfolgt (**Walden-Umkehr**). Viele Substitutionsreaktionen stellen Zwischentypen der reinen Idealfälle dar.

Inwieweit eine Reaktion mehr nach S_N1 oder S_N2 verläuft, lässt sich in gewissen Grenzen vorhersagen. So begünstigen polare protische Lösungsmittel durch Stabilisierung der intermediär entstehenden Ladungen den S_N1-Mechanismus. Eine Art innerer Stabilisierung des intermediären Carbenium-Ions der S_N1-Reaktion kann durch Substituenten erfolgen. So reagieren tertiäre Substrate normalerweise monomolekular, primäre hingegen bimolekular. Ganz ähnlich wächst die Neigung zu S_N1-Reaktionen in der Reihe Benzyl-, Diphenylmethyl-, Triphenylmethylhalogenid, da das Halogenatom in diesen Fällen durch den auf das zentrale Kohlenstoffatom wirkenden Mesomerieeffekt (+M) das Substrat zunehmend leichter als Anion verlassen kann. Das verbleibende Carbenium-Ion wird mesomer stabilisiert. Nachbargruppeneffekte können die Stereochemie der Substitutionsreaktion beeinflussen.[20] Das Austrittsvermögen der Halogenid-Ionen steigt vom Fluorid zum Iodid: $F^- < Cl^- < Br^- < I^-$ (Abb. 5.15). Daher sind Alkyliodide besonders reaktiv, während Alkylfluoride in S_N-Reaktionen nicht reagieren.

Die **Nucleophilie** eines Nucleophils beschreibt seine Neigung, ein Kohlenstoffatom mit einer elektronegativen Abgangsgruppe anzugreifen. Die Nucleophilie korreliert in vielen Fällen gut mit der **Basizität** des Nucleophils, also dem Bestreben, ein Proton zu abstrahieren. Doch muss beachtet werden, dass Nucleophilie ein kinetisches Phänomen, Basizität hingegen ein thermodynamisches Phänomen ist. Die Nucleophilie eines Reagenzes steigt durch negative Ladung und zunehmende Polarisierbarkeit, während starke Solvatation und sterische Hinderung sie schwächen. **Ambidente Nucleophile** besitzen mehrere reaktive Zentren (Abb. 5.16), von

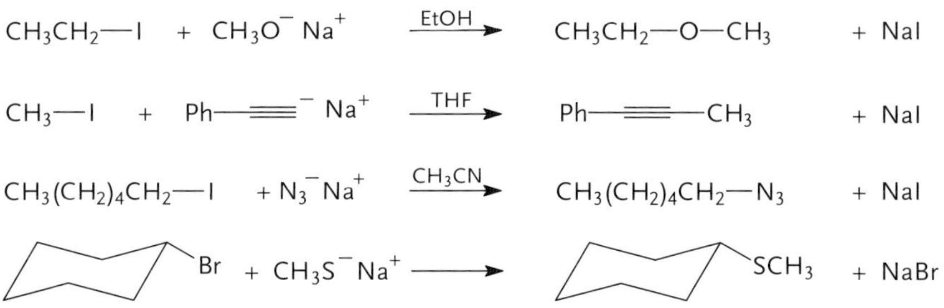

H₃C—X 5 Substanzklassen, ihre Darstellung und Reaktionen

$$CH_3CH_2-I + CH_3O^- Na^+ \xrightarrow{EtOH} CH_3CH_2-O-CH_3 + NaI$$

$$CH_3-I + Ph-\!\!\equiv\!\!^- Na^+ \xrightarrow{THF} Ph-\!\!\equiv\!\!-CH_3 + NaI$$

$$CH_3(CH_2)_4CH_2-I + N_3^- Na^+ \xrightarrow{CH_3CN} CH_3(CH_2)_4CH_2-N_3 + NaI$$

Cyclohexyl-Br + CH₃S⁻ Na⁺ ⟶ Cyclohexyl-SCH₃ + NaBr

Abb. 5.15 Nucleophile Substitutionsreaktionen von Halogenalkanen.

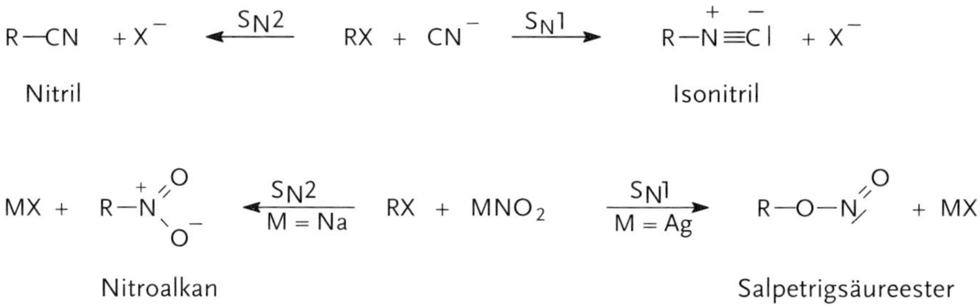

$$R-CN + X^- \xleftarrow{S_N2} RX + CN^- \xrightarrow{S_N1} R-\overset{+}{N}\!\!\equiv\!\!\overset{-}{C}| + X^-$$

Nitril   Isonitril

$$MX + R-\overset{+}{N}(O)(O^-) \xleftarrow[M=Na]{S_N2} RX + MNO_2 \xrightarrow[M=Ag]{S_N1} R-O-N\!\!=\!\!O + MX$$

Nitroalkan   Salpetrigsäureester

Abb. 5.16 Cyanid-Ion (oben) und Nitrit-Ion (unten) als ambidente Nucleophile.

denen je nach Reaktionsbedingungen eines bevorzugt reagiert. So können durch Substitution mit CN⁻ Nitrile oder Isonitrile, mit NO₂⁻ Nitroalkane oder Salpetrigsäureester und mit Enolaten O- oder C-alkylierte Produkte entstehen.[21] Die Reaktionsweise ambidenter Nucleophile lässt sich mit Hilfe des HSAB-Prinzip (Abschnitt 4.5.4) erklären.

5.3.2.2
β-Eliminierungen

Das Produkt der β-Eliminierung von Halogenwasserstoff aus Halogenalkanen sind normalerweise Alkene (Abschnitt 4.5). Die Reaktion ist formal eine Umkehr der Bildung von Halogenalkanen aus Alkenen, wie sie unter den Darstellungen der Halogenalkane zuvor besprochen wurde. Es werden drei Idealtypen unterschieden: die **unimolekulare Eliminierung (E1)**, der **E1 cB-Mechanismus** und die **bimolekulare Eliminierung (E2)** (Abb. 5.17). Der geschwindigkeitsbestimmende Schritt der E1-Reaktion ist derselbe wie in der S_N1-Reaktion: die Abspaltung der Abgangsgruppe unter Bildung eines Carbenium-Ions. Polare Lösungsmittel, Substituenten und Abgangsgruppen, die S_N1-Reaktionen begünstigen, sind daher auch für E1-Eliminierungen günstig. Im Gegensatz zur S_N1-Reaktion stabilisiert sich das Carbenium-Ion aber durch Abgabe eines Protons. Der erste Schritt im E1 cB-Mechanismus ist hingegen der Verlust eines Protons unter Bildung eines Carbanions. Geschwindigkeitsbestimmend ist die nachfolgende Abspaltung der Abgangsgruppe, z. B. eines Halogenid-Ions, unter Alkenbildung. Der E1 cB-Mechanismus tritt nur in Molekülen auf, deren Substituenten die carbanionische Zwischenstufe

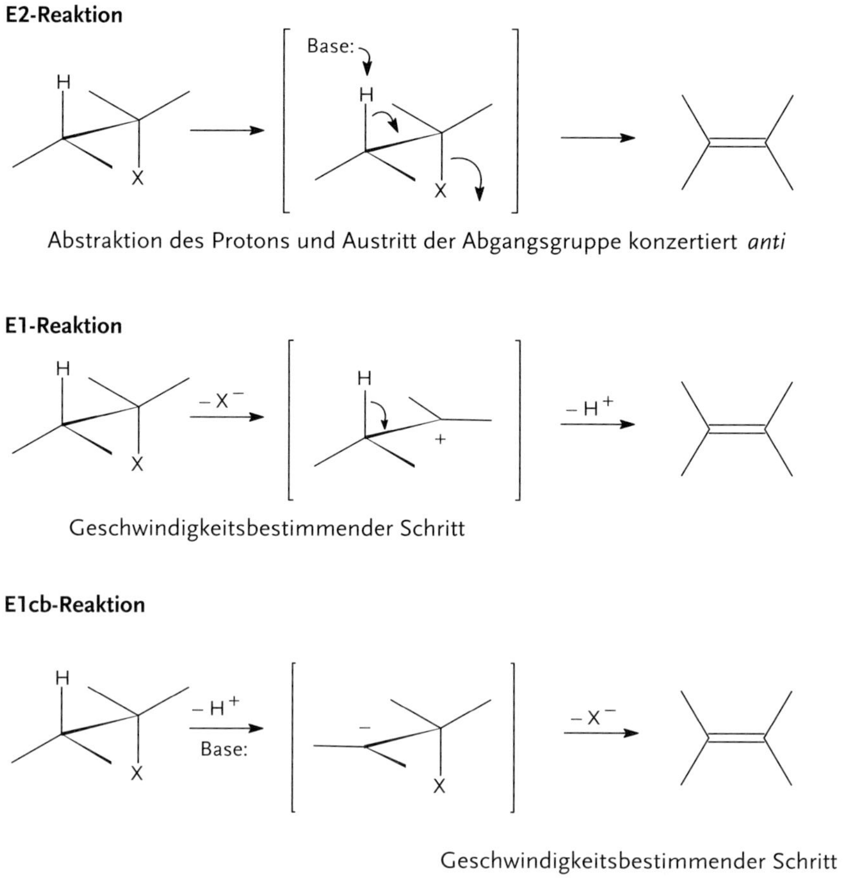

5.3 Halogenalkane

E2-Reaktion

Abstraktion des Protons und Austritt der Abgangsgruppe konzertiert *anti*

E1-Reaktion

Geschwindigkeitsbestimmender Schritt

E1cb-Reaktion

Geschwindigkeitsbestimmender Schritt

Abb. 5.17 Eliminierungsmechanismen.

stabilisieren, z. B. mehrfach fluorierte Alkane oder Carbonylverbindungen. Bei der durch starke Basen induzierten E2-Eliminierung findet eine **konzertierte anti-Eliminierung** von HX statt, wobei das Proton durch die Base abgespalten wird. Die Reaktion folgt einem Geschwindigkeitsgesetz 2. Ordnung. Die Reaktion ist bei allen Halogenalkanen möglich, bei primären und sekundären jedoch in Konkurrenz zu S_N2-Reaktionen. Da die E2-Eliminierung nur aus der **anti- oder syn-periplanaren Konformation** ablaufen kann, bestimmt die Konfiguration des Ausgangsmaterials die relative Konfiguration (*cis* oder *trans*) des gebildeten Alkens.

Die genaue Vorhersage, welcher Eliminierungsmechanismus dominiert, ist oft schwierig. Einige allgemeine Tendenzen können aber festgehalten werden: α-Alkyl- und α-Arylgruppen erhöhen den Anteil der E1-Eliminierung, da sie das intermediäre Carbenium-Ion stabilisieren. β-Arylgruppen und andere elektronenziehende Substituenten in der β-Position verschieben den Mechanismus zugunsten von E1cB. Der Basenzusatz drängt den Mechanismus in Richtung der bimolekularen Eliminierung, da im E1-Mechanismus eine externe Base nicht benötigt wird. Sehr starke Basen begünstigen E1cB, besonders gute Abgangsgruppen E1.

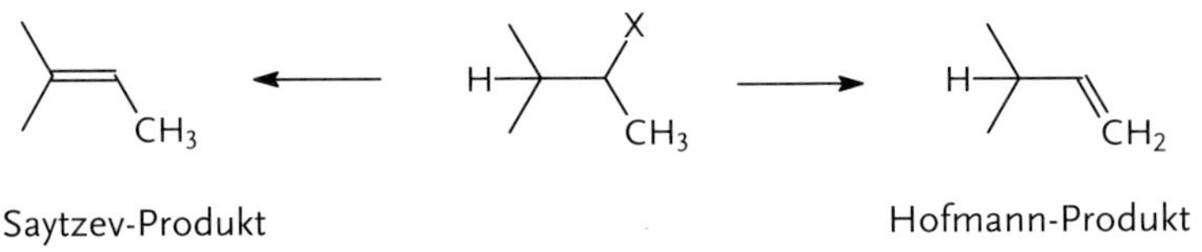

H₃C—X   5 Substanzklassen, ihre Darstellung und Reaktionen

Saytzev-Produkt ⟵ (H, X, CH₃) ⟶ Hofmann-Produkt

Abb. 5.18 Produkte der β-Eliminierung.

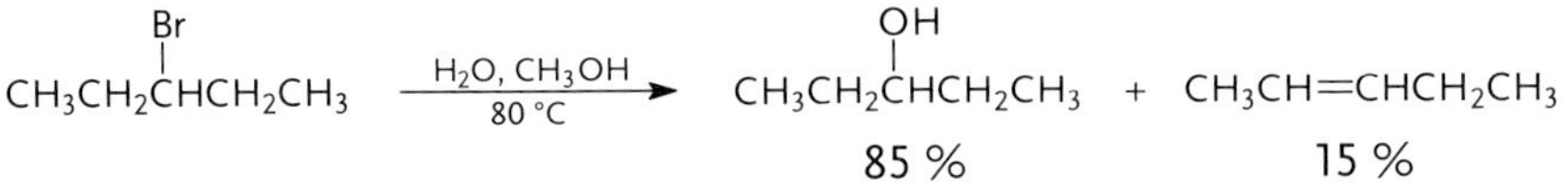

$$CH_3CH_2\overset{\underset{|}{Br}}{C}HCH_2CH_3 \xrightarrow[80\,°C]{H_2O,\ CH_3OH} CH_3CH_2\overset{\underset{|}{OH}}{C}HCH_2CH_3 + CH_3CH=CHCH_2CH_3$$
$$\qquad\qquad\qquad\qquad\qquad\qquad 85\,\% \qquad\qquad 15\,\%$$

Abb. 5.19 Konkurrierende Substitution und Eliminierung.

Kann die Eliminierung von HX unterschiedliche Alkene liefern (Abb. 5.18), so lassen sich die Hauptprodukte anhand allgemeiner Regeln oft vorhersagen: Verläuft die Eliminierung nach dem E1-Mechanismus hat die Abgangsgruppe das Molekül bereits verlassen, bevor die Entscheidung getroffen ist, welches Alken entsteht. Entscheidend ist hier die relative Stabilität der verschiedenen Produkte. In diesen Fällen gilt die **Regel nach Saytzev**, wonach die höher substituierte Doppelbindung entsteht. Für den E2-Mechanismus ist gegenüber der Abgangsgruppe ein *anti*-β-Proton notwendig. Sind geeignete Protonen an verschiedenen Kohlenstoffatomen vorhanden, so wird die Orientierung der entstehenden Doppelbindung durch die Substratstruktur, die Base und die Abgangsgruppe bestimmt. Verbindungen mit ungeladenen Abgangsgruppen folgen der Regel nach Saytzev, während Substrate mit geladenen Abgangsgruppen, wie z. B. -NR₃⁺, eine **Hofmann-Orientierung** der Eliminierung zeigen: Die neue Doppelbindung bildet sich am weniger substituierten Kohlenstoffatom. Enthält das Substrat bereits eine Doppelbindung, so entsteht im Allgemeinen das Produkt mit konjugierten Doppelbindungen.

Substitutions- und Eliminierungsreaktionen treten häufig als konkurrierende Prozesse auf (Abb. 5.19). Oft gelingt eine Abschätzung, welche Reaktion unter den gewählten Bedingungen dominieren wird. Allgemein lässt sich feststellen: Schwach basische Nucleophile reagieren unter Substitution, während stark basische Nucleophile mit zunehmender sterischer Hinderung vermehrt Eliminierungen auslösen. S_N1- und E1-Prozesse sind synthetisch oft nicht sehr wertvoll, da sie in vielen Fällen zu Produktgemischen führen. Eliminierungen werden durch höhere Temperaturen begünstigt, da aus der Reaktion mehr einzelne Moleküle hervorgehen, als eingesetzt wurden (Entropiezunahme). Der Effekt des Entropieterms auf die freie Reaktionsenthalphie ist von der Temperatur abhängig ($\Delta G = \Delta H - T\Delta S$), so dass der Entropieterm bei deutlich von Null abweichender Entropieänderung bei höheren Temperaturen an Gewicht gewinnt.

5.3.2.3
Bildung metallorganischer Verbindungen[22]

Halogenalkane reagieren mit Metallen zu metallorganischen Verbindungen (Abschnitt 6.11). Die **Grignard-Reaktion** (Abb. 5.20) ist die wohl bekannteste Reaktion dieser Art. Dabei entsteht aus elementarem **Magnesium** und einem Halogenalkan die entsprechende Grignard-Verbindung. Metallorganische Verbindungen sind durch das **negativ polarisierte Kohlenstoffatom** in der Regel stark nucleophil. So addieren Grignard-Verbindungen bereitwillig an Carbonylgruppen und sind oft gute Nucleophile in Substitutionsreaktionen. Mit Wasser entstehen Alkane und Magnesiumhydroxid. Grignard-Reagenzien liegen in Lösung aggregiert vor. Die Grignard-Verbindung steht mit Dialkylmagnesiumorganylen und $MgBr_2$ im Gleichgewicht (Schlenk-Gleichgewicht) (Abb. 5.20). Da $MgBr_2$ in Dioxan unlöslich ist, kann man in diesem Lösungsmittel Dialkylmagnesium-Verbindungen herstellen.

Mit elementarem Lithium bilden Halogenalkane reaktive **Lithiumorganyle** (Abb. 5.21). Im Labor finden vor allem käufliche 1–10 M Lösungen von Butyllithium in Hexan oder Pentan und von Methyllithium in Diethylether Verwendung. Lithiumorganyle sind reaktivere und härtere (HSAB-Prinzip, Abschnitt 4.5.4) Nucleophile als Grignard-Verbindungen.

Metallorganische Verbindungen (Abschnitt 6.11) vieler weiterer Metalle sind bekannt. Zur Synthese dieser Substanzen wird neben der direkten Synthese aus Halogenalkan und Metall häufig die **Transmetallierung** der gut zugänglichen Magnesium- oder Lithiumverbindungen genutzt.[23] Weiche Nucleophile sind durch Ummetallierung mit Kupfersalzen [Cuprate $Li(CuR_2)$] erhältlich.[24]

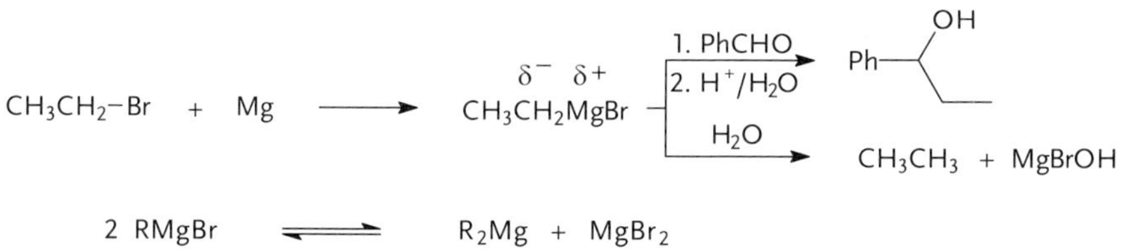

Abb. 5.20 Die Grignard-Reaktion und das Schlenk-Gleichgewicht.

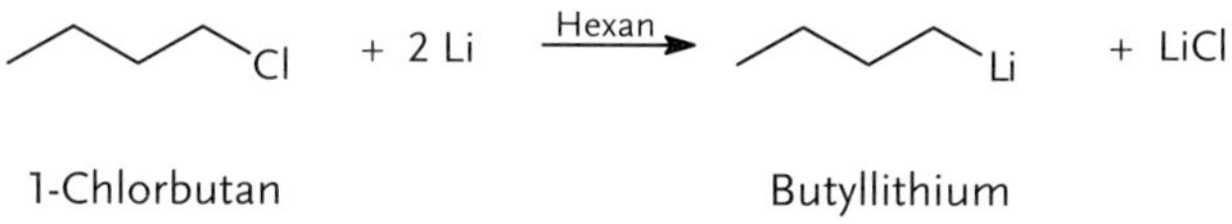

Abb. 5.21 Butyllithium aus 1-Chlorbutan und Lithium.

Zusammenfassung

Die Eigenschaften und Reaktionen der Halogenalkane werden durch die polare Halogen-Kohlenstoff-Bindung bestimmt. Halogenalkane können durch radikalische Halogenierung aus Alkanen, durch Halogen- oder Halogenwasserstoffaddition aus Alkenen oder durch OH-Halogen-Austausch aus Alkoholen erhalten werden. In nucleophilen Substitutionsreaktionen (S_N1 oder S_N2) wird das Halogenatom durch Nucleophile ersetzt. Durch Eliminierung von Halogenwasserstoff aus Halogenalkanen werden, in Umkehrung ihrer Darstellungsreaktion, Alkene erhalten. Drei verschiedene Reaktionsmechanismen sind dabei zu unterscheiden: E1, E1cB und E2. Die Reaktion von Halogenalkanen mit Magnesium bzw. Lithium liefert die synthetisch wichtigen Grignard-Reagenzien bzw. Lithiumorganyle.

Übungsaufgaben

5.3–1 Wie kann man aus (R)-2-Bromoctan (R)-2-Octanthiol herstellen?

5.3–2 Warum reagiert Benzylchlorid (Chlormethylbenzol) mit Natriummethanolat in Methanol nach S_N1 und nicht, wie sonst bei primären Halogeniden zu beobachten, nach S_N2? Zeichnen Sie die Resonanzformeln des Intermediats!

5.3–3 Erklären Sie, warum bei E2-Eliminierungen mit sterisch gehinderten Basen wie Kalium-*tert*-butylat bevorzugt das Hofmann-Produkt gebildet wird, während bei Verwendung sterisch nicht gehinderter Basen wie Natriumethanolat überwiegend das Saytzev-Produkt entsteht. Welches ist das thermodynamisch stabilere Produkt?

5.3–4 Zeichnen Sie die Produkte der Reaktion von Phenylmagnesiumbromid mit den folgenden Verbindungen (wässrige Aufarbeitung): a) Methanal, b) Oxacyclopropan, c) Ethanal, d) Aceton, e) Acetylchlorid, f) Kohlendioxid.

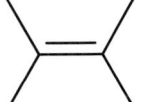

5.4
Alkene

Kohlenwasserstoffe, die C=C-Doppelbindungen enthalten, werden als **Alkene** oder **Olefine** bezeichnet.[25] Wie die Alkine (Abschnitt 5.5) gehören sie zu den **ungesättigten Kohlenwasserstoffen**, da sie nicht über die maximale Zahl von Wasserstoffatomen verfügen, wie sie in Alkanen (gesättigte Kohlenwasserstoffe) anzutreffen ist. Enthält eine Verbindung mehrere Doppelbindungen, so werden, je nach relativer Lage, verschiedene Typen unterschieden (Abb. 5.22). Doppelbindungen, die unmittelbar nebeneinander liegen (1,2-Diene) und somit ein gemeinsames Kohlenstoffatom besitzen, werden als **kumulierte Doppelbindungen** bezeichnet. Alternieren Doppel- und Einfachbindungen in einer Kohlenstoffkette (1,3-Diene), so liegen **konjugierte Doppelbindungen** (Abschnitt 4.2) vor. **Isolierte** oder **nichtkonjugierte Doppelbindungen** sind über mehr als eine Einfachbindung voneinander getrennt. Brückenkopfolefine, also oligocyclische Verbindungen mit einer Doppelbindung zu einem Brückenkopf-Kohlenstoffatom, sind nach der **Bredt'schen Regel** dann nicht stabil, wenn die Zahl der Brückenatome klein ist (Abschnitt 4.3).

Die Nomenklatur der Alkene folgt der der Alkane. Einige Beispiele zeigt Abb. 5.23. Die Endung „en" kennzeichnet die Doppelbindung, wobei Anzahl (dien, trien, tetraen) und Lage (1-, 1,3-, 1,5-) der C=C-Bindungen im Molekül weiter spezifiziert werden. Die durchnummerierte Hauptkette des Kohlenstoffgerüstes enthält die Doppelbindungen. Zur Positionsbezeichnung wird für das an der Doppelbindung beteiligte Kohlenstoffatom die kleinstmögliche Nummer gewählt. In cyclischen Molekülen beginnt die Nummerierung an einem Kohlenstoffatom der Doppelbindung, in oligocyclischen Verbindungen an einem Brückenkopf-Kohlenstoffatom. Für Ethenyl- und 2-Propenylgruppen werden häufig die Trivialnamen Vinyl- und Allyl- verwendet.

Bei 1,2-di- und höher substituierten Alkenen können *cis*- und *trans*-Konfigurationsisomere auftreten, die sich durch die Stellung der Substituenten an der

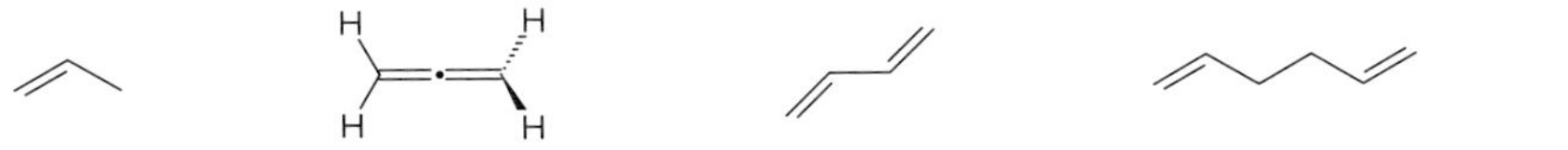

Propen   1,2-Propadien   1,3-Butadien   1,5-Hexadien

Abb. 5.22 Alkene und Diene.

1,3-Cyclohexadien   4-Methyl-2-penten   Vinylchlorid   Allylalkohol

Abb. 5.23 Beispiele zur Nomenklatur der Alkene.

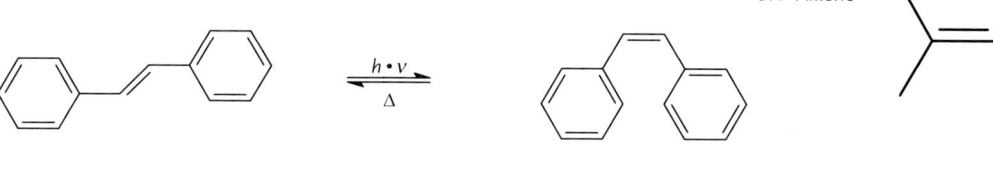

trans-Stilben   *cis*-Stilben

Abb. 5.24 *trans-cis*-Isomerisierung von Stilben.

Doppelbindung unterscheiden. Allgemeiner werden diese als *E*- (für entgegen) und *Z*- (für zusammen) Isomere beschrieben, wobei die Zuordnung durch die beiden Substituenten höchster Priorität an den beiden Enden der Doppelbindung erfolgt. Im Gegensatz zu Konformeren (Abschnitt 4.3) können *cis/trans*-Isomere isoliert werden. Beide stehen unter normalen Bedingungen nicht miteinander im Gleichgewicht, können jedoch ineinander umgewandelt werden, wenn für den dazu erforderlichen Bindungsbruch, dem die Bindungsneubildung folgt, genügend Energie in Form von Wärme oder Licht zugeführt wird. Ein typisches Beispiel für eine photochemische *trans/cis*-Isomerisierung ist die Umwandlung von *trans*-Stilben in *cis*-Stilben unter Bestrahlung (Abb. 5.24). Die *cis/trans*-Isomere sind Konfigurationsisomere, die nur durch Bruch und Neubildung einer Bindung ineinander überführt werden können.

Da viele einfache Alkene wichtige Monomerbausteine für Polymere sind, werden sie großtechnisch produziert und sind preiswert verfügbar, wie beispielsweise Ethen, Propen, Vinylchlorid, Styrol oder Butadien. Zahlreiche weitere Alkene werden als Feinchemikalien gehandelt (z. B. 1-Hexen, 35 EUR/L).

5.4.1
Darstellung der Alkene[26]

5.4.1.1
Durch Eliminierung aus Halogenalkanen und Alkoholen (Dehydrohalogenierung und Dehydratisierung)

Eine wichtige Darstellungsreaktion von Alkenen ist die baseninduzierte Eliminierung von Halogenwasserstoff aus Halogenalkanen (Abschnitt 5.3.3.2). Alkene entstehen auch durch die säurekatalysierte Wassereliminierung aus Alkoholen (Abschnitt 5.9.2.2). Dieser als Dehydratisierung bezeichnete Vorgang erfordert für primäre und sekundäre Alkohole oft drastische Reaktionsbedingungen. Abbildung 5.25 zeigt zwei typische Beispiele der beiden Reaktionstypen.

Abb. 5.25 Alkene durch Eliminierungsreaktionen.

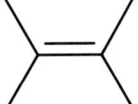

5 Substanzklassen, ihre Darstellung und Reaktionen

5.4.1.2
Wittig-Reaktionen[27]

Die gezielte Synthese unsymmetrisch substituierter Doppelbindungen gelingt mit der **Wittig-Reaktion**.[28] Dabei reagieren Aldehyde oder Ketone mit einem **α-Phosphonium-stabilisierten Anion** zum Alken. Seit der Entwicklung der Reaktion durch G. Wittig[29] in den frühen 1950er Jahren hat es viele Weiterentwicklungen gegeben. Drei prinzipielle Varianten der Wittig-Reaktion können unterschieden werden:
1. Die Wittig-Reaktion von Phosphonium-Yliden
2. Die Horner-Wadsworth-Emmons-Reaktion von Phosphonat-Anionen
3. Die Horner-Wittig-Reaktion von Phosphinoxid-Anionen

Die klassische Wittig-Reaktion umfasst die Addition von Phosphonium-Yliden an Aldehyde. **Alkyltriphenylphosphoniumsalze** (Wittig-Salze), aus denen durch Basenzusatz ein Ylid entsteht, sind oftmals durch die direkte Reaktion von Triphenylphosphan (Abschnitt 5.16.3) mit dem entsprechenden Alkylbromid zugänglich (Abb. 5.26).[30] Es wird zwischen stabilisierten Yliden, in denen die negative Ladung am Kohlenstoffatom durch eine elektronenziehende Gruppe, wie -CN oder -CO$_2$Et, stabilisiert wird, und nicht stabilisierten Yliden mit einfachen Alkylresten unterschieden. **Stabilisierte Ylide** können in Substanz isoliert werden. Im Vergleich zu nichtstabilisierten Yliden ist ihre Reaktivität geringer. Die Konfiguration der in der Wittig-Reaktion von Phosphonium-Yliden entstehenden Doppelbindung wird durch unterschiedliche Faktoren beeinflusst. Generell werden folgenden Tendenzen beobachtet: **(E)-Selektivität**, wenn der Substituent im Phosphonium-Ylid Anionen-stabilisierend ist (z. B. CO$_2$Me, COMe, CN, SO$_2$Ph); **(Z)-Selektivität** bei elektronenliefernden Substituenten (z. B. Alkyl) und nicht selektiv bei schwach Anionen-stabilisierenden Gruppen (z. B. Phenyl, Allyl).

Der gegenwärtig akzeptierte Mechanismus der Wittig-Reaktion[31] beinhaltet die wahrscheinlich reversible Bildung intermediärer *erythro*- und *threo*-**Oxaphosphetane** (Abb. 5.27). Der früher formulierte schrittweise und über ionische Zwischenstufen verlaufende Mechanismus ist durch Untersuchungen stark entkräftet worden.[32] Aus den Oxaphosphetanen bilden sich dann durch stereospezifische *syn*-Eliminierung (Z)- bzw. (E)-Alkene. Die Bildung der Oxaphosphetane erfolgt über

$$CH_3-Br + PPh_3 \xrightarrow{\Delta} \underset{\text{Wittig-Salz}}{Ph_3\overset{+}{P}-CH_3\ Br^-} \xrightarrow[-HI]{\text{Base}} \underset{\text{Ylen}}{Ph_3P=CH_2} \longleftrightarrow \underset{\text{Ylid}}{Ph_3\overset{+}{P}-\overset{-}{C}H_2}$$

cyclohexanon + Ph$_3$P=CH$_2$ $\xrightarrow{\Delta}_{85\%}$ methylencyclohexan + Ph$_3$P=O

stabilisiertes Ylid: Ph$_3$P=CHCO$_2$Et   nichtstabilisiertes Ylid: Ph$_3$=PCHCH$_3$

Abb. 5.26 Herstellung und Wittig-Reaktion von Phosphonium-Yliden.

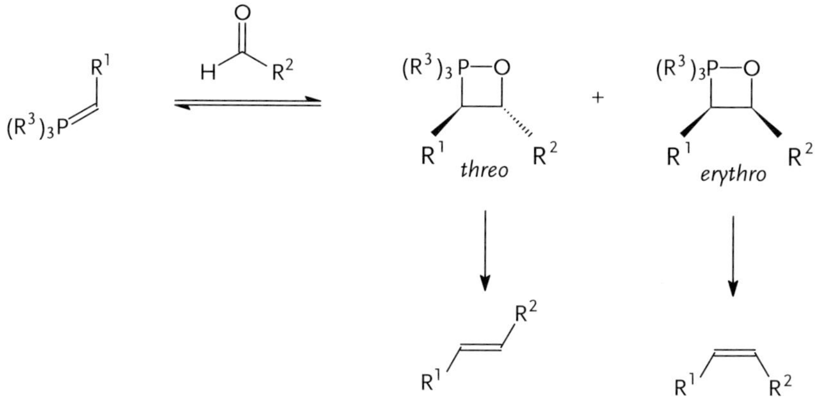

Abb. 5.27 Allgemeiner Mechanismus der Wittig-Reaktion.

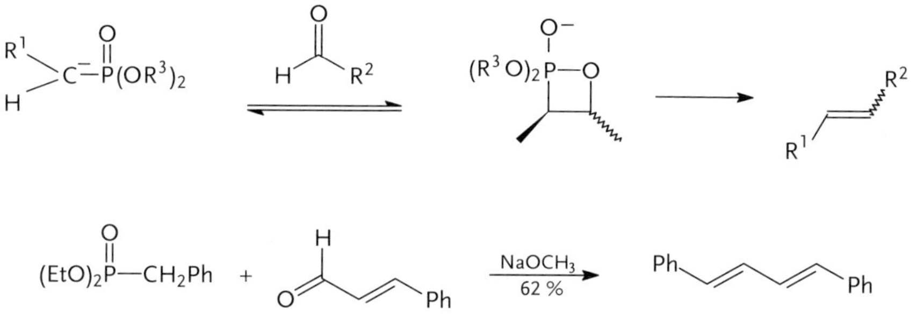

Abb. 5.28 Alkensynthese durch Horner-Emmons-Wadsworth-Reaktion von Phosphonat-Anionen.

eine asynchrone Cycloaddition und den Zerfall zum Alken durch *syn*-Cycloreversion. Stabilisierte Ylide begünstigen die Bildung des *threo*-Oxaphosphetans, nichtstabilisierte Ylide die des *erythro*-Oxaphosphetans. Unter besonderen Reaktionsbedingungen (**Bedingungen von Schlosser**) kann ein hoher Anteil an Z-Alken erhalten werden.[33]

Die wohl am meisten verwendete Wittig-Reaktion ist die **Horner-Emmons-Wadsworth-Reaktion**[34] von α-Phosphonat-Anionen mit Aldehyden (Abb. 5.28). Die Reaktion bietet verschiedene Vorteile: Die Ylide der Phosphonate sind im Allgemeinen reaktiver als die der entsprechenden Phosphorane. Als Produkt der Reaktion entsteht neben dem Alken ein Phosphatester, der im Gegensatz zum Triphenylphosphanoxid, das in der Wittig-Reaktion erhalten wird, wasserlöslich ist, wodurch die Aufarbeitung erleichtert wird. Substituierte Phosphonate als Ausgangsmaterialien der Reaktion können sehr gut über die **Michaelis-Arbuzov-Reaktion** synthetisiert werden (Abb. 5.29).

Für die **Horner-Wittig-Reaktion** von Phosphanoxid-Anionen mit Aldehyden werden Alkyldiphenylphosphanoxide benötigt, die u. a. durch thermische Zersetzung von Alkyltriphenylphosphonium-Hydroxiden erhalten werden können.[35] Von besonderer Bedeutung bei der Horner-Wittig-Reaktion ist, dass die Additionsproduk-

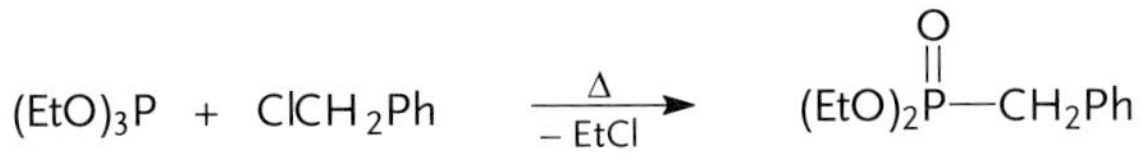

5 Substanzklassen, ihre Darstellung und Reaktionen

(EtO)₃P + ClCH₂Ph $\xrightarrow[-\text{EtCl}]{\Delta}$ (EtO)₂P(=O)—CH₂Ph

Abb. 5.29 Phosphonatdarstellung durch Michaelis-Arbuzov-Reaktion.

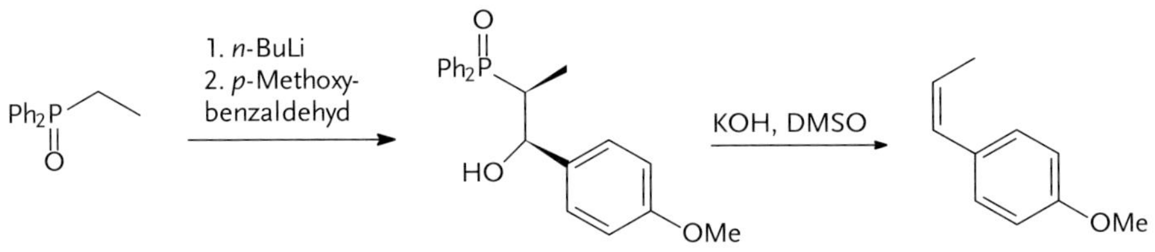

Abb. 5.30 Alkensynthese durch Horner-Wittig-Reaktion von Phosphanoxid-Anionen.

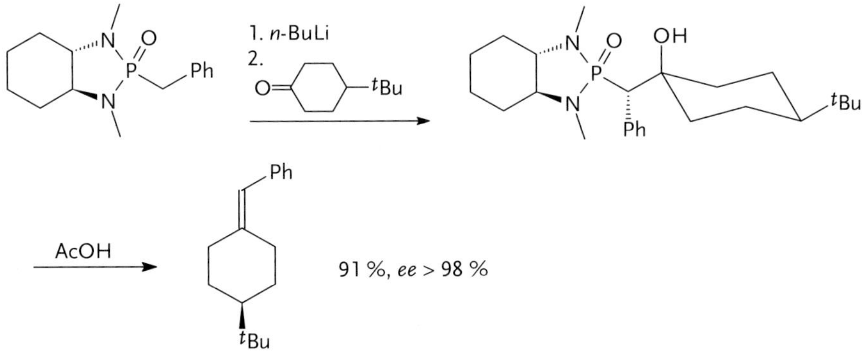

Abb. 5.31 Asymmetrische Wittig-Reaktion.

te des Phosphanoxid-Anions an den Aldehyd, also 1,2-Phosphanoylalkohole, isoliert werden können, wenn Lithiumbasen verwendet werden (Abb. 5.30). Die Addition des Phosphanoxid-Anions an Aldehyde ist *erythro*-selektiv. Die durch Basen (z. B. NaH, KOH oder KOtBu) ausgelöste *syn*-Eliminierung liefert das Z-Alken. E-Alkene können durch Eliminierung aus *threo*-1,2-Phosphanoylalkoholen erhalten werden, die durch stereoselektive Reduktion von β-Ketophosphanoxiden zugänglich sind.[11] β-Ketophosphanoxide werden durch Acylierung eines α-Lithiophosphanoxids oder über die Oxidation von 1,2-Phosphanoylalkoholen erhalten. Auf dem zweiten Weg ist es möglich, sowohl E- und Z-Alken aus einem gemeinsamen Intermediat zu erhalten.[36]

Da Stereozentren, die sich im Laufe der Wittig-Reaktion bilden, bei der Eliminierung zum Alken wieder verloren gehen, haben asymmetrische Wittig-Reaktionen bislang nur wenig Beachtung gefunden. Aus achiralen Ketonen können jedoch in asymmetrischen Wittig-Reaktionen (Abb. 5.31)[37] chirale Alkene erhalten werden – allerdings nur wenn die Ketone unsymmetrisch sind.

5.4.1.3
McMurry-Kupplung[38]

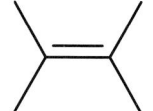

Zwei Carbonylverbindungen sind die Ausgangsmaterialien zur Alkensynthese durch die **McMurry-Reaktion** (Abb. 5.32). An niedervalentem Titan, das z. B. durch die Reduktion von $TiCl_4$ oder $TiCl_3$ mit Zink erhalten werden kann, findet die Reaktion zum Alken unter Bildung von Titanoxiden statt. Die heterogene Oberflächenreaktion verläuft dabei wahrscheinlich über Diolat-Zwischenstufen und benötigt mindestens stöchiometrische Mengen an Titan. Durch moderne „Instant"-Methoden,[39] bei denen die aktive Titanspezies in Gegenwart der Carbonylkomponente erzeugt wird, kann die sonst auf Aldehyde und Ketone beschränkte Reaktion auch auf Amide angewendet werden. Kürzlich wurde auch eine katalytische Variante der Reaktion beschrieben.[40]

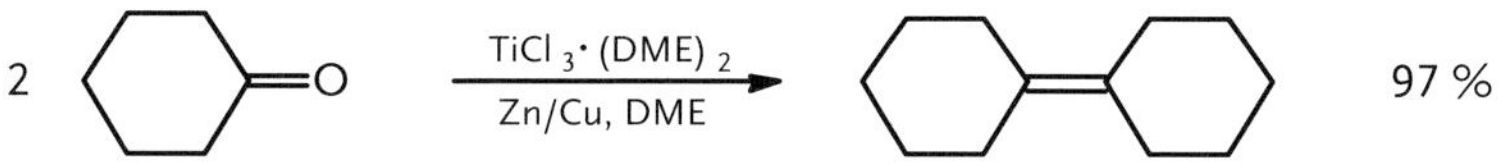

Abb. 5.32 McMurry-Kupplung von Carbonylen zu Alkenen.

Für die Überführung eines Ketons oder Aldehyds in die entsprechende Methylenverbindung sind verschiedene Titanreagenzien (Abb. 5.33)[41,42] entwickelt worden, z. B. das Tebbe-Reagenz $Cp_2Ti(AlMe_2Cl)$, Dimethyltitanocen Cp_2TiMe_2 oder das Oshima-Lombardo-Reagenz Zn-CH_2Br_2-$TiCl_4$.[42]

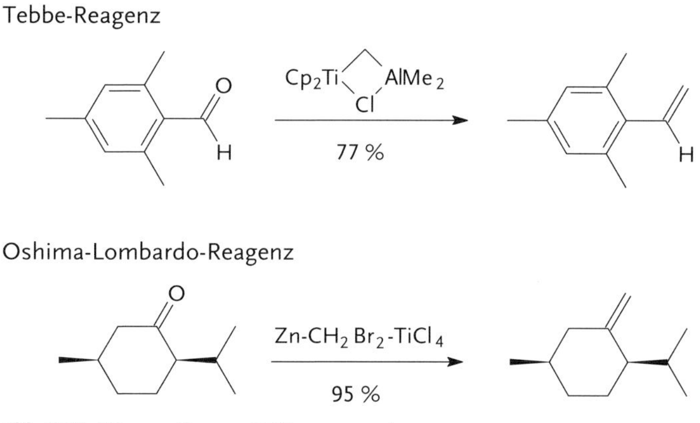

Tebbe-Reagenz

Oshima-Lombardo-Reagenz

Abb. 5.33 Alkensynthese mit Titanreagenzien.

5.4.1.4
Metathesereaktionen[43]

Mit Hilfe der Alkenmetathese (Abb. 5.34; Abschnitt 6.12) können verschiedene Alkene ineinander umgewandelt werden. Die durch Wolfram-, Molybdän- oder Rutheniumcarbenkomplexe vermittelten Reaktionen verlaufen über Metallacyclobutan-Zwischenstufen. Die Triebkraft der Reaktion kann der Abbau von Ringspannung sein, wie bei der ringöffnenden Metathesepolymerisation (ROMP), oder aber die Bildung von Ethen, das entweicht und so das Reaktionsgleichgewicht verschiebt. Ein großer Vorteil der Metathesereaktion ist die Toleranz gegenüber

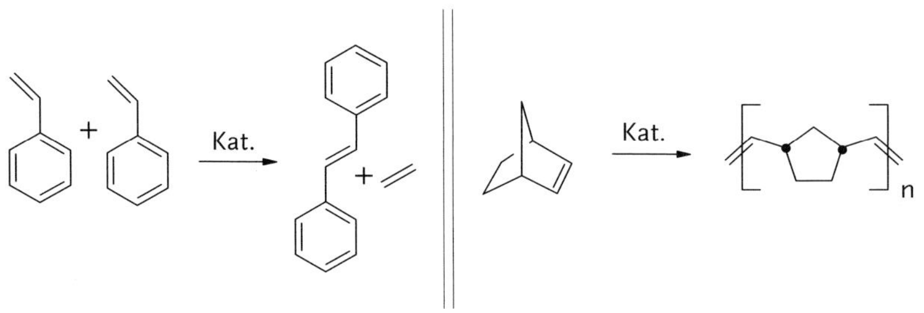

Abb. 5.34 Alkenmetathese (links) und ringöffnende Metathesepolymerisation (ROMP) (rechts).

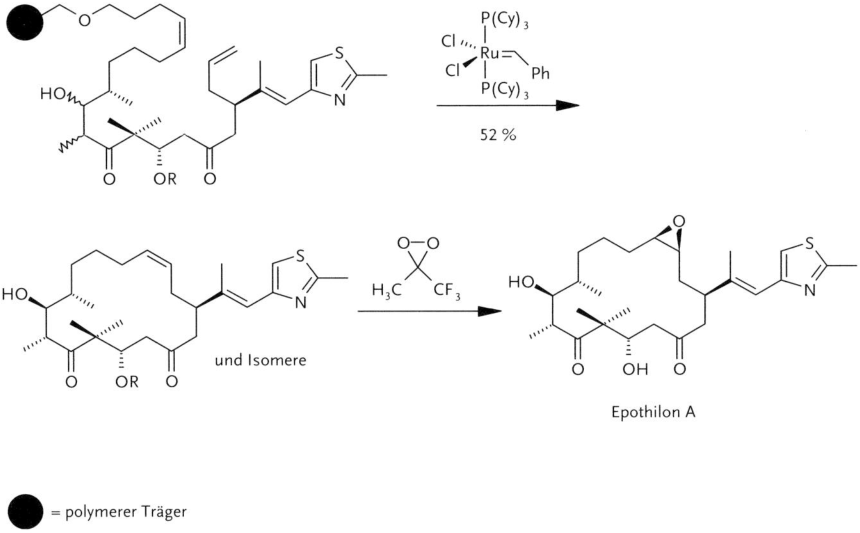

● = polymerer Träger

Abb. 5.35 Beispiel einer Metathesereaktion in der Naturstoffsynthese.

anderen funktionellen Gruppen. In den letzten Schritten der Synthese des Naturstoffs Epothilon A, der wegen seiner Cytotoxizität gegenüber Krebszellen interessant ist, wurde die ringschließende Olefinmetathese eingesetzt (Abb. 5.35).[44] Die Metathesereaktion schließt den makrocyclischen Ring unter gleichzeitiger Abspaltung des Moleküls von einem Polymerträger. Die Kontrolle der Konfiguration der Doppelbindung gelingt nicht, und es wird ein Gemisch verschiedener Stereoisomerer enthalten. Nach chromatographischer Trennung wird die Doppelbindung eines Stereoisomers epoxidiert und so der Naturstoff Epothilon A erhalten.

5.4.1.5
Reduktion von Alkinen

Die selektive Reduktion substituierter Alkine (Abschnitt 5.5.2.1) zu Alkenen wird als Darstellungsmethode genutzt. Die Konfiguration der Doppelbindung kann dabei durch die Reduktionsmethode kontrolliert werden. So verläuft die Alkinhydrierung am Lindlar-Katalysator (Pd/BaSO4) *syn*-selektiv, während eine Reduktion

5.4 Alkene

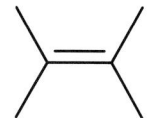

mit Natrium in flüssigem Ammoniak über Ein-Elektronen-Übertragungen *anti*-selektiv zum *trans*-Produkt führt. Präparativ interessant ist auch die Hydroaluminierung,[45] bei der eine Organoaluminiumverbindung, z. B. Diisobutylaluminiumhydrid (DIBAL-H), an Alkine addiert wird.

5.4.2
Reaktionen der Alkene

5.4.2.1
Elektrophile Addition von Halogenen und Halogenwasserstoffen

Die π-Elektronenwolke der C=C-Doppelbindung ist polarisierbar und wird von Elektrophilen leicht angegriffen (Abb. 5.36). So lagert sich in der Reaktion eines Alkens mit Halogenwasserstoff zunächst ein Proton an die elektronenreiche Doppelbindung. Es bildet sich ein **Carbenium-Ion**, an dem der anionische Säurerest nucleophil unter Bildung eines Halogenalkans angreift. Die Regioselektivität der Addition eines unsymmetrischen Reaktionspartners (z. B. HCl) an ein unsymmetrisches Alken (z. B. 1-Hexen) entspricht der **Markovnikov-Regel**. Der Mechanismus der Addition von Halogenwasserstoff und Halogenen an Alkene ist im Abschnitt Halogenalkane beschrieben (Abschnitt 5.3.1.2).

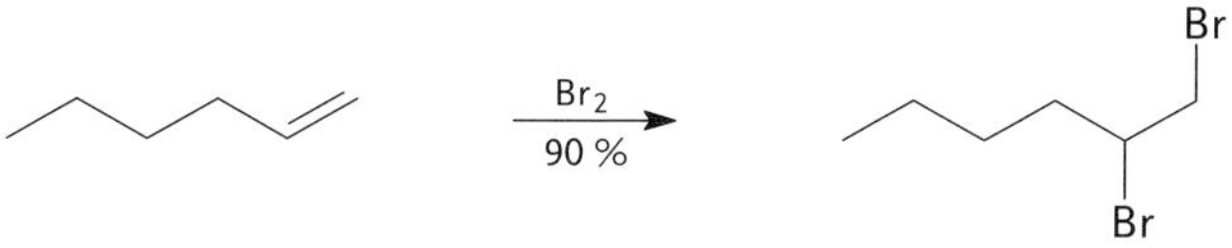

Abb. 5.36 Elektrophile Bromaddition.

5.4.2.2
Hydrierung[46]

Alkene können durch **Addition von Wasserstoff** in Gegenwart eines Katalysators zu Alkanen hydriert werden (Abb. 5.37). Die Reaktion kann an **heterogenen Katalysatoren**, wie **Platinoxid**, **Palladium auf Aktivkohle** (Pd/C) oder **Raney-Nickel**,[47] durchgeführt werden. Beide H-Atome lagern sich dabei von der gleichen Seite an die Doppelbindung (*syn*-Addition) an. In **homogen**er Phase anwendbar ist der **Wilkinson-Katalysator (Ph₃P)₃RhCl**.[48] Enthält der Katalysator statt Triphenylphosphan optisch aktive Liganden, so besteht die Möglichkeit, prochirale ungesättigte Alkene zu nichtracemischen chiralen Produkten zu hydrieren. Die **asymmetrische Hydrierung**[49] liefert in vielen Fällen hohe Enantiomerenüberschüsse und ist daher eine wichtige Methode der enantioselektiven Synthese chiraler Verbindungen.

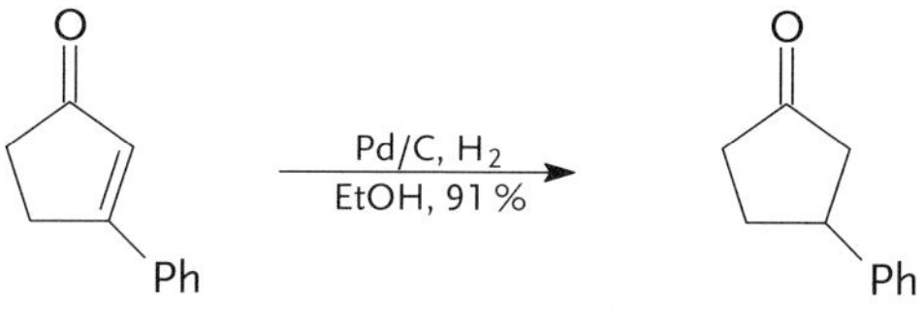

Abb. 5.37 Katalytische Hydrierung eines Alkens.

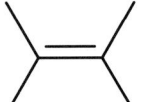

5 Substanzklassen, ihre Darstellung und Reaktionen

5.4.2.3
Hydratisierung[50]

Die Umkehr der säurekatalysierten Dehydratisierung von Alkoholen zu Alkenen ist die elektrophile Hydratisierung. Dabei wird ein Alken in wässriger Lösung durch eine Säure protoniert, die ein nur schwach nucleophiles Gegenion besitzt, z. B. Schwefelsäure. Das Wasser übernimmt die Rolle des angreifenden Nucleophils, und es kommt zu einer formalen **Addition von Wasser** an die Doppelbindung (Abb. 5.38). Die Regioselektivität dieser Addition wird wie zuvor durch die **Regel von Markovnikov** beschrieben. Eine spezielle Variante ist die **Oxymercurierungs-Demercurierung**,[51] bei der ein Alken mit Quecksilberacetat in Wasser umgesetzt wird. Es entsteht, wie zuvor, das Wasseraddukt. Die Reaktion verläuft selektiver, da keine freien Carbenium-Ionen auftreten und ist daher für Laborpräparationen oft geeigneter. Allerdings werden stöchiometrische Mengen an Quecksilbersalzen benötigt.

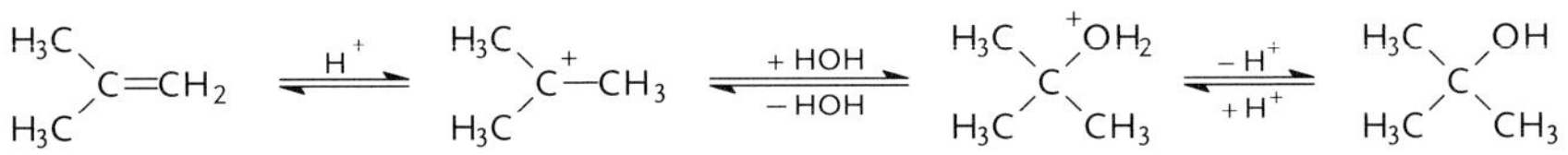

Abb. 5.38 Hydratisierung von 2-Methylpropen zu 2-Methyl-2-propanol (*tert*-Butanol).

5.4.2.4
Hydroborierung[52]

In einer Reaktion, die von ihrem Entdecker H. C. Brown Hydroborierung genannt wurde, addiert Boran BH_3 ohne katalytische Aktivierung an Doppelbindungen. Boran, das tatsächlich dimer als Diboran B_2H_6 existiert, ist in monomerer Form für die Reaktion als Ether- oder Dimethylsulfidaddukt erhältlich (Abb. 5.39). Die Hydroborierung verläuft als *syn*-Addition stereoselektiv, aber auch regioselektiv, so dass das Boratom an das weniger sterisch gehinderte Kohlenstoffatom gebunden wird (Abb. 5.40). Die Regioselektivität der Reaktion lässt sich durch die Verwendung

$BH_3 \cdot SMe_2$ $BH_3 \cdot THF$

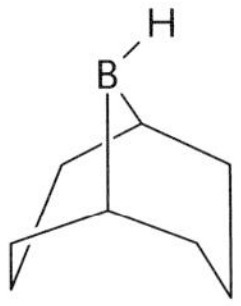

9-Borabicyclo[3.3.1]nonan (9-BBN)

Abb. 5.39 Reagenzien für die Hydroborierung.

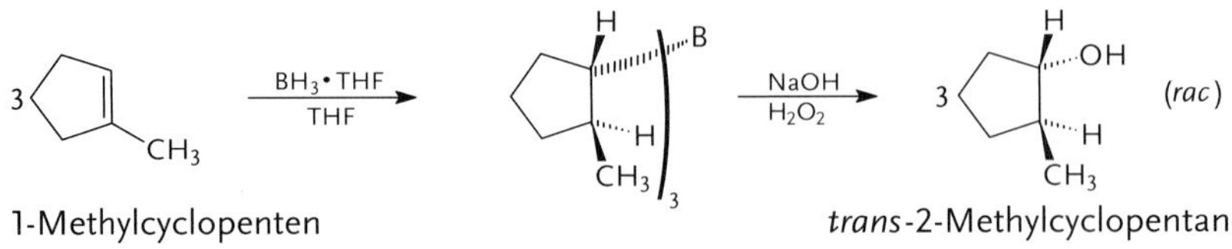

1-Methylcyclopenten   *trans*-2-Methylcyclopentanon

Abb. 5.40 Hydroborierung und oxidative Spaltung des Trialkylborans.

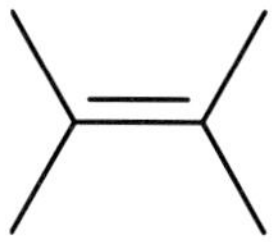

voluminöser Boranreagenzien,[53] wie z. B. 9-Borabicyclo[3.3.1]nonan (9-BBN), steigern. Die durch die Addition erhaltenen Trialkylborane werden in einem nachfolgenden Reaktionsschritt mit basischer Hydroperoxidlösung behandelt. Dabei wird die Kohlenstoff-Bor-Bindung oxidativ gespalten, und es entstehen Alkohole. Die Regioselektivität dieser formalen Wasseraddition an das Alken entspricht einer **anti-Markovnikov-Orientierung**.[54] So führt z. B. die Hydroborierung von 1-Methylcyclopenten zu racemischem *trans*-2-Methylcyclopentanol. Die Behandlung der Trialkylborane mit Halogenen führt zu Halogenalkanen.

5.4.2.5
Ozonolyse

Durch die Einwirkung von Ozon O₃ können C=C-Doppelbindungen gespalten werden. Dabei bildet sich zunächst über eine 1,3-dipolare Cycloaddition von Ozon und Alken ein Primärozonid, das unter Bruch der C–C-Bindung über eine Carbonylverbindung und ein Carbonyloxid in einer weiteren 1,3-dipolaren Cycloaddition in das Sekundärozonid umlagert.[55] Unter reduktiven Bedingungen bei der Aufarbeitung, z. B. durch den Zusatz von Me₂S, PPh₃ oder Zn in Essigsäure werden Aldehyde oder Ketone erhalten. Unter oxidativen Bedingungen entstehen die entsprechenden zwei Carbonsäuren, durch Aufarbeitung mit NaBH₄ die Alkohole (Abb. 5.41).

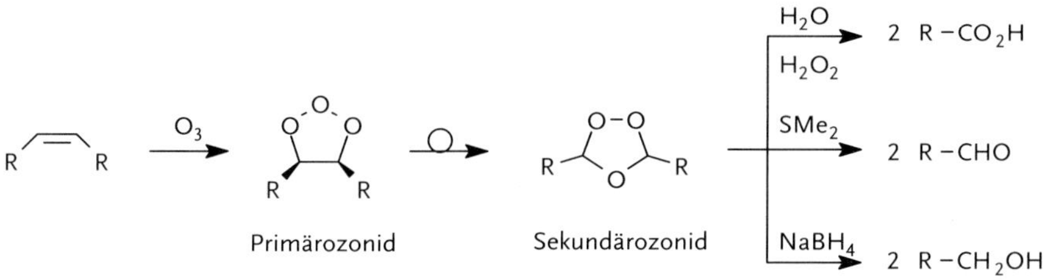

Abb. 5.41 Ozonlyse von Alkenen.

5.4.2.6
Epoxidierung[56] und 1,2-Dihydroxylierung

Die Reaktion von Peroxycarbonsäuren oder Hydroperoxiden mit Alkenen in Gegenwart von Metallkatalysatoren liefert Epoxide (Oxacyclopropane; Abb. 5.42). Die Übertragung des Sauerstoffatoms erfolgt stereospezifisch *syn*, so dass die Konfiguration des ursprünglichen Alkens im Produkt erhalten bleibt. Dabei spielt das

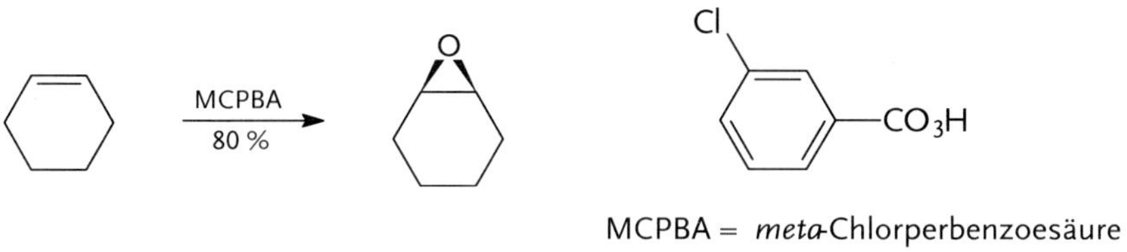

MCPBA = *meta*-Chlorperbenzoesäure

Abb. 5.42 Epoxidierung von Alkenen.

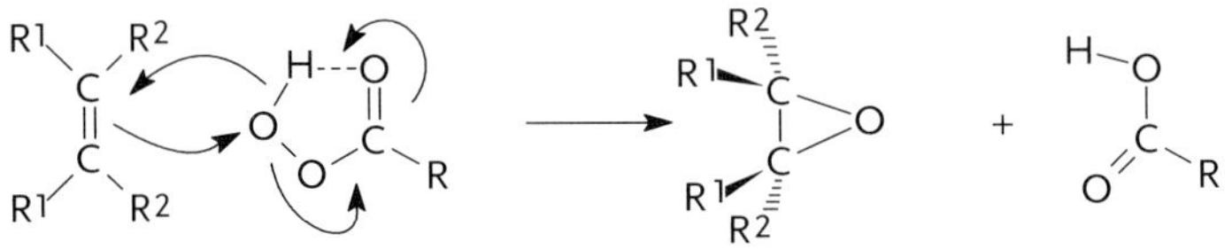

5 Substanzklassen, ihre Darstellung und Reaktionen

Abb. 5.43 Mechanismus der Epoxidierung durch Persäuren.

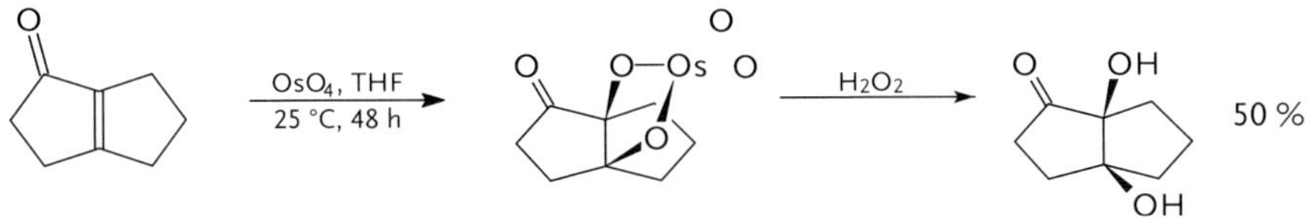

Abb. 5.44 cis-Dihydroxylierung von Alkenen.

elektrophile Sauerstoffatom der Peroxyverbindung die wesentliche Rolle (Abb. 5.43).

Die **Sharpless-Epoxidierung**[57] ist eine asymmetrische Variante der Reaktion, die mit tert-Butylhydroperoxid und Titantetra(isopropylat) in Gegenwart optisch aktiver Weinsäureester verläuft. Je nach verwendetem Enantiomer der Weinsäure wird in vielen Fällen nur ein Enantiomer des Epoxids in guten optischen Ausbeuten erhalten. Die Reaktion ist allerdings auf **Allylalkohole** beschränkt. Der **Jacobsen-Katalysator**, ein chiraler Mangan-Salen-Komplex, ist auch zur katalytischen asymmetrischen Epoxidierung anderer Alkene geeignet.[58]

Mit Kaliumpermanganat oder Osmiumtetroxid reagieren Alkene unter Bildung von cis-Diolen (Abb. 5.44). Da die Reaktion mit OsO_4 im Allgemeinen selektiver ist, OsO_4 aber teuer und sehr giftig ist, wurde die Methode derart modifiziert, dass lediglich katalytische Mengen OsO_4 und dazu stöchiometrische Mengen Wasserstoffperoxid benötigt werden. Wasserstoffperoxid reagiert unter diesen Bedingungen nicht mit Alkenen, spaltet aber oxidativ den intermediären Osmatester zum Diol und OsO_4, das dann erneut für die Reaktion zur Verfügung steht.[59] Auch für diese Reaktion ist eine asymmetrische Variante bekannt: die **Sharpless-Dihydroxylierung** (Abschnitt 6.12).[60] Durch chirale Liganden am Osmium wird die Bildung eines Enantiomeren des Diols stark beschleunigt (**ligandenbeschleunigte Katalyse**). Das Katalysatorsystem ist kommerziell erhältlich (AD-Mix).

5.4.2.7
Cyclopropanierung

Carbene und Carbenoide reagieren mit Alkenen zu Cyclopropanderivaten.[61] Präparative Methoden zur Cyclopropanierung sind z. B. die **Simmons-Smith-Reaktion** (CH_2I_2/Zn/Cu; Abb. 5.45), die Erzeugung von **Dichlorcarbenen** im Phasentransfersystem (Abschnitt 5.17) oder die metallkatalysierte **Zersetzung von Diazoverbindungen**. Von der letztgenannten Reaktion sind asymmetrische Varianten bekannt, mit denen die direkte Herstellung enantiomerenreiner Cyclopropane gelingt.[62]

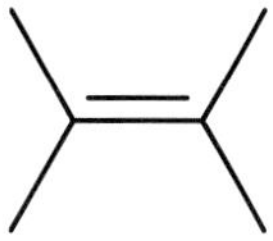

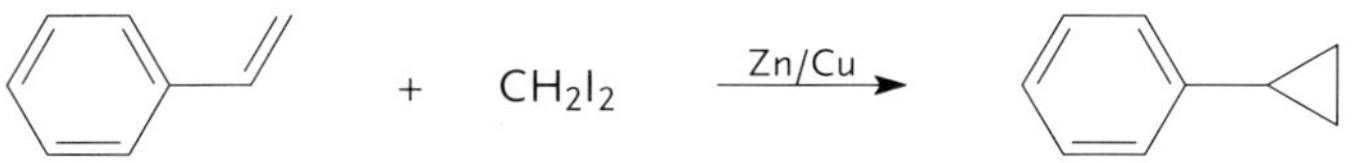

Abb. 5.45 Cyclopropanierung von Alkenen (Simmons-Smith-Reaktion).

5.4.2.8
Cycloadditionen und elektrocyclische Reaktionen[63]

Konjugierte Doppelbindungen können auch andere Reaktionen eingehen als die für Alkene typische elektrophile Addition. So reagieren 1,3-Diene mit Alkenen in einer [4+2]-Cycloaddition. Diese als **Diels-Alder-Reaktion** (Abb. 5.46)[64] bekannte Cycloaddition liefert Cyclohexenderivate. Die Reaktion verläuft besonders gut zwischen einem **elektronenreichen Dien** und einem **elektronenarmen Alken** (Dienophil). Auch die Diels-Alder-Reaktion mit **inversem Elektronenbedarf** zwischen elektronenarmen Dienen und elektronenreichen Alkenen ist begünstigt. Die Diels-Alder-Reaktion verläuft in der Regel **konzertiert**, d. h. Bindungsbruch und Bindungsbildung verlaufen gleichzeitig in einem Schritt. Die Reaktion ist als Folge des konzertierten Mechanismus **stereospezifisch**, so dass sich die Konfiguration des Alkens im Cycloadditionsprodukt wiederfindet. Häufig sind zwei Orientierungen der Reaktionspartner zueinander denkbar, wie im Falle der Reaktion von Cyclopentadien mit Methylacrylat. Es kann *exo*- oder *endo*-Addition zum Produkt stattfinden. Sekundäre Orbitalwechselwirkungen zwischen dem π-System der Carbonylgruppe mit dem des Diens stabilisieren den *endo*-Übergangszustand, so dass überwiegend das *endo*-**Additionsprodukt** erhalten wird.

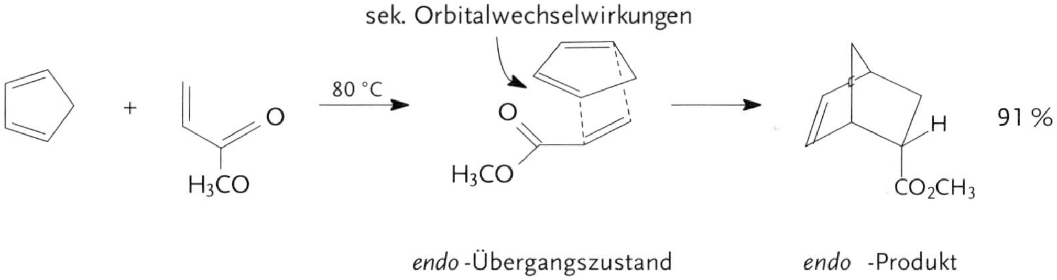

Abb. 5.46 Diels-Alder-Reaktion.

In der Diels-Alder-Reaktion reagieren die π-Systeme zweier verschiedener Moleküle miteinander. Die Reaktion des Diens mit dem Dienophil kann inter- oder intramolekular ablaufen. Dabei können auch Alkine die Rolle des Dienophils übernehmen. Die Reaktionen heteroanaloger Diene und Dienophile führen zu heterocyclischen Verbindungen (Hetero-Diels-Alder-Reaktion). Diels-Alder-Reaktionen werden durch Lewis-Säuren (Abschnitt 4.5.3) katalysiert.[65] Ein enantioselektiver Reaktionsverlauf kann mit Hilfe chiraler Lewis-Säuren realisiert werden. Aber auch intramolekular können die Doppelbindungen eines einzelnen Di-, Tri- oder Polyens reagieren. In **elektrocyclischen Reaktionen** (Abb. 5.47) können thermisch oder photochemisch Ringe geschlossen oder geöffnet werden. Die Reaktionen verlaufen konzertiert und stereospezifisch. Gemeinsam mit den Cycloadditio-

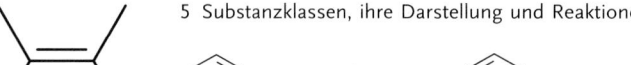

Abb. 5.47 Elektrocyclische Reaktionen.

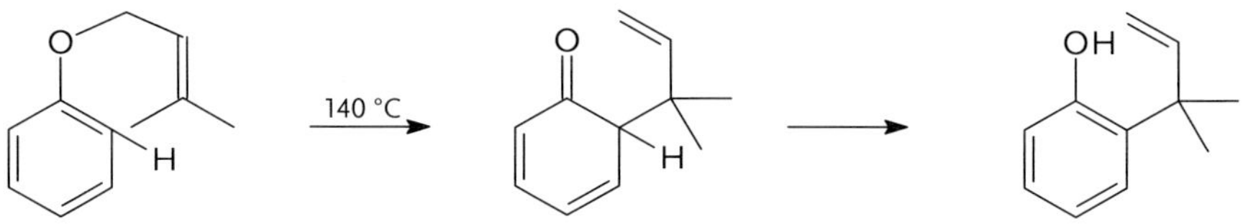

Abb. 5.48 Claisen-Umlagerung eines Allylarylethers.

nen bilden sie die Klasse der **pericyclischen Reaktionen**, deren Gesetzmäßigkeiten und Stereochemie durch die **Woodward-Hoffmann-Regeln** beschrieben werden. Neben der [4+2]-Cycloaddition gibt es auch [2+2]-Cycloadditionen, die photochemisch ablaufen und zu Vierringen führen.

Synthetisch besonders wichtig sind 3,3'-sigmatrope Umlagerungen wie die Cope-,[66] die Claisen- (Abb. 5.48) oder die Ireland-Claisen[67]-Umlagerung.

5.4.2.9
Heck-Reaktionen[68]

Die Palladium-katalysierte C–C-Verknüpfung von Alkenen mit Aryl- und Vinylhalogeniden ist zu einer wichtigen Reaktion der organischen Synthese geworden. Die mit konventionellen Methoden schwierige C–C-Bindungsknüpfung zwischen zwei sp^2-hybridisierten Kohlenstoffen gelingt so in vielen Fällen sehr gut. Im Katalysemechanismus (Abb. 5.49) erfolgt zunächst die oxidative Addition des Arylhalogenids an den oft *in situ* erzeugten **Palladium(0)-Katalysator**. Sehr häufig werden

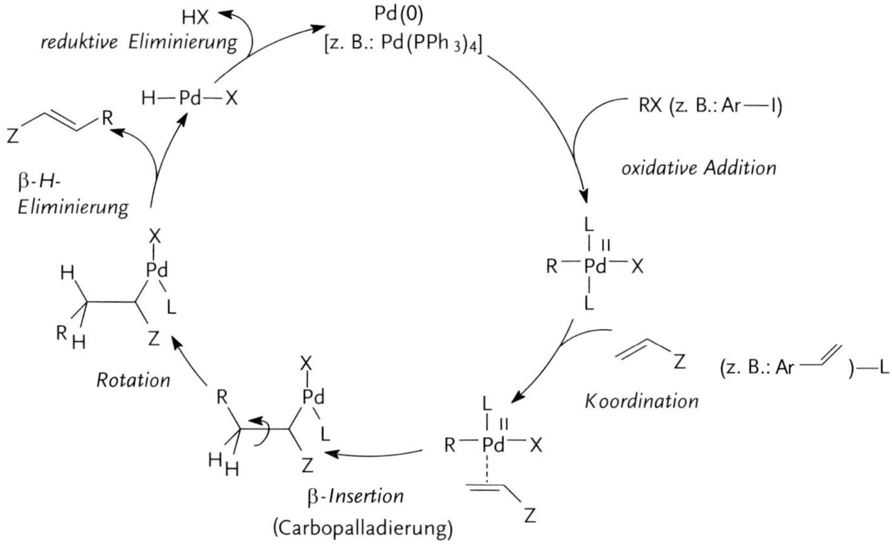

Abb. 5.49 Mechanismus der Heck-Kupplung.

5.4 Alkene

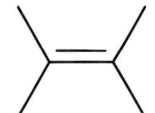

Palladium(II)-Salze in diesen Reaktionen eingesetzt. Unter den Reaktionsbedingungen erfolgt die Reduktion zu Palladium(0). An die durch oxidative Addition des Arylhalogenids entstandene Palladium(II)-Spezies koordiniert als zweiter Reaktionspartner das Alken. Durch β-Insertion (Carbopalladierung) entsteht die C–C-Bindung zwischen Arylrest und Alkenkohlenstoffatom, und die folgende β-Eliminierung von PdHX setzt das substituierte Alken als Reaktionsprodukt frei. Für die β-Eliminierung ist eine synperiplanare Konformation des Palladiums und des β-H-Atoms erforderlich. Der Palladium(0)-Komplex regeneriert sich aus PdHX durch basenvermittelte reduktive Eliminierung von HX für einen neuen Katalysecyclus. Die Reaktion terminaler Alkene liefert stereochemisch einheitlich *trans*-Alkene. Durch intramolekulare Varianten sind komplizierte Polycyclen auf einfache Weise zugänglich.[69]

5.4.2.10
Polymerisationen[70]

Eine Polymerisation ist die Aneinanderlagerung niedermolekularer Verbindungen (Monomere) zu hochmolekularen Verbindungen (Polymere). Viele Alkene sind geeignete Monomere für die Polymerisation. Alle Polymerisationsreaktionen sind wegen der Umwandlung von π- in σ-Bindungen exotherm und besitzen eine Reaktionsenthalpie zwischen 40 und 100 kJ mol^{-1}. Den verschiedenen Mechanismen der Polymerisation entsprechend, unterscheidet man zwischen radikalischer Polymerisation (Abb. 5.50) und ionischer Polymerisation. In der Radikalkettenpolymerisation werden dem Monomeren geringe Mengen (0.1–5 %) radikalbildender Initiatoren zugesetzt. Meist sind es Peroxide oder Diazoverbindungen, die beim Erhitzen oder Belichten in Radikale zerfallen. In der Startreaktion erfolgt die Radikalanlagerung an das Monomer, in der Wachstumsreaktion greift das gebildete Radikal weitere Monomere unter Erhalt des Radikals an, und in der Abbruchreaktion erfolgt Rekombination oder Disproportionierung, so dass das Makromolekül seinen Radikalcharakter verliert. Durch den Zusatz von Reglersubstanzen können der Polymerisationsgrad und die Verzweigung der Produkte kontrolliert werden.

Die kationische Alkenpolymerisation wird durch eine Lewis-Säure ausgelöst, die sich an die Doppelbindung anlagert und ein Carbenium-Ion erzeugt. Dieses greift

1) Initiation:

$$RO-OR \longrightarrow 2\ RO\cdot$$

$$RO\cdot + H_2C=CH_2 \longrightarrow ROCH_2-CH_2\cdot$$

2) Kettenwachstum:

$$ROCH_2-CH_2\cdot + H_2C=CH_2 \longrightarrow ROCH_2CH_2CH_2CH_2\cdot$$

$$ROCH_2CH_2CH_2CH_2\cdot \xrightarrow{(n-1)\ H_2C=CH_2} RO(CH_2CH_2)_nCH_2CH_2\cdot$$

3) Kettenabbruch: Disproportionierung oder Rekombination

Abb. 5.50 Radikalische Polymerisation.

5 Substanzklassen, ihre Darstellung und Reaktionen

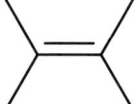
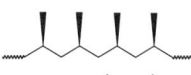
isotaktisch

syndiotaktisch

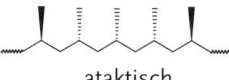
ataktisch

Abb. 5.51 Polymere verschiedener Konfiguration.

unter Kettenbildung weitere Monomere elektrophil an. Der Kettenabbruch erfolgt durch die Addition eines Anions oder die Abspaltung eines Protons. Elektrophil reagierende Monomere mit elektronenziehenden Substituenten, wie Acrylnitril oder Methacrylsäureester, können anionisch polymerisiert werden. Als Katalysatoren dienen starke Basen. Der Kettenabbruch erfolgt durch Kationen.

Neben diesen Verfahren hat die Polymerisation an Metallkatalysatoren eine erhebliche wirtschaftliche Bedeutung. Das **Ziegler-Natta-Verfahren**[71] nutzt hierzu Katalysatoren aus $TiCl_4$ und $AlEt_3$ zur Normaldruck-Polymerisation von Ethylen und anderen Alkenen. Auch verschiedene Metallocene sind hervorragende Polymerisationskatalysatoren. Metallkatalysierte Polymerisationen können stereochemisch einheitliche Polymere (Abb. 5.51) liefern, die ausgezeichnete Werkstoffeigenschaften wie eine hohe Dichte, Härte und Zähigkeit aufweisen.

Zusammenfassung

Alkene enthalten eine oder mehrere C=C-Doppelbindungen. Bei zweifach und höher substituierten Alkenen können *cis*- und *trans*-Isomere auftreten, die sich durch die Stellung der Substituenten an der Doppelbindung unterscheiden. Allgemeiner werden diese Isomere durch die *E/Z*-Nomenklatur klassifiziert. Zur Darstellung von Alkenen eignen sich Eliminierungsreaktionen, z. B. von Wasser aus Alkoholen oder von Halogenwasserstoff aus Halogenalkanen. Über die Wittig-Reaktion ist eine Alkensynthese aus Halogenalkanen und Aldehyden oder Ketonen möglich, während die Titan-vermittelte McMurry-Reaktion die Kupplung zweier Carbonylverbindungen zum Alken erlaubt. Die wichtigste Reaktion der Alkene ist die elektrophile Addition an die Doppelbindung. Addiert werden Halogene (*anti*-Addition), Halogenwasserstoffe und, mit Hilfe von Katalysatoren, auch Wasserstoff (*syn*-Addition). Die Orientierung der elektrophilen Addition unsymmetrischer Reagenzien entspricht der Regel von Markovnikov. Addukte mit anti-Markovnikov-Orientierung werden durch Hydroborierung erhalten. Die Ozonolyse eines Alkens, gefolgt von reduktiver Aufarbeitung, spaltet das Alken in zwei Carbonylverbindungen. Alkene können mit 1,3-Dienen unter geeigneten elektronischen Voraussetzungen in der Diels-Alder-Reaktion zu Cyclohexenen reagieren. Viele Cycloadditionen verlaufen konzertiert und stereospezifisch, d. h. Bindungsbildung und Bindungsbruch erfolgen gleichzeitig. Eine C–C-Verknüpfung von Alkenen mit Aryl- und Vinylhalogenverbindungen ermöglicht die Palladium-katalysierte Heck-Reaktion. Alkene sind wichtige industrielle Zwischenprodukte. Als Monomere, die radikalisch, anionisch, kationisch oder an Metallkatalysatoren polymerisieren, sind sie die Ausgangsmaterialien der Polymerherstellung.

Übungsaufgaben

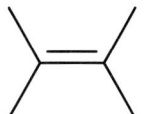

5.4 Alkene

5.4–1 Beschreiben Sie den Mechanismus der Wittig-Reaktion (einschließlich der Herstellung des Ylids) mit einem stabilisierten Ylid am Beispiel der Herstellung von (E)-3-Phenylpropenal.

5.4–2 Zeichnen Sie unter Berücksichtigung der Stereochemie die Produkte a) der Addition von Br_2 an *trans*-2-Buten und an *cis*-2-Buten sowie b) der Palladium-katalysierten Deuterierung von *trans*-2-Buten und von *cis*-2-Buten. Welche der Produkte aus a) und b) sind chiral?

5.4–3 Die folgenden Produkte wurden durch Ozonolyse mit üblicher Aufarbeitung (Zn, HOAc) erhalten. Machen Sie jeweils bis zu zwei Vorschläge für mögliche Ausgangsmaterialien:

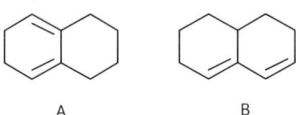

5.4–4 a) Was erhält man bei der Umsetzung von 1 Äq. 4-Vinylcyclohexen mit 1 Äq. Peressigsäure (ohne Berücksichtigung der relativen Konfiguration)? b) Was erhält man bei der Umsetzung von 1 Äq. 4-Vinylcyclohexen mit 1 Äq. 9-BBN gefolgt von H_2O_2/NaOH (ohne Berücksichtigung der relativen Konfiguration)?

5.4–5 Verbindung A ist ein gutes Dien für Diels-Alder-Reaktionen, sein Isomeres B reagiert dagegen nicht in Diels-Alder-Reaktionen. Begründen Sie in einem Satz! Wozu reagiert A mit a) Maleinsäureanhydrid, b) Dimethylfumarat, c) Dimethylmaleat, d) Dimethylbutindioat? Welche der erhaltenen Cycloaddukte sind chiral?

5.4–6 Zeichnen Sie unter Berücksichtigung der Stereochemie das Produkt der Heck-Reaktion zwischen Brombenzol und Propen.

5.5
Alkine

Alkine (Abb. 5.52)[72] sind Kohlenwasserstoffe, die eine Kohlenstoff-Kohlenstoff-Dreifachbindung (Abschnitt 4.1) enthalten. Nach dem einfachsten Vertreter, dem Ethin (Acetylen, HCCH) werden diese Verbindungen mit der allgemeinen Zusammensetzung der homologen Reihe C_nH_{2n-2} auch Acetylene genannt. Die physikalischen Eigenschaften der Alkine ähneln denen der entsprechenden Alkene: Viele Alkine sind in unpolaren Lösungsmitteln löslich, in Wasser dagegen kaum. Ihre spezifische Dichte ist im Allgemeinen geringer als die von Wasser. Ethin und Propin sind Gase mit einem Siedepunkt, der etwas höher liegt als der der entsprechenden Alkene. Durch Ringspannung erhöht sich die Reaktivität von Alkinen. Das kleinste, bei Raumtemperatur noch stabile Cycloalkin ist Cyclooctin.[73] In den natürlich vorkommenden Endiin-Antibiotika[74] finden sich Alkine als Teil der reaktiven Einheit.

Eine wichtige Eigenschaft terminaler Alkine ist die hohe Acidität des an das *sp*-hybridisierte Kohlenstoffatom gebundenen Wasserstoffatoms. Ethin selbst besitzt einen pK_a-Wert von ungefähr 25 und wird somit leichter deprotoniert als Ammoniak (p$K_a \approx 34$). Starke Basen, wie das Amid-Ion in flüssigem Ammoniak, wandeln Ethin und andere terminale Alkine in die korrespondierenden Carbanionen, die Alkinyl-Anionen, um (Abb. 5.53).[75]

Die Resonanz der Protonen, die direkt am Kohlenstoffatom einer Dreifachbindung gebunden sind, wird im ^{1}H-NMR-Spektrum (Abschnitt 3.4.3) bei δ = 2–3 ppm beobachtet. Sie absorbieren damit bei viel höherem Feld als ein Vinyl-Proton und bei nur geringfügig niedrigerer Feldstärke als Alkyl-Protonen. Dies resultiert aus der Überlagerung des Entschirmungseffekts der Dreifachbindung mit ihrer mag-

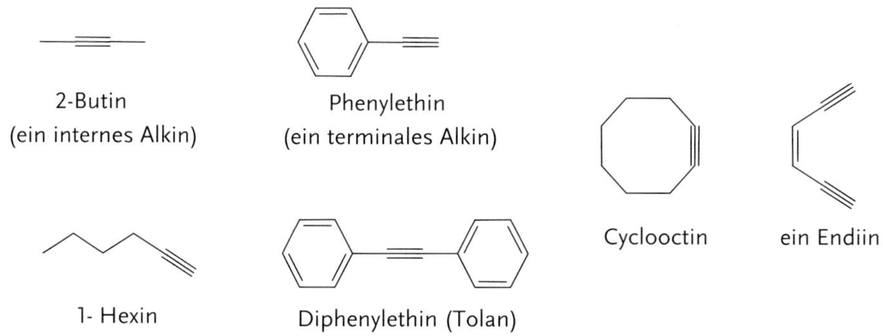

Abb. 5.52 Verschiedene Alkine.

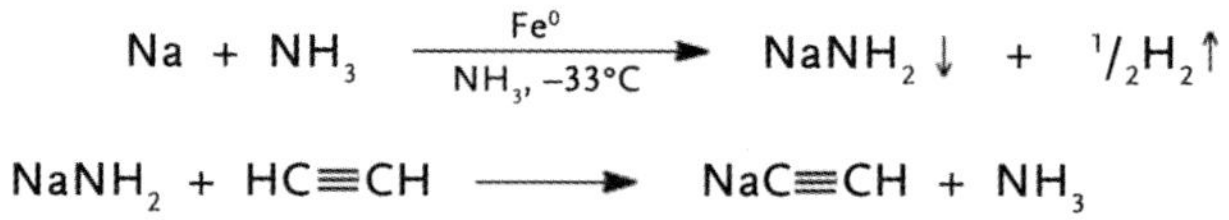

Abb. 5.53 Metallierung von Ethin mit Natriumamid.

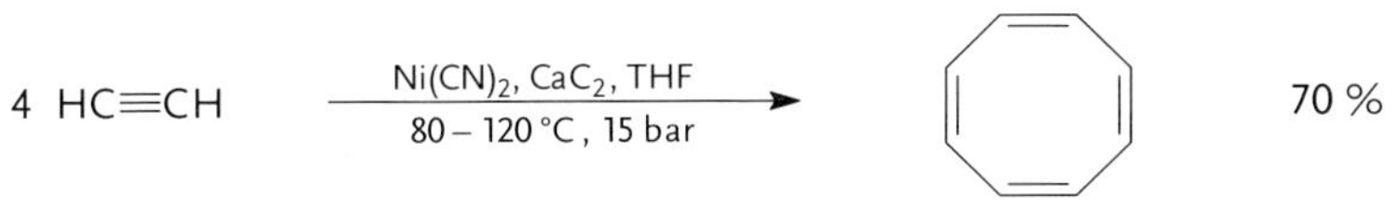

$$4\ HC{\equiv}CH \xrightarrow[80-120\,°C,\ 15\,bar]{Ni(CN)_2,\ CaC_2,\ THF} \text{[Cyclooctatetraen]} \quad 70\,\%$$

Abb. 5.54 Cyclooctatetraen aus Ethin nach dem Reppe-Verfahren.

netischen Anisotropie. Der recht enge Absorptionsbereich der Alkine im ^{13}C-NMR-Spektrum (Abschnitt 3.4.3.6) liegt bei $\delta = 60$–95 ppm.[76] Im IR-Spektrum (Abschnitt 3.4.2) zeigen Verbindungen mit einer unsymmetrisch substituierten CC-Dreifachbindung eine charakteristische Bande zwischen 2100 und 2250 cm^{-1}. Terminale Alkine zeigen bei ca. 3300 cm^{-1} zusätzlich die scharfe Bande der C–H-Valenzschwingung.

Ethin ist eine wichtige industrielle Grundchemikalie (Acetylenchemie)[77] die heute aber an Bedeutung verloren hat und teilweise durch das billigere Ethen ersetzt wurde. So liefert das von Reppe (BASF) entdeckte Verfahren zur katalytischen Alkincyclisierung aus monosubstituierten Alkinen substituierte Cyclooctatetraenderivate (Abb. 5.54); disubstituierte Alkine sind dabei vergleichsweise unreaktiv. In Gegenwart von PPh$_3$ wird eine Koordinationsstelle des Nickelkatalysators blockiert, und es entsteht durch Cyclotrimerisierung von Ethin Benzol.[78]

Ethin wird in Druckgasflaschen vertrieben, in denen es üblicherweise in Aceton gelöst ist. Für den Laboratoriumsgebrauch lässt sich Ethin vom Aceton befreien, indem es vor der Verwendung durch mehrere Kühlfallen (–78 °C) geleitet wird. Auch höhere Alkine und funktionalisierte Alkine sind kommerziell erhältlich, wie z. B. 1-Hexin (100 mL, 70 EUR), 2-Butin, 1,5-Hexadiin, Propargylalkohol (1 L, 45 EUR), Propargylchlorid und Propargylamin. Alkine sind im Allgemeinen erheblich teurer als die entsprechenden Alkene.

5.5.1
Darstellung der Alkine[79]

5.5.1.1
Ethindarstellung

Eines der ersten Verfahren zur Ethinherstellung war die **Hydrolyse von Calciumcarbid** (Calciumacetylid) (Abb. 5.55). Auch durch die Thermolyse von Methan im **Lichtbogenverfahren** wird, neben anderen Produkten, Ethin erhalten (Abb. 5.56).

$$CaC_2 + 2\,H_2O \xrightarrow{25\,°C} HC{\equiv}CH + Ca(OH)_2$$

Abb. 5.55 Ethin durch Hydrolyse von Calciumcarbid (Calciumacetylid).

$$2\,CH_4 \xrightarrow[0.1\,s]{1500\,°C} HC{\equiv}CH + 3\,H_2\uparrow$$

Abb. 5.56 Ethinsynthese nach dem Lichtbogenverfahren.

$$C_6H_5CH=CHC_6H_5 \xrightarrow[Et_2O]{Br_2} C_6H_5\underset{Br}{\underset{|}{CH}}-\underset{Br}{\underset{|}{CH}}C_6H_5 \xrightarrow[EtOH]{KOH} C_6H_5C{\equiv}CC_6H_5$$

Stilben   80 %   70 %   Tolan

Abb. 5.57 Synthese von Tolan durch doppelte Dehydrohalogenierung.

$$tBuCH_2CHCl_2 + 2\,KOH \xrightarrow{PTC} tBuC{\equiv}CH + 2\,KCl + 2\,H_2O$$

Abb. 5.58 Synthese von *tert*-Butylethin unter Phasentransferbedingungen (PTC).

$$ClCH_2C{\equiv}CCH_2Cl + KOH \xrightarrow[70-100\,°C]{H_2O,\,DMSO} ClCH{=}{\bullet}{=}{\bullet}{=}CH_2 \longrightarrow HC{\equiv}{\equiv}CH$$

Abb. 5.59 Synthese von Butadiin durch 1,4-Eliminierung aus 1,4-Dichlor-2-butin.

5.5.1.2
Eliminierungsreaktionen

Viele Alkine werden durch eine **doppelte Dehydrohalogenierung** aus *geminalen* und *vicinalen* Dihalogenverbindungen erhalten (Abb. 5.57 und 5.58, PTC = Phasentransferkatalyse). *Vicinale* Dibromide lassen sich dabei durch Bromaddition aus Alkenen synthetisieren. Butadiin ist über 1,4-Eliminierung aus 1,4-Dichlor-2-butin zugänglich (Abb. 5.59). Reines Diacetylen zersetzt sich leicht unter Explosion. Die Substanz wird daher als verdünnte Lösung in THF gelagert und verwendet.

5.5.1.3
Substitutionsreaktionen

Die durch Deprotonierung aus terminalen Alkinen entstehenden Acetylid-Ionen sind stark nucleophil. Während die **Alkylierung metallierter Alkine**[80] auf reaktive, primäre Alkylhalogenide beschränkt ist (Beispiel: Abb. 5.60), können viele α-Hydroxyacetylene (Proparylalkohole) durch **Acetylidaddition an Aldehyde oder Ketone** erhalten werden (Abb. 5.61 und 5.62).

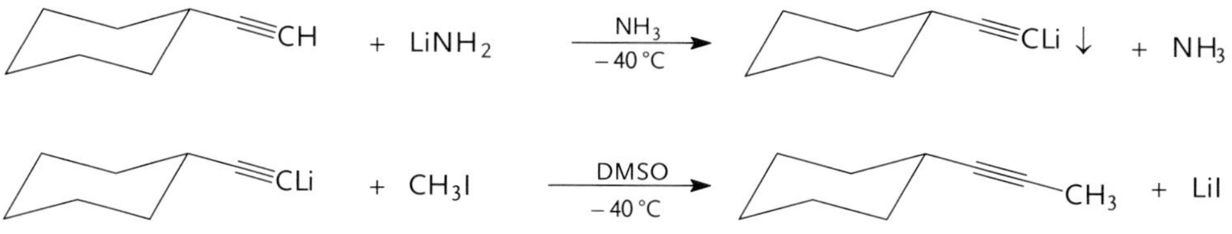

Cyclohexyl-C≡CH + LiNH$_2$ $\xrightarrow[-40\,°C]{NH_3}$ Cyclohexyl-C≡CLi ↓ + NH$_3$

Cyclohexyl-C≡CLi + CH$_3$I $\xrightarrow[-40\,°C]{DMSO}$ Cyclohexyl-C≡C-CH$_3$ + LiI

Abb. 5.60 Alkylierung von Cyclohexylethin.

$$HC{\equiv}CLi + C_3H_7CH{=}O \xrightarrow[60\,\%]{\substack{1.\ THF \\ 2.\ H_2O}} HC{\equiv}CCH(OH)C_3H_7$$

Abb. 5.61 Reaktion von Lithiumacetylid mit Butanal.

$$C_4H_9C\equiv CLi + (H_2C=O)_n \xrightarrow[2.\ H_2O]{1.\ THF/Hexan\ 10-35\ °C} C_4H_9C\equiv CCH_2OH \quad 80\ \%$$

Abb. 5.62 Reaktion von 1-Hexinyllithium mit Paraformaldehyd.

5.5.2
Reaktionen der Alkine

5.5.2.1
Reduktionen

Die **Hydrierung von Alkinen**[81] zu Alkanen verläuft glatt mit den gleichen Katalysatoren, wie sie zur Hydrierung von Alkenen (Abschnitt 5.4.2.2) verwendet werden. Mit desaktivierten Katalysatoren wie dem **Lindlar-Katalysator** (Pd/BaSO$_4$/Chinolin) ist eine selektive Hydrierung von Alkinen zu *cis*-Alkenen möglich (Abb. 5.63).[82]

Im Gegensatz dazu werden *trans*-Alkene aus Alkinen durch Behandlung mit **Alkalimetallen in flüssigem Ammoniak** als Resultat zweier Ein-Elektronen-Übertragungen erhalten[83] (Abb. 5.64; vgl. auch **Birch-Reduktion**, Abschnitt 5.6.3.2).

Durch die **Reduktion mit Lithiumaluminiumhydrid**[84] können aus Propargylalkoholen stereoselektiv *E*-Allylalkohole synthetisiert werden (Abb. 5.65). Mit **Diisobutylaluminiumhydrid** werden *cis*-Alkene erhalten.[85]

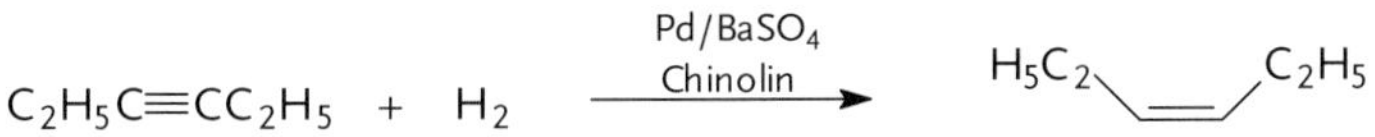

$$C_2H_5C\equiv CC_2H_5 + H_2 \xrightarrow{Pd/BaSO_4\ Chinolin} \begin{array}{c} H_5C_2 \diagdown \diagup C_2H_5 \end{array}$$

Abb. 5.63 *cis*-Selektive Alkinhydrierung mit dem Lindlar-Katalysator.

$$C_4H_9C\equiv CC_4H_9 \xrightarrow[90\ \%]{1.\ Na/NH_3\ 2.\ H_2O} \begin{array}{c} H_9C_4 \diagdown \\ \diagup C_4H_9 \end{array}$$

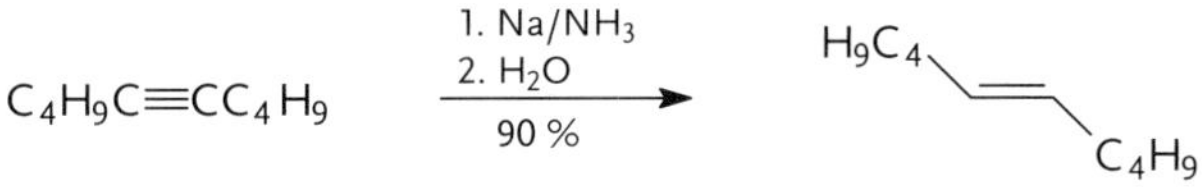

Abb. 5.64 *trans*-Selektive Alkinreduktion mit Natrium in NH$_3$.

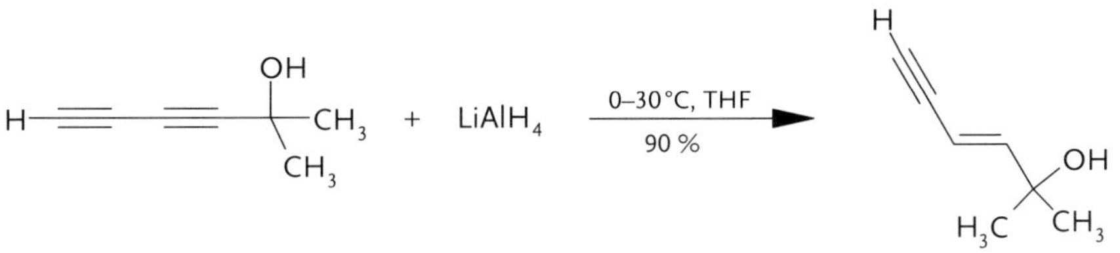

Abb. 5.65 *trans*-Selektive Alkinreduktion mit Lithiumaluminiumhydrid.

5.5.2.2
Oxidationen[86]

Die **Oxidation von Alkinen** mit Kaliumpermanganat führt zu 1,2-Diketonen (Abb. 5.66), unter drastischeren Bedingungen auch zur Bindungsspaltung unter

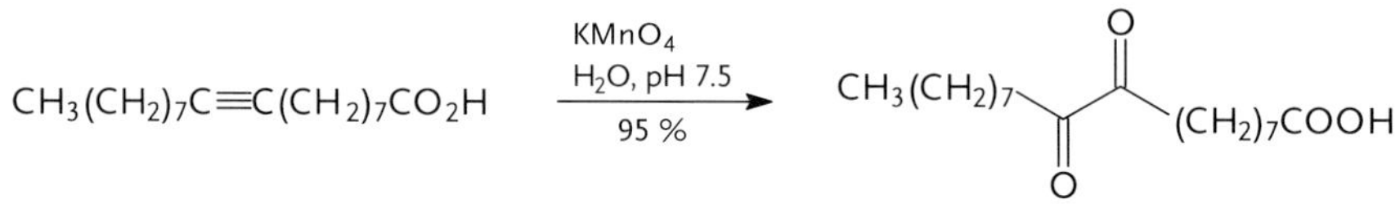

5 Substanzklassen, ihre Darstellung und Reaktionen

$$CH_3(CH_2)_7C\equiv C(CH_2)_7CO_2H \xrightarrow[95\%]{KMnO_4, H_2O,\ pH\ 7.5} CH_3(CH_2)_7-CO-CO-(CH_2)_7COOH$$

Abb. 5.66 Oxidation von Alkinen zu 1,2-Diketonen mit gepufferter Kaliumpermanganatlösung.

$$2\ C_4H_9C\equiv CH \xrightarrow[90\%]{CuCl_2,\ Pyridin,\ 60\ °C} C_4H_9C\equiv C-C\equiv CC_4H_9$$
5,7-Dodecadiin

$$2\ C_2H_5C\equiv CH + O_2 \xrightarrow[90\%]{CuCl,\ DBU,\ Pyridin,\ 35\ °C} C_2H_5C\equiv C-C\equiv CC_2H_5$$
3,5-Octadiin

Abb. 5.67 Oxidative Kupplung terminaler Acetylene. DBU = 1,3-Diazabicyclo[5.4.0]undecan; die sterisch gehinderte Amidinbase wird genutzt, wenn die inherente Nucleophilie der Base zu Nebenreaktionen führen kann.

$$C_4H_9C\equiv CBr + HC\equiv CCH_2OH \xrightarrow[90\%]{CH_3OH,\ H_2O,\ CuCl,\ NH_2OH,\ HCl,\ 40\ °C} C_4H_9C\equiv C-C\equiv CCH_2OH$$

Abb. 5.68 Unsymmetrische Alkinkupplung nach Cadiot-Chodkiewicz.

Bildung von Carbonsäuren. Durch die oft geringen Ausbeuten sind diese Reaktionen jedoch nur in wenigen Fällen von synthetischem Nutzen.

Terminale Alkine können oxidativ mit Kupfersalzen (**Glaser-Kupplung**) zu Diinen gekuppelt werden (Abb. 5.67). Nur eine katalytische Menge des Metallsalzes wird benötigt, wenn während der Umsetzung zur Reoxidation des Metalls Sauerstoff oder Luft durch das Reaktionsgefäß geleitet wird (**Hay-Kupplung**).

Die **Cadiot-Chodkiewicz-Kupplung** (Abb. 5.68) erlaubt eine unsymmetrische Alkinkupplung.

Durch **Palladium-katalysierte Reaktionen** können terminale Alkine unter milden Bedingungen mit Vinyl- und Arylhalogeniden gekuppelt werden (Abb. 5.69).[87] Dabei ist in vielen Fällen die Cokatalyse durch ein Kupfersalz erforderlich. Durch die Verwendung von Alkinylzinkhalogeniden, Alkinylstannanen oder Alkinylboranen lässt sich die Triebkraft der Reaktion steigern.

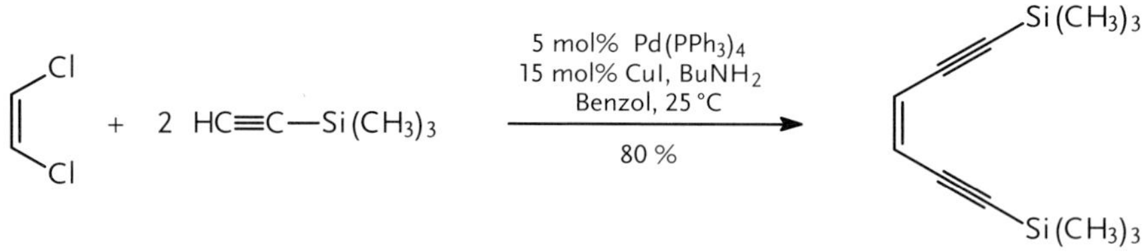

$$CCl_2=CCl_2\ (cis\text{-}dichloroethene) + 2\ HC\equiv C-Si(CH_3)_3 \xrightarrow[80\%]{5\ mol\%\ Pd(PPh_3)_4,\ 15\ mol\%\ CuI,\ BuNH_2,\ Benzol,\ 25\ °C} (CH_3)_3Si-C\equiv C-CH=CH-C\equiv C-Si(CH_3)_3$$

Abb. 5.69 Palladium-katalysierte Kupplung von Trimethylsilylethin an ein Vinylhalogenid.

5.5.2.3
Additionen[88]

Alkine reagieren mit **Halogenen** (Abb. 5.70) und **Halogenwasserstoffen**[89] in entsprechender Weise wie Alkene, doch sind Alkine, obwohl die Addition an eine Dreifachbindung ein stärker exothermer Prozess ist, in vergleichbaren Additionen weniger reaktiv. Dieser scheinbare Widerspruch wird durch eine unterschiedliche Stabilität der intermediären Carbenium-Ionen erklärt: Während bei der elektrophilen Addition an Alkene Carbenium-Ionen vom Typ eines Alkyl-Kations gebildet werden, entstehen aus Alkinen instabile Vinyl-Kationen[90] ($RC^+=CHR$).

Bei der **durch Quecksilber(II)salze katalysierten Hydratisierung von Alkinen** werden über intermediär gebildete Vinylalkohole Carbonylverbindungen erhalten (Abb. 5.71).

Im Gegensatz zur elektrophilen Wasseranlagerung an Alkine, die regioselektiv der Markovnikov-Regel folgt, werden durch **Hydroborierung**[91] (Abschnitt 5.4.2.4), gefolgt von **oxidativer Aufarbeitung**, formal anti-Markovnikov-Hydratisierungsprodukte erhalten. Die **Protonolyse** der zunächst in Hydroborierungen entstehenden Vinylborane liefert *cis*-Alkene (Abb. 5.72 und 5.73).

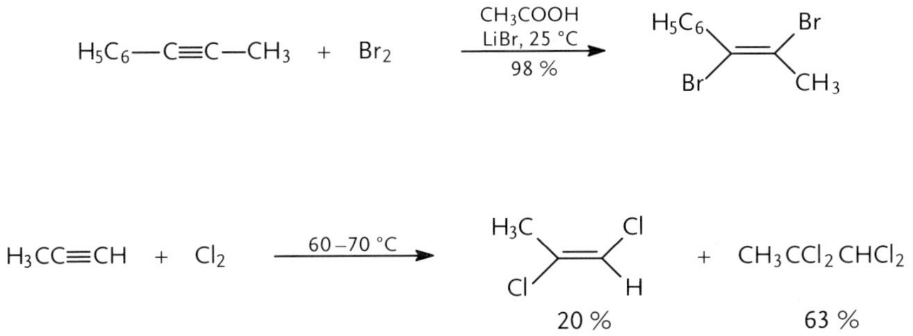

Abb. 5.70 Brom- und Chloraddition an Alkine.

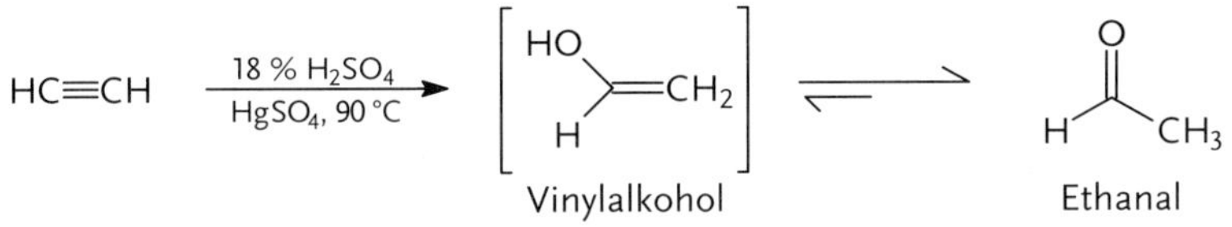

Abb. 5.71 Quecksilber(II)-katalysierte Addition von Wasser an Alkine.

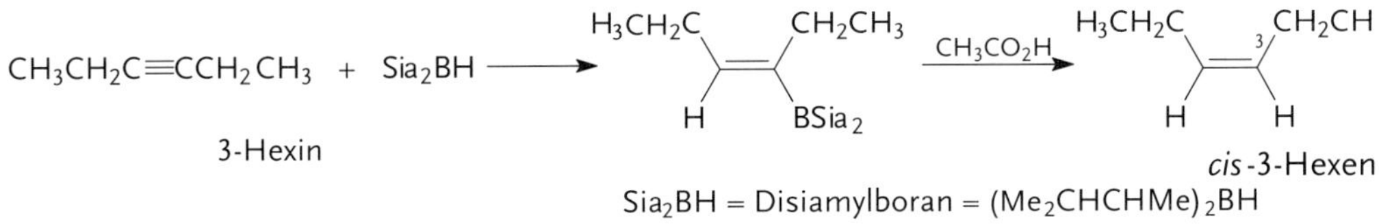

Abb. 5.72 *cis*-Alkensynthese durch Hydroborierung eines Alkins und Protonolyse der Vinylborverbindung.

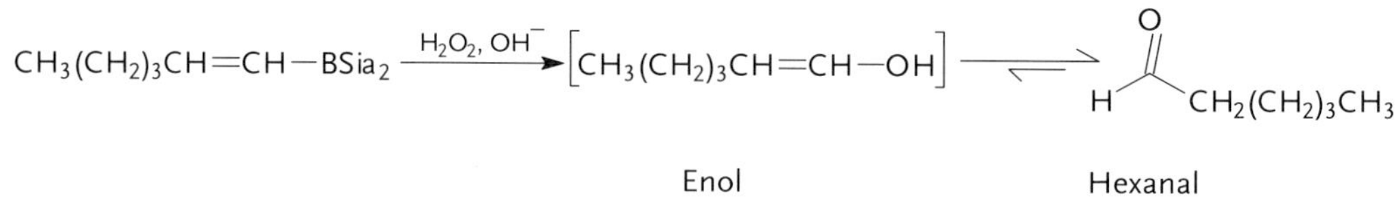

5 Substanzklassen, ihre Darstellung und Reaktionen

$$CH_3(CH_2)_3CH=CH-BSia_2 \xrightarrow{H_2O_2,\ OH^-} [CH_3(CH_2)_3CH=CH-OH] \rightleftharpoons \underset{Hexanal}{\overset{O}{\underset{H}{\|}}C-CH_2(CH_2)_3CH_3}$$

                                                    Enol   Hexanal

Abb. 5.73 Oxidative Spaltung eines Vinylborans.

5.5.2.4
Alkinpolymerisation

Alkine, insbesondere Ethin, können in Gegenwart bestimmter Katalysatoren vom Ziegler-Natta-Typ zu Polyacetylen polymerisiert werden, welches als *cis*- oder als *trans*-Polyacetylen gebildet wird (Abb. 5.74). Die *trans*-Form ist thermodynamisch stabiler. Kupferfarbenes *cis*-Polyacetylen kann bei 150 °C in die silberfarbigen *trans*-Isomere umgewandelt werden. Polyacetylen ist von Interesse im Zusammenhang mit der Entwicklung elektrisch leitfähiger organischer Verbindungen, die im Gegensatz zu Metallen viel leichter sind, einfacher verarbeitet werden können und in manchen Fällen optische Transparenz zeigen. Dazu wird Polyacetylen mit Arsenpentafluorid oder mit Iod dotiert, wodurch Leitfähigkeiten um 1000 S cm^{-1}, also etwa 0.1 % der des Graphits, erreicht werden. Ohne derartige Dotierung liegt die elektrische Leitfähigkeit im Bereich von 10^{-9} S cm^{-1}.[92]

Abb. 5.74 Ausschnitte aus den Polymerketten des *trans*- (links) und des *cis*-Polyacetylens (rechts).

5.5.2.5
Isomerisierungen

Unter dem Einfluss von Basen kann eine Isomerisierung der Dreifachbindung in Alkinen erfolgen.[93] Diese verläuft über Allenintermediate und kann in bestimmten Fällen auch auf dieser Stufe angehalten werden. Abbildung 5.75 und 5.76 zeigen zwei typische Beipiele.

$$CH_3(CH_2)_3C\equiv CCH_2OH \xrightarrow[H_2N(CH_2)_3NH_2]{2\ KNH(CH_2)_3NH_2} KC\equiv C(CH_2)_5OK \xrightarrow{H_2O} HC\equiv C(CH_2)_5OH$$

Abb. 5.75 Bildung terminaler Alkine durch Basen-induzierte Isomerisierung.

$$H_2C=CHCH_2C\equiv CH \xrightarrow[86\ \%]{NaOH,\ Ethanol} H_2C=CH-CH=C=CH_2$$

Abb. 5.76 Enin-Isomerisierung zum Enallen.

Zusammenfassung

Die CC-Dreifachbindung ist das charakteristische Strukturmerkmal der Alkine. Aus *vicinalen* oder *geminalen* Dihalogenverbindungen können Alkine durch baseninduzierte doppelte Dehydrohalogenierung erhalten werden. Terminale Alkine werden durch starke Basen deprotoniert. Die entstehenden Acetylid-Ionen sind nucleophil und reagieren mit primären Alkylhalogeniden und Carbonylverbindungen. Alkine können stereoselektiv zu *cis*- oder *trans*-Alkenen reduziert werden. Die vollständige Hydrierung liefert Alkane. Terminale Alkine lassen sich oxidativ unter dem Einfluss von Metallsalzen zu Dialkinen kuppeln. Unsymmetrische Kupplungsreaktionen sind mit Vinyl-, Aryl- und Alkinylhalogeniden möglich. Elektrophile Additionsreaktionen an die Dreifachbindung verlaufen weniger bereitwillig als die Addition an Alkene. Durch die Addition von Wasser entstehen Carbonylverbindungen. Durch baseninduzierte Isomerisierung können aus Alkinen Allene erhalten werden.

Übungsaufgaben

5.5–1 Schlagen Sie Synthesen für *trans*- und *cis*-2-Methyl-3-penten-2-ol vor, die von Propin ausgehen.

5.5–2 a) Die Cyclotrimerisierung von drei Molekülen eines Alkins zu einem Benzolderivat ist aufgrund des hohen Energieinhalts von Alkinen und aufgrund der Aromatizität des Benzols eine Reaktion, die thermodynamisch außerordentlich begünstigt ist. Sie ist jedoch kinetisch gehemmt, so dass sie ohne weiteres nicht stattfindet. Man kann sie jedoch durch Verwendung eines Katalysators – geeignet sind bestimmte Übergangsmetallverbindungen – ermöglichen. Welche beiden Produkte sind bei der Cyclotrimerisierung von Propin zu erwarten?

b) Bei Verwendung geeigneter Katalysatoren ist es möglich, eines der drei in a) beteiligten Alkinmoleküle durch ein Nitril zu ersetzen. Dann liegt eine Cocyclisierung aus zwei Alkinmolekülen und einem Nitril vor. Welche vier Produkte sind bei der Cocyclisierung von 2 Äquiv. Propin und 1 Äquiv. Acetonitril zu erwarten?

5.5–3 Machen Sie einen Vorschlag für die Synthese von 1,1-Dimethylallen (3-Methyl-1,2-butadien).

5.5–4 Machen Sie einen Vorschlag für die Synthese der folgenden Verbindung aus einer Verbindung C_2Cl_4 als Ausgangsmaterial.

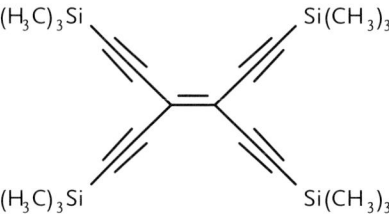

5.6 Aromaten

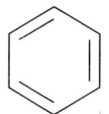

Benzol wurde als klassischer Vertreter aromatischer Verbindungen bereits 1825 von Faraday aus öligen Leuchtgaskondensaten isoliert. Im vorletzten Jahrhundert war die Konstitution des Benzols Gegenstand kontroverser Diskussionen, denn mit der Summenformel C_6H_6 waren eine ganze Reihe von Konstitutionen vereinbar.[94] Da bekannt war, dass jedes Kohlenstoffatom des Benzols an *ein* Wasserstoffatom gebunden ist, wurden die **Valenzisomere** des Benzols, also alle Verbindungen der Formel $(CH)_6$, untersucht. Von diesen sind das **Dewar-Benzol**,[95] das **Benzvalen**[96] und das **Ladenburg-Benzol** (Prisman)[97] schon länger bekannt, das **3,3'-Dicyclopropenyl**[98] wurde erst vor kurzer Zeit dargestellt (Abb. 5.77). Die Valenzisomere wandeln sich bereitwillig in das energiearme, besonders stabile Benzol um. Für dieses schlug Kekulé 1865 zwei dem Cyclohexatrien entsprechende Formeln vor, die zwei sich schnell ineinander umwandelnde Isomere darstellen sollten. Heute werden die beiden Formeln als äquivalente **Resonanzformeln** (mesomere Grenzformeln) betrachtet, die gemeinsam den tatsächlichen Zustand des Benzols umschreiben. Gebräuchlich ist heute auch die Schreibweise als **Resonanzhybrid**, einem regulären Sechseck aus sp^2-hybridisierten Kohlenstoffatomen mit einem durch den Kreis symbolisierten delokalisierten 6π-Elektronensystem, in dem die Grenzformeln zusammengefasst sind (Abb. 5.78). Dies hat den Vorteil, dass die Symmetrie des Moleküls, insbesondere die Angleichung der C–C-Bindungslängen (140 pm), die durch Röntgenstrukturanalysen (Abschnitt 3.4) belegt ist, auch in der Formel zum Ausdruck kommt. Streng genommen müsste Benzol nach der IUPAC-Nomenklatur als Benzen bezeichnet werden, was sich jedoch im deutschen Sprachgebrauch nicht durchgesetzt hat. Die Bezeichnung wäre insofern konsequent, als es sich beim Benzol ja nicht um einen Alkohol, sondern um eine ungesättigte Verbindung handelt.

Benzol ist im Vergleich zu Alkenen (Abschnitt 5.4) ungewöhnlich reaktionsträge. Halogene und Säuren addieren bei Raumtemperatur nicht an Benzol. Als Maß für die Stabilität einer Reihe von Alkenen und Aromaten kann man ihre Hydrierungswärmen bestimmen; Hydrierungen erfolgen am Platinkatalysator. Die Hydrierungswärme von 1,3-Cyclohexadien (Abb. 5.79) ist etwas geringer als das Doppelte des Wertes für Cyclohexen, da das konjugierte Dien resonanzstabilisiert ist (Abschnitt 4.2).

Ladenburg-Benzol (Prisman)   Dewar-Benzol   Benzvalen   3,3-Dicyclopropenyl

Abb. 5.77 Resonanzformeln des Benzols.

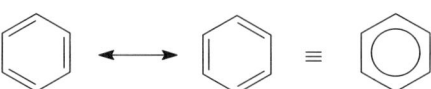

Abb. 5.78 Valenzisomere des Benzols.

5 Substanzklassen, ihre Darstellung und Reaktionen

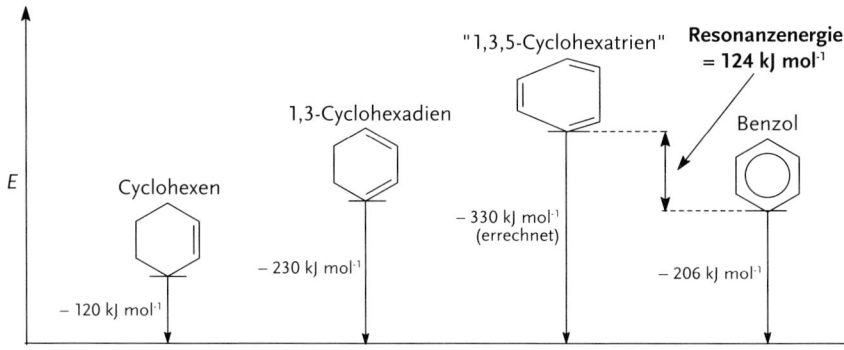

Abb. 5.79 Hydrierungswärmen als ein Maß der aromatischen Stabilisierung.

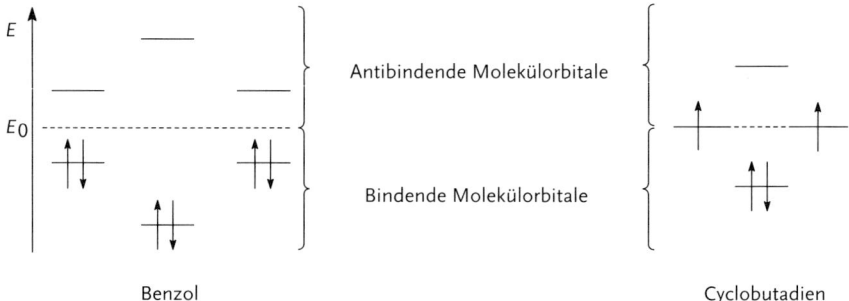

Abb. 5.80 MO-Schemata des Benzol und des Cyclobutadiens.

Schätzt man die Hydrierungswärme für ein hypothetisches „1,3,5-Cyclohexatrien" ab, in dem sich Einfach- und Doppelbindungen abwechseln und in dem keine besonderen Resonanzeffekte auftreten, so liegt dieser Wert um 124 kJ mol^{-1} höher als der tatsächliche experimentelle Wert für Benzol. Dieser Unterschied zwischen den Hydrierungswärmen wird als **Resonanzenergie, Delokalisierungsenergie**, π-Stabilisierungsenergie, aromatische Stabilisierung oder als **Aromatizität**[99] des Benzols bezeichnet.

Die sechs cyclisch angeordneten, überlappenden p-Orbitale des Benzols bilden einen Satz von sechs Molekülorbitalen (Abschnitt 4.1). Energiegleiche Orbitale werden als entartet bezeichnet. Durch ein einfaches von Frost und Musulin eingeführtes Verfahren können die Molekülorbitale cyclisch konjugierter Verbindungen grob skizziert werden. Dazu wird das aromatische System „auf die Spitze" gestellt und an der Position jedes Kohlenstoffatoms ein Energieniveau eingezeichnet (Abb. 5.80).

Auch andere Moleküle als Benzol selbst können aromatischen Charakter haben, wenn sie der **Hückel-Regel**[100] genügen (Abb. 5.81): Das Molekül muss ein **cyclisch konjugiertes π-System mit (4n+2) π-Elektronen** aufweisen. n ist eine nichtnegative ganze Zahl. Demnach sind Systeme mit 2, 6, 10, 14... am cyclisch konjugierten System beteiligten Elektronen aromatisch, sie weisen einen vollständig gefüllten Satz bindender Molekülorbitale auf. Eine Voraussetzung für die geforderte cyclische Konjugation ist dabei die Planarität des π-Systems. Die Hückel-Regel gilt auch für geladene Moleküle, solange eine cyclische Delokalisation möglich ist. Die

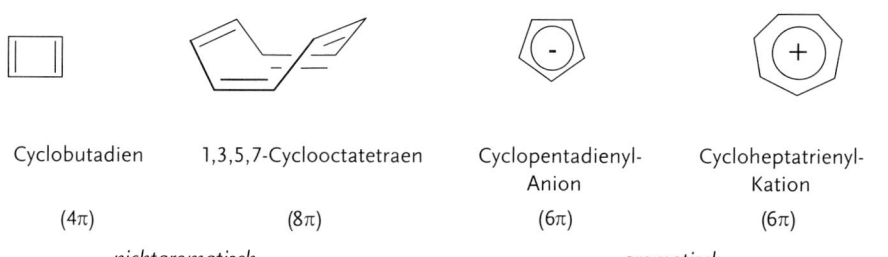

Abb. 5.81 Aromatische und nichtaromatische cyclisch konjugierte Verbindungen.

wichtigsten Beispiele sind das **Cyclopentadienyl-Anion** (erhältlich durch Deprotonierung von Cyclopentadien) und das **Cycloheptatrienyl-Kation** (Tropylium-Ion, erhältlich durch Dissoziation von 7-Brom-1,3,5-cycloheptatrien oder durch Hydridabspaltung aus 1,3,5-Cycloheptatrien).

Besetzt man die Orbitale des **Cyclobutadiens** im Frost-Musulin-Diagramm unter Beachtung der Hund'schen Regel wird ein Triplett-Diradikal erhalten. Experimentelle Befunde zeigen aber, dass dies nicht der Fall ist: Die Molekülgeometrie ist verzerrt (**Jahn-Teller-Verzerrung**), so dass die symmetrische Struktur verloren geht – tatsächlich weisen stabile Derivate des Cyclobutadiens keine quadratische, sondern eine rechteckige Struktur auf. Die beiden nichtbindenden Orbitale sind jetzt nicht mehr entartet (entartet bedeutet, die Orbitale befinden sich auf gleichem Energieniveau und sind somit energetisch nicht unterscheidbar), und das energieärmere Orbital wird doppelt besetzt. Cyclobutadien wird bisweilen als **antiaromatisch** bezeichnet.[101] **1,3,5,7-Cyclooctatetraen** ist nicht planar, es tritt praktisch keine Konjugation ein, die Verbindung ist ein typisches Polyolefin.

Die Sonderstellung aromatischer Systeme zeigt sich auch in ihren spektroskopischen Eigenschaften. In den UV-Spektren (Abschnitt 3.4.1) des Benzols und seiner Derivate treten Absorptionen im Bereich von 250–290 nm auf. Besonders charakteristisch sind die NMR-Spektren (Abschnitt 3.4.3) aromatischer Verbindungen. So findet sich die Resonanz der Wasserstoffatome des Benzols bei $\delta = 7.26$ ppm. Sie sind erheblich stärker entschirmt als Alkenylprotonen. Vereinfacht betrachtet wird durch das von außen angelegte Magnetfeld im cyclischen π-System ein Ringstrom induziert, dessen Magnetfeld das von außen angelegte im Bereich der Wasserstoffatome verstärkt, so dass diese entschirmt werden (NMR-Kriterium).[102] Verbindungen, deren NMR-Spektrum in dieser Weise einen diamagnetischen Ringstrom anzeigt, werden als **diatrop** bezeichnet. Der Effekt des diamagnetischen Ringstroms auf die Protonenresonanz zeigt sich auch in größeren, cyclisch konjugierten Verbindungen – den Annulenen. So wird im **[18]Annulen** (Abb. 5.82), dessen π-Elektronenanzahl der Hückel-Regel entspricht, bei −70 °C eine Resonanz der äußeren Protonen bei $\delta = 9.28$ ppm und der inneren Protonen bei $\delta = -2.99$ ppm beobachtet. Das Spektrum muss bei tiefer Temperatur gemessen werden, da durch die konformative Beweglichkeit der Verbindung bei Raumtemperatur ein, bezogen auf die NMR-Zeitskala, zu schneller Austausch der äußeren und inneren Protonen stattfindet. Eine Unterscheidung ist dann nicht möglich. Bei +110 °C wird ein gemitteltes Signal bei $\delta = 5.45$ ppm beobachtet. Die starke Aufspaltung bei tiefer Temperatur

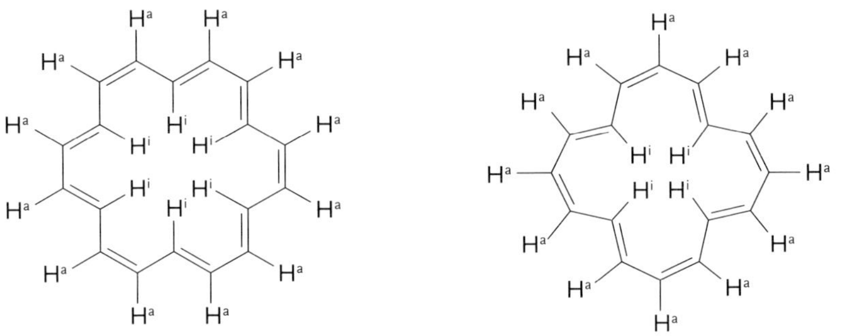

5 Substanzklassen, ihre Darstellung und Reaktionen

Abb. 5.82 [18]Annulen (links) und [16]Annulen (rechts).

und die für Alkenylprotonen ungewöhnliche Verschiebung wird als Folge eines durch das äußere Magnetfeld induzierten diamagnetischen Ringstroms aufgefasst. Das Phänomen ist in allen [4n + 2]Annulenen (Hückel-Annulenen) anzutreffen und immer dann besonders auffällig, wenn die Verbindung aufgrund ihrer Topologie innere und äußere Protonen besitzt. Bei den [4n]Annulenen (anti-Hückel-Annulenen) ist eine entgegengesetzte Verschiebung zu beobachten. Im Falle des **[16]Annulen**s werden die Signale der äußeren Protonen im ^{1}H-NMR-Spektrum bei −120 °C bei δ = 5.2 ppm und die der inneren Protonen bei δ = 10.32 ppm beobachtet.

5.6.1
Aromatizitätsbegriff und Aromatizitätskriterien

Die Definition von Aromatizität und aromatischer Verbindungen hat sich im Laufe der letzten 100 Jahre immer wieder verändert. Angefangen vom aromatischen Geruch mancher Benzolabkömmlinge als Klassifizierung, bis hin zu elektronischen und spektroskopischen Kriterien müssen Definitionen immer wieder mit zunehmendem Kenntnisstand revidiert werden. Verschiedene Merkmale können herangezogen werden, um den aromatischen Charakter einer Verbindung zu prüfen:[103]

- **Struktur**: Benzol und Benzolderivate werden als **benzoide Verbindungen** von nichtbenzoiden Substanzen unterschieden. Die bessere Delokalisation der π-Elektronen führt in benzoiden Substanzen zu einer stärkeren Angleichung der Bindungslängen. Aromatizität lässt sich so aber nicht klar eingrenzen: [4n + 2]Annulene sind nichtbenzoide Verbindungen, die aber charakteristische Eigenschaften eines aromatischen Systems zeigen.
- **π-Elektronensystem**: Die Hückel-Regel (s. o.) erlaubt eine Einteilung nach der Anzahl der π-Elektronen in Hückel- und anti-Hückel-Verbindungen. Ein Kriterium zur Unterscheidung aromatischer, antiaromatischer und nichtaromatischer Verbindungen liefert die **Dewar-Resonanzenergie**. Dabei wird die Energie eines Annulens mit der des entsprechenden acyclischen Polyens verglichen. (Vollständig konjugierte monocyclische Polyalkene können allgemein als Annulene bezeichnet werden. In dieser Nomenklatur werden Benzol als [6]Annulen und Cyclobutadien als [4]Annulen bezeichnet.) Ist die Energie des cyclischen Moleküls kleiner als die des acyclischen Gegenstücks, so liegt ein Aromat vor. Ist sie höher liegt ein antiaromatisches System vor. Die Werte für

5.6 Aromaten

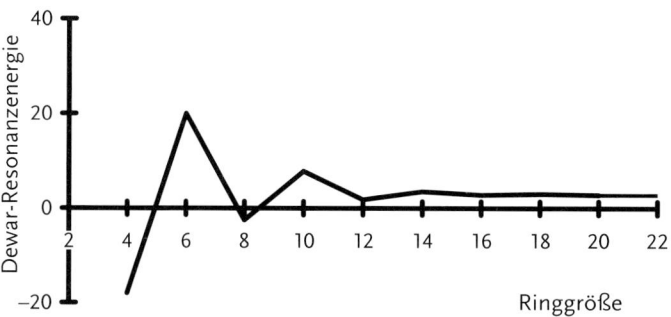

Abb. 5.83 Dewar-Resonanzenergie [kcal/mol] in Abhängigkeit von der Ringgröße.

die Dewar-Resonanzenergie (Abb. 5.83), sowohl positive als negative, nehmen schnell mit zunehmender Ringgröße ab.

- **Chemisches Verhalten**: Aromaten sind weniger reaktiv als die entsprechenden acylischen Alkene. Die Substitution unter Erhalt des aromatischen Systems (regeneratives Verhalten) ist bei Aromaten gegenüber der Additionsreaktion bevorzugt. Der Grund hierfür ist eine stärkere Stabilisierung des entsprechenden Übergangszustands. Ein klares Kriterium für Aromatizität ist dieses Reaktionsverhalten jedoch nicht: Auch die Umwandlung von Carbonsäurederivaten (Abschnitt 5.15) nach dem Additions-Eliminierungs-Mechanismus zeigt ein regeneratives Verhalten.
- **Physikalische Messdaten**: Der Vergleich von **Hydrier- und Verbrennungswärmen** liefert Resonanzenergien. Mit Hilfe der **Röntgenstrukturanalyse** lassen sich Bindungslängen kristalliner Annulene bestimmen. Eine **Bindungsfixierung** oder **Bindungslängenalternanz** ist ein gutes Kriterium für einen nichtaromatischen oder antiaromatischen Charakter. Die Detektion eines diamagnetischen Ringstroms durch ^{1}H-NMR-Spektroskopie wurde bereits im vorherigen Absatz erläutert.

5.6.2
Darstellung von Aromaten

Die wichtigste Quelle der Aromaten sind Erdölfraktionen und Steinkohlenteer, aus denen sie durch Destillation isoliert werden. Durch katalytisches **Hydrocracken** (Abschnitt 5.2.2.1) und **Reformingprozesse** (Abschnitt 5.2.2.1) kann der Anteil aromatischer Verbindungen im Rohgemisch erhöht werden. Werden Platinkatalysatoren verwendet, so spricht man vom **Platforming**.

Die Synthese von Aromaten gelingt durch die katalytische Cyclotrimerisierung von Alkinen (Abschnitt 5.5, Reppe-Chemie) oder über die Dehydrierung (Oxidation) teilweise gesättigter Aromatenvorläufer, wie dem 1,3-Cyclohexadien, mit DDQ oder Schwefel (Abb. 5.84).

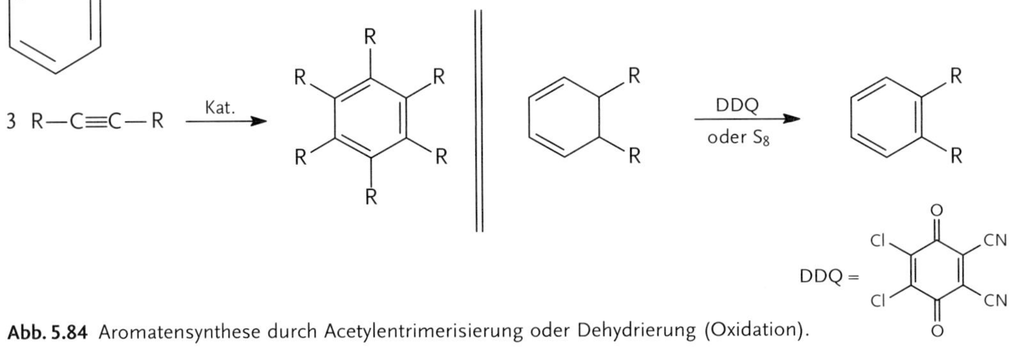

5 Substanzklassen, ihre Darstellung und Reaktionen

Abb. 5.84 Aromatensynthese durch Acetylentrimerisierung oder Dehydrierung (Oxidation).

5.6.3
Reaktionen des Benzols[104]

5.6.3.1
Katalytische Hydrierung

Trotz seiner hohen Stabilität kann das aromatische Benzol an Katalysatoren hydriert werden (Abb. 5.85).[105] Für die Anlagerung von Wasserstoff bei Raumtemperatur und Normaldruck werden allerdings sehr aktive Katalysatoren wie z. B. Platin oder Rhodium auf Aluminiumoxid benötigt. Mit weniger aktiven Katalysatoren wie Raney-Nickel oder Palladium sind höhere Temperaturen und Wasserstoffdrücke zur Hydrierung aromatischer Systeme erforderlich (150 °C und 15 MPa für Raney-Nickel). Die Reaktion entspricht der Umkehr der Aromatensynthese durch Dehydrierung.

5.6.3.2
Birch-Reduktion[106]

Aromatische Kohlenwasserstoffe können mit Alkalimetallen in flüssigem Ammoniak in Gegenwart eines Alkohols reduziert werden. Das Produkt der Reduktion ist ein nichtkonjugiertes 1,4-Cyclohexadien. Eine Lösung von Natrium in flüssigem Ammoniak enthält solvatisierte Elektronen, die sich unter Bildung eines Radikal-Anions an den Benzolring addieren. Das zusätzliche Elektron besetzt das energetisch niedrigste Molekülorbital (LUMO, engl.: lowest unoccupied molecular orbital; das energiereichste besetzte Molekülorbital heißt entsprechend HOMO, highest occupied molecular orbital; Abschnitt 4.2). Das Radikal-Anion reagiert leicht mit dem Alkohol als Protonendonator. Das sich bildende Cyclohexadienyl-Radikal reagiert sofort mit einem weiteren solvatisierten Elektron und bildet das entsprechende Cyclohexadienyl-Anion. Dieses Anion ist eine starke Base und deprotoniert den Alkohol unter Bildung des 1,4-Cyclohexadiens. Das Cyclohexadienyl-Anion ist ein konjugiertes Anion, in dem die Ladung über mehrere Kohlenstoffatome verteilt ist. Die Protonierung am mittleren Kohlenstoffatom verläuft viel schneller als an terminalen Kohlenstoffatomen der konjugierten Kette, so dass meist ein nicht-

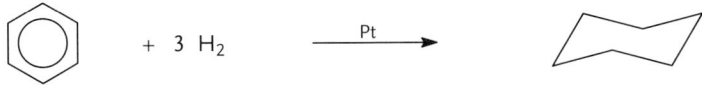

Abb. 5.85 Katalytische Hydrierung von Aromaten.

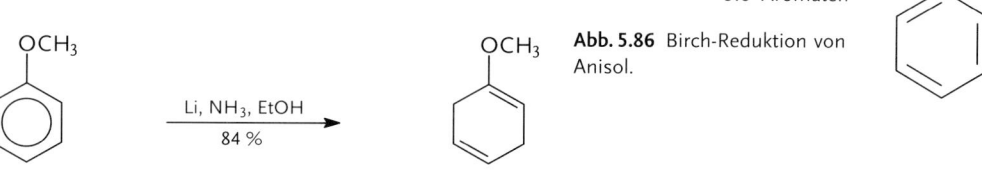

Abb. 5.86 Birch-Reduktion von Anisol.

1-Methoxy-1,4-cyclohexadien

konjugiertes 1,4-Cyclohexadien entsteht. Dieses wird unter den Reaktionsbedingungen nicht weiter reduziert. Bei der Birch-Reduktion monosubstituierter Aromaten kontrollieren die Substituenten die Reduktionsrichtung. Elektronendonatoren, wie Alkyl- oder Alkoxyreste, führen zu Produkten mit dem Substituenten an einem Alkenkohlenstoffatom (Abb. 5.86). Elektronenakzeptoren hingegen sind im Produkt an ein gesättigtes Kohlenstoffatom gebunden.

5.6.3.3
Elektrophile aromatische Substitution
Die hohe Ladungsdichte des delokalisierten π-Systems begünstigt den Angriff elektrophiler Reagenzien. Eine Additionsreaktion würde jedoch das aromatische System zerstören. Wesentlich günstiger ist daher eine Substitutionsreaktion, die im Allgemeinen aus dem Ersatz eines Wasserstoffatoms durch ein Elektrophil besteht. Die Substitution verläuft nach einem Additions-Eliminierungs-Mechanismus. Die elektrophile aromatische Substitution wird durch die Bildung eines π-Komplexes eingeleitet, in dem das elektrophile Reagenz zunächst mit dem π-Elektronensystem des Aromaten in Wechselwirkung steht. Der π-Komplex geht dann in den σ-Komplex über, ein Cyclohexadienyl-Kation, dessen Ladung über den Ring delokalisiert ist. Beide Zwischenverbindungen wurden u. a. spektroskopisch nachgewiesen. Bis hierher entspricht die Reaktion der elektrophilen Addition an Alkene. Der kationische σ-Komplex stabilisiert sich jedoch nicht durch die Addition eines Nucleophils, sondern spaltet stattdessen ein Proton ab. Dadurch wird der energetisch

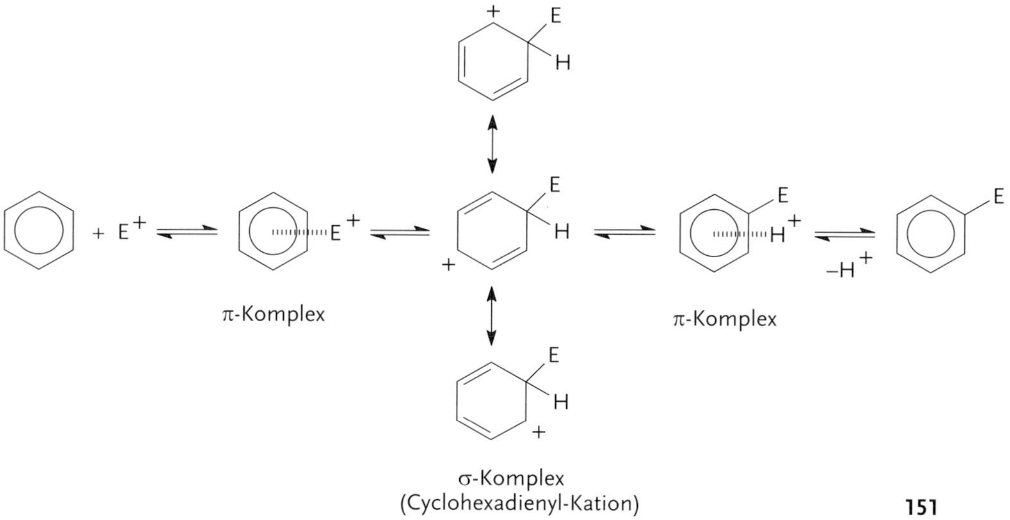

Abb. 5.87 Elektrophile aromatische Substitutionsreaktion.

5 Substanzklassen, ihre Darstellung und Reaktionen

begünstigte aromatische Zustand zurückgebildet. Die elektrophile aromatische Substitution (Abb. 5.87) ist die wichtigste Reaktion zur Funktionalisierung von Aromaten. Die Reaktivität eines Aromaten gegenüber dem elektrophilen Angriff wird stark durch seine Substituenten beeinflusst (Abschnitt 5.7.1). Hydroxy-, Methoxy- oder Dialkylaminogruppen erhöhen im Vergleich zum unsubstituierten Benzol die Elektronendichte und damit die Reaktivität eines Aromaten (**aktivierter Aromat**). Halogene-, Nitro- und Sulfonsäure-, Carbonyl- und Carboxylgruppen verringern die Elektronendichte und die Reaktionsfähigkeit gegenüber Elektrophilen (**desaktivierter Aromat**).

5.6.3.3.1 Halogenierung

Als Halogenierungsmittel dienen die molekularen Halogene. Reines Fluor ist allerdings zu reaktiv und baut den Aromaten ab. Nur mit Fluor-Stickstoffgemischen können direkte aromatische Fluorierungen erfolgreich durchgeführt werden. In unpolaren Lösungsmitteln reagieren Chlor, Brom (Abb. 5.88) und Iod nur sehr langsam oder nur mit aktivierten Aromaten. Durch den Zusatz einer Lewis-Säure wie $FeBr_3$ oder $AlCl_3$ wird das Halogen aktiviert. Die direkte Erzeugung freier Halogenkationen, z. B. durch den Zusatz von Silberperchlorat, ist ein weiterer Weg zur Aktivierung. Die Reaktivität steigt vom Iod zum Chlor an. Obwohl durch die Halogensubstitution die Reaktivität des Aromaten gegenüber weiterer Halogenierung abnimmt, ist der praktische Wert von Halogenierungsreaktionen häufig durch die Bildung von Produktgemischen eingeschränkt (Abschnitt 5.7.1, Zweitsubstitution). Durch Umsatz von Aromaten in flüssigem Brom mit Zusatz von Iod erfolgt Perbromierung, d. h. alle Wasserstoffatome werden gegen Bromatome ausgetauscht. Aus Benzol wird unter diesen Bedingungen Hexabrombenzol erhalten.

Bei der Halogenierung von Alkylaromaten kann die radikalische Substitution (Abschnitt 5.2.2.3) der Seitenkette zur Konkurrenzreaktion werden. Die Reaktionsbedingungen für den bevorzugten Verlauf von Kern- bzw. Seitenkettenhalogenierung gibt die folgende Faustregel wieder:

Siedehitze, Sonnenlicht → Seitenkette (*SSS*)
Kälte, Katalysator → Kern (*KKK*)

Abb. 5.88 Bromierung von Benzol.

5.6.3.3.2 Nitrierung und Nitrosierung

Das **Nitronium-Ion NO_2^+** ist das elektrophile Reagenz der Nitrierung (Abb. 5.89). In der „**Nitriersäure**", einem Gemisch aus konzentrierter Salpetersäure und konzentrierter Schwefelsäure, das meist für Nitrierungen verwendet wird, ist die Konzentration des Nitronium-Ions gegenüber reiner Salpetersäure stark erhöht. Ein äußerst reaktives Nitrierungsmittel ist auch das Salz NO_2BF_4/HSO_3F. In der Praxis muss die Reaktivität des Nitrierungsmittels auf die Reaktivität (Elektronenreichtum) des Aromaten abgestimmt werden, um definierte Produkte zu erhalten.[107] Die häufigste Nebenreaktion der Nitrierung ist die **Oxidation**, so dass im Falle aromatischer Amine, Aldehyde, Ketone oder Phenole besondere Reaktionsbedingungen gewählt werden müssen.[108]

5.6 Aromaten

Das elektrophile Reagenz der **Nitrosierung** mit **salpetriger Säure** ist das **Nitrosyl-Kation NO⁺**. Da NO⁺ in salpetriger Säure in nur geringer Konzentration vorliegt, ist die Nitrosierung auf aktivierte Aromaten, wie Phenole und Dialkylaniline, beschränkt (Abb. 5.89).

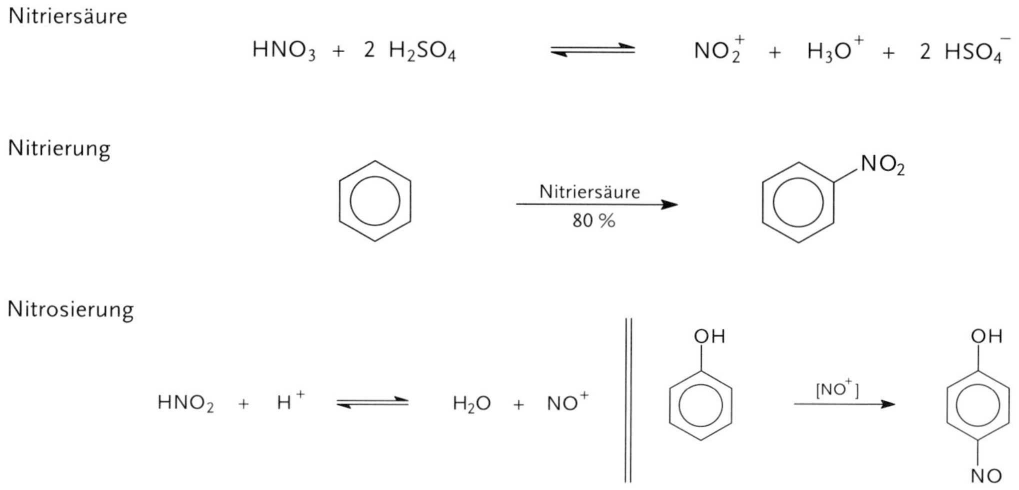

Nitriersäure

$$HNO_3 + 2\ H_2SO_4 \rightleftharpoons NO_2^+ + H_3O^+ + 2\ HSO_4^-$$

Nitrierung

Nitrosierung

$$HNO_2 + H^+ \rightleftharpoons H_2O + NO^+$$

Abb. 5.89 Nitrierung und Nitrosierung von Aromaten.

5.6.3.3.3 Sulfonierung

Als gebräuchlichste Sulfonierungsmittel werden 70- bis 100 %ige Schwefelsäure und **Oleum**, mit verschiedenem Gehalt von in Schwefelsäure gelöstem SO₃, verwendet (Abb. 5.90). Die sulfonierenden Reagenzien sind **SO₃** und **HSO₃⁺**. Die Sulfonierung[109] ist im Gegensatz zu den meisten anderen elektrophilen aromatischen Substitutionsreaktionen **reversibel**. Bisweilen nutzt man dies aus, um eine bestimmte Position des Aromaten vorübergehend zu blockieren (Abschnitt 5.7.1).[110] Als Nebenreaktion bei Sulfonierungen kann die **Sulfonbildung** auftreten, bei der schon gebildete Arylsulfonsäure als Sulfonierungsmittel wirkt. Ein weiteres Reagenz zur Sulfonierung ist die Chorsulfonsäure, durch die zunächst Sulfochloride gebildet werden. Diese können durch Hydrolyse in Sulfonsäuren überführt werden. Viele aromatische Sulfonsäuren besitzen technische Bedeutung, z. B. als Zwischenprodukte für Azofarbstoffe oder wasch- und oberflächenaktive Substanzen. Sulfonsäuren sind **wasserlöslich**.

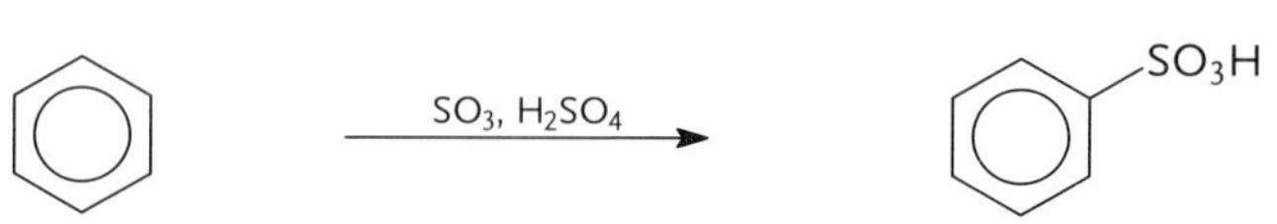

Abb. 5.90 Sulfonierung von Benzol.

5.6.3.3.4 Friedel-Crafts-Alkylierung[111]

Wie Halogene können auch **Halogenalkane** durch **Lewis-Säuren** wie AlCl₃, BF₃ oder ZnCl₂ so weit polarisiert werden, dass sie elektrophile aromatische Substitutionsreaktionen eingehen (Abb. 5.91). Als Friedel-Crafts-Katalysatoren können so-

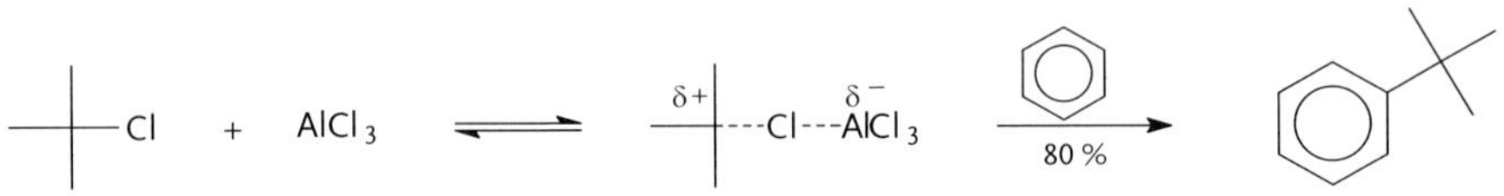

5 Substanzklassen, ihre Darstellung und Reaktionen

Abb. 5.91 Friedel-Crafts-Alkylierung von Benzol.

gar Natriumaluminiumsilikate oder Magnesiumsilikate genutzt werden, die als Katzenstreu (Sepiloitbasis, Meerschaum) im Handel sind. Die elektrophile Aktivität der Halogenalkane steigt in Folge stärkerer Polarisierung durch die Lewis-Säure von der primären zur tertiären C–X-Bindung. Vom Fluoralkan zum Iodalkan nimmt die Reaktivität der Halogenalkane ab, da die Komplexbildung mit der Lewis-Säure durch die zunehmende Größe des Halogens erschwert wird. Auch Alkohole und Alkene, die durch Protonierung und Bildung des Carbenium-Ions aktiviert werden, können als Alkylierungsmittel in Friedel-Crafts-Alkylierungen verwendet werden. Die präparative Bedeutung der Friedel-Crafts-Alkylierung ist eingeschränkt, da meist keine einheitlichen Produkte erhalten werden. Der im ersten Schritt gebildete aktivierte Alkylaromat ist reaktiver als das unsubstituierte Ausgangsmaterial. Es tritt daher sehr leicht **Mehrfachalkylierung** ein. Die Friedel-Crafts-Reaktion ist **reversibel**, so dass häufig Umalkylierungen beobachtet werden. Selbst unter milden Reaktionsbedingungen liefern primäre und sekundäre Halogenalkane auch tertiäre Alkylaromaten, da die intermediären **Carbenium-Ionen isomerisieren**. Technisch ist die Friedel-Crafts-Alkylierung eine wichtige Reaktion zur Funktionalisierung von Aromaten. Dabei werden vor allem Alkene als Alkylierungsmittel verwendet.

5.6.3.3.5 Friedel-Crafts-Acylierung[112]

Zur Herstellung aromatischer Ketone eignet sich die Friedel-Crafts-Acylierung (Friedel-Crafts-Alkanoylierung, Abb. 5.92). Als Acylierungsmittel dienen **Carbonsäurechloride**[113] oder **-anhydride** in Gegenwart einer stöchiometrischen Menge einer **Lewis-Säure**.[114] Die Wahl der Lewis-Säure richtet sich nach der Reaktivität des Aromaten. Auch mit reaktionsfähigen Heteroaromaten gelingt diese Reaktion glatt. Aromatische Aldehyde liefert die Friedel-Crafts-Acylierung bei Verwendung von Ameisensäurehalogeniden. Doch nur mit **Formylfluorid** (CHOF) gelingt die direkte Umsetzung, so dass Reaktionen entwickelt wurden, in denen das instabile Elektrophil *in situ* erzeugt wird. Die **Gattermann-Koch-Synthese**[115] nutzt die intermediäre Bildung unbeständigen Formylchlorids aus HCl und CO in Gegenwart von AlCl$_3$ und CuCl zur Synthese aromatischer Aldehyde. Ein Komplex aus Lewis-Säure und **Formimidchlorid**, das aus Blausäure (HCN) und HCl erhalten wird, ist das elektrophile Reagenz der **Gattermann-Synthese**[116] aromatischer Aldehyde (Abb. 5.93). Die analoge Reaktion zur Synthese von Ketonen aus Nitrilen ist die

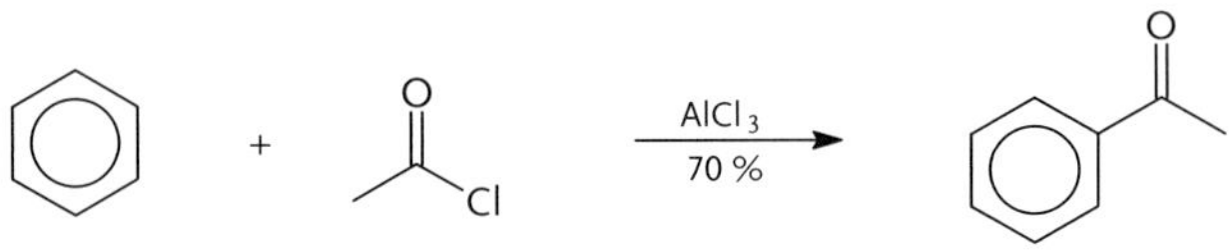

Abb. 5.92 Friedel-Crafts-Acylierung.

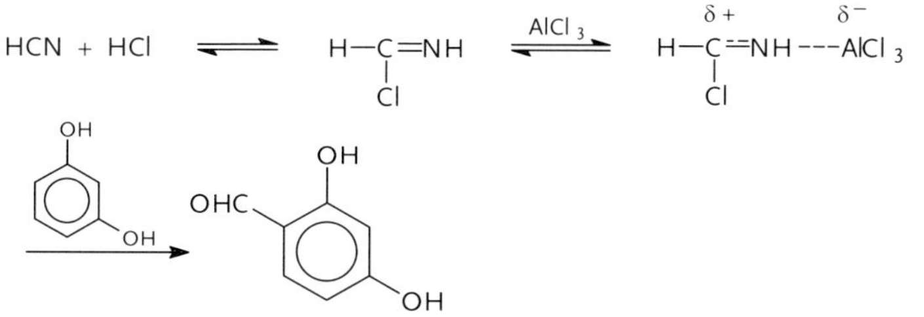

5.6 Aromaten

Abb. 5.93 Gattermann-Synthese.

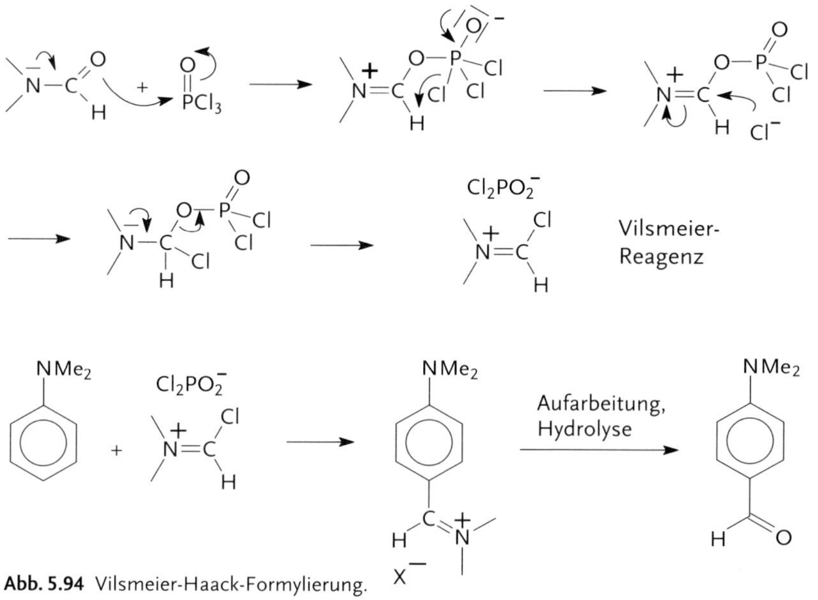

Abb. 5.94 Vilsmeier-Haack-Formylierung.

Houben-Hoesch-Ketonsynthese. Die **Modifikation der Gattermann-Synthese nach Adams** vermeidet freie Blausäure. Durch die Verwendung von Zinkcyanid wird HCN mit HCl *in situ* erzeugt. In der **Vilsmeier-Haack-Formylierung**[117] wird als Formylierungsreagenz ein Ameisensäureamid, z. B. *N,N*-**Dimethylformamid** [(H$_3$C)$_2$N–CHO] oder *N*-Methylformanilid [(H$_3$C)PhNCHO], verwendet (Abb. 5.94). Als Friedel-Crafts-Katalysator dient **Phosphoroxychlorid** (POCl$_3$), das mit dem Säureamid einen Komplex bildet.

Der reaktionsfähige Formaldehyd (HCHO) geht mit aktivierten Aromaten wie Phenolen auch ohne Katalysatoren elektrophile Reaktionen ein. Durch die Reaktion werden Hydroxymethylgruppen eingeführt (Hydroxymethylierung). Analoge Reaktionen sind die Aminomethylierung reaktionsfähiger Aromaten durch Formaldehyd und sekundäre Amine sowie die Chlormethylierung mit Formaldehyd und HCl. Im Allgemeinen entstehen mehrfach substituierte Produkte, deren weitere Kondensation zu **Phenol-Formaldehyd-Harzen** (**Bakelite**) führt. Phenol-Formaldehyd-Harze gehören zu den ältesten großtechnisch hergestellten Kunststoffen (Duroplaste, Novolake), deren Bedeutung heute aber nur noch gering ist. Unter be-

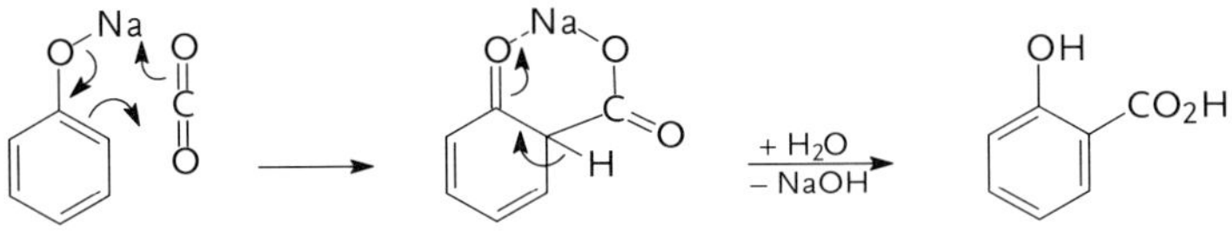

5 Substanzklassen, ihre Darstellung und Reaktionen

Abb. 5.95 Kolbe-Schmitt-Synthese.

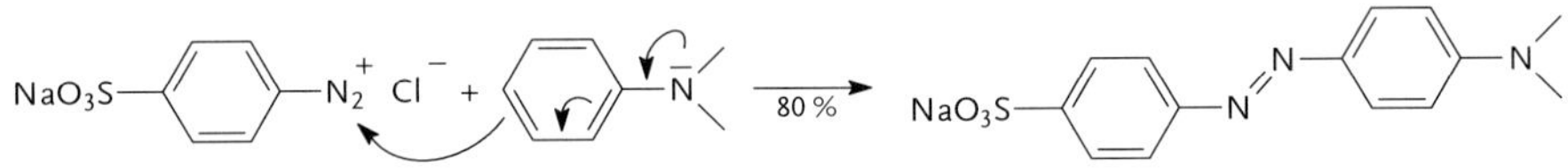

Abb. 5.96 Azokupplung.

stimmten Reaktionsbedingungen bilden sich bei der Kondensation von Phenolen, vor allem *para-tert*-Butylphenolen, mit Formaldehyd cyclische Kondensationsprodukte mit 4, 6 oder 8 aromatischen Einheiten, die **Calixarene**.[118] Das nur schwach elektrophile Kohlendioxid kann mit Natriumphenolaten bei erhöhter Temperatur und Druck in der **Kolbe-Schmitt-Synthese** (Abb. 5.95) zu Phenolcarbonsäuren umgesetzt werden.

5.6.3.3.6 Azokupplung

Durch ihre positive Ladung besitzen **Arendiazoniumsalze** (Abschnitt 5.17) elektrophilen Charakter. Die Ladung ist jedoch delokalisiert, so dass die Salze nicht sehr reaktiv sind. Mit aktivierten Aromaten wie Phenol und *N,N*-Dimethylanilin reagieren sie in elektrophilen Substitutionsreaktionen. Dieser Reaktionstyp wird als **Azokupplung** (Abb. 5.96 und Abschnitt 5.17) bezeichnet. Es entstehen dabei stark farbige Verbindungen, von denen viele als Farbstoff (Azofarbstoff) verwendet werden (Abschnitt 5.17).

5.6.3.4
Nucleophile aromatische Substitution[119]

Nucleophile können mit Aromaten normalerweise nur sehr viel schwerer in Reaktion treten als Elektrophile, da die π-Elektronenwolke das angreifende Nucleophil abstößt und eine dem σ-Komplex entsprechende Stabilisierung der intermediären negativen Ladung nicht möglich ist. Ist die Elektronendichte des Benzolkerns allerdings durch starke Elektronenakzeptoren, wie Nitrogruppen, verringert, können nucleophile Substitutionen erfolgen. So reagiert Nitrobenzol in geschmolzenem KOH in Gegenwart von Luft zu *ortho*-Nitrophenol. Unter wesentlich milderen Bedingungen reagiert 2,4-Dinitrofluorbenzol mit Nucleophilen. Diese Reaktion wird zur Kennzeichnung der *N*-terminalen Endgruppe von Proteinen genutzt. Fluorid wird dabei in einer *ipso*-**Substitution** durch das angreifende Nucleophil, die Aminogruppe, ersetzt (Abb. 5.97 und Abschnitt 5.18.4; Sanger-Abbau). Ein besonderer Mechanismus für den direkten Austausch von Wasserstoffatomen an elektronenarmen Aromaten ist die **stellvertretende aromatische Substitution** (VNS = vicarious nucleophilic aromatic substitution; Abb. 5.98).[120]

Nichtaktivierte Halogenaromaten sind unter normalen Bedingungen kaum zur Umsetzung mit Nucleophilen bereit. Mit sehr starken Basen, wie Natriumamid

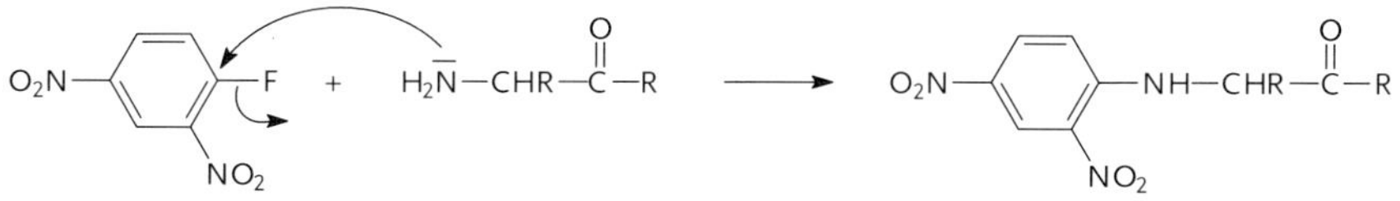

Abb. 5.97 Nucleophile Substitution an Acceptor-substituierten Aromaten.

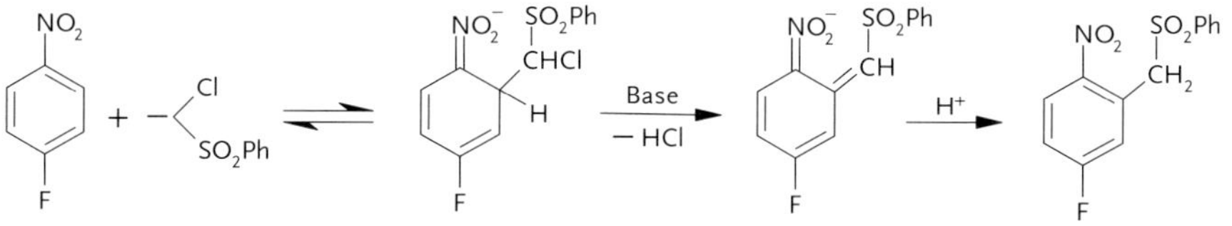

Abb. 5.98 Stellvertretende aromatische Substitution von Wasserstoffatomen an elektronenarmen Aromaten.

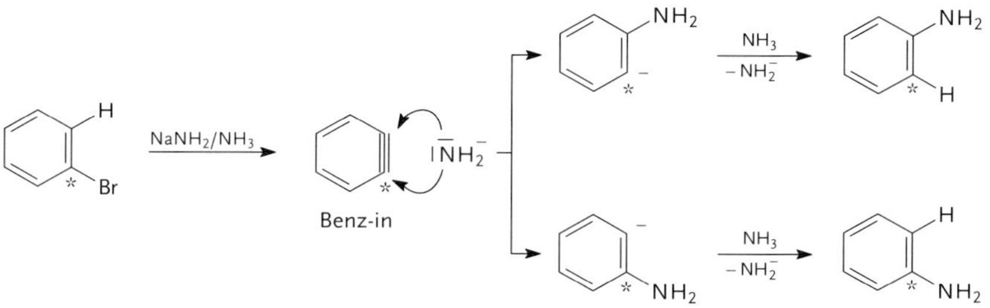

Abb. 5.99 Nucleophile Substitution an Halogenaromaten (Eliminierungs-Additions-Mechanismus).

(NaNH$_2$) in flüssigem Ammoniak, reagieren sie jedoch nach einem **Eliminierungs-Additions-Mechanismus** (Abb. 5.99). Dabei liefert die Deprotonierung in *ortho*-Position zum Halogen ein Carbanion, das unter Abspaltung eines Halogenid-Anions in einen **Dehydroaromaten** (**Arin**)[121] übergeht. An diese hochreaktive Zwischenstufe lagert sich NH$_2^-$ an, wobei zwei Orientierungen möglich sind. Die Protonierung des entstehenden Carbanions schließt die Reaktionssequenz ab. Der Mechanismus lässt sich durch die Markierung* eines Kohlenstoffatoms, z. B. als ^{13}C-Kohlenstoff, bestätigen. Die Markierung wird im Produkt zu 50 % an der *ipso*-Position und zu je 25 % in beiden *ortho*-Positionen gefunden. Neben Additionsreaktionen können Arine mit Dienophilen Diels-Alder-Reaktionen eingehen. Auch die Dimerisierung zu Biphenylenen wird beobachtet. Einen direkten präparativen Zugang zu Arinen liefert die thermische Zersetzung von diazotierter Anthranilsäure (Abb. 5.100) oder die Umsetzung von 1,2-Dihalogenaromaten mit Butyllithium bei tiefer Temperatur.

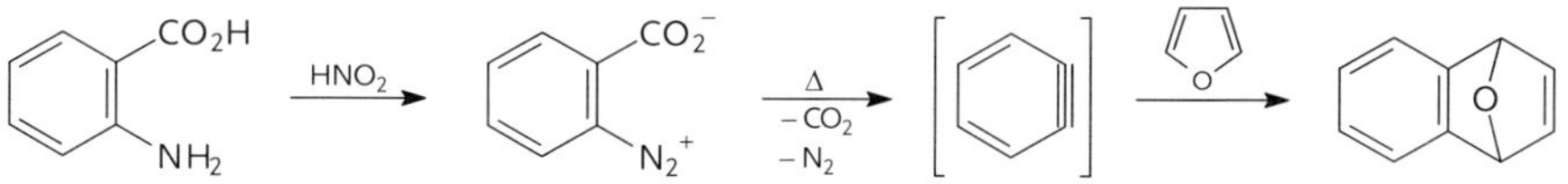

Abb. 5.100 Arinerzeugung und -abfang.

5 Substanzklassen, ihre Darstellung und Reaktionen

Abb. 5.101 *ortho*-Metallierung von Aromaten.

5.6.3.5
Metallierung von Aromaten[122]
Die Wasserstoffatome des unsubstituierten Benzols besitzen einen pK_a-Wert von 43, können aber noch durch sehr starke Basen, z. B. eine Mischung aus Butyllithium, Tetramethylethylendiamin (TMEDA) und Kalium-*tert*-butylat,[123] entfernt werden. Die Metallierung in *ortho*-Stellung zu einem Substituenten, der das Gegenion koordiniert, gelingt wesentlich leichter und ist präparativ nützlich (Abb. 5.101).[124] Der Effekt wird u. a. bei Methoxy-, Carboxyl- und Amidgruppen beobachtet (*ortho*-Metallierung).

Zusammenfassung

Das delokalisierte cyclische π-System verleiht dem Benzol und anderen Aromaten eine besondere Stabilität. Eine Resonanzstabilisierung von ungefähr 124 kJ mol^{-1} kann aus Hydrierungswärmen abgeleitet werden. Alle Kohlenstoffatome des Benzols sind *sp^2*-hybridisiert, so dass sich die Struktur eines regelmäßigen Sechsecks bildet. Die *p*-Orbitale bilden das delokalisierte π-System. Die Besonderheiten des Benzols zeigen sich auch in den spektroskopischen Eigenschaften: Insbesondere die langwellige UV-Absorption (bis 290 nm) und die starke Entschirmung der an den aromatischen Kern gebundenen Protonen im ^{1}H-NMR-Spektrum (δ = 7.26 ppm) sind charakteristisch. Nach der Hückel-Regel sind planare, cyclisch konjugierte Moleküle mit (4*n*+2) π-Elektronen (*n* = 0, 1, 2...) aromatisch. Die Regel gilt auch für geladene Systeme, wie das Cyclopentadienyl-Anion. Die meisten 4*n*-π-Systeme sind sehr reaktiv und zeigen keine aromatischen Eigenschaften. Allgemein lassen sich Aromaten definieren als cyclische konjugierte Moleküle mit abgeschlossener Elektronenkonfiguration, die thermodynamisch stabiler sind als ihre acyclischen Analoga und bei denen ein äußeres Magnetfeld einen diamagnetischen Ringstrom induziert (NMR-Kriterium). Die wichtigste Reaktion von Benzol ist die elektrophile aromatische Substitution. Wichtige elektrophile aromatische Substitutionsreaktionen sind die Halogenierung (Elektrophil: Br$^{\delta+}$–Br$^{\delta-}$....FeBr$_3$), die Nitrierung (Elektrophil: NO$_2^+$), die Sulfonierung (Elektrophil: SO$_3$ oder HSO$_3^+$), die Friedel-Crafts-Alkylierung (Elektrophil: R$_3$C$^+$....AlCl$_4^-$) und die Friedel-Crafts-Acylierung (Elektrophil: RC$^{\delta+}$O–Cl$^{\delta-}$....AlCl$_3$). Die Sulfonierung und die Friedel-Crafts-Alkylierung sind reversible Prozesse. Ist die Elektronendichte des aromatischen Rings durch elektronenziehende Substituenten, wie Nitrogruppen, stark herabgesetzt, so können auch Nucleophile in einer zweistufigen Additions-Eliminierungs-Sequenz den Aromaten angreifen und substituieren. Nach einem Eliminierungs-Additions-Mechanismus verläuft die Reaktion von Halogenaromaten mit starken Basen (NaNH$_2$ in flüssigem NH$_3$): Durch die Abspaltung von HX entstehen hochreaktive Dehydrobenzole oder Arine, die Additions- und Cycloadditionsreaktionen eingehen.

5.6 Aromaten

Übungsaufgaben

5.6–1 Geben Sie für jedes der Valenzisomeren des Benzols die Anzahl der Signale im ^{1}H- und im ^{13}C-NMR-Spektrum an! Geben Sie für die ^{1}H-NMR-Signale auch die Integrale an.

5.6–2 Zeichnen Sie die MO-Schemata des Cyclopentadienyl-Anions, des Cyclopentadienyl-Kations und des Cycloheptatrienyl-Kations. Ist das Cyclopentadienyl-Kation aromatisch? Worin liegt der wesentliche Unterschied zwischen dem MO-Schema des Cyclopentadienyl-Kations und den beiden anderen?

5.6–3 a) Die Friedel-Crafts-Alkylierung von Benzol mit 1-Brompropan liefert Isopropylbenzol anstelle des erwarteten Propylbenzols. Erklären Sie den Befund! b) Warum erfordert die Friedel-Crafts-Alkanoylierung (Friedel-Crafts-Acylierung) im Gegensatz zur Friedel-Crafts-Alkylierung eine stöchiometrische Menge der Lewis-Säure?

5.6–4 Ist Benz-in aromatisch?

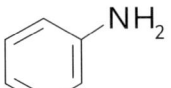

5 Substanzklassen, ihre Darstellung und Reaktionen

5.7
Substituierte Benzolderivate

Es gibt eine große Zahl substituierter Benzolderivate. Abbildung 5.102 zeigt einige wenige Beispiele. Die Eigenschaften der Verbindungen werden sowohl vom Substituenten als auch vom aromatischen Kern bestimmt. Der Name einfach substituierter Benzolderivate ergibt sich durch das Anhängen von „benzol" an den Substituentennamen (z. B. Nitrobenzol). Bei disubstituierten Systemen gibt die Bezeichnung *ortho*, *meta* oder *para* die 1,2-, 1,3- bzw. 1,4-Stellung der beiden Substituenten an. Der Ring wird entlang absteigender Substituentenpriorität (Abschnitt 4.4) durchnummeriert. Viele einfache Benzolderivate tragen Trivialnamen.

5.7.1
Zweitsubstitution

Die Substituenten des Benzolrings kann man in zwei Klassen aufteilen: elektronenliefernde, die den Ring für eine elektrophile aromatische Substitution **aktivieren**, und elektronenziehende, die **desaktivierend** wirken. Die Effekte verschiedener Substituenten (siehe Tab. 5.3) können sich addieren, aber auch gegeneinander gerichtet sein. Dialkylamino-, Amino-, Hydroxy- und Methoxygruppen aktivieren den Aromaten über mesomere (+M > −I) Effekte stark, während Alkyl- und Arylsubstituenten durch Induktion (+I) nur schwach aktivieren. Stark desaktivierende Substituenten (−I; −M) sind die Nitro-, Sulfonyl-, Carbonyl-, Carboxyl- oder Cyanogruppe. Auch positiv geladene Substituenten, wie -NH_3^+, setzen die Reaktivität gegenüber Elektrophilen stark herab (−I), während Halogene (+M < −I) nur schwach desaktivieren. Elektronenziehende Substituenten verlangsamen die elektrophile aromatische Substitution, begünstigen jedoch nucleophile Substitutionsreaktionen am Aromaten. Aber nicht nur die allgemeine Reaktionsfähigkeit des aromatischen Rings gegenüber Elektrophilen wird durch die Substituenten geprägt: Der Erstsubstituent bestimmt auch die Regioselektivität weiterer Substitutionen. Anhand der Resonanzformeln verschiedener σ-Komplexe lässt sich dies gut veranschaulichen. Aktivierende Gruppen dirigieren das Elektrophil in die *ortho*- und *para*-Position, während desaktivierende Substituenten das Elektrophil in die *meta*-Position lenken (Abb. 5.103). Eine Ausnahme bilden die Halogensubstituenten, die den Aromaten zwar desaktivieren, aber durch ihren (+M)-Effekt den neuen

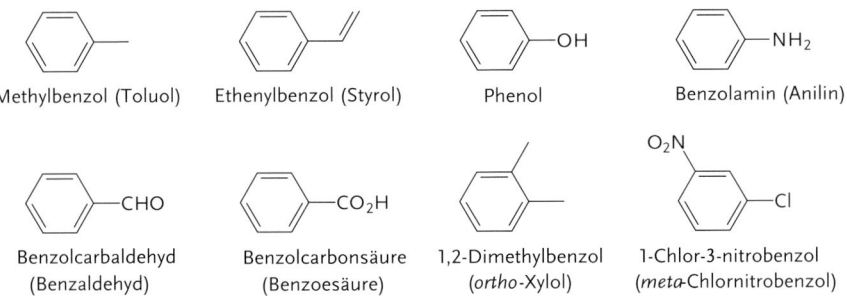

Abb. 5.102 Einige typische Benzolderivate.

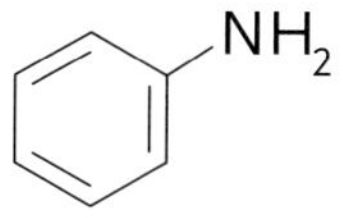

5.7 Substituierte Benzolderivate

Substituenten in die *ortho*- oder *para*-Position lenken. Die dirigierende Wirkung der Substituenten ist aber nie absolut, d. h. bei der Zweitsubstitution eines Aromaten mit aktivierendem Substituenten, z. B. der Nitrierung von Toluol, entstehen neben den Hauptprodukten *ortho*-Nitrotoluol (typischer relativer Anteil: 48 %) und *para*-Nitrotoluol (37 %) auch immer geringe Mengen *meta*-Nitrotoluol (3 %) sowie mehrfach substituierte Produkte (Dinitrotuluole, 12 %).

Tab. 5.3 Substituenteneffekte bei der elektrophilen aromatischen Substitution.

Substituent	Effekt		Zweitsubstituent in
-O⁻Na⁺	stark aktivierend	+ M und + I	*ortho* oder *para*
-OH < -NH$_2$ < -NR$_2$	stark aktivierend	+ M > − I	*ortho* oder *para*
-Ph, -Alkyl	aktivierend	+ I	*ortho* oder *para*
-Halogen	desaktivierend	− I, aber +M	*ortho* oder *para*
-NO$_2$, -SO$_3$H, -CN	stark desaktivierend	− I, −M	*meta*
-CO$_2$R, -CHO	stark desaktivierend	− I, −M	*meta*
-NH$_3^+$ / -NR$_3^+$, -N$_2^+$ X⁻	stark desaktivierend	− I	*meta*

ortho-Angriff

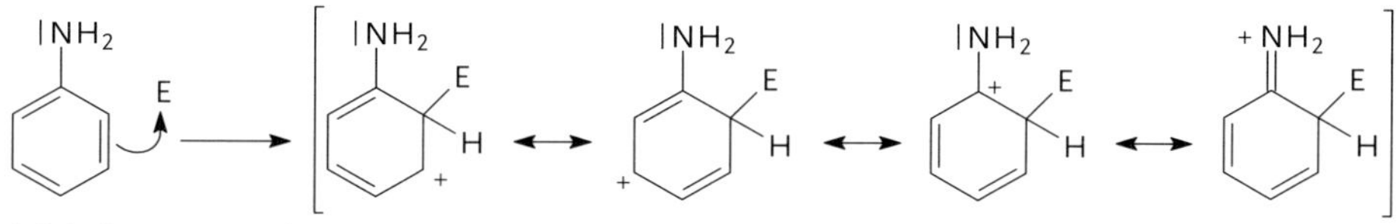

Ladungsdelokalisierung auf den Erstsubstituenten → Stabilisierung

meta-Angriff

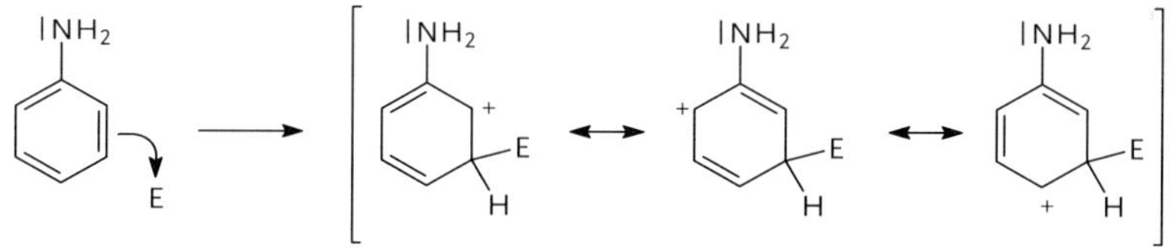

Keine Ladungsdelokalisierung auf den Erstsubstituenten → keine Stabilisierung

para-Angriff

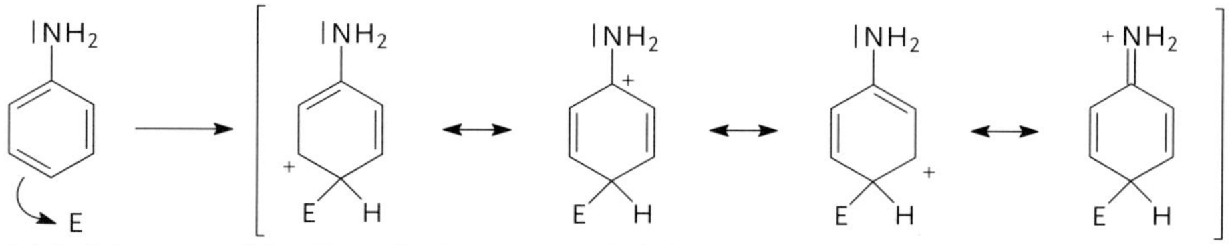

Ladungsdelokalisierung auf den Erstsubstituenten → Stabilisierung

Abb. 5.103 Dirigierende Wirkung eines Substituenten durch Stabilisierung des σ-Komplexes.

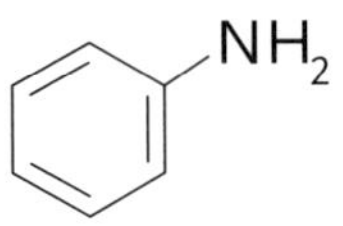

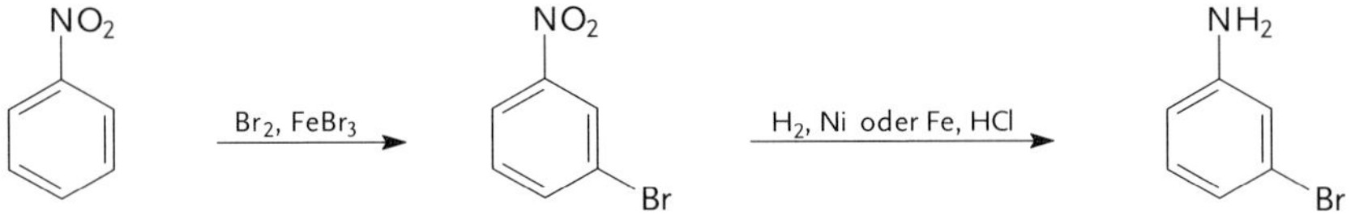

Abb. 5.104 Synthese eines *meta*-disubstituierten Aromaten mit *ortho/para*-dirigierenden Substituenten.

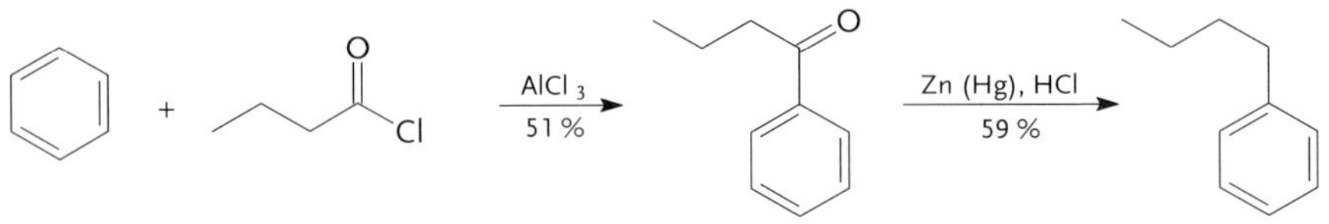

Abb. 5.105 Synthese eines *n*-Alkylbenzols.

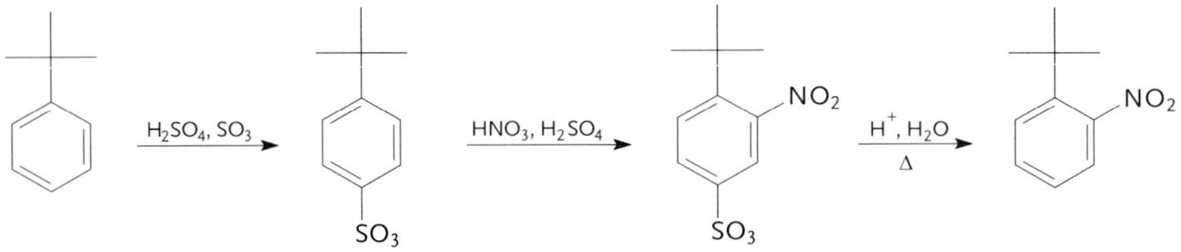

Abb. 5.106 Synthese von 1,2-*tert*-Butylnitrobenzol.

Die Synthese eines bestimmten Benzolderivats muss sorgfältig geplant werden, um sicherzustellen, dass das gewünschte Substitutionsmuster durch den dirigierenden Effekt des Erstsubstituenten auch tatsächlich entsteht. In manchen Fällen wird durch chemische Manipulation der dirigierende Einfluss einer Gruppe umgekehrt oder eine Substitutionsposition reversibel blockiert. So dirigiert eine Nitrogruppe den Zweitsubstituenten bei gleichzeitiger Desaktivierung des Aromaten in die *meta*-Position, während die Aminofunktionalität in *ortho/para*-Position lenkt und aktiviert. Beide Funktionalitäten sind durch Oxidation (Abschnitt 5.16.2.3) bzw. Reduktion (Abschnitt 5.16.1.2) leicht ineinander zu überführen (Abb. 5.104). Die Diazotierung (Abschnitt 5.17) der Aminogruppe erlaubt zudem über die Sandmeyer-Reaktion (Abschnitt 5.17) die Umwandlung in weitere funktionelle Gruppen.

Die in der Friedel-Crafts-Alkylierung häufig auftretenden Umlagerungen und Mehrfachalkylierungen können vermieden werden, indem eine Friedel-Crafts-Acylierung mit dem entsprechenden Säurechlorid durchgeführt wird. Das Arylalkylketon wird dann in einem zweiten Schritt reduziert, z. B. durch die **Clemmensen-Reduktion** (Abb. 5.105).[125] Eine gezielte Synthese von 1-Butylbenzol über Friedel-Crafts-Alkylierung gelingt nicht.

Zur Steuerung von *ortho/para*-**Selektivitäten** eignet sich die reversible Blockierung durch Sulfonsäuregruppen. So lässt sich 1,2-*tert*-Butylnitrobenzol zweistufig herstellen, indem zunächst durch Sulfonierung die *para*-Postion blockiert wird, in *ortho*-Position nitriert und schließlich die Sulfonsäuregruppe wieder abgespalten wird (Abb. 5.106). Die *ortho*- und *para*-Isomere einer Verbindung lassen sich in

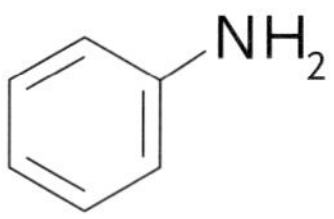

5.7 Substituierte Benzolderivate

einigen Fällen durch Ausfrieren, Umkristallisation oder fraktionierte Destillation trennen. Im Allgemeinen lässt sich das *para*-Isomer besser kristallisieren, während das *ortho*-Isomer oft noch flüchtig ist.

5.7.2
Aromatensubstitution mit Aryl-, Alkenyl- und Alkinylgruppen

Zur Knüpfung einer C–C-Bindung zwischen einem Aromaten und einer sp^2-hybridisierten Gruppe, wie Aryl oder Alkenyl, eignen sich vor allem Übergangsmetall-vermittelte Reaktionen.[126] Die Ullmann-Kupplung[127] von Halogenaromaten mit Kupfer liefert unter oft drastischen Bedingungen symmetrische Biaryle (Abb. 5.107). Alternative Methoden zur Aryl-Aryl-Kupplung sind die Palladium- oder Nickel-katalysierte Reaktion von Aryl-Grignard-Reagenzien mit Halogenaromaten und die Kupplung von Halogenaromaten mit einem Nickel(0)-Reagenz, das *in situ* durch Reduktion von Ni(II)-Salzen mit Zink/Triphenylphosphan erhalten wird.[128] Unsymmetrisch substituierte Biaryle sind über die oxidative Kupplung von Organokupferverbindungen zugänglich (Abb. 5.108).[129]

Mit Hilfe eines Palladiumkatalysators gelingt die Kupplung von Arylhalogeniden mit Arylboronsäuren (Suzuki-Kupplung; Abb. 5.109).[130]

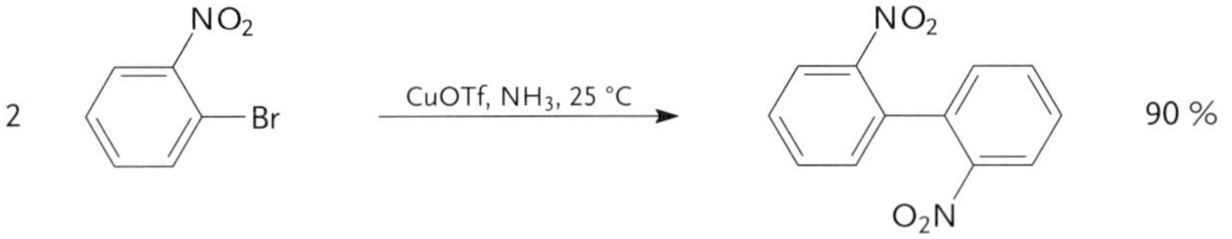

Abb. 5.107 Ullmann-Kupplung.

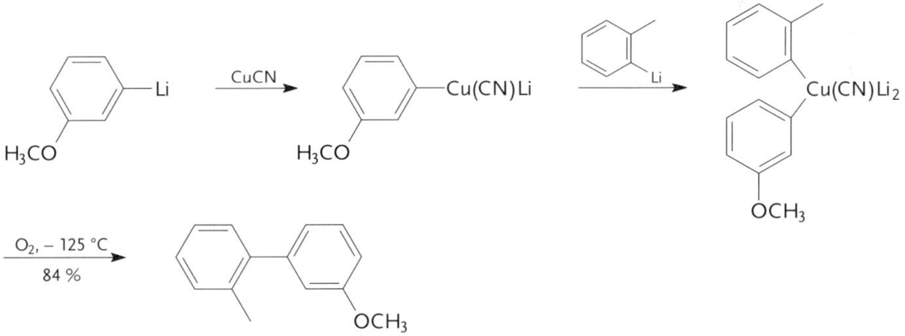

Abb. 5.108 Oxidative Kupplung von Organokupferverbindungen.

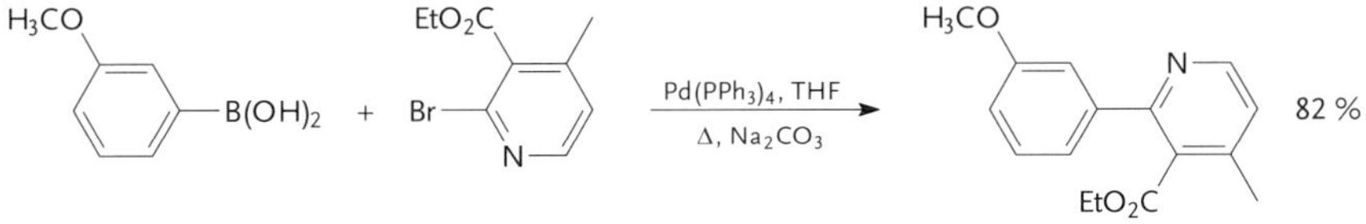

Abb. 5.109 Suzuki-Kupplung.

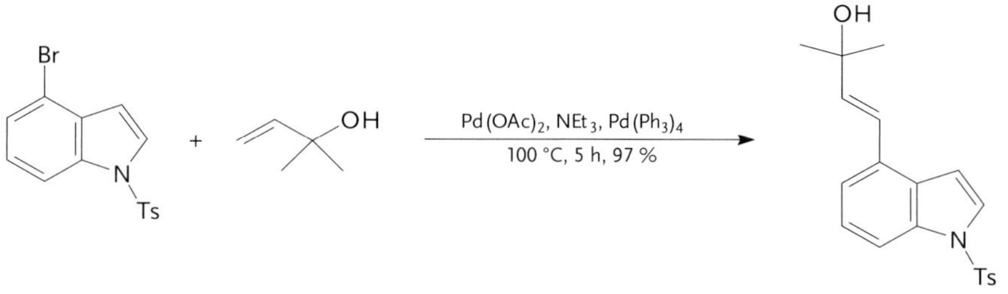

Abb. 5.110 Heck-Reaktion.

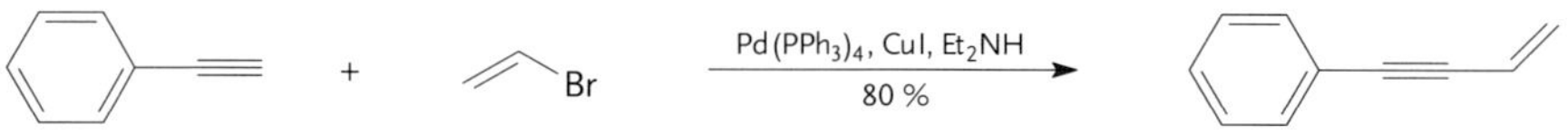

Abb. 5.111 Halogenalken-Alkin-Kupplung.

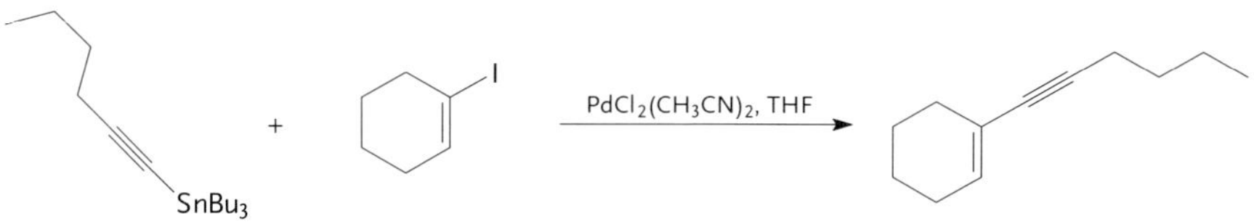

Abb. 5.112 Stille-Kupplung.

Für die Verknüpfung von Aromaten mit Alkenen eignet sich die Heck-Kupplung (Abb. 5.110 und Abschnitt 5.4.2.9).[131] Hierbei reagieren Halogenaromaten Palladium-katalysiert mit Alkenen. Unter anderen Reaktionsbedingungen und mit Kupfer(I)iodid als Cokatalysator gelingt auch die Kupplung von Halogenaromaten mit terminalen Alkinen (Abb. 5.111). Werden tributylstannylierte Alkine eingesetzt, so verläuft die Kupplungsreaktion unter besonders milden Bedingungen und mit einer höheren Triebkraft (**Stille-Kupplung**; Abb. 5.112).[132] Dieses Verfahren kann auch für die Kupplung von Halogenaromaten mit Alkenen und die Alken-Alken-Kupplung eingesetzt werden.[133]

Auch die Aminierung von Iod- und Bromaromaten gelingt mit Hilfe der Palladiumkatalyse, doch werden hierfür spezielle Ligandensysteme benötigt (Abb. 5.113).[134]

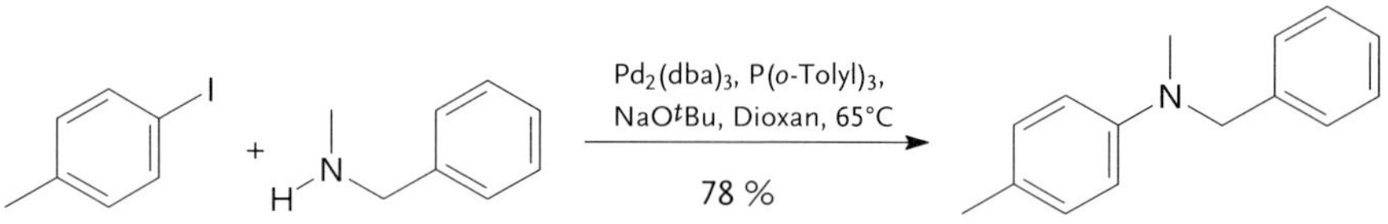

Abb. 5.113 Aminierung von Halogenaromaten; dba = Dibenzylidenaceton; P(o-Tolyl)$_3$ = Tris(ortho-tolyl)phosphan.

5.7 Substituierte Benzolderivate

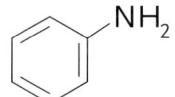

Zusammenfassung

Zwei Klassen von Substituenten des Benzolrings lassen sich unterscheiden: elektronenliefernde, die den Ring für die elektrophile aromatische Substitution aktivieren (z. B. -NR$_2$, -OH, schwächer Ph und Alkyl) und elektronenziehende, die den Ring desaktivieren (z. B. -NO$_2$, -CO$_2$R). Die Effekte verschiedener Substituenten sind additiv. Aktivierende Substituenten dirigieren ein angreifendes Elektrophil in die *ortho*- und *para*-Position, während desaktivierende Substituenten den Zweitsubstituenten in die *meta*-Position lenken. Eine Ausnahme bilden die Halogene, die *ortho/para*-dirigierend sind. Durch die chemische Umwandlung eines Substituenten kann seine dirigierende Wirkung umgekehrt werden (z. B. Nitro- in Aminogruppe). Für die Synthese von Aromaten, die Aryl-, Alkenyl- oder Alkinylsubstituenten besitzen, eignen sich vor allem Übergangsmetall-vermittelte Kupplungsreaktionen, wie die Heck- und die Stille-Kupplung.

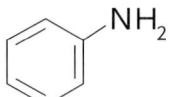

5 Substanzklassen, ihre Darstellung und Reaktionen

Übungsaufgaben

5.7–1 Wie kann man aus Benzol *ortho*-Dinitrobenzol herstellen?

5.7–2 Machen Sie einen Vorschlag zur Herstellung des folgenden Ketons aus Benzol.

5.7–3 Machen Sie auf der Basis Palladium-katalysierter Kupplungsreaktionen einen Vorschlag zur Synthese der folgenden Verbindung aus Ethinylbenzol.

5.8
Polycyclische Aromaten

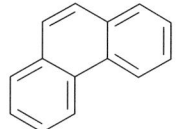

Die meisten polycyclischen aromatischen Kohlenwasserstoffe[135] (PAH = polycyclic aromatic hydrocarbon; Abb. 5.114) enthalten Benzolringe, und bereits das bicyclische Naphthalin wird zur Klasse der PAHs gezählt. PAHs werden in kondensierte und nichtkondensierte Verbindungen unterteilt. In den **kondensierten PAHs** teilen sich zwei aromatische Ringe eine C-C-Bindung. Man unterscheidet linear (Anthracen) und angular (Triphenylen, Phenanthren) kondensierte Verbindungen. Der einfachste Vertreter ist das Naphthalin. Der entsprechende **nichtkondensierte Kohlenwasserstoff** ist das Biphenyl. Auch Fluorene und Biaryle, die aus größeren Arylresten bestehen, wie das 2,2'-Binaphthyl, werden zu den nichtkondensierten PAHs gezählt. Biaryle können chiral sein.[136]

Man unterscheidet *kata*-**kondensierte** und *peri*-**kondensierte** PAHs (Abb. 5.115). Während erstere nur auf der Peripherie des Moleküls quartäre Kohlenstoffatome aufweisen, enthalten *peri*-kondensierte PAHs solche auch im Inneren.

In polycyclischen Aromaten teilen sich die Benzolringe Kohlenstoffatome miteinander, deren π-Elektronen über das Gesamtsystem delokalisiert sind. Die einzelnen Benzolringe eines mehrkernigen Kohlenwasserstoffs unterscheiden sich daher in ihren Eigenschaften sowohl voneinander als auch vom Benzol. PAHs zeigen die typischen Eigenschaften der Aromaten (Abschnitt 5.6): Langwellige Absorption im Elektronenspektrum (UV) (Abschnitt 3.4.1) durch die ausgeweitete Konjugation der π-Elektronen, im ¹H-NMR-Spektrum (Abschnitt 3.4.3) ist der entschirmende Ringstromeffekt zu erkennen, die Bindungslängen alternieren

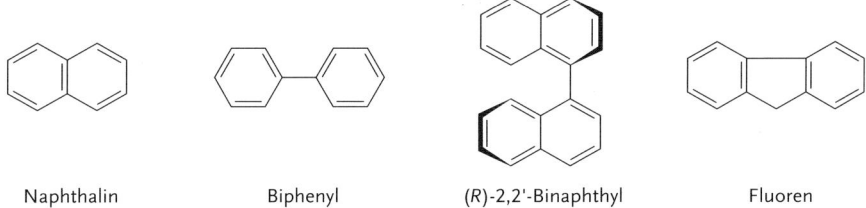

Naphthalin · Biphenyl · (R)-2,2'-Binaphthyl · Fluoren

Abb. 5.114 Einige typische polycyclische aromatische Kohlenwasserstoffe.

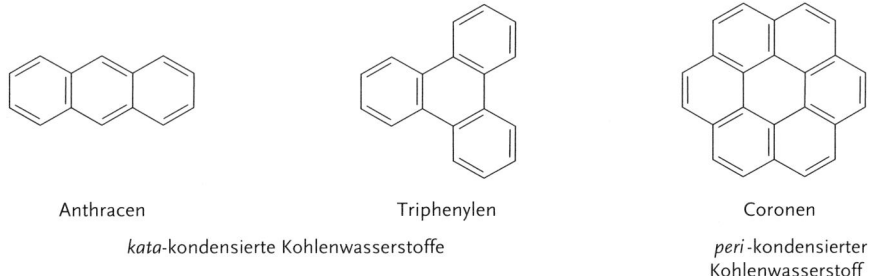

Anthracen · Triphenylen · Coronen

kata-kondensierte Kohlenwasserstoffe · *peri*-kondensierter Kohlenwasserstoff

Abb. 5.115 Beispiele *kata*- und *peri*-kondensierter polycyclischer aromatischer Kohlenwasserstoffe.

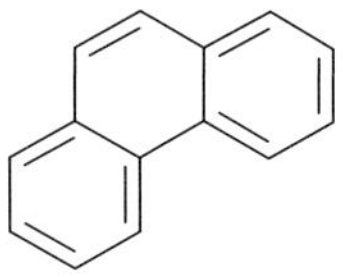

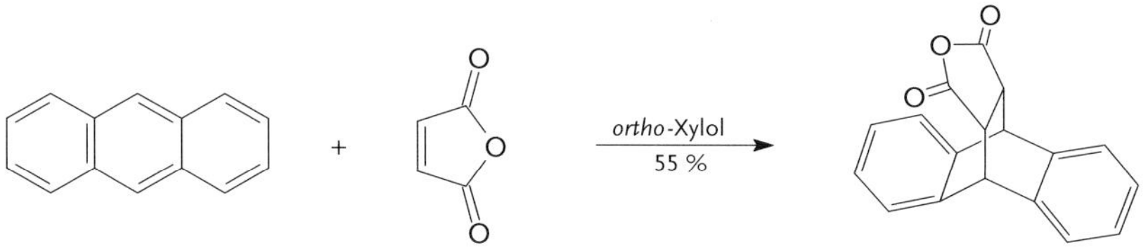

5 Substanzklassen, ihre Darstellung und Reaktionen

Abb. 5.116 Diels-Alder-Reaktion mit Anthracen.

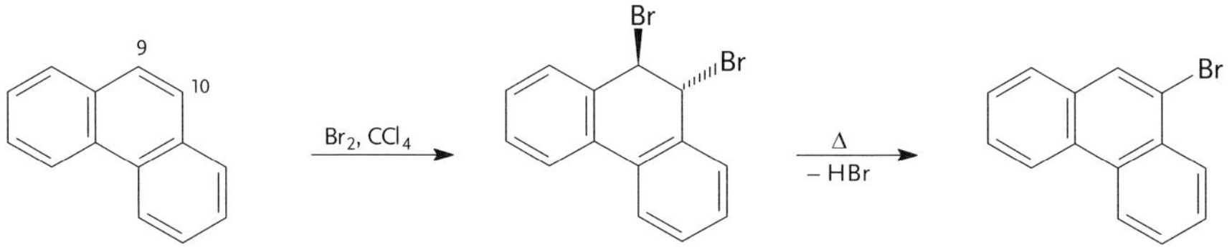

Abb. 5.117 Synthese von 9-Bromphenanthren.

kaum, und das π-System geht elektrophile aromatische Substitutionsreaktionen (Abschnitt 5.6.3.3) ein.[137] Einzelne Ringe eines PAHs können wesentlich reaktiver sein als Benzol. So reagiert der mittlere Ring des Anthracens glatt in Diels-Alder-Reaktionen mit Maleinsäureanhydrid, da ein Produkt mit zwei getrennten, intakten Benzolringen entsteht (Abb. 5.116). Auch die Halogenierung von Phenanthren zeigt dies: Es erfolgt zunächst Bromaddition an die C9-C10-Doppelbindung, gefolgt von HBr-Eliminierung zum 9-Bromphenanthren (Abb. 5.117).

Wird ein beliebiges organisches Material unter Sauerstoffausschluss auf über 700 °C erhitzt, so bilden sich durch **Pyrolysereaktionen** stets PAHs. Bei der Pyrolyse organischer Verbindungen entstehen unabhängig von der Ausgangsverbindung die gleichen PAHs. Lediglich die Menge der entstehenden PAHs sind von der Ausgangsverbindung und – in starkem Maße – von der Temperatur abhängig. Derartige Prozesse laufen auch bei der unvollständigen Verbrennung von organischem Material ab, so dass PAHs besonders in industrialisierten Regionen in Luft, Boden und Wasser gefunden werden. Die gefundenen Gehalte sind sehr unterschiedlich: Grundwasser 1–10 ng L^{-1}, Böden 0.8–3000 ng kg^{-1}, Luft 1–200 ng m^{-3}. Auch die Rauchgase einer Zigarette enthalten ca. 150 verschiedene PAHs. Im Rauchkondensat sind etwa 10–50 ng des stark cancerogenen Benzo[a]pyren enthalten. Dass bestimmte chemische Substanzen krebserzeugend (cancerogen; Abb. 5.118) wirken, wurde zuerst an polycyclischen aromatischen Kohlenwasserstoffen beobachtet. Durch körpereigene Enzyme werden PAHs nach der Aufnahme in hochreaktive Epoxide (Abschnitt 5.4.2.6 und 5.10.2.4) überführt. Diese besitzen eine stark alkylierende Wirkung. Es gilt heute als gesichert, dass die Krebsentstehung durch PAHs mit der Ausbildung einer kovalenten Bindung zwischen Basen der DNA und dem Cancerogen beginnt. Nicht alle PAHs sind cancerogen.

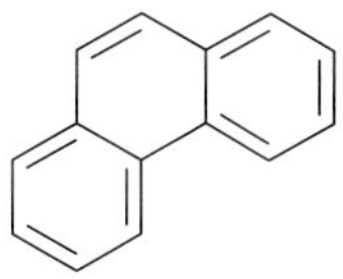

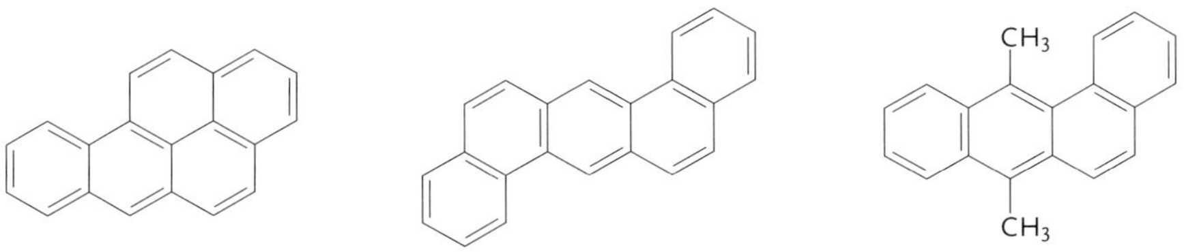

5.8 Polycyclische Aromaten

Benzo[a]pyren   1,2:5,6-Dibenzoanthracen   7,12-Dimethylbenz[a]authracen

Abb. 5.118 PAHs mit starker cancerogener Aktivität.

5.8.1
Darstellung polyclischer aromatischer Kohlenwasserstoffe

Die wichtigsten in reiner Form industriell genutzten PAHs und Alkyl-PAHs sind Naphthalin, 2-Methylnaphthalin, Acenaphthen, Anthracen, Phenanthren[138] und Pyren (Abb. 5.119). Naphthalin kommt die größte Bedeutung zu (Weltproduktion 950 000 Tonnen pro Jahr). Es wird hauptsächlich in der Farb- und Gerbstoffindustrie verwendet. Über lange Zeit wurde der Weltbedarf an Phthalsäureanhydrid durch oxidativen Abbau von Naphthalin gedeckt. Phthalsäureanhydrid ist ein wichtiges Zwischenprodukt zur Herstellung von Weichmachern und Polyestern. Es wird heute durch Oxidation von *ortho*-Xylol gewonnen. Aus Anthracen (20 000 Tonnen pro Jahr) werden überwiegend Anthrachinon-Farbstoffe hergestellt. Steinkohlenteer ist der wichtigste Rohstoff zur Herstellung von industriell genutzten PAHs. Die Isolierung erfolgt durch Destillation, kombiniert mit weiteren Trennoperationen. Die einfachen PAHs sind daher preisgünstige Feinchemikalien: Naphthalin 15 EUR/kg, Anthracen 30 EUR/kg, Phenanthren 300 EUR/kg. Synthetisch lassen sich PAHs durch Ringschlussreaktionen funktionalisierter Aromaten aufbauen (Abb. 5.120).

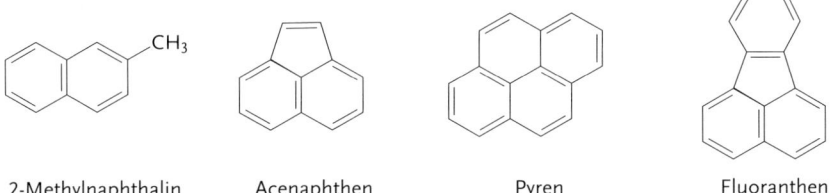

2-Methylnaphthalin   Acenaphthen   Pyren   Fluoranthen

Abb. 5.119 Industriell bedeutende polyclische aromatische Kohlenwasserstoffe.

5.8.2
Fullerene[139]

1985 wurde erstmals die Existenz von sphärischen Kohlenstoffclustern nachgewiesen,[140] die fünf Jahre später auch in Substanz isoliert werden konnten.[141] Bei den Fullerenen handelt es sich um neue allotrope Modifikationen des Kohlenstoffs. Im Gegensatz zu den Allotropen **Diamant** und **Graphit** sind Fullerene molekulare Kohlenstoffmodifikationen. Die Fullerene mit 60 und 70 Kohlenstoffatomen sind

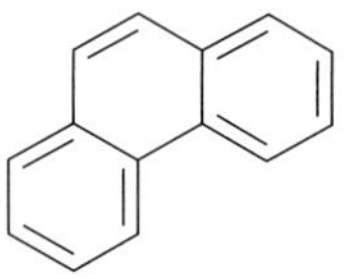

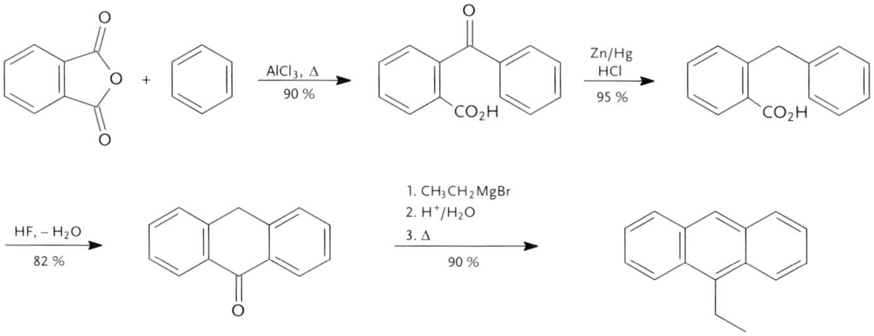

5 Substanzklassen, ihre Darstellung und Reaktionen

Abb. 5.120 Synthese von 9-Ethylanthracen.

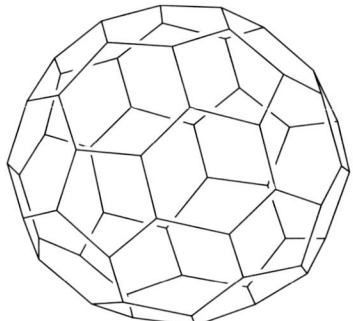

Abb. 5.121 Fulleren-C_{60}. Doppelbindungen wurden zur besseren Übersichtlichkeit weggelassen.

bislang am besten untersucht. **Fulleren-C_{60}** ist das kleinste stabile Fulleren. Alle Kohlenstoffatome sind sp^2-hybridisiert und bilden ein in sich geschlossenes Netzwerk aus 5- und 6-gliedrigen Ringen. Stabile Fullerene enthalten unabhängig von der Zahl (n) ihrer Kohlenstoffatome immer 12 fünfgliedrige Ringe (Pentagone), während sich die Zahl h der sechsgliedrigen Ringe (Hexagone) zu $h = n/2-10$ ergibt. Alle Pentagone sind durch Sechsringe voneinander getrennt. Die C-C-Bindungen in den Fünfringen des **Fulleren-C_{60}** (Abb. 5.121) sind alle gleich lang. Die Bindungen der Sechsringe alternieren in der Länge. Da Fullerene keinen Wasserstoff enthalten, können sie keine Substitutionsreaktionen eingehen. Additionsreaktionen sind jedoch bekannt: Fullerene reagieren mit Carbenen und Carbanionen. In Diels-Alder-Reaktionen fungieren sie stets als Dienophil. Obwohl C_{60} formal als Aromat aufgefasst werden kann, entsprechen seine chemischen Eigenschaften eher denen von Alkenen.

Zusammenfassung

Man unterscheidet *kata*- und *peri*-kondensierte sowie nichtkondensierte PAHs. Die chemischen und spektroskopischen Eigenschaften der Verbindungen sind typisch für Aromaten, wobei einige Ringe reaktiver als Benzol sein können. Einige PAHs sind cancerogen. Industriell von Bedeutung sind Naphthalin und Anthracen, die aus Steinkohlenteer gewonnen werden. Fullerene sind molekulare Kohlenstoffmodifikationen.

Übungsaufgaben

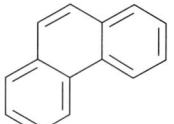

5.8 Polycyclische Aromaten

5.8–1   a) Wozu reagiert Phenanthren mit Cyclopentadien? b) Schlagen Sie Synthesen der Verbindungen **A** und **B** vor. Warum eignet sich eine Heck-Kupplung wenig zur Herstellung von **B**?

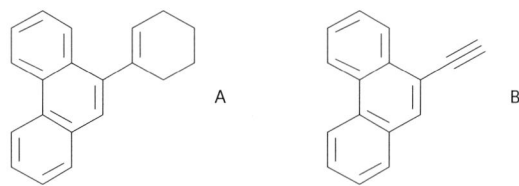

5.8–2   Schlagen Sie eine Synthese von 9-Chloranthracen vor.
5.8–3   Warum ist (R)-2,2'-Binaphthyl chiral?

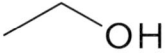

5.9
Alkohole und Phenole

Die Hydroxylgruppe -OH ist die funktionelle Gruppe der Alkohole[142] und Phenole (die physikalischen Eigenschaften einiger Alkohole und Phenole sind in Tabelle 5.4 tabellarisch zusammengefasst). Ist die **Hydroxylgruppe** an ein sp^3-hybridisiertes Kohlenstoffatom gebunden, so spricht man von Alkoholen. Verbindungen, deren OH-Gruppe direkt mit einer C=C-Doppelbindung oder einem Aromaten verknüpft ist, werden als **Enole** bzw. **Phenole** bezeichnet. Enole sind **Tautomere** von Carbonylverbindungen (Abschnitt 5.12). Das **Keto-Enol-Gleichgewicht** liegt meist weit auf der Seite der Carbonylverbindung (Abb. 5.122).

Tab. 5.4 Physikalische Eigenschaften einiger Alkohole und Phenole.

Alkohol	Schmelzpunkt [°C]	Siedepunkt [°C]	Wasserlöslichkeit[a] [g/100 g]	pK_a in Wasser
Methanol	− 97	65	unbegrenzt	15.5
Ethanol	−115	79	unbegrenzt	15.9
1-Butanol	− 90	117	8.0	−
tert-Butanol[b]	26	82	unbegrenzt	18
1-Octanol	− 15	195	0.05	−
Ethylenglycol	− 16	197	unbegrenzt	−
Glycerin	18	290	unbegrenzt	−
Phenol	41	182	9,3	9.96
2,4-Dinitrophenol	113	−	0.6	4.00
2,4,6-Trinitrophenol[c]	122	−	1.4	0.37
Brenzcatechin	104	246	45.0	10.00

[a]) Die Angaben beziehen sich auf 25 °C. [b] Der IUPAC-Name für $(CH_3)_3COH$ lautet 2-Methyl-2-propanol. [c] Trivialname: Pikrinsäure.

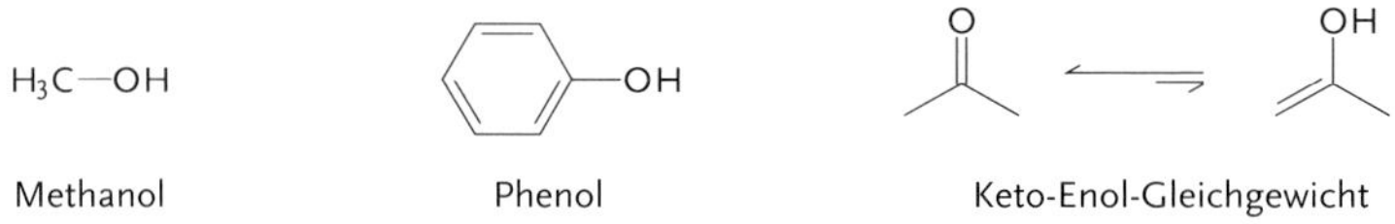

H₃C—OH   Phenol   Keto-Enol-Gleichgewicht

Methanol

Abb. 5.122 Methanol und Phenol; Keto-Enol-Gleichgewicht (rechts).

Nach der Anzahl der OH-Gruppen werden einwertige von mehrwertigen Alkoholen unterschieden. Ein wichtiger dreiwertiger Alkohol ist das Glycerin. Verbindungen, die mehrere Hydroxylgruppen am gleichen C-Atom tragen, wie Hydrate (Abschnitt 5.12.2.9) und Orthoester, werden üblicherweise nicht zu den Hydroxylverbindungen gerechnet. Nach der Anzahl der organischen Reste, die das Kohlenstoffatom der Hydroxylgruppe trägt, werden primäre, sekundäre und tertiäre Alkohole unterschieden (Abb. 5.123). Die Endung -ol in Kombination mit dem entsprechenden Kohlenwasserstoffnamen kennzeichnet Alkohole. Als Stammverbindung ist die Kohlenstoffkette mit den meisten Hydroxylgruppen zu wählen. Bildet die Hydroxylgruppe nicht die Hauptgruppe, so wird sie durch das Präfix Hydroxy- benannt. Für viele Alkohole, vor allem Phenole, werden Trivialnamen

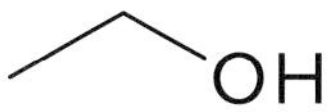

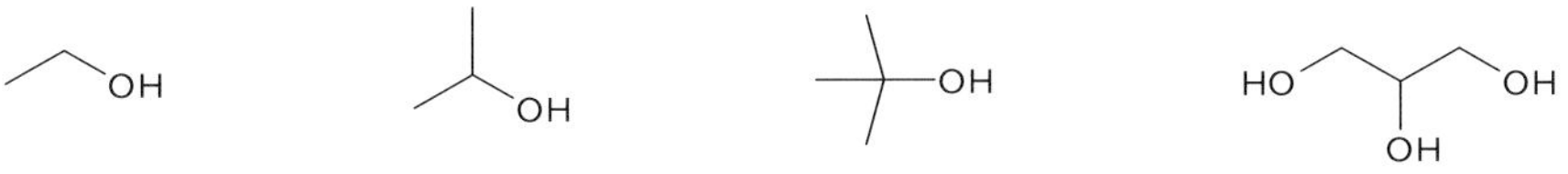

5.9 Alkohole und Phenole

Abb. 5.123 Typische einfache Alkohole.

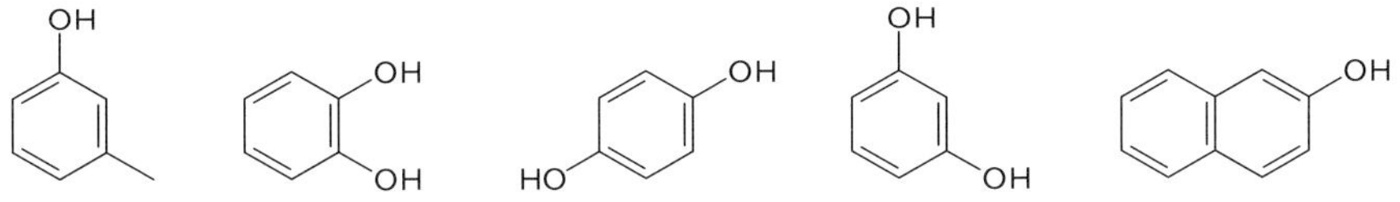

- Ethanol — primär
- 2-Propanol — sekundär
- tert-Butanol — tertiär
- Glycerin (Glycerol) — primär, sekundär

Abb. 5.124 Typische einfache Phenole.

- meta-Kresol
- Brenzcatechin
- Hydrochinon
- Resorcin
- β-Naphthol

verwendet (Abb. 5.124). Die einfachen Alkohole werden auch nach dem Alkylrest durch Anhängen des Suffix -alkohol benannt, z. B. Ethylalkohol für Ethanol.

Alkohole enthalten neben dem Kohlenwasserstoffrest eine oder mehrere stark polare Hydroxylgruppen. Da sie gleichzeitig hydrophile Eigenschaften durch die OH-Gruppen und lipophile (hydrophobe) Eigenschaften durch den Alkylrest besitzen, sind sie wichtige Lösungsmittel. Als Lösungsvermittler können sie die Mischbarkeit von polaren mit unpolaren Phasen erhöhen. Die niedrigen aliphatischen Alkohole sind wasserlöslich. Sie mischen sich aber auch mit unpolaren Lösungsmitteln wie Kohlenwasserstoffen. Die höheren Alkohole (ab C_4) werden zunehmend unpolarer, was sich in abnehmender Wasserlöslichkeit zeigt. Mehrwertige Alkohole sind mit Wasser erheblich besser mischbar als einwertige Alkohole und zeigen einen süßen Geschmack. Sie werden u. a. als Frostschutz- und Kühlmittel verwendet. Zuckeralkohole (Abschnitt 5.13.1.1), wie Mannitol, dienen als Zuckeraustauschstoff. Glycerin ist ein wichtiger Salben- und Arzneimittelgrundstoff der pharmazeutischen Industrie. Eine weitere Verwendung ist die Herstellung von Dynamit (Nitroglycerin). Die meisten Phenole sind Feststoffe mit geringer Wasserlöslichkeit. Phenol selbst wurde hauptsächlich zur Herstellung von Phenol-Formaldehyd-Kunststoffen (Abschnitt 5.6) verwendet.

Die Siedepunkte von Alkoholen liegen weit über denen entsprechender, ebenfalls polarer Chlorkohlenwasserstoffe. Der Grund hierfür sind intermolekulare **Wasserstoffbrückenbindungen** zwischen den OH-Gruppen. Das H-Atom der Hydroxylgruppe tritt dabei mit dem freien Elektronenpaar des O-Atoms eines anderen Moleküls in Wechselwirkung. Die Bindungsenergie einer Wasserstoffbrückenbindung ist mit 20–40 kJ mol^{-1} zwar viel geringer als die einer kovalenten Bindung, doch die Wechselwirkung reicht aus, um Alkoholmoleküle zusammenzuhalten und so hohe Siedepunkte zu bewirken. Auch die gute Wasserlöslichkeit kleiner Alkohole lässt sich so erklären: Sie passen sich leicht in das Wasserstoffbrücken-Netzwerk des Wassers ein. Die Elektronegativität des Sauerstoffatoms bewirkt eine ungleiche Ladungsverteilung im Molekül, so dass ein Dipolmoment vorliegt. Die Dipolmomente für Methanol ($5.7 \cdot 10^{-30}$ C m) und Wasser ($6.0 \cdot 10^{-30}$ C m) sind sehr ähnlich.

CH₃OH + NaNH₂ ⇌ CH₃O⁻ Na⁺ + NH₃

Abb. 5.125 Alkoholatbildung.

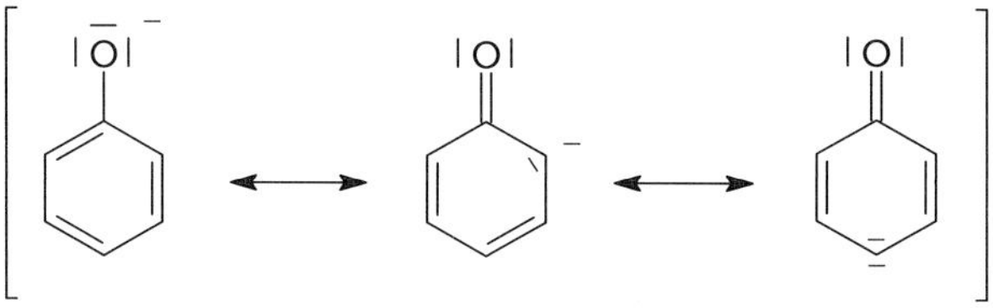

Abb. 5.126 Resonanzstabilisierung des Phenolat-Ions.

Die **Hydroxylgruppe besitzt amphotere Eigenschaften**: Sie kann als Säure ein Proton abgeben, besitzt aber durch die freien Elektronenpaare des Sauerstoffs auch basische Eigenschaften und kann protoniert werden. Mit pK_a-Werten von 15–16 liegt die Acidität aliphatischer Alkohole in vergleichbarer Größenordnung wie die des Wassers. Mit starken Basen, wie Natriumamid (NaNH₂), Natriumhydrid (NaH) oder Lithiumalkylen bilden sich Alkoholate. Mit elementarem Natrium oder Kalium reagieren Alkohole unter Wasserstoffentwicklung zu den entsprechenden Alkoholaten (Abb. 5.125). Diese Reaktion verläuft mit den stärker aciden Alkoholen äußerst heftig: **Vorsicht**, der entstehende Wasserstoff kann sich durch die Wärmeentwicklung entzünden, so dass es zur Explosion kommt. Die Vernichtung von Kaliumresten durch Überführung in das weniger reaktive Alkoholat sollte daher mit *tert*-Butanol erfolgen. Phenole sind mit pK_a-Werten unter 10 wesentlich stärkere Säuren als aliphatische Alkohole. Schon durch schwächere Basen, wie Kaliumhydroxid, können Phenole zu Phenolat-Ionen deprotoniert werden. Die Resonanzstabilisierung der korrespondierenden Base, des Phenolat-Ions, ist der Grund für die höhere Säurestärke (Abb. 5.126). Durch elektronenziehende Substituenten wird die Acidität weiter gesteigert, so dass 2,4,6-Trinitrotoluol (Pikrinsäure) bereits stark sauer reagiert (pK_a = 0.37).

Ein wichtiges spektroskopisches Merkmal (Abschnitt 3.4) der Alkohole ist die sehr intensive O–H-Schwingungsbande im IR-Spektrum. Die Resonanz des OH-Protons im ^{1}H-NMR-Spektrum tritt oft verbreitert auf. Die chemische Verschiebung wird u. a. durch die Konzentration, das Lösungsmittel und den Wassergehalt stark beeinflusst. Durch den Austausch des OH-Protons gegen Deuterium mit D₂O oder D₃COD können Hydroxyprotonen identifiziert werden.

5.9.1
Darstellung von Alkoholen

5.9.1.1
Technische Alkoholsynthesen

Methanol[143] wird großtechnisch durch die Umsetzung von Synthesegas, einer Mischung aus Kohlenmonoxid und Wasserstoff die durch Kohlevergasung in Gegenwart von Wasser erhalten wird, an heterogenen Metallkatalysatoren unter

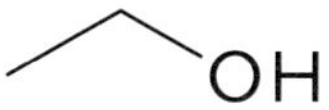

5.9 Alkohole und Phenole

hohem Druck gewonnen. Dabei wird das Kohlenmonoxid durch Wasserstoff reduziert (Abb. 5.127, links). Die Vergärung von Kohlenhydraten durch Mikroorganismen, z. B. Hefe, ist das älteste, aber immer noch aktuelle Syntheseverfahren für die Ethanolgewinnung. Industrie-Ethanol hingegen stellt man durch die Phosphorsäure-katalysierte Hydratisierung von Ethen her (Abb. 5.127, rechts; Abschnitt 5.4.2.3). Ethylenglycol und höhere Glycole werden durch Hydrolyse des cyclischen Ethers (Abschnitt 5.10.2.4) Oxacyclopropan (Oxiran, Ethylenoxid) erhalten (Abb. 5.128). Glycerin ist als dreiwertiger Alkohol wichtiger Bestandteil vieler Fette. Durch alkalische Hydrolyse (Verseifung, Abschnitt 5.15.4; Abb. 5.129, links) kann Glycerin gewonnen werden. Technisch wird Glycerin durch Chlorierung (Abschnitt 5.2.2.3) von Propen zu 3-Chlorpropen und anschließende Umsetzung mit HOCl und KOH erhalten (Abb. 5.129, rechts).

$$CO + 2\,H_2 \xrightarrow[10\,\text{MPa}]{\text{Kat., 250 °C}} CH_3OH \quad\|\quad H_2C=CH_2 + H_2O \xrightarrow[300\,°C]{H_3PO_4} CH_3CH_2OH$$

Abb. 5.127 Methanolsynthese aus Synthesegas (links); Ethanolgewinnung durch Hydratisierung von Ethen (rechts).

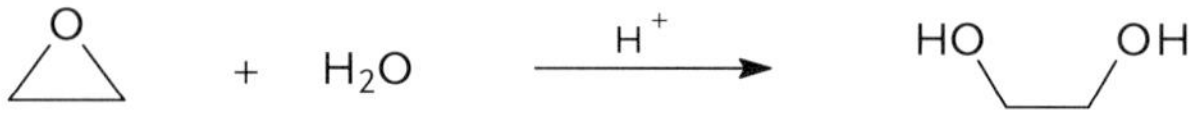

Abb. 5.128 Ethylenglycolsynthese aus Ethylenoxid (Oxacyclopropen).

Abb. 5.129 Glyceringewinnung.

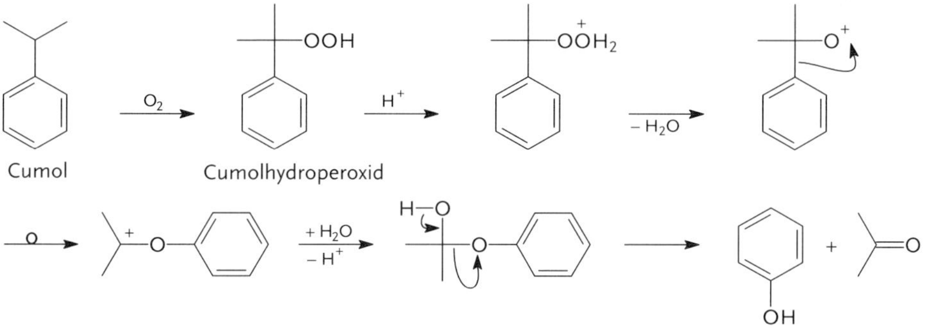

Abb. 5.130 Phenolsynthese nach dem Cumol-Phenol-Verfahren.

Phenol wird durch das **Cumol-Phenol-Verfahren** (Cumol-Hydroperoxid-Verfahren, Abb. 5.130)[144] hergestellt. 2-Phenylpropan (Cumol) wird dabei zunächst durch Sauerstoff und Radikalstarter in Cumolhydroperoxid überführt, das säurekatalysiert in Phenol und Aceton umlagert. Weitere Verfahren für die Phenolsynthese sind die Umsetzung aromatischer Sulfonsäuren mit Natriumhydroxid, die alkalische Hydrolyse von Chlorbenzol oder das Verkochen von Diazoniumsalzen (Abschnitt 5.17).

5.9.1.2
Alkohole durch nucleophile Substitution aus Halogenalkanen
Durch die Hydrolyse von Alkylderivaten mit guten Abgangsgruppen können Alkohole erhalten werden. Dieses Verfahren ist nicht allgemein anwendbar, da die benötigten Alkylhalogenide oft erst aus den entsprechenden Alkoholen gewonnen werden und Nebenreaktionen der nucleophilen Substitution, wie Eliminierungen, auftreten können. Wird als angreifendes Nucleophil statt OH⁻ das weniger basische Acetat-Ion CH_3COO^- verwendet, können konkurrierende Eliminierungen zurückgedrängt werden (Abb. 5.131). In der Reaktion mit Alkylhalogeniden entstehen dann Carbonsäureester, aus denen durch Esterhydrolyse (Abschnitt 5.15.4) der Alkohol gewonnen wird.

5.9.1.3
Alkohole durch Reduktion von Carbonylverbindungen
Die Reduktion von Carbonylverbindungen, insbesondere von Aldehyden und Ketonen, ist ein wichtiger Syntheseweg für Alkohole. Umgekehrt können Carbonylverbindungen durch Oxidation von Alkoholen hergestellt werden (Abschnitt 5.12.1). Die Reduktion von Carbonylverbindungen zu Alkoholen gelingt glatt durch katalytische Hydrierung mit Wasserstoff (Abb. 5.132) oder durch Umsetzung mit Hydrid übertragenden Reagenzien, wie **Natriumborhydrid** $NaBH_4$ oder **Lithiumaluminiumhydrid** $LiAlH_4$ (Abb. 5.133).[145] $NaBH_4$ eignet sich vor allem für die Reduktion von Aldehyden und Ketonen. Das Reagenz wird in protischen Lösungsmittel, z. B. Gemischen aus Isopropanol/Ethanol, verwendet. $LiAlH_4$ ist erheblich reaktiver und

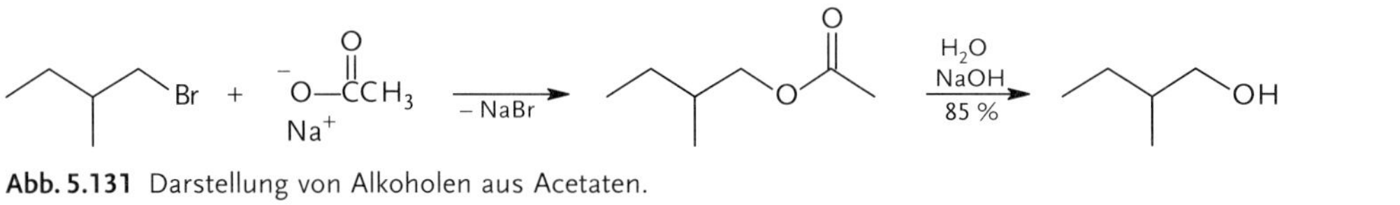

Abb. 5.131 Darstellung von Alkoholen aus Acetaten.

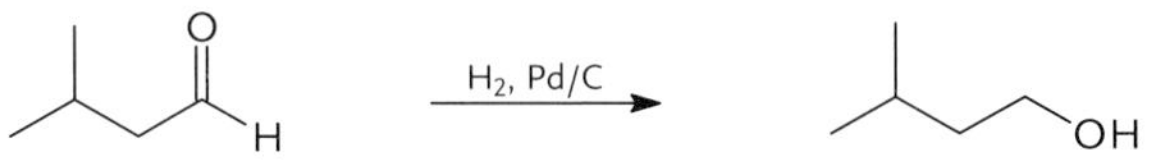

Abb. 5.132 Alkoholdarstellung durch katalytische Hydrierung von Aldehyden oder Ketonen.

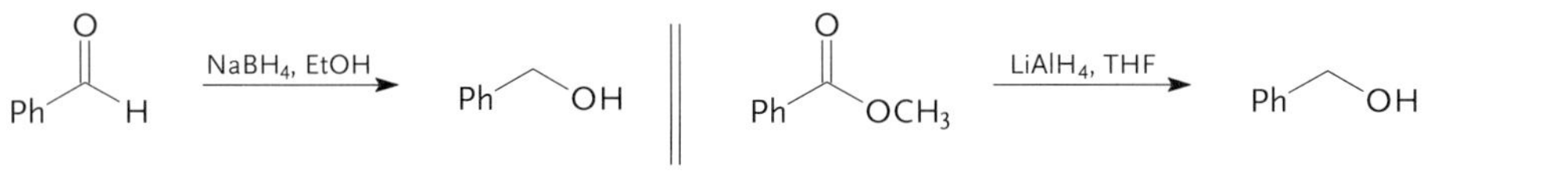

Abb. 5.133 Reduktion von Carbonylgruppen durch Hydride.

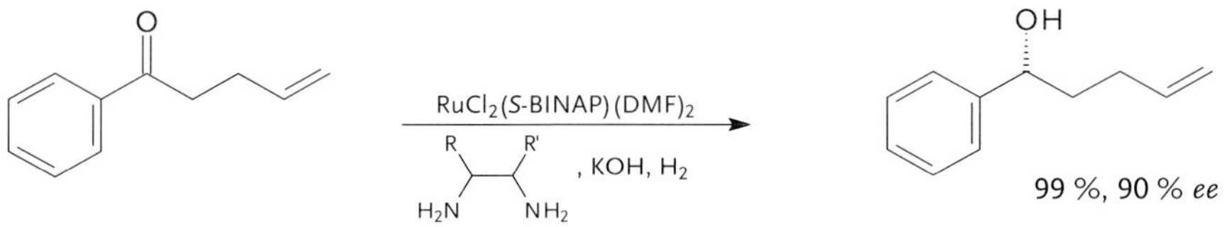

5.9 Alkohole und Phenole

Abb. 5.134 Enantioselektive Reduktion einer prochiralen Carbonylgruppe nach Noyori.

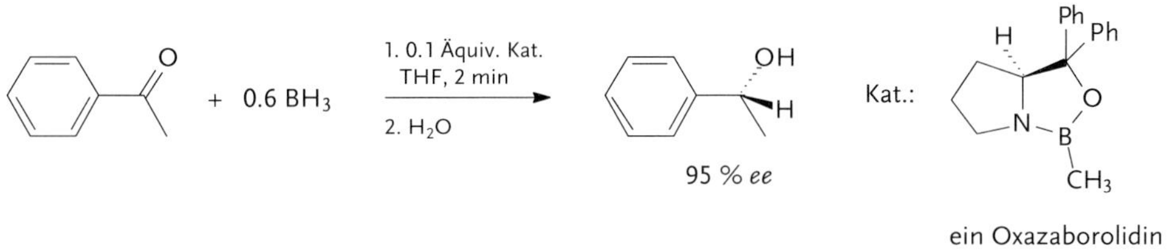

Abb. 5.135 Enantioselektive Reduktion eines Ketons nach Corey.

muss in inerten Lösungsmitteln, wie Tetrahydrofuran (THF), Benzol oder Diethylether verwendet werden. LiAlH$_4$ reduziert Ester und unter drastischen Bedingungen auch Carbonsäuren zu den entsprechenden Alkoholen. Die Reduktion von Carbonsäuren zu den Alkoholen gelingt leichter durch BH$_3 \cdot$SMe$_2$ in THF.

Unsymmetrische Ketone sind **prochiral** (Abschnitt 4.3) und werden je nach der Seite der Wasserstoffanlagerung in die enantiomeren Alkohole überführt. Zahlreiche Verfahren sind entwickelt worden, mit denen sich prochirale Carbonylgruppen enantioselektiv reduzieren lassen.[146] Ein typisches Beipiel ist die stereoselektive Reduktion nach Noyori durch Wasserstoff in Gegenwart eines Ruthenium-BINAP-Katalysators (Abb. 5.134). Das axial chirale BINAP ist die Quelle der chiralen Information.[147] Enantioselektive Reduktionen von Ketonen sind auch mit Boran in Gegenwart katalytischer Mengen eines Oxazaborolidins möglich (Abb. 5.135).[148]

Auch die Reaktion metallorganischer Verbindungen, wie Grignard-Reagenzien oder Lithiumalkyle, mit Carbonylverbindungen liefert Alkohole, wobei ein zusätzlicher Alkylrest eingeführt wird (Abb. 5.136). Die Reaktion ist von großer synthetischer Bedeutung. Mit Formaldehyd werden primäre Alkohole erhalten, mit Aldehyden entstehen sekundäre Alkohole, und die Reaktion mit Ketonen, aber auch mit Estern oder Säurechloriden, liefert tertiäre Alkohole. Befindet sich die Carbonylgruppe in Nachbarschaft zu einem Asymmetriezentrum, so wird die Richtung der Addition an prochirale Carbonylgruppen beeinflusst. Die **Cram'sche Regel**[149] erlaubt eine Vorhersage der bevorzugten Angriffsseite: *Re* oder *Si* (Abschnitt 4.3). Verfahren zur enantioselektiven Addition an Carbonylverbindungen werden in Abschnitt 5.12.2.17 vorgestellt.

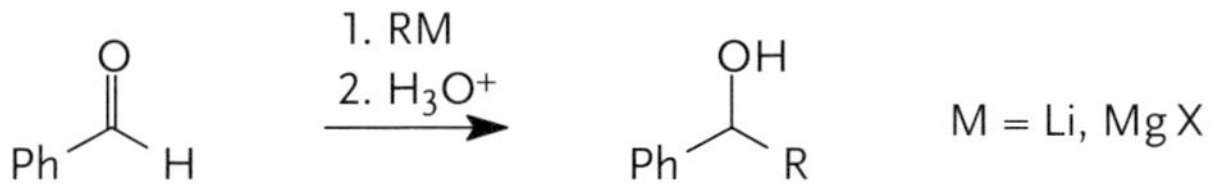

Abb. 5.136 Alkohole durch Reaktion von Organometallverbindungen mit Aldehyden.

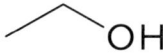

5.9.1.4
Aldolreaktion

Durch die Reaktion von Aldehyden oder Ketonen mit Carbanionen C–H-acider Carbonylverbindungen entstehen Alkohole. Der **Aldoladdition**[150] schließt sich häufig die Abspaltung von Wasser an. Die Reaktion und ihre enantioselektiven Varianten werden in Abschnitt 5.12.2.17 vorgestellt.

5.9.1.5
Direkte Synthese von Alkoholen aus Kohlenwasserstoffen durch C–H-Aktivierung

Die Wichtigkeit der C–H-Aktivierung wurde bereits in Abschnitt 5.2.2.4 betont. Bakterien gelingt es, mit Hilfe von Enzymen bei Raumtemperatur Methan direkt zu Methanol umzusetzen. Der entsprechende großtechnische Prozess existiert noch nicht. Durch Autoxidation oder die Umsetzung mit Sauerstoff und Radikalstartern können aber tertiäre C–H-Positionen in Hydroperoxide überführt werden. Dies wird zur Synthese von Cumolhydroperoxid genutzt (Abschnitt 5.9.1.1).

5.9.2
Reaktionen der Alkohole

5.9.2.1
Oxidationsreaktionen[151]

Primäre und sekundäre Alkohole können zu Carbonylverbindungen oxidiert werden. Während die Oxidation sekundärer Alkohole zu Ketonen (Abschnitt 5.12.1) führt, die gegenüber einer weiteren Oxidation recht stabil sind, werden die aus primären Alkoholen entstehenden Aldehyde leicht weiter zu Carbonsäuren (Abschnitt 5.14.1.1) oxidiert. Eine selektive Oxidation primärer Alkohole zu Aldehyden ist jedoch mit speziellen Methoden, wie der **Moffatt-Swern-Oxidation** (Abb. 5.137)[152] oder dem **Dess-Martin-Reagenz** (Abb. 5.138)[153] möglich. Zur Oxidation sekundärer Alkohole zu Ketonen oder primärer Alkohole zu Carbonsäuren eignet sich u. a. das **Jones-Reagenz** (Chromtrioxid in verdünnter Schwefelsäure; Abb. 5.139). Umweltfreundlicher sind neue Verfahren, die mit Luftsauerstoff als Oxidationsmittel auskommen, z. B. die Kupfer-katalysierte Oxidation von Alkoholen zu Ketonen und Aldehyden.[154] Phenole wie Hydrochinon lassen sich bereits durch Luftsauerstoff in die entsprechenden Oxidationsprodukte überführen. Die Oxidation erfolgt stufenweise über ein **Semichinon** (Abb. 5.140).

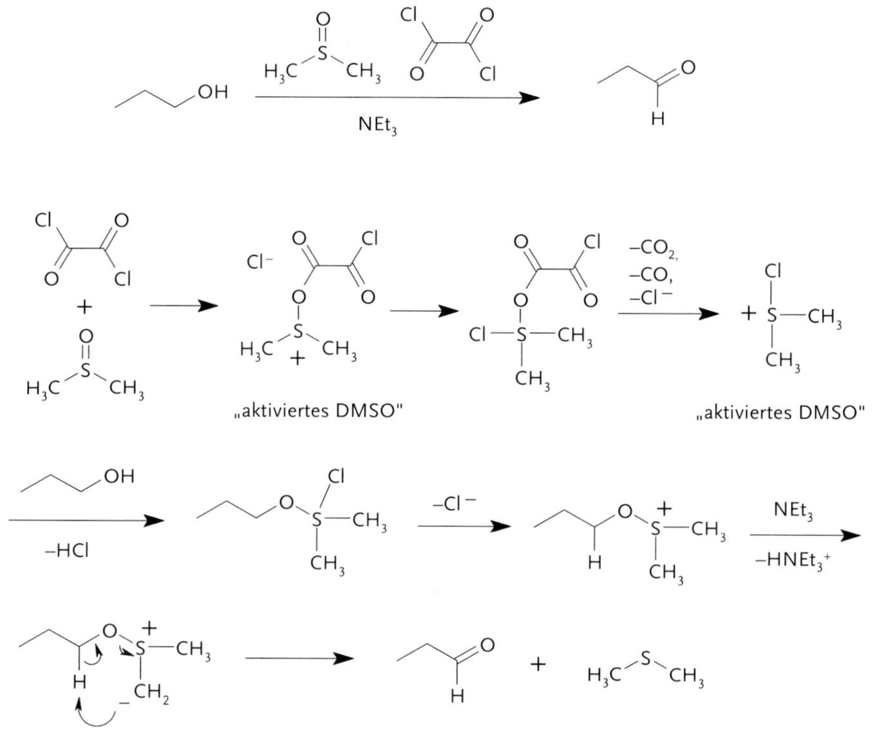

5.9 Alkohole und Phenole

Abb. 5.137 Moffatt-Swern-Oxidation von primären Alkoholen zu Aldehyden.

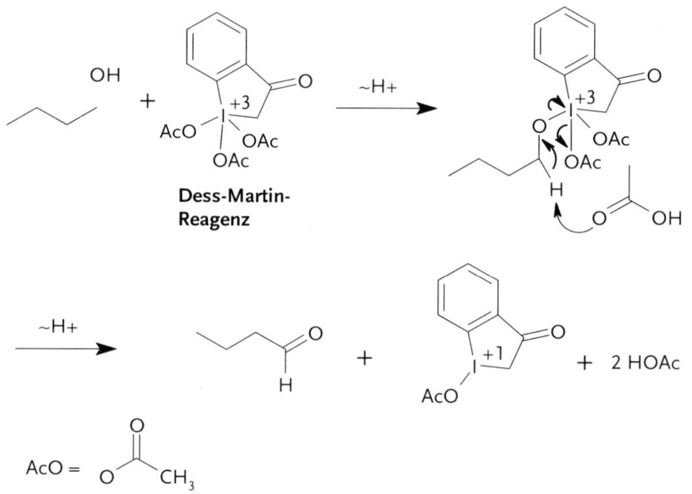

Abb. 5.138 Oxidation von primären Alkoholen zu Aldehyden mit dem Dess-Martin-Reagenz.

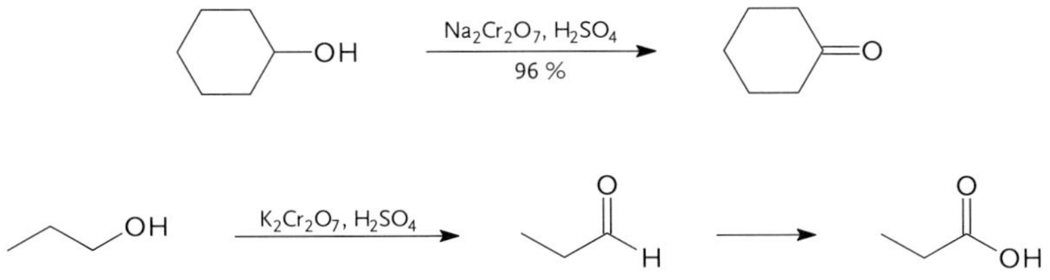

Abb. 5.139 Oxidation primärer und sekundärer Alkohole zu Carbonylverbindungen.

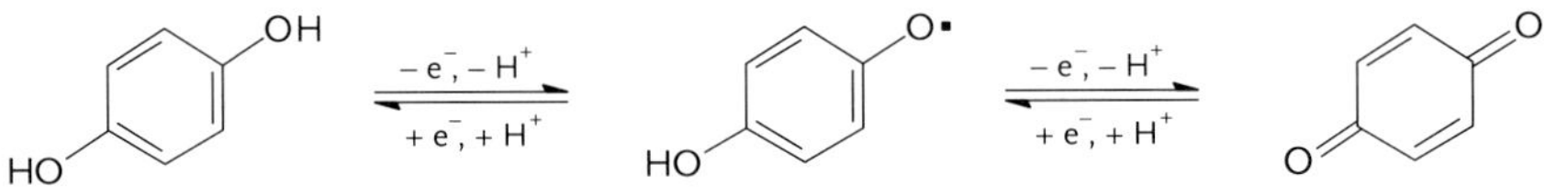

Hydrochinon Semichinon *para*-Benzochinon

Abb. 5.140 Oxidation von Hydrochinon zu *para*-Benzochinon.

5.9.2.2
Dehydratisierung

Durch säurekatalysierte Eliminierung von Wasser entstehen aus Alkoholen Alkene (Abschnitt 5.4.1.1). Die Reaktion verläuft besonders leicht bei tertiären Alkoholen (*tert*-Butanol zu Isobuten: 20 % H_2SO_4, 90 °C). Zur Dehydratisierung primärer Alkohole sind konzentrierte starke Säuren und hohe Temperaturen erforderlich (Ethanol zu Ethen: 95 % H_2SO_4, 160 °C).

5.9.2.3
Umwandlung in Halogenalkane

Bei der direkten Reaktion von Alkoholen zu Halogenalkanen mit Brom- oder Chlorwasserstoff treten häufig Nebenreaktionen auf. Im Labormaßstab wird daher häufig die Umsetzung mit Phosphortribromid PBr_3 oder die Reaktion mit PPh_3/CBr_4 verwendet (Abschnitt 5.3.1.3).

5.9.2.4
Bildung von Ethern

Bei der Umsetzung von Alkylhalogeniden, Dialkylsulfaten oder Toluolsulfonsäureestern mit den Alkalisalzen der Alkohole oder Phenole bilden sich Ether (**Williamson-Ethersynthese**, Abb. 5.141; Abschnitt 5.10.1.2). Diese Reaktion tritt auch als Nebenreaktion bei der alkalischen Hydrolyse von Alkylhalogeniden auf.

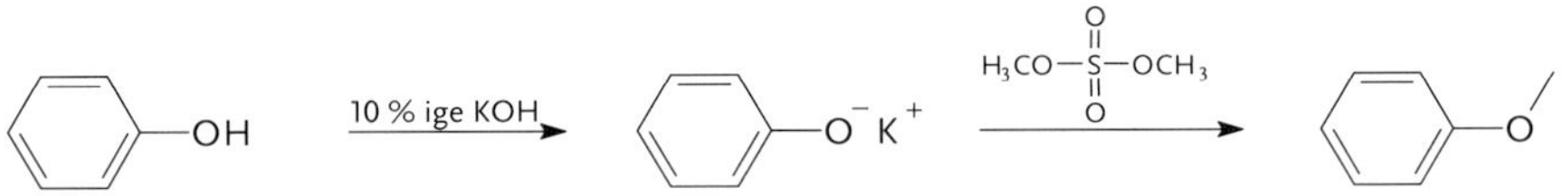

Abb. 5.141 Williamson-Ethersynthese.

5.9.2.5
Bildung von Carbonsäureestern

Aus Carbonsäuren und Alkoholen werden durch säurekatalysierte Wasserabspaltung (Veresterung) Carbonsäureester erhalten (Abb. 5.142). Zur Verschiebung des Gleichgewichts auf die Seite des Esters muss das gebildete Wasser entzogen werden. Im einfachsten Fall erfolgt dies direkt durch die Katalysatorsäure (H_2SO_4, HCl). Schonender ist die Wasserentfernung durch azeotrope Destillation (Abschnitt 3.3.2) oder durch Molekularsieb. Nicht alle Alkohole lassen sich gleich gut zu Estern umsetzen. Primäre Alkohole reagieren in der Regel besser als sekundäre. Für die Veresterung tertiärer Alkohole sind oft drastischere Reaktionsbedingungen nötig. Eine alternative Methode zur Herstellung von *tert*-Butylestern ist die Umsetzung von Carbonsäuren mit Isobuten (2-Methylpropen). Carbonsäurederivate mit höherer Carbonylaktivität, wie Carbonsäurechloride oder -anhydride, reagieren mit Alkoholen wesentlich leichter zu Estern (Abschnitt 5.15.1). Durch Markierungsexperimente wurde gezeigt, dass das Säure und Alkohol verbindende Sauerstoffatom aus dem Alkohol stammt. Ester tertiärer Alkohole werden besonders leicht gespalten, so dass man sie zum Schutz der Alkoholfunktion einsetzt.

5.9.2.6
Kationische Umlagerungen[155]

Während die Hydroxylgruppe selbst eine schlechte Abgangsgruppe ist, kann nach ihrer Protonierung aus dem gebildeten Oxonium-Ion Wasser abgespalten werden, was im Falle tertiärer oder sekundärer Alkohole zur Bildung von Carbenium-Ionen führt. Diese können neben Substitutions- und Eliminierungsreaktionen auch **Umlagerungen** eingehen, bei denen Wasserstoffatome oder andere Gruppen wandern. Dabei lagert sich ein Carbenium-Ion immer in ein stabileres Carbenium-Ion um. Die wichtigsten Umlagerungsreaktionen dieser Art sind die **Wagner-Meerwein-Umlagerung** (Abb. 5.143)[156] und die **Pinakol-Umlagerung** (Abb. 5.144).

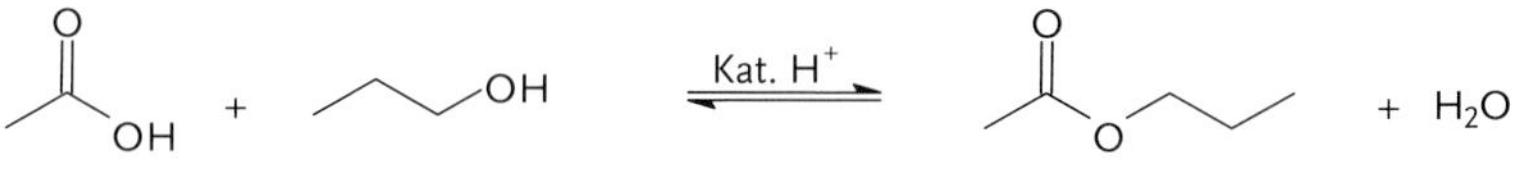

Abb. 5.142 Veresterung von Carbonsäuren.

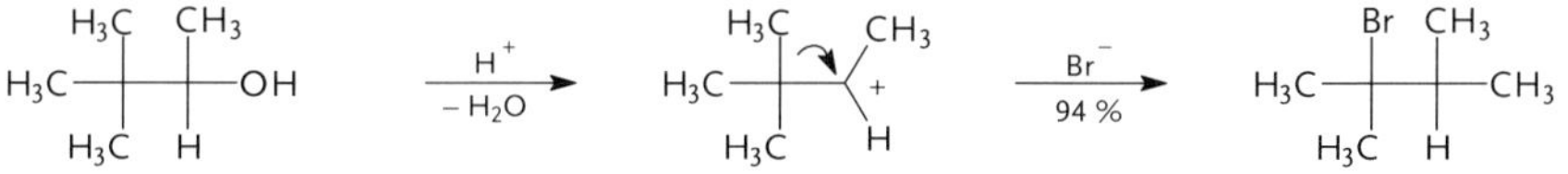

Abb. 5.143 Wagner-Meerwein-Umlagerung.

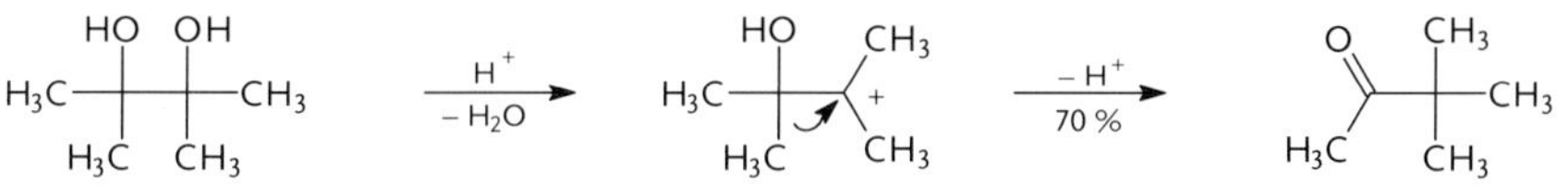

Abb. 5.144 Pinakol-Umlagerung.

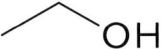

Zusammenfassung

Die Hydroxylgruppe ist die funktionelle Gruppe der Alkohole und Phenole. Alkohole bestehen aus einem hydrophoben Molekülteil, der Alkylkette, und einem hydrophilen Teil, der OH-Gruppe. Die Hydroxylgruppe bildet Wasserstoffbrückenbindungen aus, so dass die Siedepunkte von Alkoholen weit über denen entsprechender Verbindungen ohne OH-Gruppe liegen. Alkohole sind zugleich Säuren und Basen, wobei Phenole durch die Resonanzstabilisierung des Phenolat-Ions erheblich acider sind. Wichtige Reaktionen der Hydroxylgruppe sind die Deprotonierung zu Alkoholaten, die Oxidation zu Carbonylverbindungen und die Ether- und Esterbildung.

5.9 Alkohole und Phenole

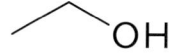

Übungsaufgaben

5.9–1 Zeichnen Sie die Konstitutionsformeln der organischen Hauptprodukte der folgenden Umsetzungen:
a) Ethanol + Natrium
b) *tert*-Butanol + Säure, Erwärmen
c) 2-Propanol + Base, dann 1-Brompropan
d) Brenzcatechin + BCl_3
e) Hydrochinon + Ag^+
f) Ethanol + Phosgen
g) Triphenylmethanol + H^+

5.9–2 2,4,6-Trinitrophenol ist mit einem pK_a-Wert von 0.37 eine starke Säure und wird deshalb auch als Pikrinsäure bezeichnet. Dagegen ist Methanol mit einem pK_a-Wert von 15.5 eine recht schwache Säure. Erklären Sie die Ursache für diesen Unterschied!

5.9–3 Die Herstellung tertiärer Alkohole durch Umsetzung der tertiären Halogenide mit wässriger Base scheitert, da stattdessen eine E1-Eliminierung eintritt. Wie kann man aus tertiären Halogeniden tertiäre Alkohole herstellen?

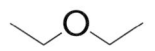

5.10
Ether und Epoxide

Ether[157] enthalten eine Sauerstoffbrücke im Molekül. Man unterscheidet einfache (symmetrische), gemischte (unsymmetrische) und cyclische Ether (Abb. 5.145). Das IUPAC-System behandelt Ether als Alkane mit Alkoxysubstituent, so dass der IUPAC-Name für $CH_3CH_2OCH_2CH_3$ Ethoxyethan ist. Gebräuchlicher, vor allem für einfache Ether, ist die Bezeichnung nach den Kohlenwasserstoffresten und dem Suffix -ether, für $CH_3CH_2OCH_2CH_3$ also Diethylether. Mit der Ausnahme gespannter cyclischer Verbindungen wie den Epoxiden sind Ether recht reaktionsträge. Sie werden daher als Lösungsmittel verwendet. Viele dieser häufig benutzten Verbindungen besitzen Trivialnamen.

Ether sind farblose, leicht brennbare Flüssigkeiten mit oft charakteristischem Geruch. Wegen der fehlenden Möglichkeit zur Bildung intermolekularer Wasserstoffbrückenbindungen sind die Siedepunkte der Ether wesentlich geringer als die vergleichbarer Alkohole. Durch den unpolaren Charakter nimmt die Wasserlöslichkeit der Ether mit größeren Alkylresten schnell ab. Mit anderen unpolaren Lösungsmitteln sind sie gut mischbar.

5.10.1
Darstellung von Ethern[158]

5.10.1.1
Säurekatalysierte Dehydratisierung

Viele Ether mit einfachen Alkylgruppen werden industriell aus den Alkoholen durch säurekatalysierte Dehydratisierung (Abb. 5.146) hergestellt. Durch katalytische Mengen einer nichtnucleophilen Säure wie Schwefelsäure entsteht zunächst durch Protonierung des Alkohols ein Oxonium-Ion. Bei erhöhter Temperatur greift dann das unter diesen Bedingungen stärkste Nucleophil, der nicht protonierte Alkohol, an, und es bilden sich unter Wasserabspaltung Ether. Als Nebenprodukte können Alkene und Substitutionsprodukte des Säure-Anions entstehen.

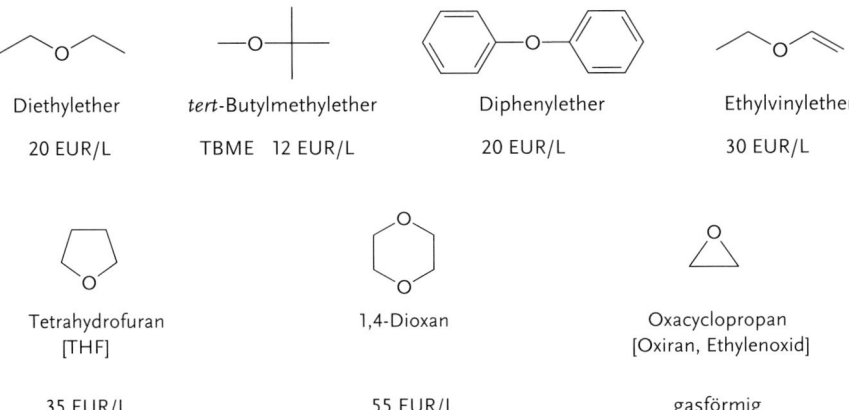

Abb. 5.145 Repräsentative Ether.

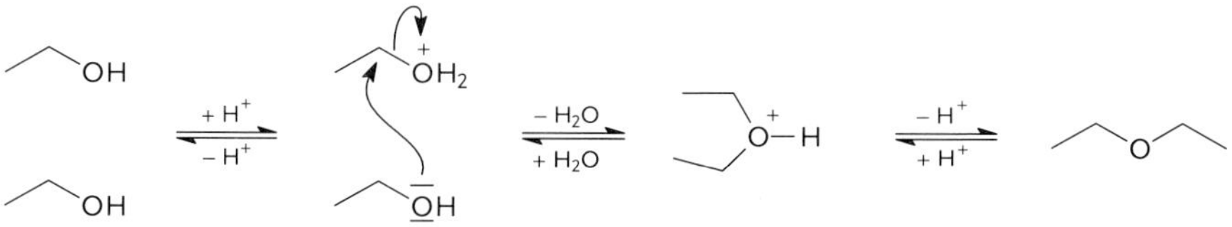

5.10 Ether und Epoxide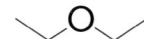

Abb. 5.146 Diethylethersynthese durch säurekatalysierte Dehydratisierung.

5.10.1.2
Ethersynthese nach Williamson

Vor allem zur Herstellung von unsymmetrischen Ethern hat sich die **Williamson-Ethersynthese** (Abb. 5.147; Abschnitt 5.9.2.4) wegen ihrer Vielseitigkeit bewährt. Ether werden dabei durch die Umsetzung von Halogenalkanen mit Alkoholaten oder Phenolaten in einer S_N2-Reaktion erhalten.

5.10.1.3
Synthese cyclischer Ether

Zur Herstellung viergliedriger und größerer cyclischer Ether eignen sich intramolekulare Substitutionsreaktionen (Abschnitt 5.20.1.1).[159] Die Reaktionen werden am besten in großer Verdünnung durchgeführt, um die Wahrscheinlichkeit einer konkurrierenden intermolekularen Reaktion, die zu Oligo- und Polymeren führt, herabzusetzen (**Verdünnungsprinzip**, Abschnitt 6.5). Makrocyclische Ether mit mehreren Sauerstoffatomen werden als **Kronenether**[160] bezeichnet. Sie sind in der Lage Metall-Kationen und Ammonium-Ionen selektiv zu komplexieren (Abschnitt 6.5). Oxacyclobutane sind auch durch die **Paterno-Büchi-Reaktion** (Abschnitt 5.20.1.1) zugänglich. Oxacyclopropane (Epoxide, Oxirane) werden aus Alkenen durch Epoxidierung (Abschnitt 5.20.1.1, 5.4.2.6) mit Persäuren oder Hydroperoxiden erhalten. Das einfachste und technisch interessanteste Epoxid ist **Ethylenoxid**, das industriell durch Oxidation von Ethen an einem Silberkatalysator hergestellt wird (Abb. 5.148).

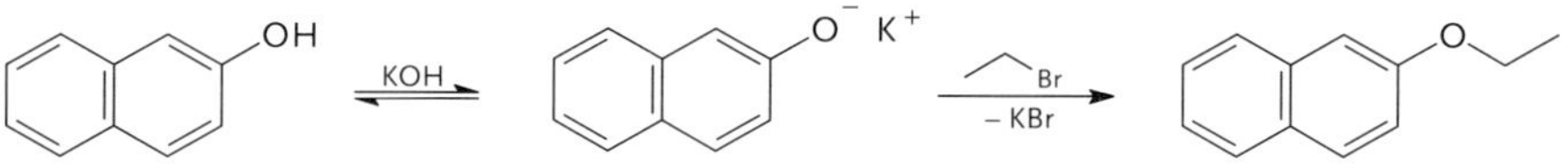

Abb. 5.147 Williamson-Ethersynthese.

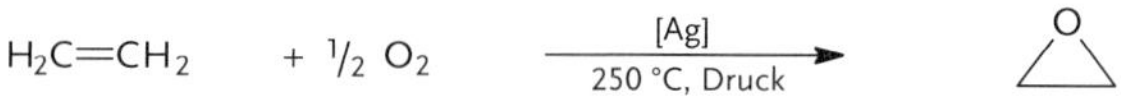

Abb. 5.148 Herstellung von Oxacyclopropan (Ethylenoxid, Oxiran).

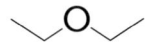

5.10.2
Reaktionen der Ether und Epoxide

5.10.2.1
Oxoniumsalzbildung

Das Sauerstoffatom der Ether besitzt durch seine freien Elektronenpaare nucleophile Eigenschaften. Ether können daher wie Alkohole mit starken Säuren und Alkylierungsmitteln Oxoniumsalze bilden (Abb. 5.149). Durch Mineralsäuren werden Ether zu Oxoniumsalzen protoniert, welche recht gut wasserlöslich sein können.

5.10.2.2
Etherspaltung

Oxoniumsalze sind gegenüber dem Angriff nucleophiler Reagenzien wesentlich reaktiver als Ether. So werden Dialkylether durch Iodwasserstoffsäure gespalten (Abb. 5.150).[161] Diarylether sind gegenüber HI inert.

5.10.2.3
Autoxidation von Ethern

VORSICHT! Eine charakteristische Reaktion aliphatischer Ether ist die Autoxidation zu Hydroperoxiden (Abb. 5.151). Die radikalisch initiierte Reaktion tritt bei längerem Aufbewahren von Ethern an der Luft ein. Im ersten Schritt greift Sauer-

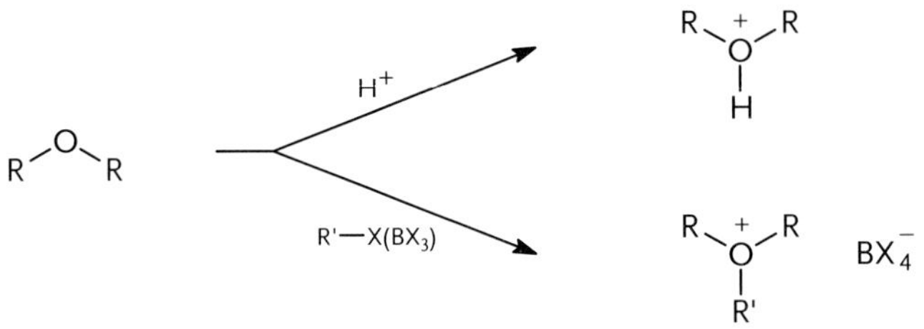

Abb. 5.149 Bildung von Oxoniumsalzen.

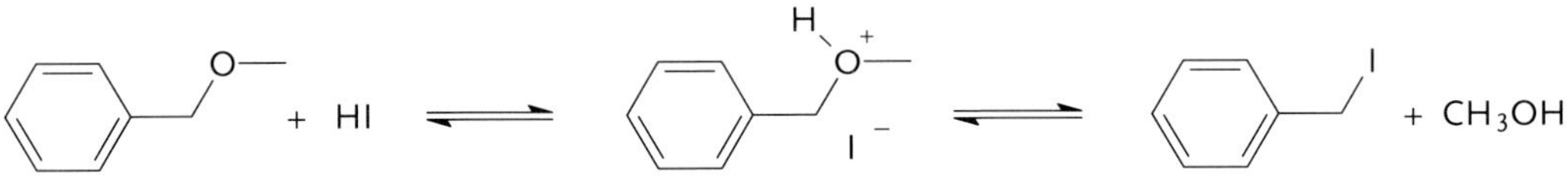

Abb. 5.150 Etherspaltung mit Iodwasserstoff.

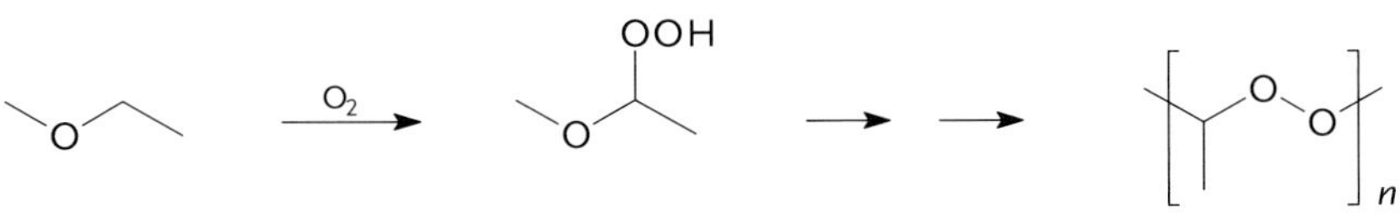

Abb. 5.151 Peroxidbildung durch Autoxidation.

5.10 Ether und Epoxide

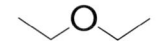

stoff eine dem Ethersauerstoffatom benachbarte CH-Gruppe an. Das so entstandene Hydroperoxid zerfällt unter Bildung explosiver Etherperoxide. Diese reichern sich beim Eindampfen von etherischer Lösung an und können zu gefährlichen Explosionen führen. Sie müssen mit Eisen(II)salzen reduktiv zerstört werden oder mit KOH als schwerlösliche Kaliumperoxide abgetrennt werden. Aufgrund des radikalischen Mechanismus tritt diese Reaktion bei Isopropylethern besonders leicht ein.

5.10.2.4
Reaktionen der Epoxide

Die Ringspannung verleiht den dreigliedrigen Epoxiden eine hohe Reaktivität. Mit Nucleophilen reagieren sie stereospezifisch in einem Rückseitenangriff auf eines der Kohlenstoffatome unter Ringöffnung (Abschnitt 5.20.1.2).[162] Durch saure oder basische Hydrolyse entstehen so Diole, womit die Reaktionsfolge aus Epoxidierung und Epoxidöffnung einer *anti*-Dihydroxlierung des ursprünglichen Alkens entspricht. Die saure Hydrolyse von Ethylenoxid liefert Ethylenglycol. Die Umsetzung von Ethylenoxid mit Ammoniak ergibt Ethanolamin, mit Methanol entsteht 2-Methoxyethanol, und durch Umsetzung mit Ethylenglycol wird Diethylenglycol erhalten. Diethylenglycol wird Kunststoffen als Weichmacher zugesetzt und findet auch als hochsiedendes (Sdp. 245 °C) protisches Lösungsmittel Verwendung. Ethylenglycol wird als Frostschutzmittel sowie in der Polyesterherstellung verwendet. Im Falle unsymmetrischer Epoxide werden durch basische bzw. saure Epoxidöffnung durch Nucleophile unterschiedliche Produkte erhalten. Während unter basischen Bedingungen das Nucleophil das weniger substituierte Kohlenstoffatom angreift, öffnet das Epoxid unter sauren Bedingungen zum stabileren, höher substituierten Carbenium-Ion, welches dann mit dem Nucleophil zum Produkt reagiert (Abb. 5.152).

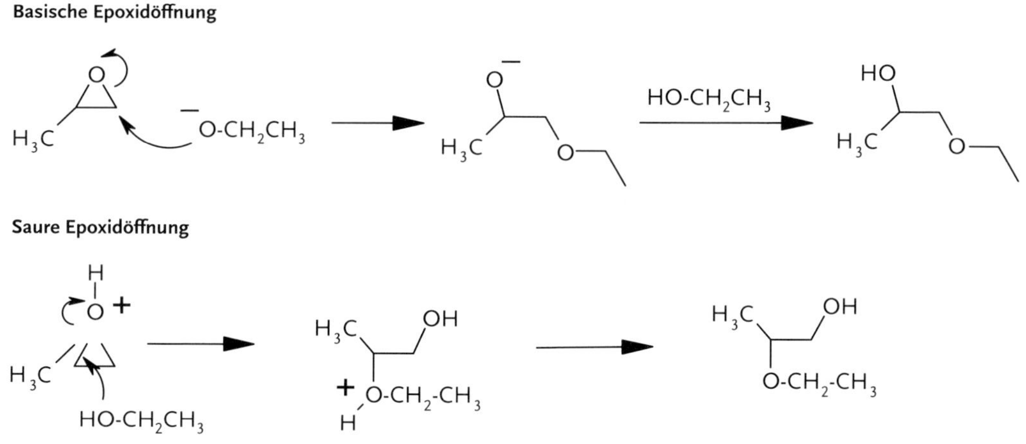

Abb. 5.152 Orientierung der nucleophilen Epoxidöffnung unter basischen und unter sauren Reaktionsbedingungen.

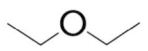

Zusammenfassung

Ether enthalten eine Sauerstoffbrücke. Da sie keine Wasserstoffbrückenbindungen ausbilden, liegen ihre Siedepunkte weit unter denen entsprechender Alkohole. Viele Ether werden als Lösungsmittel (**Vorsicht**: Peroxidbildung) in der Synthese verwendet, da sie recht reaktionsträge sind. Die Herstellung von Ethern gelingt durch die Williamson-Ethersynthese oder die säurekatalysierte Dehydratisierung von Alkoholen. Ether lassen sich durch Behandlung mit Iodwasserstoff spalten. Durch die Ringspannung ist Ethylenoxid (Oxacyclopropan), der kleinste cyclische Ether, sehr reaktiv. Ethylenoxid reagiert mit Nucleophilen unter Ringöffnung.

5.10 Ether und Epoxide

Übungsaufgaben

5.10–1 Machen Sie einen Vorschlag für die Synthese der folgenden Verbindung und erklären Sie, wie man dabei das Problem der Konkurrenz zwischen dem intramolekularen Ringschluss und der intermolekularen Oligomerisation des Intermediats lösen kann.

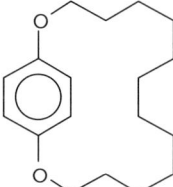

5.10–2 Vervollständigen Sie das folgende Reaktionsschema. Sind Intermediate und Endprodukt chiral? Falls ja: Wie viele Diastereomere sind jeweils zu erwarten?

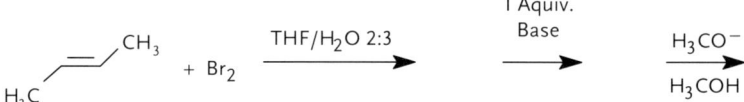

5.10–3 Die Verbindungen Cumol (Isopropylbenzol) und Diisopropylether sind gefährlich. Warum?

5.11
Thiole und Sulfide

Die Schwefelanaloga der Alkohole und Ether heißen Thiole und Sulfide (Abb. 5.153).[163] Zur Namensgebung der Thiole wird an den Alkanstamm die Endung -thiol angehängt. Die SH-Funktionalität wird als **Mercaptogruppe** bezeichnet, so dass Thiole veraltet auch **Mercaptane** genannt werden. Die Schwefelanaloga der Ether werden meist entsprechend der Ethertrivialnomenklatur als Dialkylsulfide bezeichnet. Nach der IUPAC-Bezeichnung sind es **Alkylthioalkane**. Die Alkyl-S-Gruppe heißt Alkylthiogruppe, das Anion ist ein Alkylthiolat.

Die S–H-Bindung ist nur schwach polar und das Schwefelatom aufgrund seiner Größe und diffusen Orbitale weniger basisch als das Sauerstoffatom in Alkoholen, so dass zwischen Thiolen nur sehr **schwache Wasserstoffbrückenbindungen** vorliegen (Abschnitt 5.9). Die Siedepunkte der Thiole liegen daher weit unter denen entsprechender Alkohole (Ethanol 78 °C, Ethanthiol 37 °C; zum Vergleich: Chlorethan 12 °C). Thiole reagieren **stärker sauer als Alkohole** (pK_a 9–12). Sie werden von Hydroxid- oder Alkoxid-Ionen deprotoniert. Chemisch verhalten sich Thiole und Sulfide ähnlich ihren Sauerstoffanaloga. Thiole und Sulfide sind durch einen außerordentlich intensiven, oft widerlichen **Geruch** gekennzeichnet.

5.11.1
Darstellung und Reaktionen der Thiole und Sulfide

Ein wesentlicher Reaktivitätsunterschied der Sauerstoff- und Schwefelverbindungen ist durch die höhere Nucleophilie des Schwefelatoms bedingt. Thiole und Sulfide entstehen daher leicht durch nucleophilen Angriff von RS⁻- und HS⁻-Ionen auf Halogenalkane. Sollen Thiole erhalten werden, so ist ein großer Überschuss HS⁻ nötig. Sulfide werden aus Thiolen analog der Williamson-Ethersynthese durch Überführung in das Alkanthiolat (da Thiole acider sind als Alkohole, genügen Hydroxide als Basen) und Reaktion mit einem Halogenalkan erhalten (Abb. 5.154).

Aufgrund der hohen Nucleophilie des Schwefels bilden sich aus Sulfiden und Halogenalkanen Sulfoniumsalze. Wie die Oxoniumsalze, können **Sulfoniumsalze** nucleophil substituiert werden (Abb. 5.155). Eine zweite wichtige Reaktion der

Ethanthiol (Mercaptoethanol)   Thiophenol   Diethylsulfid   Tetrahydrothiophen

Abb. 5.153 Typische Thiole und Sulfide.

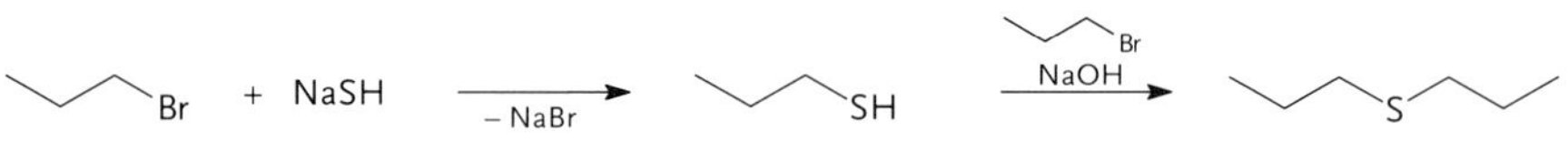

Abb. 5.154 Thiol- und Sulfidsynthese durch Alkylierung.

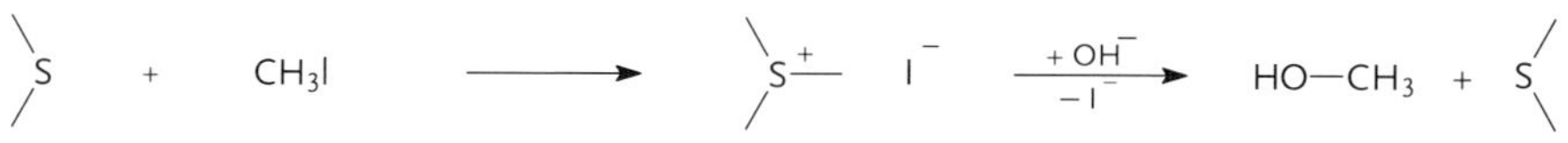

5.11 Thiole und Sulfide

Abb. 5.155 Sulfoniumsalzbildung und Substitution.

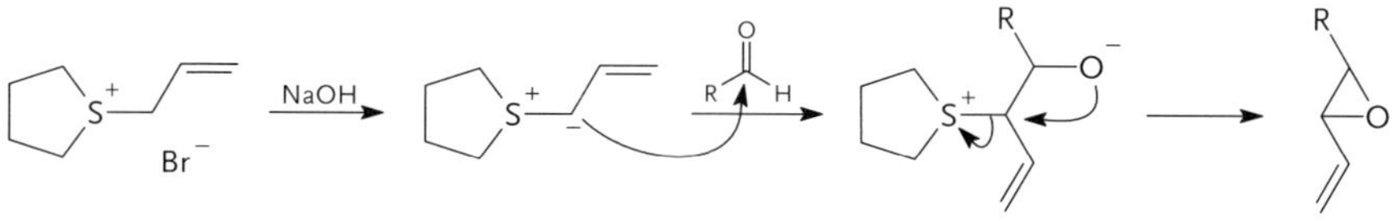

Abb. 5.156 Oxacyclopropane aus Aldehyden und Schwefel-Yliden.

Sulfoniumsalze ist die Bildung von **Schwefel-Yliden**,[164] die mit Aldehyden direkt zu Oxacyclopropanen reagieren (Abb. 5.156).

Durch die Oxidation von Thiolen mit schwachen Oxidationsmitteln, wie Iod, entstehen **Disulfide** (Abb. 5.157). Die Disulfidbildung ist reversibel. Durch Reduktionsmittel werden Disulfide wieder in Thiole gespalten. Auf diese Weise erfolgt auch die Umwandlung der Aminosäure Cystein in Cystin (Abschnitt 5.18). Die reversible Bildung der **Disulfidbrücke**, die auch unter physiologischen Bedingungen erfolgt, ist wichtig für die Raumstrukturbildung von Proteinen. Durch stärkere Oxidationsmittel, wie KMnO$_4$, werden Thiole zu **Sulfonsäuren**[165] oxidiert (Abb. 5.158). Sulfonsäuren und Sulfone sind im Gegensatz zu Thiolen geruchlos. Daher wird die Oxidation von Thiolen und Sulfiden mit Kaliumpermanganat oder Hypochloritlösungen genutzt, um übel riechende Reste der Thiole und Sulfide bei Synthesearbeiten zu vernichten, z. B. beim Säubern von Glasgeräten.

Sulfide werden über die Stufe des **Sulfoxids**[166] zum **Sulfon**[167] oxidiert (Abb. 5.159). Unsymmetrische Sulfoxide sind chiral und konfigurationsstabil und finden daher Verwendung in der stereoselektiven Synthese. Das freie Elektronen-

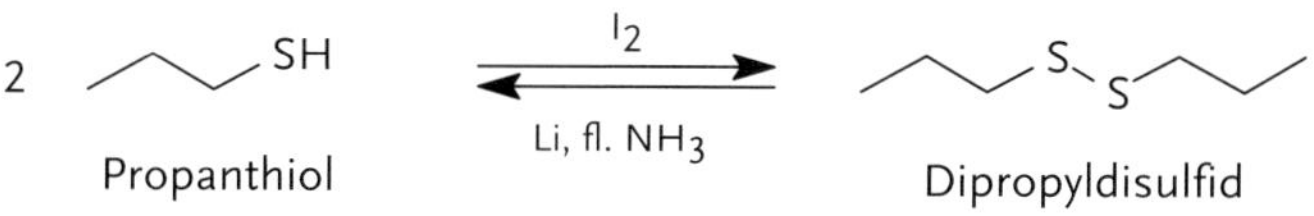

Abb. 5.157 Thiol-Disulfid-Redoxreaktion.

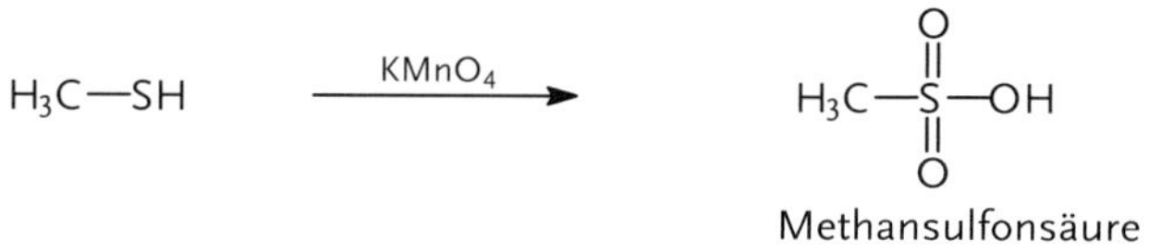

Abb. 5.158 Thiol-Sulfonsäure-Oxidation.

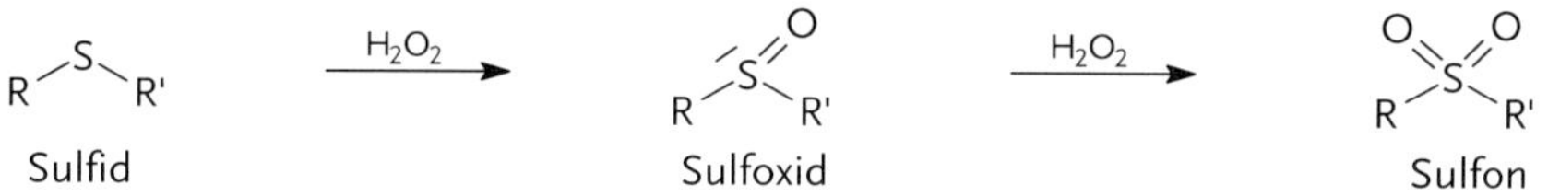

Abb. 5.159 Sulfidoxidation zu Sulfoxiden und Sulfonen.

paar, das die niedrigste Priorität bei der Bestimmung der absoluten Konfiguration nach den CIP-Regeln hat, nimmt hier formal die Rolle eines Substituenten ein.

Zusammenfassung

Die Schwefelanaloga der Alkohole und Ether sind Thiole und Sulfide. Im Vergleich zu Alkoholen sind Thiole leichter flüchtig, da sie nur sehr schwache Wasserstoffbrückenbindungen ausbilden. Thiole sind acider als Alkohole. Schwefelverbindungen sind stärkere Nucleophile als ihre Sauerstoffanaloga. Die Oxidation der Thiole führt zu Disulfiden und Sulfonsäuren, während aus Sulfiden Sulfoxide und Sulfone entstehen.

Übungsaufgaben

5.11–1 Machen Sie einen Vorschlag zur Herstellung von (S)-2-Decanthiol.

5.11–2 Dimethylsulfid ist außerordentlich übel riechend. Es wird oft zur Herstellung des Trimethylsulfonium-Ions benutzt, aus dem man über das durch Deprotonierung erhältliche Schwefel-Ylid mit Ketonen zu Oxacyclopropanen gelangen kann. Erklären Sie, warum die Verwendung von Dimethylsulfid erforderlich ist und die Verbindung für diese Reaktion nicht durch den nicht übel riechenden Dimethylether ersetzt werden kann.

5.11–3 a) Sulfoxide sind konfigurationsstabil, weswegen unsymmetrisch disubstituierte Sulfoxide chiral sind. Zeichnen Sie die Konstitutionsformel des (R)-Methylphenylsulfoxids. b) Wenn man Dimethylsulfoxid mit Butyllithium behandelt, entsteht das so genannte Dimsyl-Anion, welches in bestimmten Reaktionen als wenig nucleophile Base Anwendung findet. Zeichnen Sie die Konstitutionsformel des Dimsyl-Anions.

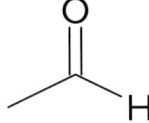

5.12
Aldehyde und Ketone

Carbonylverbindungen (Abschnitte 5.12–5.15) enthalten eine Carbonylgruppe C=O. Ist mindestens ein Wasserstoffatom direkt an das Carbonyl-Kohlenstoffatom gebunden, handelt es sich um Aldehyde.[168] In Ketonen sind zwei Kohlenstoffatome an die Carbonylgruppe gebunden. Die IUPAC-Nomenklatur (Abschnitt 4.4) kennzeichnet aliphatische Aldehyde mit dem Suffix **-al**, das an den jeweiligen Kohlenwasserstoffnamen angehängt wird. Für aliphatische und cycloaliphatische Ketone wird die Endung **-on** verwendet. Ketone werden gelegentlich auch durch die Namen beider organischer Reste und die Endung -keton benannt (z. B. Ethylmethylketon). Aus historischen Gründen tragen zahlreiche Aldehyde und Ketone Trivialnamen, die sehr gebräuchlich sind (z. B. Formaldehyd, Aceton; Abb. 5.160). Ist die Aldehyd- oder Ketogruppe nicht die Hauptfunktionalität der Verbindung, so wird das Präfix Oxo- zur Namensgebung verwendet. Ist die Aldehydgruppe der Substituent eines Ringgerüstes, so wird dieser mit dem Suffix -carbaldehyd bezeichnet. Die Reste -CHO und -COCH$_3$ heißen Formyl- bzw. Acetylgruppe.

Die Carbonylgruppe enthält eine kurze (Bindungslänge ca. 121 pm) und starke (Bindungsenergie ≈ 740 kJ mol^{-1}) C=O-Doppelbindung (Abschnitt 4.1). Das Kohlenstoffatom ist sp^2-hybridisiert, so dass die Bindungswinkel am Carbonyl-Kohlenstoffatom ungefähr 120° betragen und die Carbonylgruppe sowie die daran direkt gebundenen Atome eine Ebene bilden. Die Elektronegativitätsdifferenz von Sauerstoff und Kohlenstoff führt zu einer starken, durch die mesomeren Grenzformeln beschreibbaren **Polarisierung der Carbonylgruppe**. Diese Polarisierung prägt die physikalischen und chemischen Eigenschaften der Carbonylverbindungen. Die Siedepunkte der Aldehyde und Ketone liegen höher als die vergleichbarer Kohlenwasserstoffe. Kleinere Carbonylverbindungen, wie Formaldehyd, Acetaldehyd oder Aceton, sind mit Wasser in jedem Verhältnis mischbar. Wächst der hydrophobe Anteil, so nimmt die Wasserlöslichkeit jedoch rasch ab. Carbonylverbindungen mit mehr als sechs Kohlenstoffatomen sind in Wasser praktisch unlöslich. Die pK_a-Werte der α-Wasserstoffatome von Aldehyden und Ketonen sind mit pK_a = 19–21 deutlich niedriger als die von Ethen (pK_a = 44) und Ethin (pK_a = 25), jedoch höher als die von Alkoholen (pK_a = 15–18). Starke nichtnucleophile Basen abstrahieren

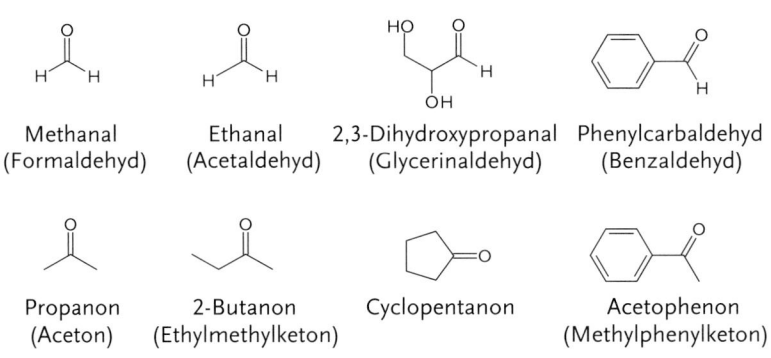

Abb. 5.160 Typische Aldehyde und Ketone.

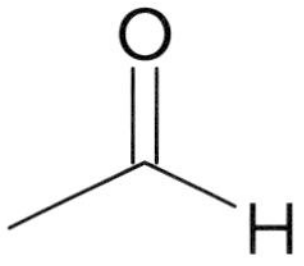

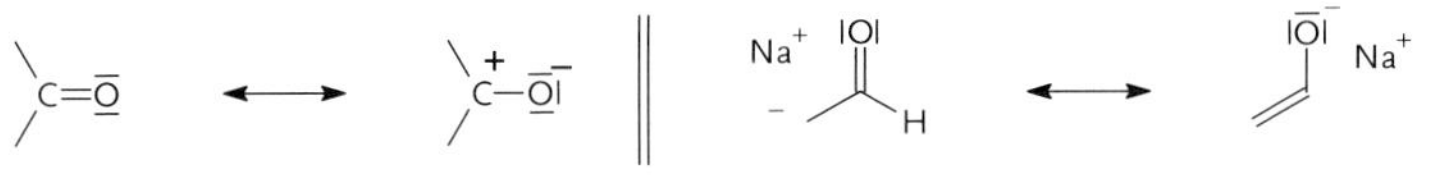

5.12 Aldehyde und Ketone

Abb. 5.161 Mesomere Grenzformeln von Carbonylgruppe und Enolat.

basenkatalysierte Keto-Enol-Äquilibrierung

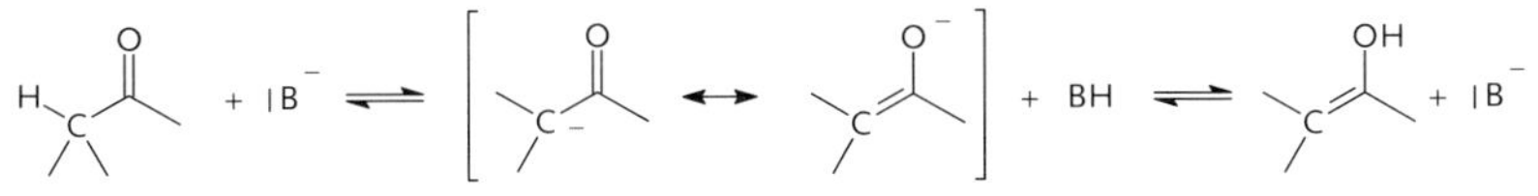

Ketoform   Enolat-Ion (resonanzstabilisiert)   Enolform

säurekatalysierte Keto-Enol-Äquilibrierung

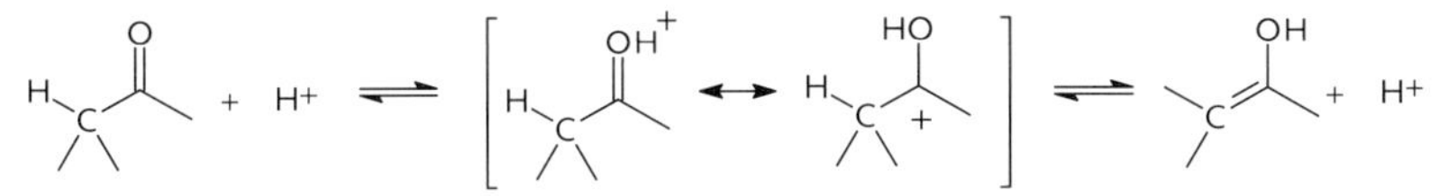

Abb. 5.162 Keto-Enol-Tautomerie.

daher ein α-Proton. Es entstehen **Enolat-Anionen** oder **Enolate**, die über die Carbonylgruppe resonanzstabilisiert sind (Abb. 5.161). Die Reprotonierung kann nun an zwei Positionen erfolgen: am Kohlenstoffatom, unter Rückbildung der Carbonylverbindung, oder am Sauerstoffatom, unter Bildung eines Enols. Die Keto- und die Enolform sind Tautomere, die säure- oder basenkatalysiert miteinander im Gleichgewicht (**Keto-Enol-Tautomere**) stehen (Abb. 5.162). Das Gleichgewicht liegt meist weit auf der Seite der Carbonylverbindung, kann aber zur Enolform verschoben werden, wenn diese durch andere Faktoren begünstigt ist. So wird im 2,4-Pentandion (Acetylaceton) die Enolform durch Wasserstoffbrückenbindungen in einem sechsgliedrigen Ring stabilisiert.

Charakteristische spektroskopische Merkmale (Abschnitt 3.4) der Carbonylgruppe von Aldehyden und Ketonen sind die intensive C=O-Absorption im IR-Spektrum (1690–1750 cm^{-1}), die Resonanz des Formylwasserstoffatoms im ^{1}H-NMR-Spektrum (δ = 9–10 ppm) und die Resonanz des Carbonyl-Kohlenstoffatoms im ^{13}C-NMR-Spektrum ($\delta \approx$ 200 ppm).

5.12.1
Darstellung von Aldehyden und Ketonen

Zur Synthese von Aldehyden und Ketonen aus anderen funktionalisierten organischen Molekülen kann eine Vielzahl von Methoden genutzt werden.[169] Die einzelnen Reaktionen sind bei den Funktionalitäten, auf die sie angewendet werden, zu finden.[170] Die folgende Übersicht (Abb. 5.163) fasst wichtige Synthesewege zusammen.

5 Substanzklassen, ihre Darstellung und Reaktionen

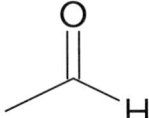

Oxidation von Alkoholen (Abschnitt 5.9.2.1)

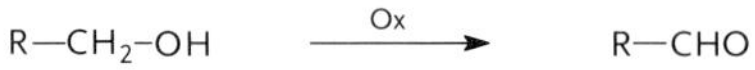

$$R-CH_2-OH \xrightarrow{Ox} R-CHO$$

Ozonolyse von Alkenen (Abschnitt 5.4.2.5)

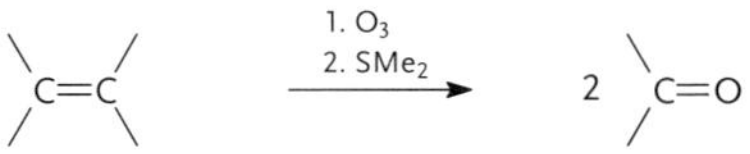

$$\underset{}{\diagup}C=C\underset{}{\diagdown} \xrightarrow[2.\ SMe_2]{1.\ O_3} 2\ \underset{}{\diagup}C=O$$

Hydratisierung von Alkinen (Abschnitt 5.5.2.3)

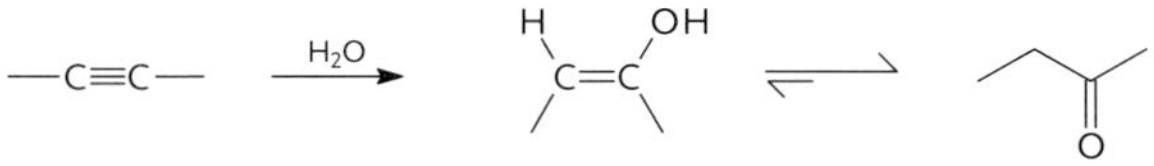

$$-C\equiv C- \xrightarrow{H_2O} \overset{H}{\underset{}{\diagup}}C=C\overset{OH}{\underset{}{\diagdown}} \rightleftharpoons \text{(Keton)}$$

Friedel-Crafts-Acylierung (Abschnitt 5.6.3.3.5)

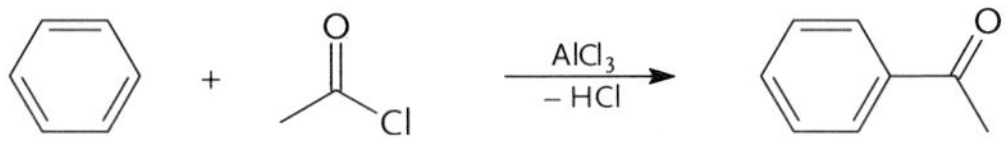

Benzol + R-COCl $\xrightarrow[-HCl]{AlCl_3}$ Acetophenon

Hydroformylierung (Abschnitt 6.10.4)

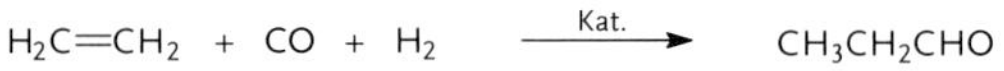

$$H_2C=CH_2 + CO + H_2 \xrightarrow{Kat.} CH_3CH_2CHO$$

Olefinoxidation (Wacker-Prozess) (Abschnitt 5.14.1.8)

$$H_2C=CH_2 + \tfrac{1}{2}O_2 \xrightarrow{Pd} CH_3CHO$$

Reduktion von Nitrilen (Abschnitt 5.15.6)

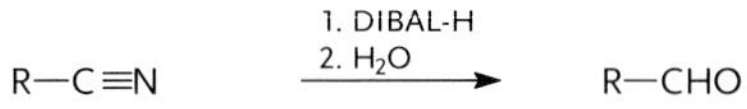

$$R-C\equiv N \xrightarrow[2.\ H_2O]{1.\ DIBAL-H} R-CHO$$

Reduktion von Carbonsäuren (Abschnitt 5.14.2.2)

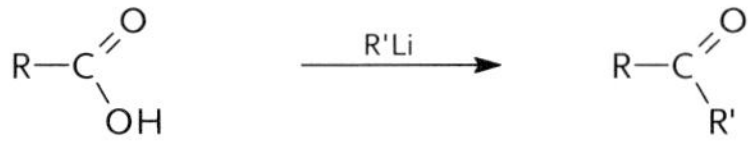

$$R-COOH \xrightarrow{R'Li} R-CO-R'$$

Reduktion von Carbonsäurederivaten (Abschnitt 5.15.1)

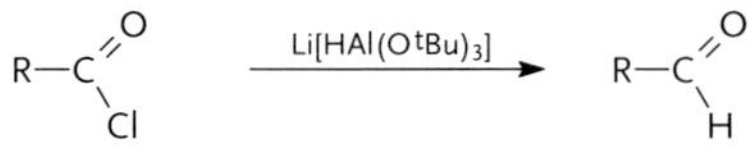

$$R-COCl \xrightarrow{Li[HAl(OtBu)_3]} R-CHO$$

Hydrolyse von Acetalen (Abschnitt 5.12.2.10)

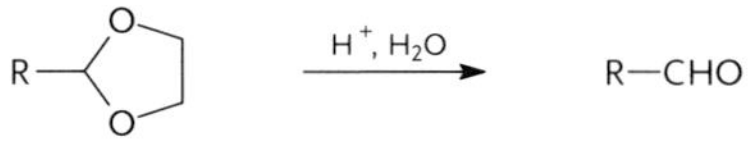

$$R-\text{(1,3-Dioxolan)} \xrightarrow{H^+,\ H_2O} R-CHO$$

Hydrolyse von Iminen (Abschnitt 5.12.2.11)

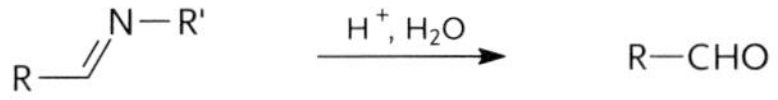

$$R-CH=N-R' \xrightarrow{H^+,\ H_2O} R-CHO$$

Abb. 5.163 Wichtige Reaktionen zur Aldehyd- und Ketonsynthese.

5.12 Aldehyde und Ketone

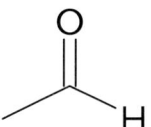

5.12.2
Reaktionen von Aldehyden und Ketonen

An drei Positionen der Aldehyde und Ketone können Reaktionen ablaufen (Abb. 5.164): Ein nucleophiler Angriff kann am Kohlenstoffatom oder ein elektrophiler Angriff am Sauerstoffatom erfolgen. Die Protonen des an die Carbonylgruppe gebundenen α-Kohlenstoffatoms sind zudem acide, so dass die Deprotonierung zum Enolat die dritte Reaktionsmöglichkeit einleitet.

5.12.2.1
Hydrierung

Aldehyde und Ketone lassen sich, wie auch C=C-Doppelbindungen, katalytisch mit Wasserstoff hydrieren.[171] Es entstehen Alkohole (Abb. 5.165). Die C=O-Doppelbindung ist im Allgemeinen weniger reaktiv gegenüber Hydrierungen, so dass eine selektive Hydrierung von Alkenen in Gegenwart von Aldehyden oder Ketonen in vielen Fällen möglich ist. Die Reaktivität hängt stark vom verwendeten Katalysator und den Reaktionsbedingungen ab. Mit Palladium auf Aktivkohle werden bevorzugt Alkene hydriert, während das BINAP-Ruthenium-Katalysatorsystem von Noyori (Abschnitt 5.9.1.3) Ketone in Gegenwart von isolierten Doppelbindungen zu Alkoholen reduziert. Enantioselektive Hydrierungen sind mit bestimmten chiralen Katalysatoren möglich (Ruthenium-BINAP, Abschnitt 5.9.1.3).

5.12.2.2
Reduktion mit Hydriden

Durch komplexe Hydride (Abschnitt 5.9.1.3), wie Natriumborhydrid $NaBH_4$ oder Lithiumaluminiumhydrid $LiAlH_4$, werden Carbonylgruppen selektiv in Gegenwart von C=C-Doppelbindungen reduziert (Abb. 5.166). Mit chiralen Reagenzien kann die asymmetrische Reduktion prochiraler Ketone erfolgen.[172]

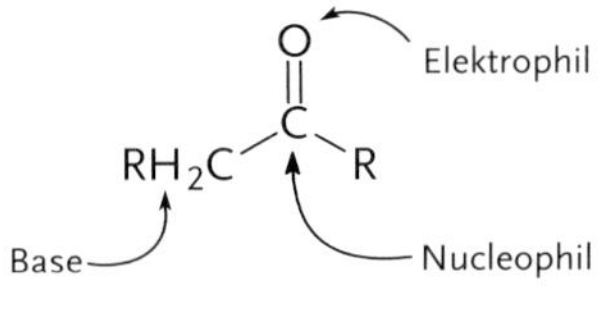

Abb. 5.164 Möglichkeiten des Angriffs auf Aldehyde und Ketone.

Abb. 5.165 Hydrierung von Aldehyden und Ketonen.

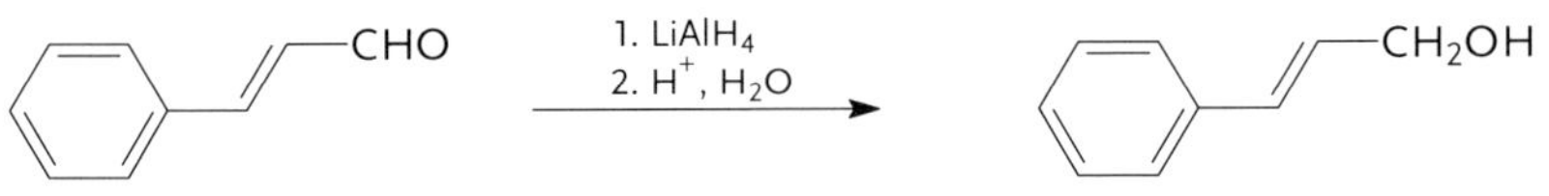

Abb. 5.166 Alkohole aus Aldehyden und Ketonen.

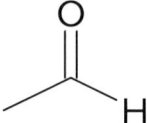

5 Substanzklassen, ihre Darstellung und Reaktionen

5.12.2.3
Reduktion zum Kohlenwasserstoff

Zur vollständigen Reduktion von Aldehyden oder Ketonen zum entsprechenden Kohlenwasserstoff eignen sich drei Verfahren: die **Clemmensen-Reduktion** (Abb. 5.167),[173] die **Wolff-Kishner-Reduktion** (Abb. 5.168)[174] und die **Entschwefelung von Thioacetalen** (Abb. 5.169) mit Raney-Nickel (Abschnitt 5.12.2.10, Acetalbildung). Die Variante der Wolff-Kishner-Reduktion nach **Huang-Minlon** vermeidet die Isolierung des intermediären Hydrazons. In Dimethylsulfoxid als Lösungsmittel und mit Kalium-*tert*-butylat als Base verläuft die Wolff-Kishner-Reduktion häufig schon bei Raumtemperatur.

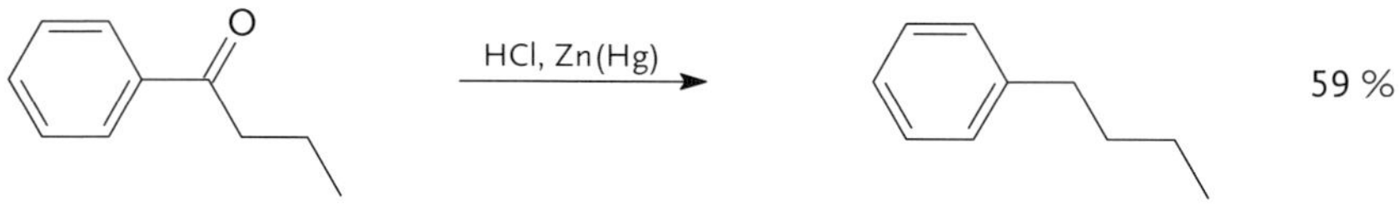

Abb. 5.167 Clemmensen-Reduktion.

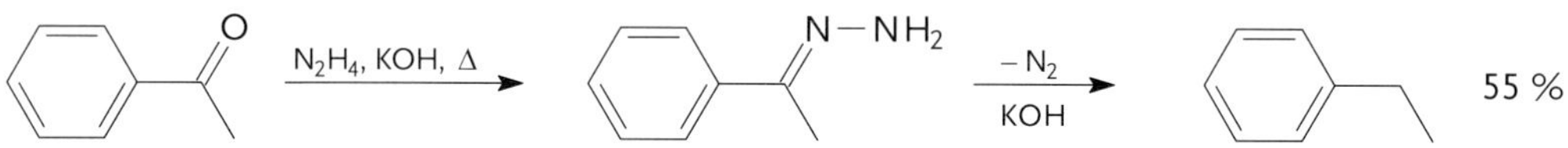

Abb. 5.168 Wolff-Kishner-Reduktion.

Abb. 5.169 Entschwefelung von Thioacetalen.

5.12.2.4
Pinakol-Kupplung[175]

Durch unedle Metalle, wie Magnesium, können sich über eine **Ein-Elektronen-Reduktion** aus Aldehyden oder Ketonen Radikal-Anionen (Ketyle) bilden. Zwei solcher Radikal-Anionen kombinieren zum Dianion, das bei wässriger Aufarbeitung protoniert wird. Es entstehen **1,2-Diole** (Abb. 5.170). Die Pinakol-Kupplung darf nicht mit der Pinakol-Umlagerung (Abschnitt 5.9.2.6) verwechselt werden!

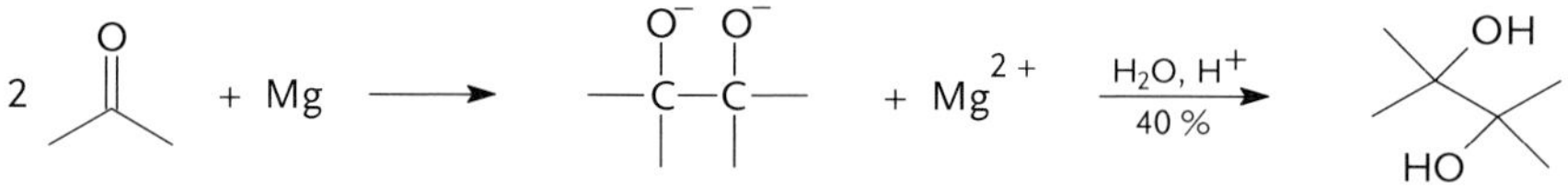

Abb. 5.170 Pinakol-Kupplung (zur Pinakol-Umlagerung, siehe Abschnitt 5.9.2.6).

5.12 Aldehyde und Ketone

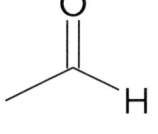

5.12.2.5
McMurry-Kupplung[176]
Die reduktive Carbonylkupplung wird auch durch niedervalente Titanspezies bewirkt (Abb. 5.171). Anstelle der Bildung vicinaler Diole wie in der Pinakol-Reaktion findet hierbei meist vollständige **Desoxigenierung zum Alken** statt (Abschnitt 5.4.1.3).

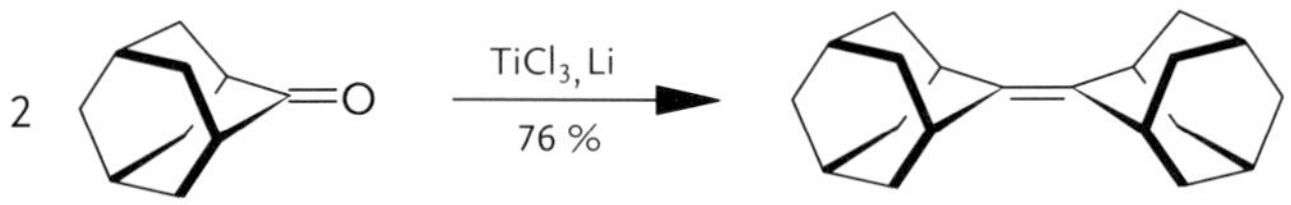

Abb. 5.171 McMurry-Kupplung.

5.12.2.6
Addition metallorganischer Reagenzien
Lithiumorganische Verbindungen und **Grignard-Reagenzien** addieren an Aldehyde und Ketone nach hydrolytischer Aufarbeitung unter Bildung von Alkoholen (Abb. 5.172). Nur mit Formaldehyd entstehen primäre Alkohole. Die Reaktion metallorganischer Reagenzien (Abschnitt 6.11) mit Aldehyden liefert sekundäre Alkohole. Mit Ketonen entstehen tertiäre Alkohole, die bei Aufarbeitung unter sauren Bedingungen als Folgereaktion leicht Wasser eliminieren.

5.12.2.7
Cyanhydrinbildung
Die Carbonylgruppe in Aldehyden und Ketonen wird von Cyanid-Ionen unter Bildung von Cyanhydrinen angegriffen (Abb. 5.173). Durch Basen kann die **reversible Reaktion** leicht umgekehrt werden, da durch den Entzug von Protonen das Gleichgewicht auf die Seite des Cyanid-Ions verschoben wird. Die Rückreaktion kann unterbunden werden, indem man das Cyanhydrin als Silylether schützt, wozu man die Carbonylverbindung mit Trimethylsilylcyanid umsetzt. Die Hydrolyse von Cyanhydrinen liefert **2-Hydroxycarbonsäuren**, während die Reduktion zu **2-Amino-1-alkanolen** führt.

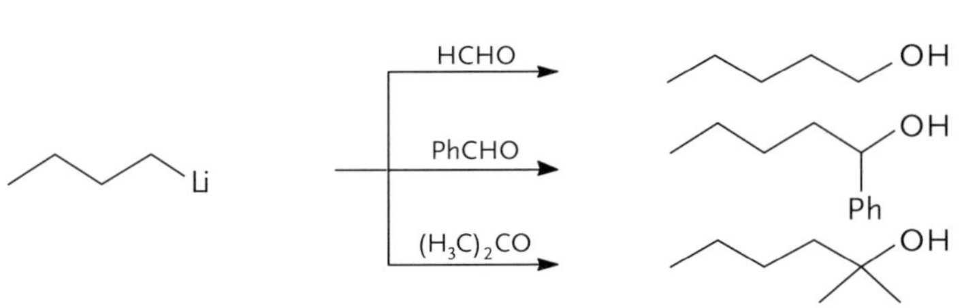

Abb. 5.172 Addition metallorganischer Reagenzien.

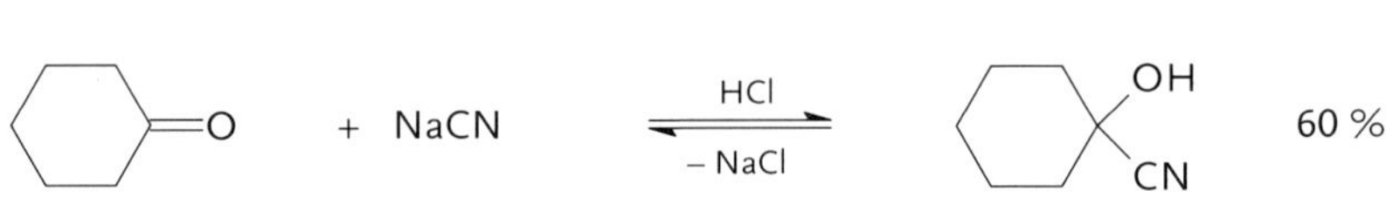

Abb. 5.173 Cyanhydrinbildung.

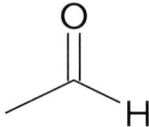

5 Substanzklassen, ihre Darstellung und Reaktionen

5.12.2.8
Wittig-Reaktion[177]

In der Wittig-Reaktion wird eine C=C-Doppelbindung durch die Reaktion eines **Phosphor-Ylids** (Abschnitt 5.4.1.2) mit einem Aldehyd oder Keton gebildet (Abb. 5.174). Die Reaktion von Schwefel-Yliden (Abschnitt 5.11.1) mit Aldehyden oder Ketonen liefert im Gegensatz dazu Oxacyclopropane. Mit der Wittig-Reaktion verwandt ist die **Horner-Wadsworth-Emmons-Reaktion** (Abschnitt 5.4.1.2), bei der anstatt eines Ylids Salze von β-Carbonylphosphonsäureestern mit Aldehyden umgesetzt werden.

5.12.2.9
Nucleophile Addition von Wasser: Hydratbildung

Die Carbonylgruppe der Aldehyde und Ketone wird durch Wasser hydratisiert (Abb. 5.175). Das Gleichgewicht der reversiblen Reaktion liegt für Ketone auf der Seite der Carbonylverbindung, für Formaldehyd und Aldehyde mit elektronenziehenden Gruppen auf der Seite des geminalen Diols. Bei Ketonen ist dies bei mehreren einander benachbarten Ketogruppen der Fall. So ist Ninhydrin, welches als Nachweisreagenz für Aminosäuren (Abschnitt 5.18.2) benutzt wird, das stabile Hydrat des Indan-1,2,3-trions. Elektronenziehende Substituenten destabilisieren das positiv polarisierte Carbonyl-Kohlenstoffatom, so dass die Addition von Nucleophilen begünstigt wird. Die Hydratisierung ist ein Gleichgewichtsprozess, der von Säuren und Basen katalysiert wird.

5.12.2.10
Acetalbildung[178]

Die Reaktion von Alkoholen mit Aldehyden oder Ketonen führt zunächst zur Bildung von **Halbacetalen**. Dieser Vorgang ist, wie die Hydratbildung, **reversibel**. Säurekatalysiert werden Halbacetale durch überschüssigen Alkohol in Acetale überführt (Abb. 5.176). Diese sind unter basischen Bedingungen stabil. In Gegenwart von Säure reagieren sie jedoch zurück zur Carbonylverbindung. Aus entropischen Gründen sind cyclische Acetale stabiler als acyclische. Daher eignen sich cyclische Acetale, die durch Reaktion der Carbonylverbindungen mit Diolen gewonnen werden, als basenstabile **Carbonylschutzgruppen**. In entsprechender Wei-

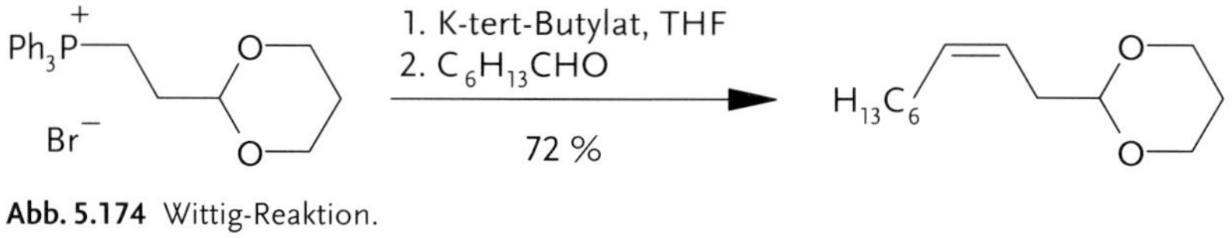

Abb. 5.174 Wittig-Reaktion.

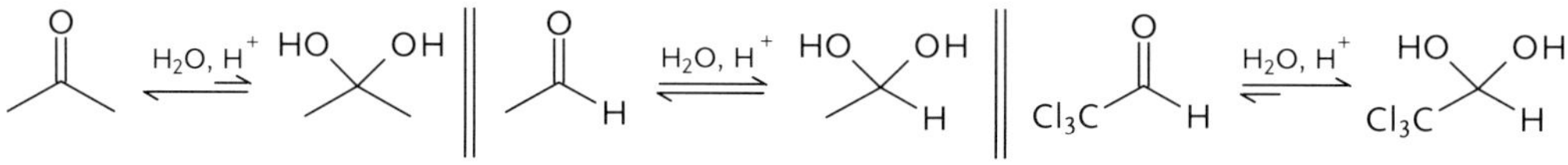

Abb. 5.175 Bildung von Hydraten.

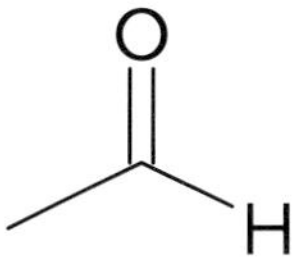

5.12 Aldehyde und Ketone

se können mit Thiolen in Gegenwart von Lewis-Säuren wie Zinkchlorid **Thioacetale**[179] erhalten werden, die erheblich stabiler sind. Ihre Hydrolyse erfordert die Gegenwart von Quecksilber-Salzen.[180] Thioacetale können mit Raney-Nickel zum Kohlenwasserstoff entschwefelt werden (Abschnitt 5.12.2.3).

Das Formylwasserstoffatom von Aldehyden ist im daraus erhaltenen Thioacetal zwei Schwefelatomen benachbart und dadurch hinreichend acide, um mit starken Basen, wie Butyllithium, entfernt zu werden. Das entstehende Carbanion reagiert mit Elektrophilen, und durch Hydrolyse wird die Carbonylgruppe zurückgebildet. Die Sequenz (Abb. 5.177) ist ein Beispiel einer **Umpolung**[181] der Carbonylpolarität.

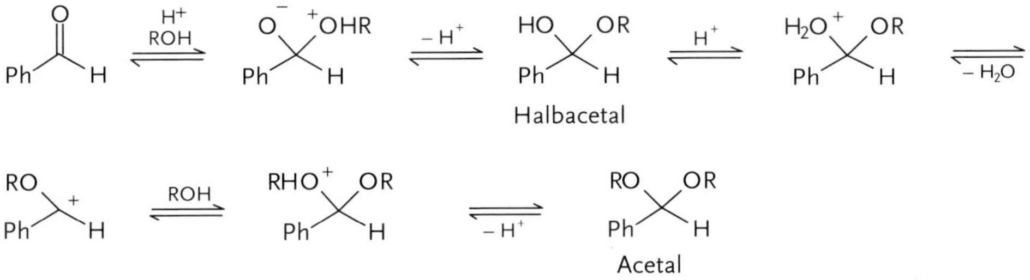

Abb. 5.176 Acetalbildung.

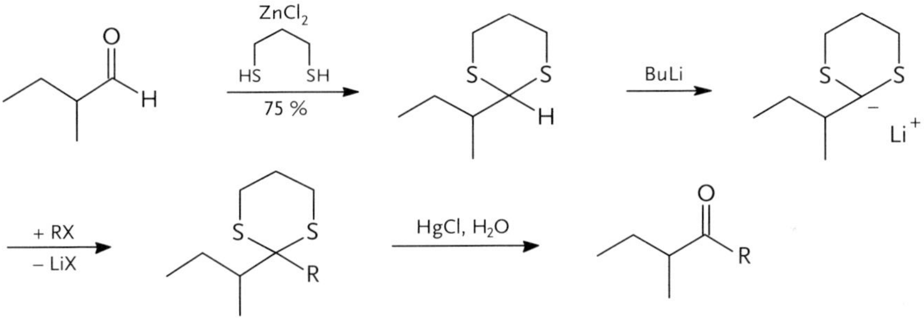

Abb. 5.177 Umpolung einer Carbonylgruppe.

5.12.2.11
Nucleophile Addition von Ammoniak und Aminen

Primäre Amine bilden mit Aldehyden und Ketonen unter Kondensation **Imine** (Schiff'sche Basen; Abb. 5.178); Imine unsymmetrischer Carbonylverbindungen können als Z/E-Isomere vorliegen. Der Mechanismus entspricht zunächst dem der Halbacetalbildung: Es entstehen **Halbaminale**. Unter Ausbildung einer C=N-Doppelbindung verlieren diese leicht Wasser. Hydroxylamin liefert **Oxime**, Hydrazine führen zu **Hydrazonen** und mit Semicarbazid bilden sich **Semicarbazone**. Die Reaktion von 2,4-Dinitrophenylhydrazin mit Aldehyden und Ketonen zu farbigen und gut kristallisierenden 2,4-Dinitrophenylhydrazonen wird zur Derivatisierung und zum qualitativen Nachweis von Carbonylverbindungen genutzt.[182] **Enamine**[183] entstehen in der Reaktion sekundärer Amine mit Aldehyden und Ketonen.

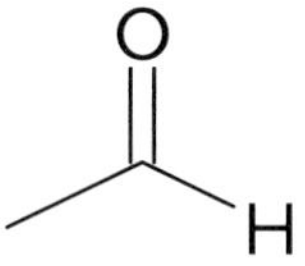

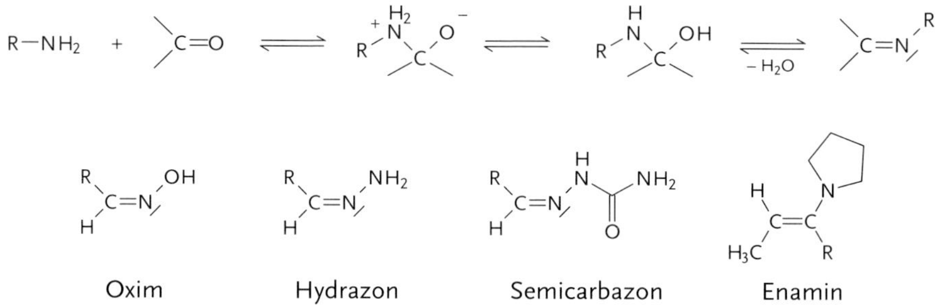

Oxim — Hydrazon — Semicarbazon — Enamin

Abb. 5.178 Bildung von Iminen (oben) und weitere Reaktionsprodukte von Additionen von Aminen an Aldehyde und Ketone (unten).

5.12.2.12
Cannizzaro-Reaktion[184]

Nichtenolisierbare Aldehyde, wie Benzaldehyd und Formaldehyd (sind α-Wasserstoffatome vorhanden, so läuft die Aldolreaktion ab), gehen bei Behandlung mit starken Basen die Cannizzaro-Reaktion ein (Abb. 5.179). Die Reaktion entspricht einer Disproportionierung: Ein Aldehydmolekül wird zum Alkohol reduziert, während ein weiteres unter Oxidation zur Carbonsäure reagiert. Der entscheidende Reaktionsschritt ist eine Hydridübertragung. α-Ketoaldehyde reagieren in dieser Reaktion intramolekular zu α-Hydroxycarbonsäuren.

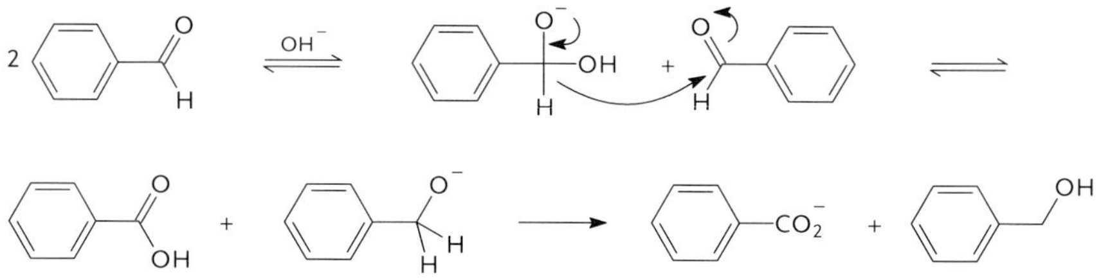

Abb. 5.179 Disproportionierung von Aldehyden – Cannizzaro-Reaktion.

5.12.2.13
Baeyer-Villiger-Oxidation[185]

Ketone können mit **Peroxycarbonsäuren** zu Estern oxidiert werden (Abb. 5.180). Dabei führt die Addition der Peroxycarbonsäure zunächst zu einem Perester, der als Peroxid-Analogon eines Halbacetals betrachtet werden kann, das sich über einen **cyclischen Übergangszustand** zersetzt. Dabei wandert eine Alkylgruppe vom Carbonyl-Kohlenstoffatom zum Sauerstoffatom. Die Wanderungstendenz einer Alkylgruppe nimmt vom tertiären zum primären Rest ab. Aus cyclischen Ketonen entstehen **cyclische Ester** (Lactone, Abschnitt 5.15.4).

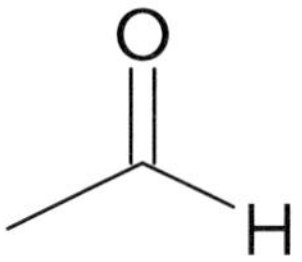

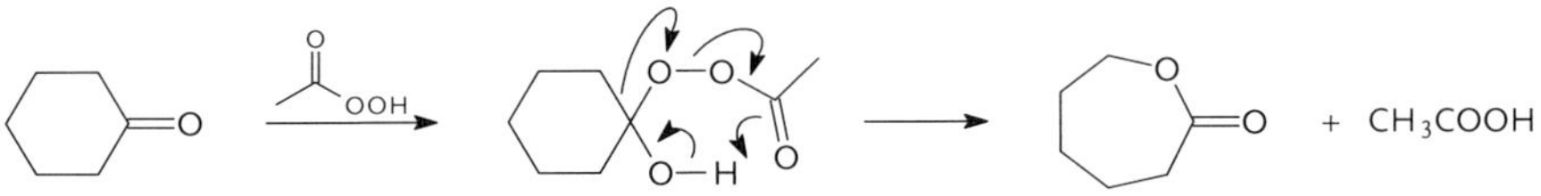

5.12 Aldehyde und Ketone

Abb. 5.180 Baeyer-Villiger-Oxidation. Die Abbildung zeigt die Wanderungsneigung verschiedener Substituenten: Wasserstoff > tertiärer Alkyl > Cyclohexyl > sekundärer Alkyl Phenyl > primärer Alkyl > Methyl.

5.12.2.14
Oxidation von Aldehyden zu Carbonsäuren

Durch eine Vielzahl von Oxidationsmitteln lassen sich Aldehyde zu **Carbonsäuren** oxidieren (Abb. 5.181). Die Oxidation von Aldehyden zu Carbonsäuren gelingt leichter als die Oxidation primärer Alkohole zu Aldehyden. Als Oxidationsmittel können Salpetersäure, CrO_3 oder $KMnO_4$ verwendet werden. Die Oxidation von Aldehyden kann auch zu ihrem **chemischen Nachweis** genutzt werden. Im **Fehling-Test** (Abb. 5.182) zeigt ein roter Kupfer(I)oxid-Niederschlag den Aldehyd an. Im **Tollens-Nachweis** (Abb. 5.183) wird aus einer Silbersalzlösung in Gegenwart eines Aldehyds ein Silberspiegel abgeschieden (Abschnitt 5.13.1.1).

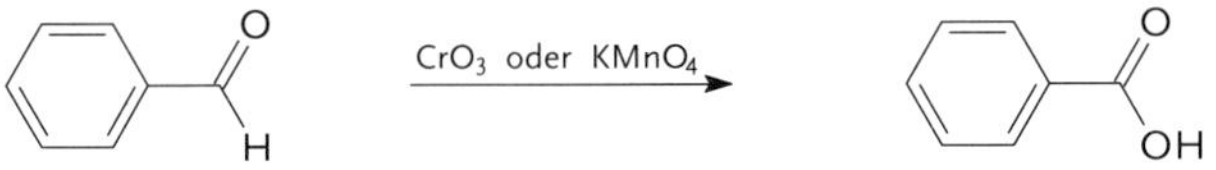

Abb. 5.181 Oxidationsreaktion von Aldehyden zu Carbonsäuren.

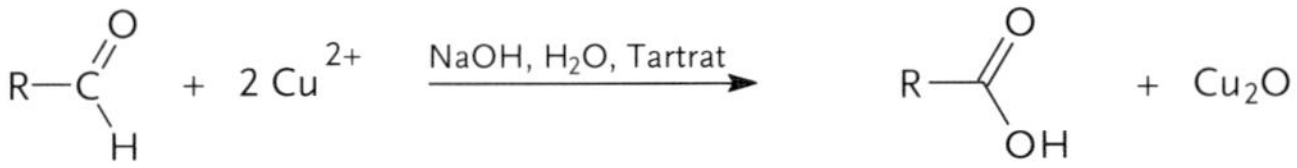

Abb. 5.182 Fehling-Probe.

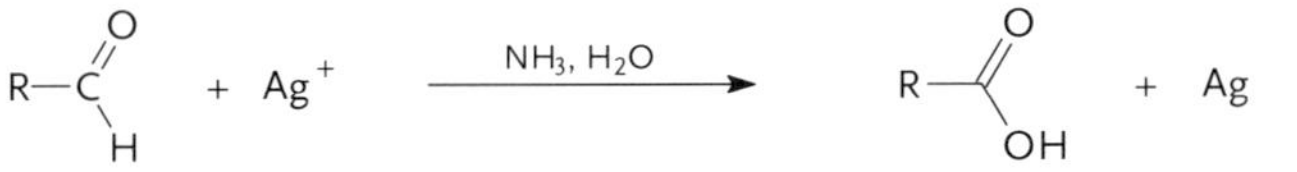

Abb. 5.183 Tollens-Probe.

5.12.2.15
Halogenierung

Unter sauren Bedingungen werden aus Aldehyden und Ketonen über Enol-Zwischenstufen nur Monohalogenverbindungen erhalten (Abb. 5.184). Die basenkatalysierte Halogenierung verläuft dagegen über Enolat-Ionen, welche das Halogen angreifen, bis zur vollständigen Halogenierung des α-Kohlenstoffatoms ab. Ein Sonderfall ist die **Haloformreaktion** (Abb. 5.185), in der aus Methylketonen Carbonsäuren entstehen, da die Trihalogenmethylgruppe eine gute Abgangsgruppe ist, die unter basischen Bedingungen gegen die Hydroxylgruppe ausgetauscht wird. Wird Iod verwendet, so entsteht Triiodmethan (Iodoform) als gelber Niederschlag. Die **Iodoform-Probe** dient als qualitative Nachweisreaktion für Methylketone.

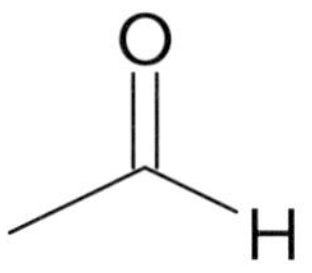

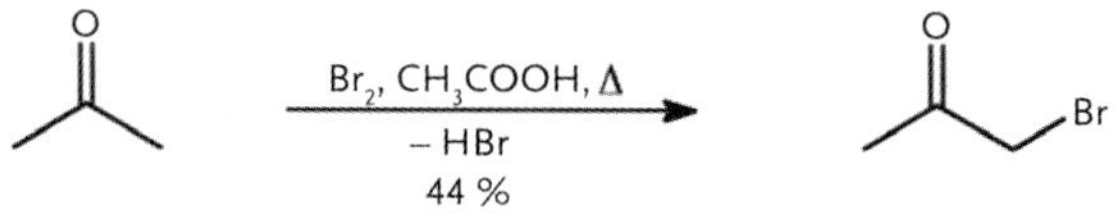

Abb. 5.184 Einfache Halogenierung von Aldehyden und Ketonen unter sauren Reaktionsbedingungen.

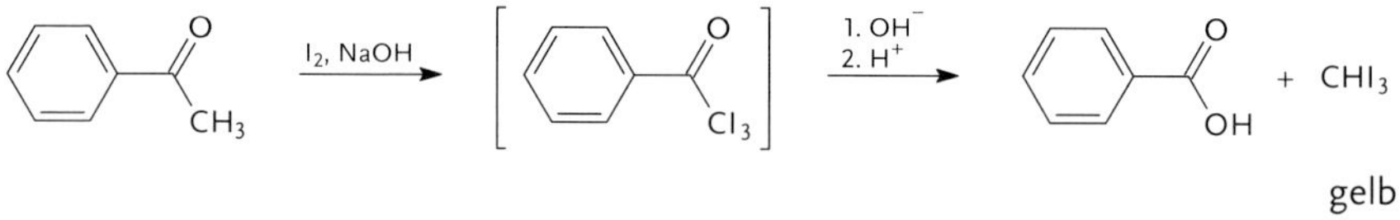

Abb. 5.185 Haloformreaktion unter basischen Reaktionsbedingungen.

5.12.2.16
Alkylierung

Die Alkylierung eines Enolats mit einem Alkylhalogenid ist eine allgemeine Methode zur Einführung eines Alkylsubstituenten in die α-Position einer Carbonylgruppe (Abb. 5.186). Im Prinzip handelt es sich um eine nucleophile Substitution des Halogenids gegen das Enolat. Problematisch können bei dieser Reaktion die Kontrolle der Regioselektivität und die Vermeidung einer möglichen Mehrfachalkylierung sein. Bei tertiären Alkylhalogeniden kommt es wegen der Basizität des Enolats leicht zu Eliminierungsreaktionen. Ein alternativer und oft besserer Weg ist die Alkylierung von Enaminen (Abb. 5.187), die elektroneutral und daher weniger basisch sind als Enolate. Dabei wird die Carbonylverbindung zunächst durch Reaktion mit einem sekundären Amin in das Enamin überführt, dieses alkyliert und schließlich wieder zur Carbonylverbindung hydrolysiert. Mehrfachalkylierungen lassen sich so weitgehend vermeiden.

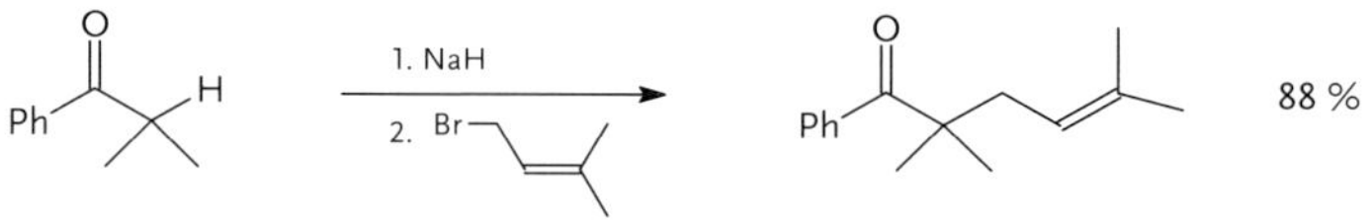

Abb. 5.186 Alkylierung von Aldehyden und Ketonen.

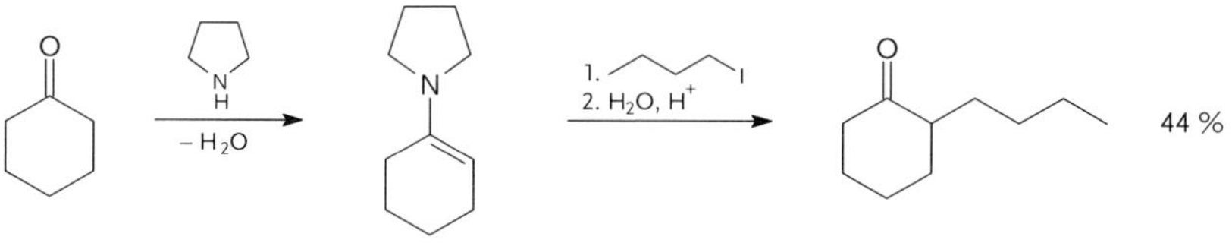

Abb. 5.187 Alkylierung eines Enamins.

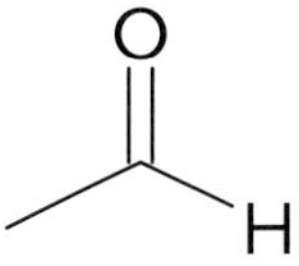

5.12.2.17
Aldolreaktion[186]

Enolisierbare Aldehyde oder Ketone reagieren unter Addition des α-Kohlenstoffatoms mit der Carbonylgruppe eines weiteren Aldehyds oder Ketons (**Aldoladdition**; Abb. 5.188). Die Reaktion kann sowohl basen- als auch säurekatalysiert durchgeführt werden. Aus den Additionsverbindungen wird leicht Wasser eliminiert, so dass **α,β-ungesättigte Carbonylverbindungen** entstehen (**Aldolkondensation**; Abb. 5.189). Werden Ketone als Carbonylkomponente der Reaktion eingesetzt, so muss die Gleichgewichtslage auf die Produktseite gezogen werden, z. B. durch Dehydratisierung und Entfernen des freiwerdenden Wassers. Setzt man zwei verschiedene Aldehyde ein, die beide α-Wasserstoffatome enthalten, so sind – ohne Berücksichtigung von Stereoisomeren – vier verschiedene Aldoladdukte möglich (**gekreuzte Aldolreaktion**; Claisen-Schmidt-Reaktion). Ist nur einer der beiden Aldehyde enolisierbar, wie z. B. in der Reaktion mit Benzaldehyd, können sich zwei verschiedene Aldoladdukte bilden, wobei hier eine gewisse Selektivität durch die Wahl der Reaktionsbedingungen (Zugabe einer hoch verdünnten Lösung der enolisierbaren Komponente zur vorgelegten nicht enolisierbaren) erreicht werden kann. In der Reaktion eines Aldehyds mit einem Keton addiert im Allgemeinen das Enolat des Ketons an den Aldehyd. Eine Steuerung der Reaktion ist in der **gezielten Aldolreaktion**[187] möglich: Dabei wird eine der beiden Carbonylkomponenten vor der eigentlichen Reaktion in das Imin überführt, welches anschließend deprotoniert wird (Abb. 5.190). Die regioselektive Umsetzung unsymmetrischer Ketone gelingt durch geschickte Wahl der Reaktionsbedingungen und den Einsatz von Enolderivaten wie Trimethylsilylenolethern in Gegenwart einer Lewis-Säure. Unter Bedingungen einer kinetischen Reaktionskontrolle (schnelle irreversible Deprotonierung durch starke Base bei tiefer Temperatur bei kurzer Reaktionszeit) wird am weniger substituierten α-Kohlenstoffatom der Carbonylgruppe deprotoniert. Deprotonierung unter thermodynamischer Reaktionskontrolle (langsame reversible Deprotonierung durch schwächere Base bei höherer Temperatur und längerer Reaktionszeit) führt zum thermodynamisch stabileren Enolat oder Enol mit höher substituierter Doppelbindung (Abb. 5.191).

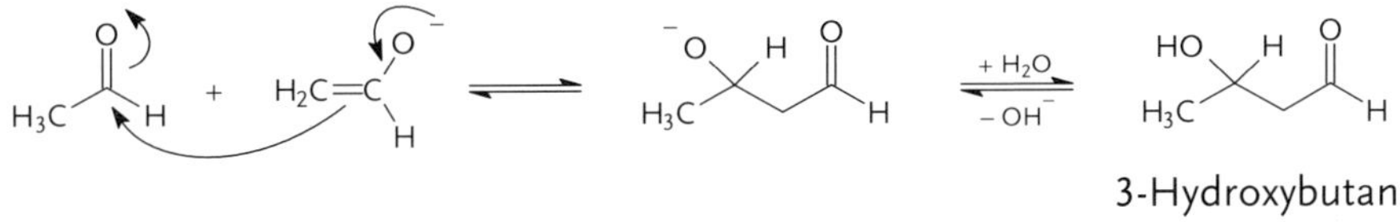

Abb. 5.188 Aldoladdition.

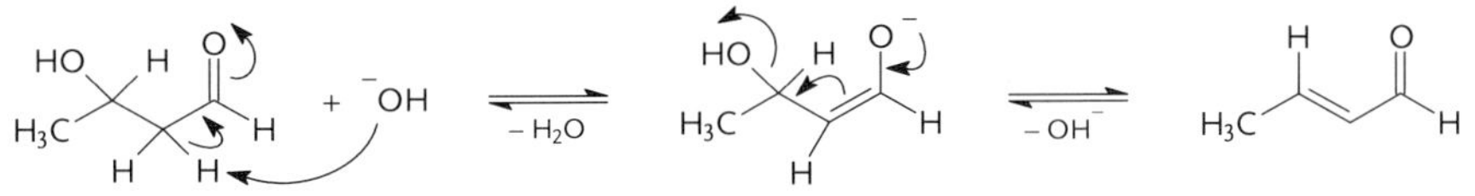

Abb. 5.189 Aldolkondensation.

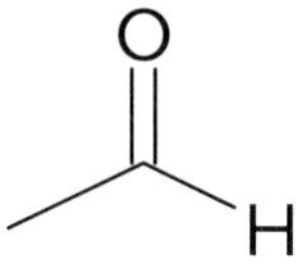

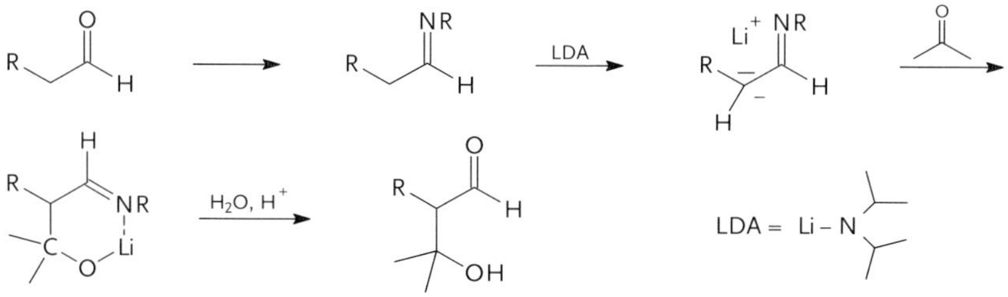

5 Substanzklassen, ihre Darstellung und Reaktionen

Abb. 5.190 Gezielte Aldolreaktion (directed aldol).

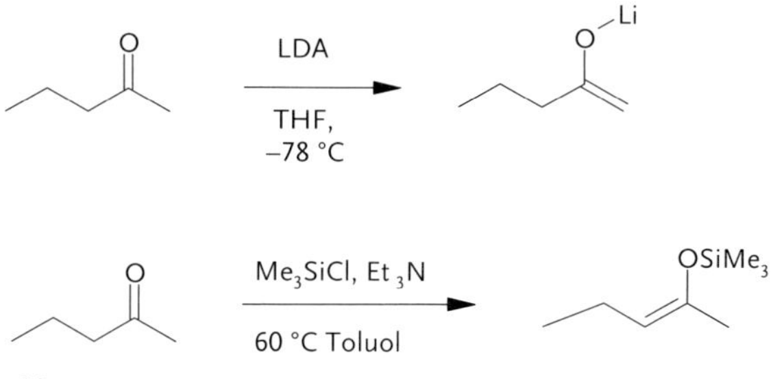

Abb. 5.191 Regioselektive Enolat bzw. Enoletherbildung bei kinetischer und thermodynamischer Reaktionskontrolle.

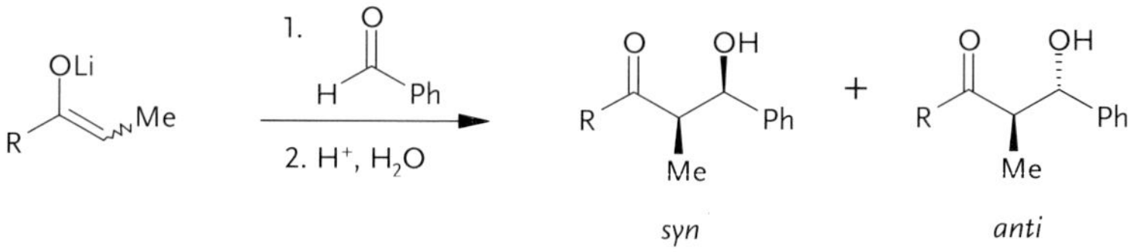

Abb. 5.192 Diastereomere Produkte einer Aldol-Reaktion. Vom *syn*- und *anti*- Produkt ist jeweils nur ein Enantiomer angegeben.

Ein wesentliches Problem der Aldolreaktion besteht in ihrer Stereochemie.[188] Im Reaktionsverlauf können zwei neue Chiralitätszentren entstehen, es werden diastereomere Enantiomerenpaare (*syn*-/*anti*- bzw. *erythro*-/*threo*-Paare) erhalten (Abb. 5.192). Die Diastereoselektivität hängt von den Reaktionsbedingungen ab und kann durch die Kontrolle der Enolatgeometrie gesteuert werden: Die Enolate von Carbonylverbindungen zeigen E/Z-Isomerie. Durch geschickte Wahl der Reaktionsbedingungen (Art der Base und des Gegenions, Temperatur, Lösungsmittel) bei der Enolatbildung kann ein Isomeres überwiegen oder sogar ausschließlich erhalten werden. Setzt man Z-Enolate ein, erhält man bevorzugt *syn*-Produkte, während E-Enolate vorwiegend zu *anti*-Produkten führen. Der **Zimmerman-Traxler-Übergangszustand** erklärt den Zusammenhang (Abb. 5.193). Mit chiralen Edukten kann man durch asymmetrische Induktion eine hohe Enantiomerenreinheit des Adduktes erreichen (Abb. 5.194). Wird die chirale Information nur vorübergehend zur Reaktionskontrolle in ein Eduktmolekül eingebracht, so spricht man von einem **chiralen Auxiliar**. Die chirale Hilfsgruppe wird nach erfolgter Reaktion abgespalten und kann im Idealfall erneut eingesetzt werden.[189]

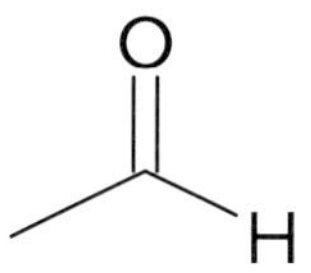

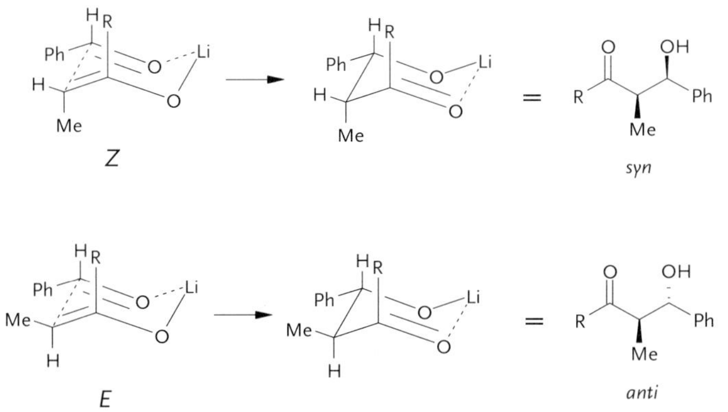

5.12 Aldehyde und Ketone

Abb. 5.193 Zimmerman-Traxler-Übergangszustand der Aldolreaktion von Z- und E-Lithiumenolaten zu syn- und anti-Aldolprodukten.

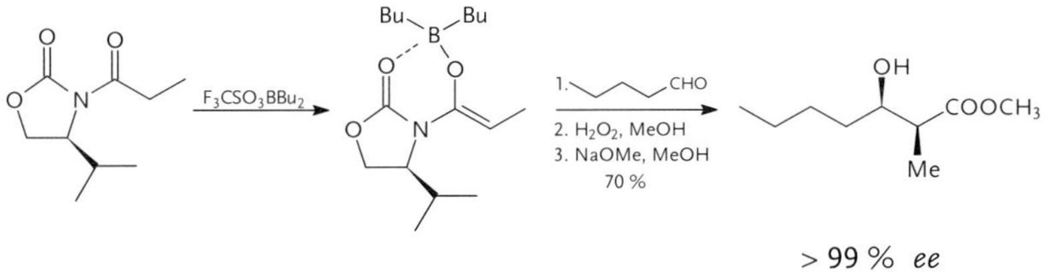

Abb. 5.194 Beispiel einer asymmetrischen Aldolreaktion.

5.12.2.18
Michael-Addition[190]

Die 1,4-Addition eines Enolat-Ions an α,β-ungesättigte Aldehyde oder Ketone heißt **Michael-Addition** (Abb. 5.195) und führt zu **1,5-Dicarbonylverbindungen**. Der Mechanismus der Michael-Addition umfasst den nucleophilen Angriff des Carbanions auf das positiv polarisierte β-Kohlenstoffatom der α,β-ungesättigten Carbonylverbindung („Michael-Akzeptor"), gefolgt von einer Protonierung des intermediären Enolats, welches auch von anderen Elektrophilen abgefangen werden kann. Die Folge aus einer Michael-Addition und einer intramolekularen Aldolkondensation des Produkts wird **Robinson-Anellierung**[191] genannt (Abb. 5.196). Dabei wird ein cyclisches **Enon** aufgebaut. Neben der α-Deprotonierung von Carbonylverbindungen ist die Michael-Addition die wichtigste Methode zur Enolatbildung.[192]

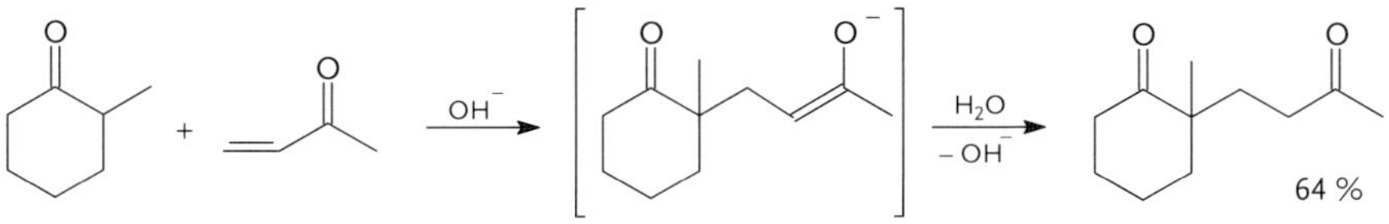

Abb. 5.195 Michael-Addition. Die gezeigte Reaktion verläuft unter thermodynamischer Reaktionskontrolle.

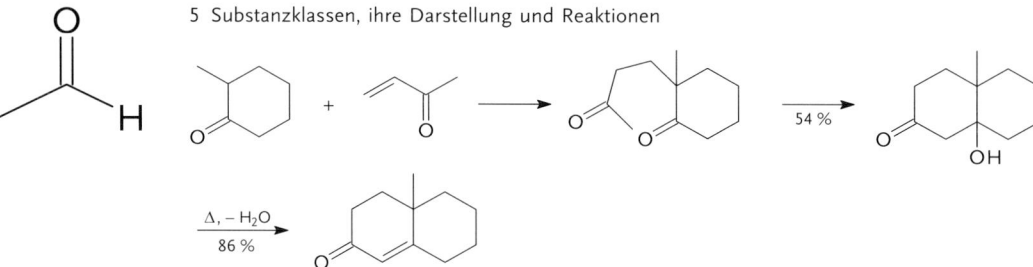

Abb. 5.196 Robinson-Anellierung.

5.12.2.19
Nucleophile Addition an α,β-ungesättigte Aldehyde und Ketone

Auch andere Nucleophile, wie z. B. Amine, Cyanid-Ionen oder metallorganische Reagenzien, können an α,β-ungesättigte Aldehyde und Ketone addieren. Dabei bestehen zwei Möglichkeiten der Addition: die **1,2-Addition** an die Carbonylgruppe und die **1,4-Addition** (Michael-Addition) an das konjugierte π-System (Abb. 5.197). Die Art der Addition hängt vom angreifenden Nucleophil und den Reaktionsbedingungen ab. Das **HSAB-Prinzip** (Abschnitt 4.5.4) kann zur Vorhersage und Erklärung der Selektivitäten herangezogen werden. Weiche Nucleophile (kupferorganische Verbindungen,[193] Carbanionen) reagieren am weicheren nucleophilen Zentrum, dem β-Kohlenstoffatom. Härtere Nucleophile (lithiumorganische Verbindungen, gewöhnliche Grignard-Reagenzien) reagieren hingegen bevorzugt am härteren Carbonyl-Kohlenstoffatom. Die 1,4-Addition von HCN führt zu **β-Cyanocarbonylverbindungen**. Michael-Additionen können auch an CC-Dreifachbindungen erfolgen.[194]

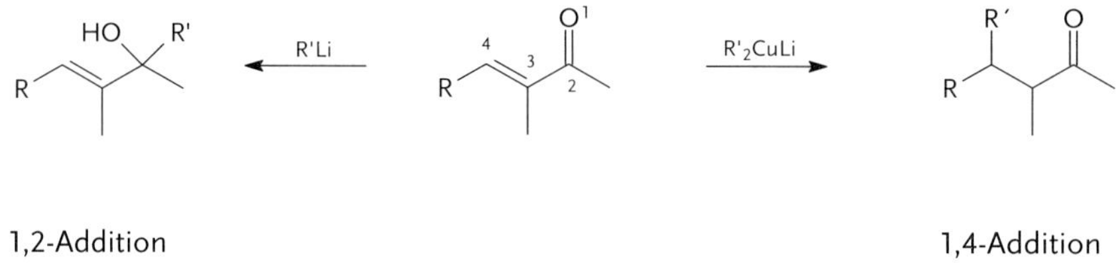

1,2-Addition   1,4-Addition

Abb. 5.197 Addition an α,β-ungesättigte Carbonylverbindungen.

5.12 Aldehyde und Ketone

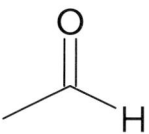

Zusammenfassung

Die funktionelle Gruppe der Aldehyde und Ketone ist die Carbonylgruppe. Die C=O-Doppelbindung und die an das Carbonyl-Kohlenstoffatom gebundenen Atome liegen in einer Ebene. Die Carbonylgruppe ist durch eine negative Partialladung am Sauerstoff- und eine positive Partialladung am Kohlenstoffatom polarisiert. Diese Polarisierung prägt die physikalischen und chemischen Eigenschaften der Aldehyde und Ketone. Die Reaktivität der Carbonylgruppe steigt mit zunehmendem elektrophilen Charakter des Carbonyl-Kohlenstoffatoms, Aldehyde sind daher reaktiver als Ketone. Elektronenziehende Substituenten erhöhen die Reaktivität der Carbonylgruppe. Die der Carbonylgruppe benachbarten Wasserstoffatome sind acide und können durch nichtnucleophile Basen entfernt werden. Dabei entstehen resonanzstabilisierte Enolat-Ionen. Die Protonierung am Sauerstoffatom führt zu Enolen. Aldehyde und Ketonen stehen mit ihren Enolformen im Gleichgewicht. Die Gleichgewichtseinstellung wird durch Säuren und Basen katalysiert. Synthetisiert werden Aldehyde und Ketone u. a. durch die Oxidation von Alkoholen, die Ozonolyse von Alkenen, die Hydratisierung von Alkinen und verschiedene technische Verfahren, insbesondere die Hydroformylierung. Die C=O-Doppelbindung kann katalytisch zum Alkohol hydriert werden. Auch durch die Addition von Hydriden entstehen Alkohole. Die Reduktion zum Kohlenwasserstoff gelingt durch Wolff-Kishner- oder Clemmensen-Reduktion, aber auch über reduktive Entschwefelung von Thioacetalen. Wichtige Carbonylreaktionen, die durch nucleophile Additionen an die C=O-Gruppe eingeleitet werden, sind die Hydrat-, Acetal-, Imin- und Enaminbildung, die Wittig-Reaktion und die Baeyer-Villiger-Oxidation. Die α-Halogenierung von Carbonylverbindungen liefert unter sauren Bedingungen Monohalogenierungsprodukte, während im basischen Medium alle α-Wasserstoffatome durch Halogenatome ersetzt werden. Methylketone zeigen die Haloformreaktion. In der Aldoladdition greifen Enolate als Nucleophile das Carbonyl-Kohlenstoffatom von Aldehyden und Ketonen reversibel an. In einem weiteren Schritt kann Wasser abgespalten werden, was zu α,β-ungesättigten Carbonylverbindungen führt (Aldolkondensation). In der Michael-Addition wird das β-Kohlenstoffatom einer α,β-ungesättigten Carbonylverbindung angegriffen. Auch andere Nucleophile, wie Amine oder Organometallverbindungen, können an α,β-ungesättigte Carbonylverbindungen addieren. Dabei kann die Addition an das konjugierte System in 1,2- oder 1,4-Stellung erfolgen.

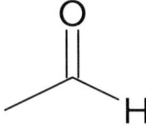

Übungsaufgaben

5.12–1 a) Nennen Sie drei Beispiele nicht enolisierbarer Aldehyde oder Ketone. b) Nennen Sie drei Beispiele von Aldehyden oder Ketonen, die ausschließlich oder überwiegend in ihrer Enolform vorliegen.

5.12–2 Entwickeln Sie zwei Reaktionsfolgen, mittels derer man aus Ethanal Aceton herstellen kann.

5.12–3 Acetale, die aus Aldehyden oder Ketonen mit einfachen Alkoholen wie Methanol oder Ethanol gebildet werden, erweisen sich als außerordentlich labil gegenüber Säuren. In der Praxis der Organischen Chemie benutzt man stattdessen Alkohole wie 1,2-Ethandiol oder 1,3-Propandiol, mit denen man stabilere cyclische Acetale erhält. Warum sind cyclische Acetale stabiler als acyclische?

5.12–4 Das Imin, welches man aus Methylamin und Butanon erhält, zeigt in den NMR-Spektren doppelte Signalsätze, während das Imin, das man aus Methylamin und Cyclopentanon erhält, nur einen Signalsatz zeigt. Erklären Sie!

5.12–5 Welche Produkte erhält man bei der Umsetzung der folgenden Verbindungen mit einem Überschuss von Peressigsäure? a) 4-Cycloheptenon, b) Bicyclo[2.2.2]octan-2-on, c) Acetophenon.

5.12–6 Warum gelingt die einfache Bromierung von Aceton zu Bromaceton unter basischen Reaktionsbedingungen nicht, unter sauren hingegen sehr wohl?

5.12–7 Bei der gekreuzten Aldoladdition von Ethanal und Propanal können sich vier Isomere bilden. Zeichnen Sie deren Konstitutionsformeln ohne Berücksichtigung von Stereoisomeren. Wie kann man vorgehen, um gekreuzte Aldolreaktionen so zu steuern, dass weit überwiegend ein Produkt entsteht?

5.12–8 Wozu reagiert 2-Methylcyclohexanon mit Propennitril (Acrylnitril) unter folgenden Bedingungen (wässrige Aufarbeitung): a) 0 °C, LDA, 2 h, b) –78 °C, LDA, 10 min.

5.12–9 Wozu reagiert 2-Cyclohexenon mit Lithiumdivinylcuprat gefolgt von a) Methanal und b) Chlortrimethylsilan?

5.13 Kohlenhydrate

Kohlenhydrate sind natürlich vorkommende **Polyhydroxycarbonylverbindungen**, die als Monomer (Monosaccharid[195]), Dimer (Disaccharid), Oligomer (Oligosaccharid[196]) oder Polymer (Polysaccharid[197]) vorliegen können. Mono- und Oligosaccharide werden auch unter der Bezeichnung Zucker zusammengefasst, da der süße Geschmack für diese Stoffgruppe charakteristisch ist. Die Bezeichnung Kohlenhydrate hat sich zu einer Zeit entwickelt, als man dieser Stoffklasse die allgemeine Summenformel $C_n(H_2O)_n$ (Hydrate des Kohlenstoffs) zuschrieb, ohne eine Aussage über die Konstitution treffen zu können. Mittlerweile sind auch viele natürliche Saccharide bekannt, die nicht dieser Summenformel entsprechen. Zur Aufklärung der Konstitution und Konfiguration der Zucker haben vor allem die Arbeiten von Emil Fischer beigetragen.[198] **Aldosen** (Polyhydroxyaldehyde) sind Monosaccharide, die eine Aldehydgruppe enthalten. **Ketosen** (Polyhydroxyketone) besitzen eine Ketogruppe. Ein Monosaccharid ist ein Aldehyd oder Keton mit mindestens zwei Hydroxylgruppen (Abb. 5.198). Die einfachsten Vertreter sind 2,3-Dihydroxypropanal (Glycerinaldehyd) und 1,3-Dihydroxypropanon (1,3-Dihydroxyaceton). Aufgrund ihrer Kettenlänge teilt man Zucker weiter in **Triosen** (3 C-Atome), **Tetrosen** (4 C-Atome), **Pentosen** (5 C-Atome), **Hexosen** (6 C-Atome) usw. ein. Die wichtigsten Kohlenhydrate leiten sich von den Pentosen und Hexosen ab.

Zur strukturellen Darstellung der Monosaccharide wird häufig die **Fischer-Projektion** (Abschnitt 4.3) verwendet. Dabei wird die längste Kohlenstoffkette senkrecht angeordnet, das am höchsten oxidierte Kohlenstoffatom steht oben. Die waagerechten Linien stellen Bindungen dar, die auf den Betrachter hin gerichtet sind, senkrechte Linien weisen von ihm weg. Die Stereozentren der Zucker können durch die *R,S*-Nomenklatur (Abschnitt 4.3) eindeutig beschrieben werden. Dennoch wird häufig ein älteres System zur Klassifizierung verwendet: die Zuordnung

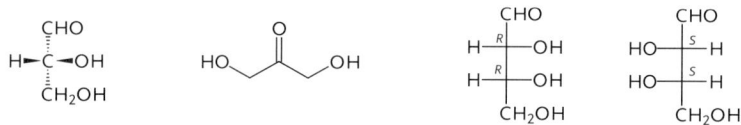

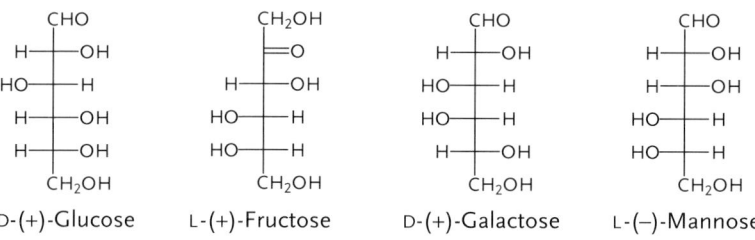

Abb. 5.198 Strukturen einfacher Aldosen und Ketosen.

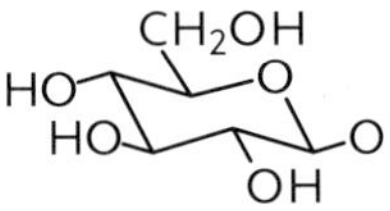

zur D- oder L-Reihe. Für die Zuordnung ist das unten stehende asymmetrische Kohlenstoffatom der Kohlenstoffkette verantwortlich, d. h. das asymmetrische Kohlenstoffatom, das am weitesten von der Aldehyd- bzw. Ketogruppe entfernt ist. Zeigt die OH-Gruppe dieses Kohlenstoffatoms in der Fischer-Projektion nach links, gehört der Zucker zur L-Reihe, weist sie nach rechts, gehört er zur D-Reihe. Die D- und L-Form eines Zuckers, z. B. D-(–)-Erythrose und L-(+)-Erythrose, verhalten sich an allen asymmetrischen Zentren wie Bild und Spiegelbild, sie sind **Enantiomere** (Abschnitt 4.3). Stereoisomere, die sich nur durch die Konfiguration an C-2 unterscheiden, wie z. B. D-Glucose und D-Mannose, werden als **Epimere** bezeichnet. Der Begriff wird heute allgemein für Diastereomere verwendet, die sich an einem von zwei oder mehreren chiralen Zentren unterscheiden. Unter **Epimerisierung** versteht man die Umwandlung von Diastereomeren durch Konfigurationsumkehr an einem von mehreren Stereozentren. Die Drehrichtung einer Verbindung für linear polarisiertes Licht wird durch (+) bzw. (–) angegeben und steht mit der Zugehörigkeit zur D- oder L-Reihe in *keinem* Zusammenhang.

D-(+)-Glucose (Dextrose oder Traubenzucker) ist ein Pentahydroxyhexanal und gehört zur Klasse der Aldohexosen. D-(+)-Glucose ist in der Natur in Früchten und Pflanzen weit verbreitet. Im menschlichen Blut liegt Glucose in einer Konzentration von 0.08–0.1 % vor. Eine zur Glucose isomere Ketohexose ist die **D-(–)-Fructose**, der süßeste natürlich vorkommende Zucker. Die **Ribose** ist als Bestandteil der Ribonucleinsäuren (Abschnitt 5.19) von Bedeutung.

Kohlenhydrate enthalten sowohl Strukturelemente von Aldehyden bzw. Ketonen als auch von Alkoholen. Daher ist es naheliegend, dass intramolekular Halbacetale entstehen (Abb. 5.199). Tatsächlich liegen Glucose und andere Hexosen und Pentosen in einem Gleichgewicht zwischen der offenkettigen und der cyclischen Halbacetalform vor, wobei die cyclische Form überwiegt. Zucker, die als Sechsring-Halbacetal vorliegen, werden als **Pyranosen** bezeichnet. Liegt ein Fünfring-Halbacetal vor, so spricht man von **Furanosen**. Beim Ringschluss zum Halbacetal entsteht ein neues asymmetrisches Zentrum. Die erhaltenen Diastereomere unterscheiden sich nur durch die Konfiguration am Acetal-Kohlenstoffatom und werden **Anomere** genannt. Das neue Chiralitätszentrum ist das **anomere Zentrum**. Hat das Acetal-Kohlenstoffatom die *S*-Konfiguration, bezeichnet man das Diastereomer als α-**Anomer**, bei *R*-Konfiguration als β-**Anomer**. Die Formelzeichnung cyclischer Zucker kann in der **Fischer-**, **Haworth-**[199] oder **Sesselprojektion** erfolgen (Abb. 5.200). In der Fischer-Projektion der α-Form steht die OH-Gruppe des anomeren Kohlenstoffatoms *rechts*. In der Fischer-Projektion der β-Form steht die OH-Gruppe des anomeren Kohlenstoffatoms *links*. Substituenten auf der rechten Seite der Fischer-Projektion zeigen in der Haworth-Projektion nach *unten*.

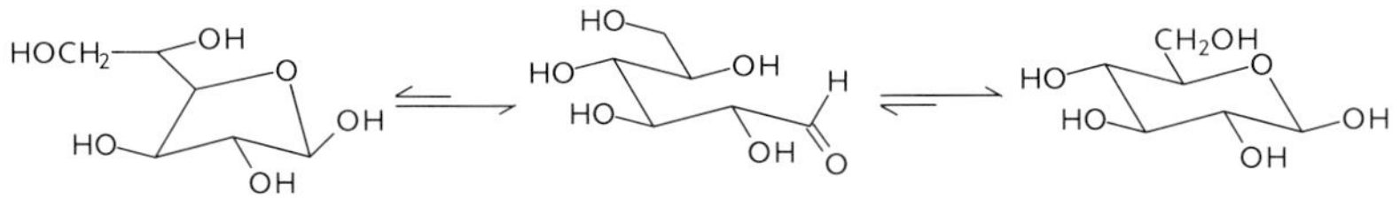

β-D-(+)-Glucofuranose   D-(+)-Glucose   β-D-(+)-Glucopyranose

Abb. 5.199 Bildung cyclischer Halbacetale.

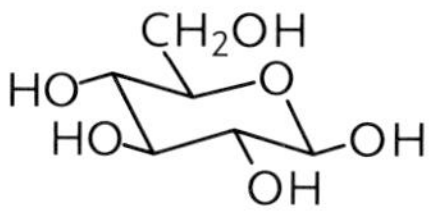

5.13 Kohlenhydrate

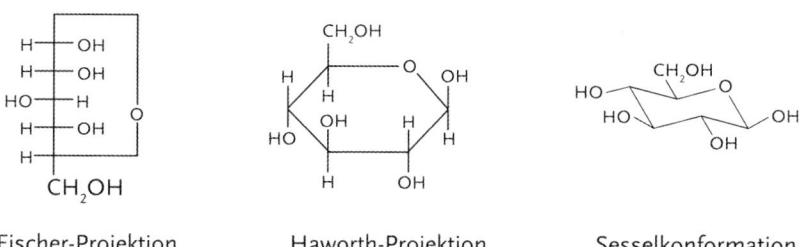

Fischer-Projektion　　　Haworth-Projektion　　　Sesselkonformation
(Tollens'sche Ringformel)

Abb. 5.200 Formelzeichnung von β-D-(+)-Glucopyranose.

Die Sesselkonformation, in der große Substituenten äquatorial angeordnet sind, ist im Allgemeinen stabiler (Abschnitt 4.3). Eine Besonderheit bei Zuckern ist der **anomere Effekt**:[200] Methoxy- und Acetoxygruppen an C-1 stehen oft in axialer Stellung, da so die Dipolabstoßung zwischen Sauerstoffatom an C-1 und dem Ringsauerstoffatom minimiert wird. Allgemeiner wird der Begriff heute für die bevorzugte synklinale (gauche) Anordnung eines Fragmentes Y-C-X-C benutzt, wobei X und Y Heteroatome darstellen von denen mindestens eines O, N, oder F sein muss.

In wässriger Lösung besteht ein Gleichgewicht zwischen den Anomeren und der nichtcyclischen Form. Durch Einstellung geeigneter Kristallisationsbedingungen ist es möglich, die reine α- oder β-Pyranoseform der Glucose zu erhalten. Bringt man die reinen Anomere wieder in Lösung, so ergibt sich nach kurzer Zeit wieder eine Gleichgewichtsmischung. Die Umwandlung wird durch die Veränderung der spezifischen Drehung der Lösung angezeigt. Das Phänomen wird als **Mutarotation** bezeichnet (Abb. 5.201). Die Gleichgewichtszusammensetzung für Glucose besteht aus etwa 36.4 % der α-, 63.6 % der β- und nur etwa 0.003 % der offenkettigen Form. Die Gleichgewichtseinstellung wird durch Säuren und Basen beschleunigt. Die spezifische Rotation im Gleichgewicht beträgt +52, für reine α-D-Glucose +112 und für reine β-D-Glucose +19.

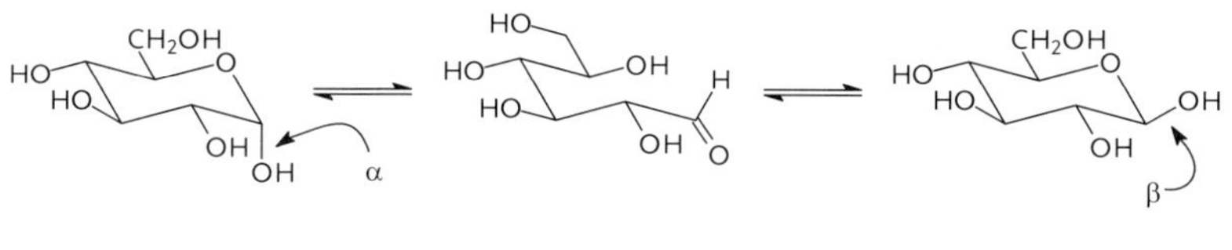

α-D-Glucopyranose　　　D-Glucose　　　β-D-Glucopyranose

Abb. 5.201 Mutarotation der Glucose.

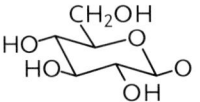

5 Substanzklassen, ihre Darstellung und Reaktionen

5.13.1
Reaktionen der Kohlenhydrate[201]

5.13.1.1
Oxidationen und Reduktionen

Wie alle Aldehyde lassen sich auch Aldosen durch milde Oxidationsmittel, wie Br_2/H_2O oder verdünnte HNO_3, leicht zu den Carbonsäuren, den **Aldonsäuren**, oxidieren. Die aus Glucose erhaltene Aldonsäure heißt Gluconsäure. Aldonsäuren sind nur in alkalischer Lösung beständig. Im sauren Medium bildet sich aus der Carboxylgruppe und der γ- oder δ-Hydroxylgruppe ein cyclischer Ester, ein **Lacton**. Die Oxidation der Aldosen zu Aldonsäuren mit Tollens- und Fehling-Reagenz (Abschnitt 5.12.2.14) lässt sich zum qualitativen Nachweis nutzen. Auch Ketosen geben einen positiven Nachweis. Hier wird die α-Hydroxylgruppe oxidiert, und es bilden sich α-Dicarbonylverbindungen. Alle Zucker, die einen positiven Nachweis geben, werden als **reduzierende Zucker** bezeichnet. Starke Oxidationsmittel, wie HNO_3, oxidieren auch die primäre Hydroxylgruppe, und es entstehen Dicarbonsäuren, die **Aldarsäuren** (Abb. 5.203, Abschnitt 5.13.1.2). Aus Glucose wird Glucarsäure. Ein Oxidationsreagenz, das zum Aufbrechen von C–C-Bindungen führt, ist **Periodsäure** HIO_4. Diese Verbindung baut vicinale Diole oxidativ zu Carbonylverbindungen ab (Abb. 5.202). Werden Zucker der oxidativen Spaltung unterworfen, so entstehen Ameisensäure, Formaldehyd und CO_2. Das Mengenverhältnis, in dem diese Produkte gebildet werden, ist von der Konstitution des Zuckers abhängig.

Durch die Reduktion der Carbonylfunktion von Aldosen und Ketosen entstehen Alditole. Diese auch **Zuckeralkohole** genannten Verbindungen werden u. a. als **Zuckeraustauschstoffe** (Süßstoffe) eingesetzt. Die Reduktion kann durch Hydride, wie $NaBH_4$, oder katalytische Hydrierung erfolgen. Viel verwendet wird der Zuckeralkohol der Glucose, das **Glucitol** oder **Sorbit** (Abb. 5.203, Abschnitt 5.13.1.2). Er hat ca. 60 % der Süßkraft des Rohrzuckers (Saccharose), kann aber durch Bakterien, die für die Kariesentstehung verantwortlich sind, nicht abgebaut werden. Auch in Lebensmitteln für Diabetiker findet er Verwendung, da er im Körper hauptsächlich zu CO_2 metabolisiert wird und nur wenig Glucose entsteht. Der physiologische Brennwert (Kaloriengehalt) des Sorbit ist aber keineswegs geringer als der von Saccharose. Süßstoffe wie **Saccharin** oder **Cyclamat** sind viel süßer und haben in Bezug auf die Süßkraft nur einen geringen Kaloriengehalt.

5.13.1.2
Phenylosazone

Wie Aldehyde und Ketone reagiert die Carbonylfunktion der Zucker mit Aminderivaten. So überführt ein Äquivalent Phenylhydrazin den Zucker in das entsprechende **Phenylhydrazon** (Abb. 5.203). Überraschenderweise oxidiert ein Über-

Abb. 5.202 Periodatspaltung.

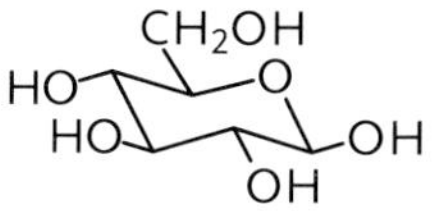

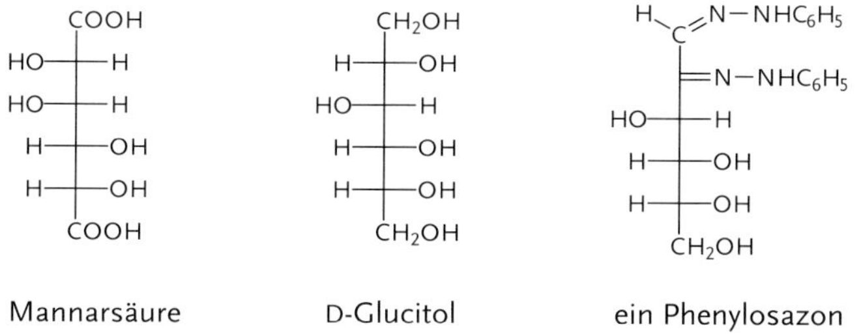

5.13 Kohlenhydrate

Mannarsäure   D-Glucitol   ein Phenylosazon

Abb. 5.203 Formeln der Mannarsäure, des Sorbits und eines Phenylosazons.

schuss an Phenylhydrazin das benachbarte Kohlenstoffatom, wobei ein Diphenylhydrazon, ein **Osazon**, entsteht.

5.13.1.3
Ester- und Etherbildung

Als Polyhydroxyverbindungen gehen Kohlenhydrate die typischen Reaktionen der Alkohole ein. So reagiert β-D-Glucose mit Essigsäureanhydrid in Gegenwart einer tertiären Base zum Ester (Abschnitt 5.15.4), dem β-D-**Glucosepentaacetat** (Abb. 5.204). Die Williamson-Ethersynthese (Abschnitt 5.10.1.2) kann auf Monosaccharide angewendet werden, um eine vollständige Methylierung zu erreichen. Eine weitere wichtige Reaktion geminaler Hydroxylgruppen ist die Bildung cyclischer Acetale in der Reaktion mit Aldehyden und Ketonen. Die Acetalbildung wird zum selektiven Schutz der Hydroxylgruppen in Syntheseschritten genutzt. Auch mit Borsäuren bilden 1,2-Diole stabile, cyclische Ester.

Das Halbacetal der Monosaccharide lässt sich mit Alkoholen in Vollacetale (Abb. 5.205 und Abschnitt 5.12.2.10) überführen. Die Acetale der Zucker werden als **Glycoside** bezeichnet.[202] Je nach Orientierung der Hydroxylgruppe kann die **glycosidische Bindung** einer Verknüpfung in α- oder β-Position entsprechen. Ist die reagierende Alkoholfunktion Teil eines weiteren Zuckermoleküls, so entstehen Disaccharide. Zur Glycosidbildung wird das anomere Kohlenstoffatom zur nucleo-

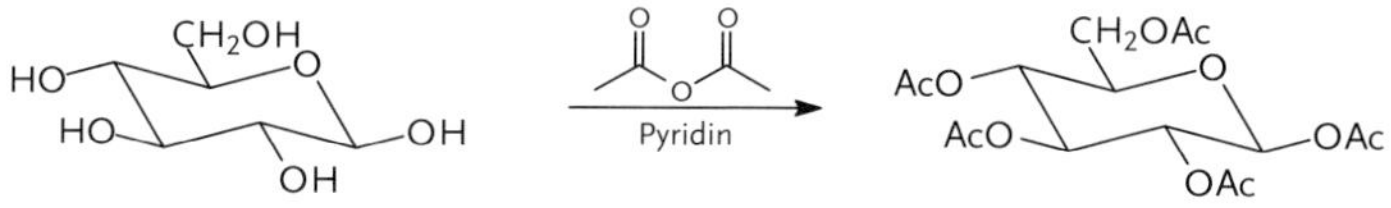

Abb. 5.204 Synthese von Glucosepentaacetat.

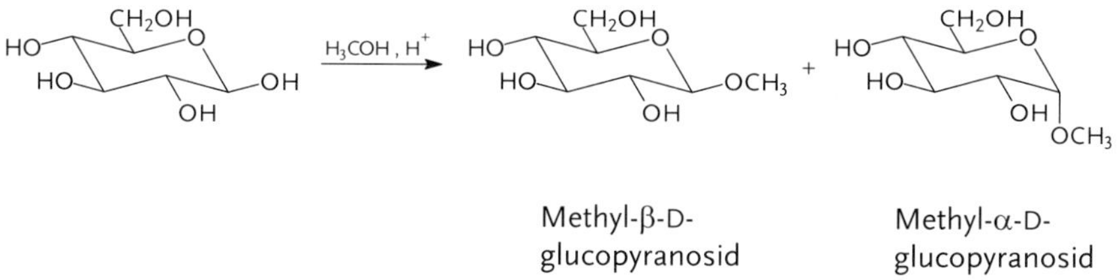

Methyl-β-D-glucopyranosid   Methyl-α-D-glucopyranosid

Abb. 5.205 Glycosidbildung (Zuckeracetal).

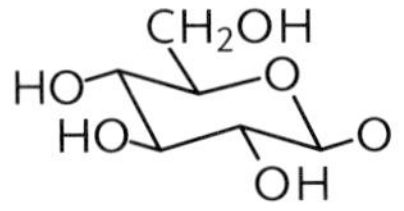

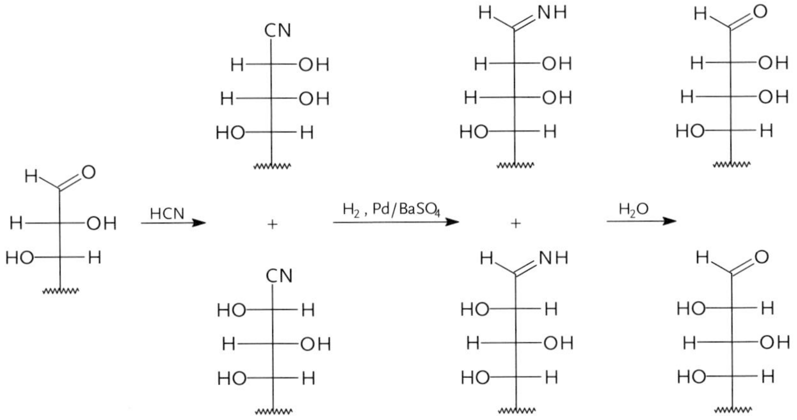

Abb. 5.206 Kiliani-Fischer-Synthese.

philen Substitution aktiviert. Dies kann nach der **Koenigs-Knorr-Methode** durch Überführung ins Glycosylhalogenid geschehen. In Abwesenheit von Säure ist der Übergang in die offenkettige Form des Zuckers im Vollacetal jetzt ausgeschlossen. Es tritt keine Mutarotion mehr auf.

5.13.1.4
Auf- und Abbau von Zuckerketten[203]

In der Natur entstehen Kohlenhydrate hauptsächlich durch Photosynthese in Pflanzen. Die chemische Kettenverlängerung eines Zuckers gelingt durch die **Kiliani-Fischer-Synthese** (Abb. 5.206), bei der die Aldose mit HCN zum Cyanhydrin umgesetzt wird. Durch Reduktion der Cyanogruppe zum Aldehyd entstehen die zwei Epimere des um ein C-Atom verlängerten Zuckers. Der schrittweise Abbau von Zuckergerüsten um jeweils ein C-Atom kann durch **Wohl**- oder **Ruff-Abbau** erfolgen. Der Wohl-Abbau entspricht der Umkehr der Kiliani-Fischer-Synthese. Im Ruff-Abbau wird zur Aldonsäure oxidiert, decarboxyliert und zur nächstniederen Aldose oxidiert.

5.13.2
Di-, Oligo- und Polysaccharide

5.13.2.1
Saccharose und Lactose

Saccharose (Rohrzucker; Abb. 5.207) ist ein Disaccharid aus α-D-Glucopyranose und β-D-Fructofuranose, die über eine 1,2-glycosidische Bindung verknüpft sind. Saccharose ist ein nichtreduzierender Zucker, der keine Mutarotation zeigt. In verdünnter Säure oder durch das Enzym Invertase wird die Glycosidbindung unter Bildung der Monosaccharide gespalten. Dabei kommt es zu einer Inversion des Drehsinns der Lösung. Das Spaltprodukt wird daher auch als **Invertzucker** bezeich-

α-D-Glucopyranosyl-β-D-fructofuranosid   β-D-Galactopyranosyl-α-D-glucopyranose

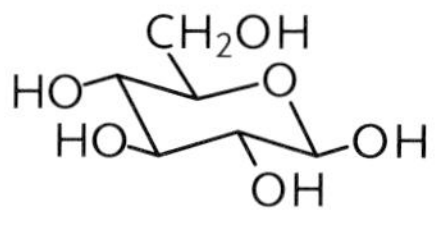

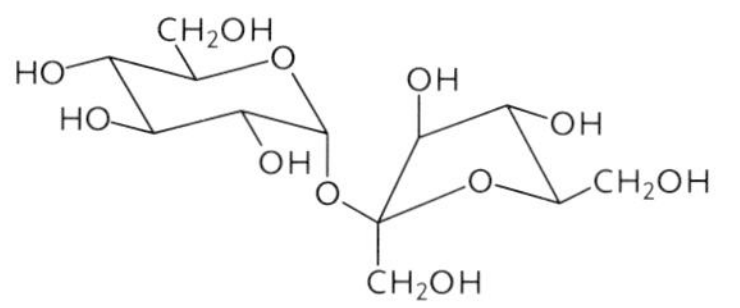

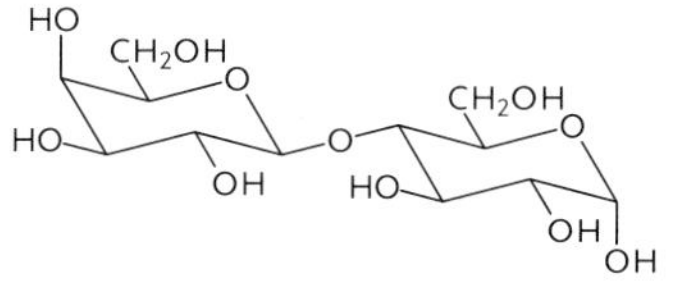

Abb. 5.207 Links: Saccharose (Rohrzucker); rechts: Lactose (Milchzucker).

net. Das Disaccharid Lactose (Abb. 5.207) besteht aus einer Glucose- und einer Galactoseeinheit.

5.13.2.2
Cellulose, Stärke und Glycogen

Cellulose und Stärke sind natürlich vorkommende Polymere der Monosaccharide, die als nachwachsende Rohstoffe erhebliche wirtschaftliche Bedeutung haben. **Cellulose** (Abb. 5.208) ist ein 1,4-verknüpftes Poly-β-D-glucopyranosid. Die linearen Ketten bestehen aus etwa 3000 Monomereinheiten. Vermittelt durch Wasserstoffbrückenbindungen lagern sich die einzelnen Celluloseestränge parallel oder zu Bündeln verdrillt an. Das Material erhält dadurch makroskopische Festigkeit und ist in fast allen Lösungsmitteln nahezu unlöslich. Cellulose kann zu **Nitrocellulose** nitriert werden. Eine lösliche Form der Cellulose wird durch Überführung in das Cellulosexanthogenat mit CS_2 erhalten. Durch Säure wird die unlösliche Form zurückgewonnen. Dieser Prozess wird zur Herstellung von Fasern (**Viskose**, **Rayon**) und Folien (**Cellophan**) genutzt.

In der **Stärke** sind die Glucoseeinheiten α-glycosidisch verknüpft. Die beiden Hauptbestandteile der Stärke sind Amylose und Amylopektin. Die **Amylose** (Abb. 5.208) besteht aus linear 1,4-α-glycosidisch verküpften D-Glucoseeinheiten. Der Strang windet sich in Form einer Helix, die im Innern Iod einschließen kann.

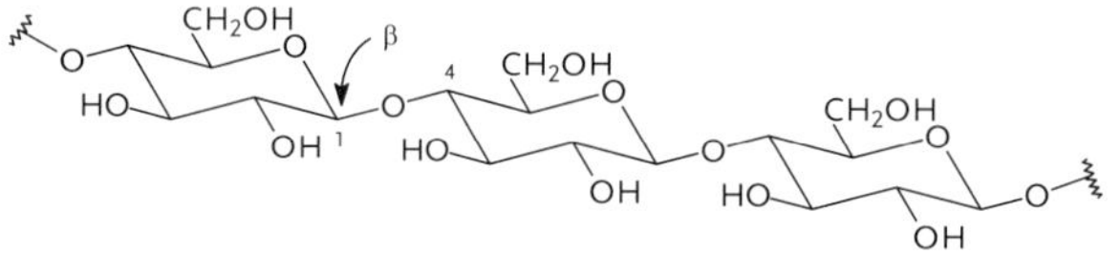

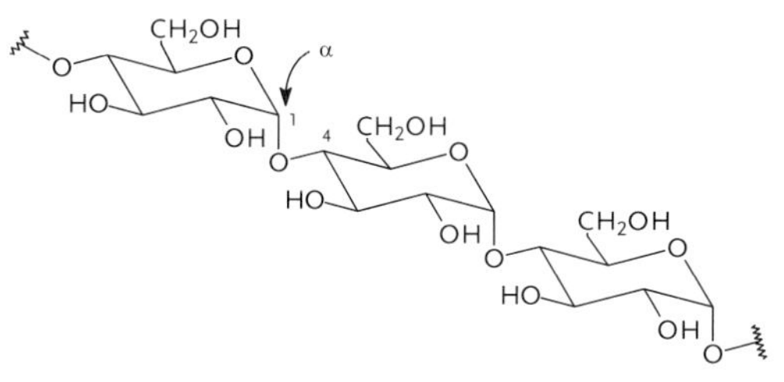

Abb. 5.208 Polysaccharide: Cellulose und Amylose.

5 Substanzklassen, ihre Darstellung und Reaktionen

Stärke lässt sich durch eine charakteristische Blaufärbung bei Iodzugabe nachweisen. **Amylopektin** besteht auch aus D-Glucoseeinheiten, doch die Struktur ist stark verzweigt. Neben 1,4-glycosidischen Bindungen liegen 1,6-Verküpfungen vor. **Glycogen**, ein dem Amylopektin ähnliches, doch noch stärker verzweigtes Polysaccharid, ist als Energiespeicher bei Menschen und Tieren von großer Bedeutung.

Zusammenfassung

Kohlenhydrate sind Polyhydroxycarbonylverbindungen, die als Monomere, Dimere, Oligomere oder Polymere vorliegen können. Die meisten natürlichen Kohlenhydrate gehören zur D-Reihe. Die offenkettige Form der Zucker liegt im Gleichgewicht mit cyclischen Halbacetalformen vor, die als Pyranose- (Sechsring) und Furanose-(Fünfring) Form bezeichnet werden. Beim Ringschluss entsteht ein neues asymmetrisches Zentrum. Die Diastereomere werden α- und β-Anomere genannt, in Lösung wandeln sich beide ineinander um (Mutarotation).

Zur Formelzeichnung cyclischer Zucker eignen sich neben der Fischer-Projektion vor allem die Haworth- und die Sesseldarstellung. Die chemischen Reaktionen der Saccharide entsprechen ihren funktionellen Gruppen: Die Carbonylgruppe kann zur Säure (Aldon- und Aldarsäure) oxidiert oder zum Alkohol (Alditol) reduziert werden. Die Hydroxylgruppen können verestert und verethert werden. Saccharose ist ein Disaccharid aus Glucose und Fructose. Cellulose und Amylose sind Polysaccharide aus D-Glucoseeinheiten.

Übungsaufgaben

5.13–1 Zeichnen Sie α-D-(+)-Galaktose als Fischer-Projektion, als Haworth-Projektion und in der Sesselkonformation.

5.13–2 Wieso ändert eine wässrige Lösung von A ihren optischen Drehwert, während er bei einer wässrigen Lösung von B konstant bleibt?

A   B

5.13–3 Was ist das Produkt des Wohl-Abbaus von D-Glucose?

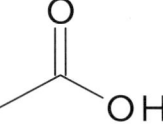

5 Substanzklassen, ihre Darstellung und Reaktionen

5.14
Carbonsäuren und Sulfonsäuren

Carbonsäuren[204] enthalten als funktionelle Gruppe die **Carboxylgruppe -COOH**. Sie sind in der Natur weit verbreitet und gehören zu den schon lange bekannten organischen Verbindungen. Viele Carbonsäuren besitzen daher Trivialnamen. Auch im IUPAC-System werden die Namen der beiden einfachsten Carbonsäuren beibehalten: **Ameisensäure** („formic acid") HCOOH und **Essigsäure** („acetic acid") H$_3$CCOOH. Ansonsten wird der Name durch Anhängen des Suffix -säure an den Namen des Stammalkans gebildet. Bei C-substituierten Carbonsäuren ergibt sich die Positionsbezeichnung des Substituenten aus dem Abstand des entsprechenden C-Atoms zur Carboxylgruppe, die stets die Positionsziffer eins hat. Wird der Trivialname der Carbonsäure verwendet, so kennzeichnet ein griechischer Buchstabe die Position des Substituenten: α, Substituent an C-2; β, an C-3; γ, an C-4; δ, an C-5; ω, am letzten C-Atom der Kette. Trivialnamen der unverzweigten Carbonsäuren (Abb. 5.209): C$_3$, Propionsäure; C$_4$, Buttersäure; C$_5$, Valeriansäure; C$_6$, Capronsäure; C$_7$, Önantsäure; C$_8$, Caprylsäure; C$_9$, Pelargonsäure; C$_{10}$, Caprinsäure.

| Ameisensäure | Essigsäure | 3-Brompropansäure (β-Brompropionsäure) | Propensäure (Acrylsäure) | Acetylsalicylsäure (Aspirin) |

Abb. 5.209 Strukturen und Namen einiger Monocarbonsäuren.

Die Carboxylgruppe ist sehr polar, so dass die kleineren Carbonsäuren (bis C$_4$) wasserlöslich sind. Carbonsäuren haben einen außergewöhnlich hohen Siedepunkt. Als reine Flüssigkeiten und sogar in recht verdünnten Lösungen in aprotischen Lösungsmitteln liegen Carbonsäuren als über Wasserstoffbrücken gebundene Dimere vor. Die Stärke einer einzelnen (–O–H...H–)-Bindung beträgt ca. 25–33 · kJ mol^{-1}. Für die Dimerisierung von Carbonsäuren in Lösung wurde in den 1940er Jahren erstmal der Begriff „Übermolekül" geprägt.[205] Aliphatische Carbonsäuren bis C$_9$ sind Flüssigkeiten. Alle höheren Carbonsäuren und die aromatischen Carbonsäuren sind Feststoffe. Alkansäuren bis C$_{10}$ haben einen oft unangenehmen, stechenden oder scharfen Geruch. Die höheren Carbonsäuren und die Dicarbonsäuren (Abb. 5.210) sind geruchlos. Carbonsäuren sind relativ starke Säuren, da sich bei ihrer Deprotonierung ein resonanzstabilisiertes Carboxylat-Anion bildet. Elektronenziehende Substituenten erhöhen die Acidität der Carboxylgruppe, doch der Effekt nimmt mit zunehmendem Abstand schnell ab. Die Protonierung einer Carbonsäure am Carbonyl-Sauerstoffatom ist schwierig, aber möglich. Es entsteht ein resonanzstabilisiertes Kation.

In den IR-Spektren von Carbonsäuren ist die oft breite O–H-Absorptionsbande (2900–3300 cm^{-1}) in Kombination mit der charakteristischen Carbonylabsorption

5.14 Carbonsäuren und Sulfonsäuren

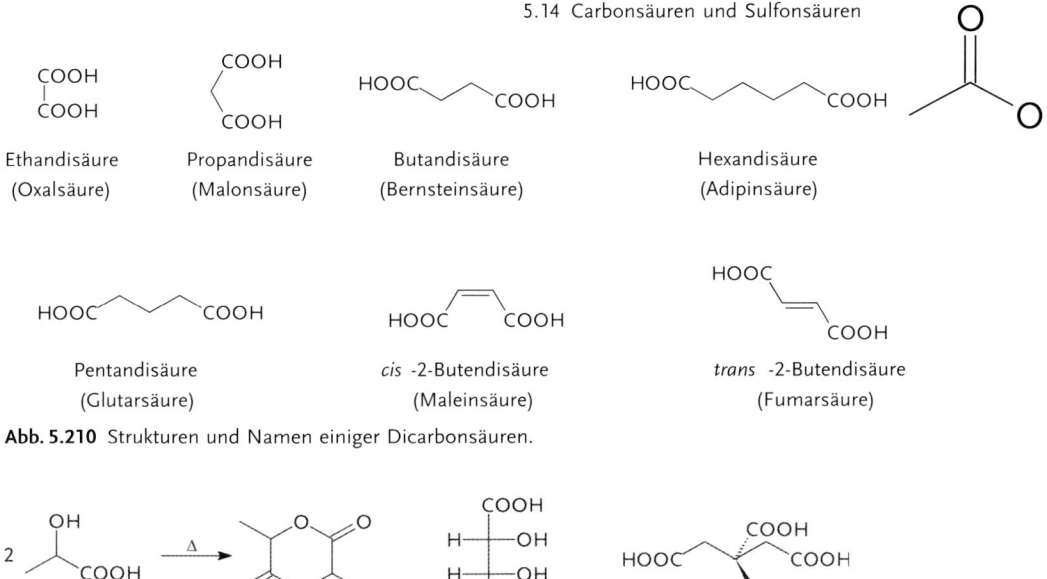

Abb. 5.210 Strukturen und Namen einiger Dicarbonsäuren.

Abb. 5.211 α-Hydroxycarbonsäuren.

(um 1710 cm^{-1}) auffällig. Im ^{1}H-NMR-Spektrum wird die Resonanz für das Signal des Säureprotons häufig stark verbreitert in einem Bereich von δ = 11–17 ppm beobachtet. Durch die starke Verbreiterung kann die Intensität des Peaks so gering werden, dass er nicht mehr klar zu erkennen ist. Die Integration des gesamten Bereichs von δ = 11–17 ppm kann helfen, das Säureproton zu identifizieren, falls keine anderen Signale in diesem Bereich erwartet werden. Die Resonanz des Carboxylkohlenstoffatoms im ^{13}C-NMR-Spektrum findet sich bei δ = 165–185 ppm.

Eine große Zahl aliphatischer und aromatischer Carbonsäuren und Dicarbonsäuren werden als preiswerte Handelschemikalien angeboten. Viele **α-Hydroxycarbonsäuren** (Abb. 5.211) und ihre Derivate sind in biologischen Stoffwechselvorgängen wichtig. Die Synthese von α-Hydroxycarbonsäuren gelingt durch alkalische Hydrolyse von α-Halogencarbonsäuren oder die Hydrolyse von Cyanhydrinen. Die in der Natur vorkommenden α-Hydroxycarbonsäuren sind bis auf wenige Ausnahmen optisch aktiv. Erhitzt man α-Hydroxycarbonsäuren, so findet eine intermolekulare Dehydratisierung statt. Es entstehen cyclische Ester, die als **Lactide** bezeichnet werden. Lactide können auch als Derivate des 1,4-Dioxans aufgefasst werden. Beim Erhitzen von β-**Hydroxycarbonsäuren** bilden sich α,β-ungesättigte Carbonsäuren. Aus γ- und δ-**Hydroxycarbonsäuren** entstehen cyclische Ester, die als **Lactone** bezeichnet werden. Auch α- und β-**Ketocarbonsäuren** (Abb. 5.212) sind wichtige Produkte des biologischen Stoffwechsels. α-Ketosäuren können durch die Hydrolyse von Acylcyaniden oder die Oxidation von α-Hydroxycarbonsäuren erhalten werden. Die Pyrolyse (thermische Spaltung) von Weinsäure liefert unter CO_2-Verlust Brenztraubensäure (Brenzreaktion). β-Ketosäuren sind recht unbeständig. So zerfällt z. B. Acetessigsäure (3-Oxobutansäure) zu Aceton und CO_2

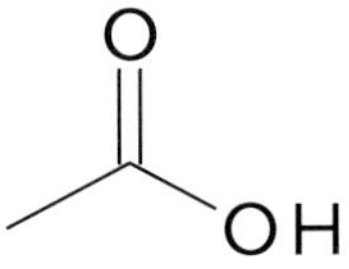

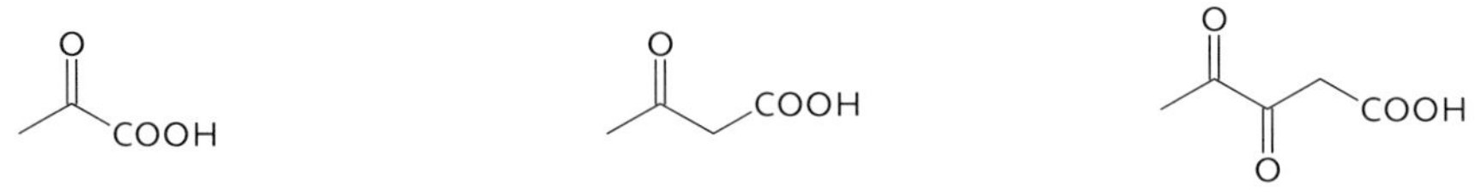

5 Substanzklassen, ihre Darstellung und Reaktionen

Brenztraubensäure   Acetessigsäure   Oxalessigsäure

Abb. 5.212 Ketocarbonsäuren.

(Decarboxylierungsreaktion). **Brenztraubensäure** tritt als Zwischenprodukt beim biologischen Abbau von Kohlenhydraten und Fetten auf. Unter anaeroben Bedingungen wird das Salz der Brenztraubensäure, das Pyruvat, im stark beanspruchten Muskel zu Lactat, dem Salz der Milchsäure, reduziert (Milchsäuregärung).

5.14.1
Darstellung von Carbonsäuren

5.14.1.1
Oxidation von Alkoholen

Die Oxidation primärer Alkohole oder Aldehyde ist eine allgemein anwendbare Methode zur Herstellung von Carbonsäuren (Abb. 5.213). Als Oxidationsmittel können Kaliumpermanganat oder Salpetersäure verwendet werden. Auch das **Jones-Reagenz** ($H_2CrO_4/H_2SO_4/H_2O$) ist geeignet.

5.14.1.2
Oxidation von Aren-Seitenketten

Starke Oxidationsmittel, wie Kaliumpermanganat, sind in der Lage, die benzylische Position einer Aren-Seitenkette zur Carbonsäure zu oxidieren. Längere Alkylketten werden dabei bis zur Benzylposition abgebaut (Abb. 5.214). Die Reaktion ist nicht auf Alkylseitenketten beschränkt: Auch Alkenyl-, Alkinyl- oder Acylgruppen werden in heißer, alkalischer Permanganatlösung zur aromatischen Carbonsäure oxidiert.

5.14.1.3
Hydrolyse von Carbonsäurederivaten

Carbonsäureester, -amide, -anhydride und -halogenide können zu Carbonsäuren hydrolysiert werden. Diese Reaktion verläuft umso leichter, je größer die **Carbonylaktivität** (Abschnitt 5.15) der jeweiligen Verbindung ist. Carbonsäurehalogenide und -anhydride hydrolysieren daher leicht, während die Esterhydrolyse, und noch mehr die Amidhydrolyse, oft Säure- oder Basenzusatz und Erwärmen erfordern.

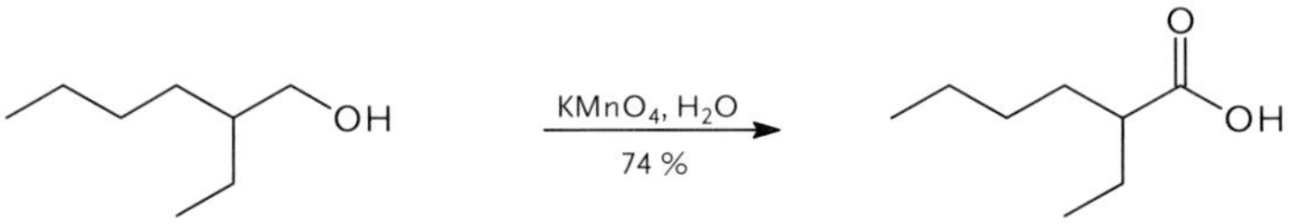

Abb. 5.213 Oxidation primärer Alkohole zur Carbonsäure.

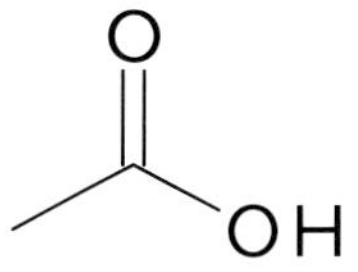

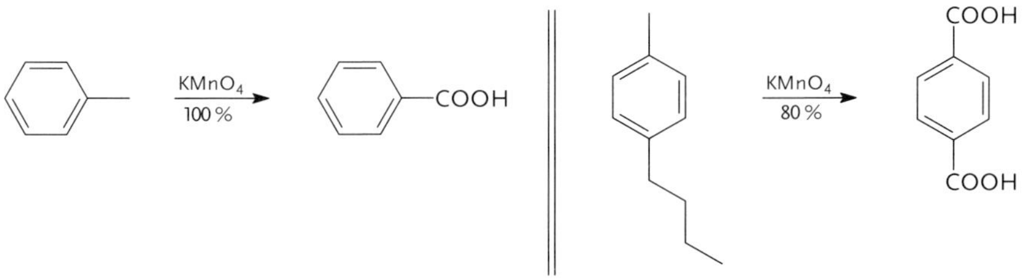

Abb. 5.214 Oxidation aromatischer Seitenketten.

5.14.1.4
Hydrolyse von Nitrilen

Die Hydrolysereaktion von Nitrilen zu Carbonsäuren und Ammoniak ist in neutraler Lösung sehr langsam. Durch Säuren und Basen wird die Reaktion stark katalysiert (Abb. 5.215). Die Reaktion wird in der **Strecker-Synthese** (Abschnitt 5.18.1.1) zur Herstellung von Aminosäuren genutzt. Aliphatische Nitrile sind über die nucleophile Substitution von Halogenalkanen mit Cyaniden gut zugänglich (Abschnitt 5.3.2.1).

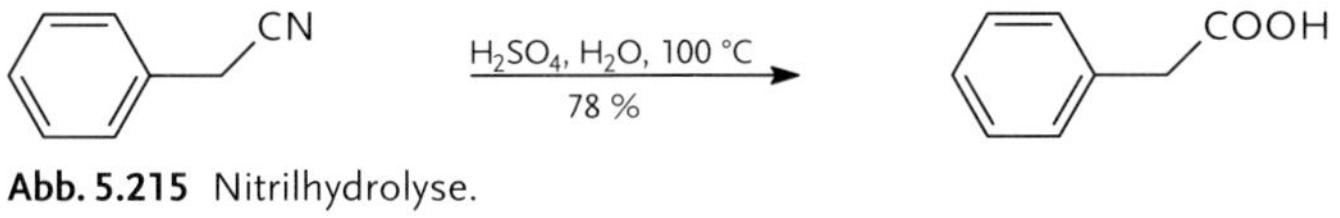

Abb. 5.215 Nitrilhydrolyse.

5.14.1.5
Malonestersynthese

In einer dreistufigen Reaktionssequenz werden aus Malonsäurediestern substituierte Carbonsäuren erhalten. Zunächst wird der Malonester am CH-aciden Kohlenstoffatom C-2 mit einer Base in das Enolat überführt und dann alkyliert (Abb. 5.216). Als Base zur Erzeugung des Enolat-Ions (Abschnitt 5.12) wird oft das Alkoxid des Esteralkohols verwendet, im Falle des Ethylesters also Natriumethanolat. Dadurch wird ausgeschlossen, dass sich durch **Umesterung** Produktgemische bilden. In vielen Fällen lässt sich gezielt das **Monoalkylierungsprodukt** erhalten, da die Zweitalkylierung des Malonlesters im Allgemeinen um den Faktor

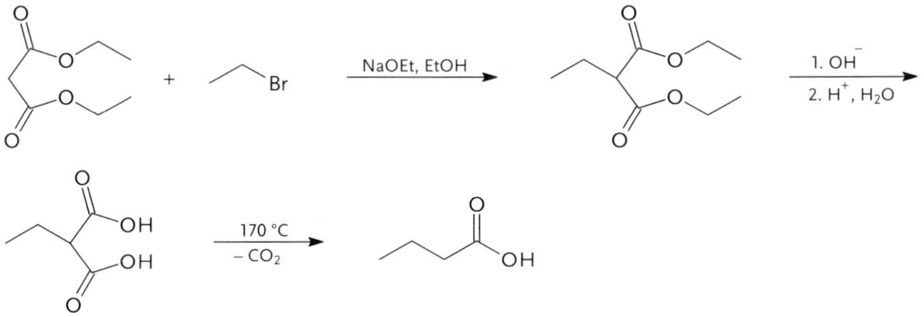

Abb. 5.216 Malonestersynthese.

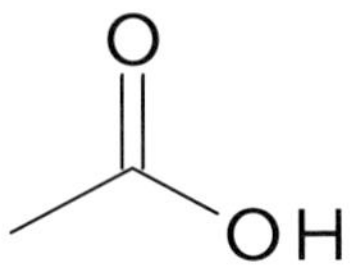

5 Substanzklassen, ihre Darstellung und Reaktionen

100 langsamer verläuft. Mit Dihalogenverbindungen, wie 1,3-Dibrompropan oder 1,5-Dibrompentan, liefert die Dialkylierung von Malonestern **Carbocyclen**. Die anschließende Hydrolyse zur Dicarbonsäure und nachfolgende Decarboxylierung[206] liefert **alkylierte Essigsäurederivate**. Verwandte Reaktionen sind die **Acetessigestersynthese** und die **Cyanessigestersynthese**,[207] die sich von der Malonestersynthese nur in der CH-aciden Ausgangsverbindung unterscheiden.

5.14.1.6
Benzilsäureumlagerung[208]

Behandelt man ein **1,2-Diketon** mit einer Base, so kann die Umlagerung zum Salz einer α-**Hydroxycarbonsäure** erfolgen. Die Reaktion wird durch die Addition des Hydroxid-Ions an eine der beiden Carbonylgruppen eingeleitet. Anschließend wandert der Arylrest unter Mitnahme der Bindungselektronen an das benachbarte Kohlenstoffatom (vgl. Abschnitt 5.12.2.12, Cannizzaro-Reaktion). Die abschließende Umprotonierung liefert das Salz der Hydroxycarbonsäure. Die Reaktion ist auf nichtenolisierbare Carbonylverbindungen beschränkt, da sonst unter den Reaktionsbedingungen die Aldolreaktion ablaufen würde. Ein wichtiges Beispiel ist die Umlagerung von Benzil (1,2-Diphenylethandion) zur Benzilsäure (2-Hydroxy-2,2-diphenylethansäure) (Abb. 5.217).

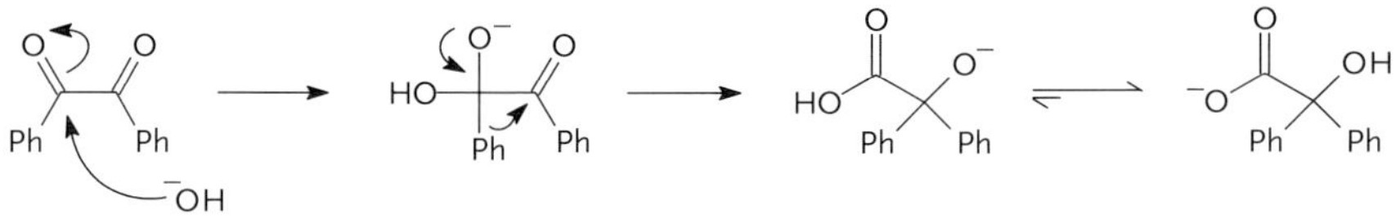

Abb. 5.217 Benzilsäureumlagerung.

5.14.1.7
Reaktion metallorganischer Verbindungen mit Kohlendioxid

Metallorganische Verbindungen, wie **Grignard-Reagenzien** oder **Organolithiumverbindungen**, reagieren mit Kohlendioxid zu Carbonsäuren (Abb. 5.218). Die **Carboxylierung** kann in vielen Fällen durch einfache Zugabe von Trockeneis (festes Kohlendioxid) zu einer Lösung der metallorganischen Verbindung durchgeführt werden. Ansonsten muss gasförmiges CO_2 durch die Lösung geleitet werden.

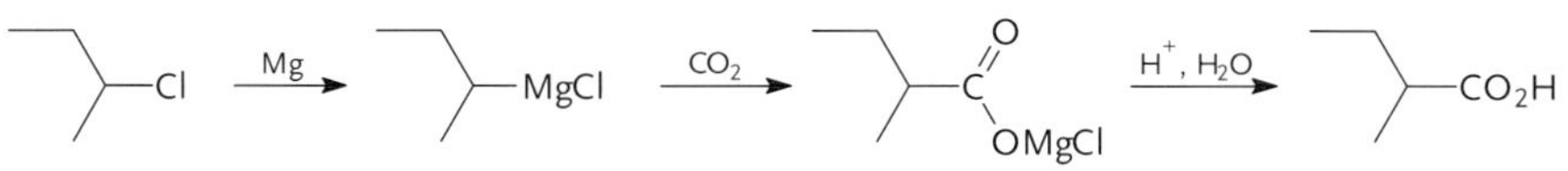

Abb. 5.218 Carbonsäuren aus Organometallverbindungen und Kohlendioxid.

5.14.1.8
Industrielle Carbonsäuresynthesen

Essigsäure wird als Ausgangsmaterial für Polymere (Vinylacetat), Pharmaka und Farbstoffe großtechnisch hergestellt. Wichtige Verfahren (Abb. 5.219) sind dabei: 1) die Oxidation von Ethen, 2) die oxidative Spaltung von Butan und 3) die Carbony-

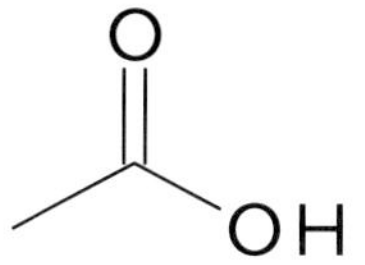

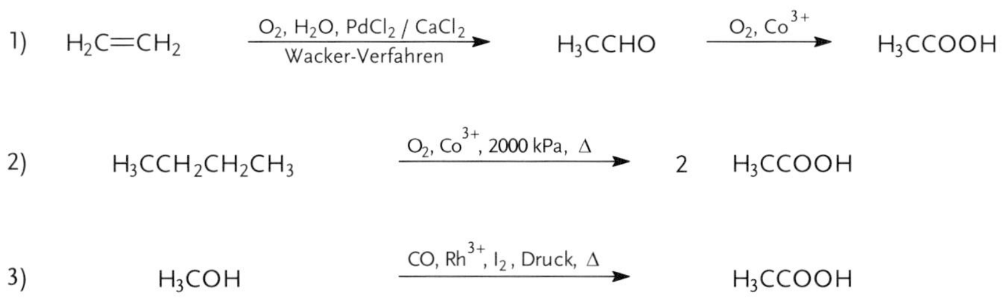

5.14 Carbonsäuren und Sulfonsäuren

1) $H_2C=CH_2 \xrightarrow[\text{Wacker-Verfahren}]{O_2, H_2O, PdCl_2 / CaCl_2} H_3CCHO \xrightarrow{O_2, Co^{3+}} H_3CCOOH$

2) $H_3CCH_2CH_2CH_3 \xrightarrow{O_2, Co^{3+}, 2000 \text{ kPa}, \Delta} 2\ H_3CCOOH$

3) $H_3COH \xrightarrow{CO, Rh^{3+}, I_2, \text{Druck}, \Delta} H_3CCOOH$

Abb. 5.219 Verfahren zur industriellen Essigsäureherstellung.

lierung[209] von Methanol (Monsanto-Verfahren). Großtechnisch erzeugte Dicarbonsäuren sind **Adipinsäure** (1,6-Hexandisäure) zur Nylon-6,6-Herstellung und **Terephthalsäure** (1,4-Benzoldicarbonsäure), die in der Polyesterherstellung genutzt wird.

Weitere Reaktionen, die Carbonsäuren liefern, sind die **Friedel-Crafts-Acylierung** (Abschnitt 5.6.3.3.5) mit cyclischen **Säureanhydriden**, die **Kolbe-Schmitt-Reaktion** (Abschnitt 5.6.3.3.5) und die **Haloformreaktion** (Abschnitt 5.12.2.15).

5.14.2
Reaktionen von Carbonsäuren

Die Reaktionen der Carboxylgruppe, die zu den Carbonsäurederivaten, wie Estern, Amiden, Anhydriden und Säurehalogeniden, führen, sind in Abschnitt 5.15 zu finden.

5.14.2.1
Reduktion zum Alkohol

Carbonsäuren werden durch **Lithiumaluminiumhydrid LiAlH$_4$** zum Alkohol reduziert. Dabei bildet sich zunächst in einer Säure-Base-Reaktion unter Wasserstoffentwicklung das Lithiumsalz der Carbonsäure. Das Alanat-Ion AlH$_4^-$ ist so reaktiv, dass es das Carboxylat, trotz seiner geringen Carbonylaktivität (Abschnitt 5.15), zu reduzieren vermag. Die Reduktion von Carbonsäuren zu Alkoholen kann auch mit Boranen, z. B. **Diboran**[210] **B$_2$H$_6$** oder dem **BH$_3$·S(CH$_3$)$_2$-Komplex**, erfolgen (Abb. 5.220). Die Reaktivität von Boranen gegenüber Carbonsäuren ist im Vergleich zu anderen funktionellen Gruppen besonders hoch, so dass die Reaktionen oft sehr selektiv sind und schon unter milden Bedingungen ablaufen. Doppelbindungen werden unter diesen Bedingungen allerdings schnell hydroboriert. Die partielle Reduktion von Carbonsäuren zu Aldehyden ist unter bestimmten Bedingungen möglich, aber schwierig, da Aldehyde leicht weiter zu Alkoholen reduziert werden.[211]

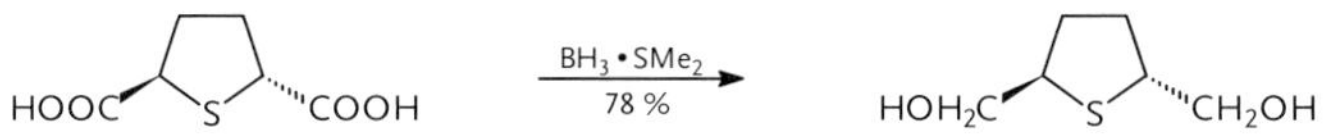

Abb. 5.220 Reduktion von Carbonsäuren mit Boranen.

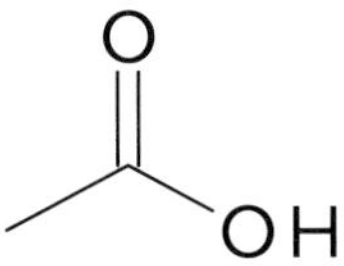

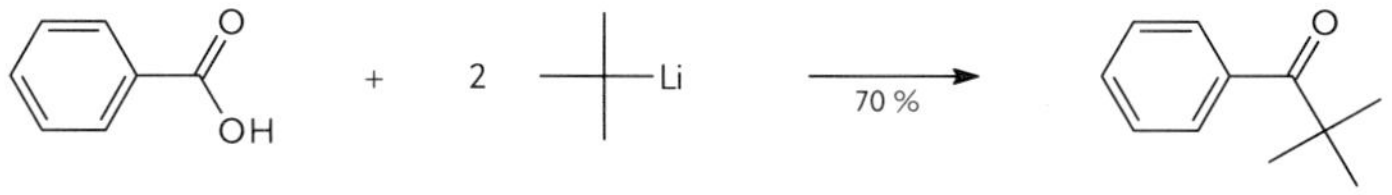

5 Substanzklassen, ihre Darstellung und Reaktionen

Abb. 5.221 Reaktion von Carbonsäuren mit lithiumorganischen Verbindungen zu Ketonen.

5.14.2.2
Reaktion mit lithiumorganischen Verbindungen[212]

Mit Alkyllithiumverbindungen reagieren Carbonsäuren unter Bildung von **Ketonen** (Abb. 5.221). Auch hier wird im ersten Schritt die Carbonsäure zu Lithiumcarboxylat deprotoniert. Alkyllithiumverbindungen sind ausreichend nucleophil, um mit Carboxylat-Anionen zu reagieren. Mit Grignard-Reagenzien lässt sich diese Reaktion nicht durchführen, es werden die Magnesiumbromidcarboxylate erhalten.

5.14.2.3
Bildung von Persäuren[213]

Die Reaktion von Carbonsäuren mit Wasserstoffperoxid liefert Persäuren (Abb. 5.222). Persäuren werden u. a. als Reagenzien in der Epoxidierung von Alkenen verwendet.

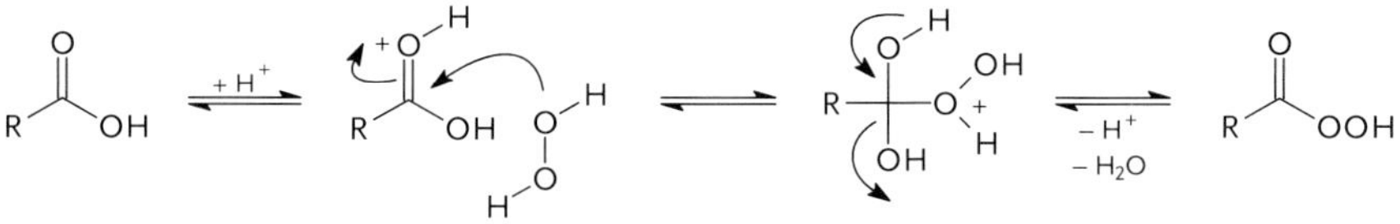

Abb. 5.222 Persäurebildung.

5.14.2.4
Hell-Volhard-Zelinsky-Reaktion[214]

Die α-ständigen Wasserstoffatome von Carbonsäuren können unter Bildung von α-Halogencarbonsäuren (Abb. 5.223) durch Brom- oder Chloratome ersetzt werden. Die Reaktion verläuft über das Säurehalogenid (Abschnitt 5.15.1), das durch Reaktion mit Phosphortrihalogeniden aus der Carbonsäure entsteht. Die Reaktion kann auch mit elementarem Phosphor und Halogen durchgeführt werden, wobei sich die Phosphortrihalogenide *in situ* bilden. Sehr leicht enolisierbare Carbonsäuren, wie Malonsäure, reagieren auch ohne Phosphorkatalysator. Das Säurehalogenid tautomerisiert zur Enolform, die vom Halogen angegriffen wird. Die aus der Reaktion erhaltenen α-Halogencarbonsäuren sind vielseitige Intermediate für die organische Synthese, z. B. zur Herstellung von α-Aminosäuren (Abschnitt 5.18.1.1). Die Einführung von Iod gelingt auf diesem Wege nicht. Ein Weg zu α-Iodcarbon-

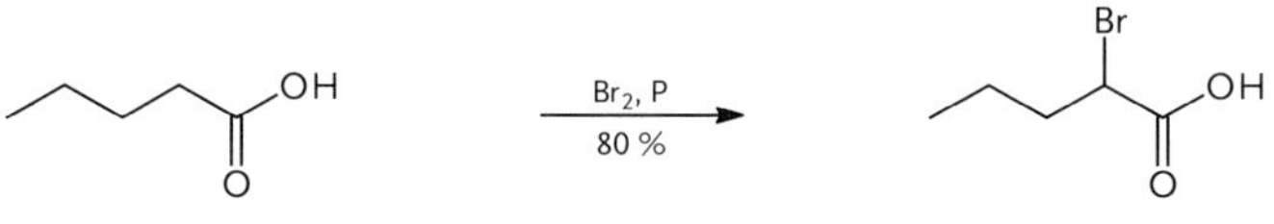

Abb. 5.223 Hell-Volhard-Zelinsky-Reaktion.

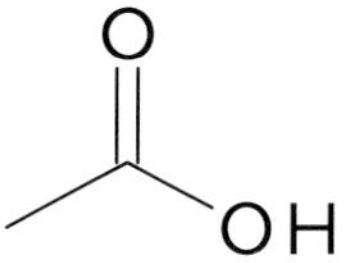

säuren ist die Umsetzung von Carbonsäuren mit Chlorsulfonsäure zum Keten, an das dann Iod addiert wird.[215]

5.14.2.5
Hunsdiecker-Abbau[216]

Silbersalze von Carbonsäuren werden durch Behandlung mit Brom zu Alkylbromiden decarboxyliert (Abb. 5.224). Die Reaktion verläuft wahrscheinlich nach einem radikalischen Mechanismus, indem zunächst das Brom mit dem Silbercarboxylat zum Carboxylhypobromit und Silberbromid reagiert. Die Brom-Sauerstoff-Bindung kann homolytisch in ein Brom- und ein Carboxylradikal gespalten werden, welches decarboxyliert. Das so entstandene Alkylradikal reagiert mit weiterem Hypobromit zum Produkt. Die Reaktion ist für aliphatische Carbonsäuren geeignet. Aromatische Carbonsäuren reagieren uneinheitlich. Auch Blei(IV)acetat in Gegenwart von Halogenid-Ionen ist zur Decarboxylierung von Carbonsäuren zum entsprechenden Alkylhalogenid eingesetzt worden.[217]

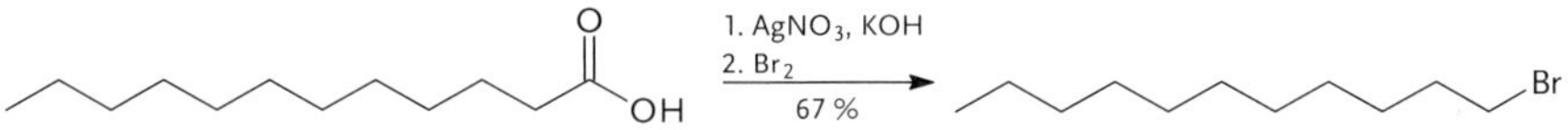

Abb. 5.224 Hunsdiecker-Abbau.

5.14.3
Sulfonsäuren[218]

Sulfonsäuren (Abb. 5.225) sind wesentlich **stärker sauer** als entsprechende Carbonsäuren und unterscheiden sich in ihren Dissoziationskonstanten nur wenig von den starken Mineralsäuren. Durch die sehr polare Sulfonsäuregruppe sind viele Sulfonsäuren wasserlöslich. Ihre Alkalisalze reagieren neutral und sind ebenfalls sehr gut wasserlöslich. Aromatische Sulfonsäuren werden durch Sulfonierung oder Sulfochlorierung (Abschnitt 5.6.3.3.3) mit anschließender Hydrolyse erhalten. Aliphatische Sulfonsäuren sind am besten durch die Oxidation primärer Thiole (Abschnitt 5.11.1) zugänglich. Sulfonsäuren, z. B. *para*-Toluolsulfonsäure (PTSA) oder Camphersulfonsäure, werden in der Organischen Chemie häufig als **Katalysatorsäuren** eingesetzt, da sie in organischen Lösungsmitteln löslich und weniger stark oxidierend sind. Durch die Reaktion eines **Sulfonsäurechlorids**, z. B. *para*-Toluolsulfonsäurechlorid [die *para*-Toluolsulfonatgruppe (*p*-CH$_3$C$_6$H$_4$SO$_2$-) wird auch kurz als **Tosyl**gruppe bezeichnet], oder eines **Sulfonsäureanhydrids**, z. B. Trifluor-

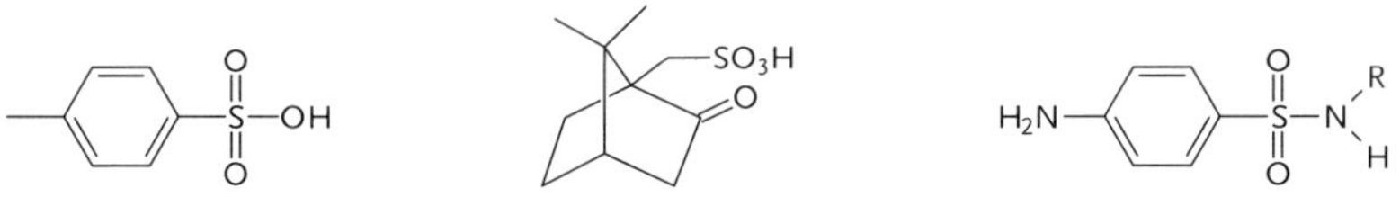

para-Toluolsulfonsäure (PTSA)   (1R)-(−)-Camphersulfonsäure   4-Aminobenzolsulfonamid (Sulfanilsäureamid)

Abb. 5.225 Sulfonsäuren und Sulfonsäurederivate.

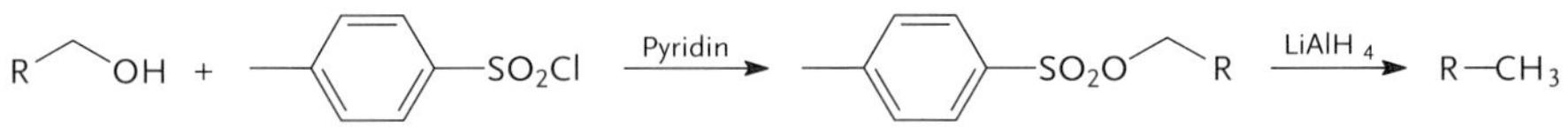

5 Substanzklassen, ihre Darstellung und Reaktionen

Abb. 5.226 Einführung und nucleophile Substitution einer Tosylgruppe.

methansulfonsäureanhydrid,[219] mit der Hydroxylgruppe entsteht der Sulfonsäureester, der leicht nucleophil substituiert werden kann (Abb. 5.226 und Abschnitt 5.3.1.3). **Sulfonsäureamide** (**Sulfonamide**) sind aufgrund ihrer antibakteriellen Wirkung von Bedeutung. Am wichtigsten sind die Amide der 4-Aminobenzolsulfonsäure (**Sulfanilsäureamide**). Sulfanilsäureamide sind Antagonisten der 4-Aminobenzoesäure, einem bakteriellen Wachstumsfaktor, der in der Folsäuresynthese von Bedeutung ist.[220]

5.14.4
Tenside

Tenside sind grenzflächenaktive Substanzen, die einen hydrophoben Kohlenwasserstoffrest und eine hydrophile Gruppe, wie z. B. -CO_2Na, -SO_3Na, -NR_3Cl oder -OH, besitzen. So bilden die Alkalimetallsalze langkettiger Carbonsäuren (**Fettsäuren**, Abschnitt 5.15.4, **Lipide**) in Wasser kugelförmige Aggregate, die **Micellen** genannt werden. Dabei ordnen sich alle hydrophoben Reste nach innen und die polaren Carboxylatfunktionen (Kopfgruppen) nach außen. Moleküle mit hydrophoben und hydrophilen Molekülteilen werden auch als **Amphiphile** bezeichnet.[221] Tenside sind Bestandteile von Waschmitteln und werden als Emulgatoren verwendet. An der Oberfläche einer wässrigen Lösung bilden Tensidmoleküle unter geeigneten Bedingungen eine monomolekulare Schicht, wobei der hydrophile Molekülteil mit dem Wasser in Wechselwirkung tritt und der hydrophobe Kohlenwasserstoffrest aus der Flüssigkeit ragt. Die Oberflächenspannung des Wassers wird durch diesen Effekt stark herabgesetzt, so dass die Benetzung von Oberflächen und das Ablösen lipophiler Teilchen, z. B. von Fetttröpfchen, gelingen. Drei Gruppen von Tensiden werden unterschieden:

1. **Anionische Tenside** (Abb. 5.227), die als polare Kopfgruppe eine Carboxylat-, Sulfat- oder Sulfonatgruppe enthalten. In diese Gruppe fallen auch die **Seifen**, die durch alkalische Hydrolyse natürlicher Fette gewonnen werden. Ein Nachteil der Seifen besteht in der Tatsache, dass die Fettsäuren mit härtebildenden Ionen, wie Calcium- oder Magnesium-Ionen, schwerlösliche Niederschläge bilden. Durch die Verwendung von Alkylsulfaten oder Alkylbenzolsulfonaten werden Tenside erhalten, die auch in hartem Wasser noch waschaktiv sind.
2. **Kationische Tenside** (Abb. 5.228), die als polaren Rest eine quartäre Ammoniumgruppe besitzen.
3. **Nichtionische Tenside**, wie z. B. Polyethylenglycolether und -ester. Ein weitere Gruppe sind die **Amphotenside**, die jeweils eine kationische und eine anionische Gruppe besitzen. **Biotenside** werden aus nachwachsenden Rohstoffen (Abschnitt 6.15) hergestellt und enthalten z. B. Zuckeralkohole als polaren Rest.

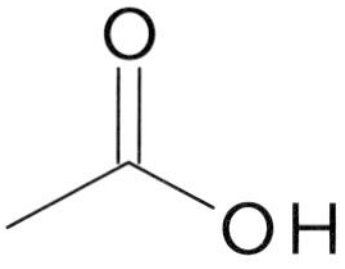

5.14 Carbonsäuren und Sulfonsäuren

H₃C—(CH₂)n—COO⁻   Seifen

H₃C—(CH₂)n—SO₃⁻   Alkylsulfonate

H₃C—(CH₂)n—C₆H₄—SO₃⁻   Alkylbenzolsulfonate

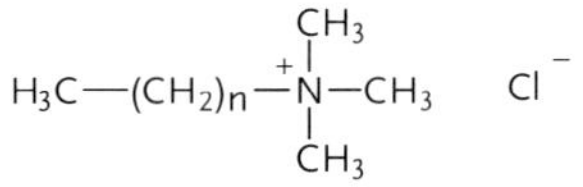

Abb. 5.227 Anionische Tenside.

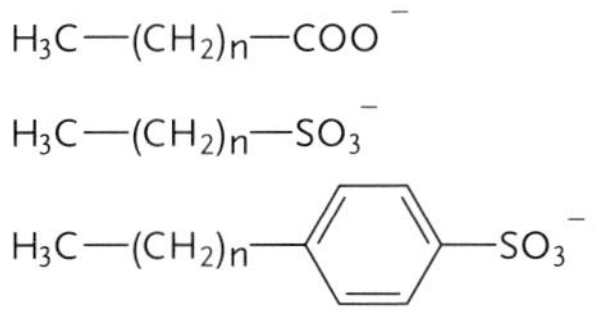

H₃C—(CH₂)n—N⁺(CH₃)₃ Cl⁻   Alkyltrimethylammoniumchlorid

Abb. 5.228 Kationische Tenside.

Zusammenfassung

Die charakteristische Funktionalität der Carbonsäuren ist die Carboxylgruppe -COOH. Carbonsäuren sind schwache Säuren, deren korrespondierende Base das Carboxylat-Anion ist. Außer in sehr verdünnten Lösungen bilden Carbonsäuren Dimere über Wasserstoffbrückenbindungen. Die Carboxylfunktion kann u. a. durch die Oxidation primärer Alkohole oder die Reaktion von Organometallverbindungen mit Kohlendioxid erhalten werden. α-Halogencarbonsäuren sind über die Hell-Volhard-Zelinsky-Reaktion zugänglich. Der Hunsdiecker-Abbau liefert aus Carbonsäuren die um ein C-Atom verkürzten Halogenalkane.

Sulfonsäuren sind starke Säuren, deren Alkalisalze neutral reagieren. Salz und Säure sind oft wasserlöslich. Aromatische Sulfonsäuren werden durch Sulfonierung erhalten, aliphatische Sulfonsäuren durch die Oxidation von Thiolen. Die Tosylgruppe ist als Sulfonsäureester eine gute Abgangsgruppe, die aus Alkoholen durch die Reaktion mit Sulfonsäurechloriden erhalten wird. Amide der 4-Aminobenzolsulfonsäure wirken antibakteriell. Tenside sind grenzflächenaktive Substanzen, die aus einem hydrophoben und einem hydrophilen Molekülteil bestehen.

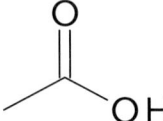

5 Substanzklassen, ihre Darstellung und Reaktionen

Übungsaufgaben

5.14–1 a) Wieso ist der pK_a-Wert von Essigsäure mit 4.74 so deutlich kleiner als der von Ethanol (16,0)? b) Wieso ergeben Molmassenbestimmungen von Essigsäure einen Wert von 120 anstatt des erwarteten Werts von 60?

5.14–2 Entwickeln Sie eine Malonestersynthese für 3-Pentylheptansäure.

5.14–3 Entwickeln Sie eine Reaktionsfolge von der Propansäure zur Butansäure.

5.15 Derivate der Carbonsäuren

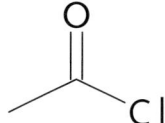

Wird die OH-Gruppe der Carbonsäuren durch andere Atome oder Atomgruppen ersetzt, so entstehen Carbonsäurederivate (Abb. 5.229).²²² Die wichtigsten Derivate sind Carbonsäurehalogenide, Carbonsäureanhydride, Carbonsäureester,²²³ Carbonsäureamide²²⁴ und Nitrile.²²⁵ Die vielen Carbonsäurederivaten gemeinsame Gruppe R–CO- wird Acylgruppe genannt.

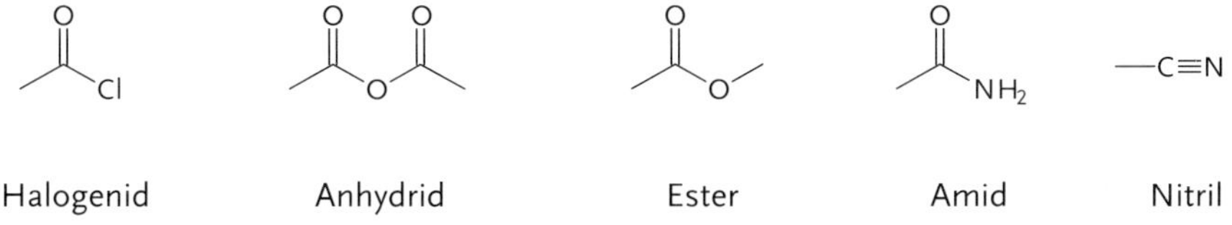

| Halogenid | Anhydrid | Ester | Amid | Nitril |

Abb. 5.229 Carbonsäurederivate.

Das Carbonyl-Kohlenstoffatom der Carbonsäuren und Carbonsäurederivate wird, wie bei Carbonylverbindungen, von Nucleophilen angegriffen. Im Gegensatz zu den Additionsprodukten der Aldehyde und Ketone kann das Zwischenprodukt, das durch die Addition des Nucleophils gebildet wird, durch die Abspaltung einer Abgangsgruppe wieder zerfallen. So wird die Abgangsgruppe durch das angreifende Nucleophil substituiert. Der Mechanismus wird als **Additions-Eliminierungs-Reaktion** (Abb. 5.230) bezeichnet. Durch die Addition des Nucleophils an das sp^2-hybridisierte Carbonyl-Kohlenstoffatom entsteht ein sp^3-hybridisiertes **tetraedrisches Zwischenprodukt**. Die Reaktion wird meist durch Säuren und Basen katalysiert. Die Säure hat dabei zwei Funktionen: Zum einen protoniert sie das Carbonyl-Sauerstoffatom und aktiviert so die Carbonylgruppe gegenüber einem nucleophilen Angriff, und zum anderen erleichtert die Protonierung der Abgangsgruppe ihre Eliminierung. Bei der basenkatalysierten Additions-Eliminierungs-Sequenz sorgt die Base für eine maximale Konzentration des negativ geladenen Nucleophils. Die Substitution durch den Additions-Eliminierungs-Mechanismus ist der wichtigste Weg zur Darstellung von Carbonsäurederivaten und zu ihrer gegenseitigen Umwandlung.

Die **Reaktivität des Carbonyl-Kohlenstoffatoms gegenüber Nucleophilen**²²⁶ wird entscheidend von den Eigenschaften der Substituenten der Carbonylgruppe beeinflusst. Elektronenziehende Substituenten mit einem –I-Effekt erhöhen die Reaktivität, elektronenliefernde Substituenten mit +I- und +M-Effekt verringern die Reaktivität. Hieraus ergibt sich eine Reihenfolge der Carbonylderivate nach fallender **Carbonylreaktivität** (Abb. 5.231), in die auch Aldehyde und Ketone eingeordnet sind. Die Substitution wird bei Carbonsäuren durch die schlechte Abgangsgruppe OH⁻ und das saure Proton erschwert. Da angreifende Nucleophile auch basisch

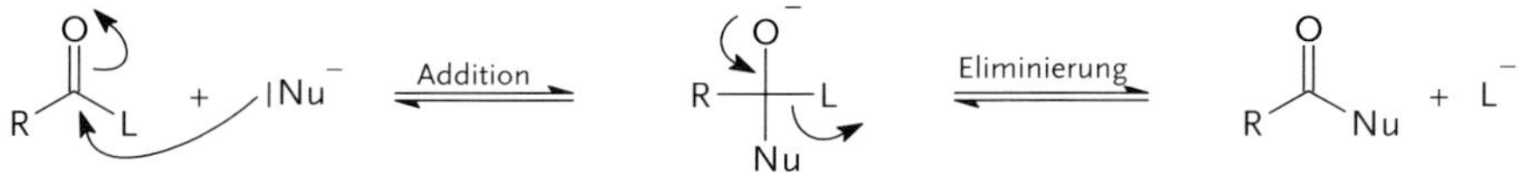

Abb. 5.230 Additions-Eliminierungs-Reaktion von Carbonsäurederivaten.

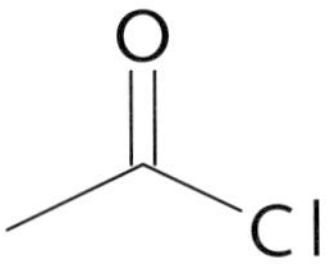

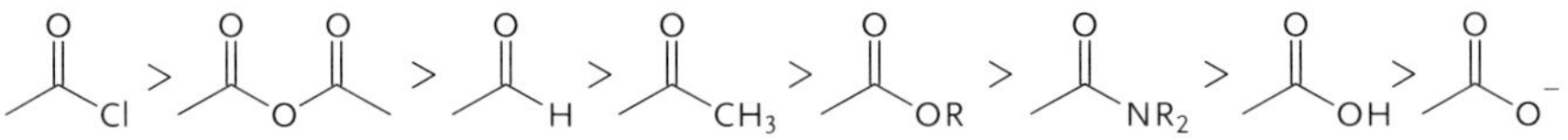

5 Substanzklassen, ihre Darstellung und Reaktionen

Abb. 5.231 Abfolge der Carbonylreaktivität von Carbonylverbindungen.

reagieren, tritt als Konkurrenzreaktion die Säure-Base-Reaktion zwischen Nucleophil und Carbonsäure auf, die zum wenig reaktiven, mesomeriestabilisierten Carboxylat-Ion führt.

5.15.1
Carbonsäurehalogenide

Die Reaktion einer Carbonsäure mit **Thionylchlorid SOCl₂, Phosphorpentachlorid PCl₅** oder Phosphortribromid PBr₃ ergibt die entsprechenden **Alkanoylhalogenide**. Diese werden auch als Acylhalogenide oder Carbonsäurehalogenide bezeichnet. Der Mechanismus der Reaktion verläuft über das gemischte Anhydrid aus Carbonsäure und anorganischer Säure, dessen hohe Carbonylreaktivität den Angriff des Halogenid-Ions erlaubt. Die Carbonylreaktivität erhöht sich durch Protonierung des Carbonyl-Sauerstoffatoms durch freiwerdende Mineralsäure weiter (Abb. 5.232). Diese Reaktionen versagen allerdings bei der Umsetzung von Ameisensäure, da Formylchlorid HCOCl und Formylbromid HCOBr instabil sind. Ein alternativer Weg zur Herstellung von Alkanoylchloriden ist die Reaktion der Carbonsäure mit Phosgen (**Vorsicht:** Phosgen ist äußerst giftig!)[227] ClCOCl, dem zweifachen Säurechlorid der Kohlensäure, oder Oxalylchlorid, dem Säurechlorid der Ethandisäure (Abschnitt 5.14, Oxalsäure). Das entstehende gemischte Anhydrid ist instabil und zerfällt unter Abspaltung von CO₂, oder CO₂ und CO im Falle des Oxalylchlorids, zum Acylchlorid. Die bei weitem wichtigsten Acylhalogenide sind die Acylchloride.

Acylchloride sind sehr reaktiv. Sie werden von einer Reihe von Nucleophilen angegriffen, wobei nach dem Additions-Eliminierungs-Mechanismus andere Carbonsäurederivate entstehen. Acylchloride reagieren **mit Carbonsäuren zu Carbonsäureanhydriden**, **mit Alkoholen zu Carbonsäureestern** und **mit Aminen zu Carbonsäureamiden**. Durch Wasser werden Acylhalogenide zu Carbonsäuren hydrolysiert. In Wasser unlösliche Acylhalogenide können genutzt werden, um Alkohole direkt aus wässrigen Lösungen in Ester umzuwandeln, z. B. zur Charakterisierung (**Schotten-Baumann-Reaktion**, mit säurebindenden Mitteln wie Pyridin: **Einhorn-**

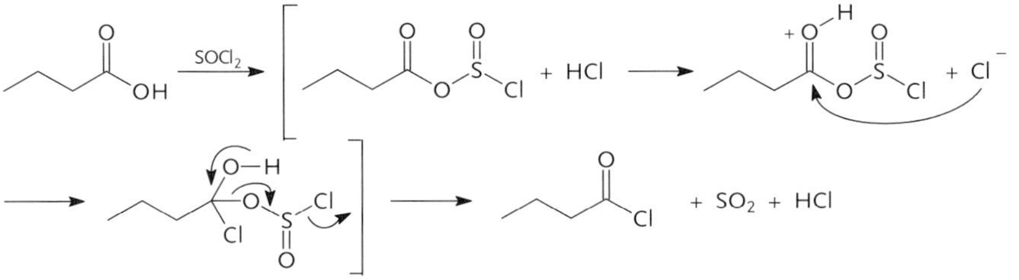

Abb. 5.232 Herstellung von Acylchloriden.

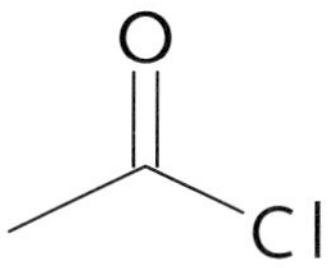

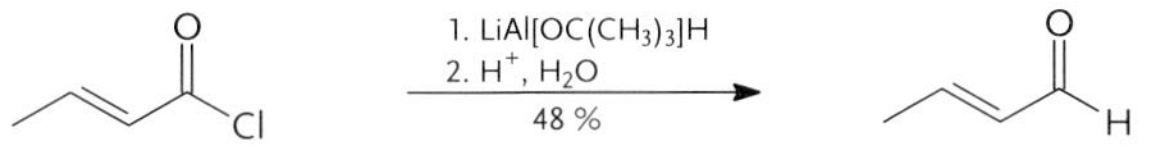

Abb. 5.233 Reduktion von Acylchloriden zum Aldehyd.

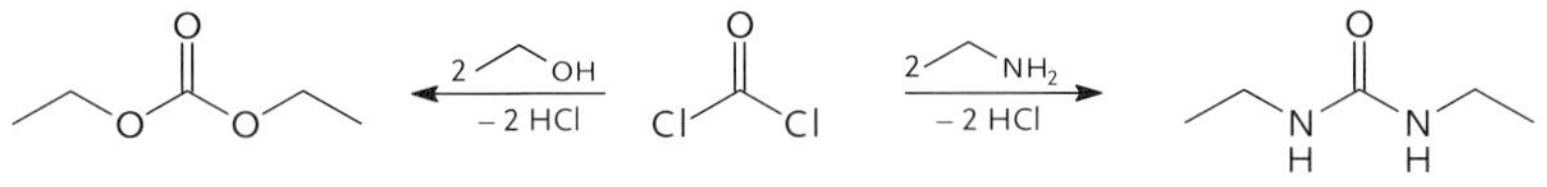

Abb. 5.234 Dialkylcarbonate und Harnstoffderivate aus Phosgen.

Variante). Die Reduktion von Acylchloriden zu Aldehyden gelingt mit **Lithium-tri(*tert*-butoxy)aluminiumhydrid LiAl[OC(CH$_3$)$_3$]$_3$H** (Abb. 5.233). Die Reduktionskraft dieses Hydridreagenzes ist so weit abgeschwächt, dass eine Reduktion des reaktiven Säurechlorids noch möglich ist, der entstehende Aldehyd aber nicht mehr angegriffen wird. Ein weiteres Verfahren nutzt die katalytische Hydrogenolyse in der **Rosenmund-Reduktion**[228] an einem teilweise mit Chinolin vergifteten Pd/BaSO$_4$-Katalysator.

Das zweifache Säurechlorid der Kohlensäure, Phosgen, reagiert mit Alkoholen zu Dialkylcarbonaten, den doppelten Estern der Kohlensäure, und mit Aminen zu Harnstoffderivaten (Abb. 5.234). Als Ersatzstoff für das sehr giftige Phosgen hat sich im Labormaßstab das weniger flüchtige Triphosgen bewährt. Dabei handelt es sich um Bis(trichlormethyl)carbonat, dessen Reaktion mit Nucleophilen der von drei Äquivalenten Phosgen entspricht.

5.15.2
Ketene

Ketene sind Carbonsäurederivate, die in ihrem chemischen Verhalten den Carbonsäurechloriden ähneln. Die Stammverbindung H$_2$C=C=O ist durch Pyrolyse von Aceton bei 700 °C unter Abspaltung von Methan erhältlich. In der Laboratoriumspraxis sind zur Herstellung von Ketenen im Wesentlichen zwei Methoden gebräuchlich, die Dehydrohalogenierung von Acylchloriden mit tertiären Aminen sowie die Dehalogenierung von α-Halogenacylhalogeniden mit Zink (Abb. 5.235). Ketene gehören zur Gruppe der **Heterokumulene**, das sind Verbindungen mit kumulierten Doppelbindungen (Abschnitt 5.4) wie Kohlendioxid, Schwefelkohlenstoff, Cyanate und Isocyanate. Ketene sind recht reaktiv und werden daher meist *in situ* hergestellt und sofort weiterverarbeitet. Die wichtigsten Reaktionen der Ketene sind Additionen von Nucleophilen HA an die C=C-Doppelbindung sowie die leicht eintretende [2+2]-Cycloaddition mit Alkenen zu Cyclobutanonderivaten.[229]

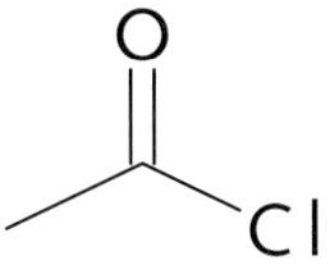

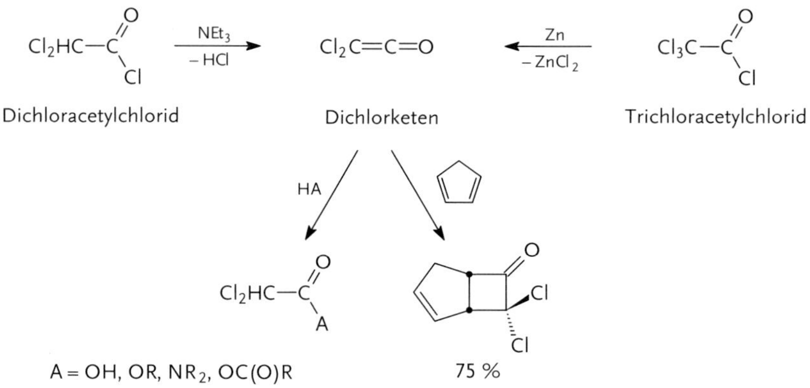

5 Substanzklassen, ihre Darstellung und Reaktionen

Abb. 5.235 Darstellung und Reaktion von Dichlorketen.

5.15.3
Carbonsäureanhydride

Carbonsäureanhydride erhalten ihren Namen durch das Anhängen des Suffix -anhydrid an den Namen der Säure, oder, bei gemischten Anhydriden (z. B. Essigsäureameisensäureanhydrid),[230] der beiden Säuren, aus denen es sich zusammensetzt. Die Darstellung der Carbonsäureanhydride gelingt neben der Reaktion von Carbonsäuren oder Carboxylaten mit Acylhalogeniden auch durch die Reaktion mit Ketenen (Abb. 5.236).

Carbonsäureanhydride sind ziemlich reaktive Carbonylverbindungen, die ähnlich den Acylhalogeniden z. B. in Friedel-Crafts-Acylierungen eingesetzt werden.

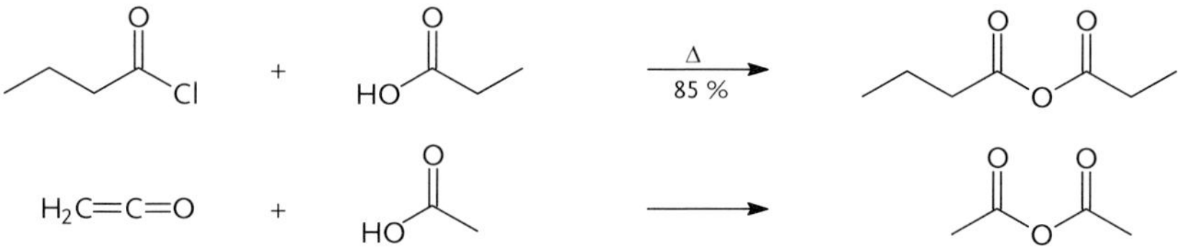

Abb. 5.236 Synthese von Carbonsäureanhydriden.

5.15.4
Carbonsäureester

Ester werden als **Alkyl**- oder **Arylalkanoate** bezeichnet, cyclische Ester heißen **Lactone** (Abb. 5.237). Die Ringgröße des Lactons (Drei-, Vier-, Fünf-, Sechsring usw.) wird mit einem griechischen Buchstaben α, β, γ, δ usw. gekennzeichnet. Lactone werden nach der IUPAC-Nomenklatur als 2-Oxacycloalkanone bezeichnet. Da diese Bezeichnungsweise fälschlich suggeriert, es läge ein cyclisches Keton vor, hat sie sich in der Praxis nicht durchgesetzt. Viele Ester zeichnen sich durch einen angenehmen Geruch aus. Die Aromen vieler Früchte und Blüten enthalten Carbonsäureester, z. B. Pentylacetat (Bananen), Octylacetat (Orangen) und Pentylbuty-

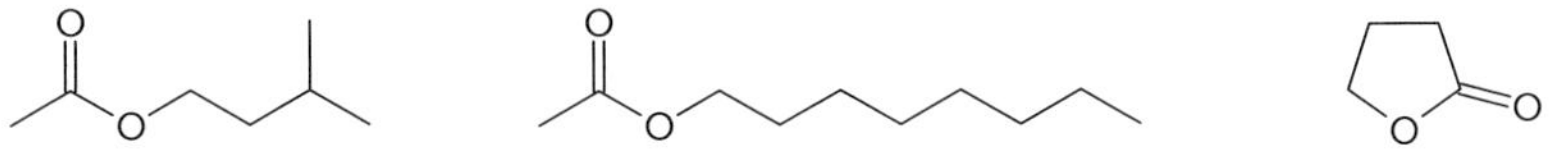

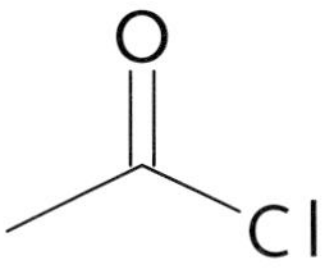

5.15 Derivate der Carbonsäuren

Abb. 5.237 Typische Carbonsäureester.

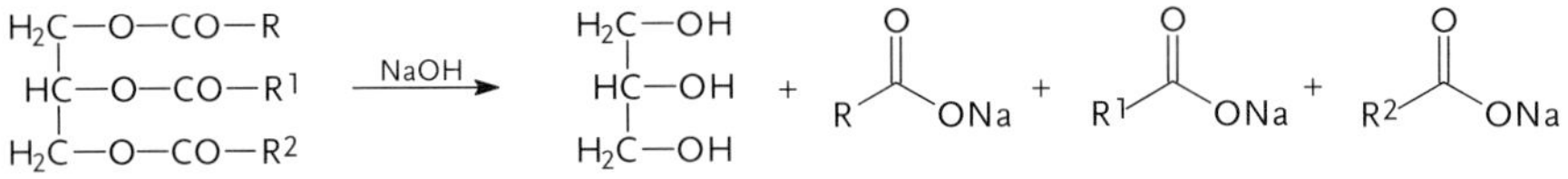

3-Methylbutylacetat   Octylacetat   γ-Butyrolacton

Abb. 5.238 Fetthydrolyse (Verseifung).

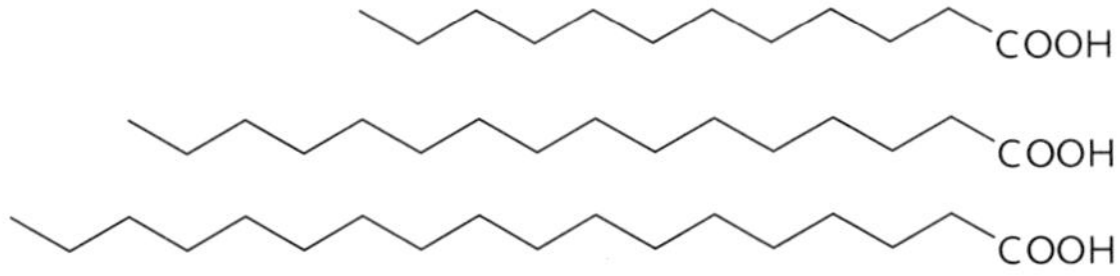

Triglycerid (Fett) → Glycerin + Na-Salze der Fettsäuren

Abb. 5.239 Gesättigte Fettsäuren.

Laurinsäure (C_{12}, Smp.: 44 °C)
Palmitinsäure (C_{16}, Smp.: 63 °C)
Stearinsäure (C_{18}, Smp.: 77 °C)

rat (Aprikosen). Natürliche Aromen setzen sich aus vielen, oft nur in Spuren enthaltenen Substanzen zusammen. Die hier angegebenen Verbindungen sind Hauptkomponenten. Die Ester langkettiger, oft unverzweigter Carbonsäuren (Fettsäuren) werden unter dem Begriff **Lipide** (Fette und Öle; Öle sind meist pflanzlichen, Fette sind meist tierischen Ursprungs) zusammengefasst. Dabei sind die Carbonsäuren als Ester mit Glycerin verbunden. Die Lipide werden daher auch als **Triglyceride** bezeichnet. Durch die alkalische Hydrolyse (**Verseifung**, Abb. 5.238) der Lipide entstehen neben Glycerin die Alkalisalze der Fettsäuren, die als **Seifen** bezeichnet werden. In der Natur vorkommende Fette enthalten ausschließlich Fettsäuren mit gerader Kohlenstoffzahl. Neben **gesättigten** Fettsäuren (Abb. 5.239), z. B. Palmitin- und Stearinsäure, kommen auch **ungesättigte Fettsäuren** (Abb. 5.240) mit einer oder mehreren Doppelbindungen vor. Mit steigendem Gehalt an Doppelbindungen, die immer *cis*-konfiguriert vorliegen, werden die Fette zunehmend flüssiger und werden dann als Öle bezeichnet. Pflanzenöle, die **mehrfach ungesättigte Fettsäuren** enthalten, können in Fette umgewandelt werden, indem einige oder alle Doppelbindungen katalytisch hydriert werden (Fetthärtung). **Wachse** (Abb. 5.240, unten) sind Ester aus langkettigen Carbonsäuren mit langkettigen Alkoholen.

Unter Säurekatalyse reagieren Carbonsäuren und Alkohole zu Estern und Wasser (Abb. 5.241). Zwei verschiedene Mechanismen sind für diese Reaktion denkbar:
1. Die Reaktion verläuft über eine tetraedrische Zwischenstufe, aus der sich durch Wasserabspaltung der Ester bildet.

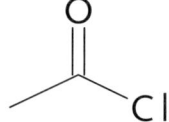

5 Substanzklassen, ihre Darstellung und Reaktionen

2. Es bildet sich zunächst durch Protonierung und Wasserabspaltung aus dem Alkohol ein Carbenium-Ion, das durch die Hydroxygruppe der Carboxylgruppe nucleophil angegriffen wird. Durch Abgabe eines Protons entsteht der Ester.

Der erste Reaktionsweg wird für primäre und sekundäre Alkohole beobachtet, während der zweite Mechanismus für tertiäre Alkohole vermutet wird. **Eine basenkatalysierte Veresterung von Carbonsäuren gelingt nicht**, da sofort das Carboxylat-Ion mit sehr geringer Carbonylaktivität entsteht. Die Produkte stehen mit den Ausgangsverbindungen im Gleichgewicht. Um praktisch sinnvolle Umsätze zu erzielen, muss entweder eine der beiden Ausgangsverbindungen im großen Überschuss eingesetzt oder entstehendes Wasser bzw. der Ester aus der Reaktionsmischung entfernt werden. Zur Entfernung des Wassers kann z. B. konz. Schwefelsäure, die stark wasserbindend ist, als Katalysatorsäure hinzugesetzt werden. Wesentlich milder wird entstehendes Reaktionswasser durch **azeotrope Destillation** (Abschnitt 3.3.2) aus dem Reaktionsgemisch entfernt. Die Synthese von Carbonsäureestern gelingt aber auch auf anderen Wegen, z. B. durch Alkylierung von Carboxylat-Ionen mit Halogenalkanen (Abb. 5.242).

Die Hydrolyse von Carbonsäureestern liefert Carbonsäuren und Alkohole. **Die Hydrolyse von Estern gelingt säure- und basenkatalysiert**. Die alkalische Hydrolyse (Abb. 5.243) ergibt Alkohol und das Carboxylat-Ion, das gegenüber Nucleophilen nahezu inert ist. Die Verseifungsreaktion verläuft daher praktisch irreversibel. Die

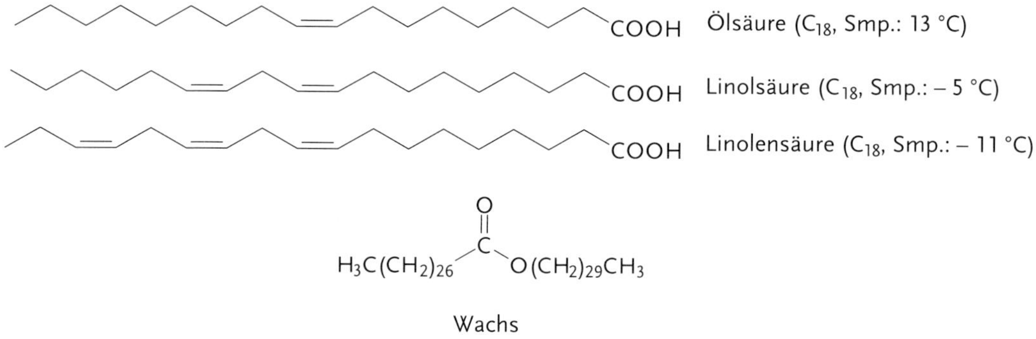

Ölsäure (C_{18}, Smp.: 13 °C)

Linolsäure (C_{18}, Smp.: −5 °C)

Linolensäure (C_{18}, Smp.: −11 °C)

$H_3C(CH_2)_{26}$–CO–$O(CH_2)_{29}CH_3$

Wachs

Abb. 5.240 Ungesättigte Fettsäuren (oben) und Wachs (unten).

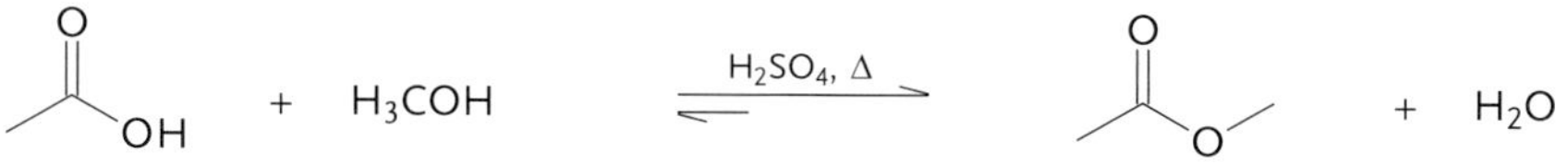

Abb. 5.241 Veresterung von Carbonsäuren.

Abb. 5.242 Estersynthese durch Alkylierung von Carboxylat-Ionen.

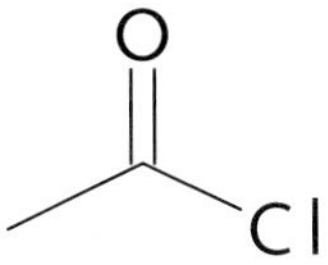

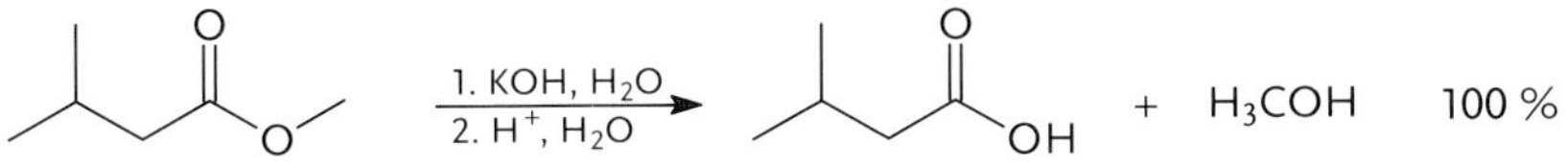

5.15 Derivate der Carbonsäuren

Abb. 5.243 Basische Esterhydrolyse.

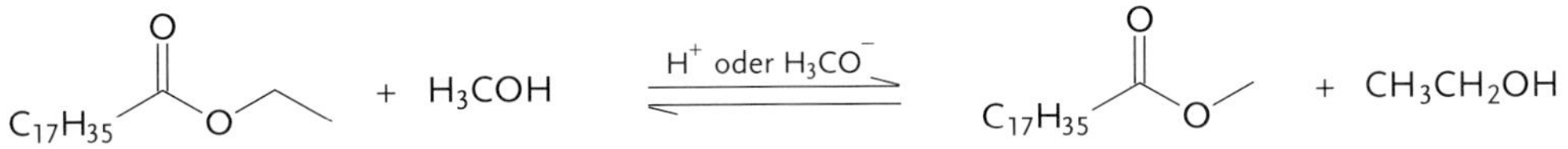

Abb. 5.244 Umesterung durch Alkohole.

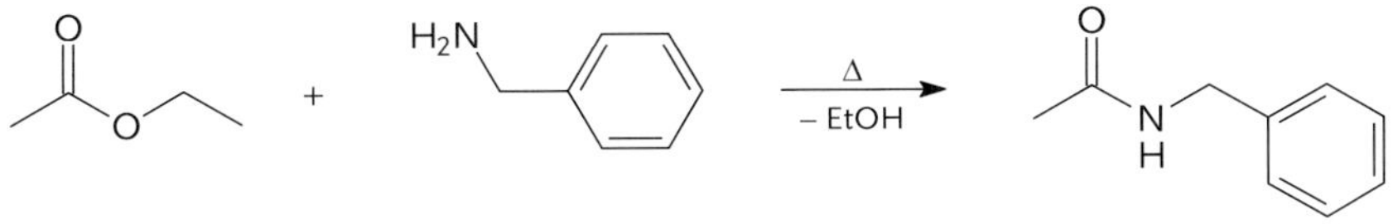

Abb. 5.245 Amidbildung.

saure Hydrolyse von Estern ist reversibel, wobei das Säureproton als Katalysator der Wasseranlagerung wirkt.

Die **säure- oder basenkatalysierte** Reaktion von Estern mit Alkoholen wird als **Umesterung** (Abb. 5.244) bezeichnet. Die Umesterung ist eine **Gleichgewichtsreaktion**. Um das Gleichgewicht zu verschieben, wird ein großer Überschuss eines Alkohols verwendet. Dieser kann auch das Lösungsmittel der Reaktion sein. Der Mechanismus der Umesterung entspricht dem der sauer oder basisch katalysierten Hydrolyse, wobei als Nucleophil statt Wasser der Alkohol angreift.

Amine sind nucleophiler als Alkohole und setzten sich mit Estern leicht zu Amiden um (Abb. 5.245). Es ist kein Katalysator erforderlich, doch es muss zur Reaktionsbeschleunigung üblicherweise erwärmt werden.

Mit zwei Äquivalenten eines Grignard-Reagenzes oder einer lithiumorganischen Verbindung entstehen aus Estern tertiäre Alkohole, die zwei Alkylgruppen aus dem Grignard-Reagenz tragen (Abb. 5.246). Die Reaktion beginnt wahrscheinlich mit der nucleophilen Addition des Grignard-Reagenzes an die Carbonylgruppe, wobei das Magnesiumsalz eines Halbacetals entsteht, das sich rasch unter Eliminierung von Magnesiumalkoholat in das Keton umwandelt. Ein weiteres Äquivalent des Grignard-Reagenzes addiert an das Keton, und nach saurer Hydrolyse wird der tertiäre Alkohol erhalten. Bei der Aufarbeitung ist zu beachten, dass tertiäre Alkohole sauer auch leicht zum Alken (Abschnitt 5.4.1.1) dehydratisiert werden können. Vor allem, wenn sich durch Wasserabspaltung ein stabilisiertes Carbenium-Ion bilden kann, ist also Vorsicht geboten. Drei Besonderheiten sind zu erwähnen: 1) Die Reaktion von Ameisensäureestern mit zwei Äquivalenten eines Grignard-Reagenzes liefert sekundäre Alkohole. 2) Die Reaktion von Dialkylcarbonaten, den Estern der Kohlensäure, mit Grignard-Reagenzien (3 Äquiv.) liefert tertiäre Alkohole, die drei Alkylreste aus dem Grignard-Reagenz tragen. 3) Das intermediär gebildete Keton ist nicht isolierbar, da es schneller weiterreagiert als es gebildet wird.

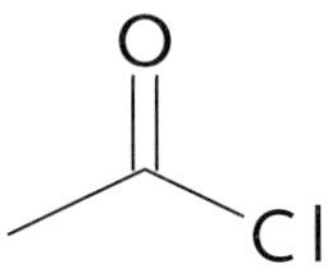

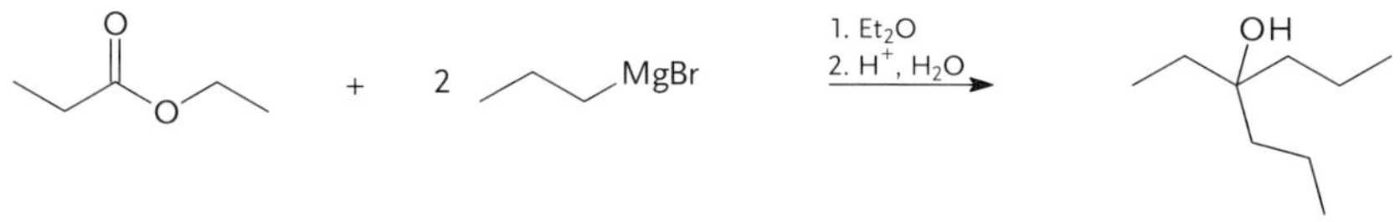

5 Substanzklassen, ihre Darstellung und Reaktionen

Abb. 5.246 Reaktion mit Grignard-Reagenzien.

Abb. 5.247 Reduktion mit Hydriden.

Durch Hydrid-Reagenzien, wie Lithiumaluminiumhydrid LiAlH$_4$, werden Ester zu Alkoholen reduziert (Abb. 5.247).[231] Mit sterisch anspruchsvolleren Reagenzien, die nur ein Hydrid-Ion übertragen, gelingt in einigen Fällen auch die selektive Reduktion zum Aldehyd. Eine ältere Methode zur Reduktion von Estern und Acylhalogeniden ist die **Bouveault-Blanc-Reduktion**[232] durch elementares Natrium in alkoholischer Lösung. Aus Nitrilen entstehen unter diesen Bedingungen Amine. Ohne Alkoholzusatz reagieren Ester mit Natrium zu α-Hydroxyketonen, dem Acyloin. Die **Acyloinkondensation** wird für die Bildung makrocyclischer Hydroxyketone aus langkettigen Diestern genutzt.

Die Acidität des α-Wasserstoffatoms ist bei Estern ausreichend groß (pK_a ≈ 25), um sie mit starken Basen bei tiefer Temperatur zu deprotonieren und **Ester-Enolate** zu erhalten.[233] Ester-Enolate reagieren wie die Enolate von Ketonen: Sie werden durch Elektrophile alkyliert (Abb. 5.248) und greifen in nucleophilen Additionsreaktionen Carbonylverbindungen an.

Ester-Enolate greifen nicht nur die Carbonylgruppe von Aldehyden und Ketonen, sondern auch die von Estern an. Die Reaktion wird als **Claisen-Esterkondensation**[234] (Abb. 5.249) bezeichnet und liefert über einen Additions-Eliminierungs-Mechanismus β-Ketoester. Es handelt sich um eine Gleichgewichtsreaktion. Die analoge Reaktion von Estern mit Ketonen liefert β-Diketone, die Reaktion mit Nitrilen ergibt β-Ketonitrile. Die intramolekulare Kondensation von Diestern zu cyclischen β-Ketoestern wird als **Dieckmann-Kondensation** bezeichnet. Zur Gleich-

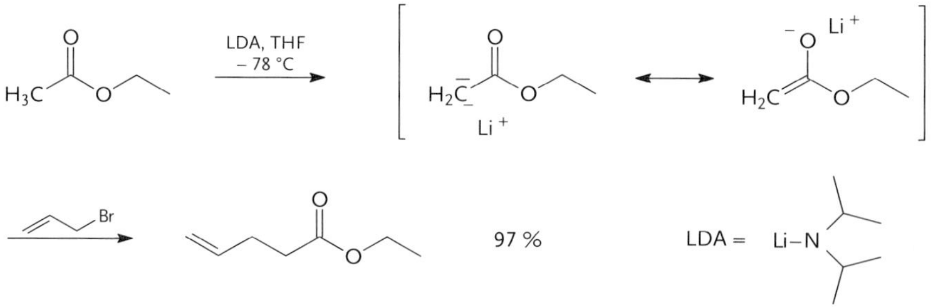

Abb. 5.248 Esteralkylierung.

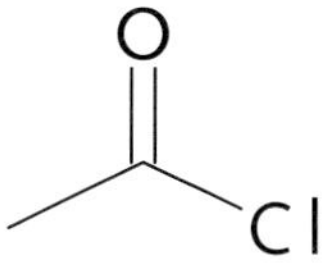

5.15 Derivate der Carbonsäuren

gewichtsverschiebung ist es entscheidend, dass sich im letzten Schritt durch irreversible Deprotonierung des β-Ketoesters (pK_a ≈ 11) ein resonanzstabilisiertes Enolat-Ion bildet. Eine weitere Möglichkeit der Gleichgewichtsverschiebung ist die irreversible Deprotonierung des Esters durch eine starke Base, wie Natriumhydrid NaH, unter Wasserstoffentwicklung.

Da alle Teilreaktionen der Claisen-Kondensation reversibel sind, können β-Ketoester und β-Diketone durch Alkoholate wieder in zwei Ester bzw. Ester und Keton gespalten werden. Die Reaktion wird als **Esterspaltung** bezeichnet. Wird Alkalilauge verwendet, so hydrolysiert der entstehende Ester sofort weiter zur Carbonsäure. Der Vorgang heißt **Säurespaltung**.

Beim Erhitzen über 300 °C (**Pyrolyse**) zersetzen sich Ester in Carbonsäuren und Alkene (Abb. 5.250).[235] Die Reaktion verläuft **konzertiert und stereospezifisch** (Abschnitt 4.5) über einen sechsgliedrigen cyclischen Übergangszustand. Dabei treten der Säurerest und das Wasserstoffatom auf derselben Seite der sich entwickelnden π-Bindung aus. Es handelt sich daher um eine *syn*-**Eliminierung**.

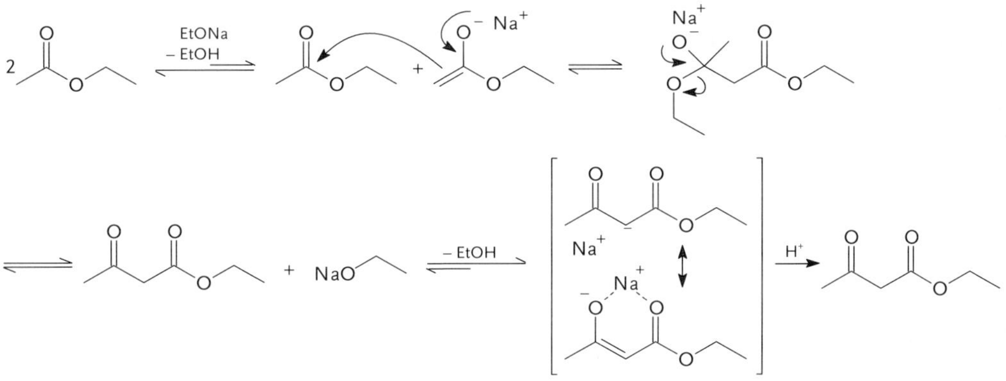

Abb. 5.249 Claisen-Esterkondensation.

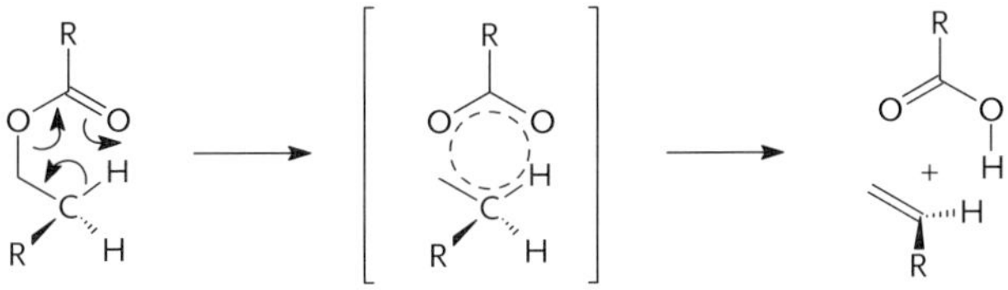

Abb. 5.250 Esterpyrolyse.

5.15.5
Carbonsäureamide

Es werden **Alkan-** und **Arenamide** unterschieden (Abb. 5.251). Bei Trivialnamen wird das Amid durch Anhängen des Suffix -amid an den Säurenamen gekennzeichnet. Je nach Anzahl der Substituenten am Amidstickstoffatom wird zwischen **primären (RCONH₂)**, **sekundären (RCONHR')** und **tertiären Amiden (RCONR₂)**

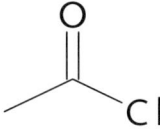

unterschieden. Amidderivate der Kohlensäure sind **Carbamidsäuren** und **Carbamidsäurester** oder **Urethane**. Carbamidsäuren sind instabil und zerfallen unter Bildung von Aminen und CO_2. Carbamidsäureester spielen als Polyurethane in der Polymerchemie eine wichtige Rolle. Cyclische Amide werden als **Lactame** bezeichnet. Die Ringgröße wird, wie bei Lactonen, durch einen griechischen Buchstaben gekennzeichnet: β = Viering-, γ = Fünfring-, δ = Sechsringlactam. Ähnlich wie Lactone werden Lactame nach der IUPAC-Nomenklatur als 2-Azacycloalkanone bezeichnet. Da auch hier fälschlich die Funktionalität eines Cycloalkanons suggeriert wird, hat sich diese Bezeichnungsweise nicht durchgesetzt. Die als Arzneistoffe wichtigen **Penicilline** sind β-**Lactam**-Derivate.

Carbonsäureamide werden durch Umsetzung von Carbonsäurechloriden, -anhydriden und -estern mit Ammoniak oder Aminen hergestellt. Auch durch Erhitzen von Ammoniumcarboxylaten entstehen Carbonsäureamide (Backverfahren). Dicarbonsäuren können zweimal mit Ammoniak oder primären Aminen reagieren. Dabei entstehen cyclische **Imide**, die Stickstoffanaloga der cyclischen Anhydride.[236] Die Amidbindung ist die Verknüpfungseinheit der Aminosäuren in **Peptiden** und Proteinen. Für die Verfahren zur Amidverküpfung von Aminosäuren, siehe Abschnitt 5.18.3.

Die Carbonylaktivität von Amiden ist aufgrund der Resonanz des freien Elektronenpaars des Stickstoffatoms mit der Carbonylgruppe gering. Amide sind die reaktionsträgsten Carbonsäurederivate. Nucleophile Additions-Eliminierungs-Reaktionen erfordern daher drastischere Bedingungen. Durch längeres Erhitzen mit Säuren oder Basen gelingt die Hydrolyse zu Carbonsäure und Amin (Abb. 5.252). Erhitzt man primäre Carbonsäureamide mit wasserentziehenden Mitteln, wie z. B. Phosphorpentoxid P_4O_{10}, so entstehen Nitrile.

Anders als Carbonsäuren und Ester reagieren Amide mit Lithiumaluminiumhydrid nicht zu Alkoholen, sondern zu Aminen (Abb. 5.253, links). Dabei entsteht zunächst ein Iminium-Ion durch Hydridaddition und Aluminateliminierung, das

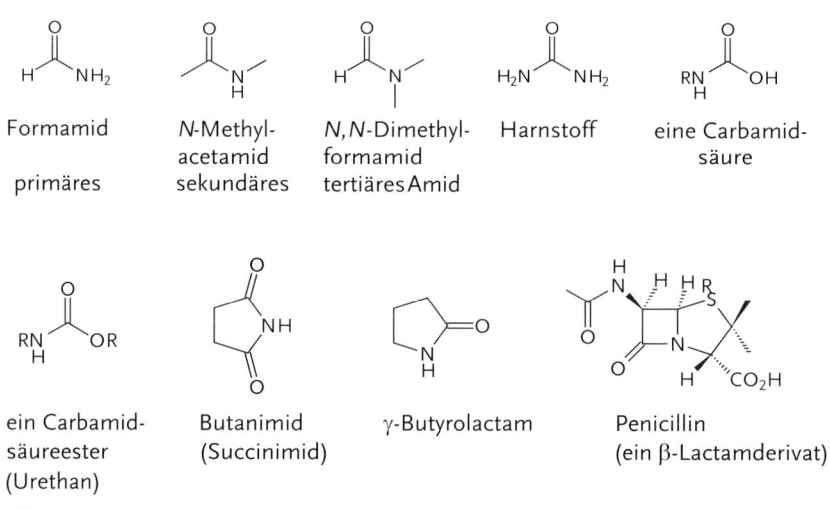

Abb. 5.251 Carbonsäureamide.

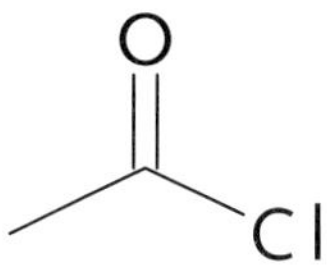

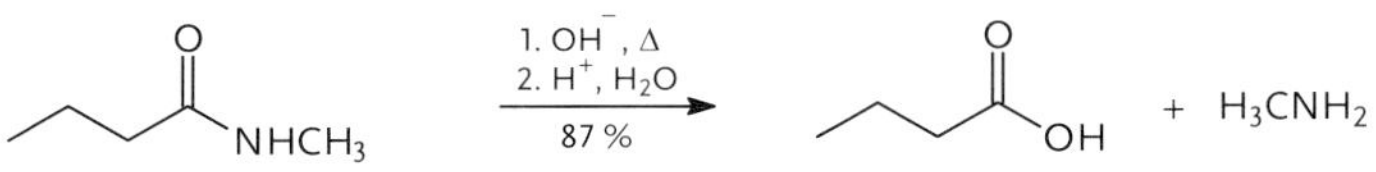

5.15 Derivate der Carbonsäuren

Abb. 5.252 Amidhydrolyse.

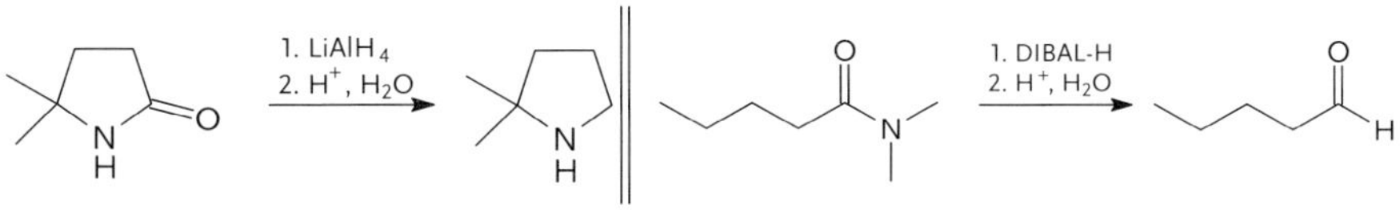

Abb. 5.253 Reduktion von Amiden zu Aminen oder Aldehyden.

dann durch ein weiteres Hydrid-Ion zum Amin reduziert wird. Auch Borane, wie $BH_3 \cdot SMe_2$ sind für diese Reaktion geeignet. Mit sterisch anspruchsvolleren Aluminiumhydriden, wie Diisobutylaluminiumhydrid (DIBAL-H, $(CH_3CH(CH_3)CH_2)_2Al\text{-}H$), bleibt die Reduktion auf der Stufe des Aldehyds stehen (Abb. 5.253, rechts). Dabei hydrolysiert das Iminium-Ion bei der Aufarbeitung mit Wasser zum Halbaminal, das in Aldehyd und Amin zerfällt.

In Gegenwart von Basen und Halogenen läuft an primären Carbonsäureamiden die **Hofmann-Umlagerung** (Abschnitt 5.16.1.2) ab, bei der die Carbonylgruppe aus dem Molekül abgespalten wird und ein primäres Amin mit einer um ein Kohlenstoffatom verkürzten Kette entsteht.

Tertiäre Amide bilden bei der Deprotonierung mit starken Basen überwiegend Z-Enolate (Abb. 5.254). Erklärt wird diese Beobachtung durch die ungünstige sterische 1,3-Wechselwirkung, die im E-Enolat auftritt. Die stereochemisch einheitliche Z-Enolatbildung ist für stereoselektive Alkylierungen oder Aldolreaktionen von Bedeutung.

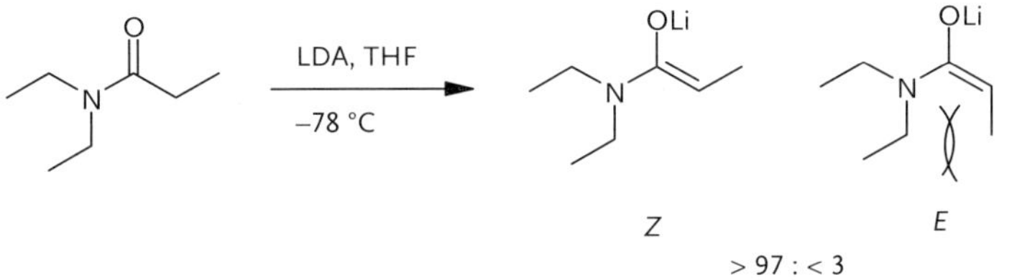

Abb. 5.254 Stereoselektive Bildung des Z-Enolats tertiärer Amide.

5.15.6
Nitrile

Nitrile werden zur Klasse der Carbonsäurederivate gerechnet, da das Kohlenstoffatom in derselben Oxidationsstufe vorliegt. Die Verbindungen werden als Alkannitrile bezeichnet. Der Substituent -CN heißt **Cyanogruppe**. Die Struktur der Nitrile ist der von Alkinen ähnlich. Im IR-Spektrum (Abschnitt 3.4.2) wird für Nitrile daher im typischen Bereich der Dreifachbindungsschwingungen um 2250 cm^{-1} eine Absorption beobachtet. Die Resonanz des Nitril-Kohlenstoffatoms im ^{13}C-NMR-Spektrum (Abschnitt 3.4.3) liegt bei δ ≈ 110–130 ppm. Die Resonanz liegt durch die größere Elektronegativität des Stickstoffatoms im Vergleich zu den Alkin-Kohlenstoffatomen (δ ≈ 65–85 ppm) bei niedrigerem Feld. Nitrile können durch nucleophile Substitutionsreaktionen von Halogenalkanen mit Cyaniden (Abschnitt 5.3.2.1) oder die Dehydratisierung primärer Carbonsäureamide erhalten werden.

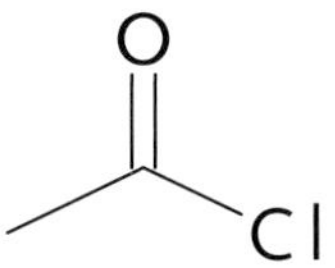

Mit wässrigen Säuren oder Basen werden Nitrile zu Carbonsäuren hydrolysiert. Durch das freie Elektronenpaar am Stickstoff reagieren Nitrile leicht basisch.[237] Wasserstoffatome in α-Stellung zu einer Nitrilgruppe hingegen reagieren sauer (pK_a ≈ 25). Das durch Deprotonierung entstehende Anion ist resonanzstabilisiert. Wie Ester-Enolate können Nitril-Anionen alkyliert werden (Abb. 5.255). Auch die der Aldolreaktion analoge Umsetzung von zwei Nitrilen ist bekannt (**Thorpe-Reaktion**) und liefert nach Hydrolyse β-Ketonitrile. Die intramolekulare Variante heißt **Thorpe-Ziegler-Reaktion**.

Metallorganische Reagenzien addieren an Nitrile, wobei die Anionen von Iminen entstehen. Bei saurer Aufarbeitung erhält man das neutrale Imin, das rasch zum Keton hydrolysiert wird (Abb. 5.256).

Modifizierte Hydridreagenzien, wie DIBAL-H oder Triethoxylithiumaluminiumhydrid LiAlH(OCH$_2$CH$_3$)$_3$, können ebenfalls als Nucleophile am Nitril-Kohlenstoffatom reagieren. Es bilden sich Imin-Anionen, die vermutlich durch Aluminiumatome komplexiert sind. Bei wässriger Aufarbeitung entstehen dann Aldehyde. Mit starken Hydridreduktionsmitteln, wie Lithiumaluminiumhydrid LiAlH$_4$, wird eine zweifache Hydridaddition beobachtet, und man erhält nach wässriger Aufarbeitung Amine. Auch durch katalytische Hydrierung von Nitrilen, z. B. an Platinoxid PtO$_2$, werden Amine erhalten (Abb. 5.257).

Abb. 5.255 Alkylierung von Nitrilen.

Abb. 5.256 Reaktion von Nitrilen mit Organometallverbindungen zu Ketonen.

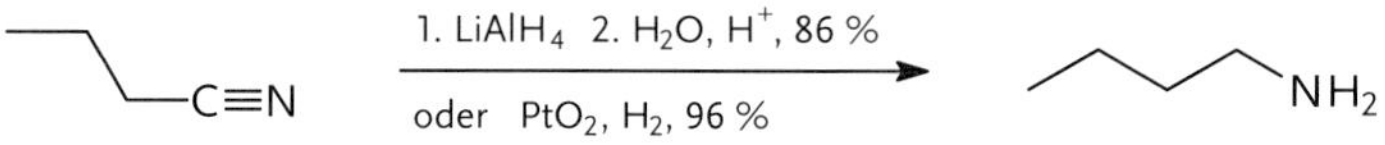

Abb. 5.257 Reduktion von Nitrilen zu Aminen.

5.15 Derivate der Carbonsäuren

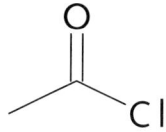

Zusammenfassung

Die wichtigsten Derivate der Carbonsäuren sind Acylhalogenide, Carbonsäureanhydride, Ester, Amide und Nitrile. Die verschiedenen Substituenten der Carbonylgruppe führen zu einer Abnahme der Carbonylaktivität in der Reihenfolge Acylhalogenid, Anhydrid, Aldehyd, Keton, Ester, Amid, Carbonsäure, Carboxylat-Ion. Entsprechend fällt die Reaktivität gegenüber Nucleophilen. Acylhalogenide, Anhydride, Ester und Amide reagieren mit Nucleophilen nach dem Additions-Eliminierungs-Mechanismus. Acylhalogenide werden aus Carbonsäuren und $SOCl_2$, PCl_5 oder PBr_3 erhalten. Anhydride können aus Carbonsäuren unter Wasserentzug, besser durch die Umsetzung von Acylhalogeniden mit Carbonsäuren erhalten werden. Die saure Veresterung von Carbonsäuren mit Alkoholen liefert Ester. Alternativ können Carboxylat-Ionen mit Halogenalkanen alkyliert werden. Amide sind durch die Reaktion von Acylhalogeniden, Anhydriden oder Estern mit Ammoniak oder Aminen zugänglich. Aliphatische Nitrile werden durch nucleophile Substitution von Halogenalkanen mit Cyaniden oder durch Wasserabspaltung aus primären Amiden erhalten. Alle Carbonsäurederivate können zu Carbonsäuren hydrolysiert werden. Durch Reaktion mit metallorganischen Verbindungen oder Hydriden werden Alkohole, Aldehyde oder Ketone erhalten.

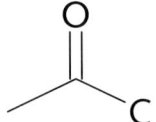

5 Substanzklassen, ihre Darstellung und Reaktionen

Übungsaufgaben

5.15–1 a) Zeigen Sie am Beispiel des *N,N*-Dimethylformamids, warum die Carbonylreaktivität von Carbonsäureamiden geringer ist als die von Carbonsäurechloriden. b) Das ^{1}H-NMR-Spektrum des *N,N*-Dimethylformamids zeigt bei erniedrigter Temperatur drei Signale der relativen Intensität 1:3:3. Bei erhöhter Temperatur werden zwei Signale im Intensitätsverhältnis 1:6 beobachtet. Erklären Sie!

5.15–2 *N,N'*-Dimethylpropylidenharnstoff (DMPU) wird in bestimmten Reaktionen als Ersatz für das cancerogene Hexamethylphosphorsäuretriamid (HMPA) eingesetzt. Machen Sie einen Synthesevorschlag für DMPU.

DMPU

5.15–3 Wozu reagiert Chlorphenylessigsäurechlorid in Gegenwart von Triethylamin mit Cyclopentadien?

5.15–4 Phenylether lassen sich leicht säurekatalysiert hydrolytisch spalten. Wenn man Methyl(5-phenoxy)pentanoat mit wässriger Säure behandelt, erhält man ein Produkt der Summenformel $C_5H_8O_2$. Machen Sie einen Vorschlag für seine Konstitution!

5.15–5 a) Die Umsetzung von Ethylbenzoat mit einem Äquivalent Phenylmagnesiumbromid gefolgt von wässriger Aufarbeitung liefert nicht Benzophenon, sondern ein 1:1-Gemisch aus unverbrauchtem Ethylbenzoat und Triphenylmethanol. Erklären Sie! b) Wie muss man vorgehen, um aus einem Benzoesäurederivat Benzophenon herzustellen?

5.15–6 Was ist das Produkt der Esterpyrolyse von (*S,S*)-(1-Ethyl-1,2-dimethyl)butylacetat?

5.15–7 Wie kann man aus Acetamid (Essigsäureamid) *N*-Ethylacetamid herstellen?

5.15–8 Wie kann man aus Bromethan 2-Methylpentanamin herstellen?

5.16
Amine und Phosphane

Amine[238] können als Substitutionsprodukte des Ammoniaks aufgefasst werden. Nach der Anzahl der im NH$_3$-Molekül substituierten Wasserstoffatome wird zwischen **primären**, **sekundären** und **tertiären Aminen** (Abb. 5.258) unterschieden,[239] wobei das Stickstoffatom auch Teil eines Rings sein kann. **Quartäre Ammoniumverbindungen** (siehe **Phasentransferkatalysatoren**)[240] tragen vier Substituenten am Stickstoffatom und sind positiv geladen.

Stickstoff ist in einer großen Zahl physiologisch aktiver Verbindungen enthalten.[241] Viele bekannte Rausch- und Aufputschmittel sind einfache Amine, wie z. B. Adrenalin, Mescalin oder Amphetamin (Abb. 5.259). Ein gemeinsames Strukturmerkmal zahlreicher Verbindungen dieses Typs ist die β-Phenylethylamino-Gruppe.

Amine bilden aufgrund der polaren Atombindung **Wasserstoffbrückenbindungen** aus. Die Wasserstoffbrückenbindungen zwischen Aminen sind jedoch weniger stark als die der Alkohole, so dass ihre Siedepunkte tiefer liegen als die der entsprechenden Alkohole. Eine weitere charakteristische Eigenschaft der Amine ist ihre **Basizität**. (Die Siedepunkte und pK_B-Werte einiger Amine sind in Tabelle 5.5 tabellarisch zusammengestellt.) Die Basenstärke ist von der Verfügbarkeit des freien Elektronenpaars des Stickstoffatoms abhängig. Amine bilden wie Ammoniak

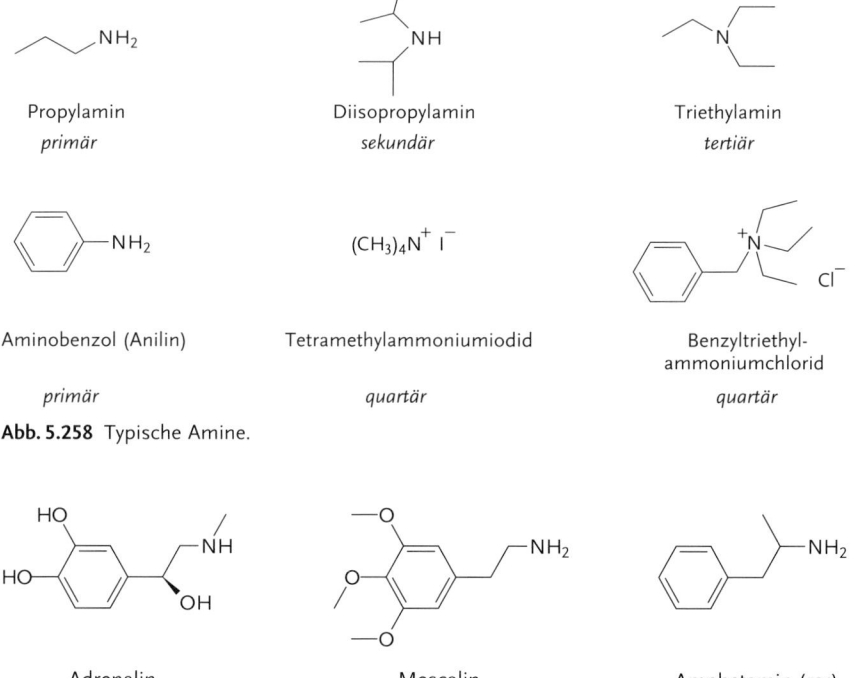

Abb. 5.258 Typische Amine.

Abb. 5.259 Physiologisch aktive Amine.

5 Substanzklassen, ihre Darstellung und Reaktionen

unter Anlagerung eines Protons Ammoniumsalze und sind daher in wässrigen Säuren löslich.

Tab. 5.5 Siedepunkte und pK_B-Werte einiger Amine.

Amin	Formel	Siedepunkt [°C]	pK_B
Ammoniak	NH_3	−33.4	4.70
Methylamin	CH_3NH_2	− 6.3	3.36
Dimethylamin	$(CH_3)_2NH$	7.4	3.29
Trimethylamin	$(CH_3)_3N$	2.9	4.23
Ethylamin	$CH_3CH_2NH_2$	16.6	3.33
Propylamin	$CH_3CH_2CH_2NH_2$	48.7	3.42
1,2-Ethylen-diamin	$NH_2CH_2CH_2NH_2$	116.5	4.07
Anilin	$C_6H_5NH_2$	184.0	9.42
p-Nitroanilin	$O_2NC_6H_4NH_2$	138.1	13.02
Pyridin	C_5H_5N	115.2	8.94

Alkylamine sind stärker basisch als Ammoniak, da der +I-Effekt der Substituenten die Elektronendichte am Stickstoffatom erhöht. Aber auch die Solvatation und damit Stabilität des entstehenden Ammonium-Ions sowie sterische Effekte voluminöser Substituenten beeinflussen die Basizität, so dass in wässrigen Lösungen kein kontinuierlicher Abfall des pK_B-Werts vom primären zum tertiären Amin beobachtet wird. Aromatische Amine sind im Vergleich zu aliphatischen Aminen schwächer basisch, da das freie Elektronenpaar des Stickstoffatoms mesomer über den aromatischen Ring delokalisiert wird. Elektronenziehende Substituenten wie die Nitrogruppe verringern die Basizität weiter.

5.16.1
Darstellung der Amine[242]

5.16.1.1
Synthese von Aminen durch Alkylierung

Alkylhalogenide und -sulfate reagieren mit Ammoniak. Das zunächst gebildete primäre Amin konkurriert als starke Base mit dem Ammoniak (Abb. 5.260). Daher entstehen nicht nur primäre, sondern auch sekundäre und tertiäre Amine sowie quartäre Ammoniumverbindungen.

Durch einen großen Überschuss an Ammoniak oder einem anderen Amin lässt sich der Anteil der mehrfach alkylierten Produkte zurückdrängen, aber auch dann erhält man bei geringer Selektivität oft nur mäßige Ausbeuten. Die gezielte Syn-

$$NH_3 \; + \; CH_3Br \; \longrightarrow \; CH_3NH_3^+ \; Br^-$$

$$CH_3NH_3^+ \; Br^- \; + \; NH_3 \; \rightleftharpoons \; CH_3NH_2 \; + \; NH_4^+ \; Br^-$$

$$(CH_3)_3N \; + \; CH_3Br \; \longrightarrow \; (CH_3)_4N^+ \; Br^-$$

Abb. 5.260 Nucleophile Substitutionen von Ammoniak und Aminen mit Halogenalkanen.

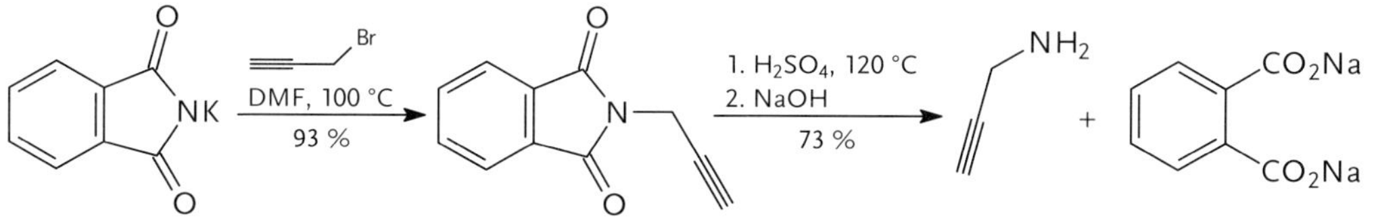

Abb. 5.261 Primäre Amine durch Gabriel-Synthese.

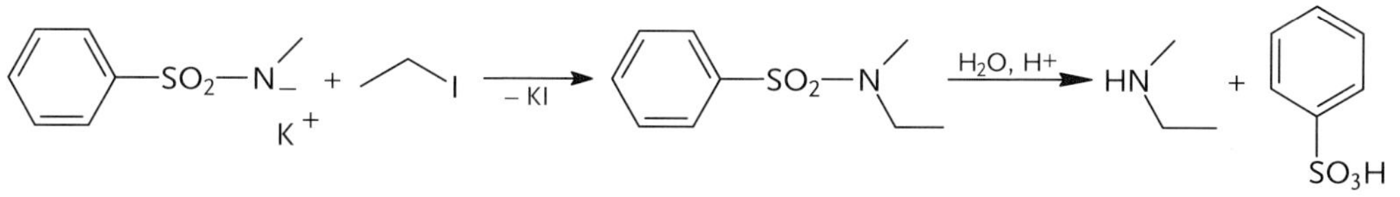

Abb. 5.262 Sekundäre Amine aus Sulfonamiden.

these primärer oder sekundärer Amine[243] erfordert spezielle Methoden. Primäre Amine werden durch die **Gabriel-Synthese** (Abb. 5.261),[244] einer Alkylierung von Phthalimid mit nachfolgender Hydrolyse oder Hydrazinolyse, erhalten. Sekundäre Amine mit unterschiedlichen Alkylresten können durch Alkylierung von Sulfonamiden primärer Amine synthetisiert werden (Abb. 5.262).

5.16.1.2
Synthese von Aminen durch Reduktion von Stickstoffverbindungen

Zahlreiche funktionelle Gruppen, die Stickstoff enthalten, lassen sich glatt zu Aminen reduzieren. Dies wird zur selektiven Synthese von Aminen genutzt. Dabei wird zunächst ein Nitril (Abb. 5.263), Azid (Abb. 5.264),[245] Amid (Abb. 5.265) oder eine Nitroverbindung (Abb. 5.266)[246] synthetisiert, die dann zum Amin reduziert wird. Oftmals ist ein solches Vorgehen effizienter als eine direkte Alkylierung. Eine weitere wichtige Methode zur Herstellung von Aminen ist die reduktive Aminierung von Carbonylverbindungen (Abb. 5.267), bei der zunächst ein Imin entsteht, welches dann zum Amin reduziert wird.

$$Br(CH_2)_8Br \;+\; 2\,NaCN \xrightarrow[93\,\%]{DMSO} NC(CH_2)_8CN \xrightarrow[80\,\%]{H_2,\ Raney\text{-}Ni,\ 10\,MPa} H_2N(CH_2)_{10}NH_2$$

Abb. 5.263 Primäre Amine durch Reduktion von Nitrilen.

$$H_3C(CH_2)_6{-}I \;+\; NaN_3 \xrightarrow[70\,\%]{CH_3CN} H_3C(CH_2)_6{-}N_3 \xrightarrow{Red.} H_3C(CH_2)_6{-}NH_2$$

Abb. 5.264 Primäre Amine durch Azidreduktion (mit Triphenylphosphan: Staudinger-Reaktion).

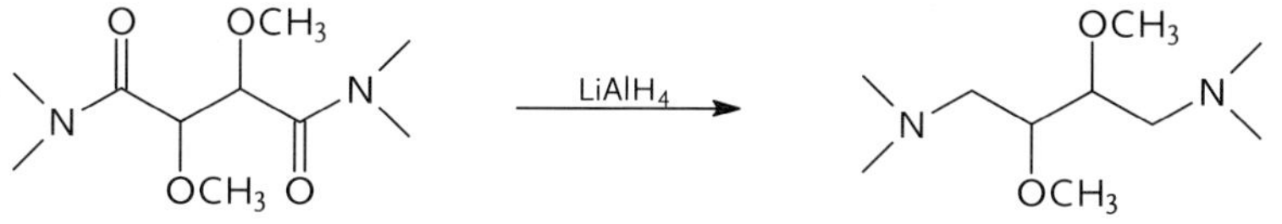

Abb. 5.265 Amine durch Reduktion von Carbonsäureamiden.

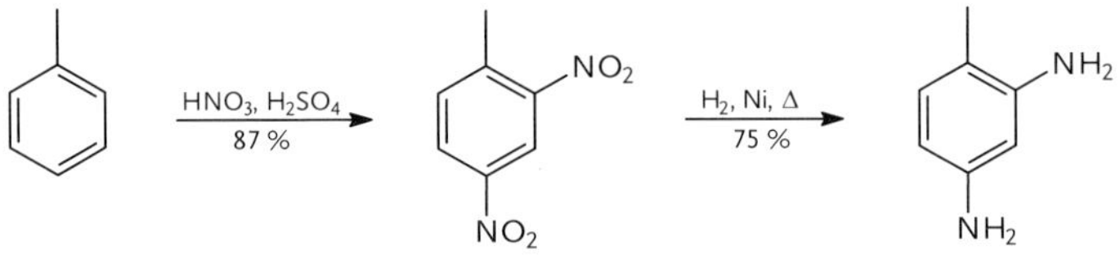

—NH₂   5 Substanzklassen, ihre Darstellung und Reaktionen

Abb. 5.266 Aromatische Amine durch Reduktion von Nitroaromaten.

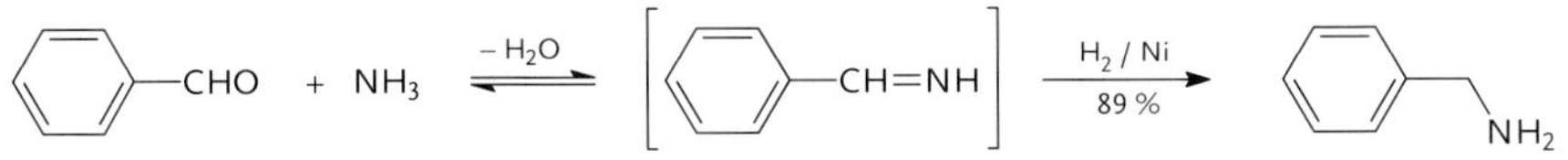

Abb. 5.267 Reduktive Aminierung.

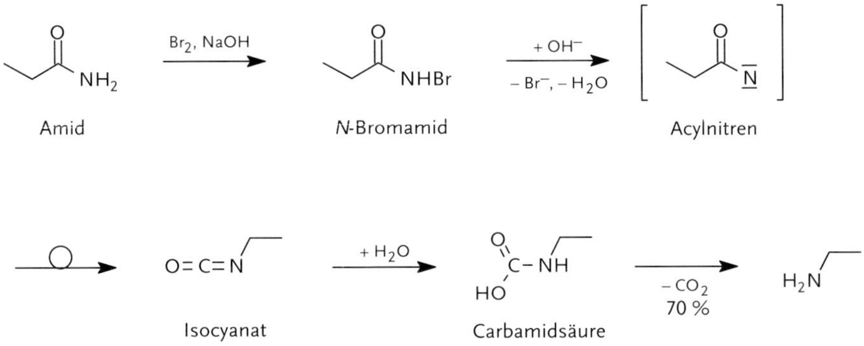

Amid — N-Bromamid — Acylnitren

Isocyanat — Carbamidsäure

Abb. 5.268 Hofmann-Säureamidabbau.

Durch eine Umlagerung am Stickstoffatom entstehen im **Hofmann-Säureamidabbau** (Abb. 5.268)[247] primäre Amine, die ein C-Atom weniger enthalten als die Ausgangssubstanz. Die Reaktion darf nicht mit der Hofmann-Eliminierung, die in Abschnitt 5.16.2.5 vorgestellt wird, verwechselt werden.

Eng verwandt sind die **Lossen-** und die **Curtius-Reaktion** (Abb. 5.269).[248] Bei diesen Abbaureaktionen entstehen aus Hydroxamsäuren bzw. Säureaziden durch analoge Umlagerungsreaktionen **Isocyanate**. Vorteilhaft ist die Verwendung der O-Acylderivate der Hydroxamsäuren, da in diesem Fall ein Carboxylat-Ion RCO_2^- als Abgangsgruppe fungiert.

Auch bei der **Schmidt-Reaktion**[249] und der **Beckmann-Umlagerung**[250] (Abb. 5.269) löst ein Elektronensextett am Stickstoffatom die Reaktion aus. Die Reaktionsprodukte dieser Reaktionen sind Säureamide, wobei in der Schmidt-Reaktion die Umsetzung von Carbonylverbindungen mit Stickstoffwasserstoffsäure (HN_3) und Stickstoffabspaltung zum reaktiven Intermediat führt. In der Beckmann-Umlagerung entsteht dieses durch Wassereliminierung aus Oximen (Abschnitt 5.12.2.11).

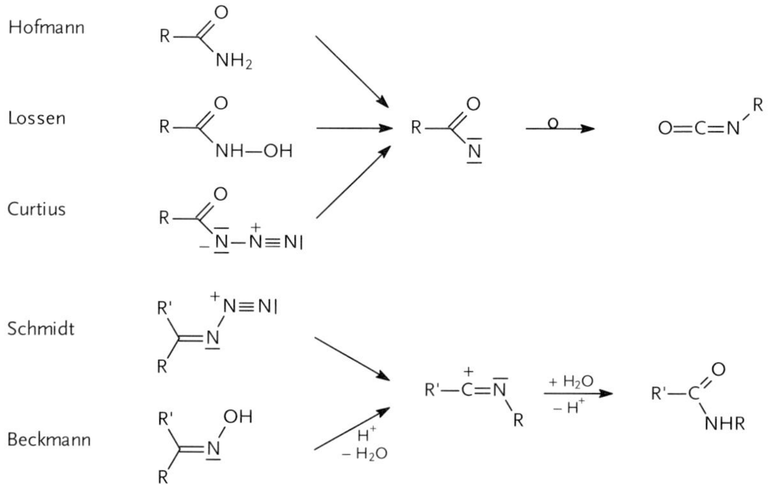

5.16 Amine und Phosphane

Hofmann / Lossen / Curtius / Schmidt / Beckmann

Abb. 5.269 Wanderung zu Stickstoffatomen mit Elektronenmangel.

5.16.2
Reaktionen der Amine

5.16.2.1
Elektrophile Reaktion: Acylierung und Alkylierung

Neben Alkylhalogeniden reagieren auch Ester, Carbonsäureanhydride und Carbonsäurechloride mit Ammoniak, primären und sekundären Aminen. Diese Reaktion wird **Acylierung** (Abb. 5.270) genannt. Es entstehen **Säureamide**. Ein wichtiger Industrieprozess dieser Art ist die Herstellung von **Nylon 66**. Durch die Umsetzung von Adipinsäure (Hexandisäure) mit 1,6-Hexandiamin (Hexamethylendiamin) entsteht zunächst ein Doppelsalz (AH-Salz), das dann in einer **Polykondensationsreaktion** (Abschnitt 6.9.2) unter Wasserabspaltung zu Nylon 66 polymerisiert wird (Abb. 5.271).

Mit tertiären Aminen reagieren Carbonsäurehalogenide unter Dehydrohalogenierung zu Ketenen (Abschnitt 5.15.2)

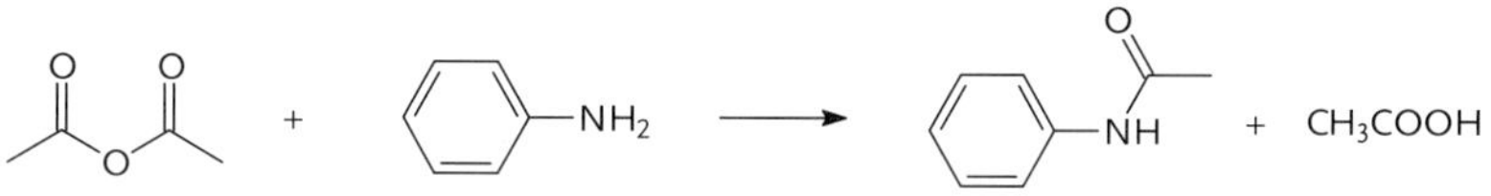

Abb. 5.270 Darstellung von Acetanilid durch Acylierung von Anilin.

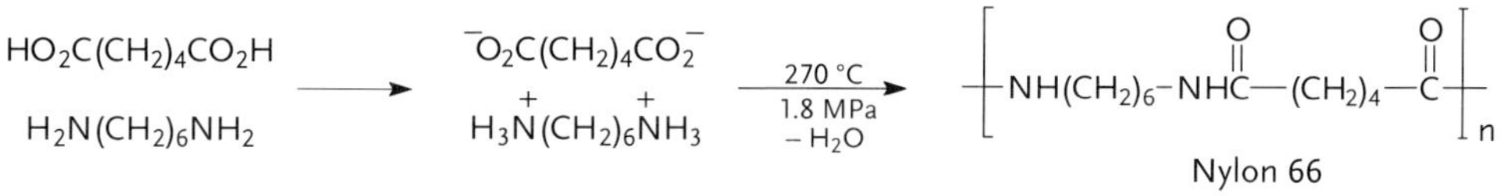

Abb. 5.271 Herstellung von Nylon 66 durch Polykondensation.

5.16.2.2
Umsetzung mit salpetriger Säure

Amine reagieren mit salpetriger Säure (NaNO$_2$/HCl; Abb. 5.272) je nach eingesetztem Amin zu unterschiedlichen Produkten. Aus der Reaktion primärer Amine mit salpetriger Säure entstehen **Diazoniumverbindungen** (Abschnitt 5.17). Im Falle einfacher Alkylamine tritt schon bei tiefen Temperaturen unter Bildung von Carbenium-Ionen Desaminierung ein. Die Umsetzung von α-Aminosäureestern und α-Aminoketonen liefert stabile, synthetisch wertvolle Diazoester und -ketone, die resonanzstabilisiert sind (Abb. 5.273).[251] Sekundäre Amine reagieren mit dem Nitrosonium-Ion am Stickstoffatom unter Bildung von **Nitrosaminen** (Abb. 5.274). Substanzen wie Dimethylnitrosamin oder N-Methyl-N-nitrosoharnstoff wirken auch beim Menschen cancerogen. Tertiäre Amine reagieren nur unter drastischeren Bedingungen mit salpetriger Säure. Es werden dann häufig unter Dealkylierung Nitrosamine gebildet.

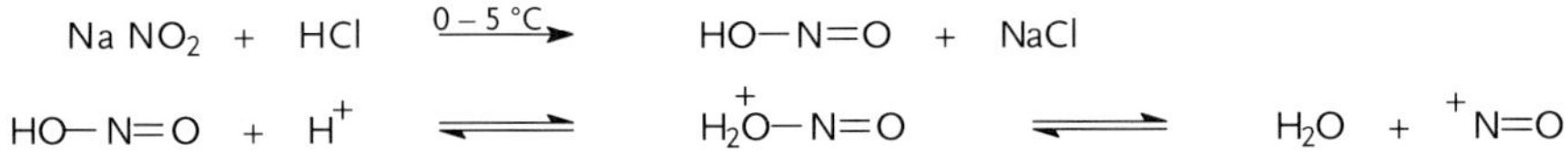

$$\text{NaNO}_2 + \text{HCl} \xrightarrow{0-5\,°C} \text{HO-N=O} + \text{NaCl}$$

$$\text{HO-N=O} + \text{H}^+ \rightleftharpoons \text{H}_2\overset{+}{\text{O}}\text{-N=O} \rightleftharpoons \text{H}_2\text{O} + {}^+\text{N=O}$$

Abb. 5.272 Bildung des Nitrosylkations aus salpetriger Säure.

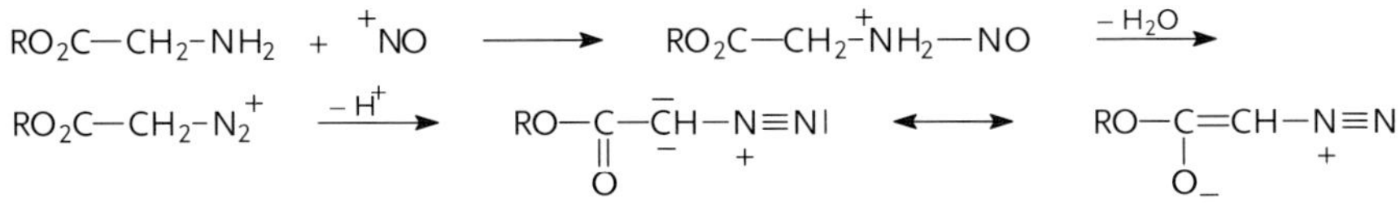

Abb. 5.273 Diazoessigester aus α-Aminosäureestern.

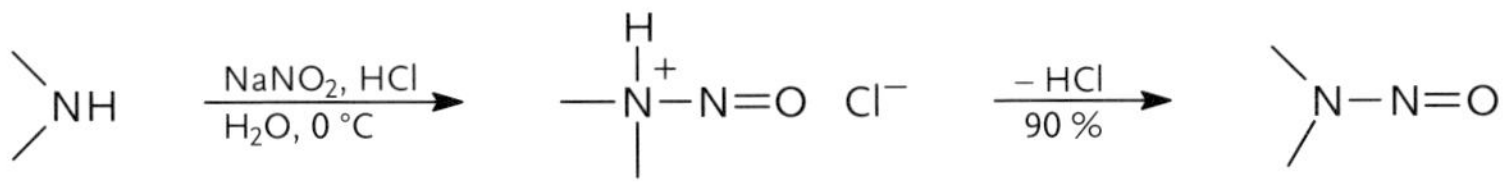

Abb. 5.274 Umsetzung sekundärer Amine zu Nitrosaminen.

5.16.2.3
Oxidation

Die Oxidation tertiärer Amine mit Peroxiden liefert **Aminoxide** (Abb. 5.275),[252] die u. a. für die Cope-Eliminierung und in der Metallorganischen Chemie als milde Oxidationsmittel Bedeutung haben. Primäre Amine werden zu Nitroverbindungen oxidiert. Diese Reaktion entspricht der Umkehr ihrer Bildung durch Reduktion von Nitroverbindungen.

$(CH_3)_3N + H_2O_2$ (30 %ig) $\xrightarrow[95\ \%]{CH_3O,\ H_2O}$ $(CH_3)_3\overset{+}{N}-\overset{\bar{\ }}{\underline{\underline{O}}}|$

Abb. 5.275 Darstellung von Aminoxiden.

5.16.2.4
Mannich-Reaktion

Durch die Reaktion von Formaldehyd (Methanal) mit Ammoniak, primären oder sekundären Aminen entstehen **Iminium-Ionen**. Diese sind ausreichend elektrophil, um von enolisierbaren Aldehyden oder Ketonen nucleophil angegriffen zu werden. Diese der Aldolkondensation vergleichbare Mannich-Reaktion (Abb. 5.276)[253] liefert β-Methylaminocarbonylverbindungen. Das zunächst unter den Reaktionsbedingungen gebildete Hydrochlorid des Produkts wird durch Behandlung mit Base in das freie Amin (**Mannich-Base**) überführt.

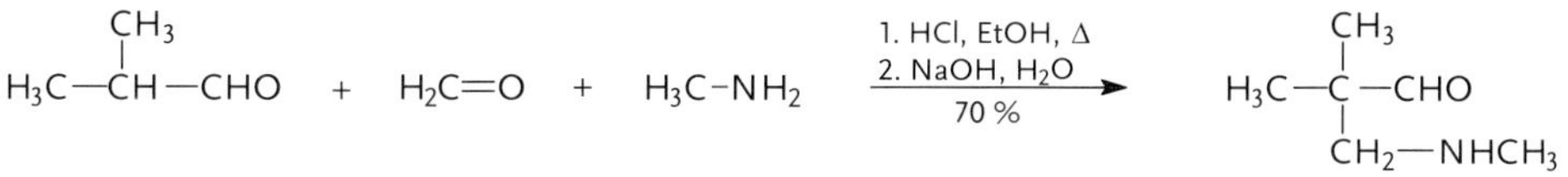

$H_3C-\underset{\underset{CH_3}{|}}{CH}-CHO + H_2C=O + H_3C-NH_2 \xrightarrow[70\ \%]{\substack{1.\ HCl,\ EtOH,\ \Delta \\ 2.\ NaOH,\ H_2O}} H_3C-\underset{\underset{CH_2-NHCH_3}{|}}{\overset{\overset{CH_3}{|}}{C}}-CHO$

Abb. 5.276 Mannich-Reaktion.

5.16.2.5
Hofmann-Eliminierung

Die erschöpfende Alkylierung von Aminen mit überschüssigem, reaktivem Alkylierungsreagenz (z. B. Iodmethan) liefert quartäre Ammoniumsalze. Diese Salze können durch Erhitzen in einer bimolekularen **Hofmann-Eliminierung** (Abb. 5.277)[254] zum Alken abgebaut werden. Bei der Durchführung der Eliminierung wird das Amin zunächst mit einem Überschuss Methyliodid vollständig methyliert („erschöpfende Methylierung") und dann mit feuchtem Silberoxid behandelt, um das entsprechende Ammoniumhydroxid zu erzeugen. Unter Eliminierung von Trimethylamin und Wasser entsteht beim Erhitzen das Alken.

$CH_3(CH_2)_3NH_2 \xrightarrow{MeI,\ K_2CO_3} CH_3(CH_2)_3\overset{+}{N}(CH_3)_3\ I^- \xrightarrow{Ag_2O,\ H_2O}$

$CH_3(CH_2)_3\overset{+}{N}(CH_3)_3\ \ ^-OH \xrightarrow{\Delta} CH_3CH_2CH=CH_2 + N(CH_3)_3 + H_2O$

Abb. 5.277 Hofmann-Eliminierung.

5.16.3
Phosphane

Durch den formalen Ersatz der Wasserstoffatome des Phosphans[255] PH_3, dem höheren Homologen des Ammoniaks, durch organische Reste, entstehen **Alkylphosphane**. Man unterscheidet analog den Aminen primäre, sekundäre und ter-

5 Substanzklassen, ihre Darstellung und Reaktionen

Ph₃P⁺—CH₂—Ph   I⁻

Phosphoniumsalz   chiraler Komplexligand

Abb. 5.278 Phosphane in der Organischen Chemie.

tiäre Phosphane. Unter den Phosphanen gibt es sehr giftige und übel riechende Verbindungen, so dass bei ihrer Herstellung und Handhabung große Vorsicht geboten ist. Aliphatische und auch einige aromatische Phosphane müssen wegen ihrer außerordentlich leichten Oxidierbarkeit, die bis zur Selbstentzündung gehen kann, vor Luftzutritt geschützt werden. Es zeigt sich, dass Alkylphosphane weit reaktiver sind als Arylphosphane. Triphenylphosphan ist das gebräuchlichste Phosphan und als farblose kristalline Substanz luftstabil. Die Anwendung von Phosphanen[256] in der Organischen Chemie liegt vor allem im Bereich der **Wittig-Reaktion** (Abschnitt 5.4.1.2) und als vielseitige Liganden für Katalysatormetalle in der **Metallorganischen Chemie** (Abschnitt 6.11), wobei meist tertiäre Phosphane verwendet werden (Abb. 5.278). Dabei zeigt sich, dass neben den elektronischen Effekten der Substituenten ihr geometrischer Einfluss, der sich im so genannten „**cone angle**" (Kegelwinkel) dokumentiert, für die Eigenschaften entscheidend ist.[257]

5.16.3.1
Darstellung der Phosphane
Von den vielen Methoden zur Herstellung tertiärer Phosphane ist die Reaktion von Phosphor(III)halogeniden mit metallorganischen Derivaten wie Grignard-Reagenzien oder lithiumorganischen Verbindungen besonders breit anwendbar (Abb. 5.279). Die Isolierung des oxidationsempfindlichen Tricyclohexylphosphans gelingt über die intermediäre Bildung einer stabilen CS₂-Anlagerungsverbindung.[258]

Auch die Reduktion von Phosphanoxiden zu Phosphanen ist ein präparativer Weg zu ihrer Herstellung. Als wichtigstes Reduktionsreagenz werden hierfür Silane (Trichlorsilan, Hexachlordisilan, Phenylsilan) eingesetzt (Abb. 5.280).[259] Ihre Verwendung ist einfach, die Anwendungsbreite groß, und in vielen Fällen werden gute Ausbeuten erzielt. Die Reduktion kann in der Gegenwart anderer Funktionalitäten im Molekül, z. B. von Carbonylgruppen, erfolgen. Auch LiAlH₄ ist für die Reduktion von Phosphanoxiden zu Phosphanen geeignet.[260]

Als ein besonders effektiver **chiraler Ligand** in Ruthenium-katalysierten Hydrierungen von C=O-, C=C- und C=N-Bindungen hat sich 2,2'-Bis(diphenylphosphanyl)binaphthyl (BINAP) erwiesen.[261] Eine praktische Synthese der enantiomerenreinen Verbindung verläuft über die Racematspaltung von 2,2'-Binaphthol (BINOL) mit N-Benzylcinchonidiniumchlorid (Abb. 5.281) als chiralem Hilfsreagenz. Enantiomerenreines BINOL kann nach Überführung in das Bistriflat (Bistrifluorme-

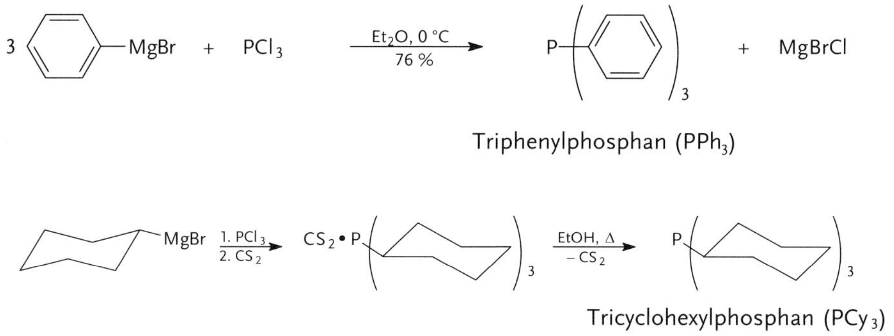

5.16 Amine und Phosphane

Abb. 5.279 Synthese tertiärer Phosphane aus PCl$_3$ und metallorganischen Verbindungen.

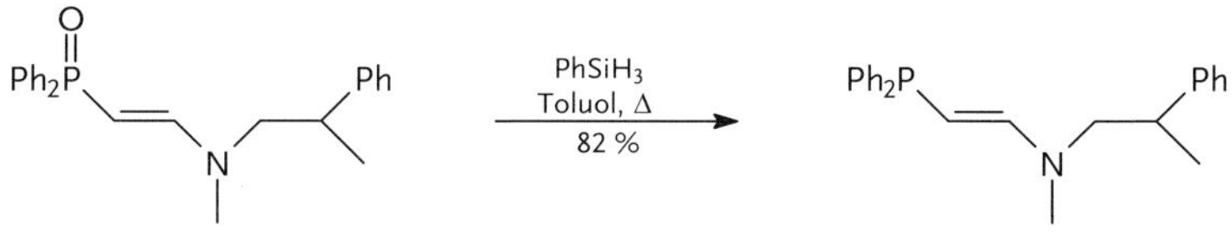

Abb. 5.280 Synthese von Phosphanen durch Reduktion von Phosphinoxiden mit Silanen.

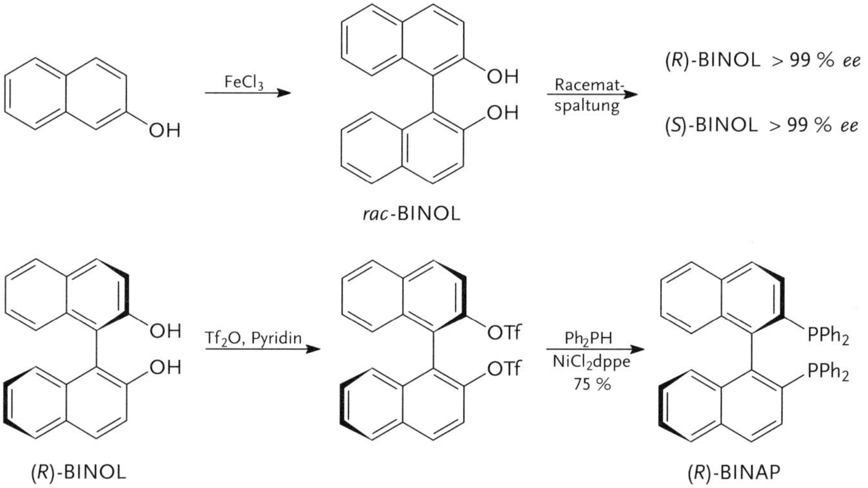

Abb. 5.281 Synthese von enantiomerenreinem BINAP, dppe = Bis(diphenylphospanyl)ethan.

thansulfonsäureester) Nickel-katalysiert mit Diphenylphosphan direkt zu BINAP gekuppelt werden.[262]

5 Substanzklassen, ihre Darstellung und Reaktionen

Zusammenfassung

Stickstoff ist das charakteristische Element der Amine, die als Substitutionsprodukte des Ammoniaks aufgefasst werden können. Amine sind basisch und werden durch Säuren protoniert. Bei der Alkylierung von Ammoniak mit Alkylhalogeniden entstehen Amine, doch verläuft die Reaktion unselektiv und führt überwiegend zu höher alkylierten Aminen und quartären Ammoniumsalzen. Mit der Gabriel-Synthese gelingt die gezielte Darstellung primärer Amine. Auch die Reduktion stickstoffhaltiger Funktionalitäten, wie von Nitrilen, Amiden oder Aziden, eignet sich zur Aminsynthese. Wichtige Reaktionen der Amine sind ihre Alkylierung und Acylierung, die Umsetzung mit salpetriger Säure zu Diazoniumverbindungen, die Mannich-Reaktion und die Hofmann-Eliminierung quartärer Ammoniumsalze zu Alkenen. Die höheren Homologen der Amine, die Phosphane, sind weniger basisch und oft hochreaktiv. Die wichtigsten Anwendungen von Phosphanen in der Organischen Chemie sind die Wittig-Reaktion und ihre Verwendung als Liganden für Katalysatormetalle in der Metallorganischen Chemie.

Übungsaufgaben

5.16–1 Wie kann man durch die Gabriel-Synthese 1,6-Diaminohexan herstellen?

5.16–2 Machen Sie einen Vorschlag für die Synthese von Di-*tert*-butylphosphan.

5.16–3 Bei der Cope-Eliminierung von Aminoxiden handelt es sich – wie auch bei der Esterpyrolyse – um eine *syn*-Eliminierung. Formulieren Sie die von (*S,S*)-3,4-Dimethylhexan-3-amin ausgehende Cope-Eliminierung. Wandeln Sie dazu zunächst die Aminogruppe in eine Dimethylaminogruppe um. Zeichnen Sie den Übergangszustand der Cope-Eliminierung. Welche Verbindung wird eliminiert?

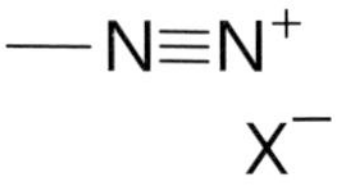

5.17
Diazoniumsalze und Diazoverbindungen[263]

Durch *N*-Nitrosierung (Abb. 5.282 und Abschnitt 5.16.2.2) primärer Benzolamine (Aniline) entstehen **Arendiazoniumsalze**.[264] Der Grund für die relative Stabilität der Arendiazoniumsalze, im Vergleich zu aliphatischen Diazoniumsalzen, liegt in ihrer Resonanzstabilisierung (Abb. 5.283, mitte) und der hohen Energie der Aryl-Kationen, die bei der Abgabe von Stickstoff frei wird. Eines der Elektronenpaare des aromatischen π-Systems kann über die funktionelle Gruppe delokalisiert werden. Erst bei höheren Temperaturen spalten die Salze Stickstoff ab. Das leere sp^2-Orbital des Phenyl-Kations steht senkrecht zur Ebene der π-Orbitale des Aromaten (Abb. 5.283, unten). Eine Konjugation ist daher nicht möglich, weswegen Phenyl-Kationen recht reaktiv sind.

Die thermische Zersetzung von Diazoniumsalzen in Gegenwart von Nucleophilen ist eine wichtige Methode zur Synthese funktionalisierter Aromaten. Durch Verkochen in Wasser entstehen Phenole. In der **Sandmeyer-Reaktion** (Abb. 5.284) gelingt der Austausch des Stickstoffsubstituenten gegen Halogene mit Kupfer-(I)-Salzen. Auch aromatische Nitrile sind so zugänglich. Wird das Gegenion des Diazoniumsalzes gegen Tetrafluoroborat (BF_4^-) ausgetauscht und dieses thermisch zersetzt, so werden Fluorarene erhalten (**Schiemann-Reaktion**; Abb. 5.285).[265] Ein Verkochen unter reduktiven Bedingungen, z. B. durch den Zusatz von hypophosphoriger Säure (H_3PO_2), entfernt die Diazoniumgruppe eines Arendiazoniumsal-

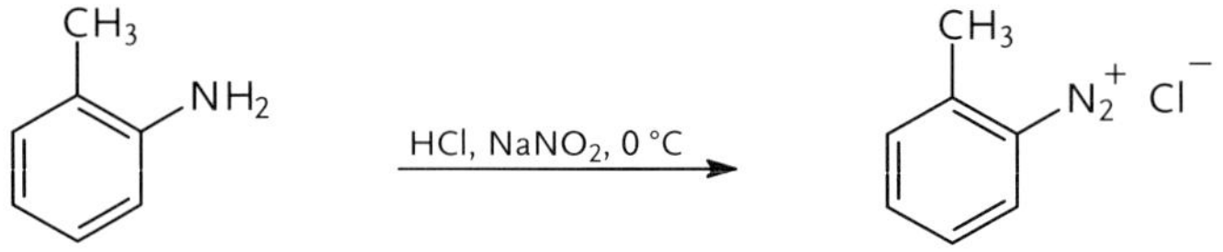

Abb. 5.282 Synthese von Arendiazoniumsalzen durch N-Nitrosierung.

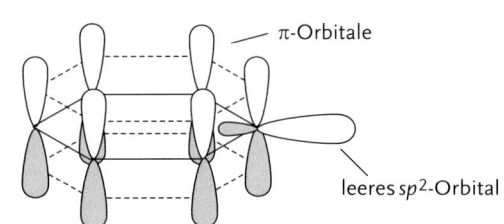

Orbitalbild des Phenylkations:

Abb. 5.283 Resonanzstabilisierung im Benzoldiazonium-Kation.

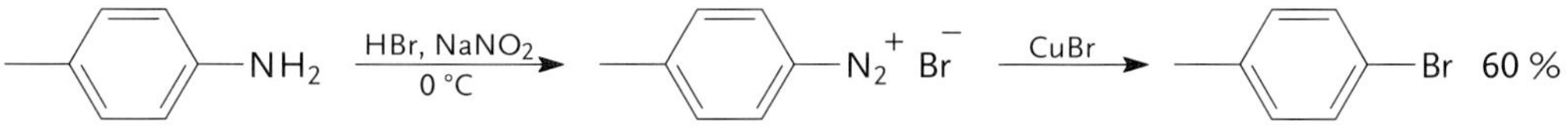

5.17 Diazoniumsalze und Diazoverbindungen

Abb. 5.284 Halogenarene durch Sandmeyer-Reaktion.

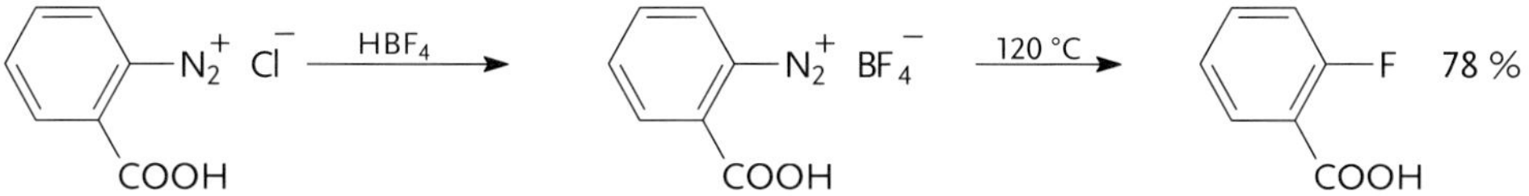

Abb. 5.285 Fluorarene durch Schiemann-Reaktion.

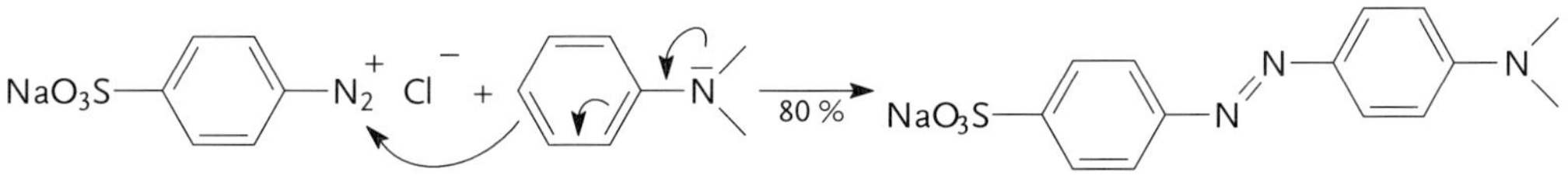

Abb. 5.286 Azokupplung.

zes. Man benutzt dieses Verfahren, um Arene mit einem bestimmten Substitutionsmuster zu synthetisieren, wobei die Aminogruppe als dirigierender Substituent dient und im letzten Schritt durch Diazotierung und Reduktion entfernt wird.

Arendiazoniumsalze reagieren aufgrund ihrer positiven Ladung als Elektrophile. In elektrophilen aromatischen Substitutionen reagieren sie mit aktivierten Aromaten, wie Phenolen oder Anilinen, zu stark farbigen Verbindungen. Die Reaktion wird als **Azokupplung** (Abb. 5.286) bezeichnet. Die Produkte haben als **Azofarbstoffe**[266] für Textilien oder Polymere und als **Indikatoren** vielfältige Anwendungen gefunden.

Wie im Falle der disubstituierten Alkene existieren beim Azobenzol *cis*- und *trans*-Isomere. Durch Bestrahlung mit Licht einer Wellenlänge von 312 nm wird das *trans*-Isomer zu 80 % in *cis*-Azobenzol überführt. In Lösung reisomerisiert das *cis*-Isomer mit Halbwertszeiten von 94 (CCl_4) bis 600 (Wasser) Stunden zum thermodynamisch stabileren *trans*-Azobenzol (Abb. 5.287).[267]

Während bei der Reaktion einfacher aliphatischer Amine (Abschnitt 5.16.2.2) mit salpetriger Säure die Desaminierung schon weit unter 0 °C einsetzt, entstehen bei der Reaktion von α-Aminosäureestern und α-Aminoketonen stabile α-Diazoester (Abb. 5.288) bzw. -ketone.[268] Aus der durch die Carbonylgruppe aktivierten α-Stellung wird ein Proton abgespalten, und die so mögliche Elektronendelokalisation führt zu recht beständigen Verbindungen.

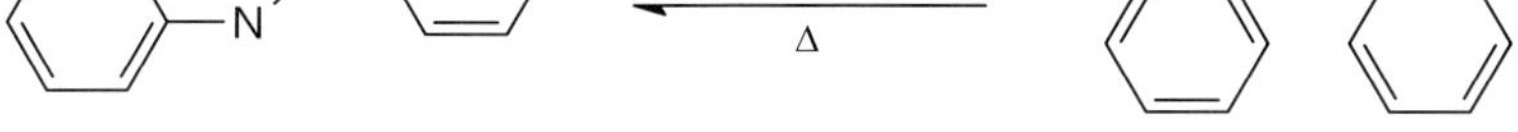

Abb. 5.287 Isomerisierung von Azobenzol.

—N≡N⁺ X⁻

5 Substanzklassen, ihre Darstellung und Reaktionen

α-Diazocarbonylverbindungen lassen sich besonders einfach durch die Umsetzung C–H-acider Verbindungen mit Tosylazid herstellen. Diese Methode wird auch als Diazogruppenübertragung (diazo group transfer; Abb. 5.289) bezeichnet.

Aliphatische Diazoverbindungen[269] können nur über den Umweg der Nitrosierung eines acylierten primären Alkylamins und die alkalische Spaltung des entstehenden Acylnitrosoalkylamins erhalten werden. Das weitaus wichtigste Diazoalkan ist **Diazomethan**, das aus der Vorstufe N-Methyl-N-nitrosoharnstoff erhalten wird (Abb. 5.290).[270]

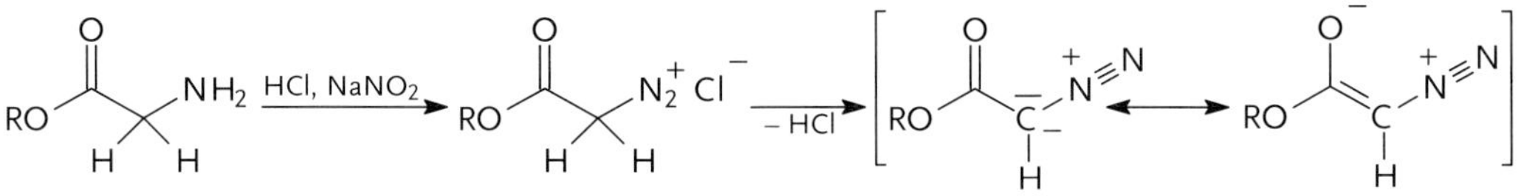

Abb. 5.288 Bildung von α-Diazoestern aus Aminosäureestern.

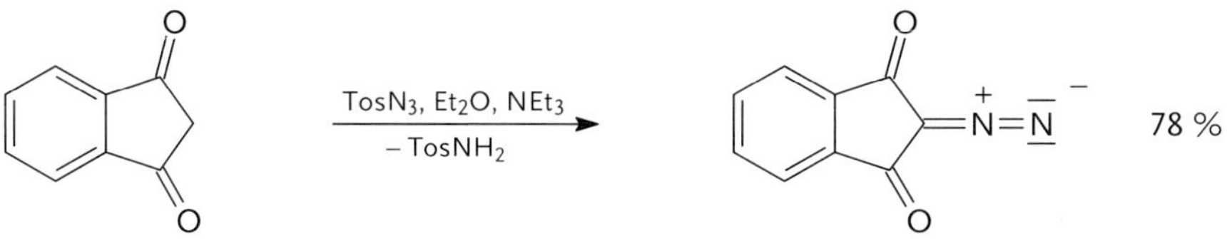

Abb. 5.289 Diazogruppenübertragung.

Addition von Hydroxid

Eliminierung

Wasserabspaltung

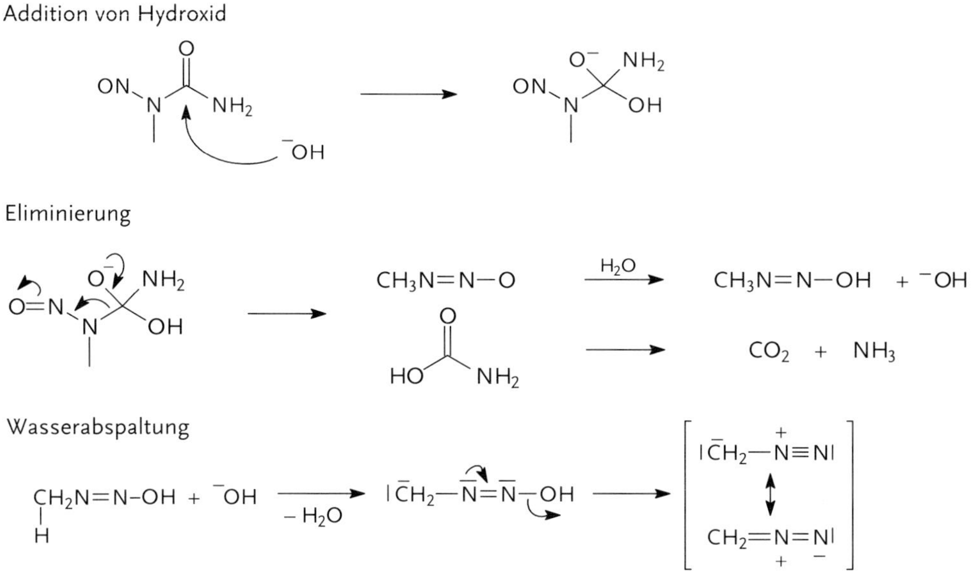

Abb. 5.290 Herstellung von Diazomethan aus N-Methyl-N-nitrosoharnstoff.

5.17 Diazoniumsalze und Diazoverbindungen

—N≡N⁺ X⁻

CH₂N₂ + H₃C–C(=O)–OH ⟶ H₃C–C(=O)–OCH₃ + N₂

Abb. 5.291 Carbonsäuremethylester durch Umsetzung mit Diazomethan.

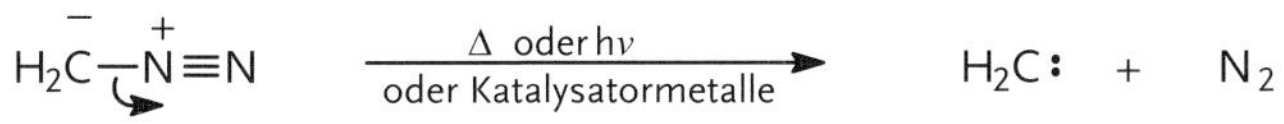

H₂C⁻–N⁺≡N $\xrightarrow{\Delta \text{ oder } h\nu \text{ oder Katalysatormetalle}}$ H₂C: + N₂

Abb. 5.292 Carbenerzeugung aus Diazomethan.

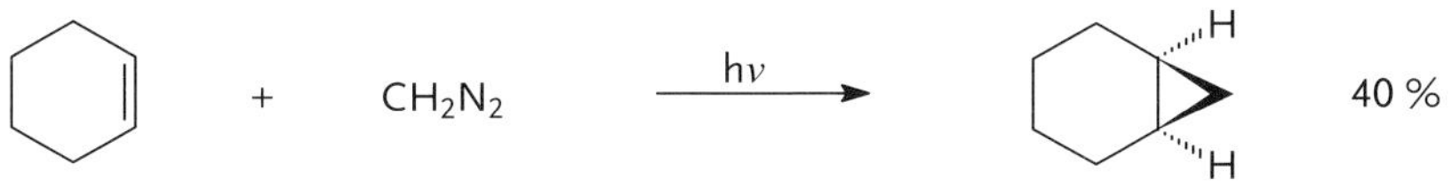

Cyclohexen + CH₂N₂ $\xrightarrow{h\nu}$ Bicyclo[4.1.0]heptan 40 %

Abb. 5.293 Cyclopropane durch Carbenaddition an Alkene.

Aliphatische Diazoverbindungen besitzen nucleophile Eigenschaften. Insbesondere das der Diazogruppe benachbarte Kohlenstoffatom ist ein basisches Zentrum. Durch Anlagerung eines Protons wird die Konjugationsmöglichkeit der Diazogruppe unterbunden, und es wird sofort und irreversibel Stickstoff abgespalten. Das entstehende Carbenium-Ion reagiert dann in der üblichen Weise mit Nucleophilen. Bei höheren Diazoalkanen können auch Olefine entstehen. Präparative und analytische Bedeutung hat die Darstellung von flüchtigen Carbonsäuremethylestern durch Umsetzung von in der Regel nichtflüchtigen Carbonsäuren mit Diazomethan (Abb. 5.291). Die Reaktion verläuft quantitativ und schon unter sehr schonenden Bedingungen, so dass zum einen empfindliche Naturstoffe methyliert und zum anderen Carbonsäuren über ihre Ester gaschromatographisch (Abschnitt 3.3.5.1) analysiert werden können.[271]

Unter Einwirkung von Licht, Wärme oder Katalysatormetallen, wie Kupfer, spaltet Diazomethan unter Bildung des einfachsten Carbens H₂C: Stickstoff ab (Abb. 5.292). **Carbene**[272] sind hochreaktive Spezies, die sofort Folgereaktionen eingehen. Die wichtigsten Reaktionen der Carbene sind Einschub in kovalente Bindungen, Addition an Mehrfachbindungssysteme unter Bildung von **Cyclopropanen** (Abb. 5.293 und Abschnitt 5.4.2.7), Dimerisierung zu Alkenen und intra- und intermolekulare Wasserstoffabspaltung sowie Folgereaktionen der sich bildenden Radikale. Carbene können in Metallkomplexen stabilisiert werden und sind in dieser Form wertvoll für die organische Synthese.[273]

Die Zersetzung von Diazomethan an Kupferkatalysatoren mit chiralen Liganden erlaubt die enantioselektive Synthese von Cyclopropanen.[274] Cyclopropane können auch aus halogenierten Carbenen[275] synthetisiert werden, die aus Halogenmethanen erhalten werden (Abb. 5.294).

Die **Arndt-Eistert-Reaktion** (Abb. 5.295)[276] nutzt die **Wolff-Umlagerung** (Abb. 5.296), in der sich ein Carben durch Wanderung eines Alkylrestes stabilisiert, zur Kettenverlängerung von Carbonsäuren. Dabei wird ein Säurechlorid mit Dia-

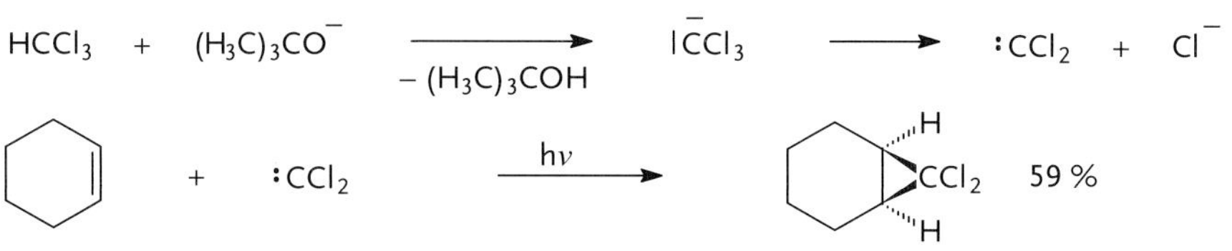

Abb. 5.294 Bildung von Dichlorcarben aus Chloroform und Reaktion mit Alkenen.

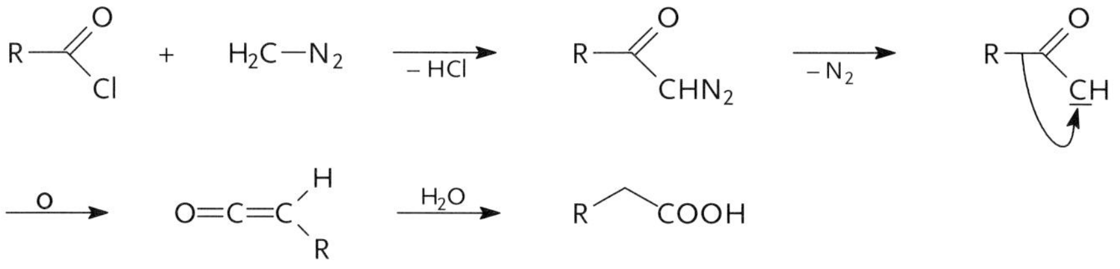

Abb. 5.295 Arndt-Eistert-Reaktion.

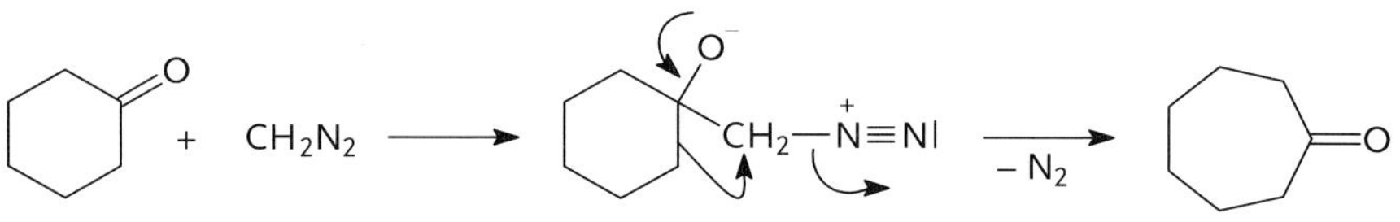

Abb. 5.296 Ringerweiterung durch Wolff-Umlagerung.

zomethan in das Diazoketon überführt. Nach Stickstoffabspaltung, Umlagerung und Hydrolyse wird die **um ein C-Atom verlängerte Carbonsäure** erhalten. Auf ähnliche Weise lassen sich Ringerweiterungen cyclischer Ketone durchführen.

Zusammenfassung

Arendiazoniumsalze entstehen durch N-Nitrosierung primärer Benzolamine und sind im Vergleich zu aliphatischen Diazoniumsalzen relativ stabil. Die thermische Zersetzung von Diazoniumsalzen in Gegenwart von Nucleophilen ist eine wichtige Methode zur Synthese funktionalisierter Aromaten. Durch Verkochen in Wasser entstehen Phenole, während die Sandmeyer-Reaktion durch Umsatz mit Kupfer(I)salzen Halogenaromaten liefert. In einer elektrophilen aromatischen Substitution, der Azo-Kupplung, reagieren Arendiazoniumsalze mit reaktiven Aromaten zu Azoverbindungen, die als Industriefarbstoffe und Indikatoren von großer Bedeutung sind.

Das wichtigste Diazoalkan ist Diazomethan, das aus der Vorstufe N-Methyl-N-nitrosoharnstoff erhalten wird. Diazomethan reagiert mit Carbonsäuren zu Carbonsäureestern. Durch Licht, Wärme oder Katalysatormetalle lässt sich aus Diazomethan Stickstoff unter Bildung des einfachsten Carbens, $:CH_2$, abspalten. Carbene sind hochreaktive Spezies, die sofort Folgereaktionen eingehen. Eine wichtige Reaktion ist die Addition an Doppelbindungen unter Bildung von Cyclopropanen.

Übungsaufgaben

5.17–1 Entwickeln Sie von Benzol ausgehende Synthesen für die drei isomeren Chlorfluorbenzole!

5.17–2 Aus Aminosäureestern lassen sich durch Umsetzung mit HCl/NaNO$_2$ α-Diazoester herstellen. Wegen der guten Verfügbarkeit enantiomerenreiner natürlicher Aminosäuren liegt der Gedanke nahe, durch die Verwendung ihrer Ester zu enantiomerenreinen chiralen α-Diazoestern zu gelangen. Begründen Sie, warum das nicht gelingt!

5.17–3 Wie kann man in einer Eintopfreaktion aus Propensäure Methoxycarbonylcyclopropan herstellen?

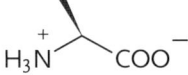

5.18
Aminosäuren, Peptide und Proteine

Aminosäuren[277] sind Carbonsäuren, die eine Aminogruppe im Molekül enthalten. In der Natur sind 2- oder α-**Aminosäuren** am häufigsten, deren Aminogruppe sich am Kohlenstoffatom C-2 α-ständig zur Carboxylgruppe befindet. Aminosäuren sind die Bausteine hochmolekularer Naturstoffe, der **Proteine** [Molmasse > 10 kDa (10 000 g mol^{-1})]. Obwohl es mehr als fünfhundert unterschiedliche natürliche Aminosäuren gibt, bestehen die Proteine aller Organismen zum weit überwiegenden Teil aus nur zwanzig verschiedenen Aminosäuren. Diese werden auch als **proteinogene Aminosäuren** bezeichnet. Acht dieser Aminosäuren, die **essentiellen Aminosäuren**, muss der Mensch mit seiner Nahrung zu sich nehmen, da sie nicht von seinem Stoffwechsel synthetisiert werden können. In allen häufig vorkommenden chiralen Aminosäuren besitzt das Stereozentrum **an C-2 die S-Konfiguration**. (Achtung: Für natürliches Cystein ergibt sich nach der CIP-Nomenklatur die R-Konfiguration.) Dementsprechend steht die Aminogruppe der Aminosäure in der Fischer-Projektion links, so dass es sich bei den natürlich vorkommenden Aminosäuren um L-Aminosäuren handelt. Die einfachste 2-Aminosäure, Glycin, ist achiral. Durch ihre Carboxyl- und Aminogruppe sind Aminosäuren zugleich sauer und basisch. Ein Ammonium-Ion (pK_a = 10–11) ist deutlich weniger sauer als eine Carbonsäure (pK_a = 2–5). Aminosäuren liegen daher als **zwitterionische Ammoniumcarboxylate** vor. Diese Struktur wird auch **Betain**struktur genannt, nach einer rein zwitterionischen Aminosäure (CH$_3$)$_3$N$^+$CH$_2$COO$^-$ aus Zuckerrüben. In wässriger Lösung bilden sich je nach pH-Wert unterschiedliche Säure-Base-Gleichgewichte unter Beteiligung der funktionellen Gruppen aus. Am **isoelektrischen Punkt** sind die Ladungen der Aminosäure neutralisiert. Die pH-abhängige Aminosäuretrennung im elektischen Feld (Elektrophorese) nutzt diese Eigenschaft. Eine Klassifizierung der natürlichen Aminosäuren kann anhand der Polarität ihrer Seitenketten erfolgen. Neben dem achiralen Glycin tragen acht Aminosäuren **unpolare Seitenketten** (Abb. 5.297). Alanin, Valin, Leucin und Isoleucin besitzen

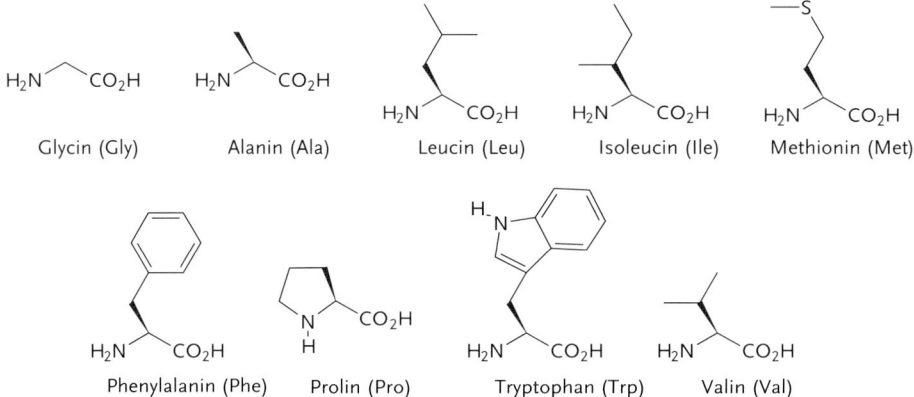

Abb. 5.297 Aminosäuren mit unpolarer Seitenkette.

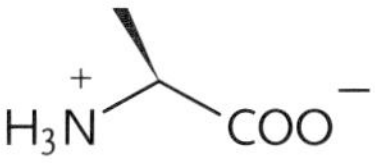

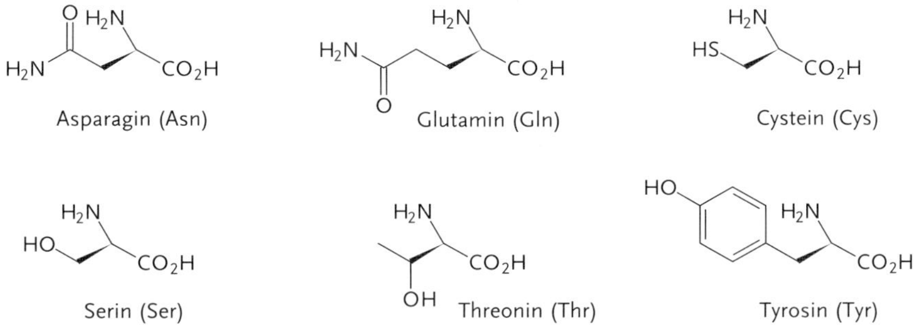

5.18 Aminosäuren, Peptide und Proteine

Asparagin (Asn) — **Glutamin (Gln)** — **Cystein (Cys)**

Serin (Ser) — **Threonin (Thr)** — **Tyrosin (Tyr)**

Abb. 5.298 Aminosäuren mit ungeladener polarer Seitenkette.

Arginin (Arg) — **Histidin (His)** — **Lysin (Lys)**

Asparaginsäure (Asp) — **Glutaminsäure (Glu)**

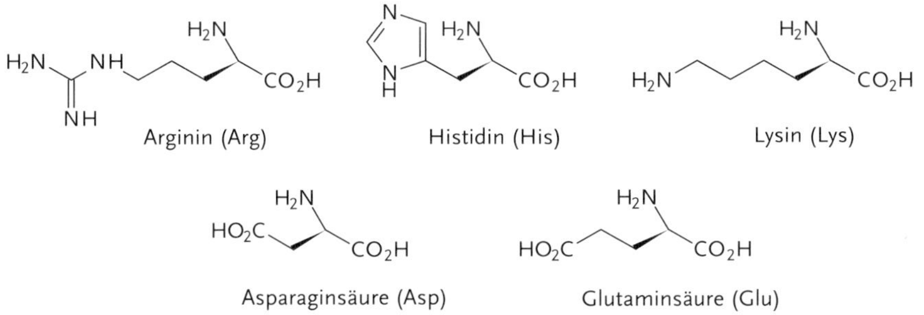

Abb. 5.299 Aminosäuren mit geladener polarer Seitenkette.

aliphatische Kohlenwasserstoffketten unterschiedlicher Größe und Verzweigung. Methionin hat eine Thioether-Seitenkette. Der Pyrrolidinrest verleiht Prolin eine relativ starre Konformation. Phenylalanin und Tryptophan enthalten aromatische Reste. Zu den Aminosäuren mit ungeladenen polaren Resten (Abb. 5.298) werden aufgrund ihrer Hydroxy- bzw. Thiolgruppen Serin, Threonin, Thyrosin und Cystein gezählt. Asparagin und Glutamin enthalten in ihrer Seitenkette eine **polare Amidgruppe**. Die **basischen Aminosäuren** Lysin, Arginin und Histidin (Abb. 5.299) tragen bei einem physiologischen pH-Wert von 7.3 eine positive Ladung. Die **sauren Aminosäuren** Asparaginsäure und Glutaminsäure liegen bei pH > 3 als negativ geladene Carboxylate vor.

5.18.1
Darstellung von Aminosäuren[278]

5.18.1.1
Synthese racemischer Aminosäuren

Durch die Kombination der Synthesewege zu funktionalisierten Carbonsäuren und Aminen lassen sich Aminosäuren synthetisieren. So wird das α-Kohlenstoffatom einer Carbonsäure durch die **Hell-Volhard-Zelinsky-Bromierung** (Abschnitt 5.14.2.4) funktionalisiert. Die Reaktion des erhaltenen Bromids mit überschüssigem Ammoniak oder besser in einer **Gabriel-Synthese** (Abschnitt 5.16.1.1) liefert im Falle der Propansäure racemisches (R,S)-Alanin (Abb. 5.300). Durch **Racemat-**

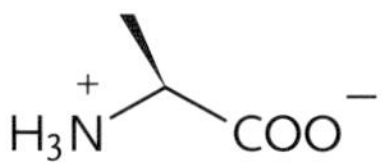

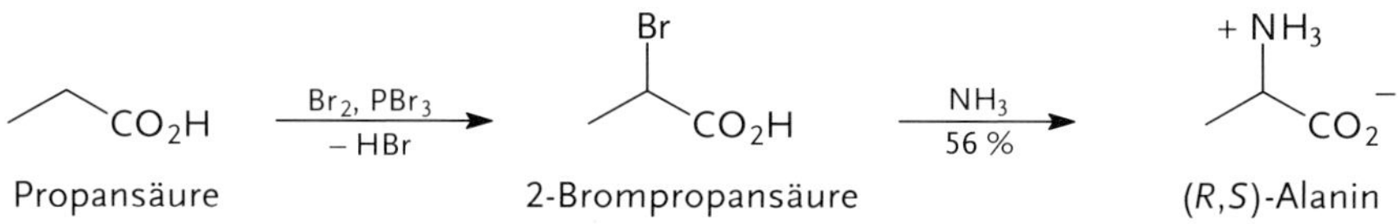

5 Substanzklassen, ihre Darstellung und Reaktionen

Abb. 5.300 Racemische Aminosäuresynthese.

spaltung über die Bildung diastereomerer Salze oder den biologischen Abbau eines Enantiomers können aus racemischen Gemischen optisch aktive Aminosäuren erhalten werden.[279] Daneben ist die **Strecker-Synthese** zu erwähnen, bei der aus einem Aldehyd mit Ammoniak und HCN ein α-Aminonitril erzeugt wird, das zur Aminosäure hydrolysiert wird. Von dieser Reaktion sind moderne stereoselektive Varianten bekannt.[280]

5.18.1.2
Synthese enantiomerenreiner Aminosäuren[281]

Ökonomischer zur Synthese enantiomerenreiner Aminosäuren ist eine gezielte stereoselektive Synthese. Ein chirales Auxiliar verwendet die **Aminosäuresynthese nach Schöllkopf** (Abb. 5.301).[282] L-Valin, das die chirale Information trägt, wird zunächst mit Phosgen in sein N-Carboxyanhydrid überführt, das z. B. mit racemischem D,L-Alaninmethylester zum Diketopiperazin cyclisiert. Durch die Verwendung von Alanin werden biologisch interessante, unnatürliche α-Methylaminosäuren erhalten. Wird an dieser Stelle Glycin verwendet, so werden je nach Alkylierungsmittel verschiedene (R)-Aminosäuren erhalten. Das Diketopiperazin wird mit

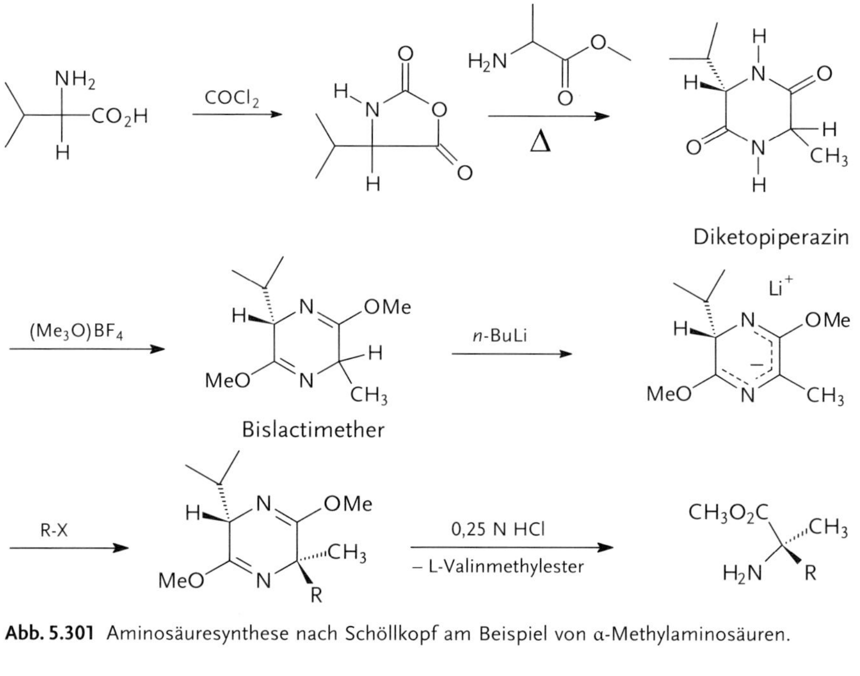

Abb. 5.301 Aminosäuresynthese nach Schöllkopf am Beispiel von α-Methylaminosäuren.

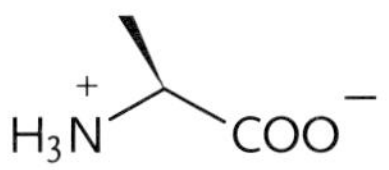

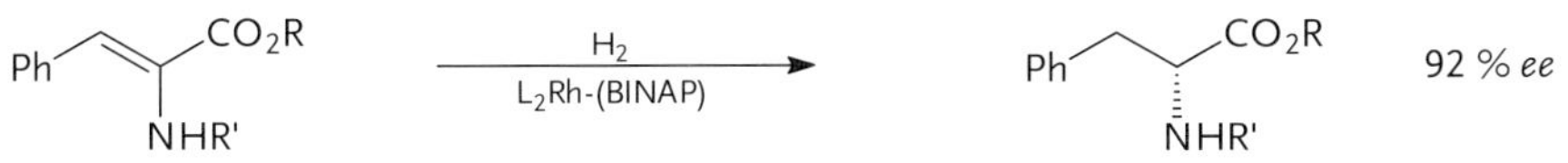

5.18 Aminosäuren, Peptide und Proteine

Abb. 5.302 Stereoselektive Aminosäuresynthese durch katalytische asymmetrische Hydrierung; Rh-BINAP (siehe Abschnitt 5.16.3.1).

Trimethyloxoniumtetrafluoroborat [Meerweinsalz, (Me$_3$O)BF$_4$] in den gemischten **Bislactimether** umgewandelt. Die Verbindung wird durch Butyllithium gezielt im Alaninteil deprotoniert und reagiert mit verschiedenen Alkylhalogeniden, aber auch Carbonylverbindungen, in guten Ausbeuten und Diastereomerenüberschüssen von mehr als 95 %. Die Hydrolyse des Alkylierungsprodukts mit verdünnter Salzsäure ergibt in diesem Beispiel den entsprechenden (R)-α-Methylaminosäuremethylester und L-Valinmethylester, die durch Destillation oder chromatographisch getrennt werden.

Die katalytische, asymmetrische Hydrierung ungesättigter, prochiraler Vorläufer ist ein weiterer etablierter Weg zur Synthese enantiomerenreiner Aminosäuren (Abb. 5.302). Dabei kann entweder die C=C-Doppelbindung einer 2-Acetylaminopropencarbonsäure oder aber die C=N-Doppelbindung eines Carbonsäureimids hydriert werden. Als Katalysatoren für die Hydrierung eignen sich Rhodium-, Iridium- und Rutheniumkomplexe mit chiralen Phosphanliganden.[283] Ein alternativer Syntheseweg verläuft über die asymmetrische Alkylierung von Glycin in Gegenwart optisch aktiver Basen.

5.18.2
Reaktionen der Aminosäuren

Aminosäuren können entsprechend ihrer funktionellen Gruppen wie Amine oder wie Carbonsäuren reagieren. Die Carboxylgruppe von α-Aminosäuren lässt sich auf dem üblichen Weg mit Alkoholen verestern (Abb. 5.303). Über die Ester sind auch Amide und Hydrazide zugänglich. Die Säurechloride der Aminosäuren sind nur unter stark sauren Bedingungen stabil. Die Aminogruppe liegt als Hydrochlorid vor.

α-Aminosäuren reagieren an der Aminofunktion wie aliphatische Amine mit Alkylhalogeniden, aktivierten Arylhalogeniden und Säurehalogeniden zu *N*-Alkyl-, *N*-Aryl- und *N*-Acylaminosäuren. *N*-Acylaminosäuren können unter Dehydratisierung zu Azlactonen[284] (Abb. 5.304) cyclisieren. Freie Aminosäuren können mit salpetriger Säure durch Diazotierung (Abschnitt 5.17) unter Stickstoffabspaltung zu den entsprechenden Hydroxycarbonsäuren umgesetzt werden.

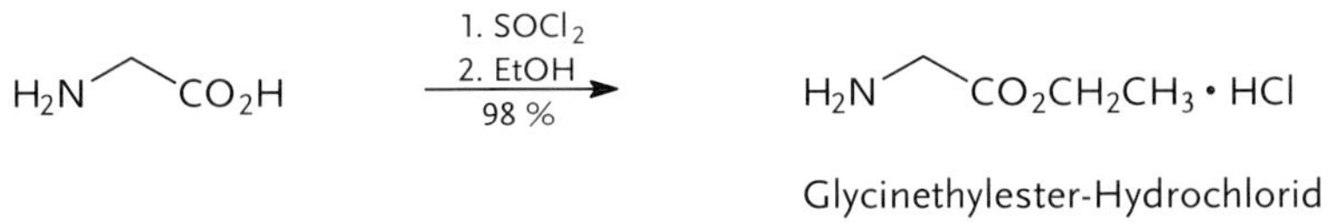

Glycinethylester-Hydrochlorid

Abb. 5.303 Aminosäureester.

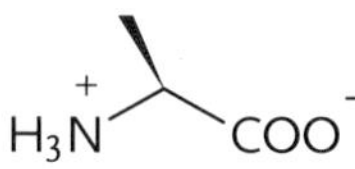

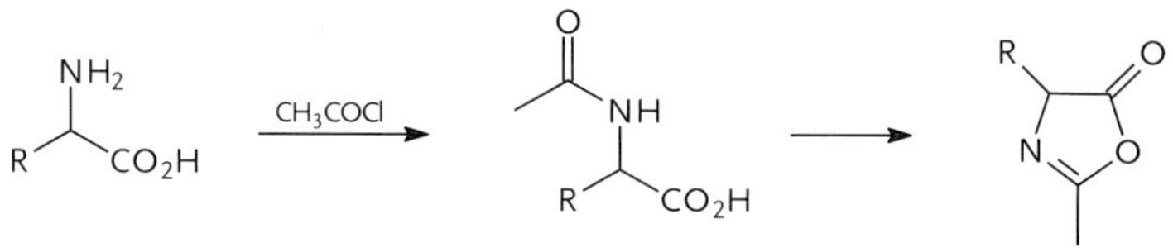

5 Substanzklassen, ihre Darstellung und Reaktionen

Abb. 5.304 Bildung von Azlactonen aus *N*-Acylaminosäuren.

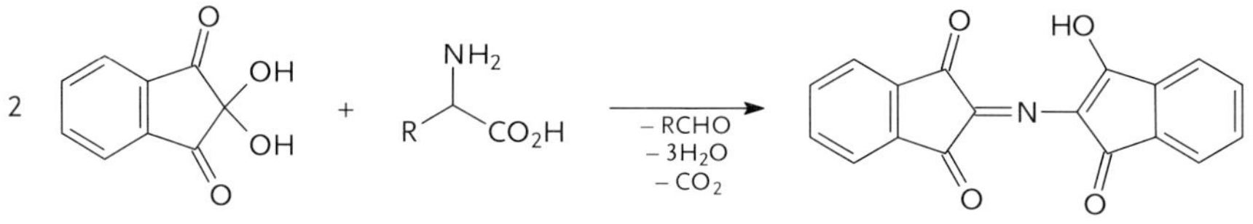

Abb. 5.305 Ninhydrinreaktion.

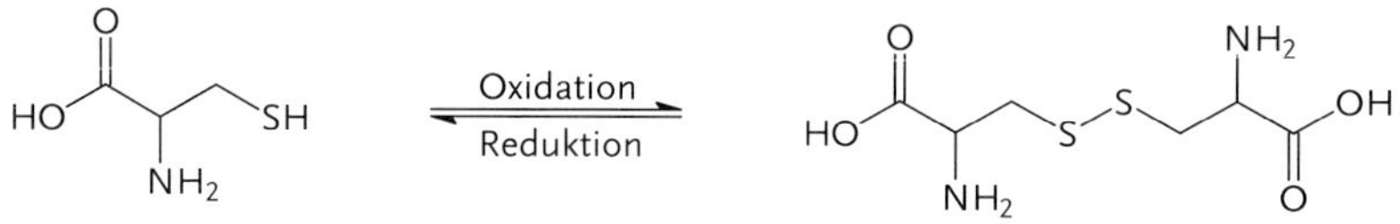

Abb. 5.306 Bildung von Disulfidbrücken durch Cystein.

Ninhydrin (Abb. 5.305) ist das Hydrat des Indan-1,2,3-trions. Mit Ausnahme von Prolin und Hydroxyprolin reagieren alle natürlichen α-Aminosäuren mit Ninhydrin unter Bildung eines intensiv violett gefärbten Anions (λ_{max} = 570 nm).[285] Nur das Stickstoffatom der Aminosäure findet sich im Reaktionsprodukt, das nach einem komplizierten Mechanismus entsteht. Prolin und Hydroxyprolin zeigen keine Farbreaktion, da das Stickstoffatom in diesen Aminosäuren Teil eines Ringsystems ist.

Thiole und Disulfide können durch Oxidation bzw. Reduktion ineinander überführt werden (Abschnitt 5.11.1). Auf diese Weise erfolgt auch die Umwandlung der Aminosäure Cystein in Cystin. Die reversible Bildung der Disulfidbrücke (Abb. 5.306), die auch unter physiologischen Bedingungen erfolgt, ist wichtig für die Raumstrukturbildung von Proteinen und findet u. a. im Friseurhandwerk Anwendung (Dauerwellen).

5.18.3
Peptidsynthese

Die einfachste Methode zur Synthese eines Peptids, welches sich von einem Protein durch die kleinere Anzahl verknüpfter Aminosäuren (< 100) unterscheidet, ist die Polymerisation einer Aminosäure zu einem Homopolymer wie z. B. Polyalanin.[286] Es entsteht ein Gemisch verschiedener Kettenlängen. Weitaus schwieriger ist die gezielte Synthese eines Peptids mit definierter Aminosäuresequenz.[287] Um eine definierte Amidverknüpfung von zwei Aminosäuren zu erreichen, müssen jeweils diejenige Carboxyl- bzw. diejenige Aminogruppe geschützt werden, die nicht an der Reaktion teilnehmen sollen. Zu diesem Zweck sind zahlreiche **Schutz-**

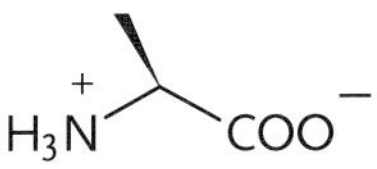

5.18 Aminosäuren, Peptide und Proteine

tert-Butyloxycarbonylgruppe (BOC)

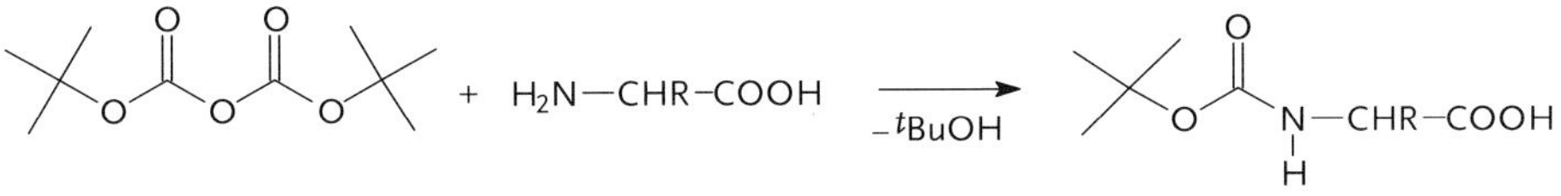

Abspaltung: sauer (Trifluoressigsäure) → BOC-Aminosäure

9-Fluorenylmethyloxycarbonylgruppe (Fmoc)

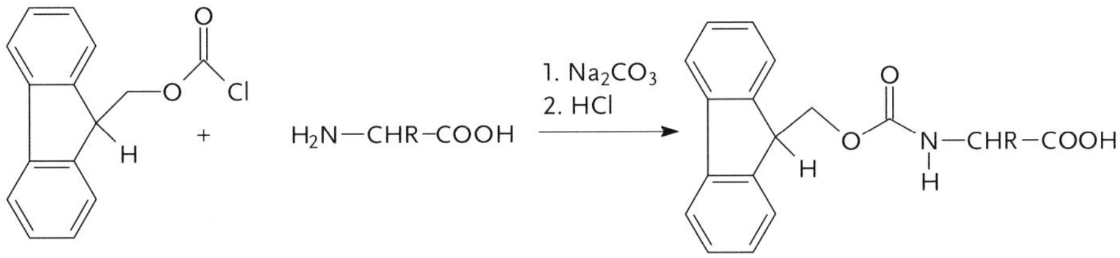

1. Na_2CO_3
2. HCl

Abspaltung: basisch (Piperidin) → Fmoc Aminosäure

Benzyloxycarbonylgruppe (cbz, Z)

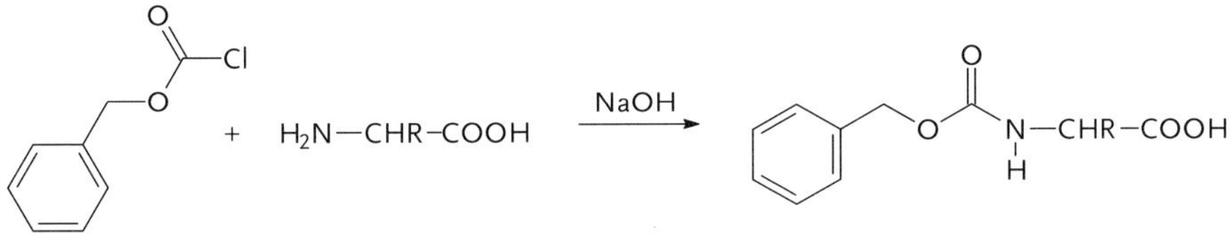

NaOH

Abspaltung: hydrogenolytisch (H_2; Pd/C) → cbz-Aminosäure

Schutzgruppen für die Carboxylgruppe

Methylester (s. Abschnitt 5.15.4)   Abspaltung: basisch
Benzylester (s. Abschnitt 5.15.4)   Abspaltung: hydrogenolytisch: H_2, Pd/C

Abb. 5.307 Wichtige Schutzgruppen für die Aminogruppe.

gruppen entwickelt worden, die die jeweilige Funktionalität während der Reaktion blockieren. Eine Schutzgruppe muss möglichst quantitativ mit der jeweiligen funktionellen Gruppe reagieren, unter den Reaktionsbedingungen stabil sein und nach der Umsetzung des Moleküls leicht quantitativ zu entfernen sein. Sind verschiedene funktionelle Gruppen (z. B. die funktionellen Gruppen in den Seitenketten der Aminosäuren) im Verlauf einer Synthese selektiv zu schützen, müssen die Stabilität und die Abspaltungsbedingungen für die verschiedenen Schutzgruppen genau aufeinander abgestimmt werden. An dieser Stelle können nur exemplarisch einige wenige Schutzgruppen vorgestellt werden (Abb. 5.307); für eine detaillierte Übersicht sei auf die angegebene Literatur zur Schutzgruppentechnik[288] verwiesen.

Die Amidbildung zwischen entsprechend geschützten Aminosäuren verläuft jetzt eindeutig. Zur Aktivierung des Carboxylgruppe wird häufig **Dicyclohexylcarbodiimid** (DCC) verwendet. **1-Hydroxybenzotriazol** ist ein oft eingesetztes Hilfsnucleophil (Abb. 5.308). Die Aminogruppe des so erhaltenen Dipeptids, im ge-

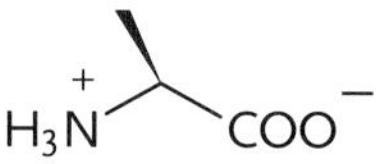

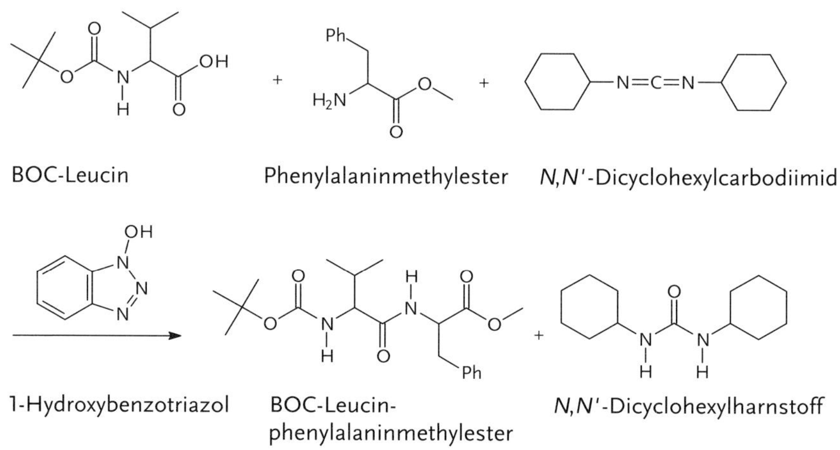

5 Substanzklassen, ihre Darstellung und Reaktionen

Abb. 5.308 Peptidkupplung mit Dicyclohexylcarbodiimid (DCC) in der Gegenwart von 1-Hydroxybenzotriazol (HOBt).

zeigten Beispiel BOC-Leucin-Phenylalaninmethylester, kann jetzt entschützt werden und durch Kupplung mit einer weiteren N-terminal geschützten Aminosäure weiter verlängert werden.

Die sich wiederholenden Kupplungsschritte lassen sich in der **Festphasensynthese nach Merrifield** (Nobelpreis 1984; Abb. 5.309)[289] automatisieren. Dabei wird im ersten Schritt die erste N-terminal geschützte Aminosäure der aufzubauenden Sequenz kovalent mit der Carboxylgruppe an ein funktionalisiertes Polystyrolpolymer gebunden. Nachdem durch einfaches Waschen überschüssige Reagenzien entfernt worden sind, wird die Aminoschutzgruppe abgespalten und, nach erneuter Reinigung, die nächste N-terminal geschützte Aminosäure mit Hilfe von DCC als Amid gebunden. Diese Sequenz aus Entfernen der Aminoschutzgruppe, Waschen, Kupplung der nächsten Aminosäure und Waschen wird so oft wiederholt, bis die gewünschte Aminosäurekette aufgebaut ist. Durch Bromwasserstoffsäure

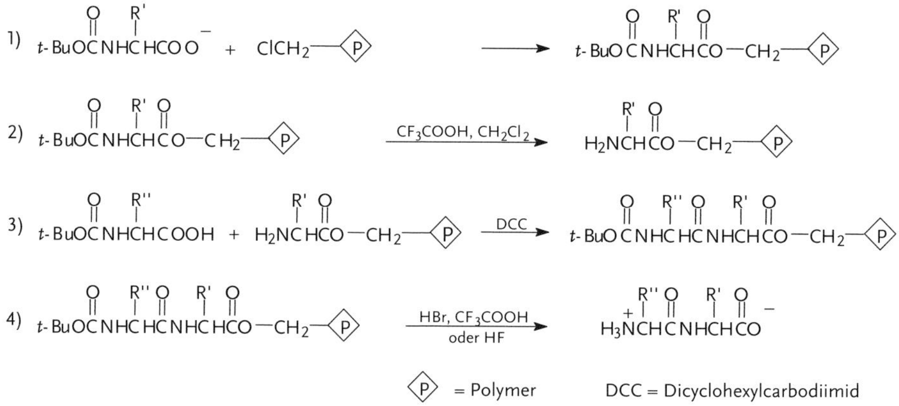

Abb. 5.309 Merrifield-Festphasen-Peptidsynthese.

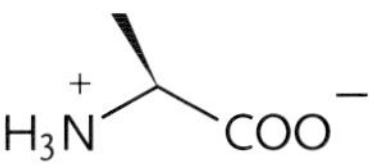

und Trifluoressigsäure (HBr/CF$_3$COOH) wird abschließend das Peptid vom Polymer abgespalten. Entscheidend bei dieser Methode ist die Möglichkeit, Reagenzien im Überschuss zu verwenden und so gleichbleibend hohe Ausbeuten in jedem Kupplungsschritt zu erreichen. Mit Hilfe der automatisierten Peptidsynthese wurden erfolgreich Proteine von der Größe der Ribonuclease mit 124 Aminosäuren aufgebaut. Die Gesamtausbeute betrug 17%. Die Ausbeute jedes einzelnen Kupplungsschrittes lag bei über 99%. Ein Nachteil der Festphasensynthese besteht darin, dass ein fehlerhafter Kettenaufbau nicht korrigiert wird und mit steigender Kettenlänge eine Fehlerakkumulation eintreten kann. Die molekulare Biologie bietet einen oftmals einfacheren Weg zum Aufbau großer Proteine. Dabei wird die der Biosynthese eines Proteins zugrunde liegende genetische Information in Form der DNA-Sequenz ermittelt und synthetisiert. Diese genetische Information wird in einen Organismus, z. B. in das Bakterium *E. coli*, eingebracht. Der biochemische Syntheseapparat des Organismus produziert dann nach dem fremden genetischen Bauplan das gewünschte Protein. Dieses wird im günstigsten Fall in das Nährmedium abgegeben und kann isoliert werden.

5.18.4
Peptidstruktur und -analyse

Die Anzahl, Art und Verknüpfungsreihenfolge der Aminosäuren bestimmen die **Primärstruktur** eines Proteins. Um Anzahl und Art der Aminosäuren zu bestimmen, werden zunächst alle Disulfidbrücken gespalten. Anschließend werden durch die Oxidation mit Perameisensäure (HCO$_3$H) die beiden Thiolcysteineinheiten des Cystins in Sulfonsäuregruppen überführt. Im nächsten Schritt kann dann die Aminosäurezusammensetzung des Peptids ermittelt werden. Dazu werden alle Amidbindungen durch 10–24-stündiges Erhitzen in 6 N HCl hydrolysiert. Mit Hilfe eines automatischen Aminosäureanalysators lässt sich dann die Aminosäurezusammensetzung des Hydrolysegemisches durch Ionenaustauschchromatographie (Abschnitt 3.3.5.4) quantitativ ermitteln.

Wesentlich aufwendiger ist die vollständige Sequenzermittlung. Mit Hilfe der **Methode nach Sanger** (Abb. 5.310) lässt sich die *N*-terminale Aminosäure markieren, so dass sie nach der Totalhydrolyse leicht zu identifizieren ist. Der **Edman-Abbau** (Abb. 5.311) erlaubt die schrittweise Abspaltung der *N*-terminalen Aminosäure durch Überführung in das Phenylthiocarbamoylderivat. Das Enzym **Carbopeptidase** spaltet spezifisch die *C*-terminale Aminosäure der Peptidkette ab und

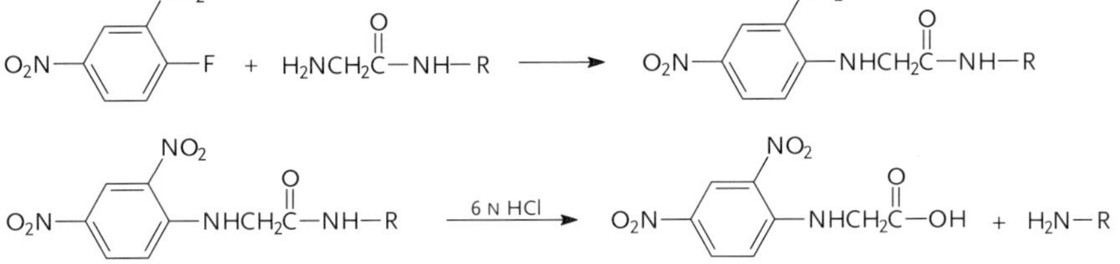

Abb. 5.310 Sanger-Abbau.

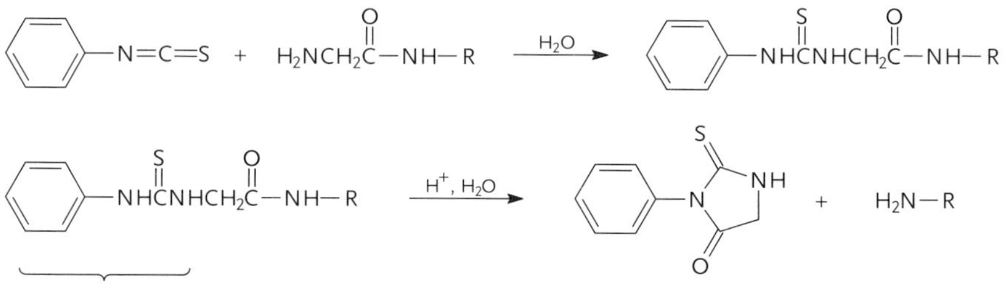

Abb. 5.311 Edman-Abbau.

eignet sich daher auch zur Sequenzanalyse. Mit Hilfe anderer Peptid-spaltender Enzyme, den **Proteasen**, lassen sich Proteine sequenzspezifisch hydrolysieren. Eine spezifische chemische Spaltung gelingt mit **Bromcyan**. Dieses Reagenz spaltet die Kette nur an der Carbonylgruppe einer Methionin-Einheit. Das Methionin wird dabei in eine C-terminale Homoserinlacton-Einheit umgewandelt.

Moderne Methoden[290] der Proteinsequenzanalyse nutzen auch die Molekularbiologie. Dabei wird die der Biosynthese eines Proteins zugrunde liegende DNA-Sequenz ermittelt. Da nur vier Nucleinbasen, jeweils in Form eines Tripletts, den Einbau einer Aminosäure ins Protein kodieren, gelingt die Sequenzanalyse oft schneller.

Polypetide mit ausreichender Länge bilden Raumstrukturen mit höherem Ordungsgrad, z. B. über H-Brücken stabilisierte Faltblattstrukturen oder α-Helices. Diese Elemente werden als **Sekundärstrukturen** bezeichnet. Die gegenseitige räumliche Orientierung einzelner Molekülabschnitte, fixiert durch H-Brücken, Disulfidbrücken oder hydrophobe Wechselwirkungen, wird dann **Tertiärstruktur** genannt. Die Zusammenlagerung verschiedener Proteinuntereinheiten ergibt schließlich die **Quartärstruktur**. Ein typisches Beispiel ist das Hämoglobin, das aus vier Untereinheiten besteht.

Die Ermittlung der dreidimensionalen Raumstruktur eines Peptids gestaltet sich wesentlich komplexer als die Sequenzermittlung. Nur in Ausnahmefällen kann aus der Primärstruktur, also der Sequenzabfolge der Aminosäuren, eine Sekundär-, Tertiär- oder gar Quartärstruktur sicher abgeleitet werden. Durch den Einbau natürlicher oder synthetischer Aminosäuren mit eingeschränkter konformativer Beweglichkeit können Raumstrukturen wie β-Faltblatt, β-Turn oder α-Helix induziert werden.[291] Die Ermittlung der 3D-Struktur eines Proteins gelingt durch die Röntgenstrukturanalyse von Einkristallen oder in Lösung mittels NMR-Spektroskopie (Abschnitt 3.4.3) in Kombination mit molekülmechanischen Berechungen (Abschnitt 6.13).

Zusammenfassung

Aminosäuren sind Carbonsäuren, die eine Aminogruppe im Molekül enthalten. Am häufigsten in der Natur sind 2- oder α-Aminosäuren, deren Stereozentrum an C-2 die S-Konfiguration besitzt. Durch Carboxyl- und Aminogruppe sind Aminosäuren zugleich sauer und basisch. Sie liegen als zwitterionische Ammoniumcarboxylate vor. Zum empfindlichen Nachweis von Aminosäuren ist die Ninhydrinreaktion geeignet. Die lineare Verknüpfung von Aminosäuren über Amidbindungen führt zu Peptiden, wobei die wichtigste Methode zur Peptidsynthese die automatisierte Festphasensynthese nach Merrifield ist. Die lineare Aminosäuresequenz wird als Primärstruktur bezeichnet. Polypeptide mit ausreichender Länge bilden Raumstrukturen mit höherem Ordnungsgrad. Man unterscheidet die Sekundärstruktur, wie z. B. β-Faltblatt oder α-Helix, die Tertiärstruktur durch orientierte Molekülabschnitte und die Quartärstruktur durch Zusammenlagerung mehrerer Proteine.

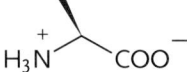

Übungsaufgaben

5.18–1 Bestimmen Sie für die 20 essentiellen Aminosäuren die absoluten Konfigurationen der asymmetrischen Kohlenstoffatome.

5.18–2 Chirale Oxazoline haben sich als wertvolle Gruppen in der stereoselektiven Synthese erwiesen. Man kann sie relativ leicht aus gut zugänglichen enantiomerenreinen Ausgangsverbindungen synthetisieren. Wie kann man sie ausgehend von Säurechloriden herstellen? Orientieren Sie sich an der Synthese von Azlactonen.

5.18–3 Eiweißmoleküle sind längere Polypeptide, die in der Regel aus den 20 essentiellen Aminosäuren aufgebaut sind. Die Vielfalt der Proteine ist enorm: Wie viele unterschiedliche Dipeptide, Tripeptide, Tetrapeptide und Decapeptide gibt es?

5.18–4 Hydroxybenzotriazol (HOBt) wird als typisches Hilfsnucleophil der DCC-vermittelten Amidkupplung von geschützten Aminosäuren zugesetzt. HOBt reagiert dabei mit dem Carboxylat-DCC Addukt zum HOBt-Aktivester, der dann mit der zweiten Aminosäure das Dipetid ausbildet. Welche Nebenreaktion des Carboxylat-DCC Addukts wird durch den HOBt Zusatz verhindert?

5.18–5 Peptide werden in der Merrifield Festphasensynthese immer in der Richtung vom Carboxylat- zum Aminoende des Peptids synthetisiert. Warum?

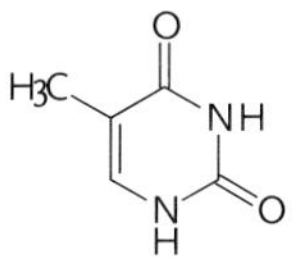

5.19
Nucleinbasen, Nucleoside und Nucleotide

Im genetischen Material eines jeden Organismus sind sein Bau- und Entwicklungsplan als chemische Information gespeichert.[292] Diese Information wird durch Vererbung an die nächste Generation weitergegeben. Die Bausteine dieses Informations-Biopolymers sind Nucleotide,[293] die sich aus jeweils einer der fünf **Pyrimidin-** bzw. **Purinbasen** (**Nucleinbasen**; Abb. 5.312), einem Monosaccharid (Abschnitt 5.13) und Phosphorsäure zusammensetzen.[294] Die zentrale Einheit der Nucleotide der Desoxyribonucleinsäuren (DNA) ist das Monosaccharid Desoxyribose. Für die Bausteine der Ribonucleinsäuren (RNA) ist es Ribose. Die Saccharide liegen als Furanoside in der Fünfringform vor. Die heterocyclische Base des Nucleotids ist N-β-glycosidisch über C-1' gebunden, und die Bindung zur Phosphatgruppe erfolgt über C-5' und C-3'. Die Kombination aus Nucleinbasen und Saccharid wird **Nucleosid** (Abb. 5.313) genannt. Die mit Phosphorsäure veresterten Nucleoside bezeichnet man als **Nucleotide** (Abb. 5.314). Da in der DNA und RNA (Abb. 5.315) jeweils vier verschiedene Basen enthalten sind, gibt es auch jeweils vier Nucleotide.

Durch wiederholtes Knüpfen der Phosphatesterbrücken von C5', dem 5'-Ende der Zuckereinheit des einen Nucleotids, zu C3', dem 3'-Ende des Zuckers der nächsten Nucleotideinheit wird die Polymerkette der DNA oder RNA aufgebaut. Die chemische Synthese von Oligomeren der 3'-Desoxyribonucleinsäuren gelingt über die **Diester-**, die **Triester-** oder die **Phosphoramiditmethode**.[295] Mit Hilfe von Syntheseautomaten können so auch komplexe Sequenzen in kurzer Zeit erhalten werden.[296] Durch enzymatische Methoden lassen sich Oligonucleotide zu größe-

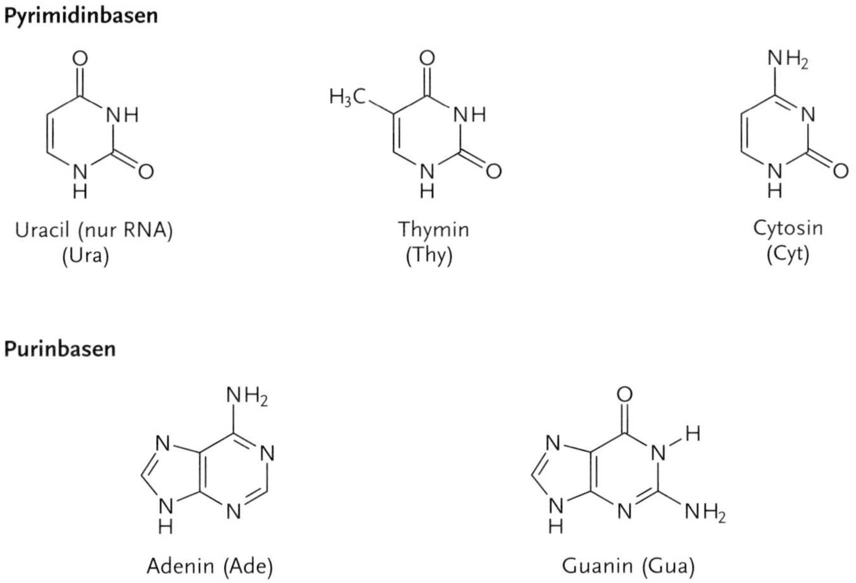

Pyrimidinbasen

Uracil (nur RNA)
(Ura)

Thymin
(Thy)

Cytosin
(Cyt)

Purinbasen

Adenin (Ade)

Guanin (Gua)

Abb. 5.312 Nucleinbasen.

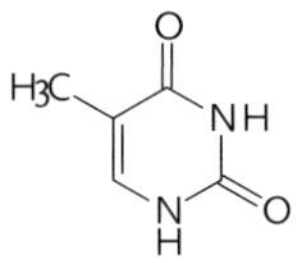

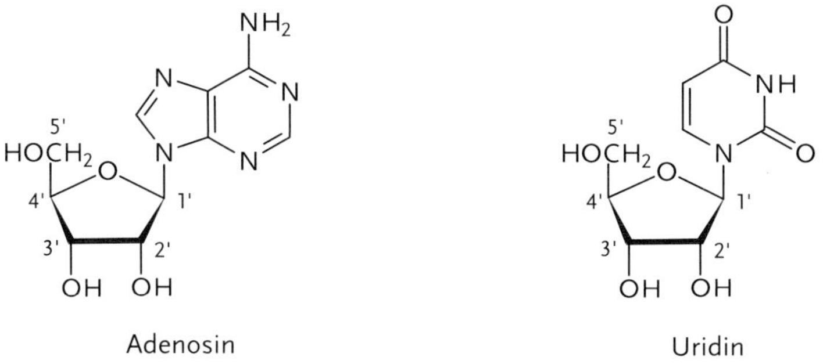

5 Substanzklassen, ihre Darstellung und Reaktionen

Abb. 5.313 Nucleoside.

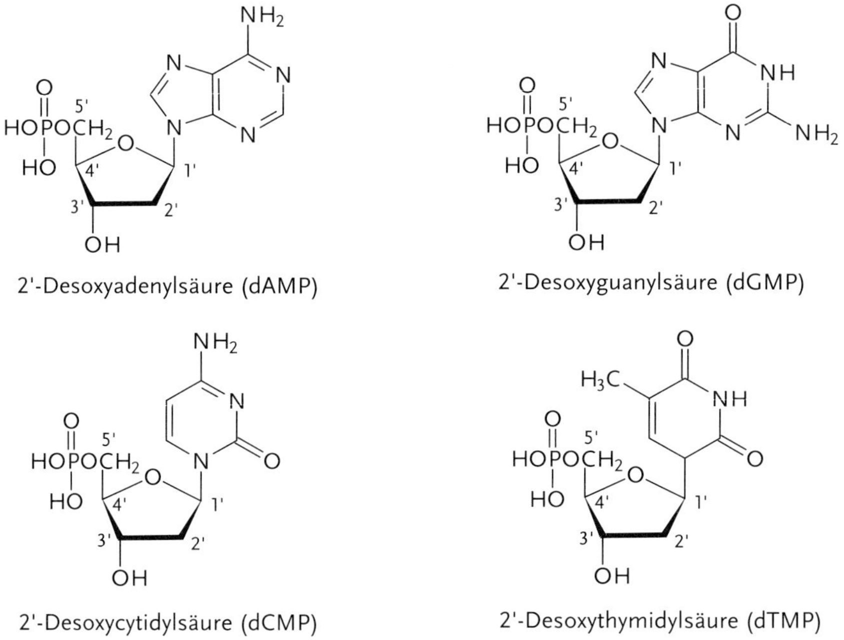

Adenosin

Uridin

2'-Desoxyadenylsäure (dAMP)

2'-Desoxyguanylsäure (dGMP)

2'-Desoxycytidylsäure (dCMP)

2'-Desoxythymidylsäure (dTMP)

Abb. 5.314 Die vier Nucleotide der DNA.

ren Ketten verküpfen und in der **Polymerase-Kettenreaktion** (polymerase chain reaction, PCR)[297] vervielfältigen.

Der DNA-Polymerstrang[298] liegt als Doppelhelix vor, in der zwei DNA-Ketten über Wasserstoffbrückenbindungen so zusammengehalten werden, dass immer Adenin mit Thymin und Guanin mit Cyctosin gepaart vorliegen (Abb. 5.316). Wenn also ein Ausschnitt aus dem einen DNA-Strang die Sequenz -A-G-C-T-A- besitzt, ist dieses Segment über Wasserstoffbrückenbindungen mit der komplementären Sequenz -T-C-G-A-T- verbunden. Die beiden Nucleinsäurestränge einer **DNA-Doppelhelix** werden durch die Wasserstoffbrücken zwischen den Basenpaaren, aber auch durch π-Stapelwechselwirkungen, stabilisiert. Beide Ketten laufen in entgegengesetzter Richtung, und alle Basen befinden sich im Inneren der Doppelhelix. Der

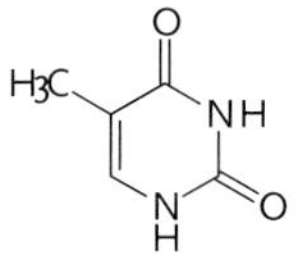

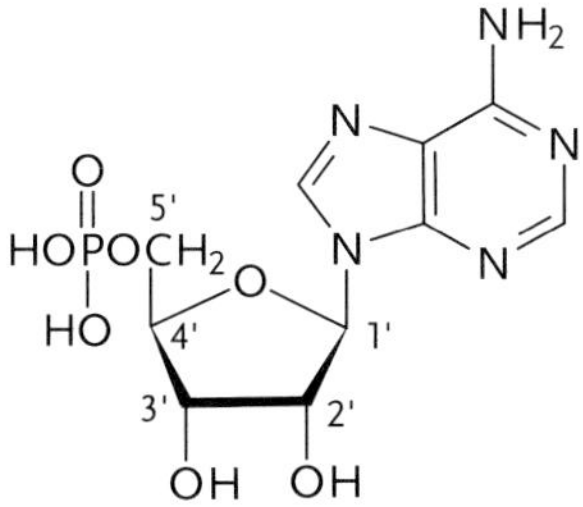

5.19 Nucleinbasen, Nucleoside und Nucleotide

Abb. 5.315 Die vier Nucleotide der RNA.

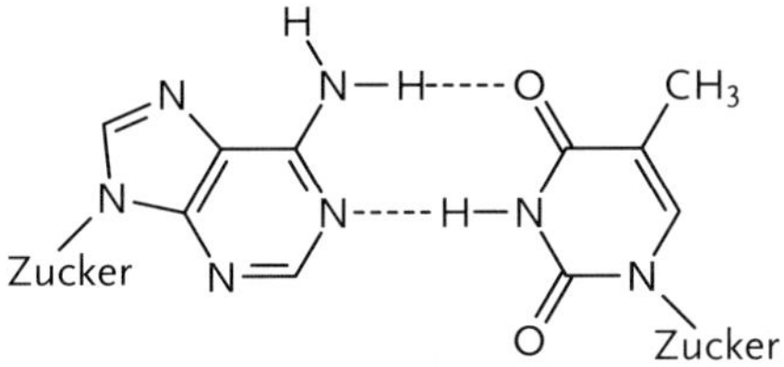

Adenylsäure (AMP) 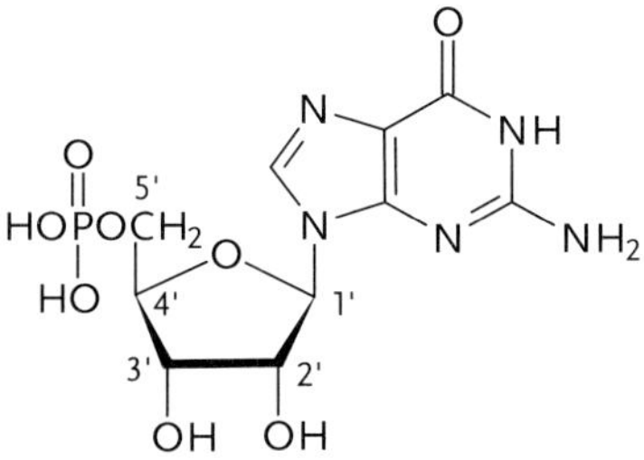 Guanylsäure (GMP) 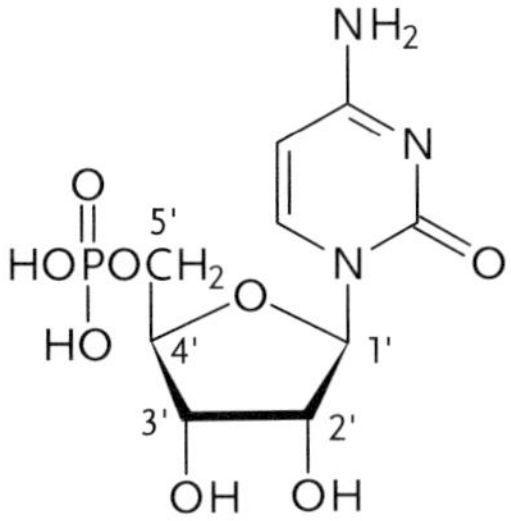 Cytidylsäure (CMP) 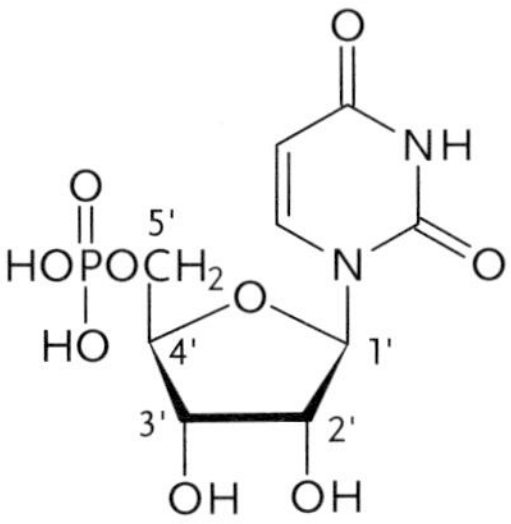 Uridylsäure (UMP)

Abb. 5.316 DNA-Basenpaarung.

Adenin-Thymin

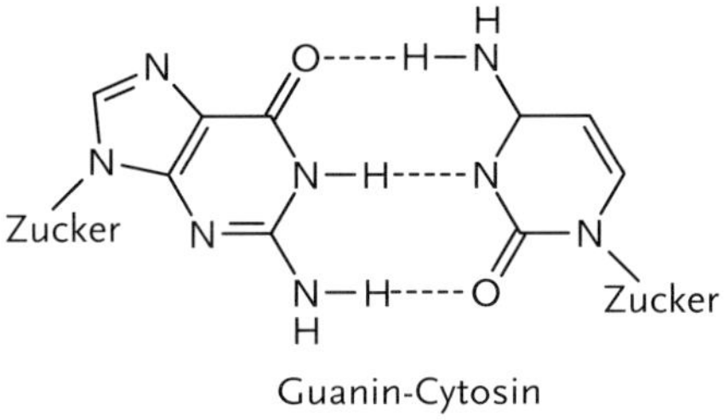

Guanin-Cytosin

Durchmesser der Helix beträgt 2000 pm, die Basen auf komplementären Strängen sind 340 pm voneinander entfernt, die Windungen wiederholen sich nach ca. 3400 pm entlang der zentralen Achse. Neben der für den DNA-Doppelstrang typischen **Watson-Crick-Basenpaarung** kennt man noch die **Hoogsteen-Basenpaarung**, die z. B. bei der Tripelhelixbildung und in tRNA-Strukturen von Bedeutung ist.

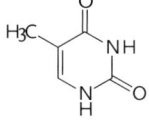

5 Substanzklassen, ihre Darstellung und Reaktionen

Die komplementäre Struktur der DNA-Doppelhelix erlaubt eine einfache Replikation: Der Doppelstrang wird reißverschlussartig geöffnet, so dass zwei komplementäre Einzelstränge vorliegen. Durch Auffüllen der Einzelstränge mit Nucleotiden und anschließende Verknüpfung über Phosphordiesterbrücken entstehen zwei vollständige, identische Doppelhelices.

Die gesamte Information für die Teilung einer Zelle, ihr Wachstum und die Entwicklung des ganzen Organismus ist in der Basensequenz des genetischen Materials, der DNA, gespeichert. Die Informationsübertragung von der DNA zu den zellulären Zentren der Proteinsynthese, den Ribosomen, wird auf chemischem Wege durch die intermediäre Synthese von Boten- oder **Messenger-RNA (mRNA)** gelöst.[299] Dabei ist die Basensequenz der mRNA durch die Sequenz der ausgelesenen (exprimierten) DNA vorgegeben. Jeweils ein Triplett aus drei Basen der mRNA, ein Codon, steht für den Einbau einer bestimmten Aminosäure in der Proteinsynthese der Zelle (genetischer Code, siehe Tab. 5.6). Proteine werden entlang der mRNA mit Hilfe einer weiteren Gruppe wichtiger Nucleinsäuren, den **Träger-Ribonucleinsäuren (transfer- oder tRNA)** synthetisiert. Dies sind Moleküle mit relativ niedriger molarer Masse, die etwa 70–90 Nucleotide enthalten. Jede tRNA ist so gebaut, dass sie während der Proteinsynthese eine der zwanzig Aminosäuren zum mRNA-Ribosomkomplex bringen kann.

Tab. 5.6 Der genetische Code.

5' Position	Mittlere Position				3' Position
	U	C	A	G	
U	Phe	Ser	Tyr	Cys	U
	Phe	Ser	Tyr	Cys	C
	Leu	Ser	Stop	Stop	A
	Leu	Ser	Stop	Trp	G
C	Leu	Pro	His	Arg	U
	Leu	Pro	His	Arg	C
	Leu	Pro	Gln	Arg	A
	Leu	Pro	Gln	Arg	G
A	Ile	Thr	Asn	Ser	U
	Ile	Thr	Asn	Ser	C
	Ile	Thr	Lys	Arg	A
	Met	Thr	Lys	Arg	G
G	Val	Ala	Asp	Gly	U
	Val	Ala	Asp	Gly	C
	Val	Ala	Glu	Gly	A
	Val	Ala	Glu	Gly	G

Die Bedeutung der **RNA-Interferenz (RNAi; siRNA)** für die Regulation der Genexpression wurde erst kürzlich aufgeklärt (Nobelpreis für Medizin 2006).[300] Durch kurze Doppelstrang-mRNA wird die Expression des korrespondierenden Gens unterbunden und das entsprechende Protein wird nicht synthetisiert. Der Mechanismus ist für die Virusabwehr und die Genregulation (microRNA) in Zellen wichtig.

5.19 Nucleinbasen, Nucleoside und Nucleotide

H₃C—I
Methyliodid

Aziridin

Epoxid
Oxacyclopropan
Ethylenoxid

Fe²⁺ / H₂O₂
Fentons-Reagenz

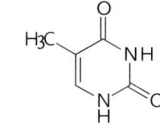

Abb. 5.317 Chemische Substanzen, die zu Veränderungen der DNA führen können.

Wird die Struktur der DNA durch äußere Einflüsse geschädigt, so kann diese Mutation zu biologischen Fehlfunktionen wie der Krebsentstehung führen. Energiereiche Strahlung, z. B. γ-Strahlung, löst Strangbrüche aus. Durch UV-Licht können in einer [2+2]-Photoreaktion Thymindimere entstehen.³⁰¹ Auch chemische Substanzen können die DNA schädigen (Carcinogene; Abb. 5.317).³⁰² So interkalieren positiv geladene, planare Heterocyclen, wie Ethidiumbromid, in den DNA-Doppelstrang. Ethidiumbromid wird aufgrund dieser Eigenschaft als fluoreszierender Farbstoff in der Biochemie zum Anfärben von DNA-Elektrophoresegelen verwendet. Alkylierende Reagenzien, wie Methyliodid, Epoxide oder Aziridine reagieren mit nucleophilen Funktionalitäten der DNA. Alle radikalbildenden Reaktionen, z. B. Fentons-Reagenz (H₂O₂ und Fe(II)), lösen durch Wasserstoffabstraktion vom DNA-Strang den Strangbruch aus.³⁰³

Die gezielte Veränderung oder Schädigung von Nucleinsäuren wird in der Medizin, aber auch für Therapiekonzepte genutzt. Vor allem zur Bekämpfung von Viren werden chemisch modifizierte Nucleoside verwendet. So wirkt Aciclovir® gegen verschiedene Stämme des *Herpes-simplex*-Virus, und 3'-Azido-3'-desoxythymidin (AZT, Retrovir®) wird zur Bekämpfung von HIV eingesetzt (Abb. 5.318). Endiin-

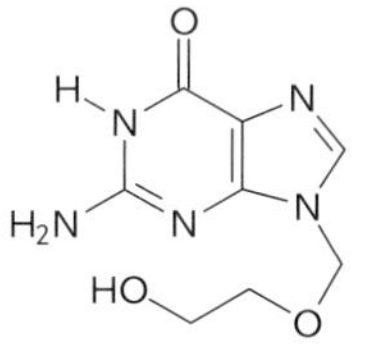

Aciclovir®

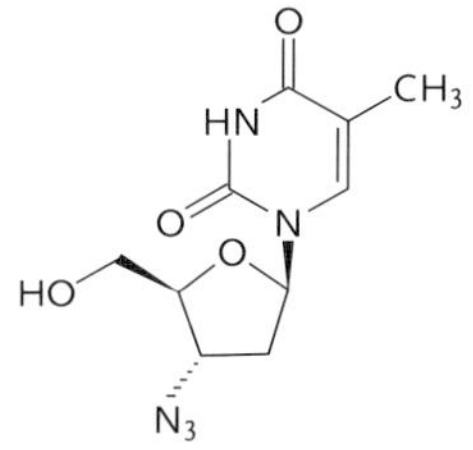

AZT oder Zidovudin (Retrovir®)

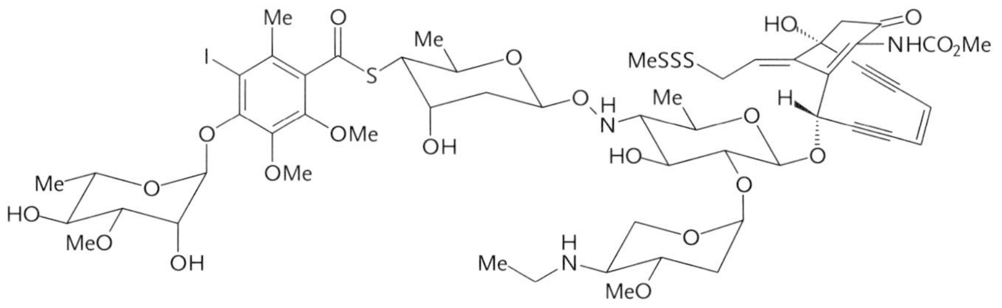

Calicheamycin

Abb. 5.318 Antivirale Substanzen und Endiin-Antibiotika.

5 Substanzklassen, ihre Darstellung und Reaktionen

Antibiotika,[304] wie das Calicheamycin (Abb. 5.318),[305] zeigen neben einer antibiotischen Wirkung auch Antitumoraktivität. Der Wirkmechanismus dieser komplexen Naturstoffe beruht auf der induzierten Cyclisierung des Endiins zu einem hochreaktiven Aryldiradikal, das dann den DNA-Strangbruch auslöst und so cytotoxisch wirkt.

Zusammenfassung

DNA und RNA sind Biopolymere, in denen die genetische Information eines Organismus gespeichert ist. Sie bestehen aus Zuckereinheiten, an die eine Stickstoffbase *N*-glycosidisch gebunden ist und die über Phosphatbrücken miteinander verknüpft sind. In der DNA und der RNA sind jeweils nur vier verschiedene Basen und ein Zucker enthalten. Da sich zwischen den Basen Adenin-Thymin, Guanin-Cytosin und Adenin-Uracil Wasserstoffbrücken ausbilden, nehmen Oligonucleotide eine dimere Helixstruktur an. Die Basensequenz beider Stränge ist zueinander komplementär. Bei der DNA-Replikaton oder RNA-Transkription windet sich der Doppelstrang auf, und der Einzelstrang dient als Matrize. Die genetische Information eines Organismus ist in der Basensequenz des DNA-Strangs gespeichert.

5.19 Nucleinbasen, Nucleoside und Nucleotide

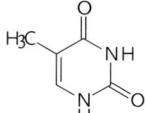

Übungsaufgaben

5.19–1 DNA kann geschädigt werden, indem durch UV-Licht Thymindimere entstehen. Formulieren Sie einige Thymindimere.

5.19–2 Welches Peptid wird durch die folgende Basensequenz codiert:
AUGGACGGCGGGUGGUACCACUAG

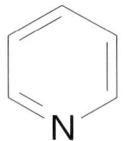

5 Substanzklassen, ihre Darstellung und Reaktionen

5.20
Heterocyclen

Heterocyclische Verbindungen sind cyclische Verbindungen, bei denen ein oder mehrere Ringatome keine Kohlenstoffatome sind. Obwohl Heterocyclen[306] mit vielen verschiedenen Elementen in einer cyclischen Struktur bekannt sind, werden hier nur die gebräuchlichen Systeme vorgestellt, in denen die Heteroatome N, O oder S sind. Heterocyclen lassen sich in zwei Klassen einteilen: nichtaromatische und aromatische Heterocyclen. Nichtaromatische Heterocyclen werden auch als Heteroalicyclen bezeichnet. Viele Heterocyclen werden als Grund- oder Feinchemikalien großtechnisch hergestellt und sind daher preiswert zu beziehen: Tetrahydrofuran 30 EUR/L; 1,4-Diazabicyclo[2.2.2]octan (Dabco®) 165 EUR/kg; Pyridin 84 EUR/L; Furan 26 EUR/L; Furan-2-carbonsäure 18 EUR/100 g.

5.20.1
Nichtaromatische Heterocyclen

Die physikalischen und chemischen Eigenschaften nichtaromatischer Heterocyclen (Abb. 5.319) sind typisch für das besondere Heteroatom. So sind Tetrahydrofuran oder 1,4-Dioxan typische Ether, während 1,3,5-Trioxan sich wie ein Acetal verhält. Pyrrolidin und Piperidin haben Eigenschaften sekundärer Amine; das bicyclische Amin 1,4-Diazabicyclo[2.2.2]octan (Dabco•) verhält sich wie ein tertiäres Amin.

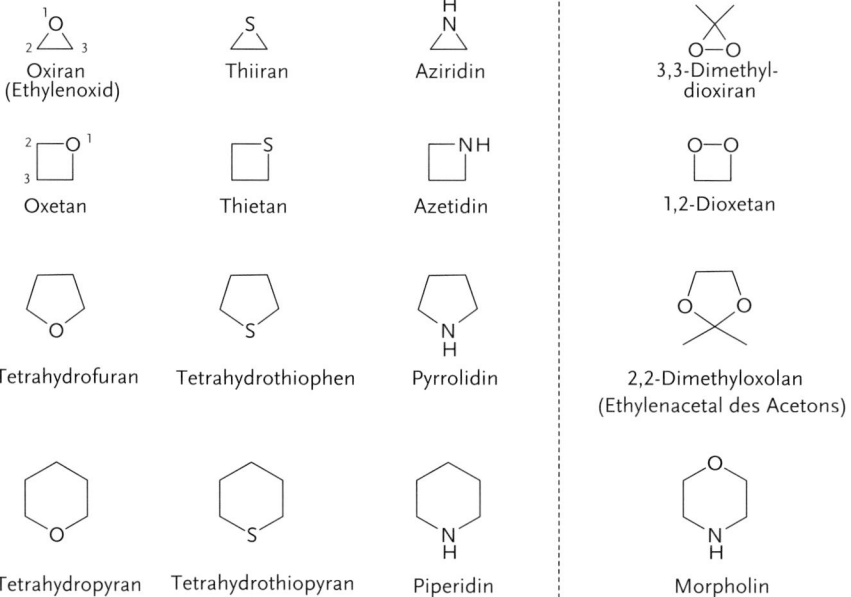

Abb. 5.319 Typische nichtaromatische Heterocyclen.

5.20 Heterocyclen

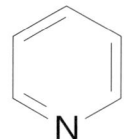

Es gibt mehrere Systeme zur Bezeichnung der Heterocyclen. Nach der **Hantzsch-Widmann-Nomenklatur** setzen sich die Namen aus einem vom Heteroatom abgeleiteten Präfix (Sauerstoff *oxa*, Stickstoff *aza*, Schwefel *thia*) und einer der Ringgröße entsprechenden Endung zusammen, wobei bei letzteren noch zwischen ungesättigter Stammverbindung, gesättigten Systemen und solchen mit oder ohne Stickstoff unterschieden wird. Systematischer ist die **Austauschnomenklatur** („a-Nomenklatur"), bei welcher zunächst der Name des entsprechenden Carbocyclus festgelegt wird und die Heteroatome mit ihrem Präfix hinzugefügt werden. Demnach ist Oxiran identisch mit Oxacyclopropan, 1,3-Dioxolan ist ein 1,3-Dioxacyclopentan, Pyridin ist Azabenzol und Oxepin kann als Oxacyclohepta-2,4,6-trien bezeichnet werden.

5.20.1.1
Darstellung nichtaromatischer Heterocyclen
Oxacyclopropane (**Epoxide, Oxirane**, Abschnitt 5.4.2.6 und 5.10.1.3) sind durch die Umsetzung von Persäuren mit Alkenen zugänglich (Abb. 5.320). Die Reaktion verläuft als elektrophile *syn*-Addition, bei der sich die Konfiguration des Alkens im Produkt wiederfindet. Daneben hat die intramolekulare Williamson-Ethersynthese von 2-Halogenethanolderivaten (Abschnitt 5.10.1.2) sowie die Reaktion bestimmter Schwefel-Ylide mit Carbonylverbindungen (Abschnitt 5.11.1) Bedeutung. Präparativ wichtig ist die asymmetrische Epoxidierung von Allylalkoholen nach **Sharpless** (Abschnitt 5.4.2.6).[307] **Azacyclopropane**[308] lassen sich durch die direkte Addition von Nitrenen (Abb. 5.321), den Stickstoffanaloga der Carbene (Abschnitt 5.17), an Alkene darstellen. **Nitrene** können durch die thermische oder photochemische Zersetzung von Aziden erhalten werden. Ethylenimin, das einfachste Aziridin, ist eine äußerst carcinogene Flüssigkeit, die mit Wasser vollständig mischbar ist und schon bei Raumtemperatur zu 2-Aminoethanol hydrolysiert. Dargestellt wird die Verbindung (Abb. 5.322) durch Erhitzen von 2-Aminoethanol mit Schwefelsäure und nachfolgender Behandlung mit Natriumhydroxid.

Eine wichtige Methode zur Herstellung heterocyclischer Cyclobutane[309] ist die intramolekulare S_N2-Reaktion. Vierringheterocyclen erhält man aber auch durch

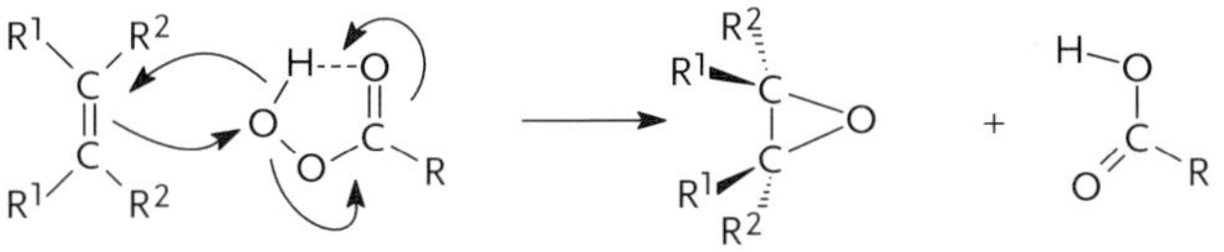

Abb. 5.320 Epoxide durch elektrophile Persäureaddition an Alkene.

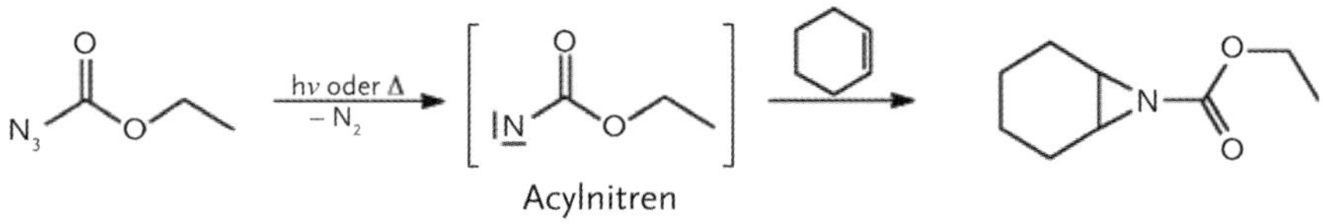

Abb. 5.321 Aziridinsynthese durch Nitrenaddition.

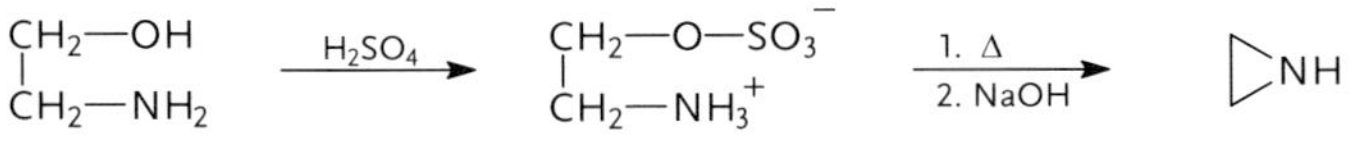

5 Substanzklassen, ihre Darstellung und Reaktionen

Abb. 5.322 Aziridinsynthese aus 2-Aminoethanol.

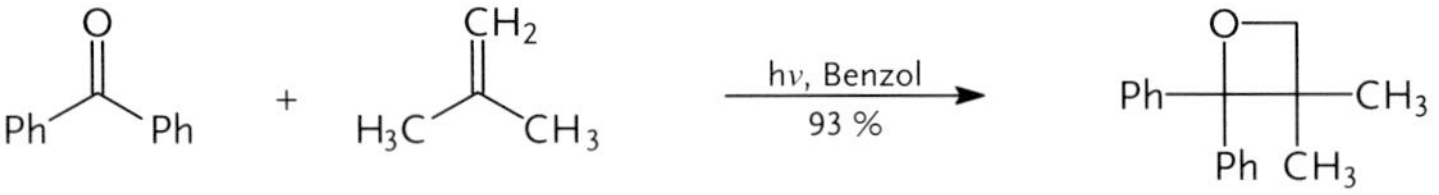

Abb. 5.323 Paterno-Büchi-Reaktion.

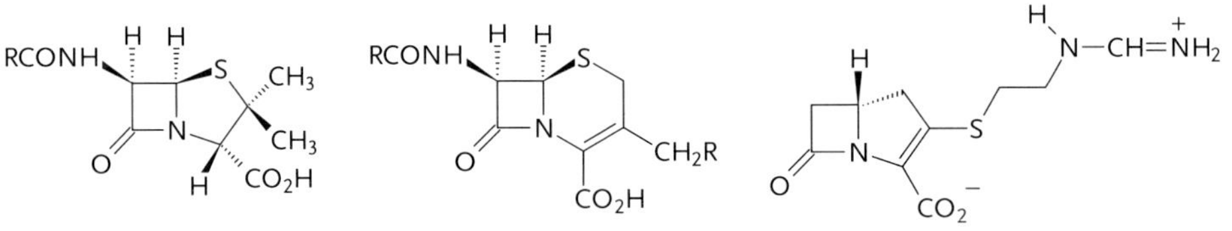

Penicillin   Cephalosporin   Penem

Abb. 5.324 Wichtige β-Lactam-Antibiotika.

[2+2]-Cycloaddition geeigneter Alkene. So führt die **Paterno-Büchi-Reaktion** (Abb. 5.323),[310] eine photochemische [2+2]-Cycloaddition von einer Carbonylverbindung und einem Alken, zu Oxacyclobutanen (Oxetanen). 2-Azetidinon[311] ist, als β-Lactam, der Grundkörper der wichtigen **β-Lactam-Antibiotika**[312] (Abb. 5.324 und Abschnitt 6.2). Über die [2+2]-Cycloaddition von Isocyanat[313] und Alken (Abb. 5.325) können β-Lactame[314] erhalten werden. Daneben führt auch die intramolekulare Amidbildung einer β-Aminosäure zum Ziel. β-Lactam-Antibiotika hemmen spezifisch den Aufbau der bakteriellen Zellwand und sind für Säugetiere nur wenig toxisch. Die wichtigsten Gruppen der β-Lactam-Antibiotika sind die Penicilline, die Cephalosporine und die Peneme.[315]

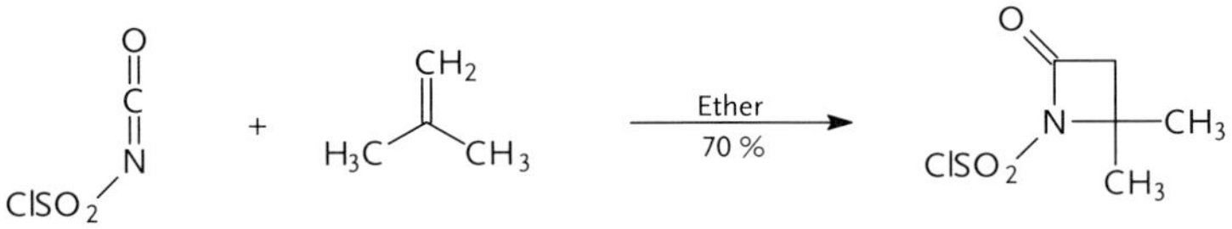

Chlorsulfonylisocyanat (CSI)

Abb. 5.325 β-Lactamsynthese durch [2+2]-Cycloaddition von Isocyanat und Alken.

Fünfgliedrige und größere Heterocycloalkane werden meist durch intramolekulare S_N2-Reaktion hergestellt. Daneben kommt der **1,3-dipolaren Cycloaddition** ganz erhebliche Bedeutung zu, bei der ein Dipolarophil (meist ein Alken oder Alkin) mit einem 1,3-Dipol (z. B. Ozon, Diazoalkane, Nitriloxid) zu einem Fünfringheterocyclus reagiert, der meist mehrere Heteroatome enthält.[316]

Ein alternativer Syntheseweg ist die katalytische Hydrierung[317] eines ungesättigten Heterocyclus, sofern dieser gut zugänglich ist. Zur Herstellung bestimmter Sechsringheterocyclen hat sich die Hetero-Diels-Alder-Reaktion bewährt.

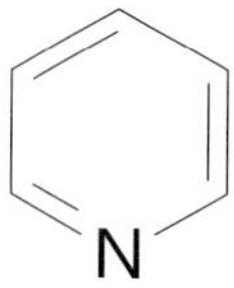

5.20.1.2
Reaktionen nichtaromatischer Heterocyclen

Da die Ringspannung bei der nucleophilen Öffnung eines Heterocyclopropans aufgehoben wird, sind diese Verbindungen sehr reaktiv. Unter basischen Bedingungen greift das Nucleophil am Kohlenstoffatom mit dem kleinsten Substituenten an, und es kommt zur Inversion der Konfiguration. Auch Heterocyclobutane sind als gespannte Systeme reaktiv. Die meisten Reaktionen verlaufen unter Ringöffnung (Abb 5.326). Heterocyclopentane und höhere Heterocycloalkane sind vergleichsweise wenig gespannt, so dass diese Verbindungen im Allgemeinen recht reaktionsträge sind.

Nucleophile Epoxidöffnung

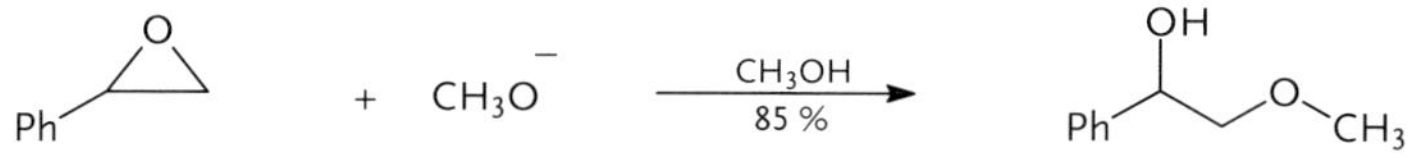

Nucleophile Oxetanöffnung

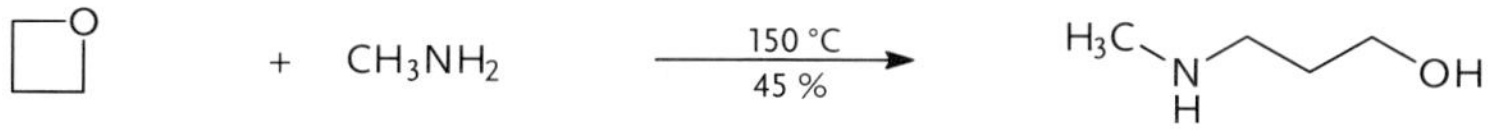

ε-Caprolactam-Polymerisation

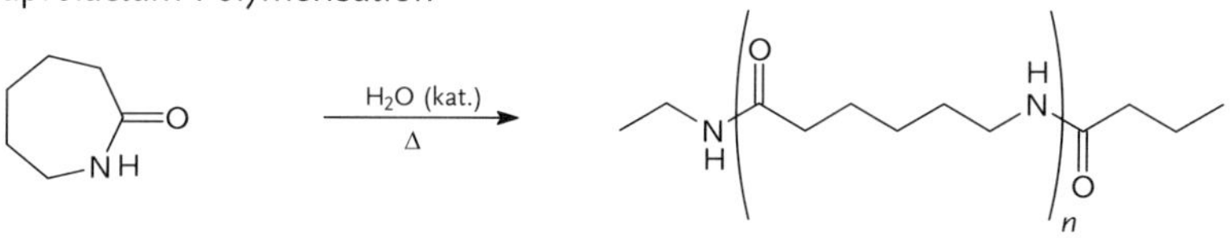

Abb. 5.326 Ringöffnungsreaktionen nichtaromatischer Heterocyclen.

5.20.2
Aromatische Heterocyclen

Pyrrol, Furan und Thiophen sind aromatisch und haben eine ähnliche Anordnung von sechs π-Elektronen wie das Cyclopentadienyl-Anion (Abb. 5.327). Durch den Ersatz einer oder mehrerer CH-Einheiten im Benzol durch ein sp^2-hybridisiertes Stickstoffatom erhält man formal Pyridin und andere Azabenzole.[318]

5.20.2.1
Darstellung von Heteroaromaten

Pyrrole, Thiophene und Furane[319] können aus 1,4-Dicarbonylverbindungen erhalten werden. Eine allgemeine Methode ist die **Paal-Knorr-Synthese** (Abb. 5.328),[320] bei der 1,4-Dicarbonylverbindungen mit einem primären Amin oder Ammoniak zu Pyrrolen umgesetzt werden. Die Reaktion mit P_2O_5 liefert Furane, mit P_2S_5 entstehen Thiophene. **Indol** ist das wichtigste benzoannellierte Derivat der Heterocyclopentadiene, ein Strukturelement vieler Naturstoffe und findet sich u. a. in der

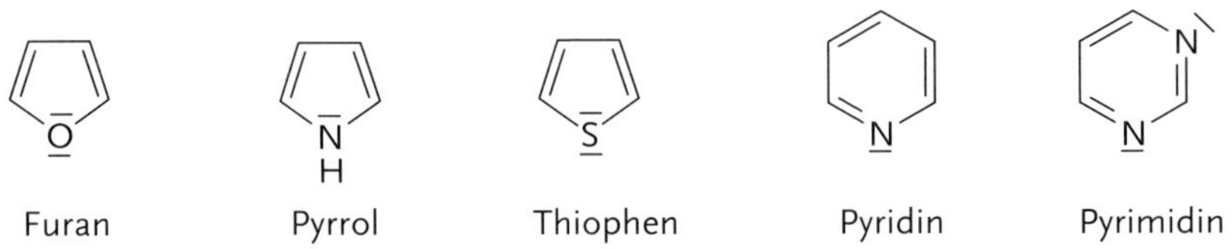

5 Substanzklassen, ihre Darstellung und Reaktionen

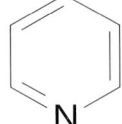  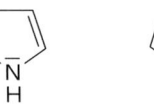 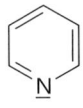

Furan Pyrrol Thiophen Pyridin Pyrimidin

Abb. 5.327 Heteroaromaten.

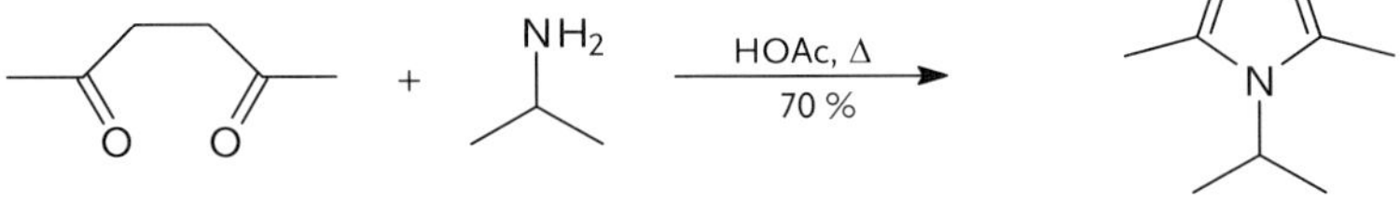

Abb. 5.328 Pyrrolsynthese nach Paal-Knorr.

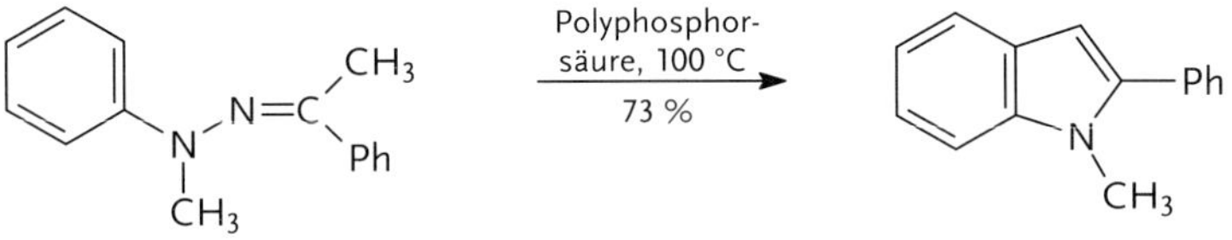

Abb. 5.329 Fischersche Indolsynthese.

Aminosäure Tryptophan. Die **Fischersche Indolsynthese** (Abb. 5.329)[321] ist ein allgemeines Verfahren zur Herstellung von Indolen. Dabei wird das Arylhydrazon eines Aldehyds oder Ketons mit Polyphosphorsäure behandelt. Es kommt unter Abspaltung von Ammoniak zu einer Ringschlussreaktion. Substituierte Triazole sind nach Huisgen[322] durch Cycloaddition aus terminalen Alkinen und Aziden zugänglich. Kupfer(I)-Katalyse verbessert die Regioselektivität und Anwendungsbreite der Reaktion (Abb. 5.330).[323] Das katalytisch aktive Cu(I) wird dabei z. B. durch in-situ-Reduktion mit Natriumascorbat erzeugt. Die Kupfer-katalysierte Alkin-Azid-Reaktion toleriert viele funktionelle Gruppen und Lösungsmittel und wird daher unter der Bezeichnung „Click-Reaktion" zur Verknüpfung organischer und bioorganischer Strukturen eingesetzt.[324]

Pyridin selbst ist Bestandteil des Steinkohlenteers. Substituierte Derivate können durch elektrophile und nucleophile Substitutionsreaktionen gewonnen werden. Aber auch durch Kondensationsreaktionen sind Pyridine zugänglich. Die Methode mit der größten Anwendungsbreite ist die **Hantzsch-Pyridinsynthese** (Abb. 5.331).[325] Bei dieser Reaktion setzen sich zwei Moleküle einer β-Dicarbonylverbindung sowie je ein Molekül Aldehyd und Ammoniak in einem mehrstufigen Mechanismus zu substituierten Dihydropyridinen um. Durch Salpetersäure werden diese leicht zum aromatischen System oxidiert.

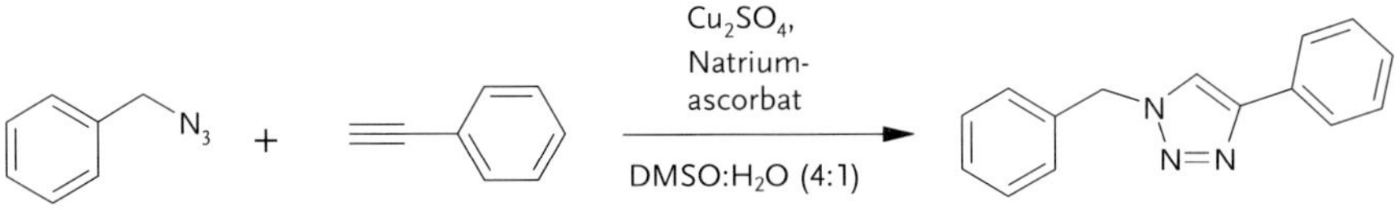

Abb. 5.330 Triazolsynthese durch 1,3-dipolare Cycloaddition von terminalem Alkin und Azid (Huisgen-Reaktion; Kupfer-katalysiert: „Click-Reaktion" nach Sharpless).

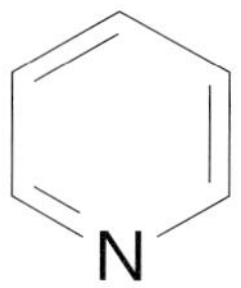

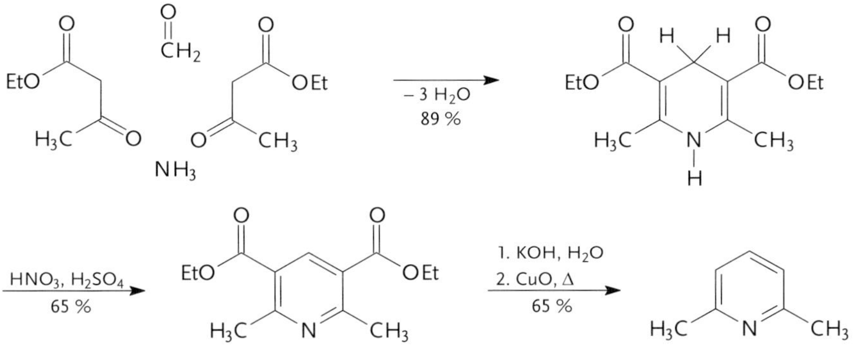

Abb. 5.331 Hantzsch-Synthese von 2,6-Dimethylpyridin.

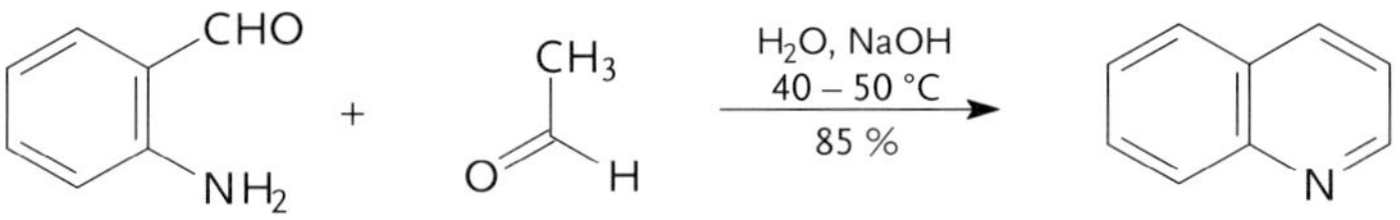

Abb. 5.332 Friedländer-Synthese von Chinolin.

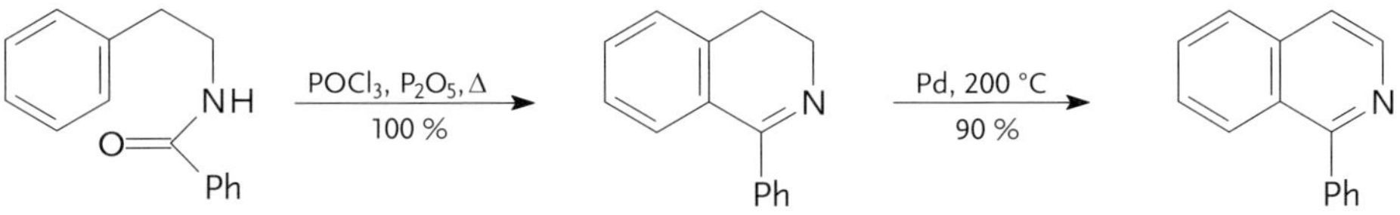

Abb. 5.333 Bischler-Napieralski-Synthese von 1-Phenylisochinolin.

Benzol lässt sich auf zwei verschiedene Arten an den Pyridinring kondensieren, wodurch die Azanaphthaline Chinolin (engl.: quinoline, Abb. 5.332)[326] und Isochinolin (engl. isoquinoline, Abb. 5.333)[327] entstehen. Beide sind durch Kondensationsreaktionen zugänglich.

5.20.2.2
Reaktionen aromatischer Heterocyclen

Das Heteroatom der Heterocyclopentadiene ist sp^2-hybridisiert, und das p-Orbital steuert seine Elektronen zum π-System bei. Daraus ergibt sich, dass die Dien-Einheit elektronenreich ist und rasch elektrophile aromatische Substitutionen eingeht (Abb. 5.334). Außerdem können die Heteroatome auf die für sie typische Weise reagieren: Das Stickstoffatom des Pyrrols kann deprotoniert, nitrosiert oder alkyliert werden, das Schwefelatom des Thiophens kann zum Sulfoxid oder Sulfon oxidiert werden (Abb. 5.335).

Mit reaktiven Dienophilen gehen Furan und *N*-Acylpyrrol Diels-Alder-Reaktionen ein (Abb. 5.336), was auf den Dien-Charakter des π-Systems hinweist.

Im Pyridin und in anderen Azabenzolen gibt das p-Orbital des Heteroatoms ein Elektron an das π-System ab, während das freie Elektronenpaar in einem sp^2-Orbital in der Molekülebene verbleibt. Da das elektronegative Stickstoffatom über Induk-

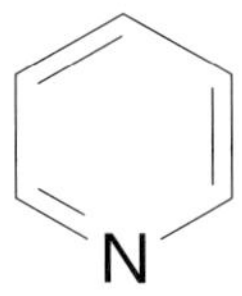

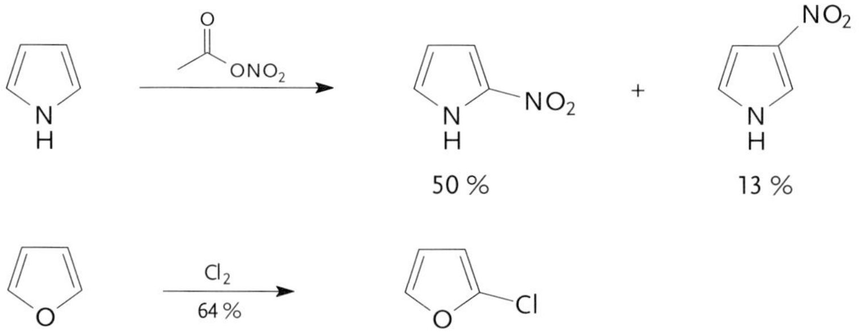

Abb. 5.334 Elektrophile aromatische Substitution an Pyrrol und Furan.

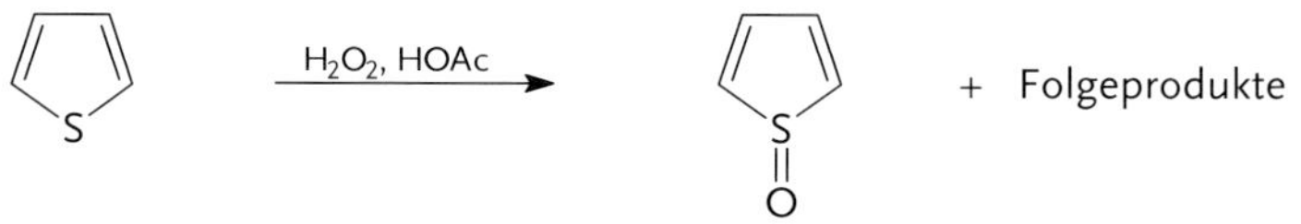

Abb. 5.335 Oxidation von Thiophen.

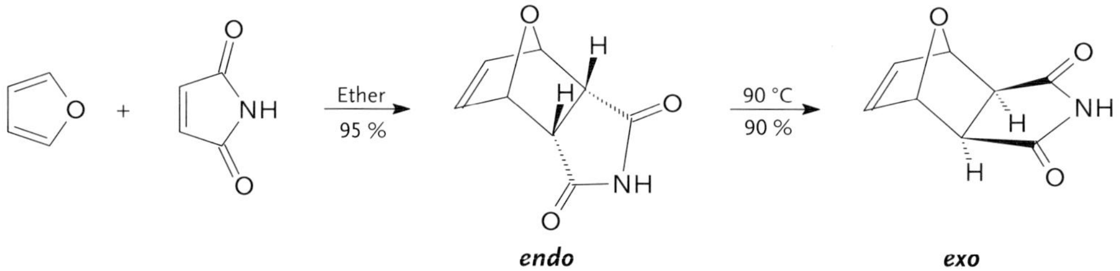

Abb. 5.336 Diels-Alder-Reaktion von Furan.

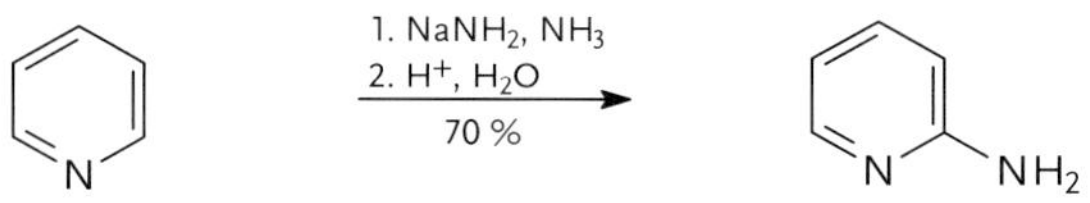

Abb. 5.337 Tschitschibabin-Reaktion.

tion und Resonanz Elektronendichte aus dem Ring abzieht, sind Pyridine und Azabenzole elektronenarme Aromaten. Die elektrophile aromatische Substitution verläuft daher nur langsam oder gar nicht. Die nucleophile aromatische Substitution ist dagegen erleichtert. Beispiele für nucleophile aromatische Substitutionen am Pyridinring sind die **Tschitschibabin-Reaktion**[328] (Abb. 5.337), die Substitution durch Organometallverbindungen in *ortho*-Stellung zum Stickstoffatom (Abb. 5.338) und der Austausch von Halogensubstituenten durch andere Nucleophile (Abb. 5.339).

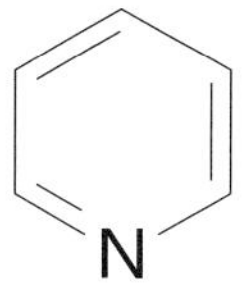

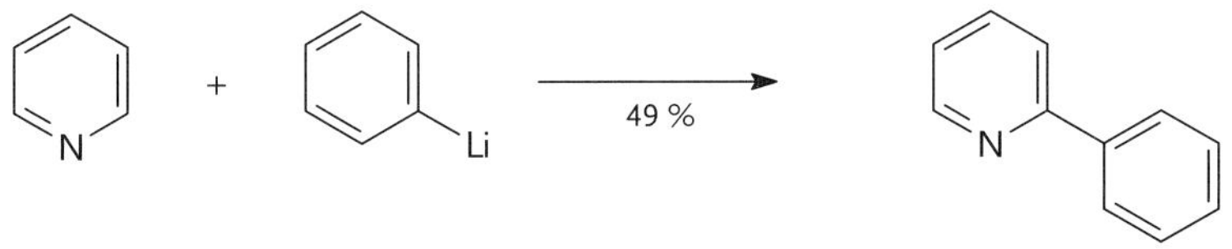

5.20 Heterocyclen

Abb. 5.338 Nucleophile Substitution durch Phenyllithium.

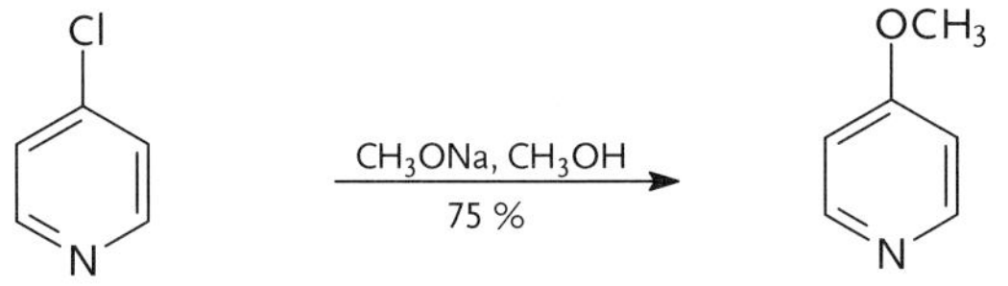

Abb. 5.339 Nucleophile Halogensubstitution am Pyridin.

Zusammenfassung

Heterocyclen lassen sich in nichtaromatische und aromatische Heterocyclen unterteilen. Zur Benennung der Heterocycloalkane dient die Nomenklatur der Cycloalkane, die je nach Heteroatom um Präfixe (aza = Stickstoff, oxa = Sauerstoff und thia = Schwefel) ergänzt wird. Viele Heterocyclen besitzen Trivialnamen. Drei- und viergliedrige Heterocycloalkane reagieren aufgrund ihrer Ringspannung mit Nucleophilen rasch unter Ringöffnung. Größere Heterocycloalkane sind im Allgemeinen wenig reaktiv. Pyrrol, Furan und Thiophen sind aromatisch und besitzen ein dem Cyclopentadienyl-Anion ähnliches π-System. Das Heteroatom ist sp^2-hybridisiert und zwei seiner Elektronen sind an der Bildung des aromatischen π-Systems beteiligt. Diese Heterocyclen sind elektronenreich und reagieren bereitwillig in elektrophilen aromatischen Substitutionsreaktionen. Pyridin und andere Azabenzole sind elektronenarme Heterocyclen, da das elektronegative Stickstoffatom Elektronendichte aus dem Ring abzieht. Elektrophile aromatische Substitutionsreaktionen verlaufen daher an diesen Heterocyclen nur langsam, während die nucleophile aromatische Substitution begünstigt ist.

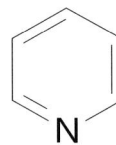

5 Substanzklassen, ihre Darstellung und Reaktionen

Übungsaufgaben

5.20–1 Welche Verbindung ist stärker basisch, Pyrrol oder Pyridin? Begründen Sie.

5.20–2 Zeichnen Sie die Resonanzformeln des Thiophens.

5.20–3 Entscheiden Sie für Pyrrol und für Pyridin, ob die Verbindungen bevorzugt elektrophile oder nucleophile Substitutionen eingehen. An welchen Positionen finden die Reaktionen statt?

5.20–4 Wie kann man aus Cyclohexanon ε-Caprolactam herstellen?

5.21
Alkaloide

Alkaloide[329] sind stickstoffhaltige Naturstoffe mit oft komplexer Struktur. Durch das freie Elektronenpaar des Stickstoffatoms reagieren sie **basisch** (alkaliähnlich). Viele Alkaloide sind pharmakologisch aktiv. Eines der am stärksten wirksamen und am meisten missbrauchten Alkaloide ist **Heroin**, das Acetylderivat des Morphins (Abb. 5.340). **Morphin** und verwandte Alkaloide sind für die physiologische Wirkung des Schlafmohns verantwortlich. Die Einnahme der Substanzen führt zu einer physischen und psychischen Abhängigkeit. Eine ganz andere chemische Struktur besitzt das Alkaloid **Epibatidin**.[330] Diese Substanz wurde aus der Haut eines südamerikanischen Pfeilgiftfrosches isoliert und besitzt ebenfalls eine stark analgetische Wirkung.

Chinin, das aus der Chinarinde isoliert wird, ist das am längsten bekannte Malariamittel. **Strychnin** und **Brucin** sind stark toxische Alkaloide. Weit verbreitet in Genussmitteln sind **Coffein** und **Nicotin** (Abb. 5.341). **Atropin** hat starke Wirkung auf das Zentralnervensystem.

Einige gut zugängliche und daher preiswerte Alkaloide (typisch ca. 1 EUR/g) werden als chirale Hilfsstoffe in der organischen Synthese verwendet (Abb. 5.342). Für enantioselektive Synthesen werden **Spartein**-induzierte asymmetrische Deprotonierungen genutzt.[331] Aus **Ephedrin** können durch Kondensation mit Harnstoff **Imidazolidin-2-one**[332] gewonnen werden, die als chirale Auxiliare für Alkylierungen und Aldolreaktionen Bedeutung haben.[333] Derivate der **Cinchonidin-Alkaloide** dienen als chirale Liganden in der Osmium-katalysierten asymmetrischen Dihydroxylierung[334] und Aminohydroxylierung.[335] Auch als chirale Hilfsstoffe zur Enantiomerentrennung von 2,2'-Binaphthol werden Derivate dieses Alkaloids verwendet.[336]

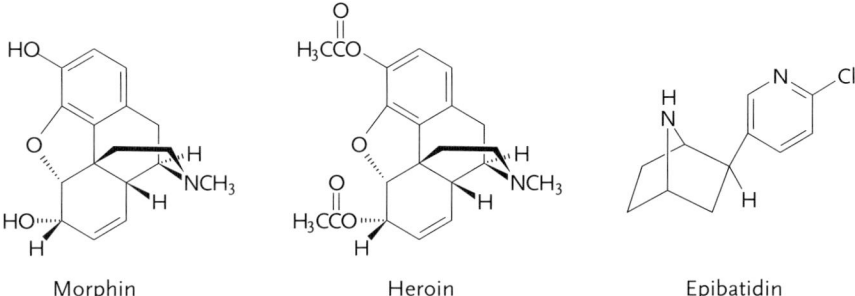

Abb. 5.340 Wichtige Alkaloide: Morphin, Heroin und Epibatidin.

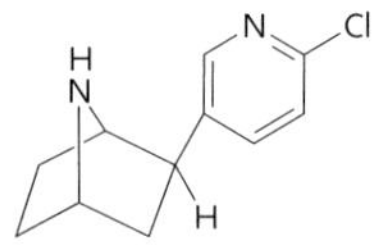

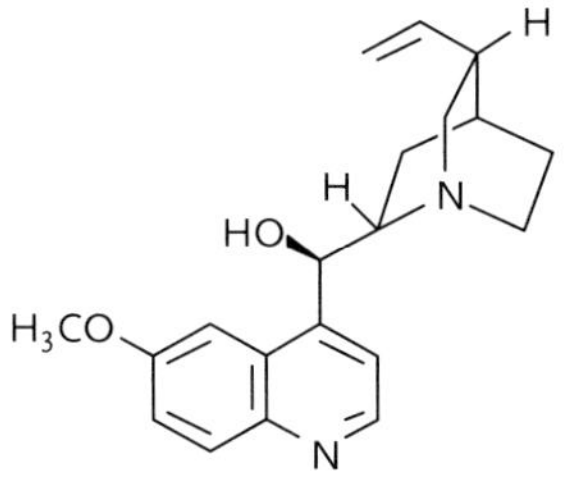

5 Substanzklassen, ihre Darstellung und Reaktionen

(−)-Chinin

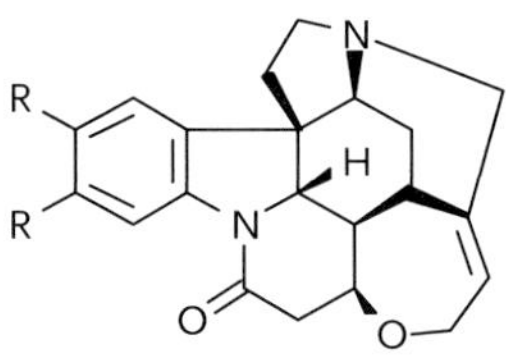

R = H: Strychnin, R = CH$_3$O: Brucin

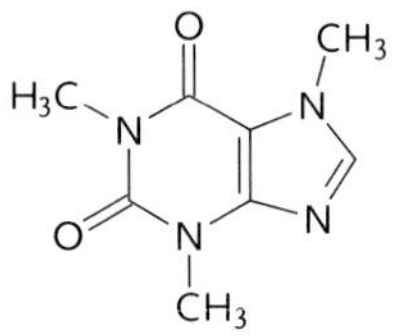

Coffein

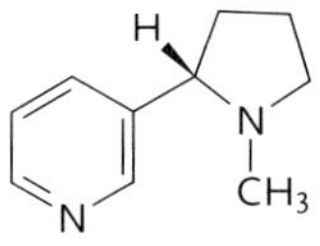

S-(−)-Nicotin

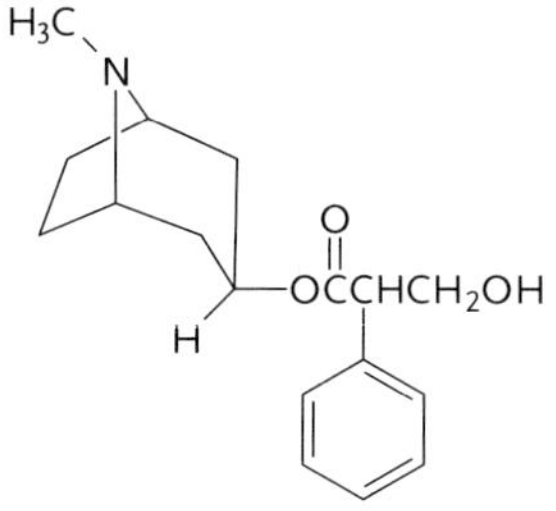

Atropin

Abb. 5.341 Wichtige Alkaloide: Chinin, Strychnin, Coffein, Nicotin, Atropin.

Zusammenfassung

Alkaloide sind stickstoffhaltige Naturstoffe mit oft starker physiologischer Wirksamkeit. In der Organischen	Chemie dienen einige Alkaloide als chirale Hilfsstoffe für enantioselektive Synthesen.

Übungsaufgaben

5.21 Alkaloide

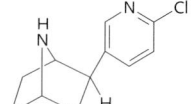

5.21–1 Bestimmen Sie die absolute Konfiguration aller asymmetrischen Atome im natürlich vorkommenden Chinin.

5.21–2 Recherchieren Sie (Lehrbücher, Datenbanken, Internet) die Konstitutionen der physiologisch aktiven Komponenten der Betelnuss und der Tollkirsche.

Literaturhinweise

1. Zur Umwandlung funktioneller Gruppen: R. C. Larock, *Comprehensive Organic Transformations*, Wiley, New York, 2. Aufl., **1999**. Zur Chemie funktioneller Gruppen: S. Patai (Hrsg.), *The Chemistry of Functional Groups*, Wiley, New York. Es handelt sich um ein zahlreiche Bände umfassendes Werk, das seit den 1960 er Jahren immer weiter fortgeschrieben wird.
2. S. Patai, Z. Rappoport (Hrsg.), *The Chemistry of Alkanes and Cycloalkanes*, Wiley, New York, **1992**; Z. Rappoport, J. F. Liebman (Hrsg.), *The Chemistry of Cyclobutanes* Bd. 1+2, Wiley, Chichester, **2005**; H. Hopf, *Classics in Hydrocarbon Chemistry*, Wiley, Chichester, **2000**; G. A. Olah, Á. Molnár, *Hydrocarbon Chemistry*, 2. Aufl., Wiley-VCH, Weinheim, **2003**.
3. Für eine ausführlichere Beschreibung der Alkannomenklatur siehe: K. P. C. Vollhardt, N. E. Schore, *Organische Chemie*, 4. Aufl., Wiley-VCH, Weinheim, **2005**, 72.
4. Physikalische Daten der Alkane: R. C. Weast (Hrsg.), *Handbook of Chemistry and Physics*, CRC Press, Boca Raton.
5. Kontrolle von Alkankonformationen: R. W. Hoffmann, M. Stahl, U. Schopfer, G. Frenking, *Chem. Eur. J.* **1998**, *4*, 559–566; R. W. Hoffmann, *Angew. Chem.* **2000**, *112*, 2134–2150; *Angew. Chem. Int. Ed.* **2000**, *39*, 2055–2070.
6. Reaktionsvorschriften: K. Schwetlick, *Organikum*; 22. Aufl., Wiley-VCH, Weinheim, **2004**; L. F. Tietze, Th. Eicher, *Reaktionen und Synthesen*, Thieme, Stuttgart, **1991**.
7. C. Djerassi, *Angew. Chem.* **1948**, *43*, 271–317; L. Horner, E. H. Winkelmann, *Angew. Chem.* **1959**, *71*, 349–365; J. S. Pizey, *Synthetic Reagents*, Bd. 2, Wiley, New York, **1974**.
8. P. R. Schreiner, O. Lauenstein, E. D. Butova, P. A. Gunchenko, I. V. Kolomitsin, A. Wittkopp, G. Feder, A. A. Fokin *Chem. Eur. J.* **2001**, *7*, 4996–5003.
9. B. A. Arndtsen, R. G. Bergman, T. A. Mobley, T. H. Petersen, *Acc. Chem. Res.* **1995**, *28*, 154–162; A. A. Bengali, B. A. Arndtsen, P. M. Burger, R. H. Schultz, B. H. Weiller, K. R. Kyle, C. B. Moore, R. G. Bergman, *Pure Appl. Chem.* **1995**, *67*, 281–288; M. P. J. van Deurzen, F. van Rantwijk, R. A. Sheldon, *Tetrahedron* **1997**, *53*, 13183–13220; M. Lersch, M. Tilset, *Chem. Rev.* **2005**, *105*, 2471–2526; E. Carmona, M. Paneque, L. L. Santos, V. Salazar, *Coord. Chem. Rev.* **2005**, *249*, 1729–1735; H. M. L. Davies, R. E. J. Beckwith, *Chem. Rev.* **2003**, *103*, 2861–2903.
10. Zur Atomökonomie siehe: B. M. Trost, *Science* **1991**, *254*, 1471–1477; B. M. Trost, *Angew. Chem.* **1995**, *107*, 285–307; *Angew. Chem. Int. Ed.* **1995**, *34*, 259–281.
11. A. C. Rosenzweig, C. A. Frederick, S. J. Lippard, P. Nordlund, *Nature*, **1993**, *366*, 537–543; A. C. Rosenzweig, S. J. Lippard, *Acc. Chem. Res.* **1994**, *27*, 229–236; D. Fiedler, D. H. Leung, R. G. Bergman, K. N. Raymond, *Acc. Chem. Res.* **2005**, *38*, 349–358; F. Kakiuchi, N. Chatani, *Top. Organomet. Chem.* **2004**, *11*, 45–79; C.-H. Jun, J. H. Lee, *Pure Appl. Chem.* **2004**, *76*, 577–587.
12. B. A. Arndtsen, R. G. Bergman, T. A. Mobley, T. H. Peterson, *Acc. Chem. Res.* **1995**, *28*, 154–162; D. H. R. Barton, D. Doller, *Acc. Chem. Res.* **1992**, *25*, 504–512; S. Sakaki, *Top. Organomet. Chem.* **2005**, *12*, 31–78; M. A. Esteruelas, A. M. Lopez, *Organometallics* **2005**, *24*, 3584–3613; F. Kakiuchi, N. Chatani in *Ruthenium in Organic Synthesis* (S.-I. Murahashi, Hrsg.) Wiley-VCH, Weinheim, **2004**; pp 219–256; E. P. Balskus, S. V. Ley, *Chemtracts* **2003**, *16*, 443–450; V. Ritleng, C. Sirlin, M. Pfeffer, *Chem. Rev.* **2002**, *102*, 1731–1769.
13. S. Murai, *Nature* **1993**, *366*, 529–531; B. M. Trost, *J. Am. Chem. Soc.* **1995**, *117*, 5371–5372; F. Kakiuchi, N. Chatani in *Ruthenium in Organic Synthesis* (S.-I. Murahashi, Hrsg.), Wiley-VCH, Weinheim, **2004**.
14. S. Patai, Hrsg., *The Chemistry of the Carbon-Halogen Bond*, Wiley, New York **1973** (S. Patai, Z. Rappoport Hrsg.),

The Chemistry of Halides, Pseudohalides, and Azides, Wiley, New York, **1983**; P. L. Spargo in *Comprehensive Organic Functional Group Transformations*; Bd. 2 (A. R. Katritzky, O. Meth-Cohn, C. W. Rees, Hrsg.), Elsevier Science, Oxford, **1995**; 1–36.

15 R. Bohlman in *Comprehensive Organic Chemistry*, Bd. 6 (B. M. Trost, I. Fleming, Hrsg.), Pergamon, Oxford, **1991**, 203; P. L. Spargo, *Contemporary Organic Synthesis* **1994**, *1*, 113–124.

16 T. Imamoto in *Comprehensive Organic Chemistry*, Bd. 8 (B. M. Trost, I. Fleming, Hrsg.), Pergamon, Oxford, **1991**, 793.

17 M. F. Ruasse, *Acc. Chem. Res.* **1990**, *23*, 87–93; R. S. Brown, *Acc. Chem. Res.* **1997**, *30*, 131–137.

18 Methodenübersicht: R. C. Larock, *Comprehensive Organic Transformations*, 2. Aufl., Wiley, New York, **1999**; R. K. Mackie in *Organophosphorus Reagents in Organic Synthesis* (J. I. G. Cadogan, Hrsg.), Academic Press, New York, **1979**, 433.

19 M. B. Smith, J. March, *March's Advanced Organic Chemistry*, 5. Aufl., Wiley, New York, **2001**.

20 R. Brückner, *Reaktionsmechanismen*, 3. Aufl., Spektrum, Heidelberg, **2004**.

21 Reaktionsvorschriften: K. Schwetlick, *Organikum*; 22. Aufl., Wiley-VCH, Weinheim, **2004**; L. F. Tietze, Th. Eicher, *Reaktionen und Synthesen*, Thieme, Stuttgart, **1991**.

22 L. S. Hegedus, *Organische Synthese mit Übergangsmetallen*, VCH, Weinheim, **1995**; M. Schlosser, *Organometallics in Synthesis*, 2. Aufl., Wiley, New York, **2004**.

23 Praxisorientierte Übersicht zu Synthesemethoden: L. Brandsma, H. Verkruijsse, *Preparative Polar Organometallic Chemistry 1 + 2*, Springer, Berlin, **1987**, **1989**; Z. Rappoport, I. Marek (Hrsg.), *The Chemistry of Organolithium Compounds* in *The Chemistry of Functional Groups*, Wiley, Chichester, **2004**; J. Clayden, J. E. Baldwin, R. M. Williams, *Organolithiums: Selectivity for Synthesis*, Elsevier, Amsterdam, **2002**.

24 N. Krause, *Metallorganische Chemie*, Spektrum, Heidelberg, **1996**, *5*, 175–200; C. Elschenbroich, *Organometallchemie*, 5. Aufl., Teubner, Stuttgart, **2005**.

25 S. E. Kelly, *Alkene Synthesis, Comprehensive Organic Chemistry*, Vol. 1 (B. M. Trost, I. Fleming, Hrsg.), Pergamon, Oxford, **1991**, 729; S. Patai (Hrsg.), *The Chemistry of Alkenes*, Wiley, New York, **1964**; S. Patai (Hrsg.), *The Chemistry of Double-Bonded Functional Groups: Supplement A*, Wiley, New York, **1977**; J. Zabicky (Hrsg.), *The Chemistry of Alkenes*, Vol 2, Wiley, New York, **1970**; H. Hopf, *Classics in Hydrocarbon Chemistry*, Wiley-VCH, Weinheim, **2000**.

26 J. M. J. Williams (Hrsg.), *Preparation of Alkenes*, Oxford University Press, Oxford, **1996**.

27 A. Maercker, *Org. React.* **1965**, *14*, 270–490; B. E. Maryanoff, A. B. Reitz, *Chem. Rev.* **1989**, *89*, 863–927; T. Takeda (Hrsg.), *Modern Carbonyl Olefination*, Wiley-VCH, Weinheim, **2004**; T. Rein, T. M. Pedersen, *Synthesis* **2002**, 579–594; Industrieanwendungen: H. Pommer, P. C. Thieme, *Top. Curr. Chem.* **1983**, *109*, 165–188; ein weiterer, hier nicht vorgestellter Syntheseweg zu Alkenen ist die **Peterson-Olefinierung**: D. J. Ager, *Synthesis*, **1984**, 384–398; D. J. Ager, *Org. React.* **1990**, *38*, 1–224.

28 Mechanismus und Literaturübersicht: M. B. Smith, J. March, *March's Advanced Organic Chemistry*, 5. Aufl., Wiley, New York, **2001**.

29 G. Wittig, G. Geissler, *Liebigs Ann.* **1953**, *580*, 44–68; G. Wittig, U. Schöllkopf, *Chem. Ber.* **1954**, *87*, 1318–1330.

30 H. J. Bestmann, R. Zimmermann, *Synthesis of Phosphonium Ylides, Comprehensive Organic Chemistry*, Bd. 6 (B. M. Trost, I. Fleming, Hrsg.), Pergamon, Oxford, **1991**; A. W. Johnson, *Ylides and Imines of Phosphorus*, Wiley, New York, **1993**; J. Habermann, S. V. Ley, *Chemtracts: Org. Chem.* **2001**, *14*, 386–390.

31 E. Vedejs, M. J. Peterson, *Top. Stereochem.* **1994**, *21*, 1–157; E. Vedejs, T. J. Fleck, *J. Am. Chem. Soc.* **1989**, *111*, 5861–5871; E. Vedejs, C. F. Marth, *J. Am. Chem. Soc.* **1988**, *110*, 3948–3958; B. E. Maryanoff, A. B. Reitz, M. S. Mutter, R. R. Inners, H. R. Almond,

R. R. Whittle, R. A. Olofson, *J. Am. Chem. Soc.* **1986**, *108*, 7664–7678; B. E. Maryanoff, A. B. Reitz, D. W. Grieden, H. R. Almond, *Tetrahedron Lett.* **1989**, *30*, 1361–1364.

32 E. Vedejs, C. F. Marth, *J. Am. Chem. Soc.* **1990**, *112*, 3905–3909.

33 M. Schlosser, B. Schaub, J. Neto-Oliveira, S. Jeganathan, *Chimia* **1986**, *40*, 244–245.

34 W. J. Stec, *Acc. Chem. Res.* **1983**, *16*, 411–417; E-selektive Horner-Emmons-Wadsworth-Reaktion: M. A. Blanchette, W. Choy, J. T. Davis, A. P. Essenfield, S. Masamune, W. R. Roush, T. Sakai, *Tetrahedron Lett.* **1984**, *25*, 2183–2186; Z-selektive Reaktion: W. C. Still, C. Gennari, *Tetrahedron Lett.* **1983**, *24*, 4405–4408.

35 H. R. Hays, D. J. Peterson, *Organic Phosphorous Compounds*, Bd. 3 (G. M. Kosolapoff, L. Maier, Hrsg.), Wiley, New York, **1976**.

36 A. D. Buss, S. Warren, *J. Chem. Soc., Perkin Trans. 1* **1985**, 2307–2325.

37 S. Hannessian, S. Beaudoin, *Tetrahedron Lett.* **1992**, *33*, 7655–7658; S. E. Denmark, C.-T. Chen, *J. Am. Chem. Soc.* **1992**, *114*, 10 674–10 676; T. Rein, T. M. Pedersen, *Synthesis* **2002**, 579–594.

38 J. E. McMurry, *Chem. Rev.* **1989**, *89*, 1513–1524; D. Lenoir, *Synthesis*, **1989**, 883–897; A. Fürstner in *Transition Metals for Organic Synthesis*, Bd. 1 (M. Beller, C. Bolm, Hrsg.), Wiley-VCH, Weinheim **2004**, 449–468; M. Ephritikhine, C. Villiers in *Modern Carbonyl Olefination* (T. Takeda, Hrsg.), Wiley-VCH, Weinheim **2004**, 223–285; A. Fürstner, *Pure Appl. Chem.* **1998**, *70*, 1071–1076; N. Ephritikhine, *J. Chem. Soc., Chem. Commun.* **1998**, 2549–2554; J. J. Eisch, X. Shi, J. R. Alila, S. Thiele, *Chem. Ber.* **1997**, *130*, 1175–1187; T. Lectka in *Active Metals* (A. Fürstner, Hrsg.), VCH, Weinheim, **1996**, 85–131; M. T. Reetz, in *Organometallics in Synthesis*, 2. Aufl. (M. Schlosser, Hrsg.), Wiley, New York, **2004**, Kap. 7.

39 A. Fürstner, *J. Am. Chem. Soc.* **1995**, *117*, 4468–4475.

40 A. Fürstner, B. Bogdanovic, *Angew. Chem.* **1996**, *108*, 2582–2609; *Angew. Chem. Int. Ed. Engl.* **1996**, *35*, 2442–2469.

41 S. H. Pine, *Org. React.* **1993**, *43*, 1–92; L. Lombardo, *Org. Synth. Coll. Vol. 8*, **1993**, 386; T. Takeda (Hrsg.), *Modern Carbonyl Olefination*, Wiley-VCH, Weinheim, **2004**.

42 B. Breit, *Angew. Chem.* **1998**, *110*, 467–470; *Angew. Chem. Int. Ed.* **1998**, *37*, 453–456.

43 M. Schuster, S. Blechert, *Angew. Chem.* **1997**, *109*, 2124–2145; *Angew. Chem. Int. Ed. Engl.* **1997**, *36*, 2036–2055; B. M. Trost, M. U. Frederiksen, M. T. Rudd, *Angew. Chem.* **2005**, *117*, 6788–6825; *Angew. Chem. Int. Ed.* **2005**, *44*, 6630–6666; K. C. Nicolaou, P. G. Bulger, D. Sarlah, *Angew. Chem.* **2005**, *117*, 4564–4601; *Angew. Chem. Int. Ed.* **2005**, *44*, 4490–4527; O. R. Thiel in *Transition Metals for Organic Synthesis*, Bd. 1 (M. Beller, C. Bolm, Hrsg.), Wiley-VCH, Weinheim, **2004**, 321–334; B. Schmidt, J. Hermanns, *Topics Organomet. Chem.* **2004**, *13*, 223–267; J. Mulzer, E. Oehler, *Topics Organomet. Chem.* **2004**, *13*, 269–366; R. H. Grubbs, T. M. Trnka in *Ruthenium in Organic Synthesis* (S.-I. Murahashi, Hrsg.), Wiley-VCH, Weinheim, **2004**, 153–178; R. R. Schrock, A. H. Hoveyda, *Angew. Chem.* **2003**, *115*, 4740–4782; *Angew. Chem. Int. Ed.* **2003**, *42*, 4592–4633; C. S. Poulsen, R. Madsen, *Synthesis* **2003**, 1–18; S. J. Connon, S. Blechert, *Angew. Chem.* **2003**, *115*, 1944–1968; *Angew. Chem. Int. Ed.* **2003**, *42*, 1900–1923; T. M. Trnka, R. H. Grubbs, *Acc. Chem. Res.* **2001**, *43*, 18–29; M. Schuster, S. Blechert, *Chem. Unserer Zeit* **2001**, *35*, 24–29; A. H. Hoveyda, R. R. Schrock, *Chem. Eur. J.* **2001**, *7*, 945–950; A. Fürstner, *Angew. Chem.* **2000**, *112*, 3140–3172; *Angew. Chem. Int. Ed. Engl.* **2000**, *39*, 3012–3043; D. L. Wright, *Curr. Org. Chem.* **1999**, *3*, 211–240; U. K. Pandit, H. S. Overkleeft, B. C. Borer, H. Bieräugel, *Eur. J. Inorg. Chem.* **1999**, 959–968; R. H. Grubbs, S. Chang, *Tetrahedron* **1998**, *54*, 4413–4450; S. K. Armstrong, *J. Chem. Soc., Perkin Trans. 1* **1998**, 371–388; M. Schuster, S. Blechert, *Angew. Chem.* **1997**, *109*, 2124–2144; *Angew. Chem. Int. Ed. Engl.*

1997, *36*, 2036–2055; A. Hafner, P. A. v. d. Schaaf, A. Mühlebach, *Chimia* 1996, *50*, 131–134; U. Koert, *Nachr. Chem. Tech. Lab.* 1995, *43*, 809–814; R. H. Grubbs, S. J. Miller, G. C. Fu, *Acc. Chem. Res.* 1995, *28*, 446–452.

44 K. C. Nicolaou, N. Wissinger, J. Pastor, S. Ninkovic, F. Sarabia, Y. He, D. Vourloumis, Z. Yang, T. Li, P. Giannakakou, E. Hamel, *Nature*, 1997, *387*, 268–272.

45 H. Yamamoto in *Organometallics in Synthesis*, 2. Aufl. (M. Schlosser, Hrsg.), Wiley, New York, 2004; M. Lautens, T. Rovis in *Comprehensive Asymmetric Catalysis*, Bd. 1 (E. N. Jacobsen, A. Pfaltz, H. Yamamoto, Hrsg.), Springer, Berlin, 1999, 337–348.

46 P. N. Rylander, *Hydrogenation Methods*, Academic Press, 1990; J. M. Brown in *Comprehensive Asymmetric Catalysis*, Bd. 1 (E. N. Jacobsen, A. Pfaltz, H. Yamamoto, Hrsg.), Springer, Berlin, 1999, 121–182; R. L. Halterman in *Comprehensive Asymmetric Catalysis*, Bd. 1 (E. N. Jacobsen, A. Pfaltz, H. Yamamoto, Hrsg.), Springer, Berlin, 1999, 183–195.

47 L. F. Fieser, M. Fieser, *Reagents for Organic Synthesis*, Bd. 1, Wiley, New York 1967, 723; H. R. Billica, H. Adkins, *Organic Synthesis Coll. Vol. 3* (E. C. Horning, Hrsg.), Wiley, New York, 1955, 176.

48 C. Elschenbroich, A. Salzer, *Organometallchemie*, 5. Aufl., Teubner, Stuttgart, 2005; A. J. Birch, D. H. Williamson, *Org. React.* 1976, *24*, 1–186.

49 H. Brunner, *Synthesis*, 1988, 645–654; H. Adolfsson, *Angew. Chem.* 2005, *117*, 3404–3406; *Angew. Chem. Int. Ed.* 2005, *44*, 3340–3342; T. Ikariya, K. Murata, R. Noyori, *Org. Biomol. Chem.* 2006, *4*, 393–406; L. F. Tietze, H. Ila, H. P. Bell, *Chem. Rev.* 2004, *104*, 3453–3516; K. Muniz, *Topics Organomet. Chem.* 2004, *7*, 205–224; I. D. Gridnev, T. Imamoto, *Acc. Chem. Res.* 2004, *37*, 633–644; W. Tang, X. Zhang, *Chem. Rev.* 2003, *103*, 3029–3069; I. C. Lennon, C. J. Pilkington, *Synthesis* 2003, 1639–1642; K. V. L. Crepy, T. Imamoto, *Adv. Synth. Catal.* 2003, *345*, 79–101; G. Chelucci, G. Orru, G. A. Pinna, *Tetrahedron* 2003, *59*, 9471–9515; R. Noyori, T. Ohkuma, *Angew. Chem.* 2001, *113*, 40–75; *Angew. Chem. Int. Ed.* 2001, *40*, 40–73; Y. H. Kim, *Acc. Chem. Res.* 2001, *34*, 955–962; R. Noyori, S. Hashiguchi, *Acc. Chem. Res.* 1997, *30*, 97–102; T. Hayashi, *J. Synth. Org. Chem. Jpn.* 1994, *52*, 900–911; R. Noyori, H. Takaya, *Acc. Chem. Res.* 1990, *23*, 345–350; W. S. Knowles, *Acc. Chem. Res.* 1983, *16*, 106–112.

50 G. Zweifel, H. C. Brown, *Org. React.* 1963, *13*, 1–54; M. F. Vinnik, P. A. Obratztsov, *Russ. Chem. Rev. (Engl. Transl.)* 1990, *59*, 106; M. Beller, J. Seayad, A. Tillack, H. Jiao, *Angew. Chem.* 2004, *116*, 3448–3479; *Angew. Chem. Int. Ed. Engl.* 2004, *43*, 3368–3398.

51 S. Patai (Hrsg.), *The Chemistry of Double-Bonded Functional Groups: Supplement A*, Wiley, New York, 1977.

52 K. Smith, A. Pelter in *Comprehensive Organic Chemistry*, Bd. 8 (B. M. Trost, I. Fleming, Hrsg.), Pergamon, Oxford, 1991; M. Zaidlewicz in *Comprehensive Organometallic Chemistry*, Bd. 7 (G. Wilkinson, F. G. A. Stone, E. Abel, Hrsg.), Pergamon, Oxford, 1982; T. Hayashi in *Comprehensive Asymmetric Catalysis*, Bd. 1 (E. N. Jacobsen, A. Pfaltz, H. Yamamoto, Hrsg.), Springer, Berlin, 1999, 351–364; K. Burgess, W. A. van der Donk in *Advanced Asymmetric Synthesis* (G. R. Stephenson, Hrsg.), Chapman & Hall, London, 1996, 181–211. Zur Übergangsmetallkatalysierten Hydroborierung: J. M. Brown in *Modern Rhodium-Catalyzed Organic Reactions* (P. A. Evans, Hrsg.), Wiley-VCH, Weinheim, 2005, 33–54; G. C. Fu in *Transition Metals for Organic Synthesis*, Bd. 2 (M. Beller, C. Bolm, Hrsg.), Wiley-VCH, Weinheim, 2004, 193–200.

53 C. F. Lane, G. W. Kabalka, *Tetrahedron* 1976, *32*, 981–990.

54 G. Zweifel, H. C. Brown, *Org. React.* 1963, *13*, 1–54.

55 R. Criegee, *Angew. Chem.* 1975, *87*, 765–771; *Angew. Chem. Int. Ed. Engl.* 1975, *14*, 745–751; R. L. Kuczkowski, *Chem. Soc. Rev.* 1992, *21*, 79–83; R. L. Kuczkowski, *Acc. Chem. Res.* 1983, *16*,

42–47; O. Horie, G. K. Moortgat, *Acc. Chem. Res.* **1998**, *31*, 387–396.

56 J. Aube in *Comprehensive Organic Chemistry*, Bd. 1 (B. M. Trost, I. Fleming, Hrsg.), Pergamon, Oxford, **1991**, 843; V. G. Dryuk, *Tetrahedron*, **1976**, *32*, 2855–2866; D. V. Deubel, G. Frenking, P. Gisdakis, W. A. Herrmann, N. Rosch, J. Sundermeyer, *Acc. Chem. Res.* **2004**, *37*, 645–652; H. Adolfsson in *Modern Oxidation Methods* (J.-E. Bäckvall, Hrsg.), Wiley-VCH, Weinheim, **2004**, 21–50; B. S. Lane, K. Burgess, *Chem. Rev.* **2003**, *103*, 2457–2473; M. A. Barteau, *Top. Catal.* **2003**, *22*, 3–8.

57 A. Pfenninger, *Synthesis*, **1986**, 89–116; T. Katsuki, V. S. Martin, *Org. React.* **1996**, *48*, 1–300.

58 E. N. Jacobsen in *Comprehensive Organometallic Chemistry II*, Bd. 12 (E. W. Abel, F. G. A. Stone, G. Wilkinson, Hrsg.), Pergamon, Oxford, **1995**, 1097–1135; E. M. McGiarrigle, D. G. Gilheany, *Chem. Rev.* **2005**, *105*, 1563–1602; Q. H. Xia, H. Q. Ge, C. P. Ye, Z. M. Liu, K. X. Su, *Chem. Rev.* **2005**, *105*, 1603–1662; N. S. Venkataramanan, G. Kuppuraj, S. Rajagopal, *Coord. Chem. Rev.* **2005**, *249*, 1249–1268; E. Rose, B. Andrioletti, S. Zrig, M. Quelquejeu-Ehteve, *Chem. Soc. Rev.* **2005**, *34*, 573–583; W. Adam, A. Zhang, *Synlett* **2005**, 1047–1072.

59 M. Schröder, *Chem. Rev.* **1980**, *80*, 187–213; U. Sundermeier, C. Döbler, M. Beller in *Modern Oxidation Methods* (J.-E. Bäckvall, Hrsg.), Wiley-VCH, Weinheim, **2004**, 1–20; B. Plietker, M. Niggemann, *Org. Biomolec. Chem.* **2004**, *2*, 2403–2407; G. Poli, C. Scolastico in *Houben-Weyl* E21 e, Thieme, Stuttgart, **1995**, 4547–4598; A. M. M. Castro, *Chem. Rev.* **2004**, *104*, 2939–3002.

60 H. C. Kolb, M. S. Vannieuwenhze, K. B. Sharpless, *Chem. Rev.* **1994**, *94*, 2483–2547; B. B. Lohray, *Tetrahedron Asymmetry* **1992**, *3*, 1317–1349; M. C. Noe, M. A. Letavic, S. L. Snow, *Org. React.* **2005**, *66*, 109–625; G. Drudis-Solé, G. Ujaque, F. Maseras, A. Lledós, *Top. Organomet. Chem.* **2005**, *12*, 79–107; K. Muñiz in *Transition Metals for Organic Synthesis*, Bd. 2 (M. Beller, C. Bolm, Hrsg.), Wiley-VCH, Weinheim, **2004**, 298–308; H. C. Kolb, K. B. Sharpless in *Transition Metals for Organic Synthesis*, Bd. 2 (M. Beller, C. Bolm, Hrsg.), Wiley-VCH, Weinheim, **2004**, 275–297.

61 A. de Meijere, *Angew. Chem.* **1979**, *91*, 867–884; *Angew. Chem. Int. Ed. Engl.* **1979**, *18*, 809–826; A. Brandi, A. Goti, *Chem. Rev.* **1998**, *98*, 589–635; A. Pfaltz in *Transition Metals for Organic Synthesis*, Bd. 1 (M. Beller, C. Bolm, Hrsg.), Wiley-VCH, Weinheim, **2004**, 157–170; H. Nishiyama, *Top. Organomet. Chem.* **2004**, *11*, 81–92; H. Lebel, J. F. Marcoux, C. Molinaro, A. B. Charette, *Chem. Rev.* **2003**, *103*, 977–1050; A. de Meijere, S. I. Kozhushkov, *Chem. Rev.* **2000**, *100*, 93–142; T. Aratani in *Comprehensive Asymmetric Catalysis*, Bd. 3 (E. N. Jacobsen, A. Pfaltz, H. Yamamoto, Hrsg.), Springer, Berlin, **1999**, 1451–1460.

62 J. Salaün, *Chem. Rev* **1989**, *89*, 1247–1270. Chemie der Cyclopropane: Z. Rappoport (Hrsg.), *The Chemistry of the Cyclopropyl Group*, Wiley, New York, **1987**.

63 I. Fleming, *Grenzorbitale und Reaktionen organischer Verbindungen*, Verlag Chemie, Weinheim, **1979**; T. H. Lowry, K. S. Richardson, *Mechanismen und Theorie in der Organischen Chemie*, Verlag Chemie, Weinheim, **1980**; S. Sankararaman, *Pericyclic Reactions – A Textbook*, Wiley-VCH, Weinheim, **2005**; S. Kobayashi, K. A. Jørgensen, *Cycloaddition Reactions in Organic Synthesis*, Wiley-VCH, Weinheim, **2001**.

64 W. Oppolzer in *Comprehensive Organic Chemistry*, Bd. 5 (B. M. Trost, I. Fleming, Hrsg.), Pergamon, Oxford, **1991**, 315; F. Fringuelli, A. Taticchi, *The Diels Alder Reaction*, Wiley, Chichester, **2002**.

65 F. Fringuelli, L. Minuti, F. Pizzo, A. Tuticchi, *Acta Chem. Scand.* **1993**, *47*, 255–263; N. Anh, *Frontier Orbitals*, Wiley-VCH, Weinheim, **2007**.

66 S. I. Rhoads, N. R. Raulius, *Org. React.* **1975**, *22*, 1–252; R. K. Hill, in *Comprehensive Organic Chemistry*, Bd. 5 (B. M. Trost, I. Fleming, Hrsg.), Pergamon, Oxford, **1991**; R. K. Hill in *Comprehensive Organic Synthesis*, Bd. 5 (B. M. Trost, I. Fleming, Hrsg.), Pergamon, Oxford, **1991**; 785.

67 S. Pereira, M. Svebuilc, *Aldrichimica Acta*, **1993**, *26*, 17–29; A. M. M. Castro, *Chem. Rev.* **2004**, *104*, 2939–3002; Y. H. Chai, S. P. Hong, H. A. Lindsay, C. McFarland, M. C. McIntosh, *Tetrahedron* **2002**, *58*, 2905–2928.

68 J. Tsuji, *Palladium Reagents and Catalysts*, Wiley, Chichester, **2004**; A. de Meijere, F. Diederich (Hrsg.), *Metal-Catalyzed Cross-Coupling Reactions*, Wiley-VCH, Weinheim, **2004**; L. S. Hegedus in M. Schlosser, *Organometallics in Synthesis*, 2. Aufl., Wiley, New York, **2004**, Kap. 10; M. Beller, C. Bolm (Hrsg.), *Transition Metals for Organic Synthesis*, Bd. 1, 2. Aufl., Wiley-VCH, Weinheim, **2004**; R. F. Heck, *Palladium Reagents in Organic Syntheses*, Academic Press, London, **1990**; M. Shibasaki, E. M. Vogl, T. Ohshima, *Adv. Catal.* **2004**, *346*, 1522–1523.

69 A. de Meijere, P. Von Zezschwitz, S. Brase, *Acc. Chem. Res.* **2005**, *38*, 413–422; A. de Meijere, F. Meyer, *Angew. Chem.* **1994**, *106*, 2473–2506; *Angew. Chem. Int. Ed. Engl.* **1994**, *33*, 2397–2430; B. M. Trost, M. J. Krische, *Synlett* **1998**, 1–16; L. F. Tietze, H. Ila, H. P. Bell, *Chem. Rev.* **2004**, *104*, 3453–3516; M. Shibasaki, E. M. Vogl, T. Ohshima, *Adv. Synth. Commun.* **2004**, 1559–1563; V. Farina, *Adv. Synth. Catal.* **2004**, *346*, 1553–1582; M. Shibasaki, F. Miyazaki in *Handbook of Organopalladium Chemistry for Organic Synthesis*, Bd. 1 (E.-I. Negishi, A. de Meijere, Hrsg.), Wiley-Interscience, New York, **2002**; 1283–1315.

70 G. G. Elias, *An Introduction to Plastics*, Wiley-VCH, Weinheim, **2003**; G. Allen, J. C. Bevington, *Comprehensive Polymer Science*, 6 Bände, Elsevier, Amsterdam, **1990**; H. Bartl, J. Falbe, in *Houben-Weyl*, E20, Thieme, Stuttgart, **1987**; G. Moad, *The Chemistry of Radical Polymerization*, 2. Aufl., Elsevier, Amsterdam, **2005**.

71 K. Ziegler, *Angew. Chem.* **1964**, *76*, 545–553; H. H. Brintzinger, D. Fischer, R. Mühlhaupt, B. Rieger. R. Waymouth, *Angew. Chem.* **1995**, *107*, 1255–1283; *Angew. Chem. Int. Ed. Engl.* **1995**, *34*, 1143–1170; I. Boor, *Ziegler-Natta Catalysis and Polymerisation*, Academic Press, New York **1979**; G. Fink, R. Mühlhaupt, H. H. Brintzinger (Hrsg.), *Ziegler Catalysis*, Springer, Berlin, **1995**. Zur historischen Entwicklung: H. Martin, *Polymere und Patente*, Wiley-VCH, Weinheim, **2002**.

72 S. Patai (Hrsg.), *Chemistry of the Carbon-Carbon Triple Bond*, Wiley, New York, **1978**; S. Patai, Z. Rappoport (Hrsg.), *Chemistry of Triple-Bonded Functional Groups: Supp. C*, Wiley, New York, **1983**; F. Diederich, P. Stang, R. R. Tykwinski (Hrsg.), *Acetylene Chemistry*, Wiley-VCH, Weinheim, **2004**; H. Hopf, *Classics in Hydrocarbon Chemistry*, Wiley-VCH, Weinheim, **2000**.

73 A. Krebs, J. Wilke, *Top. Curr. Chem.* **1983**, *109*, 189. M. A. Bennett, H. P. Schwemlein, *Angew. Chem.* **1989**, *101*, 1349–1373; *Angew. Chem. Int. Ed. Engl.* **1989**, *28*, 1296–1320; T. Okuyama, M. Fujita, *Acc. Chem. Res.* **2005**, *38*, 679–686; R. Faust, *Angew. Chem.* **1998**, *110*, 2885–2888. *Angew. Chem. Int. Ed.* **1998**, *37*, 2825–2828.

74 M. E. Maier, *Synlett*, **1995**, 13–26; K. C. Nicolaou, W.-M. Dai, *Angew. Chem.* **1991**, *103*, 1453–1481; *Angew. Chem. Int. Ed. Engl.* **1991**, *30*, 1387–1415; P. R. Schreiner, A. Navarro-Vazquez, M. Prall, *Acc. Chem. Res.* **2005**, *38*, 29–37; A. Basak, S. Mandal, S. S. Bag, *Chem. Rev.* **2003**, *103*, 4077–4094; D. L. J. Clive, Y. Tao, Y. X. Bo, Y. Z. Hu, N. Selvakumar, S. Y. Sun, W. S. Daigneault, Y. J. Wu, *J. Chem. Soc., Chem. Commun.* **2000**, 1341–1350; M. E. Maier, F. Bosse, A. J. Niestroj, *Eur. J. Org. Chem.* **1999**, 1–13; K. C. Nicolaou, S. A. Snyder, *Classics in Total Synthesis II*, Wiley-VCH, Weinheim, **2003**; Endiine als Bausteine von Kohlenstoffnetzwerken: F. Diederich, *Nature* **1994**, *369*, 199–207.

75 L. Brandsma, *Preparative Acetylenic Chemistry*, 2. Aufl., Elsevier, Amsterdam, **1988**; R. C. Larock, *Comprehensive Organic Transformations*, 2. Aufl., Wiley, Chichester, **1999**.

76 H.-O. Kalinowski, S. Berger, S. Braun, *^{13}C-NMR Spektroskopie*, Thieme, Stuttgart, **1984**, 129.

77 V. Jäger, H. G. Viehe in *Houben-Weyl*. 5/2a Thieme, Stuttgart, **1977**, S. 32; F. Diederich, P. Stang, R. R. Tykwinski (Hrsg.), *Acetylene Chemistry*, Wiley-

VCH, Weinheim, **2004**, H. J. Arpe, *Industrielle Organische Chemie*, 6. Aufl., Wiley-VCH, Weinheim, **2006**.

78 Ch. Elschenbroich, *Organometallchemie*, 5. Aufl., Teubner, Stuttgart, **2005**; S. Saito in *Modern Organonickel Chemistry* (Y. Tamaru, Hrsg.), Wiley-VCH, Weinheim, **2005**, 171–204; Y. Yamamoto, *Curr. Org. Chem.* **2005**, *9*, 503–519.

79 T. L. Jacobs, *Org. React.* **1949**, *5*, 1–78; F. Diederich, P. Stang, R. R. Tykwinski (Hrsg.), *Acetylene Chemistry*, Wiley-VCH, Weinheim, **2004**.

80 P. J. Garratt in *Comprehensive Organic Synthesis*, Bd. 3 (B. M. Trost, I. Fleming, Hrsg.), Pergamon, Oxford, **1991**, 271; A. Yanagisawa in *Organometallics: Compounds of Groups 13 and 2 (Al, Ga, In, Tl, Be···Ba)*; Bd. 7 (H. Yamamoto, R. Noyori, Hrsg.), Thieme, Stuttgart, **2004**, 523–526.

81 S. Siegel in *Comprehensive Organic Synthesis*, Bd. 8 (B. M. Trost, I. Fleming, Hrsg.), Pergamon, Oxford, **1991**, 417; H. Takaya in *Comprehensive Organic Synthesis*, Bd. 8 (B. M. Trost, I. Fleming, Hrsg.), Pergamon, Oxford, **1991**, 443; F. Sato in *Handbook of Organopalladium Chemistry for Organic Synthesis*; Bd. 2 (E.-I. Negishi, A. de Meijere, Hrsg.), Wiley-Interscience, New York, **2002**, 2759–2765; M. A. Esteruelas, L. A. Ore, *Chem. Rev.* **1998**, *98*, 577–588.

82 L. F. Tietze, T. Eicher, *Reaktionen und Synthesen*, Thieme, Stuttgart, **1991**, 36.

83 R. E. A. Dear, F. L. M. Pattison, *J. Am. Chem. Soc.* **1963**, *85*, 622–626.

84 J. J. Eisch in *Comprehensive Organic Synthesis*, Bd. 8 (B. M. Trost, I. Fleming, Hrsg.), Pergamon, Oxford, **1991**, 733; W. G. Brown, *Org. React* **1951**, *6*, 469.

85 E. Winterfeldt, *Synthesis*, **1975**, 617–630.

86 A. H. Haines, *Oxidation of Organic Compounds*, Academic Press, London, **1985**, 153; J. Tsuji in *Comprehensive Organic Synthesis*, Bd. 7 (B. M. Trost, I. Fleming, Hrsg.), Pergamon, Oxford, **1991**, 469.

87 L. S. Hegedus in M. Schlosser, *Organometallics in Synthesis*, 2. Aufl., Wiley, New York, **2004**, Kap. 10; R. F. Heck, *Palladium Reagents in Organic Synthesis*, Academic Press, London, **1990**; S. Schroeter, C. Stock, T. Bach, *Tetrahedron* **2005**, *61*, 2245–2267; A. Jutand, *Pure Appl. Chem.* **2004**, *76*, 565–576; R. R. Tykwinski, *Angew. Chem.* **2003**, *115*, 1604–1606; *Angew. Chem. Int. Ed.* **2003**, *42*, 1566–1568; K. Sonogashira, *J. Organomet. Chem.* **2002**, *653*, 46–49; K. Sonogashira in *Handbook of Organopalladium Chemistry for Organic Synthesis*, Bd. 1 (E.-I. Negishi, A. de Meijere, Hrsg.); Wiley-Interscience, New York, **2002**, 493–529; I. B. Campbell in *Organocopper Reagents: A Practical Approach*. (R. J. K. Taylor, Hrsg.), Oxford University Press, Oxford, **1994**, 217–235.

88 P. B. D. de la Mare, R. Bolton, *Electrophilic Additions*, Elsevier, Amsterdam, **1982**, 299; C. Fischmeister, C. Bruneau, P. H. Dixneuf in *Ruthenium in Organic Synthesis* (S.-I. Murahashi, Hrsg.), Wiley-VCH, Weinheim, **2004**, 189–218; F. Pohlki, S. Doye, *Chem. Soc. Rev.* **2003**, *32*, 104–114; J. K. Stille in *Comprehensive Organic Synthesis*, Bd. 4 (B. M. Trost, I. Fleming, Hrsg.), Pergamon, Oxford, **1991**, 913; V. J. Lee in *Comprehensive Organic Synthesis*, Bd. 4 (B. M. Trost, I. Fleming, Hrsg.), Pergamon, Oxford, **1991**, 69.

89 R. C. Larock, W. W. Leong in *Comprehensive Organic Synthesis*, Bd. 4 (B. M. Trost, I. Fleming, Hrsg.), Pergamon, Oxford, **1991**, 269, 329.

90 V. D. Nefedov, E. N. Sinotova, V. P. Lebedev, *Russ. Chem. Rev. (Engl. Transl.)* **1992**, *61*, 283; M. Hanack, L. R. Subramanian in *Houben-Weyl* E19 c, Thieme, Stuttgart, **1990**, 97–250; M. Hanack, *Angew. Chem.* **1978**, *90*, 346–359; *Angew. Chem. Int. Ed. Engl.* **1978**, *17*, 333–346.

91 K. Smith, A. Pelterin *Comprehensive Organic Synthesis*, Bd. 8 (B. M. Trost, I. Fleming, Hrsg.), Pergamon, Oxford, **1991**, 703; A. Pelter, K. Smith, H. C. Brown, *Borane Reagents*, Academic Press, London, **1988**, 35; H. Wadepohl, *Angew. Chem.* **1997**, *109*, 2547–2550; *Angew. Chem. Int. Ed. Engl.* **1997**, *36*, 2441–2444.

92 H. Shirakawa, *Angew. Chem.* **2001**, *113*, 2642–2648; *Angew. Chem. Int. Ed.*

2001, *40*, 2575–2580; A. G. MacDiarmid, *Angew. Chem.* **2001**, *113*, 2649–2659; *Angew. Chem. Int. Ed.* **2001**, *40*, 2581–2590; A. J. Heeger, *Angew. Chem.* **2001**, *113*, 2660–2682; *Angew. Chem. Int. Ed.* **2001**, *40*, 2591–2611.

93. L. Brandsma, H. D. Verkruijsse, *Synthesis of Acetylenes, Allenes and Cumulenes*, Elsevier, Amsterdam, **1981**; E.-I. Negishi in *Handbook of Organopalladium Chemistry for Organic Synthesis*, Bd. 2 (E.-I. Negishi, A. de Meijere, Hrsg.), Wiley-Interscience, New York, **2002**, 2783–2788; X. Y. Lu, C. M. Zhang, Z. R. Xu, *Acc. Chem. Res.* **2001**, *34*, 535–544.

94. C. Noe, A. Bader, *Chem. in Britain* **1993**, 126; J. H. Potgieter, *J. Chem. Ed.* **1991**, *68*, 280–281; wissenschaftsphilosophische Betrachtung: J. A. Berson, *Angew. Chem.* **2000**, *112*, 3173–3176; *Angew. Chem. Int. Ed. Engl.* **2000**, *39*, 3045–3047.

95. E. E. van Tamelen, S. P. Pappas, *J. Am. Chem. Soc.* **1963**, *85*, 3297–3298; E. E. van Tamelen, S. P. Pappas, K. L. Kirk, *J. Am. Chem. Soc.* **1971**, *93*, 6092–6101; W. Schäfer, H. Hellmann, *Angew. Chem.* **1967**, *79*, 566–573; *Angew. Chem. Int. Ed. Engl.* **1967**, *6*, 518–525.

96. T. J. Katz, R. J. Roth, N. Acton, E. J. Carnahan, *J. Org. Chem.* **1999**, *64*, 7663–7664; K. E. Wilzbach, J. S. Ritscher, L. Kaplan, *J. Am. Chem. Soc.* **1967**, *89*, 1031–1032; L. Kaplan, K. E. Wilzbach, *J. Am. Chem. Soc.* **1968**, *90*, 3291–3292; H. R. Ward, J. S. Wishnok, *J. Am. Chem. Soc.* **1968**, *90*, 1085–1086; T. J. Katz, E. J. Wang, N. Acton, *J. Am. Chem. Soc.* **1971**, *93*, 3782–3783.

97. T. J. Katz, N. Acton, *J. Am. Chem. Soc.* **1973**, *95*, 2738–2739; M. A. Froman, *Org. Prep. Proced. Int.* **1994**, *26*, 291–320; G. Mehta, S. Padma in *Carbocyclic Cage Compounds: Chemistry and Applications* (E. Osawa, O. Yonemitsu, Hrsg.), VCH, Weinheim, **1992**, 183–215.

98. W. E. Billups, M. M. Haley, *Angew. Chem.* **1989**, *101*, 1735–1737; *Angew. Chem. Int. Ed. Engl.* **1989**, *28*, 1711–1713.

99. M. Sainsbury, *Aromatenchemie*, VCH, Weinheim, **1995**; D. Astruc (Hrsg.), *Modern Arene Chemistry*, Wiley-VCH, Weinheim, **2002**; M. V. Gorelik, *Russ. Chem. Rev. (Engl. Transl.)* **1990**, *59*, 116–133; V. I. Minkin, M. N. Glaknovtsev, B. Y. Simkin, *Aromaticity and Antiaromaticity*, Wiley, New York, **1994**; P. J. Garratt, *Aromaticity*, Wiley, New York, **1986**; G. Maier, *Chem. in unserer Zeit*, **1979**, *9*, 131–141; Aromatizität in Heterocyclen: V. G. S. Box, *Heterocycles* **1991**, *32*, 2023; A. R. Katritzky, M. Karelson, N. Malhotra, *Heterocycles* **1991**, *32*, 127; L. J. Schaad, B. A. Hess, *Chem. Rev.* **2001**, *101*, 1465–1476; H. Hopf, *Classics in Hydrocarbon Chemistry*, Wiley-VCH, Weinheim, **2000**; F. A. Carey, R. J. Sundberg, *Organische Chemie*, VCH, Weinheim, **1995**.

100. S. Kikuchi, *J. Chem. Edu.* **1997**, *74*, 194–201; W. B. Smith, *J. Chem. Educ.* **1971**, *48*, 749–752; J. A. Berson, *Angew. Chem.* **1996**, *108*, 2922–2937; *Angew. Chem. Int. Ed. Engl.* **1996**, *35*, 2750–2764.

101. R. Breslow, *Acc. Chem. Res.* **1973**, *6*, 393–398; K. B. Wiberg, *Chem. Rev.* **2001**, *101*, 1317–1331.

102. M. Hesse, H. Meier, B. Zeeh, *Spektroskopische Methoden in der Chemie*, 7. Aufl., Thieme, Stuttgart, **2005**, Kap. 3; A. Minsky, A. Y. Meyer, M. Rabinovitz, *Tetrahedron* **1985**, *41*, 785–791, R. H. Mitchell, V. S. Iyer, N. Khalifa, R. Mahadevan, S. Venugopalan, S. A. Weerawarna, P. Zhou, *J. Am. Chem. Soc.* **1995**, *117*, 1514–1532.

103. D. Lloyd, *The Chemistry of Conjugated Cyclic Compounds: To be or not to be like benzene?*, Wiley, New York, **1989**; M. Randic, *Chem. Rev.* **2003**, *103*, 3449–3605; R. V. Williams, *Chem. Rev.* **2001**, *101*, 1185–1204; K. B. Wiberg, *Chem. Rev.* **2001**, *101*, 1317–1331.

104. R. Brückner, *Reaktionsmechanismen*, 3. Aufl., Spektrum, Heidelberg, **2004**, Kap. 5; H.-G. Padeken, in *Houben-Weyl. 5/2 b*, Thieme, Stuttgart, **1981**, 508–527; C. Grundmann, in *Houben-Weyl. 5/2 b*, Thieme, Stuttgart, **1981**, 528–573.

105. E. L. Muetterties, J. R. Bleeke, *Acc. Chem. Res.* **1979**, *12*, 324–331; I. P. Rothwell, *J. Chem. Soc., Chem. Commun.* **1997**, 1331–1338; R. L. Burwell,

Jr., *Chemtracts: Organic Chemistry* **1998**, *11*, 884–892.

106 P. W. Rabidau, Z. Marcinow, *Org. React.* **1992**, *42*, 1–334; G. Rao, *Pure Appl. Chem.* **2003**, *75*, 1443–1451; H. Pellissier, M. Santelli, *Org. Prep. Proced. Int.* **2002**, *34*, 609,611–642; A. G. Schultz, *J. Chem. Soc., Chem. Commun.* **1999**, 1263–1271; T. J. Donahoe, P. M. Guyo, A. Raoof in *Targets in Heterocyclic Systems – Chemistry and Properties*; Bd. 3 (O. A. Attanasi, D. Spinelli, Hrsg.), Italian Chemical Society, Rom, **1999**, 117–145; A. J. Birch, *Pure Appl. Chem.* **1996**, *68*, 553–556.

107 B. P. Cho, *Org. Prep. Proced. Int.* **1995**, *27*, 243–272.

108 Vorschriften: H. G. O. Becker, W. Berger, G. Domschke, *Organikum*, 22. Aufl., Wiley-VCH, Weinheim, **2004**; L. F. Tietze, T. Eicher, *Reaktionen und Synthesen*, Thieme, Stuttgart, **1991**.

109 C. M. Suter, A. W. Weston, *Org. React.* **1946**, *3*, 141–197.

110 K. P. C. Vollhardt, N. E. Schore, *Organische Chemie*, 4. Aufl., Wiley-VCH, Weinheim, **2005**, 783–786.

111 G. A. Olah, R. Krishnamurti, G. K. S. Prakash in *Comprehensive Organic Synthesis*, Bd. 3 (B. M. Trost, I. Fleming, Hrsg.), Pergamon, Oxford, **1991**, 293; C. C. Price, *Org. React.* **1946**, *3*, 1–82; M. Bandini, A. Melloni, A. Umani-Ronchi, *Angew. Chem.* **2004**, *116*, 560–566; *Angew. Chem. Int. Ed.* **2004**, *43*, 550–556; Y. Wan, K. Ding, L. Dai, A. Ishii, V. A. Soloshonok, K. Mikami, N. Gathergood, W. Zhuang, K. A. Jorgensen, K. B. Jesen, J. Thorhauge, R. G. Hazell, *Chemtracts: Organic Chemistry* **2001**, *14*, 610–615; I. Fleming, *Chemtracts: Organic Chemistry* **2001**, *14*, 405–406; I. N. Jung, B. R. Yoo, *Adv. Organomet. Chem.* **2000**, *46*, 145–180; als Friedel-Crafts-Katalysatoren können auch Natriumaluminiumsilikate oder Magnesiumsilikate genutzt werden, die als Katzenstreu (Sepiloitbasis, Meerschaum) im Handel sind: M. Spagnol, L. Gilbert, D. Alby in *Roots of Organic Development* (J. R. Desmurs, S. Ratton, Hrsg.), Elsevier, Amsterdam, **1996**, 29–38.

112 H. Heane in *Comprehensive Organic Synthesis*, Bd. 2 (B. M. Trost, I. Fleming, Hrsg.), Pergamon, Oxford, **1991**, 753; Intermediate der Friedel-Crafts-Acylierung: B. Chevier, R. Weiss, *Angew. Chem.* **1974**, *86*, 12–21; *Angew. Chem. Int. Ed. Engl.* **1974**, *13*, 1–10; Friedel-Crafts-Acylierung von Alkenen: J. K. Groves, *Chem. Soc. Rev.* **1972**, *1*, 73–97.

113 S. Patai (Hrsg.), *The Chemistry of Acyl Halides*, Wiley, New York, **1972**; R. Ashforth, J. R. Desmurs in *Roots of Organic Development* (J. R. Desmurs, S. Ratton (Hrsg.); Elsevier, Amsterdam, **1996**, 3–14.

114 Friedel-Crafts-Acylierung ohne Katalysator: D. E. Pearson, C. A. Buehler, *Synthesis* **1972**, 533–542.

115 N. N. Crouse, *Org. React.* **1949**, *5*, 290–301.

116 W. E. Truce, *Org. React.* **1957**, *9*, 37–72.

117 O. Meth-Cohn, S. P. Stanforth in *Comprehensive Organic Synthesis*, Bd. 2 (B. M. Trost, I. Fleming, Hrsg.), Pergamon, Oxford, **1991**, 777; C. M. Marson, *Tetrahedron* **1992**, *48*, 3659–3726; Tasneem, *Synlett* **2003**, 138–139; G. Jones, S. P. Stanforth, *Org. React.* **1997**, *49*, 1–330.

118 C. D. Gutsche, *Calixarenes, Monographs in Supramolecular Chemistry* (J. F. Stoddart, Hrsg.), Royal Society of Chemistry, Cambridge, **1989**; L. Mandolini, R. Ungaro (Hrsg.), *Calixarenes in Action*, Imperial College Press, London, **2000**.

119 J. A. Zoltewicz, *Top. Curr. Chem.* **1975**, *59*, 33–64; C. Paradisi in *Comprehensive Organic Synthesis*, Bd. 4 (B. M. Trost, I. Fleming, Hrsg.), Pergamon, Oxford, **1991**, 423.

120 M. Markosza, *Russ. Chem. Bull.* **1996**, *45*, 491–504; M. Makosza, K. Wojciechowski, *Liebigs Ann. Chem.* **1997**, 1805–1816.

121 C. Grundmann, in *Houben-Weyl* 5/2 b, Thieme, Stuttgart, **1981**, 613–643; R. W. Hoffmann, *Dehydrobenzene and Cycloalkynes*; Academic Press, New York **1967**; H. H. Wenk, M. Winkler, W. Sander, *Angew. Chem.* **2003**, *115*, 518–546; *Angew. Chem. Int. Ed.* **2003**, *42*, 502–528; H. Pellissier, M. Santelli, *Tetrahedron* **2003**, *59*, 701–730; M. G. Reinecke, *Tetrahedron* **1982**, *38*, 427.

122 L. Brandsma, H. Verkruijsse, *Preparative Polar Organometallic Chemistry 1 + 2*, Springer, Heidelberg, **1987**; B. J. Wakefield, *Organolithium Methods*, Academic Press, London, **1988**; J. Clayden, *Oganolithiums: Selectivity for Synthesis*, Pergamon, Amsterdam, **2002**.

123 M. Schlosser, *Organometallics in Synthesis*, 2. Aufl., Wiley, New York, **2004**; A. Mordini in *Advances in Carbanion Chemistry*, Bd. 1 (V. Snieckus, Hrsg.), Jai Press, Greenwich, **1992**, 1–44. M. D. Rausch, D. J. Ciapenelli, *J. Organomet. Chem.* **1967**, *10*, 127–136.

124 V. Snieckus, *Chem. Rev.* **1990**, *90*, 879–933; V. Snieckus, *Pure Appl. Chem.* **1990**, *62*, 671–680, 2047–2056; A. Gissot, J.-M. Becht, J. R. Desmurs, V. Pevere, A. Wagner, C. Mioskowski, *Angew. Chem.* **2002**, *114*, 350–353; *Angew. Chem. Int. Ed.* **2002**, *41*, 340–343.

125 L. E. Martin, *Org. React.* **1942**, *1*, 155–210; E. Vedejs, *Org. React.* **1975**, *22*, 401–421.

126 A. de Meijere, F. Diederich (Hrsg.), *Metal-Catalyzed Cross-Coupling Reactions*, 2. Aufl., Wiley-VCH, Weinheim, **2004**; E. Negishi, A. de Meijere (Hrsg.), *Handbook of Organopalladium Chemistry for Organic Synthesis*, Wiley, Chichester, **2002**; M. Beller, C. Bolm (Hrsg.), *Organometallics for Organic Synthesis*, 2. Aufl., Wiley-VCH, Weinheim, **2004**.

127 T. D. Nelson, R. D. Crouch, *Org. React.* **2004**, *63*, 265–555; K. Kunz, U. Scholz, D. Ganzer, *Synlett* **2003**, 2428–2439; J. P. Finet, A. Y. Fedorov, S. Combes, G. Boyer, *Curr. Org. Chem.* **2002**, *6*, 597–626; G. Bringmann, R. Walter, R. Weirich, *Angew. Chem.* **1990**, *102*, 1006–1019; *Angew. Chem. Int. Ed. Engl.* **1990**, *29*, 977–990.

128 M. Kumada, *Pure Appl. Chem.* **1980**, *52*, 669–679; I. Colon, D. R. Kelsey, *J. Org. Chem.* **1986**, *51*, 2627–2637; K. Tamao, M. Kumada in *The Use of Organometallic Compounds in Organic Synthesis.*, Bd. 4 (F. R. Hartley, Hrsg.), Wiley, Chichester, **1987**, 819–887.

129 N. Krause (Hrsg.), *Modern Organocopper Chemistry*, Wiley-VCH, Weinheim, **2002**; P. Knochel (Hrsg.), *Handbook of Functionalized Organometallics*, Wiley-VCH, Weinheim, **2005**; L. S. Hegedus, *Organische Synthese mit Übergangsmetallen*, VCH, Weinheim, **1995**; B. H. Lipshutz in *Organometallics in Synthesis*, 2. Aufl. (M. Schlosser, Hrsg.), Wiley, New York, **2004**.

130 N. Miyaura in *Metal-Catalyzed Cross-Coupling Reactions*; 2. Aufl. (A. de Meijere, F. Diederich, Hrsg.), Wiley-VCH, Weinheim, **2004**, 41–124; N. Miyaura in *Metal-Catalyzed Cross-Coupling Reactions*, 2. Aufl. (A. de Meijere, F. Diederich, Hrsg.), Wiley-VCH, Weinheim, **2004**, 41–124.

131 A. de Meijere, *Angew. Chem.* **1994**, *106*, 2473–2506; *Angew. Chem. Int. Ed. Engl.* **1994**, *33*, 2379–2411; K. C. Nicolaou, P. G. Bulger, D. Sarlah, *Angew. Chem.* **2005**, *117*, 4516–4563; *Angew. Chem. Int. Ed.* **2005**, *44*, 4442–4489; I. P. Beletskaya, A. V. Cheprakov, *Chem. Rev.* **2000**, *100*, 3009; H.-G. Schmalz, *Nachr. Chem. Tech. Lab.* **1994**, *42*, 270–276. L. E. Overman, *Pure Appl. Chem.* **1994**, *66*, 1423–1430.

132 J. K. Stille, *Angew. Chem.* **1986**, *98*, 504–519; *Angew. Chem. Int. Ed. Engl.* **1986**, *25*, 508–521; P. Espinet, A. M. Echavarren, *Angew. Chem.* **2004**, *116*, 4808–4839; *Angew. Chem. Int. Ed.* **2004**, *43*, 4704–4734; G. Pattenden, D. J. Sinclair, *J. Organomet. Chem.* **2002**, *653*, 261–268; M. Kosugi, K. Fugami, *J. Organomet. Chem.* **2002**, *653*, 50–53; M. Kosugi, K. Fugami in *Handbook of Organopalladium Chemistry for Organic Synthesis*; Bd. 1 (E.-I. Negishi, A. de Meijere, Hrsg.), Wiley-Interscience, New York **2002**, 263–285; R. Franzen, *Can. J. Chem.* **2000**, *78*, 957–962; V. Farina, V. Krishnamurthy, W. J. Scott, *Org. React.* **1997**, *50*, 1–652.

133 A. C. Spivey, C. J. G. Gripton, J. P. Hannah, *Curr. Org. Synth.* **2004**, *1*, 211–226.

134 J. F. Hartwig, *Angew. Chem.* **1998**, *110*, 2154–2177; *Angew. Chem. Int. Ed.* **1998**, *37*, 2047–2067; L. Jiang, S. L. Buchwald in *Metal-Catalyzed Cross-Coupling Reactions*, 2. Aufl. (A. de Meijere, F. Diederich, Hrsg.), Wiley-VCH, Weinheim, **2004**, 699–760; B. H. Yang, S. L. Buchwald, *J. Organomet. Chem.* **1999**, *576*, 125–146; J. P. Wolfe, S. L. Buchwald, *J. Am. Chem. Soc.* **1996**,

118, 7215–7216; M. S. Driver, J. F. Hartwig, *J. Am. Chem. Soc.* **1996**, *118*, 7217–7218.

135 M. Müller, C. Kubel, K. Müllen, *Chem. Eur. J.* **1998**, *4*, 2099–2109; S. Hagen, H. Hopf, *Top. Curr. Chem.* **1998**, *196*, 45–89; R. G. Harvey, *Curr. Org. Chem.* **2004**, *8*, 303–323; M. Randic, *Chem. Rev.* **2003**, *103*, 3449–3605; M. Zander, *Polycyclische Aromaten*, Teubner, Stuttgart, **1995**; D. K. Bohme, *Chem. Rev.* **1992**, *92*, 1487–1508; R. G. Harvey, *Polycyclic Aromatic Hydrocarbons*, Wiley-VCH, New York, **1997**; R. J. Harvey, *Polycyclic Aromatic Hydrocarbons*, Cambridge University Press, New York, **1992**; H. Blome, E. Clar, C. Grundmann, in *Houben-Weyl 5/2 b*, Thieme, Stuttgart **1981**, 359–470; M. Zander, in *Houben-Weyl 5/2 b*, Thieme, Stuttgart **1981**, 574–612; H. Hosoya, H. Kumazaki, K. Chida, M. Ohuchi, Y. D. Gao, *Pure. Appl. Chem.* **1990**, *62*, 445–450.

136 E. L. Eliel, S. H. Wilen, L. N. Mander, *Stereochemistry of Organic Compounds*, Wiley, New York, **1994**, 1142 ff; G. Bringmann, M. Breuning, S. Tasler, *Synthesis* **1999**, 525–558; K. Kamikawa, M. Uemura, *Synlett* **2000**, 938–949; G. Bringmann, D. Menche, *Acc. Chem. Res.* **2001**, *34*, 615–624; J. Hassan, M. Sevignon, C. Gozzi, E. Schulz, M. Lemaire, *Chem. Rev.* **2002**, *102*, 1359–1469.

137 Zur katalytischen Reduktion: E. L. Muetterties, J. R. Bleeke, *Acc. Chem. Res.* **1979**, *12*, 324–331; C. Rüchardt, M. Gerst, J. Ebenhoch, *Angew. Chem.* **1997**, *109*, 1474–1498; *Angew. Chem. Int. Ed.* **1997**, *36*, 1407–1430.

138 R. Bolton in *Rodd's Chemistry of Carbon Compounds*, 2. Suppl., 2. Aufl., Bd. IIIF/IIIG/IIIH (M. Sainsbury, Hrsg.), Elsevier, Amsterdam, **1995**; A. J. Floyd, S. F. Dyke, S. E. Ward, *Chem. Rev.* **1976**, *76*, 509–562.

139 A. Hirsch, *The Chemistry of Fullerenes*, Thieme, Stuttgart, **1994**; Fulleren-Modellverbindungen: R. Faust, *Angew. Chem.* **1995**, *107*, 1559–1562; *Angew. Chem. Int. Ed.* **1995**, *34*, 1429–1432; L. T. Scott, *Angew. Chem.* **2004**, *116*, 5102–5116; *Angew. Chem. Int. Ed.* **2004**, *43*, 4994–5007; Z. Chen, T. Heine, H. Jiao, A. Hirsch, W. Thiel, P. v. R. Schleyer, *Chem. Eur. J.* **2004**, *10*, 963–970; M. Sawamura, K. Kawai, Y. Matsuo, K. Kanie, T. Kato, E. Nakamura, *Nature* **2002**, *419*, 702–705; A. Hirsch, *Angew. Chem.* **2001**, *113*, 1235–1237; *Angew. Chem. Int. Ed.* **2001**, *40*, 1195–1197; 1996 wurde der Nobelpreis für die Entdeckung der Fullerene an Kroto, Smalley und Curl vergeben: R. F. Curl, *Angew. Chem.* **1997**, *109*, 1636–1647; *Angew. Chem. Int. Ed. Engl.* **1997**, *36*, 1566–1577; H. W. Kroto, *Angew. Chem.* **1997**, *109*, 1648–1664; *Angew. Chem. Int. Ed. Engl.* **1997**, *106*, 1587–1593; R. E. Smalley, *Angew. Chem.* **1997**, *109*, 1666–1673; *Angew. Chem. Int. Ed. Engl.* **1997**, *36*, 1594–1603.

140 H. W. Kroto, J. R. Heath, S. C. O'Brian, R. F. Curl, R. E. Smalley, *Nature* **1985**, *318*, 162–163.

141 W. Krätschmer, L. D. Lamb, K. Fostiropoulos, D. R. Huffman, *Nature* **1990**, *347*, 354–358; Mechanismus der Fullerenbildung: N. S. Goroff, *Acc. Chem. Res.* **1996**, *29*, 77–83.

142 S. Patai (Hrsg.), *The Chemistry of the Hydroxyl Group*, Wiley, New York, **1971** und Suppl. E, **1980**; O. Mitsunobu in *Comprehensive Organic Synthesis*, Bd. 6 (B. M. Trost, I. Fleming, Hrsg.), Pergamon, Oxford, **1991**, 1 ff; J. Sweeney, *Contemp. Org. Synth.* **1994**, *1*, 243–258.

143 V. S. Arutyunov, V. Y. Basevich, V. I. Vedeneev, *Russ. Chem. Rev. (Engl. Transl.)* **1996**, *65*, 197–224; A. Y. Rozovskii, *Russ. Chem. Rev. (Engl. Trans.)* **1989**, *58*, 41–56.

144 H.-J. Arpe, *Industrielle Organische Chemie*, 6. Aufl., Wiley-VCH, Weinheim, **2006**.

145 LiAlH$_4$: W. G. Brown, *Org. React.* **1951**, *6*, 469–510; S. C. Chen, *Synthesis* **1974**, 691–703; NaBH$_4$: P. Caubere, *Angew. Chem.* **1983**, *95*, 597–611; *Angew. Chem. Int. Ed. Engl.* **1983**, *22*, 599–613; D. Seebach, A. K. Beck, R. Dahinden, M. Hoffmann, F. N. M. Kuhnle, *Croat. Chem. Acta* **1996**, *69*, 459–484; Diisobutylaluminiumhydrid, DIBAL-H: E. Winterfeldt, *Synthesis* **1975**, 617–630; NaBH$_4$: L. Zhenjiang, *Synlett* **2005**, 182–183; M. Periasamy, P. Thiruma-

laikumar, *J. Organomet. Chem.* **2000**, *609*, 137–151; Hydride allgemein: N. M. Yoon, *Pure Appl. Chem.* **1996**, *68*, 843–848; H. C. Brown, S. Krishnamurthy, *Tetrahedron* **1979**, *35*, 567–607; N. Greeves in *Comprehensive Organic Synthesis* Bd. 6 (B. M. Trost, I. Fleming, Hrsg.), Pergamon, Oxford, **1991**, 1 ff; A. Hajos, in *Houben-Weyl* 4/1 d, Thieme, Stuttgart, **1981**, 1–486.

146 P. Daverio, M. Zanda, *Tetrahedron: Asymmetry* **2001**, *12*, 2225–2259; E. J. Corey, C. J. Helal, *Angew. Chem.* **1998**, *110*, 2092–2012; *Angew. Chem. Int. Ed.* **1998**, *37*, 1987–2012; M. M. Midland, *Chem. Rev.* **1989**, *89*, 1553–1561; R. Noyori, *Pure Appl. Chem.* **1981**, *53*, 2315–2322; V. Caplar, G. Cornisso, V. Sunjic, *Synthesis* **1981**, 85–116; M. Wills, J. R. Sudley, *Chem. Ind.* **1994**, *14*, 552–555; W. S. Knowles, *Acc. Chem. Res.* **1983**, *16*, 106–112; J. D. Morrison, *Asymmetric Synthesis*, Academic Press, New York, **1983**; H. C. Brown, P. V. Ramachandran, *Acc. Chem. Res.* **1992**, *25*, 16–24.

147 E. N. Jacobson, A. Pfaltz, H. Yamamoto (Hrsg.), *Comprehensive Asymmetric Catalysis*, Springer, Heidelberg, **2004**; R. Noyori, *Angew. Chem.* **2002**, *114*, 2108–2123; *Angew. Chem. Int. Ed.* **2002**, *41*, 2008–2022; T. Ohkuma, H. Ooka, T. Ikariya, R. Noyori, *J. Am. Chem. Soc.* **1995**, *117*, 10 417–10 418; R. Noyori, *Acta Chem. Scand.* **1996**, *50*, 380–390; J. Albrecht, U. Nagel, *Angew. Chem.* **1996**, *108*, 444–446; *Angew. Chem. Int. Ed.* **1996**, *35*, 407–409; R. Noyori, S. Hashiguchi, *Acc. Chem. Res.* **1997**, *30*, 97–102; M. Berthod, G. Mignani, G. Woodward, M. Lemaire, *Chem. Rev.* **2005**, *105*, 1801–1836; S. Akutagawa, *Appl. Catal.* **1995**, *128*, 171–207.

148 E. J. Corey, C. J. Helal, *Angew. Chem.* **1998**, *110*, 2092–2118; *Angew. Chem. Int. Ed. Engl.* **1998**, *37*, 1987–2012; E. J. Corey, R. K. Bakshi, S. Shibata, *J. Am. Chem. Soc.* **1987**, *109*, 5551–5553; E. J. Corey, R. K. Bakshi, S. Shibata, C.-P. Chen, V. K. Singh, *J. Am. Chem. Soc.* **1987**, *109*, 7925–7926; B. T. Cho in *Boronic Acids* (D. G. Hall, Hrsg.), Wiley-VCH, Weinheim, **2005**, 411–440; V. A. Glushkov, A. G. Tolstikov, *Russ. Chem. Rev. (Engl. Transl.)* **2004**, *73*, 581–608; B. T. Cho, *Aldrichim. Acta* **2002**, *35*, 3–16.

149 A. Mengel, O. Reiser, *Chem. Rev.* **1999**, *99*, 1191–1223; E. L. Eliel, S. V. Frye, E. R. Hortelano, X. Chen, X. Bai, *Pure Appl. Chem.* **1991**, *63*, 1591–1598.

150 C. H. Heathcock in *Comprehensive Organic Synthesis*, Bd. 2 (B. M. Trost, I. Fleming, Hrsg.), Pergamon, Oxford, **1991**, 133 ff; C. H. Heathcock in *Asymmetric Synthesis. Stereodifferentiating Reactions, Part B.*, Bd. 3 (J. D. Morrison, Hrsg.), Academic Press, New York, **1984**, 111 ff.

151 J. E. Bäckvall (Hrsg.), *Modern Oxidation Methods*, Wiley-VCH, Weinheim, **2004**; M. I. Fernandez, G. Tojo, *Oxidation odf Alcohols to Aldehydes and Ketones*, Springer, Heidelberg, **2005**; T. J. Donohoe, *Oxidation and Reduction in Organic Synthesis*, Oxford Univ. Press, Oxford, **2000**; M. Hudlicky, *Oxidations in Organic Chemistry*, American Chemical Society, Washington, D.C., **1990**.

152 T. T. Tidwell, *Org. React.* **1990**, *39*, 297–572; T. T. Tidwell, *Synthesis*, **1990**, 857–870; S.-I. Ohsugia, K. Nishidea, K. Oonob, K. Okuyamab, M. Fudesakaa, S. Kodamaa, M. Node, *Tetrahedron* **2003**, *59*, 8393–8398; D. Crich, S. Neelamkavil, *Tetrahedron* **2002**, *58*, 3865–3870.

153 D. B. Dess, J. C. Martin, *J. Am. Chem. Soc.* **1991**, *113*, 7277–7287; R. E. Ireland, L. Liu, *J. Org. Chem.* **1993**, *58*, 2899; A. Ogawa, D. P. Curran, *J. Org. Chem.* **1997**, *62*, 450–451; V. V. Zhdankin, P. J. Stang, *Chem. Rev.* **2002**, *102*, 2523–2584; T. Wirth, *Angew. Chem.* **2001**, *113*, 2893–2895; *Angew. Chem. Int. Ed.* **2001**, *40*, 2812–2814; T. Wirth, U. H. Hirt, *Synthesis* **1999**, 1271–1287; P. J. Stang, V. V. Zhdankin, *Chem. Rev.* **1996**, *96*, 1123–1178.

154 I. E. Markó, P. R. Giles, M. Tsukazaki, S. M. Brown, C. J. Urch, *Science* **1996**, *274*, 2044–2046.

155 M. B. Smith, J. March, *March's Advanced Organic Chemistry*, 5. Aufl., Wiley, New York, **2001**.

156 R. Brückner, *Reaktionsmechanismen*, 3. Aufl., Spektrum, Heidelberg, **2004**, Abschnitt 14.3.1; J. R. Hanson in

157 S. Patai (Hrsg.), *The Chemistry of the Ether Linkage*, Wiley, New York, **1967**; *ibid*, Supplement E, **1980**; *ibid.*, Supplement E2, **1993**.

158 O. Mitsunobu in *Comprehensive Organic Synthesis* Bd. 6 (B. M. Trost, I. Fleming, Hrsg.), Pergamon, Oxford, **1991**, 1; K. P. C. Vollhardt, N. E. Schore, *Organische Chemie*, 4. Aufl., Wiley-VCH, Weinheim, **2005**, Kap. 9.

Vorherige Referenz: *Comprehensive Organic Synthesis*, Bd. 3 (B. M. Trost, I. Fleming, Hrsg.) Pergamon, Oxford, **1991**, 705; A. Streitwieser, *Chem. Rev.* **1956**, *56*, 698–713.

159 M. Elliott, *Contemp. Org. Chem.* **1994**, *1*, 457–474.

160 C. J. Petersen, *Angew. Chem.* **1988**, *100*, 1053–1059; *Angew. Chem. Int. Ed. Engl.* **1988**, *27*, 1021–1027; G. W. Gokel, *Crown Ethers and Cryptands*, Monographs in Supramolecular Chemistry (J. F. Stoddart, Hrsg.), Royal Society of Chemistry, Cambridge, **1991**; G. W. Gokel in *Large Ring Molecules* (J. A. Semlyen, Hrsg.), Wiley, New York, **1996**, 263–307; A. D. Hamiton in *Comprehensive Heterocyclic Chemistry* (A. R. Katritzky, C. W. Rees, Hrsg., Pergamon, Oxford **1984**; G. W. Gokel, Hrsg.), *Comprehensive Supramolecular Chemistry*, Bd. 1, Pergamon, Oxford, **1996**; H. Tsukube, T. Yamada, S. Shinoda, *J. Heterocycl. Chem.* **2001**, *38*, 1401–1408; A. Casnati, R. Ungaro, Z. Asfari, J. Vicens in *Calixarenes 2001* (Z. Asfari, V. Bohmer, J. Harrowfield, J. Vicens, Hrsg.), Kluwer, Dordrecht, **2001**, 365–384; S. V. Nesterov, *Russ. Chem. Rev. (Engl. Transl.)* **2000**, *69*, 769–782.

161 Spaltung von Arylalkylethern: M. Ticcio, *Synthesis* **1988**, 749–759.

162 I. V. J. Archer, *Tetrahedron* **1997**, *53*, 15617–15662; E. N. Jacobsen, *Acc. Chem. Res.* **2000**, *33*, 421–431; E. N. Jacobsen, M. H. Wu in *Comprehensive Asymmetric Catalysis*; Bd. 3 (E. N. Jacobsen, A. Pfaltz, H. Yamamoto, Hrsg.), Springer, Berlin, **1999**, 1309–1326.

163 K.-D. Gundermann, K. Hümke, *Houben-Weyl* E11, Thieme, Stuttgart, **1985**, 32–63; G. Solladie in *Comprehensive Organic Synthesis* Bd. 6 (B. M. Trost, I. Fleming, Hrsg.), Pergamon, Oxford, **1991**, 133 ff; I. V. Koval, *Russ. Chem. Rev. (Engl. Transl.)* **1993**, *62*, 769–786; I. V. Koval, *Russ. Chem. Rev. (Engl. Transl.)* **1994**, *63*, 147–168 und 323–344; S. Patai (Hrsg.), *The Chemistry of the Thiol Group*, Wiley, New York, **1974**; *ibid.* Supplement E, **1980**; C. M. Rayner, *Contemp. Org. Synth.* **1995**, *2*, 409–440; G. H. Whitham, *Organosulfur Chemistry*, Oxford Univ. Press, Oxford, **1995**. Anwendungen in der Synthese: E. Vedejs, G. A. Krafft, *Tetrahedron* **1982**, *38*, 2857–2883; E. Block, *Aldrichim. Acta* **1978**, *11*, 51–59. Soll Schwefel aus einem Molekül entfernt werden, so gelingt dies mit Hilfe von Raney-Nickel: G. R. Pettit, E. E. van Tamelen, *Org. React.* **1962**, *12*, 356–529; B. C. Wiegand, C. M. Friend, *Chem. Rev.* **1992**, *92*, 491–504; I. V. Koval, *Russ. J. Org. Chem.* **2005**, *41*, 631–648; D. J. Procter, *J. Chem. Soc., Perkin Trans. 1* **2001**, 335–354; G. H. Elgemeie, S. H. Sayed, *Synthesis* **2001**, 1747–1771; D. J. Procter, *J. Chem. Soc., Perkin Trans. 1* **2000**, 835–871.

164 P. K. Claus in *Houben-Weyl* E11, Thieme, Stuttgart, **1985**, 1344–1469; B. M. Trost, *Top. Curr. Chem.* **1973**, *41*, 1–29; V. K. Aggarwal, C. L. Winn, *Acc. Chem. Res.* **2004**, *37*, 611–620; V. Aggarwal, J. Richardson in *Compounds with Two Carbon-Heteroatom Bonds: Heteroatom Analogues of Aldehydes and Ketones*, Bd. 27 (A. Pawda, D. Bellus, Hrsg.), Thieme, Stuttgart, **2004**, 21–104; V. K. Aggarwal, J. Richardson, *J. Chem. Soc., Chem. Commun.* **2003**, 2644–2651; J. S. Clark (Hrsg.), *Nitrogen, Oxygen and Sulfur Ylide Chemistry: A Practical Approach in Chemistry*, Oxford University Press, Oxford, **2002**; S. N. Lakeev, I. O. Maydanova, F. Z. Galin, G. A. Tolstikov, *Russ. Chem. Rev. (Engl. Transl.)* **2001**, *70*, 655–672.

165 G. Schilling, S. Pawlenk, H. Jäger in *Houben-Weyl* E11, Thieme, Stuttgart, **1985**, 1042–1128; G. A. El-Hiti, *Sulfur Reports* **2001**, *22*, 217–250; P. Gogoi, *Synlett* **2005**, 2263–2264.

166 M. Madesclaire, *Tetrahedron* **1986**, *42*, 5459–5495; I. Ojima, N. Clos, C. Bastos, *Tetrahedron* **1989**, *45*, 6901–6939; G. Kesze, K.-D. Gundermann, K. Hümke, M. Haake in *Houben-Weyl* E11, Thieme, Stuttgart, **1985**, 665–910;

P. Gogoi, *Synlett* **2005**, 2263–2264; P. Kowalski, K. Mitka, K. Ossowska, Z. Kolarska, *Tetrahedron* **2005**, *61*, 1933–1953; G. Solladie, *Heteroatom Chem.* **2002**, *13*, 443–452; D. J. Procter, *J. Chem. Soc., Perkin Trans. 1* **2001**, 335–354.

167 K. Schank, M. Haake in *Houben-Weyl* E11, Thieme, Stuttgart, **1985**, 1129–1326; N. S. Simpkins, *Sulphones in Organic Synthesis*, Pergamon, Oxford, **1993**; R. S. Ward, R. L. Diaper, *Sulfur Reports* **2001**, *22*, 251–275; D. J. Procter, *J. Chem. Soc., Perkin Trans. 1* **2001**, 335–354; E. N. Prilezhaeva, *Russ. Chem. Rev. (Engl. Transl.)* **2000**, *69*, 367–408; A. Padwa, Z. J. Ni, S. H. Watterson, *Pure Appl. Chem.* **1996**, *68*, 831–836.

168 J. Falbe in *Houben-Weyl* E3, Thieme, Stuttgart, **1983**; S. Patai (Hrsg.), *The Chemistry of the Carbonyl Group*, Wiley, New York, **1966**; J. Zabicky in *The Chemistry of the Carbonyl Group*, Bd. 2 (S. Patai, Hrsg.), Wiley, New York, **1970**; P. G. Steel, *Contemp. Org. Synth.* **1994**, *1*, 1–21; P. G. Steel, *ibid.* **1995**, *3*, 151–171. Zur Chemie der Thioaldehyde und Thioketone, siehe: J. Voss in *Houben-Weyl* E11, Thieme, Stuttgart, **1985**, 188–231.

169 K. P. C. Vollhardt, N. E. Schore, *Organische Chemie*, 4. Aufl., Wiley-VCH, Weinheim, **2005**, Kap. 18; R. Brückner, *Reaktionemechanismen*, 3. Aufl., Spektrum, Heidelberg, **2004**, Kap. 12–13; A. Yanagisawa, K. Ishihara, H. Yamamoto, *Synlett* **1997**, 411–420. R. C. Larock, *Comprehensive Organic Transformations*, Wiley, Chichester, **1999**; S. F. Martin, *Synthesis* **1979**, 633–665.

170 Hydroformylierung: M. Beller, K. Kumar in *Transition Metals for Organic Synthesis*, Bd. 1 (M. Beller, C. Bolm, Hrsg.), Wiley-VCH, Weinheim, **2004**, 29–56; B. Breit, *Acc. Chem. Res.* **2003**, *36*, 264–275; B. Breit, W. Seiche, *Synthesis* **2001**, 1–36; I. Ojima, C.-Y. Tsai, M. Tzamarioudaki, D. Bonafoux, *Org. React.* **2000**, *56*, 1–354; F. Ungvary, *Coord. Chem. Rev.* **1995**, *141*, 371–493; M. Dieguez, O. Pamies, C. Claver, *Tetrahedron: Asymmetry* **2004**, *15*, 2113–2122. Nitrilreduktion: L. Hintermann in *Transition Metals for Organic Synthesis*; Bd. 2 (M. Beller, C. Bolm, Hrsg.), Wiley-VCH, Weinheim, **2004**, 379–388; J. M. Takacs, X. T. Jiang, *Curr. Org. Chem.* **2003**, *7*, 369–396; E. Monflier, A. Mortreux in *Aqueous Phase Organometallic Catalysis*, 2. Aufl. (B. Cornils, W. A. Herrmann, Hrsg.), Wiley-VCH, Weinheim, **2004**, 513–518; J. Tsuji, *Synthesis* **1984**, 369–384. Carbonsäurereduktion: R. A. W. Johnstone in *Comprehensive Organic Synthesis*, Bd. 8 (B. M. Trost, I. Fleming, Hrsg.), Pergamon, Oxford, **1991**, 259 ff; A. P. Davis in *Comprehensive Organic Synthesis*, Bd. 8 (B. M. Trost, I. Fleming, Hrsg.), Pergamon, Oxford, **1991**, 283 ff; E. Mosettig, *Org. React.* **1954**, *8*, 218–257; $NaBH_4$ in Carbonsäuren bildet ein besonderes Reduktionsmittel, siehe G. W. Gribble, *Chem. Soc. Rev.* **1998**, *27*, 395–404; G. W. Gribble, *CHEMTECH* **1996**, *26*, 26–31. Reduktion von Carbonsäurederivaten: A. G. M. Barrett in *Comprehensive Organic Synthesis*, Bd. 8 (B. M. Trost, I. Fleming, Hrsg.), Pergamon, Oxford, **1991**, 235 ff; J. S. Cha, *Org. Prep. Proced. Int.* **1989**, *21*, 451; E. Mosettig, R. Mozingo, *Org. React.* **1948**, *4*, 362–377.

171 P. N. Rylander, *Hydrogenation Methods*, Academic Press, London, **1985**; L. Cerveny, Z. Belohlav, M. N. H. Hamed, *Res. Chem. Intermed.* **1996**, *22*, 15–22; V. Isaeva, A. Derouault, J. Barrault, *Bull. Soc. Chim. Fr.* **1996**, *133*, 351–357; P. Gallezot, D. Richard, *Catal. Rev. – Science and Engineering* **1998**, *40*, 81–126; V. Ponec, *Appl. Catal. A* **1997**, *149*, 27–48; F. Joo, *Acc. Chem. Res.* **2002**, *35*, 738–745. Asymmetrische Hydrierungen: I. Ojima, N. Clos, C. Bastos, *Tetrahedron* **1989**, *45*, 6901–6939.

172 H. Sailes, A. Whiting, *J. Chem. Soc., Perkin Trans. 1* **2000**, 1785–1805; M. Periasamy, P. Thirumalaikumar, *J. Organomet. Chem.* **2000**, *609*, 137–151; G. W. Gribble, *Chem. Soc. Rev.* **1998**, *27*, 395–404; E. J. Corey, C. J. Helal, *Angew. Chem.* **1998**, *110*, 2092–2118; *Angew. Chem. Int. Ed. Engl.* **1998**, *37*, 1987–2012; M. Wills, J. R. Studley, *Chem. Ind.* **1994**, *14*, 552–555; D. C. Wigfield, *Tetrahedron* **1979**, *35*, 449–462; A. P. Davis, M. M. Midland,

L. A. Morell in *Houben-Weyl* E21d, Thieme, Stuttgart, **1995**, 3988–4066.

173 E. Vedejs, *Org. React.* **1975**, *22*, 401–422; M. L. DiVona, V. Rosnati, *J. Org. Chem.* **1991**, *56*, 4269–4273.

174 D. Todd, *Org. React.* **1948**, *4*, 378–422; H. H. Szmant, *Angew. Chem.* **1968**, *80*, 141–149; *Angew. Chem. Int. Ed. Engl.* **1968**, *7*, 120–128; R. D. Hutchins, *Comprehensive Organic Synthesis*, Bd. 8 (B. M. Trost, I. Fleming, Hrsg.), Pergamon, Oxford, **1991**, 327 ff.

175 T. Wirth, *Angew. Chem.* **1996**, *108*, 65–67; *Angew. Chem. Int. Ed. Engl.* **1996**, *35*, 61–63; G. M. Robertson in *Comprehensive Organic Synthesis*, Bd. 3 (B. M. Trost, I. Fleming, Hrsg.), Pergamon, Oxford, **1991**, 563 ff; C. J. Collins, J. F. Eastham in *The Chemistry of the Carbonyl Group* (S. Patai, Hrsg.), Wiley, New York, **1966**, 761 ff; D. Dietrich in *Houben-Weyl* 7/2a, Thieme, Stuttgart, **1973**, 1016–1034; T. Withs, *Angew. Chem.* **1996**, *108*, 65–67; *Angew. Chem. Int. Ed. Engl.* **1996**, *35*, 61–63.

176 D. Lenoir, *Synthesis* **1989**, 883–897; J. E. McMurry, *Chem. Rev.* **1989**, *89*, 1513–1524; A. Fürstner, B. Bogdanovíc, *Angew.Chem.* **1996**, *108*, 2582–2609; *Angew. Chem. Int. Ed. Engl.* **1996**, *35*, 2442–2469.

177 R. Brückner, *Reaktionsmechanismen*, 3. Aufl., Spektrum, Heidelberg, **2004**; Wittig-Reaktionen in der Naturstoffsynthese: K. C. Nicolaou, M. W. Härter, J. L. Gunzner, A. Nadin, *Liebigs Ann.* **1997**, 1283–1301; A. Maercker, *Org. React.* **1965**, *14*, 270–490; B. E. Maryanoff, A. B. Reitz, *Chem. Rev.* **1989**, *89*, 863–927; W. S. Wadsworth, Jr., *Org. React.* **1977**, *25*, 73–253; H. Pommer, *Angew. Chem.* **1977**, *89*, 437–443; *Angew. Chem. Int. Ed. Engl.* **1977**, *16*, 423–439; M. Edmonds, A. Abell in *Modern Carbonyl Olefination* (T. Takeda, Hrsg.), Wiley-VCH, Weinheim, **2004**, 1–17; M. Taillefer, H. J. Cristau, *Top. Curr. Chem.* **2003**, *229*, 41–73; T. Rein, T. M. Pedersen, *Synthesis* **2002**, 579–594.

178 A. Klausener in *Houben-Weyl* E14a/1, Thieme, Stuttgart, **1991**, 1–591; M. Nakamura, H. Isobe, E. Nakamura, *Chem. Rev.* **2003**, *103*, 1295–1326; A. Deagostino, C. Prandi, P. Venturello, *Curr. Org. Chem.* **2003**, *7*, 821–839; S. V. Ley, D. K. Baeschlin, D. J. Dixon, A. C. Foster, S. J. Ince, H. W. M. Priepke, D. J. Reynolds, *Chem. Rev.* **2001**, *101*, 53–80; K. Jarowicki, P. Kocienski, *J. Chem. Soc., Perkin Trans. 1* **2001**, 2109–2135; F. Perron, K. F. Albizati, *Chem. Rev.* **1989**, *89*, 1617.

179 B. Breit, *Angew. Chem.* **1998**, *110*, 467–470; *Angew. Chem. Int. Ed.* **1998**, *37*, 453–456; T. Y. Luh, *Pure Appl. Chem.* **1996**, *68*, 105–112.

180 D. P. N. Satchell, R. S. Satchell, *Chem. Soc. Rev.* **1990**, *19*, 55–81; Andere Reaktionen: T.-Y. Luh, *Acc. Chem. Res.* **1991**, *24*, 257–263.

181 D. Seebach, B. T. Grobel, *Synthesis* **1977**, 357–402; D. Seebach, *Angew. Chem.* **1979**, *91*, 259–278; *Angew. Chem. Int. Ed. Engl.* **1979**, *18*, 239–258; J. J. Eisch, *J. Organomet. Chem.* **1995**, *500*, 101–115; M. Schmittel, *Top. Curr. Chem.* **1994**, *169*, 183; D. Seebach, *Angew. Chem.* **1979**, *91*, 259–278; *Angew. Chem. Int. Ed. Engl.* **1979**, *18*, 239.

182 Für Vorschriften, siehe: *Organikum*; Autorenteam, Johann Ambrosius Barth, Heidelberg, **1993**.

183 Z. Rappoport (Hrsg.), *The Chemistry of Enamines*, Wiley, Chichester, **1994**; P. W. Hickmott, *Tetrahedron* **1982**, *38*, 3363–3446; J. R. Dehli, J. Legros, C. Bolm, *J. Chem. Soc., Chem. Commun.* **2005**, 973–986; V. G. Granik, V. A. Makarov, C. Parkanyi, *Adv. Heterocycl. Chem.* **1999**, *72*, 283–359; P. Lue, J. V. Greenhill, *Adv. Heterocycl. Chem.* **1997**, *67*, 207–343.

184 T. A. Geissman, *Org. React.* **1944**, *2*, 94–113.

185 C. H. Hassall, *Org. React.* **1957**, *9*, 73–106; L. Syper, *Synthesis* **1989**, 167–172; G. J. ten Brink, I. Arends, R. A. Sheldon, *Chem. Rev.* **2004**, *104*, 4105–4123; M. D. Mihovilovic, F. Rudroff, B. Grotzl, *Curr. Org. Chem.* **2004**, *8*, 1057–1069; T. Katsuki, *Russ. Chem. Bull.* **2004**, *53*, 1859–1870; C. Bolm, C. Palazzi, O. Beckmann in *Transition Metals for Organic Synthesis*, Bd. 2 (M. Beller, C. Bolm, Hrsg.), Wiley-VCH, Weinheim, **2004**, 267–274; M. Renz, B. Meunier, *Eur. J. Org. Chem.* **1999**, 737–750; C. Bolm, O.

Beckmann in *Comprehensive Asymmetric Catalysis*, Bd. 2 (E. N. Jacobsen, A. Pfaltz, H. Yamamoto, Hrsg.), Springer, Berlin, **1999**, 803–810; C. T. Walsh, Y.-C. J. Chen, *Angew. Chem.* **1988**, *100*, 342–352; *Angew. Chem. Int. Ed. Engl.* **1988**, *27*, 333–343; G. R. Krow, *Org. React.* **1993**, *43*, 251–798.

186 R. Mahrwald (Hrsg.), *Modern Aldol Reactions*, Wiley-VCH, Weinheim, **2004**; B. Schetter, R. Mahrwald, *Angew. Chem.* **2006**, *118*, 7668–7687; *Angew. Chem. Int. Ed.* **2006**, *45*, 7506–7525; A. T. Nielsen, W. J. Houlihan, *Org. React.* **1968**, *16*, 1–438; K. P. C. Vollhardt, N. E. Schore, *Organische Chemie*, 4. Aufl., Wiley-VCH, Weinheim, **2005**, Abschnitt 18.5–18.7; J. Clayden, N. Greeves, S. Warren, P. Wothers, *Organic Chemistry*, Oxford Univ. Press, Oxford, **2001**, Kap. 27; R. Brückner, *Reaktionsmechanismen*, 3. Aufl., Spektrum, Heidelberg, **2004**, Kap. 13.

187 G. Wittig, H. Reiff, *Angew. Chem.* **1968**, *80*, 8–15; *Angew. Chem. Int. Ed. Engl.* **1968**, *7*, 7–14; T. Mukaiyama, *Org. React.* **1982**, *28*, 203–331; I. Paterson in *Comprehensive Organic Synthesis*, Bd. 2 (B. M. Trost, I. Fleming, Hrsg.), Pergamon, Oxford, **1991**, 301; S. Saito, H. Yamamoto, *Chem. Eur. J.* **1999**, *5*, 1959–1962.

188 A. Evans, J. V. Nelson, T. R. Taber, *Top. Stereochem.* **1982**, *13*, 1; C. H. Heathcock, *Science* **1981**, *214*, 395–400; S. Masamune, W. Choy, J. S. Petersen, L. S. Sita, *Angew. Chem.* **1985**, *97*, 1–31; *Angew. Chem. Int. Ed. Engl.* **1985**, *24*, 1–30; C. H. Heathcock in *Modern Synthetic Methods 1992* (R. Scheffold, Hrsg.), VHCA, Basel, **1992**, 1–102; D. Enders, R. W. Hoffmann, *Chem. Unserer Zeit* **1985**, *19*, 177–190; U. M. Lindstrom, *Chem. Rev.* **2002**, *102*, 2751–2771; T. D. Machajewski, C. H. Wong, *Angew. Chem.* **2000**, *112*, 1406–1430; *Angew. Chem. Int. Ed.* **2000**, *39*, 1352–1374; P. Arya, H. P. Qin, *Tetrahedron* **2000**, *56*, 917–947.

189 Katalytische asymmetrische Aldolreaktion: U. Koert, *Nachr. Chem. Tech. Lab.* **1995**, *43*, 1068–1074; M. Sawamura, Y. Ito in *Catalytic Asymmetric Synthesis* (I. Ojima, Hrsg.), VCH, New York, **1993**, 367–386. D. A. Evans, J. Bartoli, T. L. Shih, *J. Am. Chem. Soc.* **1981**, *103*, 2133–2139; K. Furuta, T. Maruyama, H. Yamamoto, *J. Am. Chem. Soc.* **1991**, *113*, 1041–1042; S. Masamune, T. Sato, B. M. Kim, T. A. Wollmann, *J. Am. Chem. Soc.* **1986**, *108*, 1566–1568; C. Siegel, E. R. Thornton, *J. Am. Chem. Soc.* **1989**, *111*, 5722–5728; S. C. Nelson, *Tetrahedron: Asymmetry* **1998**, *9*, 357–389; M. Shibasaki, S. Matsunaga, N. Kumagai in *Modern Aldol Reactions*, Bd. 2 (R. Mahrwald, Hrsg.), Wiley-VCH, Weinheim, **2004**, 197–228; C. Palomo, M. Oiarbide, J. M. Garcia, *Chem. Soc. Rev.* **2004**, *33*, 65–75; M. G. Silvestri, G. Desantis, M. Mitchell, C. H. Wong, *Top. Stereochem.* **2003**, *23*, 267–342.

190 E. D. Bergman, D. Gunsberg, R. Rappo, *Org. React.* **1959**, *10*, 179–560; intramolekular: R. D. Little, M. R. Masjedizadeh, *Org. React.* **1995**, *47*, 315–552; P. Perlmutter, *Conjugate Addition Reactions in Organic Synthesis*, Pergamon, Oxford, **1992**; M. G. Silvestri, G. Desantis, M. Mitchell, C. H. Wong, *Top. Stereochem.* **2003**, *23*, 267–342; O. M. Berner, L. Tedeschi, D. Enders, *Eur. J. Org. Chem.* **2002**, 1877–1894; N. Krause, A. Hoffmann-Roder, *Synthesis* **2001**, 171–196.

191 R. E. Gawley, *Synthesis* **1976**, 777–794.

192 N. Krause, S. Ebert, A. Haubrich, *Liebigs Ann./Recueil* **1997**, 2409–2418.

193 D. A. Hunt, *Org. Prep. Proced. Int.* **1989**, *21*, 705–749; K. P. C. Vollhardt, N. E. Schore, *Organische Chemie*, 4. Aufl., Wiley-VCH, Weinheim, **2005**, Abschnitt 18.10.

194 W. D. Rudorf, R. Schwarz, *Synlett* **1993**, 369–374.

195 Saccharum, latein.: Zucker; P. Collins, R. Ferrier, *Monosaccharides*, Wiley, Chichester, U.K., **1995**; R. J. Ferrier, *Carbohydrate Chemistry: Monosaccharides, Disaccharides, and Specific Oligosaccharides*, Bd. 30, The Royal Society of Chemistry, Cambridge, **1997**; H. S. El Khadem, *Carbohydrates Chemistry: Monosaccharides and their Oligomers.*; Academic Press, San Diego, **1988**.

196 Oligosaccharidstrukturen: W. Sanger, C. Niemann, R. Herbst, W. Hinrichs, T. Steiner, *Pure Appl. Chem.* **1993**, *65*, 809–817; Synthese neuer Oligosaccha-

ride: K. C. Nicolaou, T. J. Caulfield, R. D. Groneberg, *Pure Appl. Chem.* **1991**, *63*, 555–560; J. S. Brimacombe, *Angew. Chem.* **1969**, *81*, 415–423; *Angew. Chem. Int. Ed. Engl.* **1969**, *8*, 401–409; *ibid.* **1971**, *83*, 261–274; **1971**, *10*, 236–248; B. Yu, Z. Y. Yang, H. Z. Cao, *Curr. Org. Chem.* **2005**, *9*, 179–194; O. J. Plante, E. R. Palmacci, P. H. Seeberger, *Adv. Carbohydr. Chem. Biochem.* **2003**, *58*, 35–54; U. Diederichsen, T. Wagner, T. Wirth in *Organic Synthesis Highlights V* (H.-G. Schmalz, Hrsg.), Wiley-VCH, Weinheim, **2003**, 384–394; P. H. Seeberger, *J. Carbohydr. Chem.* **2002**, *21*, 613–643; I. Robina, P. Vogel, *Curr. Org. Chem.* **2002**, *6*, 471–491.

197 W. Burchard, K. Kajiwara (Hrsg.), *Functional Polysaccharides*, Huethig & Wepf, Zug, **1995**; D. A. Brant, T. M. McIntire in *Large Ring Molecules* (J. A. Semlyen, Hrsg.), Wiley, New York, **1996**, 113–154; S. Dumitriu (Hrsg.), *Polysaccharides: Structural Diversity and Functional Versatility.*, Decker, New York, **1998**; O. Varela, *Adv. Carbohydr. Chem. Biochem.* **2003**, *58*, 307–369.

198 F. W. Lichtenthaler, *Angew. Chem.* **1992**, *104*, 1577–1593; *Angew. Chem. Int. Ed. Engl.* **1992**, *31*, 1541–1557; K. P. C. Vollhardt, N. E. Schore, *Organische Chemie*, 4. Aufl., Wiley-VCH, Weinheim, **2005**, Abschnitt 24.10.

199 T. Ogawa, *Chem. Soc. Rev.* **1994**, *23*, 397–407 (Haworth-Memorial-Lecture).

200 P. P. Graczyk, M. Mikolajczyk, *Top. Stereochem.* **1994**, *21*, 159–349; G. R. J. Thatcher (Hrsg.), *The Anomeric Effect and Associated Stereoelectronic Effects*, American Chemical Society, Washington, **1993**; A. J. Kirby, *The Anomeric Effect and Related Stereoelectronic Effects at Oxygen*, Springer, New York, **1983**; E. Juaristi, G. Cuevas, *Tetrahedron* **1992**, *48*, 5019–5087; E. L. Eliel, *Angew. Chem.* **1972**, *84*, 779–791; *Angew. Chem. Int. Ed. Engl.* **1972**, *11*, 739–751; E. L. Eliel, S. H. Wilen, *Stereochemistry of Organic Compounds*, Wiley, New York, **1994**; gekürzte deutsche Ausgabe: *Organische Stereochemie*, Wiley-VCH, Weinheim, **1997**.

201 Enzymatische Umsetzungen: C. H. Wong, *Pure Appl. Chem.* **1995**, *10*, 1609–1616; C. H. Wong, R. L. Halcomb, Y. Ichikawa, T. Kajimoto, *Angew. Chem.* **1995**, *107*, 453–474; *Angew. Chem. Int. Ed. Engl.* **1995**, *34*, 412–432; C. H. Wong, R. L. Halcomb, Y. Ichikawa, T. Kajimoto, *Angew. Chem.* **1995**, *107*, 569–593; *Angew. Chem. Int. Ed. Engl.* **1995**, *34*, 521–546; H. Hausler, A. E. Stutz, *Top. Curr. Chem.* **2001**, *215*, 77–114; K. M. Koeller, C. H. Wong, *Chem. Rev.* **2000**, *100*, 4465–4493; S. L. Flitsch, G. M. Watt in *Biotechnology*, Bd. 8 b, 2. Aufl. (D. R. Kelly, Hrsg.), Wiley-VCH, Weinheim, **2000**.

202 R. R. Schmidt in *Comprehensive Organic Synthesis*, Bd. 6 (B. M. Trost, I. Fleming, Hrsg.), Pergamon, Oxford, **1991**, 33; R. R. Schmidt, *Angew. Chem.* **1986**, *98*, 213–236; *Angew. Chem. Int. Ed. Engl.* **1986**, *25*, 212–235; A. Vasella, *Pure Appl. Chem.* **1993**, *65*, 731–752; P. H. Seeberger (Hrsg.), *Solid Support Oligosaccharide Synthesis and Combinatorial Carbohydrate Libraries*, Wiley-VCH, Weinheim, **2001**; B. Yu, Z. Y. Yang, H. Z. Cao, *Curr. Org. Chem.* **2005**, *9*, 179–194; O. J. Plante, E. R. Palmacci, P. H. Seeberger, *Adv. Carbohydr. Chem. Biochem.* **2003**, *58*, 35–54; U. Diederichsen, T. Wagner, T. Wirth in *Organic Synthesis Highlights V* (H.-G. Schmalz, Hrsg.), Wiley-VCH, Weinheim, **2003**, 384–394; P. H. Seeberger, *J. Carbohydr. Chem.* **2002**, *21*, 613–643.

203 H. Paulsen, *Angew. Chem.* **1982**, *94*, 194–201; *Angew. Chem. Int. Ed. Engl.* **1982**, *21*, 155–173; R. Brückner, *Reaktionsmechanismen*, 3. Aufl., Spektrum, Heidelberg, **2004**, Abschnitt 7.2.

204 J. Falbe in *Houben-Weyl* E5, Thieme, Stuttgart, **1985**; T. Harrison, T. Laduwahetty, *Contemp. Org. Synth.* **1995**, *2*, 107–119; M. A. Ogliaruso, J. F. Wolfe in *Comprehensive Organic Functional Group Transformations*, Bd 5 (A. R. Katritzky, R. J. K. Taylor, Hrsg.), Elsevier, Oxford, **1995**, 23–120; S. Patai (Hrsg.), *The Chemistry of Carboxylic Acids and Esters*, Wiley, New York, **1969**.

205 K. L. Wolf, G. Metzger, *Liebigs Ann.* **1949**, *563*, 157–175.

206 A. Krapcho, *Synthesis* **1982**, 893–915; M. Renz, *Eur. J. Org. Chem.* **2005**, 979–988.

207 A. C. Cope, H. L. Holmes, H. O. House, *Org. React.* **1957**, *9*, 107–331; F. Freeman, *Synthesis* **1981**, 925–954.

208 C. J. Collins, J. F. Eastham in *The Chemistry of the Carbonyl Group* (S. Patai, Hrsg.), Wiley, New York, **1966**, 783–787; S. Selman, J. F. Eastham, *Chem. Soc. Rev.* **1960**, *14*, 221–235; J. Salaün, *Chem. Rev.* **1989**, *89*, 1247–1270.

209 L. Cassar, G. P. Chiusoli, F. Guerrieri, *Synthesis* **1973**, 509–523; Y. Tamaru in *Modern Organonickel Chemistry* (Y. Tamaru, Hrsg.), Wiley-VCH, Weinheim, **2005**, 224–239; N. Chatani, *Top. Organomet. Chem.* **2004**, *11*, 173–195; B. Cornils, W. A. Herrmann (Hrsg.), *Applied Homogeneous Catalysis with Organometallic Compounds*, 2. Aufl., Wiley-VCH, Weinheim, **2002**, Abschnitt 2.1.

210 C. F. Lane, *Chem. Rev.* **1976**, *76*, 773–799; P. Laszlo, *Angew. Chem.* **2000**, *112*, 2151–2152; *Angew. Chem. Int. Ed.* **2000**, *39*, 2071–2072.

211 R. A. W. Johnstone in *Comprehensive Organic Synthesis*, Bd. 8 (B. M. Trost, I. Fleming, Hrsg.), Pergamon, Oxford, **1991**, 259 ff; J. Malek, *Org. React.* **1988**, *36*, 249–590; E. Mosettig, *Org. React.* **1954**, *8*, 218–257; A. P. Davis in *Comprehensive Organic Synthesis*, Bd. 8 (B. M. Trost, I. Fleming, Hrsg.), Pergamon, Oxford, **1991**, 283 ff; J. S. Cha, *Org. Prep. Proced. Int.* **1989**, *21*, 451–477.

212 M. J. Jorgenson, *Org. React.* **1970**, *18*, 1–98; G. M. Rubottom, C.-W. Kim, *J. Org. Chem.* **1983**, *48*, 1550–1552.

213 M. Dankowski, G. Prescher in *Houben-Weyl* E13, Thieme, Stuttgart, **1988**, 763–794.

214 H. J. Harwood, *Chem. Rev.* **1962**, *62*, 99–154.

215 Y. Ogata, K. Tomizawa, *J. Org. Chem.* **1979**, *44*, 2768–2770.

216 C. V. Wilson, *Org. React.* **1957**, *9*, 332–387; R. G. Johnson, R. K. Ingham, *Chem. Rev.* **1956**, *56*, 219–269; K. B. Wiberg, *Acc. Chem. Res.* **1984**, *17*, 379–386; D. Crich in *Comprehensive Organic Synthesis*, Bd. 7, Pergamon, Oxford, **1991**, 717; S. Patai (Hrsg.), *The Chemistry of Acyl Halides*, Wiley, New York, **1972**.

217 R. A. Sheldon, J. K. Kochi, *Org. React.* **1972**, *19*, 279–421.

218 F. Muth, M. Quaedvlieg in *Houben-Weyl* 9, Thieme, Stuttgart, **1955**; D. Klamannin *Houben-Weyl* E11, Thieme, Stuttgart, **1985**, 1042–1128; S. Patai, Z. Rappoport (Hrsg.), *The Chemistry of Sulfonic Acids, Esters and their Derivatives*, Wiley, New York, **1991**; P. Gogoi, *Synlett* **2005**, 2263–2264; G. Schilling, S. Pawlenko, H. Jäger in *Houben-Weyl* E11, Thieme, Stuttgart, **1985**, 1042–1128; R. D. Howells, J. P. McCown, *Chem. Rev.* **1977**, *77*, 69.

219 I. L. Baraznenok, V. G. Nenajdenko, E. S. Balenkova, *Tetrahedron* **2000**, *56*, 3077–3119; P. J. Stang, M. R. White, *Aldrichim. Acta* **1983**, *16*, 15; R. D. Howells, J. P. McCrown, *Chem. Rev.* **1977**, *77*, 69–92.

220 G. Kuschinsky, H. Lüllmann, *Pharmakologie*, Thieme, Stuttgart, **1981**, 326; T. M. Devlin, *Textbook of Biochemistry*, Wiley, New York, **1992**. Sulfonamide: A. Scozzafava, T. Owa, A. Mastrolorenzo, C. T. Supuran, *Curr. Med. Chem.* **2003**, *10*, 925–953; M. A. Fox, J. K. Whitesell, Organische Chemie, Spektrum, Heidelberg, **1995**, 862 f.

221 J. H. Fuhrhop, J. Köning in *Monographs in Supramolecular Chemistry* (J. F. Stoddart, Hrsg.), Royal Society of Chemistry, Cambridge, **1994**; T. F. Tadros, *Applied Surfactants*, Wiley-VCH, Weinheim, **2005**; I. W. Hamley, *Introduction to Soft Matter*, Wiley, Chichester, **2000**.

222 J. Falbe in *Houben-Weyl* E5, Thieme, Stuttgart, **1985**; S. Patai (Hrsg.), *The Chemistry of Carboxylic Acids and Esters*, Wiley, New York, **1969**; *ibid.* Supplement B, **1979**; B. M. Trost, I. Fleming (Hrsg.), *Comprehensive Organic Synthesis*, Bd 6, Pergamon, Oxford, **1991**; K. P. C. Vollhardt, N. E. Schore, Organische Chemie, 4. Aufl., Wiley-VCH, Weinheim, **2005**, Kap. 20.

223 J. Mulzer in *Comprehensive Functional Group Transformations*, Bd. 5 (A. R. Katritzky, R. J. K. Taylor, Hrsg.), Elsevier, **1995**, 121–180.

224 J. Zabicky in *The Chemistry of Amides* (S. Patai, Hrsg.), Wiley, New York, **1970**, 400 ff; P. D. Bailey, I. D. Collier, K. M. Morgan in *Comprehensive Func-*

tional Group Transformations, Bd. 5 (A. R. Katritzky, R. J. K. Taylor, Hrsg.), Elsevier Science, **1995**, 257–308.

225 M. North in *Comprehensive Functional Group Transformations*, Bd. 3 (A. R. Katritzky, R. J. K. Taylor, Hrsg.), Elsevier Science, Amsterdam, **1995**, 611–640; Z. Rappoport (Hrsg.), *The Chemistry of the Cyano Group*, Wiley, New York, **1970**; Z. Rappoport, S. Patai (Hrsg.), *The Chemistry of the Triple-Bonded Functional Groups: Supplement C*, Wiley, New York, **1983**.

226 B. T. O'Neill in *Comprehensive Organic Synthesis*, Bd. 1 (B. M. Trost, I. Fleming, Hrsg.), Pergamon, Oxford, **1991**, 397 ff; F. A. Carey, R. J. Sundberg, *Organische Chemie*, VCH, Weinheim, **1995**, Kap. 8.

227 Zur Chemie des Phosgens siehe: H. Babad, A. G. Zeiler, *Chem. Rev.* **1973** *73*, 75–91; T. A. Ryan, *Phosgene and Related Compounds*, Elsevier, New York, **1996**. Zum Einsatz von Phosgen in der chemischen Kriegsführung im 1. Weltkrieg: F. Stolzenberg, *Fritz Haber: Chemiker, Nobelpreisträger, Deutscher, Jude*, VCH, Weinheim, **1994**.

228 E. Mosettig, R. Mozingo, *Org. React.* **1948**, *4*, 362–377.

229 L. Ghosez, R. Montaigne, P. Mollet, *Tetrahedron Lett.* **1966**, 135–139; W. E. Hanford, J. C. Sauer, *Org. React.* **1946**, *3*, 108–140; S. Patai (Hrsg.), *The Chemistry of Ketenes, Allenes, and Related Compounds*, Wiley, New York, **1980**; T. T. Tidwell, *Acc. Chem. Res.* **1990**, *23*, 273–279; T. T. Tidwell, *Ketenes*, Wiley, New York, **1995**; W. T. Brady, *Tetrahedron* **1991**, *37*, 2949–2966; C. Palomo, J. M. Aizpurua, I. Ganboa, *Russ. Chem. Bull.* **1996**, *45*, 2463–2483; J. Hyatt, P. W. Raynolds, *Org. React.* **1994**, *45*, 159–646; B. B. Snider in *Advances in Strain in Organic Chemistry*, Bd. 2 (B. Halton, Hrsg.), Jai Press, Greenwich, **1992**, 95–142. Cycloaddition mit Iminen: C. Palomo, J. M. Aizpurua, I. Ganboa, M. Oiarbide, *Eur. J. Org. Chem.* **1999**, 3223–3235.

230 P. Strazzolini, A. G. Giumanini, S. Cauci, *Tetrahedron* **1990**, *46*, 1081–1118.

231 A. G. M. Barrett in *Comprehensive Organic Synthesis*, Bd. 8, Pergamon, Oxford, **1991**, 235; R. Brückner, *Reaktionsmechanismen*, 3. Aufl., Spektrum, Heidelberg, **2004**, Kap. 10.

232 S. M. McElvain, *Org. React.* **1948**, *4*, 256–268; K. T. Finley, *Chem. Rev.* **1964**, *64*, 573–589; K. Rühlmann, *Synthesis* **1971**, 236–253; J.-P. Sauvage, *Acc. Chem. Res.* **1990**, *23*, 319–327; A. S. Demir, M. Pohl, E. Janzen, M. Muller, *J. Chem. Soc., Perkin Trans. 1* **2001**, 633–635; R. Brettle in *Comprehensive Organic Synthesis*, Bd. 3 (B. M. Trost, I. Fleming, Hrsg.), Pergamon, Oxford, **1991**, 613; J. J. Bloomfield, D. C. Owsley, J. M. Nelke, *Org. React.* **1976**, *23*, 259.

233 A. C. Cope, H. L. Homes, H. D. House, *Org. React.* **1957**, *9*, 107–331; Dianionen: N. Petragnani, M. Yonashiro, *Synthesis* **1982**, 521–578; S. K. Taylor, *Tetrahedron* **2000**, *56*, 1149–1163.

234 J. P. Schaefer, J. J. Bloomfield, *Org. React.* **1967**, *15*, 1–203; R. J. Heath, C. O. Rock, *Nat. Prod. Rep.* **2002**, *19*, 581–596.

235 C. H. DePuy, R. W. King, *Chem. Rev.* **1960**, *60*, 431–457; H. R. Nace, *Org. React.* **1962**, *12*, 57.

236 H. Langhals, *Heterocycles* **1995**, *40*, 477–500; A. R. Katritzky, J. C. Yao, M. Qi, Y. T. Chou, D. J. Sikora, S. Davis, *Heterocycles* **1998**, *48*, 2677–2691; M. V. Vovk, L. I. Samarai, *Russ. Chem. Rev. (Engl. Transl.)* **1992**, *61*, 297.

237 I. D. Gridnev, N. A. Gridneva, *Russ. Chem. Rev. (Engl. Transl.)* **1995**, *11*, 1021–1034.

238 S. Patai (Hrsg.), *The Chemistry of the Amino Group*, Wiley, New York, **1968**; O. Mitsunobo in *Comprehensive Organic Synthesis*, Bd. 6 (B. M. Trost, I. Fleming, Hrsg.), Pergamon, Oxford, **1991**, 65.

239 Nomenklatur der Amine siehe: K. P. C. Vollhardt, N. E. Schore, *Organische Chemie*, 4. Aufl., Wiley-VCH, Weinheim, **2005**, 1099–1103.

240 E. V. Dehmlow, S. S. Dehmlow, *Phase Transfer Catalysis*, VCH, Weinheim, **1993**; G. D. Yadav, *Top. Catal.* **2004**, *29*, 145–161; S. Deshayes, M. Liagre, A. Loupy, J. L. Luche, A. Petit, *Tetrahedron* **1999**, *55*, 10851–10870; Y. Sasson, R. Neumann (Hrsg.), *Handbook of Phase Transfer Catalysis*, Blackie, London, **1997**; M. Makosza, M. Fedorynski, *Pol.*

J. Chem. **1996**, *70*, 1093–1110; M. J. O'Donnell in *Catalytic Asymmetric Synthesis* (I. Ojima, Hrsg.), VCH, New York, **1993**, 389–411.

241 Potentiell carcinogene Amine: W. Dekant, S. Vamvakas, *Toxikologie*, Spektrum, Heidelberg, **1994**, 340–345; A. J. Kresge, *Chemtracts Org. Chem.* **2002**, *15*, 201–203; R. Benigni, A. Giuliani, R. Franke, A. Gruska, *Chem. Rev.* **2000**, *100*, 3697–3714.

242 R. Hemmer, W. Lürken, J. Backes in *Houben-Weyl* E16d, Thieme, Stuttgart, **1992**, 646–1329; J. F. Hartwig, *Synlett* **1997**, 329–340; C. Greck, J. P. Genet, *Synlett* **1997**, 741–748; Y. Tamaru, M. Kimura, *Synlett* **1997**, 749–757; R. N. Salvatore, C. H. Yoon, K. W. Jung, *Tetrahedron* **2001**, *57*, 7785–7811; V. Kuksa, R. Buchan, P. K. T. Lin, *Synthesis* **2000**, 1189–1207; L. N. Pridgen in *Advances in Asymmetric Synthesis*, Bd. 2 (A. Hassner, Hrsg.), Jai Press, Greenwich, CT, **1997**; D. R. Corbin, S. Schwarz, G. C. Sonnichsen, *Catal. Today* **1997**, *37*, 71–102; O. Mitsunobu in *Comprehensive Organic Synthesis*, Bd. 6 (B. M. Trost, I. Fleming, Hrsg.), Pergamon, Oxford, **1991**, 65 ff.

243 K. Schwetlick, *Organikum*; 22. Aufl., Wiley-VCH, Weinheim, **2004**.

244 M. S. Gibson, R. W. Bradshaw, *Angew. Chem.* **1968**, *80*, 986–996; *Angew. Chem. Int. Ed. Engl.* **1968**, *7*, 919–929; V. Ragnarsson, L. Grehn, *Acc. Chem. Res.* **1991**, *24*, 285–289.

245 Y. G. Gololobov, L. F. Kasukhin, *Tetrahedron* **1992**, *48*, 1353–1406; D. J. Ramon, Q. Guillena, D. Seebach, *Helv. Chim. Acta* **1996**, *79*, 875–894; W. Q. Tian, Y. A. Wang, *J. Org. Chem.* **2004**, *69*, 4299–4308; F. L. Lin, H. M. Hoyt, H. v. Halbeek, R. G. Bergman, C. R. Bertozzi, *J. Am. Chem. Soc.* **2005**, *127*, 2686–2695.

246 A. M. Tafesh, J. Weiguny, *Chem. Rev.* **1996**, *96*, 2035–2052; G. W. Kabalka, R. S. Varma in *Comprehensive Organic Synthesis*, Bd. 8 (B. M. Trost, I. Fleming, Hrsg.), Pergamon, Oxford, **1991**, 363 ff.

247 E. S. Wallis, J. F. Lane, *Org. React.* **1946**, *3*, 307–336.

248 P. A. S. Smith, *Org. React.* **1946**, *3*, 337–450.

249 H. Wolff, *Org. React.* **1946**, *3*, 307–336; G. Fodor, S. Nagubandi, *Tetrahedron* **1980**, *36*, 1279–1300.

250 D. Craig in *Comprehensive Organic Chemistry*, Bd. 7 (B. M. Trost, I. Fleming, Hrsg.), Pergamon, Oxford, **1991**, 689; L. G. Donaruma, W. Z. Heldt, *Org. React.* **1960**, *11*, 1–156; R. W. Gawley, *Org. React.* **1987**, *35*, 1–420.

251 M. Regitz, G. Maas, *Diazo Compounds*, Academic Press, New York, **1986**, 326–435. Reaktionen von Diazoessigestern: V. Dave, E. W. Warnhoff, *Org. React.* **1970**, *18*, 217–401.

252 A. Albini, *Synthesis*, **1993**, 263–277.

253 M. Tramontini, L. Angiolini, *Tetrahedron* **1990**, *46*, 1791–1837; A. Cordova, *Acc. Chem. Res.* **2004**, *37*, 102–112; S. M. Sheehan, *Chemtracts Org. Chem.* **2002**, *15*, 384–390; S. F. Martin, *Acc. Chem. Res.* **2002**, *35*, 895–904; M. Arend, B. Westermann, N. Risch, *Angew. Chem.* **1998**, *110*, 1096–1122; *Angew. Chem. Int. Ed. Engl.* **1998**, *37*, 1044–1070.

254 S. H. Pine, *Org. React.* **1970**, *18*, 403–464; A. C. Cope, E. R. Trumbull, *Org. React.* **1960**, *11*, 317–493.

255 A. F. Holleman, N. Wiberg, *Lehrbuch der Anorganischen Chemie*, 102. Aufl., deGruyter, Berlin, **2007**, Abschnitt 2.2.2.

256 Detaillierte Übersicht: K. Sasse in *Houben-Weyl* 12/1, Thieme, Stuttgart, **1963**; G. Elsner, H. Heydt, M. Regitz, B. Weber in *Houben-Weyl* E1, Thieme, Stuttgart, **1982**. Übersicht zu Organophosphorverbindungen in höheren Oxidationsstufen: K. Sasse in *Houben-Weyl* 12/2, Thieme, Stuttgart, **1964**; R. S. Edmundson (Hrsg.), *Dictionary of Organophosphorus Compounds*, Chapman and Hall, London, **1988**; G. M. Kosolapott, L. Maier, *Organic Phosphorus Compounds*, Bd. 1–7, Wiley, **1976**; M. Grayson, E. J. Griffith (Hrsg.), *Topics in Phosphorus Chemistry*, Bd. 1–11, Wiley, New York, **1983**; siehe auch: *Verbindungen des Phosphors* in *Gmelins Handbuch der Anorganischen Chemie*, 8. Aufl., Teil A–C2, **1995**; P-chirale Phosphane: W. S. Knowles, *Angew. Chem.* **2002**, *114*, 2096–2107; *Angew. Chem. Int. Ed.* **2002**, *41*, 1998–2007.

257 C. A. Tolman, *Chem. Rev.* **1977**, *77*, 313–348; K. A. Bunten, L. Z. Chen, A. L. Fernandez, A. J. Poe, *Coord. Chem. Rev.* **2002**, *233*, 41–51.

258 J. Bestmann, H. Kratzer, *Chem. Ber.* **1962**, *95*, 1894–1899; K. Issleib, A. Bracle, *Z. All. Anorg. Chem.* **1954**, *277*, 254–270.

259 K. M. Pietrusiewicz, M. Zablocka, *Chem. Rev.* **1994**, *94*, 1375–1411; Beispiele: G. Märkl, B. Merkl, *Tetrahedron Lett.* **1983**, *24*, 5865–5868; L. D. Quinn, E. D. Middlemas, N. S. Rao, *J. Org. Chem.* **1982**, *47*, 905–912; L. Horner, W. D. Balzer, *Tetrahedron Lett.* **1965**, 1157–1162; K. Marsi, *J. Org. Chem.* **1974**, *39*, 265–268; K. V. L. Crepy, T. Imamoto, *Adv. Synth. Catal.* **2003**, *345*, 79–101; K. V. L. Crepy, T. Imamoto, *Top. Curr. Chem.* **2003**, *229*, 1–40.

260 Für Beispiele siehe: R. Luckenbach, *Phosphorus* **1973**, *3*, 77–78; P. D. Henson, K. Naumann, K. Mislow, *J. Am. Chem. Soc.* **1969**, *91*, 5645–5646.

261 R. Noyori, H. Takaya, *Acc. Chem. Res.* **1990**, *23*, 345–350; R. Noyori, *Adv. Synth. Catal.* **2003**, *345*, 15–32; M. Berthod, G. Mignani, G. Woodward, M. Lemaire, *Chem. Rev.* **2005**, *105*, 1801–1836.

262 BINAP-Synthesen: J. Jaques, C. Fouquey, *Organic Synthesis Coll. Vol. 8* (J. P. Freeman, Hrsg.), Wiley, New York, **1993**, 50–56; H. Takaya, S. Akutagawa, R. Noyori, *ibid.*, 57–63; L. K. Truesdale, *ibid.*, **1988**, *67*, 13–19; D. Cai, D. L. Huges, T. R. Verhoeven, P. J. Reider, *Tetrahedron Lett.* **1995**, *36*, 7991–7994; D. Cai, J. F. Payack, D. R. Bender, D. L. Huges, T. R. Verhoeven, P. J. Reider, *J. Org. Chem.* **1994**, *59*, 7180–7181.

263 H. Heydt in *Compounds with Two Carbon-Heteroatom Bonds: Heteroatom Analogues of Aldehydes and Ketones*, Bd. 27 (A. Pawda, D. Bellus, Hrsg.), Thieme, Stuttgart, **2004**, 843–935; M. Böhshar, J. Fink, H. Hydt, O. Wagner, M. Regitz, *Diazo Compounds*, Thieme, Stuttgart, **1990**; A. Engel in *Houben-Weyl* E16a, **1990**, 1052–1136; M. Regitz, G. Maas, *Diazo Compounds. Properties and Synthesis*, Academic Press, Orlando, **1986**; M. Regitz, *Synthesis*, **1972**, 351–373; S. Patai (Hrsg.), *The Chemistry of the Diazonium and Diazo Group*, Wiley, New York, **1978**; H. Zollinger, *Diazo Chemistry I*, VCH, Weinheim, **1994**. H. Zollinger, *Diazo Chemistry II*, VCH, Weinheim, **1995**; F. W. Bollinger, L. D. Tuma, *Synlett* **1996**, 407–413.

264 H. Zollinger, *Angew. Chem.* **1978**, *90*, 151–160; *Angew. Chem. Int. Ed. Engl.* **1978**, *17*, 141–150.

265 A. Roe, *Org. React.* **1949**, *5*, 193–228.

266 H. Zollinger, *Chemie der Azofarbstoffe*, Birkhäuser, Basel, **1959**; H. Zollinger, *Color Chemistry*, 3. Aufl., Verlag Helvetica Chimica Acta, Zürich, **2003**; K. Hunger (Hrsg.), *Industrial Dyes*, Wiley-VCH, Weinheim, **2002**; H. Beyer, W. Walter, *Lehrbuch der Organischen Chemie*, 23. Aufl., S. Hirzel, Stuttgart, **2004**, Abschnitt 5.14.

267 Isomerisierung von Azobenzol und ihre Anwendung: F. Vögtle, *Supramolekulare Chemie*, Teubner, Stuttgart, **1991**, 209–226 und zit. Lit.; J. Griffiths, *Chem. Soc. Rev.* **1972**, *1*, 481–493; A. Natansohn, *Azobenzene-Containing Materials*, Wiley-VCH, Weinheim, **1999**.

268 T. Ye, M. A. McKervey, *Chem. Rev.* **1994**, *94*, 1091–1160; B. W. Pearce, D. S. Wulfman, *Synthesis*, **1973**, 137–145; G. S. Singh, L. K. Mdee, *Curr. Org. Chem.* **2003**, *7*, 1821–1839; M. P. Doyle, M. A. McKervey, *J. Chem. Soc., Chem. Commun.* **1997**, 983–989; M. Doyle, M. A. McKervey, T. Ye, *Reaction Synthesis with alpha-Diazocarbonyl Compounds*, Wiley, New York, **1997**.

269 W. Kirmse, *Angew. Chem.* **1976**, *88*, 273–283; *Angew. Chem. Int. Ed. Engl.* **1976**, *15*, 251–261.

270 T. H. Black, *Aldrichchim. Acta*, **1983**, *16*, 3–10; N. S. Hodnett, *Synlett* **2003**, 2095; Y. V. Tomilov, V. A. Dokichev, U. M. Dzhemilev, O. M. Nefedov, *Russ. Chem. Rev. (Engl. Transl.)* **1993**, *62*, 803; T. Shioiri, T. Aoyama in *Advances in the Use of Synthons in Organic Chemistry* (A. Dondoni, Hrsg.), Jai Press, Greenwich, **1993**, *1*, 51–101; R. Anderson, S. A. Anderson in *Advances in Silicon Chemistry* (G. L. Larson, Hrsg.), Jai Press., Greenwich, **1991**, *1*, 303–325.

271 C. D. Gutsche, *Org. React.* **1954**, *8*, 364–429.

272 W. Kirmse, *Carbene Chemistry*, Academic Press, New York, **1971**; J. Clayden, N. Greeves, S. Warren, P. Wothers, *Organic Chemistry*, Oxford University Press, Oxford, **2001**, Kap. 40; M. Platz (Hrsg.), *Tetrahedron-Symposium in Print* **1985**, *41*, 1423–1612; W. Sander, G. Bucher, S. Wierlacher, *Chem. Rev.* **1993**, *93*, 1583–1621; W. W. Schoeller in *Houben-Weyl* E19 b, Thieme, Stuttgart, **1989**, 1–57; R. A. Moss, *Acc. Chem. Res.* **1989**, *22*, 15–21; stabile Carbene: A. J. Arduengo, III, R. Krafczyk, *Chem. Unserer Zeit* **1998**, *32*, 6–14; S. P. Nolan (Hrsg.), *N-Hetrocyclic Carbenes in Synthesis*, Wiley-VCH, Weinheim, **2006**; W. Kirmse, *Angew. Chem.* **2003**, *115*, 2165–2167; *Angew. Chem. Int. Ed.* **2003**, *42*, 2117–2119.

273 K. H. Dötz, *Angew. Chem.* **1984**, *96*, 573–594; *Angew. Chem. Int. Ed. Engl.* **1984**, *23*, 587–605; F. Z. Dörwald, *Metal Carbenes in Organic Synthesis*, Wiley-VCH, Weinheim, **1999**; J. Barluenga, *Pure Appl. Chem.* **2002**, *74*, 1317–1325; W. A. Herrmann, T. Weskamp, V. P. W. Bohm, *Adv. Organomet. Chem.* **2001**, *48*, 1–69; A. de Meijere, H. Schirmer, M. Duetsch, *Angew. Chem.* **2000**, *112*, 4124–4162; *Angew. Chem. Int. Ed.* **2000**, *39*, 3964–4002.

274 T. Aratani, *Pure Appl. Chem.* **1985**, *57*, 1839–1844; M. P. Doyle in *Modern Rhodium-Catalyzed Organic Reaction* (P. A. Evans, Hrsg.), Wiley-VCH, Weinheim, **2005**, 341–355; A. Pfaltz in *Comprehensive Asymmetric Catalysis*; Bd. 2 (E. N. Jacobsen, A. Pfaltz, H. Yamamoto, Hrsg.), Springer, Berlin, **1999**, 513–538; A. K. Ghosh, P. Mathivanan, J. Cappiello, *Tetrahedron: Asymmetry* **1998**, *9*, 1–45; V. K. Singh, A. Datta-Gupta, G. Sekar, *Synthesis* **1997**, 137–149; M. P. Doyle in *Catalytic Asymmetric Synthesis* (I. Ojima, Hrsg.), VCH, New York, **1993**, 63–99.

275 W. E. Parham, E. E. Schweizer, *Org. React.* **1963**, *13*, 55–90; R. R. Kostikov, A. P. Molchanov, A. F. Khlebnikov, *Russ. Chem. Rev. (Engl. Transl.)*, **1989**, *58*, 654–666; H. Siegel, *Top. Curr. Chem.* **1982**, *106*, 55–78.

276 W. Kirmse, *Eur. J. Org. Chem.* **2002**, 2193–2256; W. E. Bachmann, W. S. Struve, *Org. React.* **1942**, *1*, 38–62.

277 G. Krüger in *Houben-Weyl* E5, Thieme, Stuttgart, **1985**, 504–586; G. Krüger in *Houben-Weyl* E16 d, Thieme, Stuttgart, **1992**, 406–645; K. P. C. Vollhardt, N. E. Schore, *Organische Chemie*, 4. Aufl., Wiley-VCH, Weinheim, **2005**, Kap. 26; H. Beyer, W. Walter, *Lehrbuch der Organischen Chemie*, 23. Aufl., S. Hirzel, Stuttgart, **2004**, Abschnitt 8.1.

278 J. Jones, *Amino Acid and Peptide Synthesis*, 2. Aufl., Oxford University Press, Oxford, **2002**; M. J. O'Donnell (Hrsg.), *Tetrahedron-Symposium in Print*, **1988**, *44*, 5253–5614; L. S. Hegedus, *Acc. Chem. Res.* **1995**, *28*, 299–305.

279 M. A. Verkhovskaya, I. A. Yamskov, *Russ. Chem. Rev (Engl. Transl.).* **1991**, *60*, 1163–1179.

280 H. Kunz, *Pure Appl. Chem.* **1995**, *67*, 1627–1635; Y. Ohfune, T. Shinada, *Bull. Chem. Soc. Jpn.* **2003**, *76*, 1115–1129; H. Groger, *Chem. Rev.* **2003**, *103*, 2795–2827; L. Yet, *Angew. Chem.* **2001**, *113*, 900–902; *Angew. Chem. Int. Ed. Engl.* **2001**, *40*, 875–877.

281 R. O. Duthaler, *Tetrahedron* **1994**, 1539–1650; U. Schöllkopf, *Pure Appl. Chem.* **1983**, *55*, 1799–1806; U. Schöllkopf, *Top. Curr. Chem.* **1983**, *109*, 65–83; R. M. Williams, *Aldrichim. Acta* **1992**, *24*, 11–25, P. Cintas, *Tetrahedron* **1991**, *47*, 6079–6111; β-Aminosäuren: E. Juaristi, D. Quintana, J. Escalante, *Aldrichim. Acta*, **1994**, *27*, 3–11; D. C. Cole, *Tetrahedron* **1994**, *50*, 9517–9582; K. Maruoka, T. Ooi, *Chem. Rev.* **2003**, *103*, 3013–3028; M. Arend, X. Wang, T. Wirth in *Organic Synthesis Highlights V* (H.-G. Schmalz, Hrsg.), Wiley-VCH, Weinheim, **2003**, 134–143.

282 U. Schöllkopf, *Pure Appl. Chem.* **1983**, *55*, 1799–1806; U. Schöllkopf, *Top. Curr. Chem.* **1983**, *109*, 65–84.

283 R. Noyori, H. Takaya, *Acc. Chem. Res.* **1990**, *23*, 345–350; R. Noyori, S. Hashiguchi, *Acc. Chem. Res.* **1997**, *30*, 97–102; I. V. Komarov, A. Börner, *Angew. Chem.* **2001**, *113*, 1237–1240; *Angew. Chem. Int. Ed.* **2001**, *40*, 1197–1200; J. G. de Vries, C. J. Elsevier (Hrsg.), *The Handbook of Homogeneous Hydrogenation*, Wiley-VCH, Weinheim, **2006**.

284 A. K. Mukerjee, *Heterocycles*, **1987**, *26*, 1077.

285 M. M. Joullie, T. R. Thompson, *Tetrahedron* **1991**, *47*, 8791–8830; A. Schönberg, E. Singer, *Tetrahedron* **1978**, *34*, 1285–1300; J. Azizian, F. Hatamjafari, A. R. Karimi, M. Shaabanzadeh, *Synthesis* **2006**, 765–767.

286 G. Wendelberger in *Houben-Weyl* 15/2, Thieme, Stuttgart, **1974**, 365–368; G. Wendelberger, P. Stelzel, *ibid* 1–364; K. Plankensteiner, H. Reiner, B. M. Rode, *Curr. Org. Chem.* **2005**, *9*, 1107–1114.

287 M. Bodansky, A. Bodansky, *The Practice of Peptide Synthesis*, 2. Aufl., Springer, New York, **1994**; N. Sewald, H.-D. Jakubke, *Peptides: Chemistry and Biology*, Wiley-VCH, Weinheim, **2002**.

288 T. W. Green, P. G. M. Wuts, *Protective Groups in Organic Synthesis*, Wiley, New York, **1991**; H. Kunz, H. Waldmann in *Comprehensive Organic Synthesis*, Bd. 6 (B. M. Trost, I. Fleming, Hrsg.), Pergamon, Oxford, **1991**, 631; P. J. Kocienski, *Protecting Groups*, 3. Aufl., Thieme, Stuttgart, **2004**.

289 B. Merrifield, *Angew. Chem.* **1985**, *97*, 801–812; *Angew. Chem. Int. Ed. Engl.* **1985**, *24*, 799–810 und zit. Lit.; R. B. Merrifield in *Houben-Weyl* E22 b (M. Goodman, A. Felix, L. Moroder, C. Toniolo, Hrsg.); Thieme, Stuttgart, **2002**, 3–41; E. Atherton, R. C. Sheppard, *Solid Phase Peptide Synthesis: A Practical Approach*, IRL Press, Oxford, **1989**.

290 M. J. Bishop, C. J. Rawlings (Hrsg.), *Nucleic acid and protein sequence analysis*, IRL Press, Oxford, **1987**; W. Keilholz, S. Stevanovic in *Combinatorial Peptide and Nonpeptide Libraries* (G. Jung, Hrsg.), VCH, Weinheim, **1996**, 287–301.

291 R. M. J. Liskamp, *Recl. Trav. Chim. Pays-Bas* **1994**, *113*, 1–19; M. Kahn, *Synlett*, **1993**, 821–826; M. Kahn (Hrsg.), *Tetrahedron Symposium-in-Print* **1993**, *49*, 3433–3689.

292 D. P. Snustad, M. J. Simmons (Hrsg.), *Priciples of Genetics*, Wiley, Chichester, **2005**; B. Lewin, *Gene*, VCH, Weinheim, **1991**; D. T. Suzuki, A. J. F. Griffiths, J. H. Miller, R. C. Lewontin, *Genetik*, VCH, Weinheim, **1991**; J. Graw, *Genetik*, 4. Aufl., Springer, Berlin, **2006**.

293 G. M. Blackburn, M. J. Gait (Hrsg.), *Nucleic Acids in Chemistry and Biology*, IRL Press, Oxford **1990**; M. V. Kisakürek, H. Rosemeyer (Hrsg.), *Perspectives in Nucleoside and Nucleic Acid Chemistry*, Verlag Helvetica Chimica Acta, Zürich, **2000**.

294 U. Diedrichsen, T. K. Lindhorst, B. Westermann, L. A. Wessjohann, *Bioorganic Chemistry*, Wiley-VCH, Weinheim, **1999**; C. Schmuck, H. Wennemers (Hrsg.), *Highlights in Bioorganic Chemistry*, Wiley-VCH, Weinheim, **2004**; J.-H. Fuhrhop, *Bio-organische Chemie*, Thieme, Stuttgart, **1982**, 86–98.

295 V. Amarnath, A. D. Broom, *Chem. Rev.* **1977**, *77*, 183–217; N. N. Karpyshev, *Russ. Chem. Rev. (Engl. Transl.)*, **1988**, *57*, 886–896; S. L. Beaucage, R. P. Iyer, *Tetrahedron*, **1992**, *48*, 2223–2311; S. L. Beaucage, R. P. Iyer, *Tetrahedron*, **1993**, *49*, 1925–1963; S. L. Beaucage, R. P. Iyer, *Tetrahedron*, **1993**, *49*, 6123–6194; F. Eckstein, *Oligonucleotides and Analogs: A Practical Approach*, IRL Press, Oxford, **1991**; Phosphoramiditmethode: Y. Hayakawa, *Bull. Chem. Soc. Jpn.* **2001**, *74*, 1547–1565; R. L. Letsinger, W. B. Lunsford, *J. Am. Chem. Soc.* **1976**, *98*, 3655–3661; DNA-Analoga: M. H. Caruthers, *Acc. Chem. Res.* **1991**, *24*, 278–284; R. S. Varma, *Synlett* **1993**, 621–637.

296 M. H. Caruthers, *Science* **1985**, *230*, 281–285.

297 H. A. Erlich, *PCR Technology*, Stockton Press, New York, **1989**; K. B. Mullis, *Angew. Chem.* **1994**, *106*, 1271–1276; *Angew. Chem. Int. Ed. Engl.* **1994**, *33*, 1209–1213; M. McPherson, S. Møller, *PCR*, 2. Aufl., Taylor & Francis, Abingdon, **2006**.

298 D. Voet, J. G. Voet, *Biochemistry*, Wiley, Chichester, **2004**; W. Sanger, *Principles of Nucleic Acid Structure*, Springer, Berlin, **1984**.

299 T. Hunt, S. Prentis, J. Tooze, *DNA makes RNA makes Protein*, Elsevier Biomedical Press, Amsterdam, **1983**.

300 A. Fire, S. Q. Xu, M. K. Montgomery, S. A. Kostas, S. E. Driver, C. C. Mello *Nature* **1998**, *391*, 806–811.

301 P. F. Heelis, R. F. Hartman, S. D. Rose, *Chem. Soc. Rev.* **1995**, 289–297; T. Carrel, *Chimia* **1995**, *49*, 365–373.

302 H. Greim, Hrsg., *Gesundheitsschädliche Arbeitsstoffe*, Wiley-VCH, Weinheim **2006**.

303 D. S. Sigman, A. Mazumder, D. M. Perrin, *Chem. Rev.* **1993**, *93*, 2295–2314; B. Giese, *Chimia* **2001**, *55*, 275–280.

304 M. E. Maier, *Synlett* **1995**, 13–26; M. Klein, T. Walenzyk, B. König, *Collect. Czech. Chem. Commun.* **2004**, *69*, 945–965; M. E. Maier, F. Bosse, A. J. Niestroj, *Eur. J. Org. Chem.* **1999**, 1–13; H. Lhermitte, D. S. Grierson, *Contemp. Org. Synth.* **1996**, *3*, 41–63; K. C. Nicolaou, A. L. Smith in *Modern Acetylene Chemistry* (P. J. Stang, F. Diederich, Hrsg.), VCH, Weinheim, **1995**, 203–283.

305 K. C. Nicolaou, *Angew. Chem.* **1993**, *105*, 1462–1471; *Angew. Chem. Int. Ed. Engl.* **1993**, *32*, 1377–1386; K. C. Nicolaou, B. M. Smith, J. Pastor, Y. Watanabe, D. S. Weinstein, *Synlett* **1997**, 401–410.

306 T. L. Gilchrist, *Heterocyclenchemie*, VCH, Weinheim, **1995**; K. Krohn, U. Wolf, *Kurze Einführung in die Chemie der Heterocyclen*, Teubner, Stuttgart, **1994**; A. Weisberger, E. C. Taylor (Hrsg.), *The Chemistry of Heterocyclic Compounds, A Series of Monographs*, Wiley, New York, **1970–1994**; A. R. Katritzky, C. W. Rees (Hrsg.), *Comprehensive Heterocyclic Chemistry*, Bd. 1–8; Pergamon, Oxford, **1984**; G. R. Newkome, W. W. Paudles, *Contemporary Heterocyclic Chemistry*, Wiley, New York, **1982**; R. R. Gupta (Hrsg.), *Physical Methods in Heterocyclic Chemistry*, Wiley, New York, **1984**; T. Eicher, S. Hauptmann, *The Chemistry of Heterocycles*, 2. Aufl., Wiley-VCH, Weinheim, **2003**; H. Beyer, W. Walter, *Lehrbuch der Organischen Chemie*, 23. Aufl., S. Hirzel, Stuttgart, **2004**, Kap. 7.

307 A. Pfenninger, *Synthesis*, **1986**, 89–116; T. Katsuki, V. S. Martin, *Org. React.* **1996**, *48*, 1–300; R. A. Johnson, K. B. Sharpless in *Catalytic Asymmetric Synthesis* (I. Ojima, Hrsg.), VCH, New York, **1993**, 103–158; K. B. Sharpless, *Angew. Chem.* **2002**, *114*, 2126–2135; *Angew. Chem. Int. Ed.* **2002**, *41*, 2024–2032.

308 J. Backes, *Houben-Weyl* E16 c, Thieme, Stuttgart, **1992**; A. Padwa, A. D. Woolhouse in *Comprehensive Heterocyclic Chemistry*, Bd. 7 (A. R. Katritzky, C. W. Rees, Hrsg.), Pergamon, Oxford, **1984**, 47; Chirale Aziridine: D. Tanner, *Angew. Chem.* **1994**, *106*, 625–642; *Angew. Chem. Int. Ed. Engl.* **1994**, *33*, 599–619; D. Tanner, *Pure Appl. Chem.* **1993**, *65*, 1319–1328; J. B. Sweeney, *Chem. Soc. Rev.* **2002**, *31*, 247–258.

309 S. Searles in *Comprehensive Heterocyclic Chemistry*, Bd. 7 (A. R. Katritzky, C. W. Rees, Hrsg.), Pergamon, Oxford, **1984**, 363 ff; J. Dale, *Tetrahedron*, **1993**, *49*, 8707–8725; S. Robin, G. Rousseau, *Eur. J. Org. Chem.* **2002**, 3099–3114.

310 J. A. Porco, S. L. Schreiber in *Comprehensive Organic Synthesis*, Bd. 5 (B. M. Trost, I. Fleming, Hrsg.), Pergamon, Oxford, **1991**, 151 ff; M. D'Auria, L. Emanuele, R. Racioppi, G. Romaniello, *Curr. Org. Chem.* **2003**, *7*, 1443–1459; T. Bach, *Synlett* **2000**, 1699–1707; T. Bach, *Synthesis* **1998**, 683–703; T. Bach, *Liebigs Ann. Chem.* **1997**, 1627–1634.

311 G. S. Singh, *Tetrahedron* **2003**, *59*, 7631–7649; B. Alcaide, P. Almendros, *Synlett* **2002**, 381–393; F. H. Van der Steen, G. Van Koten, *Tetrahedron* **1991**, *47*, 7503; J. Backes, *Houben-Weyl* E16 b, Thieme, Stuttgart, **1991**, 31–868.

312 R. Southgate, *Contemp. Org. Synth.* **1994**, *1*, 417–431; K. Krohn, H. A. Kirst, H. Maag, *Antibiotics and Antiviral Compounds. Chemical Synthesis and Modification*, VCH, Weinheim, **1993**; A. Bruggink (Hrsg.), *Synthesis of beta-lactam Antibiotics*, Springer, Heidelberg, **2001**.

313 A. Kamal, P. B. Sattur, *Heterocycles* **1987**, *26*, 1051; M. Chmielewski, Z. Kaluza, B. Furman, *J. Chem. Soc., Chem. Commun.* **1996**, 2689–2696; B. Furman, K. Borsuk, Z. Kaluza, R. Lysek, M. Chmielewski, *Curr. Org. Chem.* **2004**, *8*, 463–473.

314 G. I. Georg, *Organic Chemistry of β-Lactams*, VCH, Weinheim, **1992**; A. K. Mukerjee, R. C. Srivastava, *Synthesis* **1973**, 327–346; M. I. Page, *The Chemistry of β-Lactams*, Chapman and Hall, London, **1992**.

315 P. H. Bentley, *Recent Advances in the Chemistry of β-Lactam Antibiotics*, Royal Society of Chemistry, Cambridge, **1989**.

316 R. Huisgen, *Angew. Chem.* **1963**, *75*, 604–637 und 742–754; *Angew. Chem. Int. Ed. Engl.* **1963**, *2*, 565–598 und 633–645; R. Huisgen *Adv. Cycloaddition*, Jai Press, Greenwich, **1988**, *1*, 1–31; Sustmann, R. *Heterocycles* **1995**, *40*, 1; R. Brückner, *Reaktionsmechanismen*, 3. Aufl., Spektrum, Heidelberg, **2004**, Abschnitt 15.5; T. L. Gilchrist, *Heterocyclenchemie*, VCH, Weinheim, **1995**, Abschnitt 4.3.2.

317 P. N. Rylander, *Hydrogenation Methods*, Academic Press, London, **1990**; C. Bianchini, A. Meli, *Acc. Chem. Res.* **1998**, *31*, 109–116.

318 T. Otsubo, *Synlett* **1997**, 544–550; P. Gros, Y. Fort, *Curr. Org. Chem.* **2003**, *7*, 629–648; K. Undheim in *Handbook of Organopalladium Chemistry for Organic Synthesis*; Bd. 1 (E.-I. Negishi, A. de Meijere, Hrsg.), Wiley, Chichester, **2002**, 409–492; I. Collins, *J. Chem. Soc., Perkin Trans. 1* **2000**, 2845–2861; E. Schaumann in *Houben-Weyl*, E9 d, Thieme, Stuttgart, **1997**, 576 ff.; F.-P. Montforts, M. Glasenapp-Breiling, D. Kusch in *Houben-Weyl*, E9 d, Thieme, Stuttgart, **1997**, 577–716.

319 X. L. Hou, H. Y. Cheung, T. Y. Hon, P. L. Kwan, T. H. Lo, S. Y. Tong, H. N. C. Wong, *Tetrahedron* **1998**, *54*, 1955–2020; B. König in *Hetarenes and Related Ring Systems: Fully Unsaturated Small-Ring Heterocycles and Monocyclic Five-Membered Hetarenes with One Heteroatom*, Bd.. 9 (G. Maas, M. Regitz, Hrsg.), Thieme, Stuttgart, **2001**, 183–286; P. G. Steel in *Hetarenes and Related Ring Systems: Fused Five-Membered Hetarenes with One Heteroatom*, Bd. 10 (E. J. Thomas, Hrsg.), Thieme, Stuttgart, **2000**, 87–130.

320 H. H. Wassermann, *Tetrahedron* **1976**, *32*, 1863–1866; T. Gilchrist, *Heterocyclenchemie*, VCH, Weinheim, **1995**, Kap. 6.

321 B. Robinson, *The Fischer Indole Synthesis*, Wiley, New York, **1982**; W. M. Welch, *Synthesis* **1977**, 645–646; D. L. Hughes, *Org. Prep. Proced. Int.* **1993**, *25*, 607–632.

322 R. Huisgen in *1,3-Dipolar Cycloaddition Chemistry, Vol. 1* (A. Padwa, Hrsg.), Wiley, New York, **1984**, 1–176

323 C. W. Tornøe, C. Christensen, M. Meldal, *J. Org. Chem.* **2002**, *67*, 3057–3062; V. V. Rostovtsev, L. G. Green, V. V. Fokin, K. B. Sharpless, *Angew. Chem.* **2002**, *114*, 2708–2711; *Angew. Chem. Int. Ed.* **2002**, *41*, 2596–2599.

324 W. G. Lewis, L. G. Green, F. Grynszpan, Z. Radic, P. R. Carlier, P. Taylor, M. G. Finn, K. B. Sharpless, *Angew. Chem.* **2002**, *114*, 1095–1099; *Angew. Chem. Int. Ed.* **2002**, *41*, 1053–1057.

325 D. M. Stout, A. I. Meyers, *Chem. Rev.* **1982**, *82*, 223–243; S. Goldman, J. Stoltefuß, *Angew. Chem.* **1991**, *103*, 1587–1605; *Angew. Chem. Int. Ed. Engl.* **1991**, *30*, 1559–1578; A. Sausins, G. Duburs, *Heterocycles* **1988**, *27*, 269–289.

326 F. W. Bergstrom, *Chem. Rev.* **1944**, *44*, 151; S. Fetzner, B. Tshisuaka, F. Lingens, R. Kappl, J. Hüttermann, *Angew. Chem.* **1998**, *110*, 596–618; *Angew. Chem. Int. Ed.* **1998**, *37*, 576–597; V. V. Kouznetsov, L. Y. V. Mendez, C. M. M. Gomez, *Curr. Org. Chem.* **2005**, *9*, 141–161; C.-C. Cheng, S.-J. Yan, *Org. React.* **1982**, *28*, 37–201.

327 B. S. Thygarayan, *Chem. Rev.* **1954**, *54*, 1019–1064; W. M. Whaley, T. R. Govindachari, *Org. React.* **1951**, *6*, 74–150.

328 C. K. McGill, *Adv. Heterocycl. Chem.* **1988**, *44*, 1–79.

329 M. Hesse, *Alkaloide*, Verlag Helvetica Chimica Acta, Zürich, **2000**; E. Breitmaier, *Alkaloide*, 2. Aufl., Teubner, Stuttgart, **2002**; Zur Synthese verschiedener Alkaloidklassen, siehe: M. E. Kühne, C. S. Brook, F. Xu, R. Parsons, *Pure Appl. Chem.* **1994**, *66*, 2095–2098; E. Winterfeldt, *J. Heterocycl. Chem.* **1992**, *29*, 631–638; S. Rajeswaru, S. Chandrasekharam, T. R. Govindachari, *Heterocycles* **1987**, *25*, 659; A. D. Plunkett, *Nat. Prod. Rep.* **1994**, *11*, 581–590; W. Oppolzer, *Pure Appl. Chem.* **1994**, *66*, 2127–2130; M. E. Kühne (Hrsg.), *Tetrahedron Symposium-in-Print* **1983**, *39*, 3627–3841; C. Kibayashi, *Pure Appl. Chem.* **1994**, *66*, 2079–2082; T. Hudlicky, G. Seoane, J.

D. Price, K. G. Gadamasetti, *Synlett* **1990**, 433–440; T. Hudlicky, *Pure Appl. Chem.* **1994**, *66*, 2067–2070; G. W. Gribble, *Synlett* **1991**, 289; T. Fujii, M. Ohba, S. Yoshifuji, *Heterocycles* **1988**, *27*, 1009; G. Casiraghi, F. Zanardi, G. Rassu, P. Spanu, *Chem. Rev.* **1995**, *95*, 1677–1716; J. Bosch, M. L. Bennasar, *Synlett* **1995**, 587–596; J. Bergman, B. Pelcman, *Pure Appl. Chem.* **1990**, *62*, 1967–1976.

330 H. F. Olivo, M. S. Hemenway, *Org. Prep. Proced. Int.* **2002**, *34*, 1–26; J. W. Daly, H. M. Garraffo, T. F. Spande, M. W. Decker, J. P. Sullivan, M. Williams, *Nat. Prod. Rep.* **2000**, *17*, 131–135; C. Szantay, Z. Kardos-Balogh, C. Szantay, Jr. in *The Alkaloids. Chemistry and Pharmacology*, Bd. 46 (G. A. Cordell, Hrsg.), Academic Press, San Diego, **1995**; E. V. Dehmlow, *J. Prakt. Chem.* **1995**, *337*, 167–174.

331 R. Iyengar, V. Gracias, *Chemtracts Org. Chem.* **2004**, *17*, 92–96; T. Schütz, *Synlett* **2003**, 901; D. Hoppe, T. Hense, *Angew. Chem.* **1997**, *109*, 2376–2410; *Angew. Chem. Int. Ed. Engl.* **1997**, *36*, 2282–2316.

332 W. J. Close, *J. Org. Chem.* **1950**, *15*, 1131.

333 G. Cardillo, A. Dámico, M. Orena, S. Sandri, *J. Org. Chem.* **1988**, *53*, 2354–2356.

334 H. C. Kolb, M. S. VanNiewenhze, K. B. Sharpless, *Chem. Rev.* **1994**, *94*, 2483–2547; M. C. Noe, M. A. Letavic, S. L. Snow, *Org. React.* **2005**, *66*, 109–625; G. Drudis-Solé, G. Ujaque, F. Maseras, A. Lledós, *Top. Organomet. Chem.* **2005**, *12*, 79–107; S. K. Tian, Y. G. Chen, J. F. Hang, L. Tang, P. McDaid, L. Deng, *Acc. Chem. Res.* **2004**, *37*, 621–631; K. Muñiz in *Transition Metals for Organic Synthesis*, Bd. 2 (M. Beller, C. Bolm, Hrsg.), Wiley-VCH, Weinheim, **2004**, 298–308; H. C. Kolb, K. B. Sharpless in *Transition Metals for Organic Synthesis*, Bd. 2 (M. Beller, C. Bolm, Hrsg.), Wiley-VCH, Weinheim, **2004**, 275–297.

335 K. Muñiz in *Transition Metals for Organic Synthesis*, Bd. 2 (M. Beller, C. Bolm, Hrsg.), Wiley-VCH, Weinheim, **2004**, 326–336; K. Muniz, *Chem. Soc. Rev.* **2004**, *33*, 166–174; H. C. Kolb, K. B. Sharpless in *Transition Metals for Organic Synthesis*, Bd. 2 (M. Beller, C. Bolm, Hrsg.), Wiley-VCH, Weinheim, **2004**, 309–325; D. Nilov, O. Reiser, *Adv. Synth. Catal.* **2002**, *344*, 1169–1173; J. A. Bodkin, M. D. McLeod, *J. Chem. Soc., Perkin Trans. 1* **2002**, 2733–2746; O. Reiser, *Angew. Chem.* **1996**, *108*, 1406–1408; *Angew. Chem. Int. Ed. Engl.* **1996**, *35*, 1308–1311.

336 O. Reiser, *Nachr. Chem. Tech. Lab.* **1996**, *44*, 380–386.

6
Spezial- und Grenzgebiete der Organischen Chemie

Die Methoden und Arbeitstechniken der Organischen Chemie werden in vielen Bereichen genutzt. Im Folgenden werden verschiedene Spezialgebiete und Nachbardisziplinen der Organischen Chemie kurz vorgestellt. Dabei können jeweils nur exemplarisch einige wenige Beispiele genannt werden. Ausführlichere Informationen zu den entsprechenden Gebieten sind in der angegebenen weiterführenden Literatur zu finden. Die Grenzen zwischen verschiedenen Forschungsgebieten sind in vielen Fällen nicht eindeutig festzulegen (Abb. 6.1). Bestehende Unterscheidungen haben zudem oft nur noch historische oder didaktische Bedeutung. Die komplexen Fragestellungen unserer Zeit können durch einen isolierten Ansatz häufig nicht mehr gelöst werden, so dass zunehmend ein interdisziplinäres Arbeiten und Forschen gefordert ist.

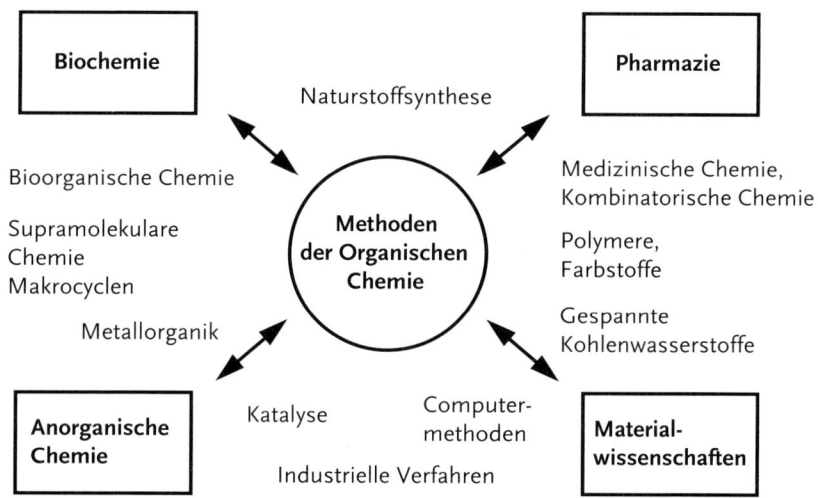

Abb. 6.1 Organische Chemie im Umfeld der Nachbardisziplinen.

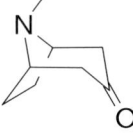

6 Spezial- und Grenzgebiete der Organischen Chemie

6.1
Naturstoffsynthese

Die Synthese von Naturstoffen ist ein wichtiger Teilbereich der Organischen Chemie. Bis zur Mitte des zwanzigsten Jahrhunderts war vor allem die **Strukturaufklärung** von Naturstoffen durch Totalsynthese ein wichtiges Ziel, da dies auf spektroskopischem Wege noch nicht möglich war. Heute gelingt die Aufklärung auch komplexer Strukturen meist mit Hilfe moderner spektroskopischer Methoden (Abschnitt 3.4), wobei die Synthese von Molekülintereinheiten zum Strukturvergleich noch immer Bedeutung hat. Die Bereitstellung interessanter Naturstoffe, die nur schlecht isolierbar sind, und die Synthese von **Analoga** für die pharmazeutische Wirkstoffforschung stehen heute im Mittelpunkt der modernen Naturstoffsynthese.[1]

In vielen Fällen ist die **absolute Konfiguration** für die physiologische Wirkung eines chiralen Naturstoffs entscheidend, so dass das endgültige Ziel einer Totalsynthese die Herstellung des enantiomerenreinen Produkts ist. Verfahren zum Aufbau und zur Umwandlung stereogener Zentren in enantiomerenreiner Form spielen daher eine wichtige Rolle in modernen Naturstoffsynthesen.

Aus der großen Zahl synthetisierter Naturstoffe können an dieser Stelle nur zwei Synthesen exemplarisch vorgestellt werden. Schon auf den Anfang des zwanzigsten Jahrhunderts geht die Synthese des Alkaloids **Tropinon** zurück.[2] In einer Dominoreaktion[3] wird die Verbindung aus Butan-1,4-dial (Succinaldehyd), Methylamin und 3-Oxopentandisäure erhalten (Abb. 6.2).[4] Wahrscheinlich verläuft die biologische Synthese des Alkaloids über ähnliche Mehrstufenreaktionen, so dass die Reaktionssequenz als **biomimetisch** bezeichnet wird.[5]

Auch das zweite Beispiel, die racemische Synthese des Steroids **(±)-Progesteron**[6] aus einem acyclischen Vorläufer, hat Vorbilder in der Natur. In der enzymatischen Steroidbiosynthese wird das tetracyclische Gerüst durch mehrfachen Ringschluss aus Squalenepoxid aufgebaut.[7] Die Synthese des racemischen Progesterons geht von einem Trieninalkohol aus, der säurekatalysiert zum Tetracyclus schließt. Durch anschließende Ozonolyse und Kondensation wird das Steroid erhalten (Abb. 6.3).

Mit hochselektiven modernen Reaktionen gelingt heute auch die enantioselektive Synthese komplexer Naturstoffe.[8] Ein eindrucksvolles Beispiel ist die Synthese von **Brevetoxin B** (Abb. 6.4),[9] einem marinen Neurotoxin. Verbindungen der Brevetoxinfamilie werden für die Giftwirkung der „roten Flut", einer plötzlich auftreten-

Abb. 6.2 Tropinonsynthese.

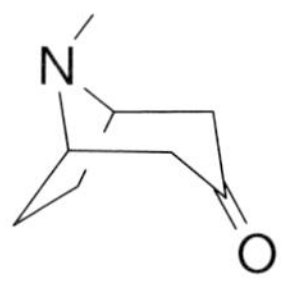

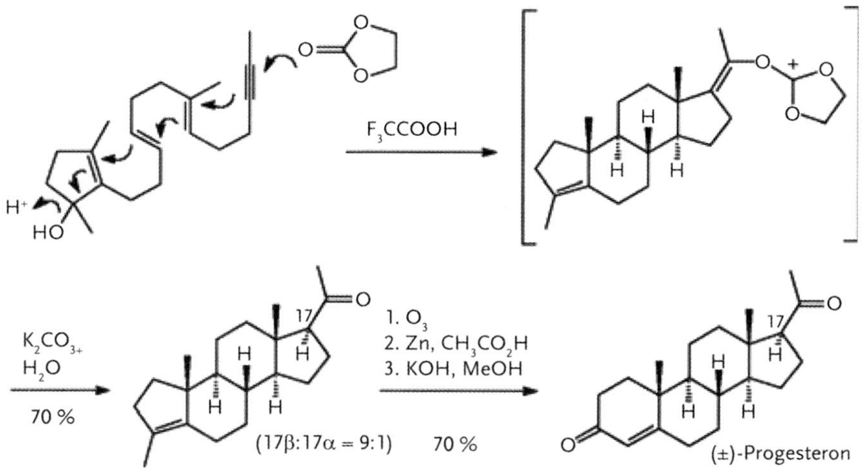

6.1 Naturstoffsynthese

Abb. 6.3 Biomimetische Progesteronsynthese (Gesamtausbeute: 49 %).

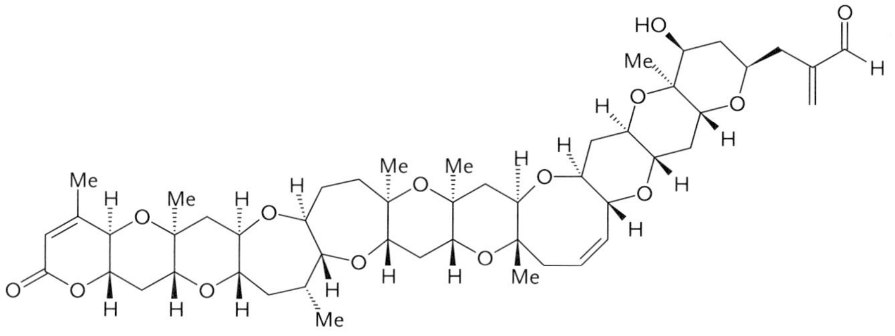

Abb. 6.4 Brevetoxin B.

den, starken Algenvermehrung, verantwortlich gemacht. Die Verbindung enthält neben dem Sauerstoff keine weiteren Heteroatome, besitzt 23 stereogene Zentren, drei olefinische Doppelbindungen und zwei Carbonylgruppen.

Ein Beispiel dafür, wie schnell moderne Synthesemethoden Eingang in die Naturstoffsynthese finden, ist die Synthese von Manzamin A, einem vor der Küste Okinawas aus Schwämmen isolierten Naturstoff, der ein interessantes cytotoxisches Potential aufweist. Manzamin A wurde 1999 von Martin synthetisiert,[10] wobei die beiden in der Formel (Abb. 6.5) fett hervorgehobenen Doppelbindungen mittels der nur wenige Jahre zuvor entwickelten ringschließenden Olefinmetathese (RCM, Abschnitt 6.12) aufgebaut wurden. Das drei Vinylgruppen tragende Ausgangsmaterial reagiert in einer RCM-Reaktion, in deren Produkt durch Reaktion mit 5-Hexenoylchlorid die weitere benötigte terminale Doppelbindung eingebaut wird. Eine weitere RCM, gefolgt von einer Acetalhydrolyse, einer Reduktion der Amid-Carbonylgruppe, der Reaktion der Aldehydgruppe mit Tryptamin und oxidativer Aromatisierung führt schließlich zum gewünschten Naturstoff. Zu bemerken

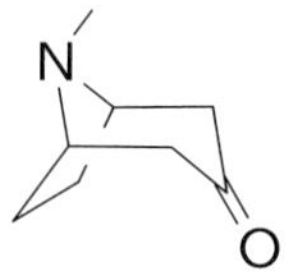

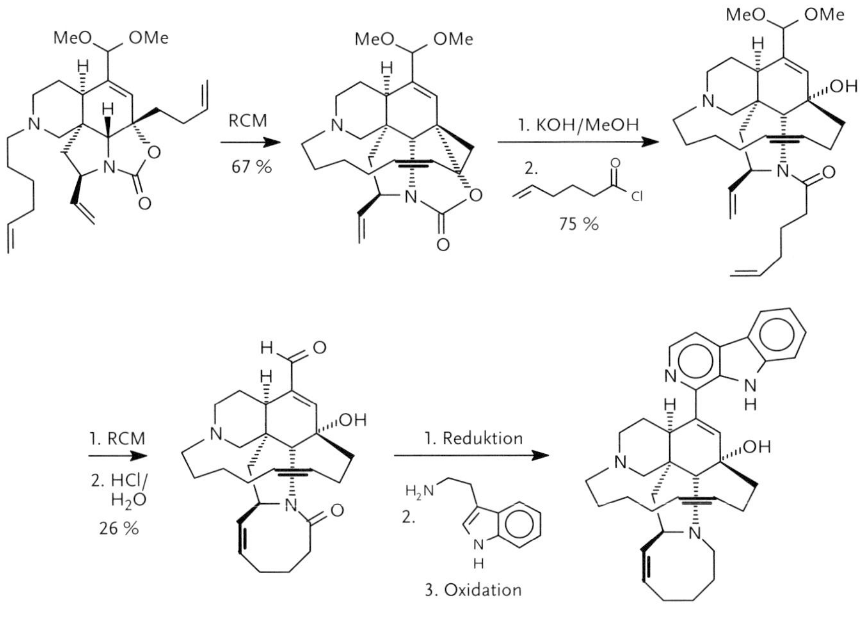

6 Spezial- und Grenzgebiete der Organischen Chemie

Abb. 6.5 Schlüsselschritte der Synthese von Manzamin A.

ist, dass Naturstoffsynthesen keineswegs immer so glatt laufen, wie es nach dem verkürzten Schema in Abb. 6.5 den Anschein hat. So liefert der erste Metatheseschritt nicht nur das abgebildete *cis*-Alken, sondern auch einen kleineren Anteil der *trans*-Verbindung (8:1). Ein weiteres Problem ist, dass die zweite RCM mit nur 26 % Ausbeute erfolgt, was angesichts des in der Gesamtsynthese sehr spät stattfindenden Reaktionsschritts besonders schmerzhaft ist. In vielstufigen Synthesen wie der des Manzamins A geht man am Anfang meist von großen Substanzmengen aus, die mit jedem Schritt entsprechend seiner Ausbeute kleiner werden. Dadurch sind spätere Stufen einer Synthese immer viel kostbarer als anfängliche, so dass eine schlechte Ausbeute gegen Ende einer Synthese weit problematischer ist als am Anfang. Ein weiteres Problem der Synthese von Manzamin A besteht darin, dass zur Erzielung der 26 % Ausbeute im zweiten Metatheseschritt der Rutheniumkomplex, der die RCM normalerweise katalysiert, hier in 1.1 fachem stöchiometrischen Überschuss eingesetzt wurde. Normalerweise ist man jedoch bereit, die erwähnten Nachteile in Kauf zu nehmen, um die begehrte Substanz überhaupt in die Hand zu bekommen, denn in der Natur fallen viele derartige Verbindungen nur in äußerst kleinen Mengen an, so dass ihre Isolierung in ausreichenden Mengen zur detaillierteren Erforschung der Wirkstoffeigenschaften oft nicht möglich ist. Außerdem werden durch chemische Synthese nicht natürlich vorkommende Derivate zugänglich.

Neben organisch-chemischer Naturstoffsynthese gewinnt auch die Biosynthese als Methode zur Gewinnung neuer biologisch aktiver Verbindungen zunehmend

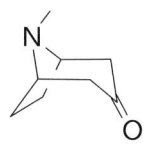

an Bedeutung. In der so genannten „maßgeschneiderten Biosynthese" (engl. engineered biosynthesis) macht man sich genetische Veränderungen bakterieller Biosynthesewege zunutze und setzt Mikroorganismen für die Synthese ein.[11] Die Aufgabe des Wissenschaftlers besteht hier also nicht mehr in der Durchführung der Synthese an sich, sondern in der richtigen genetischen Veränderung von Mikroorganismen.

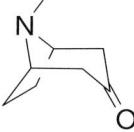

6 Spezial- und Grenzgebiete der Organischen Chemie

Übungsaufgabe

6.1–1 Ermitteln und vergleichen Sie die Formeln des männlichen Sexualhormons Testosteron und des weiblichen Sexualhormons Östradiol. Worin besteht der „kleine Unterschied"?

6.2
Medizinische Chemie

Ziel der Medizinischen oder Pharmazeutischen Chemie ist die Entwicklung neuer pharmakologisch wirksamer Substanzen.[12] Die moderne **Pharmawirkstoffsuche** beginnt mit der Identifizierung eines biologischen Targets und dem Aufbau eines Testsystems, mit dem viele Substanzen, möglichst automatisch, auf ihre Wirksamkeit getestet werden können. Die Testsubstanzen werden durch Einzelsynthese oder **kombinatorische Synthese** bereitgestellt oder stammen aus chemischen Substanzsammlungen. Die Inhaltsstoffe von Arzneipflanzen können Hinweise auf potentiell aktive Substanzklassen geben. Wird auf diese Weise eine Substanz identifiziert, die die gewünschte pharmakologische Wirkung zeigt, so spricht man von einer **Leitstruktur**. Die Eigenschaften der Verbindung, wie Aktivität, Stabilität oder biologische Verfügbarkeit, werden dann durch schrittweise Strukturmodifikation wie den Austausch einzelner funktioneller Gruppen optimiert. Der Prozess wird als **Leitstrukturoptimierung** bezeichnet und führt zu einer Entwicklungssubstanz. Toxizitäts- und Mutagenitätstests sowie erste Tierversuche sind weitere Hürden auf dem Weg zum Arzneimittel. Auch die optimale Darreichungsform des Wirkstoffs muss gefunden werden. Sind die präklinischen Entwicklungen abgeschlossen, muss das neue Medikament seine unbedenkliche Wirksamkeit in drei klinischen Testphasen am Patienten beweisen, bevor es für die allgemeine Anwendung zugelassen werden kann. In der ersten klinischen Testphase wird der neue Wirkstoff an gesunden Freiwilligen auf seine Verträglichkeit getestet. Phase II soll zusätzlich die Wirksamkeit an einer kleinen Patientengruppe zeigen. In Phase III wird der Wirkstoff schließlich international an einer großen, statistisch signifikanten Patientengruppe getestet. Von 100 000 Substanzen am Anfang erreichen nur etwa 5 die klinische Prüfung. Für die Entwicklung eines neuen Arzneistoffs waren im Jahr 2001 Ausgaben von durchschnittlich 800 Millionen US-Dollar erforderlich.[13] Mehr als die Hälfte der Ausgaben entfallen auf die klinische Entwicklung, insbesondere die logistisch aufwändigen, multinationalen Phase-III-Studien. Die Anforderungen, die bei der Zulassung eines neuen Wirkstoffs an den Nachweis von Sicherheit und Wirksamkeit gestellt werden, sind stetig gestiegen. Ein weiterer Grund für die stark gestiegenen Kosten liegt in der zunehmenden Komplexität der zu behandelnden Krankheiten. Beispiele dafür sind Multiple Sklerose, rheumatoide Arthritis und Morbus Parkinson. Diese Krankheiten zeichnen sich dadurch aus, dass Forscher viele Körperprozesse zugleich berücksichtigen müssen, um Möglichkeiten für einen gefahrlosen medikamentösen Eingriff zu finden. Die Entwicklungszeit beträgt häufig 10 bis 15 Jahre. 20 Jahre nach der Patentanmeldung verliert die Firma das alleinige Recht, ihren neu entwickelten Wirkstoff zu vertreiben oder Lizenzen zu vergeben. So bleiben oft nach der Markteinführung nur wenige Jahre, um die Entwicklungskosten durch den exklusiven Verkauf des neuen Medikaments zu erwirtschaften.

Zwei Prinzipien spielen eine wichtige Rolle, wenn es um die Wirkung von Pharmaka geht: die **Rezeptortheorie** und die **Struktur-Wirkungs-Beziehung**. Die Rezeptortheorie geht von der Vorstellung aus, dass eine Substanz nur dann auf zellulärer Ebene wirksam werden kann, wenn ein molekularer Reaktionspartner

6 Spezial- und Grenzgebiete der Organischen Chemie

(Rezeptor) vorhanden ist, mit dem sie in Wechselwirkung tritt. Die Bindungen zwischen Substanz und Rezeptor sind spezifisch und meist reversibel. Wird durch die Anlagerung eine Änderung zellulärer Eigenschaften ausgelöst, so spricht man von **Agonisten**. Kompetitive **Antagonisten** verbinden sich reversibel mit denselben Rezeptoren, lösen aber keine Änderung aus. Sie blockieren damit den Rezeptor, so dass der Agonist wirkungslos wird. Neben reinen Agonisten und reinen Antagonisten gibt es Substanzen, die nur eine schwache eigene Aktivität besitzen, aber am Rezeptor gebunden bleiben, so dass sie gleichzeitig antagonistische Eigenschaften aufweisen. Sie werden partielle Antagonisten genannt. Für eine ganze Reihe von Substanzgruppen konnte gezeigt werden, welche chemischen Strukturmerkmale vorliegen müssen, damit eine bestimmte Wirkung erzielt wird. Diese **Struktur-Wirkungs-Beziehungen** werden meist empirisch, unterstützt durch „molecular modelling" und Röntgenstrukturanalysen von Rezeptorproteinen, ermittelt. Sichere Vorhersagen über eine ganz bestimmte biologische Wirkung einer chemischen Verbindung („**rational drug design**") sind noch immer schwierig. Während die Vorhersage von Bindungsaffinitäten auf molekularer Ebene mit Computermethoden gelingt, ist die Beurteilung von Parametern, wie Toxizität, Bioverfügbarkeit oder metabolische Stabilität (ADMET-Eigenschaften) komplex. Oft wird daher von bereits bekannten Wirkstoffen ausgegangen, die modifiziert und wiederum in Funktionstests eingeschleust werden. Ziel kann z. B. eine gesteigerte Bioverfügbarkeit sein. Beispiele für dieses Vorgehen finden sich bei Barbitursäuren und Pyrimidinonderivaten (Hypnotika) oder Benzodiazepinen. Auch der Ersatz racemischer chiraler Wirkstoffmoleküle durch die enantiomerenreinen Substanzen (chiral switch) führt zu wirksameren Medikamenten, wenn die Aktivität der Enatiomere verschieden ist.[14]

Aus der Vielzahl pharmakologisch aktiver chemischer Substanzen können hier nur einige wenige typische Vertreter exemplarisch vorgestellt werden. Organische Nitrate, wie Glycerintrinitrat (Nitroglycerin, Gilucor-Nitro®, Nitrangin®, Nitrolingual®) oder Pentaerythrityltetranitrat wirken gefäßerweiternd und werden daher zur Behandlung der Koronarinsuffizienz eingesetzt (Abb. 6.6). Nifedipin (Adalat®) ist eine Substanz, die vorwiegend arterielle Gefäße erweitert. Derivate der Barbitursäure und Benzodiazepine werden als Hypnotika oder Schlafmittel verwendet (Abb. 6.7). Antibakterielle Wirkung zeigt das Antibiotikum Ampicillin®. Chloroquin ist ein weit verbreitet eingesetzter Wirkstoff gegen Malaria (Abb. 6.8). Hinzu kommen zunehmend so genannte „life style drugs", wie Viagra® (Potenzstörungen) oder Rimonabant (Appetitzügler) (Abb. 6.9).

Nitroglycerin   Pentaerythrityltetranitrat (Dilcoran®)   Nifedipin (Adalat®)

Abb. 6.6 Wirkstoffe gegen Koronarinsuffizienz.

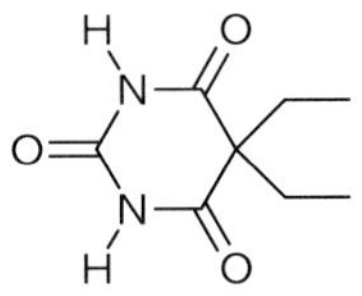

6.2 Medizinische Chemie

Barbital
(Veronal®)

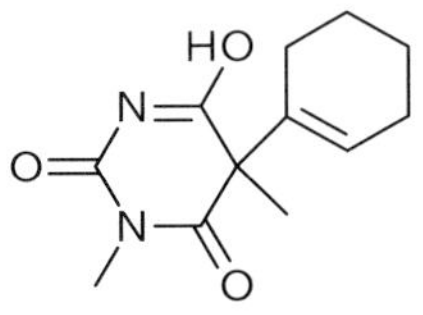

Hexobarbital
(Evipan®)

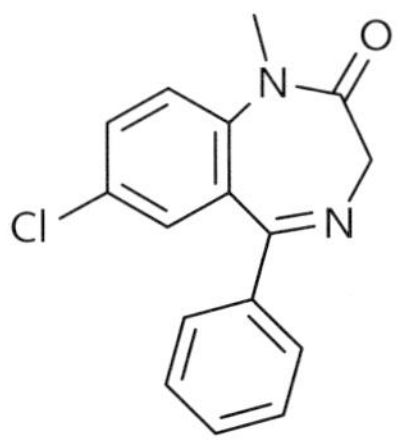

Diazepam
(Valium®)

Abb. 6.7 Schlafmittel.

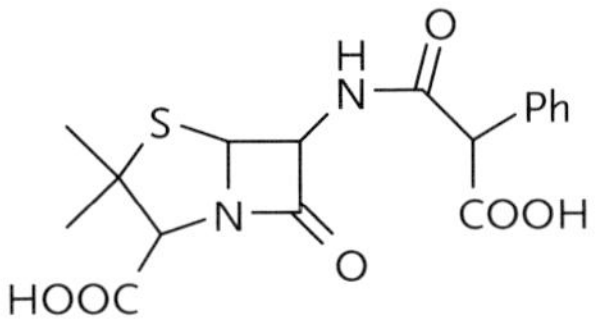

Antibiotikum Ampicillin
(Amblosin®, Binotal®, Berocillin®,
Cymbi®, Deripen®, Pen-Bristol®,
Penbrock®, Suractin®)

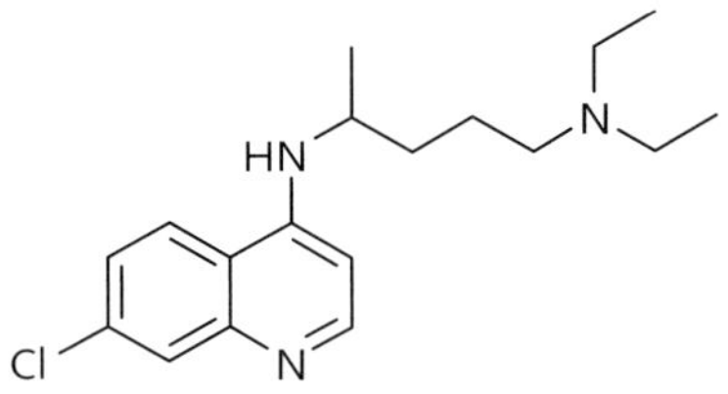

Malariamittel Chloroquin (Resorchin®)

Abb. 6.8 Antibiotika und Malariamittel.

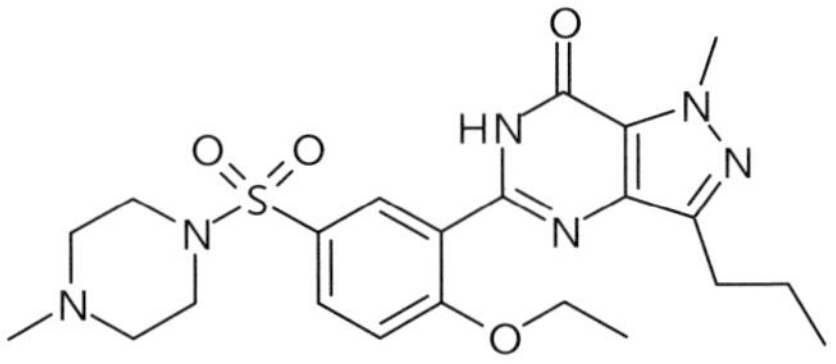

Sildenafilcitrat (Viagra®, Revatio®)

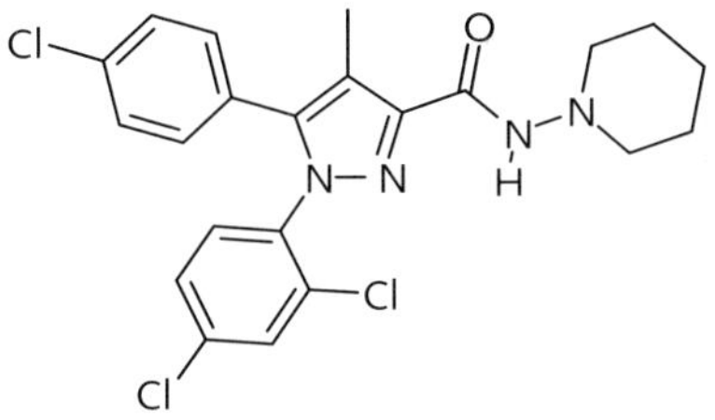

Rimonabant (Acomplia®)

Abb. 6.9 Chemische Strukturen von Viagra und Rimonabant.

6 Spezial- und Grenzgebiete der Organischen Chemie

Übungsaufgabe

6.2–1 Viagra® (Sildenafilcitrat) wird zur Behandlung der erektilen Dysfunktion beim Mann (MED, male erectile dysfunction) eingesetzt. Die Verbindung wird aus Sildenafil durch Umsetzung mit Zitronensäure erhalten. Obwohl das Sildenafilmolekül sechs Stickstoffatome enthält, wird selektiv eines protoniert. Warum?

6.3
Kombinatorische Chemie

Die großen Fortschritte in der Molekularbiologie und die daraus resultierende Möglichkeit, die Wirksamkeit neuer Substanzen extrem schnell bestimmen zu können, haben zu einem Paradigmenwechsel bei der Synthese pharmazeutischer Testsubstanzen geführt. So gewinnt neben der konventionellen, sequenziellen Synthese einzelner Substanzen zunehmend die Möglichkeit einer kombinatorischen, parallelen Synthese vieler Testverbindungen an Bedeutung. Eine **kombinatorische Synthese**[15] ist dadurch gekennzeichnet, dass in einer Synthesestufe nicht nur ein Synthesebaustein, sondern derer viele, parallel oder als Mischung, umgesetzt werden (Abb. 6.10). Auf diese Weise wächst die Anzahl unterschiedlicher Kombinationen in jeder Stufe, und es entstehen in wenigen Schritten sehr viele Produkte. Die Gesamtheit aller Produkte wird als **Verbindungsbibliothek** bezeichnet. In der Praxis werden im Allgemeinen nicht alle Produkte in gleicher Menge gebildet. Einige Kombinationen können sogar fehlen.

Kombinatorische Synthesen können prinzipiell sowohl in Lösung als auch an fester Phase durchgeführt werden. Als Trägermaterialien werden meist funktionalisierte Polymere verwendet, wie sie auch für die Festphasenpeptidsynthese benutzt werden (Abschnitt 5.18.3). Beide Wege haben Vor- und Nachteile: Während bei einer Reaktion in Lösung bekannte und optimierte Reaktionsbedingungen verwendet werden können und die Ansatzgröße leicht erhöht werden kann, lässt sich die Festphasensynthese sehr gut automatisieren, da Reagenzien im Überschuss zugegeben und durch einfaches Waschen wieder entfernt werden können.

Nach kombinatorischen Prinzipien lassen sich Einzelsubstanzen oder definierte Mischungen herstellen. Einzelsubstanzen werden durch **Parallelsynthese** erhalten, d. h. in n Reaktionsgefäßen werden n Substanzen synthetisiert. Die Synthese definierter Mischungen erfordert Verfahren, die in möglichst wenigen Reaktionsschritten eine große Zahl an eindeutigen Verbindungen in gleicher Menge liefern. Naheliegend ist es, in jedem Reaktionsschritt Mischungen von Reaktanden einzusetzen, so dass gleichzeitig mehrere Produkte entstehen. Bei diesem Verfahren, das oft für Reaktionen in Lösung benutzt wird, ist die Reaktionskontrolle und Identifizierung einzelner Komponenten aber schwierig. Für Reaktionen an fester Phase wird daher häufig die „split-mix"-Methode (Abb. 6.11) angewandt. Dabei wird ein funktionalisiertes Trägerharz in z. B. drei gleiche Teile geteilt. Der erste Teil wird mit A umgesetzt, die beiden anderen mit B und C. Nach der Reaktion werden die drei Teilmengen vereinigt, gemischt, wieder gedrittelt und erneut mit verschiedenen Komponenten zur Reaktion gebracht. Durch diese Art der Reaktionsführung

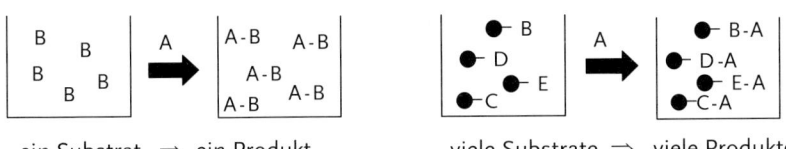

ein Substrat ⇒ ein Produkt   viele Substrate ⇒ viele Produkte

Abb. 6.10 Konventionelle und kombinatorische Synthesestrategie im Vergleich.

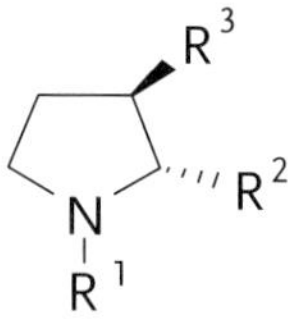

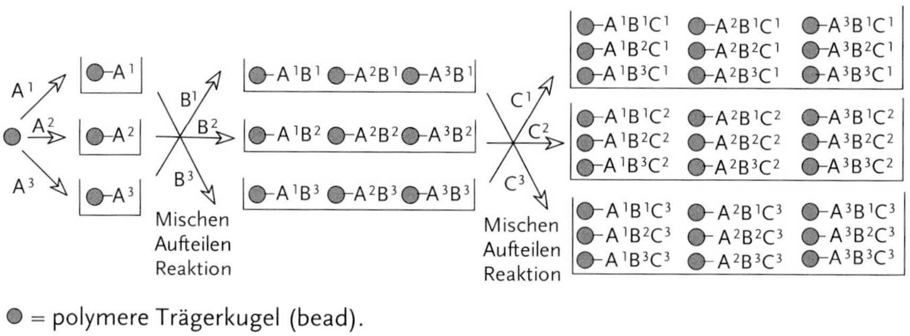

Abb. 6.11 Aufbau einer Verbindungsbibliothek nach dem split-mix-Verfahren.

werden schnell große Substanzbibliotheken erhalten, wobei jeder Festphasenpartikel (bead) nur genau eine Verbindung in vielfacher Kopie trägt („one bead – one compound"-Bibliothek). Die Zahl der synthetisierten Verbindungen N ergibt sich zu $N = n_1 \cdot n_2 \cdot n_3 \cdot ... \cdot n_m$, wobei n für die Zahl der Reaktanden in der jeweiligen Reaktion und m für die Zahl der Reaktionsschritte, in denen neue Bausteine eingeführt werden, steht. So lassen sich in nur 60 Kupplungsschritten alle 8000 aus den 20 natürlichen Aminosäuren aufgebauten Tripeptide in 20 Mischungen zu 400 Verbindungen synthetisieren.

Nach der Synthese einer Verbindungsbibliothek und dem Aktivitätstest muss die Struktur der potentiell aktiven Verbindungen ermittelt werden. Während dies bei der ortsgetrennten Parallelsynthese vieler Einzelverbindungen kein Problem ist, da der Syntheseort eindeutig mit der Struktur verknüpft ist, müssen zur Identifizierung von Lösungsgemischen **Teilbibliotheken** erstellt und getestet werden. Diese Verfahren werden als **Dekonvolution** bezeichnet.[16] Bei der split-mix-Synthese muss die Struktur kleinster Substanzmengen aufgeklärt werden. In **codierten Bibliotheken**[17] wird dieses Problem umgangen, indem nicht die Kostitution der Testsubstanz, sondern anhand einer Markierung die Syntheseabfolge zur jeweiligen Substanz ermittelt wird. Besonders effektiv ist die binäre chemische Codierung, da so mit nur wenigen Codemolekülen große Bibliotheken eindeutig bestimmt werden können. Als chemische Codes wurden gut detektierbare Halogenaromaten (Homologe Chlorfluorarene können durch Kapillargaschromatographie getrennt und mit Hilfe von Elektronen-Einfang-Detektoren noch in attomolaren Konzentrationen nachgewiesen werden) oder mit Hilfe der PCR (Abschnitt 5.19) amplifizierbare Nucleotide verwendet. Eine nichtchemische Codierung gelang durch Aufzeichnung der jeweiligen Syntheseschritte auf einem Speicherchip.[18]

In **virtuellen kombinatorischen Bibliotheken**[19] wird Diversität durch reversible kovalente oder nichtkovalente Wechselwirkungen von Molekülen erzeugt. So können sich beispielsweise in einer Mischung aus Aldehyden und Aminen unter geeigneten Bedingungen Imine in allen Kombinationen reversibel bilden. Aus diesem virtuellen Satz von Substanzen (virtuell, da nicht alle Moleküle synthetisiert und isoliert wurden, sondern sich nur reversibel bilden können) werden diejenigen mit geeigneten Eigenschaften, z. B. der Bindung an das aktive Zentrum eines Enzyms, selektiert.

Ortsgetrennte Parallelsynthese von DNA-Strängen oder Peptiden auf einem festen Träger, meist funktionalisiertem Glas, wird zum Aufbau von DNA- oder Peptid-Arrays genutzt. **DNA-Arrays** (DNA-Chips) werden z. B. in der Bioanalytik genutzt, um Oligonucleotide zu identifizieren. Die zu identifizierenden Oligonucleotide werden mit einem Farbstoff markiert und binden unter Ausbildung der Doppelhelix an den komplementären DNA-Strang aus dem Array, dessen Sequenz durch die Position auf dem Chip abgelesen werden kann. Die Verfahren sind so weit miniaturisiert worden (z. B. durch die Firma Affymetrix),[20] dass Millionen verschiedener kurzer DNA-Stränge auf einem Chip Platz finden.

Die Verwendung kombinatorischer Verfahren ist nicht auf die Wirkstoffsuche oder Bioanalytik begrenzt: Wo immer die Optimierung von Substanzen mit bestimmten Eigenschaften das Ziel ist, kann die kombinatorische Synthese angewandt werden – vorausgesetzt, ein effizientes Testsystem existiert. Beispiele sind neue Katalysatoren und Liganden, Komplexbildner, Farbstoffe oder Supraleiter.[21]

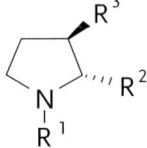

6 Spezial- und Grenzgebiete der Organischen Chemie

Übungsaufgabe

6.3–1 Wie viele Verbindungen erhält man mit der split-mix-Methode mit 7 Reaktanden und 9 Reaktionsschritten?

6.4
Ungewöhnliche Molekülstrukturen

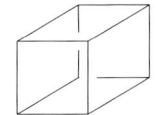

Die Synthese einer ungewöhnlichen, nichtnatürlichen Kohlenstoffverbindung hoher Symmetrie oder extremer Spannung war und bleibt eine Herausforderung für den Synthesechemiker.[22] Neben dem ästhetischen Reiz solcher Verbindungen sind sie oft interessante Studienobjekte für die **Physikalisch-organische Chemie**. In organischen Verbindungen mit ungewöhnlicher Struktur treten bestimmte Eigenschaften oft stärker hervor als bei „normalen" Molekülen. Sie bieten daher manchmal besondere Einblicke in elektronische, sterische und andere Effekte, wie Aromatizität, Antiaromatizität, sterische Überfrachtung, extreme Stabilität oder Reaktivität, kinetische Stabilisierung, Elektronentransfer, chiroptische Eigenschaften und so weiter. Aus der Vielzahl der bislang realisierten Verbindungen werden hier einige Strukturen und Synthesen exemplarisch vorgestellt.

Die einfachsten regelmäßigen Polyeder sind die fünf hochsymmetrischen **platonischen Körper**: Tetraeder, Oktaeder, Würfel, Dodekaeder und Ikosaeder. Diese Grundgerüste finden sich in vielen, insbesondere anorganischen Strukturen (z. B. Oktaeder: Metallkomplexe; Ikosaeder: Carborane), wieder. Drei dieser Strukturen lassen sich, aufgrund der Vierbindigkeit des Kohlenstoffs, als Kohlenwasserstoffe realisieren (Abb. 6.12):[23] das **Tetrahedran** (nur substituiert),[24] das **Cuban** (Abb. 6.13)[25] und das **Dodecahedran**.

Viele weitere interessante aliphatische und aromatische Kohlenwasserstoffe sind bekannt. Eine kleine Auswahl (Pagodan,[26] Adamantan,[27] [1.1.1]Propellan,[28] Triphenylcyclopropenyl-Kation und [7]Helicen[29]) ist in Abb. 6.14 zusammengestellt.

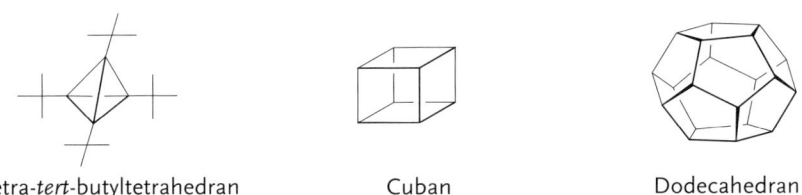

Tetra-*tert*-butyltetrahedran   Cuban   Dodecahedran

Abb. 6.12 Platonische Kohlenwasserstoffe.

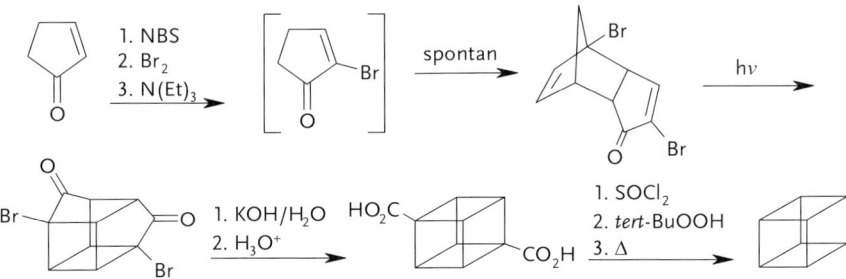

Abb. 6.13 Cubansynthese nach Eaton und Cole.[25]

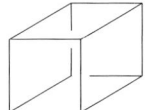

6 Spezial- und Grenzgebiete der Organischen Chemie

Pagodan   Adamantan   [1.1.1]Propellan   Triphenyl-cyclopropenyl-Kation   [7]Helicen

Abb. 6.14 Ungewöhnliche aliphatische und aromatische Kohlenwasserstoffe.

[2.2]Paracyclophan   [2.2]Orthocyclophan   [2.2]Metacyclophan   Superphan

Abb. 6.15 [2.2]Cyclophane.

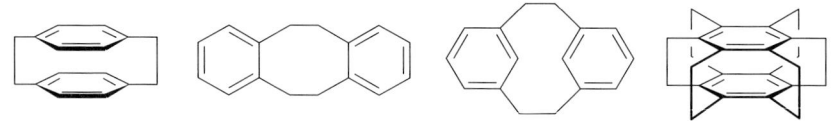

Abb. 6.16 [2.2]Paracyclophansynthese nach Hopf.[31]

Die Verknüpfung von Aromaten durch zwei oder mehr aliphatische Brücken führt zu **Cyclophanen** (Abb. 6.15).[30] Dabei geben die Zahlen in der vorgestellten Klammer die Anzahl der Brückenatome jeder Brücke an. *Ortho*, *meta* oder *para* kennzeichnet die Position der Verknüpfung. Die Synthese der gespannten [2.2]Paracyclophane gelingt u. a. über die Dimerisierung einer reaktiven 1,4-Xylylen-Zwischenstufe, die aus einer Diels-Alder-Reaktion erhalten wird (Abb. 6.16).[31] Wird der Aromat nur durch eine aliphatische Kette überbrückt, so entstehen **Ansaverbindungen**. Der Abstand der aromatischen Ringe im [2.2]Paracyclophan liegt mit 309 pm unter dem Van-der-Waals-Abstand von kristallinem Benzol (ca. 340 pm). Dies führt zu einem ausgeprägten transannularen Effekt zwischen beiden aromatischen Einheiten und zu einer Deformation der sonst planaren Aromatenstruktur, was sich in den physikalischen und chemischen Eigenschaften zeigt: In vielen Reaktionen verhalten sich beide Aromaten wie ein einziges π-System und ihre Reaktivität ist deutlich erhöht.

Simmons stellte 1981 die erste topologisch nicht planare Verbindung her, indem er ein dreifach spiroanelliertes, von einem Propellan abgeleitetes Trisepoxid säurekatalysiert in einen recht spannungsfreien, nur aus Fünfringen aufgebauten Hete-

6.4 Ungewöhnliche Molekülstrukturen

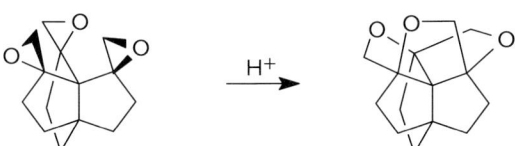

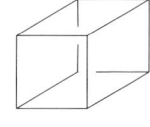

Abb. 6.17 Säurekatalysierte Umlagerung zur ersten topologisch nicht planaren Verbindung.

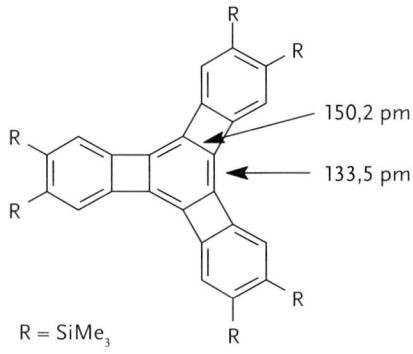

Abb. 6.18 Ausgewählte Bindungslängen im verzweigten [4]Phenylen. Die Bindungslängen in den äußeren Benzolringen alternieren nicht.

rocyclus (Abb. 6.17) umlagerte. Eine ähnliche Reaktion wurde fast zeitgleich von Paquette publiziert.[32]

Eine weitere Klasse interessanter Verbindungen mit ungewöhnlichen Strukturen sind die Phenylene, in welchen sich benzoide Sechsringe und anellierte Vierringe abwechseln. Ein besonders interessanter Vertreter ist das verzweigte [4]Phenylen: In Einklang mit dem Mills-Nixon-Effekt, wonach Doppelbindungen von Aromaten mit kleinen anellierten Ringen bevorzugt außerhalb dieser kleinen Ringe angesiedelt sind, beobachtet man in der Struktur des sechsfach Trimethylsilyl-substituierten Derivats (Abb. 6.18) im zentralen Sechsring eine ausgeprägte Bindungslängenalternanz: Es handelt sich offensichtlich eher um ein Cyclohexatrien- als um ein Benzolsystem.[33]

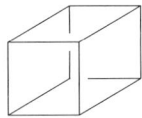

6 Spezial- und Grenzgebiete der Organischen Chemie

Übungsaufgabe

6.4–1 a) Wie viele Signale zeigen das Pagodan und das Dodecahedran im ^{1}H- und im ^{13}C-NMR-Spektrum? b) Lange Zeit hat man erfolglos versucht, Dodecahedran durch eine Dimerisierung von Triquinacen zu erzeugen. Zeichnen Sie die Konstitutionsformel von Triquinacen.

6.5 Cyclische Verbindungen

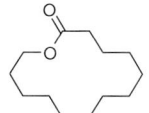

Ringsysteme lassen sich in vier Gruppen einteilen: kleine Ringe (3, 4 Ringatome), normale Ringe (5, 6, 7 Ringatome), mittlere Ringe (8–11 Ringatome) und große Ringe (≥ 12 Ringatome). Die Besonderheiten der Chemie mittlerer und großer Ringverbindungen (**Makrocyclen**)[34] werden an dieser Stelle vorgestellt. Makrocyclische Strukturen binden Ionen oder Neutralmoleküle oft wesentlich besser als ihre acyclischen Analoga, da der Entropieverlust bei der Komplexbildung durch die cyclische **Präorganisation** geringer ist. Viele natürliche und synthetische Makrocyclen werden daher als Rezeptoren für die Bindung oder den Transport von „Gast"-Molekülen oder -Ionen verwendet. Die größte Gruppe ionenbindender flexibler Makrocyclen sind die **Kronenether**.[35] Je nach Größe des Hohlraums und Art der Heteroatome binden Kronenether bevorzugt bestimmte Metall-Ionen. Ihre Synthese gelingt durch Ringschlussreaktionen, z. B. intramolekulare nucleophile Substitution, unter hoher Verdünnung (Abb. 6.19). Durch die Anwendung des **Verdünnungsprinzip**s[36] wird die Produktverteilung zugunsten cyclischer Verbindungen verschoben. Die intramolekulare Ringschlussreaktion ist erster Ordnung und die Reaktionsgeschwindigkeit daher proportional zur Konzentration. Die intermolekulare Reaktion ist zweiter Ordnung, so dass die Reaktionsgeschwindigkeit proportional zum Quadrat der Konzentration ist. Daher wird durch Verdünnung die intramolekulare Reaktion bevorzugt. Auch durch die Verwendung von **Templaten**[37] wird die Makrocyclenausbeute in vielen Fällen erheblich gesteigert. Dabei orientiert beispielsweise ein Metall-Ion die Reaktanden so vor, dass die Makrocyclisierung begünstigt ist. Makrobicyclische Liganden werden als **Cryptanden** bezeichnet. Durch die Verkettung zweier Makrocyclen entstehen **Catenane**.[38] Auf stäbchenförmige Moleküle aufgefädelte Makrocyclen heißen **Rotaxane**.[39]

Porphyrine[40] sind ungesättigte Makrocyclen mit starren heteroaromatischen Untereinheiten. Durch das ausgedehnte konjugierte System sind sie stark farbig. Porphyrine sind als Liganden in biologischen Systemen, z. B. im Chlorophyll oder Hämoglobin, von großer Bedeutung. Die Synthese von Makrocyclen mit aromatischen oder heteroaromatischen Untereinheiten verläuft meist über **Kondensationsreaktionen**. So liefert die Reaktion von Pyrrol mit Benzaldehyd Tetraphenylporphyrin (Abb. 6.20). Durch die metallvermittelte Kondensation von vier 1,2-Dicyanobenzolen entstehen die ebenfalls stark farbigen **Phthalocyanine**.[41] Kann sich bei der

Abb. 6.19 Kronenethersynthese.

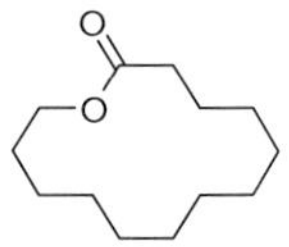

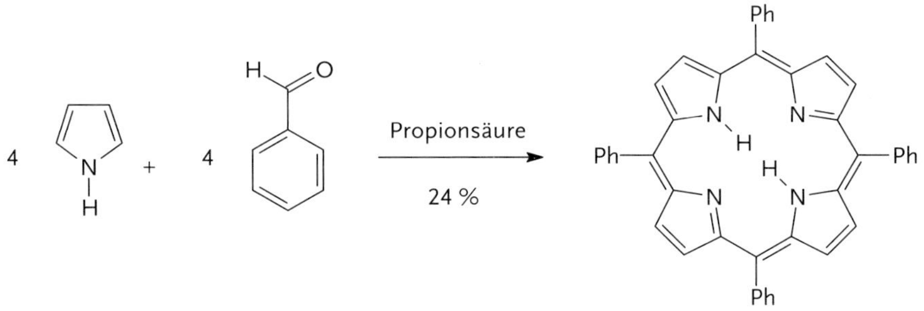

6 Spezial- und Grenzgebiete der Organischen Chemie

Abb. 6.20 Porphyrinsynthese.

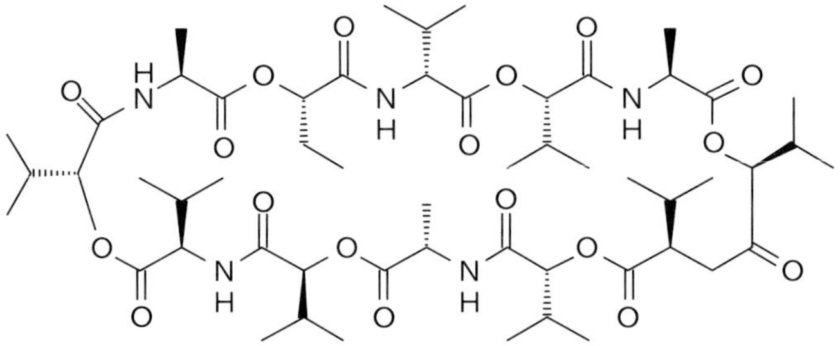

Abb. 6.21 Valinomycin, ein selektiv Kalium-Ionen bindendes Antibiotikum.

Kondensation kein konjugiertes System ausbilden, z. B. bei der Reaktion von Pyrrol mit Aceton oder Phenolen mit Formaldehyd, so werden **Calixarene**[42] erhalten.

Auch viele Naturstoffe besitzen eine makrocyclische Struktur, wobei in einigen Fällen ihre physiologische Wirkung mit der Fähigkeit, Ionen oder Neutralmoleküle zu binden, verknüpft ist. So ist **Valinomycin** (Abb. 6.21) ein Antibiotikum mit Cyclodepsipeptidstruktur, das Kalium-Ionen mit außerordentlich hoher Selektivität bindet. **Cyclodepsipeptide** besitzen Amid- und Estergruppen im Ring, während in **Cyclopeptiden** nur Amidbindungen vorliegen. Ist nur eine Esterbindung im Ring, so spricht man von **Makrolactonen**. Makrocyclen mit nur einer Amidbindung heißen **Makrolactame**.

Cyclodextrine[43] sind cyclische Oligosaccharide, die heute meist enzymatisch hergestellt werden. Cyclodextrine finden u. a. als Chromatographiematerialien zur Trennung chiraler Substanzen Verwendung. Die größten natürlichen Makrocyclen sind circulare Formen der DNA (Abschnitt 5.19).

Übungsaufgabe

6.5 Cyclische Verbindungen

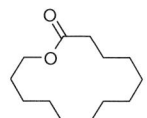

6.5–1 Die ringschließende Olefinmetathese (RCM) hat sich in den letzten Jahren zu einer wichtigen Methode zur Herstellung makrocyclischer Verbindungen entwickelt. Gesättigte Systeme werden durch nachfolgende Hydrierung erhalten. Machen Sie zwei unterschiedliche Vorschläge zur Synthese des folgenden Lactons auf diesem Wege:

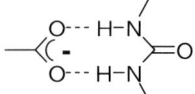

6 Spezial- und Grenzgebiete der Organischen Chemie

6.6
Supramolekulare Chemie

Ziel der Supramolekularen Chemie ist die Beschreibung und Kontrolle intermolekularer Wechselwirkungen.[44] Die Supramolekulare Chemie ist kein abgegrenztes Arbeitsgebiet. Vielmehr wird in einem interdisziplinären Ansatz die über das einzelne Molekül hinausgehende Chemie erforscht. Wie entscheidend definierte intermolekulare Wechselwirkungen für viele biologische Vorgänge sind, hat schon von mehr als 100 Jahren Emil Fischer erkannt.[45] Aus der Beobachtung, dass verschiedene Substrate von Mikroorganismen unterschiedlich gut umgesetzt werden (Substratspezifität), leitete er das „**Schlüssel-Schloss-Prinzip**" ab. Es besagt, dass für einen selektiven Erkennungs- oder Bindungsvorgang auf molekularer Ebene komplementäre Molekülgeometrien und Bindungsstellen nötig sind (Abb. 6.22). Das starre Enzym-Substrat-Modell wurde später von Koshland um das Prinzip des „induced fit" erweitert, welches die Wirklichkeit besser wiedergibt.[46]

Über nichtkovalente oder reversible Bindungen verknüpfte **Aggregate** werden auch als **Überstrukturen** bezeichnet. Die Begriffe Überstruktur und Übermolekül wurde bereits 1949 in der Beschreibung der Carbonsäuredimerisierung unter Ausbildung von zwei Wasserstoffbrücken verwendet.[47] Supramolekulare Überstrukturen sind **Gleichgewichtsstrukturen** und stellen ein **thermodynamisches Minimum** dar. Der Zusammenhang zwischen Gleichgewichtskonstante (K) und Enthalpie ergibt sich aus $\Delta G = \Delta H - T\Delta S = -RT \ln K$. Durch Änderung des Lösungsmittels, der Temperatur oder der Konzentration können Aggregate zerfallen oder sich in andere Strukturen umwandeln, die unter den veränderten Bedingungen stabiler sind. Da die Bindungsenthalpien nichtkovalenter Wechselwirkungen im Allgemeinen recht gering sind, bestimmt der Entropieverlust bei der Aggregatbildung entscheidend die Stabilität der Überstruktur. Oft werden daher **präorganisierte Moleküle**, wie z. B. Makrocyclen oder Cryptanden, als Rezeptoren verwendet.

Die Bestimmung der **Gleichgewichtskonstanten** von Überstrukturen gelingt mit spektroskopischen oder elektrochemischen Verfahren.[48] Die Anzahl der Moleküle, die sich zum Aggregat zusammenlagern, reicht von zwei bis zu sehr vielen, wobei die Information für die Bildung der Überstruktur in den Einzelkomponenten festgelegt ist. Ein Beispiel für natürliche **Selbstorganisationsvorgänge**[49] ist die Hülle des **Tabakmosaikvirus**. Synthetische Überstrukturen bilden sich z. B. spontan aus 2,2'-Bipyridin-Strängen und Metall-Ionen (Abb. 6.23).[50]

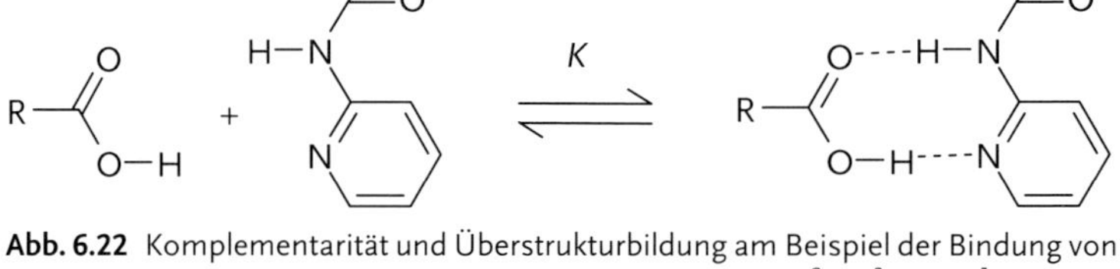

Abb. 6.22 Komplementarität und Überstrukturbildung am Beispiel der Bindung von Carbonsäuren an acyliertes 2-Aminopyridin. Assoziationskonstante $K = 10^2 - 10^3$ L mol^{-1} in CDCl$_3$.

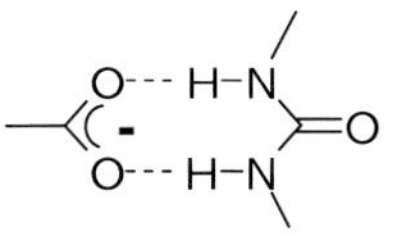

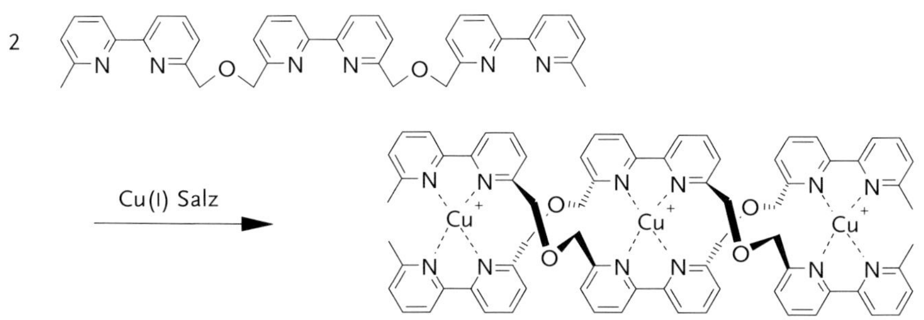

6.6 Supramolekulare Chemie

Abb. 6.23 Überstrukturbildung durch Selbstorganisation am Beispiel helicaler mehrkerniger Cu(I)-Komplexe.

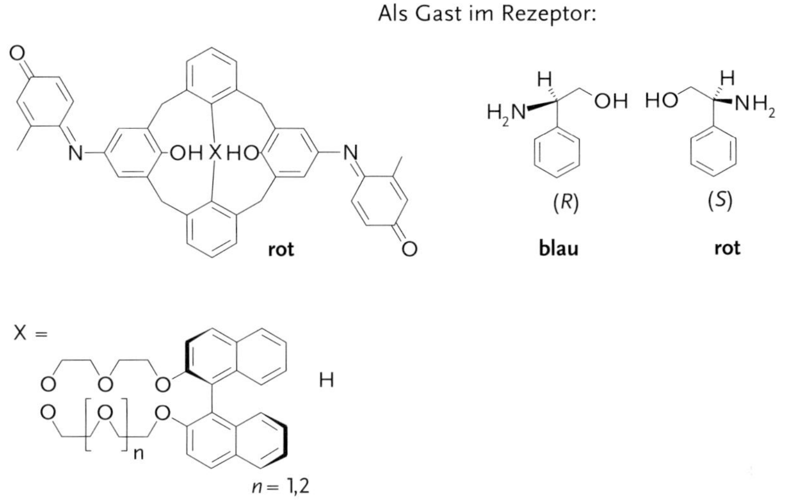

Als Gast im Rezeptor:

Abb. 6.24 Enantiomerenerkennung mit einem molekularen Chemosensor.

Die nichtkovalente Bindung eines Moleküls kann die physikalischen Eigenschaften eines synthetischen Rezeptormoleküls verändern. Dies wird u. a. zur Entwicklung von Chemosensoren genutzt.[51] So führt die Bindung des R-Enantiomeren von 2-Phenyl-2-aminoethanol an einen roten Calixaren-Kronenether zu einem Farbumschlag nach blau. Das S-Enantiomere des 2-Phenyl-2-aminoethanols bindet weniger gut, so dass die rote Farbe erhalten bleibt (Abb. 6.24).[52]

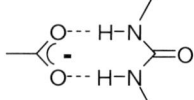

Übungsaufgabe

6.6–1 Was ist die Voraussetzung dafür, dass ein Molekül als Chemosensor Enantiomere unterscheiden kann?

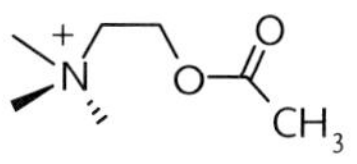

6.7
Bioorganische Chemie

Chemische Prozesse biologischer Systeme zu beeinflussen, zu steuern oder in vereinfachter Form nachzuahmen, sind Ziele der **Bioorganischen Chemie**.[53] Dabei kann z. B. die *in-vitro*-Chemie von Naturstoffen und analogen Verbindungen von Interesse sein oder aber das Verhalten chemisch modifizierter Substanzen auf den intakten Organismus untersucht werden.[54] In analoger Weise widmet sich die **Bioanorganische Chemie**[55] den anorganischen Aspekten biologischer Systeme. Es wird z. B. die Bedeutung verschiedener Metall-Ionen für Organismen untersucht oder mit Hilfe synthetischer Metallkomplexe die enzymatische Wirkung von Metalloproteinen nachgestellt. Die wichtigsten Substanzen der Bioorganischen Chemie sind die Moleküle, aus denen Organismen aufgebaut sind, wie Aminosäuren, Nucleinbasen, Zucker, Heterocyclen und Lipide.

Die sequenzspezifische DNA-Erkennung ist ein wichtiger biologischer Vorgang. In Organismen wird diese Aufgabe von komplexen Proteinen meisterhaft gelöst. Aber auch vergleichsweise einfache Moleküle sind in der Lage, sich spezifisch an bestimmte DNA-Sequenzen anzulagern: Gegenläufige (palindromische) Peptidstränge aus *N*-Methylpyrrol- und *N*-Methylimidazolaminosäuren binden in subnanomolarer Konzentration an doppelsträngige DNA (Abb. 6.25).[56] Dabei lagern sich gegenüberliegende *N*-Methylpyrroleinheiten an A-T- bzw. T-A-Basenpaare und *N*-Methylpyrrol/*N*-Methylimidazol-Paare binden G-C.

Warum die Natur Pentoseeinheiten (Abschnitt 5.13) für den Aufbau der DNA verwendet und nicht auf Hexosen (Abschnitt 5.13) zurückgreift, die sich viel leichter aus einfachen Bausteinen bilden, konnte durch die Synthese einer solchen „HOMO-DNA" geklärt werden.[57] Das Paarungsverhalten komplementärer „HOMO-DNA"-Stränge unterscheidet sich drastisch von dem der natürlichen DNA (Abb. 6.26). So ist die Bindungsstärke weitaus höher, und die Bindungsgeo-

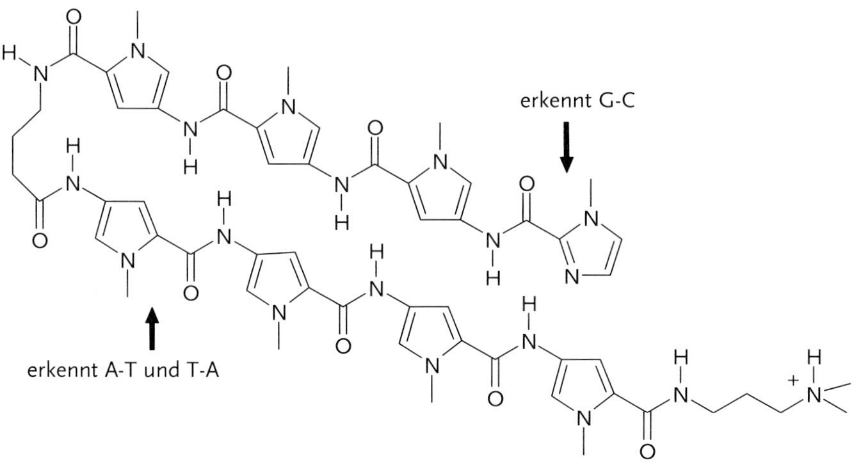

Abb. 6.25 Sequenzspezifisch DNA-bindende Moleküle.

metrie entspricht mehr einem linearen, parallelen Doppelstrang anstelle einer Doppelhelix. Damit sich eine Helixstruktur ausbildet, die Stabilität mit nicht zu hoher Bindungstärke vereinigt, muss der Zucker in der Fünfringform vorliegen. Damit die Information der DNA „ausgelesen" werden kann, muss die Doppelstrangpaarung, zumindest kurzzeitig, aufgehoben werden können. Binden die Stränge bei physiologischen Temperaturen zu fest aneinander, sind sie als chemischer Informationsspeicher ungeeignet.

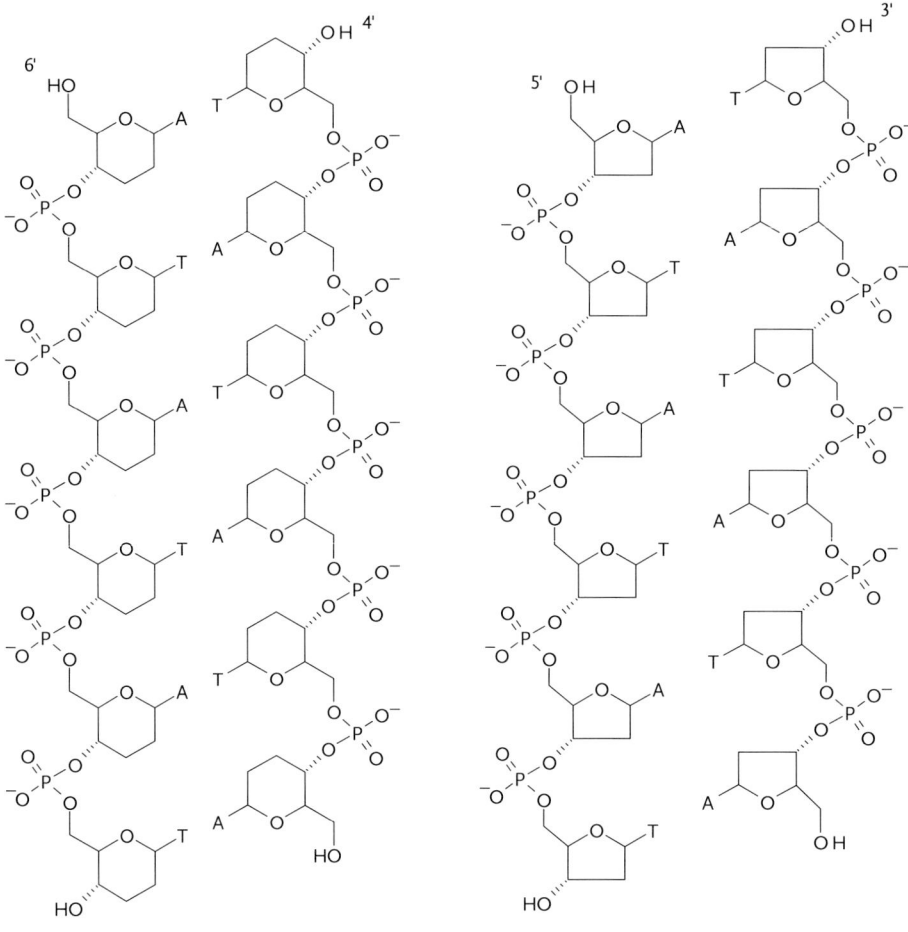

Abb. 6.26 HOMO-DNA und DNA im Vergleich.

Übungsaufgabe

6.7–1 Was versteht man unter HOMO-DNA?

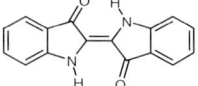

6.8
Chemie der Farbstoffe[58]

Naturfarbstoffe und anorganische **Pigmente** wurden bereits im Altertum verwendet. Als **Pigmente**[59] werden farbige Stoffe bezeichnet, die weder in Wasser noch in organischen Lösungsmitteln löslich sind. Sie werden als Suspensionen eingesetzt (**Dispersionsfarbstoffe**). Eine stürmische Entwicklung der Farbstoffchemie setzte jedoch erst ein, als der Engländer William Henry Perkin einen künstlich hergestellten Farbstoff, das **Mauvein**, erstmals technisch nutzte. Zum violetten Mauvein gesellten sich bald weitere synthetische Farbstoffe mit hoher Leuchtkraft, so dass bis dahin benutzte Naturfarbstoffe bald verdrängt wurden. Eine Ausnahme bildet **Indigo** (Abb. 6.27), das noch heute in großem Umfang zum Färben von Baumwolle (Jeansstoffe) verwendet wird. Der modische Auswascheffekt dieses Farbstoffs ist ein wesentlicher Grund für seine Nutzung. Zunächst wurde Indigo durch Gärung in Urin aus der Indigopflanze gewonnen. Seit dem Beginn des zwanzigsten Jahrhunderts wird Indigo vorwiegend großtechnisch synthetisch hergestellt. Indigo ist ein **Küpenfarbstoff**. Alle Küpenfarbstoffe stellen Redoxsysteme dar, die in der reduzierten Form (**Leukoform, Leukobase**) in Wasser lösliche Alkalisalze bilden (**Küpensalz**). Die Farbstoffe ziehen in dieser reduzierten Form auf die Baumwollfaser auf und werden danach zum eigentlichen Farbstoff reoxidiert. Ein Beispiel synthetischer Küpenfarbstoffe sind **Indanthren®-Farbstoffe**, die erstmals 1901 von René Bohn bei der BASF synthetisiert wurden.[60] Eng verwandt mit Indigo ist der Purpurfarbstoff 6,6'-Dibromindigo (Abb. 6.28). Die Vorstufe des Farbstoffs wird aus den Drüsen einer Meeresschnecke (Gattung *Murex*) gewonnen. Die leuchtend rote Karminsäure wird zum Färben von Lippenstiften und Getränken (Campari®) verwendet. Der Farbstoff wird aus getrockneten Schildläusen gewonnen. β-Carotin, das synthetisch oder aus natürlichen Rohstoffen gewonnen werden kann, hat vor allem als Lebensmittelfarbstoff Bedeutung, z. B. zum Färben von Margarine.

Eine wichtige Gruppe synthetischer Farbstoffe (Abb. 6.29) sind die **Azofarbstoffe** (Abschnitt 5.16.2.2, 5.17), die inzwischen nicht mehr zum Färben von Kleidungsstücken verwendet werden, da sie in manchen Fällen ein gewisses krebserzeugendes Potential aufweisen. Farbstoffe, die in Abhängigkeit vom pH-Wert ihre Farbe ändern, z. B. Phenolphthalein, werden als **Indikatoren** benutzt. Zur Fixierung des Farbstoffs auf der Faser kann eine reaktive Gruppe, z. B. ein Triazin- oder Vinylsulfonrest, verwendet werden. Man spricht dann von **Reaktivfarbstoffen**. Zum Färben von Polyamidfasern werden **Säurefarbstoffe** oder, wie für Polyester, **Dis-**

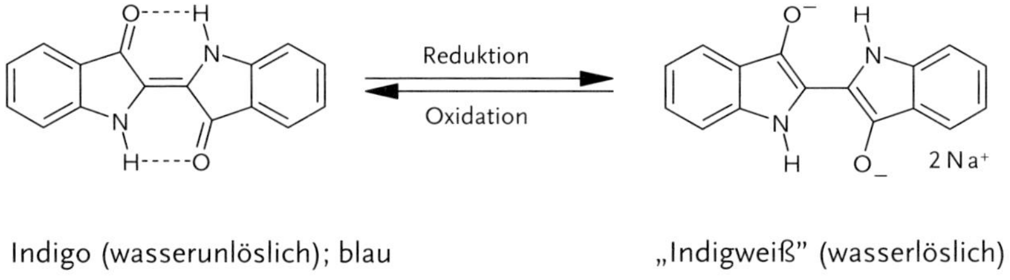

Indigo (wasserunlöslich); blau   „Indigweiß" (wasserlöslich)

Abb. 6.27 Oxidierte und reduzierte Form des Indigo.

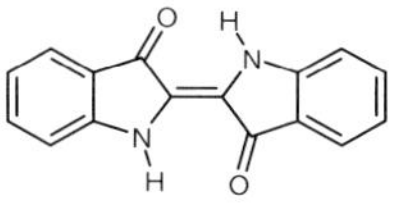

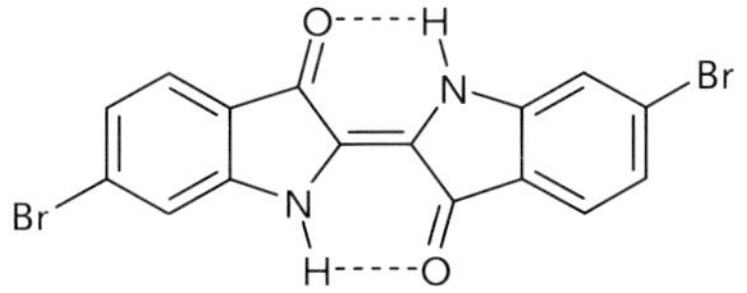

6.8 Chemie der Farbstoffe

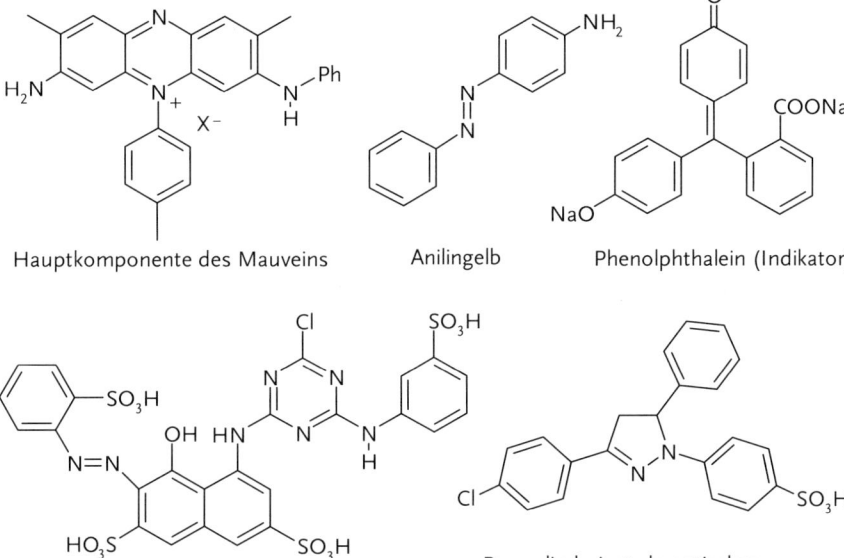

Purpur (6,6'-Dibromindigo); violett

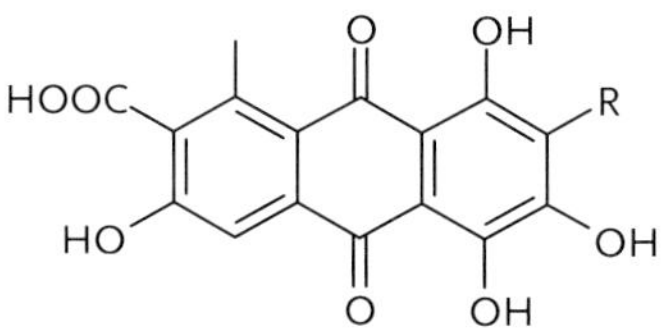

Karminsäure, rot, R = Glucoserest

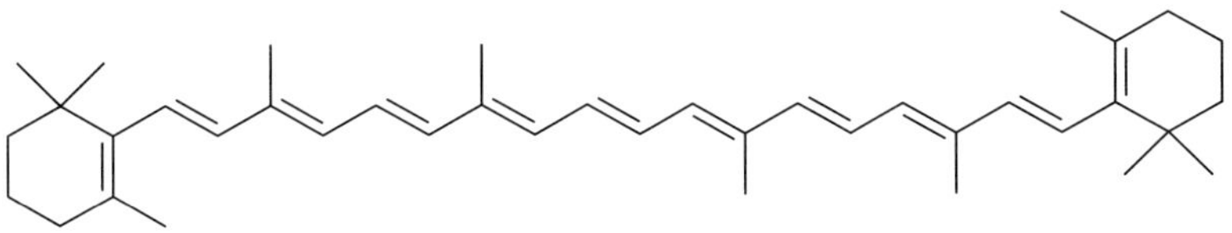

β-Carotin, gelb

Abb. 6.28 Natürliche Farbstoffe: Purpur, Karminsäure und β-Carotin.

Hauptkomponente des Mauveins

Anilingelb

Phenolphthalein (Indikator)

Reaktiv-Goldgelb mit Triazinanker

Pyrazolinderivat als optischer Aufheller für Wolle und Polyamidfasern

Abb. 6.29 Synthetische Farbstoffe.

persionsfarbstoffe benutzt. Zur Beseitigung des Gelbstichs weißer Textilien dienen **optische Aufheller**. Ein wichtiges Einsatzgebiet organischer Farbstoffe ist die Textilveredelung. Die Basis aller Färbeprozesse sind Adsorptions- und Diffusionsvorgänge, die noch von chemischen Reaktionen begleitet sein können. Nach ihrer Struktur und der Art des Färbeprozesses unterscheidet man z. B. **Küpenfarbstoffe**, **Direktfarbstoffe** oder **substantive Farbstoffe**, **Reaktivfarbstoffe**, **Dispersionsfarbstof-**

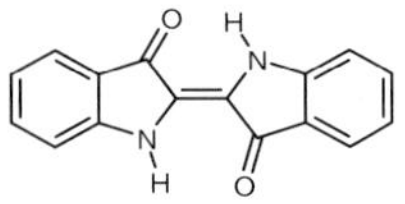

fe und **Schwefelfarbstoffe**. Steht für die Anwendung nicht die Absorption, sondern die Emission oder Polarisierbarkeit im Vordergrund, spricht man von funktionalen Farbstoffen.[61] Besondere Anforderungen sind an Lebensmittelfarbstoffe und solche für Kosmetika zu stellen. Hier finden besonders oft natürliche Farbstoffe Anwendung. Die Verwendbarkeit für die genannten Zwecke wird durch die Zusatzstoff-Zulassungsverordnung[62] und das Farbengesetz[63] geregelt – letzteres stammt aus dem Jahr 1887!

Die Entwicklung von Farbkopierern und Farblaserdruckern ist ein Beispiel für neu hinzukommende Anwendungen von Farbstoffen, die hinsichtlich Ungiftigkeit und Lichtechtheit spezielle Anforderungen stellen. Beispiele für Farbstoffe, die heutzutage in diesem Bereich verwendet werden, sind bestimmte Triphenylmethan-Farbstoffe, Azofarbstoffe oder vom Perylen abgeleitete Verbindungen (Abb. 6.30).

Die **Farbigkeit von Molekülen** ist Folge ihres Absorptionsvermögens im Bereich des sichtbaren Lichts von 380–780 nm (Abschnitt 3.4.1). Moleküle, die mit diesem Licht in Wechselwirkung treten sollen, müssen Molekülorbitale mit passendem Energieabstand besitzen. Derartige Verbindungen weisen im Allgemeinen ein **ausgedehntes π-Elektronensystem** auf. Der farbgebende Molekülteil wird als **Chromophor** bezeichnet. Die Lichtabsorption ist durch den Übergang eines Elektrons von einem besetzten π-Orbital in ein unbesetztes π-Orbital gekennzeichnet. Für eine bestimmte Verbindungsklasse gilt in der Regel: Die erforderliche Anregungs-

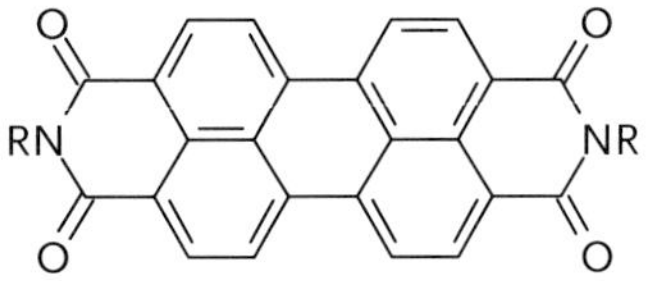

Perylen-Pigment

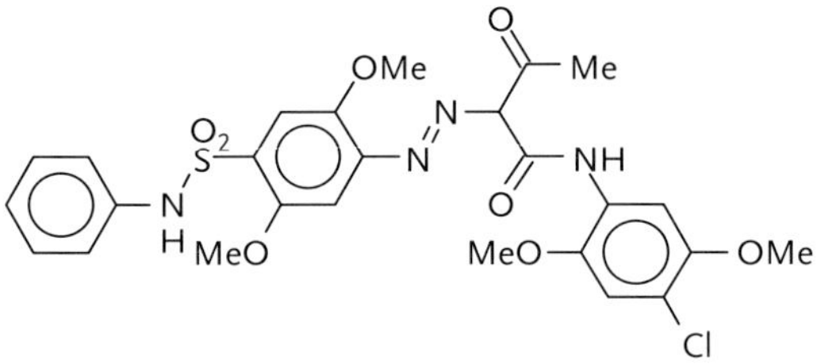

Azofarbstoff Yellow 97 (Novoperingelb)

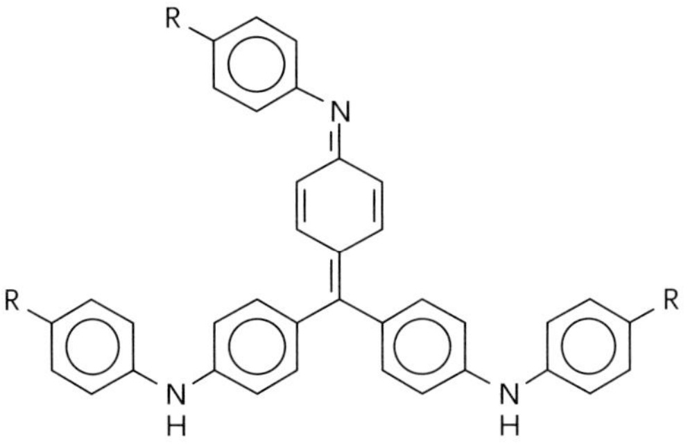

Triaminotriphenylmethan-Farbstoff

Abb. 6.30 Beispiele von Farbstoffen in Tonern für Farbkopierer und Farblaserdrucker (R = org. Subst.).

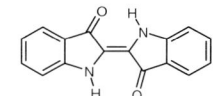

energie nimmt ab, und die Absorption wird umso langwelliger, je ausgedehnter das konjugierte π-System ist. Auch Substituenten können die Lage der Absorption drastisch beeinflussen (Abschnitt 3.4.1).Die Verschiebung des Absorptionsmaximums zu kleineren Wellenlängen wird als **Hypsochromie** (Blauverschiebung), die Verschiebung zu größeren Wellenlängen als **Bathochromie** (Rotverschiebung) bezeichnet.

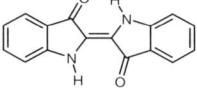

6 Spezial- und Grenzgebiete der Organischen Chemie

Übungsaufgabe

6.8–1 Warum benötigt man zum Färben von Baumwolle und Wolle unterschiedliche Farbstoffe?

6.9
Makromolekulare Chemie[64]

Polymere sind hochmolekulare organische Verbindungen, die in der Regel durch vielfache Verknüpfung niedermolekularer Monomere erhalten werden. Man unterscheidet **Biopolymere**, wie **Proteine** (Abschnitt 5.18), **Polynucleinsäuren** (Abschnitt 5.19) sowie **Oligo- und Polysaccharide** (Abschnitt 5.13.2), und **synthetische Polymere**, deren Chemie hier vorgestellt werden soll.

Nach ihren Materialeigenschaften können Kunststoffe in verschiedene Typen eingeteilt werden:

1. **Thermoplaste**, die aus linearen oder verzweigten Monomerketten bestehen. Sie können ohne chemische Veränderung wiederholt durch Erwärmen in den plastischen, verformbaren Zustand überführt werden. Bei Raumtemperatur sind Thermoplaste spröde oder zähelastisch. Die mechanischen Eigenschaften der Thermoplaste werden durch nichtkovalente Wechselwirkungen zwischen den Molekülketten bestimmt. Sind diese völlig ungeordnet, so ist der Thermoplast **amorph** und befindet sich im **Glaszustand**. Teilkristalline Strukturen führen zu hartelastisch-zähen Kunststoffen. Durch den Zusatz oft erheblicher Mengen von **Weichmachern**, meist niedermolekularen Verbindungen mit hohem Siedepunkt (z. B. langkettige Phthalsäure- oder Cyclohexan-1,2-dicarbonsäureester), können die mechanischen Eigenschaften von Thermoplasten beeinflusst werden.

2. **Elastomere**, die aus räumlich weitmaschig vernetzten Molekülketten bestehen und bei tiefen Temperaturen hart, bei Raumtemperatur aber elastisch oder gummiartig sind. Sie sind nicht schmelzbar, unlöslich, aber quellbar.

3. **Duromere** oder Duroplaste, die räumlich eng vernetzte Molekülstrukturen besitzen und sich durch ihre Härte, Steifheit und Wärmeformbeständigkeit auszeichnen. Im Gegensatz zu den Thermoplasten lassen sich Duromere nicht aufschmelzen, denn sie sind bis zur Zusetzungstemperatur starr.

Drei Reaktionen werden zum Aufbau von Polymeren genutzt: **Polymerisation**, **Polykondensation** und **Polyaddition**. Bei der Herstellung von Polymeren entstehen in der Regel Gemische von Makromolekülen, die sich in Molekülgröße und Struktur in gewissen Grenzen unterscheiden. Mit Hilfe der Gelpermeationschromatographie (GPC, Abschnitt 3.3.5.4) kann die **Molekulargewichtsverteilung** eines löslichen Polymers relativ zu einem Standard, häufig Polystyrol, bestimmt werden. Der mittlere **Polymerisationsgrad** ist dann der Quotient aus dem mittleren Molekulargewicht des Polymers und der Molekülmasse einer Wiederholungseinheit.

Trägt eine Polymerkette wie beispielsweise im Polypropylen Substituenten, so hat man stereochemisch zwischen isotaktischem, syndiotaktischem und ataktischem Polymer zu unterscheiden (Abschnitt 5.4.2.10). Polymere, die aus unterschiedlichen Monomeren aufgebaut sind, werden im Gegensatz zu Homopolymeren als **Copolymere** bezeichnet. Ist die Polymerkette aus Blöcken unterschiedlicher Homopolymere zusammengesetzt, spricht man von **Block-Copolymeren**. Daneben finden auch Mischungen unterschiedlicher Polymere (polymer blends) Anwen-

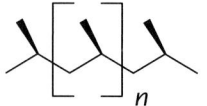

6 Spezial- und Grenzgebiete der Organischen Chemie

dung. All dies dient dazu, die Materialeigenschaften für die gewünschte praktische Anwendung zu optimieren.

Neben der Herstellung von Polymeren kommt wegen der oft nicht gegebenen biologischen Abbaubarkeit dem Recycling insbesondere von sortenreinen Kunststoffen erhebliche Bedeutung zu.

6.9.1
Polymerisation

Die Monomere der Polymerisation sind in der Regel endständige Alkene, die nach einem radikalischen, kationischen oder anionischen Mechanismus in Kettenreaktionen (Abschnitt 5.4.2.10) exotherm zu hochmolekularen Polymeren (Abb. 6.31) reagieren. Die Wärmetönung der Reaktion ist durch die Umwandlung von π- in stabilere σ-Bindungen zu erklären. Auch an Metallkatalysatoren können Alkene polymerisiert werden, wobei stereochemisch einheitlichere, stärker kristalline Polymere erhalten werden können. Das wichtigste Verfahren ist das **Ziegler-Natta-Verfahren** mit seinen Weiterentwicklungen wie z. B. die Polymerisation an **Metallocenkomplexen** in Gegenwart von Methylalumoxan (MAO).[65]

Im homogenen System kann die Polymerisation in Substanz ohne Lösungsmittel, in Lösung oder als Fällungspolymerisation durchgeführt werden. Die Fällungspolymerisation ist eine Variante der Lösungspolymerisation: Es wird ein Lösungsmittel verwendet, in dem das Monomer löslich, das Polymer aber unlöslich ist. **Suspensions-** und **Emulsionspolymerisation** sind Polymerisationen im heterogenen System. Dabei wird das wasserunlösliche Monomer durch Rühren und mit Hilfe von Schutzkolloiden und Emulgatoren im Wasser fein verteilt und dann polymerisiert.

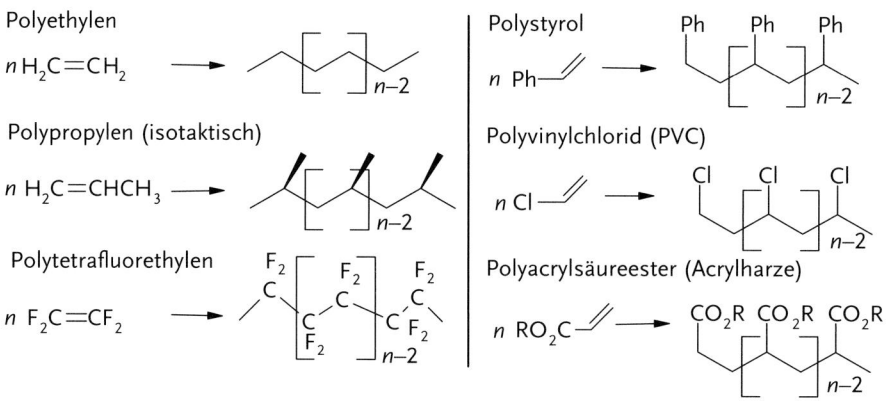

Abb. 6.31 Die wichtigsten Polymerisate. Handelsnamen: Polytetrafluorethylen = Teflon®, Hostaflon®; Polyacrylnitril = Dralon®, Dolan®, Orlon®.

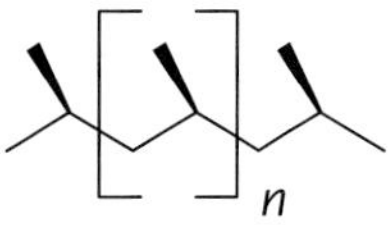

6.9.2
Polykondensation

Bei der Polykondensation werden gleiche oder verschiedenartige Monomere unter Abspaltung kleiner Moleküle, wie Wasser, HCl oder CH_3OH, zu Makromolekülen umgesetzt (Abb. 6.32). Die entstehenden Nebenprodukte müssen zur vollständigen Umsetzung entfernt werden. Daher verlaufen Polykondensationen im Vergleich zu Polymerisationen langsamer und schrittweise; sie können auf beliebiger Stufe unterbrochen werden.

Für die Herstellung von Polyamiden (Handelsnamen: Poly(ε-caprolactam), PA6 = Perlon®; Polyhexamethylenadipinamid, PA66 = Nylon®) werden zwei Verfahren technisch angewandt. Zum einen können Dicarbonsäuren und Diamine in einer Polykondensationsreaktion umgesetzt werden. Die erste Stufe, die exotherme Bildung des Polysalzes (AH-Salz), erfolgt in wässriger Lösung. Dieses wird dann unter Stickstoff im Autoklaven unter Druck auf 200–280 °C erhitzt, wobei das Kondensationswasser entfernt wird. Ein Beispiel für dieses Verfahren ist die Herstellung von **Polyamid 66** (Nylon 66) (Abschnitt 5.16.2.1). Als zweites großtechnisches Verfahren wird die Polymerisation von Lactamen durchgeführt. Ein weitere Gruppe von Polykondensaten sind **Phenol-Formaldehyd-Kondensationsharze** (Abb. 6.33). Diese Verbindungen sind Duroplaste. Auch Melamin reagiert mit Formaldehyd zu Polykondensaten (Handelsnamen: Melamin-Formaldehyd-Harze, Resopal®).

Polyester: Polyethylenterephthalat (PET)

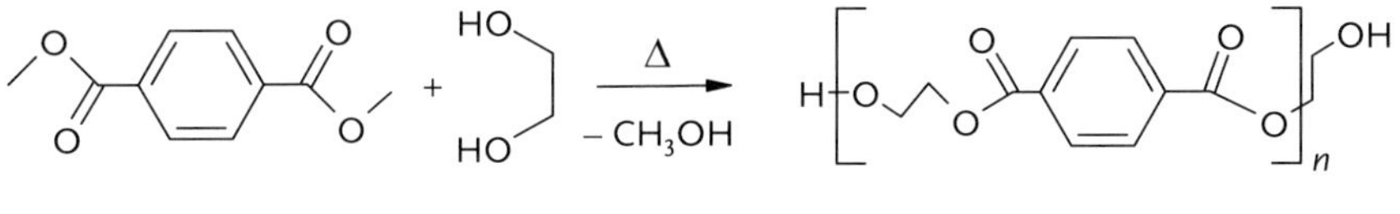

Polyester: Polycarbonat

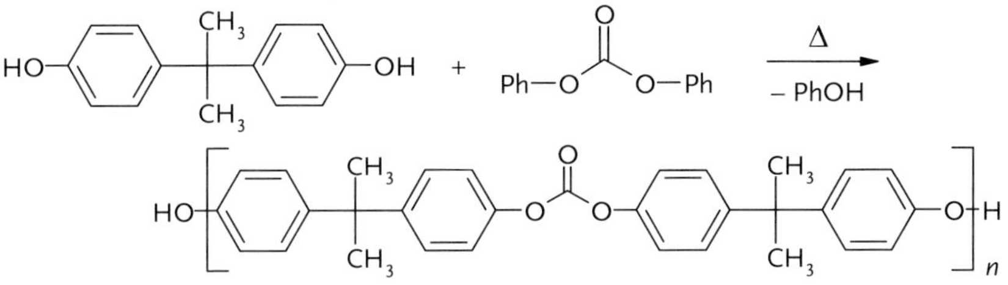

Polyamid: Polyamid 6 PA6 (Herstellung: Polymerisation bzw. Polyaddition !)

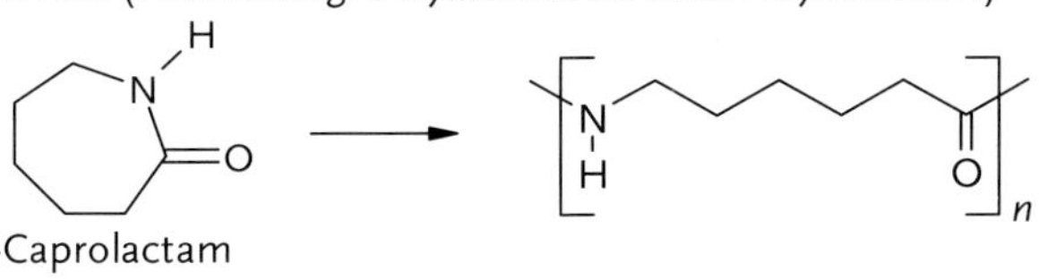

ε-Caprolactam

Abb. 6.32 Wichtige Polykondensate. Handelsnamen: Polyethylenterephthalat = Diolen®, Trevira®; Polycarbonat = Makrolon®, Lexan®.

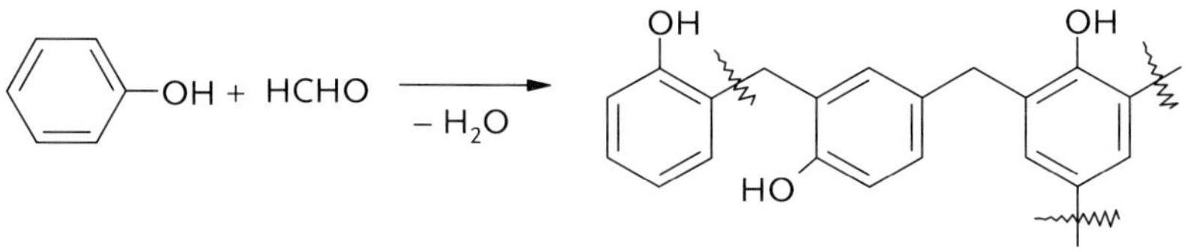

6 Spezial- und Grenzgebiete der Organischen Chemie

Abb. 6.33 Phenol-Formaldehyd-Harze, Handelsname: Bakelite®.

6.9.3
Polyaddition

Bei der Polyaddition reagieren zwei reaktive bifunktionelle Verbindungen zu Makromolekülen. Besitzen die Monomere mehr als zwei reaktive Gruppen, so kommt es zu Verzweigungen. Aus bifunktionellen Ausgangsverbindungen entstehen lineare Thermoplaste. Wichtige Kunststoffe, die durch Polyadditionsreaktionen aufgebaut werden, sind **Epoxidharze** (Abb. 6.34) und **Polyurethane** (Abb. 6.35).

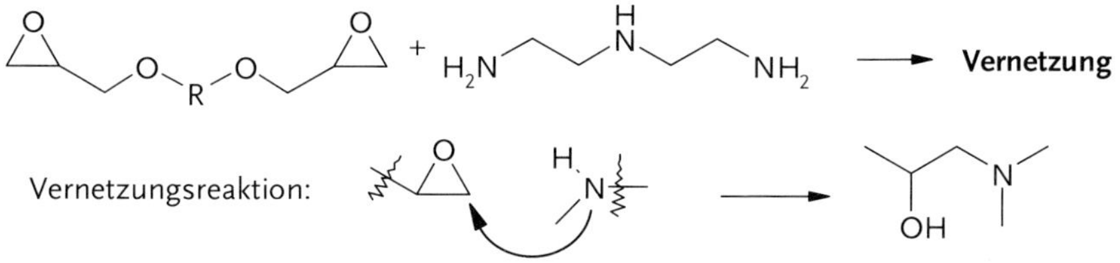

Abb. 6.34 Vernetzung von Epoxidharzen.

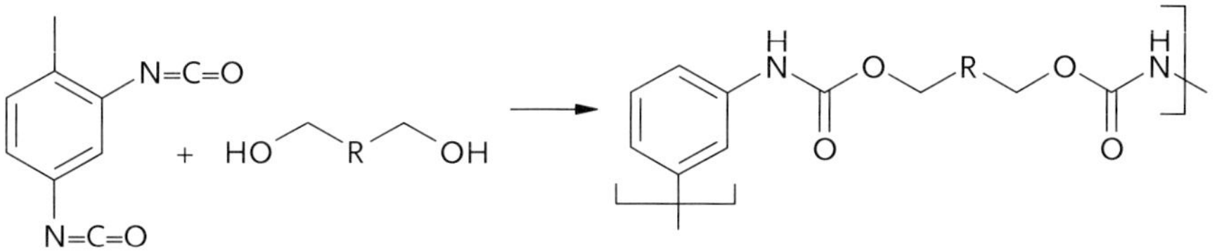

Abb. 6.35 Polyurethane.

6.9.4
Spezielle Polymere

Elastomere sind Polymere, die sich über den gesamten Temperaturbereich von der Glas- bis zur Zersetzungstemperatur elastisch verhalten. Sie werden durch die Vernetzung (**Vulkanisation**) von Natur- oder Synthesekautschuk erhalten. Die Struktur von **Naturkautschuk** entspricht einem cis-1,4-Polyisopren (Abb. 6.36). Das trans-1,4-Polyisopren (Guttapercha) aus dem Milchsaft des Guttaperchabaumes ist bei Raumtemperatur härter als Naturkautschuk und erweicht erst ab 50 °C. Früher wurden Golfbälle aus Guttapercha hergestellt. Als synthetische Kautschukwerkstoffe werden Polybutadien, Styrol-Butadien-Copolymerisate, Polychloropren (Neopren®; Abb. 6.36) und Butylkautschuk benutzt. Durch chemische Modifika-

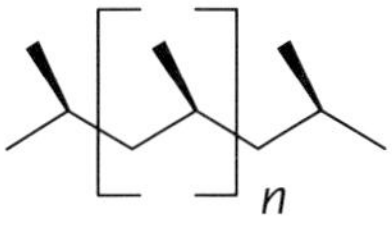

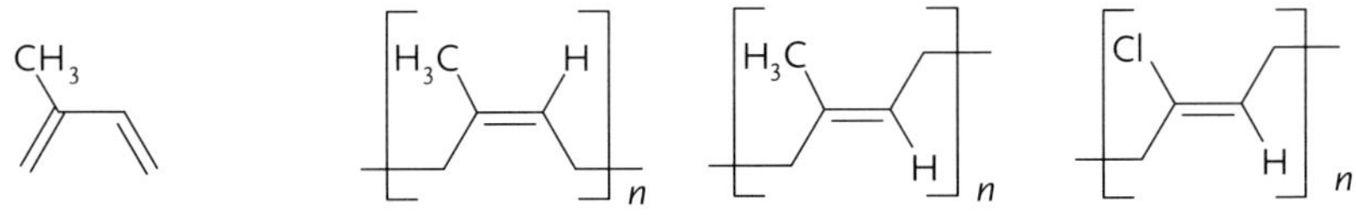

6.9 Makromolekulare Chemie

2-Methyl-1,3-butadien (Isopren) — **Kautschuk** — **Guttapercha** — **Polychloropren**

Abb. 6.36 Isopren, Natur- und Synthesekautschuk.

tion von Cellulose (Abschnitt 5.13.2.2) werden Kunststoffe, wie **Celluloseacetat** und **Cellulosenitrat**, erhalten. Eine höhere Temperaturbeständigkeit als normale Polymere weisen vollständig fluorierte Polymere, aber auch **Polyaryle** und **Polyimide** mit Dauergebrauchstemperaturen bis 250 °C auf.

Fluorhaltige Polymere wie Teflon® oder Viton® sind chemisch besonders inert und sehr geschmeidig, deswegen finden sie für Dichtungszwecke Verwendung. Ein spezielles Arylamid wird zur Kevlar®-Faser verarbeitet, die sich bei besonderer Leichtigkeit gleichzeitig durch eine ungewöhnliche Festigkeit auszeichnet und beispielsweise in schusssicheren Westen sowie Schutzhelmen verwendet wird.

Polysiloxane oder **Silicone** sind aufgrund ihrer pysikalischen und chemischen Eigenschaften interessante Verbindungen, die durch partielle Hydrolyse von Organochlorsilanen und anschließende Polykondensation synthetisiert werden. Dialkyldichlorsilane werden durch die **Müller-Rochow-Synthese** (Abb. 6.37)[66] erhalten. Die physikalischen Eigenschaften der Polysiloxane hängen von ihrer molekularen Struktur ab: Siliconöle sind meist lineare Polydimethylsiloxane, bei teilweiser Vernetzung werden Elastomere erhalten, und Siliconharze sind hochvernetzt. Siliconöle finden heute im Laboratorium in Heizbädern Verwendung.

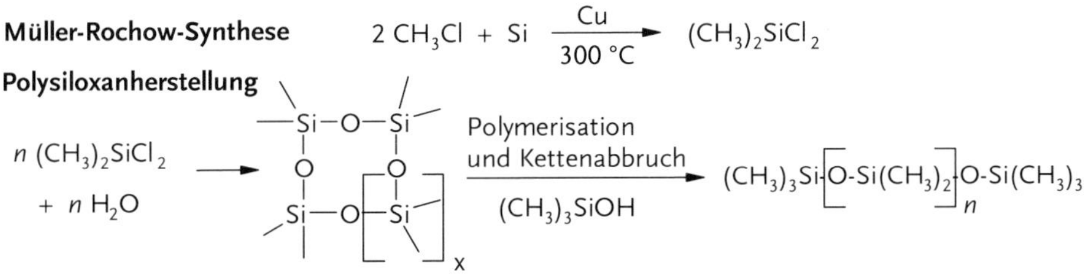

Müller-Rochow-Synthese

$$2\ CH_3Cl + Si \xrightarrow[300\ °C]{Cu} (CH_3)_2SiCl_2$$

Polysiloxanherstellung

$$n\ (CH_3)_2SiCl_2 + n\ H_2O \longrightarrow [\text{cyclisches Siloxan}] \xrightarrow[\text{(CH}_3)_3\text{SiOH}]{\text{Polymerisation und Kettenabbruch}} (CH_3)_3Si\text{-}[O\text{-}Si(CH_3)_2]_n\text{-}O\text{-}Si(CH_3)_3$$

Abb. 6.37 Müller-Rochow-Synthese und Polysiloxanherstellung.

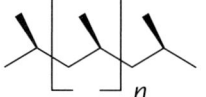

6 Spezial- und Grenzgebiete der Organischen Chemie

Übungsaufgabe

6.9–1 In der Frühzeit der Polymerchemie war Polyethylen nicht sehr formstabil. In einem typischen Experiment wurde Quecksilber in eine Flasche aus solchem Material gefüllt, worauf die Flasche schnell die Form einer Birne annahm. Wenn man hingegen die Flasche vor Gebrauch radioaktiver Strahlung aussetzte, blieb nach dem Befüllen mit Quecksilber die Verformung aus. Erklären Sie die Beobachtung!

6.10
Industrielle Verfahren[67]

Viele organische Verbindungen werden in großem Maßstab industriell hergestellt. Oft werden dazu einfache, gasförmige Ausgangsmaterialien an heterogenen Metallkatalysatoren umgesetzt. Heterogene Katalysatorsysteme erlauben hohe Durchsatzraten und besitzen eine gute Stabilität, so dass Katalysatorstandzeiten von mehreren Jahren erreicht werden. Exemplarisch sind hier einige wichtige Verfahren zusammengestellt.

6.10.1
Formaldehyd-Herstellung

Formaldehyd wird vor allem zur Herstellung von Harzprodukten wie Phenol- oder Melaminharzen verwendet (Abschnitt 6.9.2). Die großtechnische Synthese gelingt durch **Oxydehydrierung** von Methanol (Abb. 6.38). Der erste Reaktionsschritt ist die endotherme Dehydrierung von Methanol an einem **Silberkatalysator**. Der gebildete Wasserstoff wird dann am Katalysator mit Luftsauerstoff verbrannt, so dass die Gesamtreaktion exotherm ist. Als Nebenreaktion kann der Zerfall von Formaldehyd zu Kohlendioxid und Wasser bzw. Kohlenmonoxid und Wasserstoff auftreten.

6.10.2
Maleinsäureanhydrid-Herstellung durch Oxidation von Buten

Maleinsäureanhydrid (MSA) ist ein wichtiger Ausgangsstoff zur Herstellung ungesättigter Polyester und Ausgangsmaterial zur Synthese verschiedener Feinchemikalien, wie Fumar- oder Äpfelsäure. Bei ca. 400 °C gelingt die **dehydrierende Oxidation von Butan oder Buten an einem Vanadium-Phosphoroxid-Katalysator** (Abb. 6.39).[68] MSA fällt nach dem Verlassen des Reaktors und Abkühlen des Reaktionsgemisches als Schmelze an, die von der wässrigen Phase getrennt werden muss. Ein alternativer Prozess zur MSA-Herstellung ist die Oxidation von Benzol.[69] Dieses Verfahren wird heute wegen des teureren Ausgangsmaterials nicht mehr genutzt.

$$CH_3OH \rightleftharpoons HCHO + H_2 \qquad \Delta H_R = 84 \text{ kJ mol}^{-1}$$
$$H_2 + 0.5\, O_2 \longrightarrow H_2O \qquad \Delta H_R = -243 \text{ kJ mol}^{-1}$$
$$CH_3OH + 0.5\, O_2 \longrightarrow HCHO + H_2O \qquad \Delta H_R = -159 \text{ kJ mol}^{-1}$$

Abb. 6.38 Technische Formaldehydsynthese.

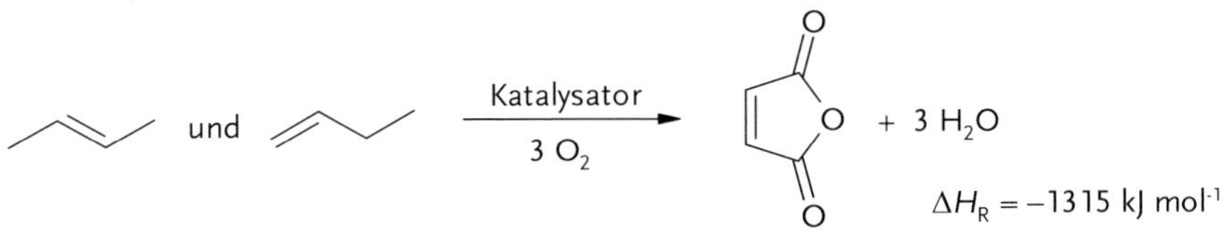

$$\text{1-Buten und 2-Buten} \xrightarrow[3\,O_2]{\text{Katalysator}} \text{Maleinsäureanhydrid} + 3\, H_2O$$
$$\Delta H_R = -1315 \text{ kJ mol}^{-1}$$

Abb. 6.39 Maleinsäureanhydrid durch Oxidation von Buten.

6 Spezial- und Grenzgebiete der Organischen Chemie

6.10.3
Acrolein-Herstellung durch partielle Oxidation von Propen

Acrolein (Propenal) wird als Ausgangsstoff zur Synthese von Methionin verwendet. Methionin, eine essentielle Aminosäure (Abschnitt 5.18), wird proteinhaltigen Futterstoffen zugesetzt. An **Multimetallkatalysatoren**, die Wismut- und Molybdänoxid enthalten, wird Propen mit Luftüberschuss bei ca. 400 °C zu Acrolein umgesetzt (Abb. 6.40). Die Selektivität bezüglich des Acroleins liegt je nach Katalysatortyp zwischen 75–90 %. Durch Oxidation aus Acrolein leicht zugänglich, wird Acrylsäure dabei als Nebenprodukt erhalten. Bei veränderter Reaktionsführung kann Acrylsäure als Hauptkomponente erhalten werden. Die Totaloxidation des Propens zu CO_2 und Wasser tritt als unerwünschte Nebenreaktion auf. Zur Aufarbeitung wird das rohe Reaktionsgemisch in einer mehrstufigen Destillationsanlage getrennt.

6.10.4
Oxosynthese im Zweiphasensystem

Ein wichtiges industrielles Verfahren ist die Oxosynthese oder **Hydroformylierung**, in der aus Alkenen, Kohlenmonoxid und Wasserstoff Aldehyde gewonnen werden. Die Hydroformylierung ist eine der bedeutendsten metallkatalysierten Alkenreaktionen. Die Weltkapazität an Oxoprodukten lag 2005 bei 9.6 Mio. Jahrestonnen.[70] Diese Synthese kann in einem Zweiphasensystem mit wasserlöslichen Katalysatoren durchgeführt werden (Ruhrchemie/Rhône-Poulenc-Verfahren; Abb. 6.41).[71]

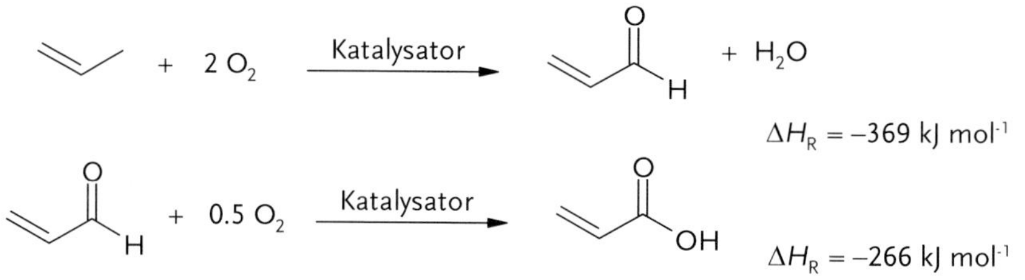

$\Delta H_R = -369$ kJ mol^{-1}

$\Delta H_R = -266$ kJ mol^{-1}

Abb. 6.40 Acrolein- und Acrylsäuresynthese durch partielle Oxidation von Propen.

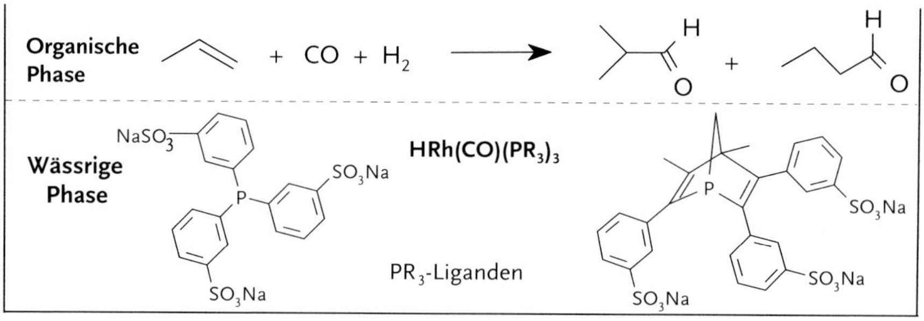

Abb. 6.41 Oxosynthese im Zweiphasensystem (Ruhrchemie/Rhône-Poulenc-Verfahren).

6.10 Industrielle Verfahren

Wasserlösliche Katalysatoren vereinigen die Vorteile der Homogen- und Heterogenkatalyse: einfache und vollständige Produkt-Katalysator-Trennung, hohe Aktivitäten und gute Selektivitäten.

6.10.5
Herstellung von Adipinsäuredinitril[72]

Für die Herstellung des Polyamids Nylon (Abschnitt 6.9.2) wird Adipinsäuredinitril benötigt, aus welchem durch katalytische Hydrierung 1,6-Hexandiamin gewonnen wird. Ursprünglich wurde Adipinsäuredinitril durch thermische Umsetzung von Adipinsäure (Hexandisäure) mit Ammoniak hergestellt. Später wurde gefunden, dass die Addition von Chlor mit dem petrochemischen Großprodukt 1,3-Butadien zu einem Gemisch des 1,4- und des 1,2-Addukts führt, aus dem durch nucleophile Substitution mit Cyanid und nachfolgende katalytische Hydrierung Adipinsäuredinitril gewonnen werden kann. Später wurde von der Firma Monsanto ein besonders interessantes Verfahren entwickelt, das vom Acrylnitril ausgeht und Adipodinitril in nur einem Reaktionsschritt durch eine elektrolytische Hydrodimerisierung zugänglich macht (Monsanto-EHD-Verfahren). Schließlich gelang es der Firma DuPont ein Verfahren zu entwickeln, welches von 1,3-Butadien ausgeht, jedoch ohne Chlor auskommt und kupferhaltige Abfälle vermeidet. Es handelt sich dabei um die zweifache katalytische Hydrocyanierung (Addition von HCN, anti-Markovnikov; Abb. 6.42), die unmittelbar zum Adipinsäuredinitril führt.

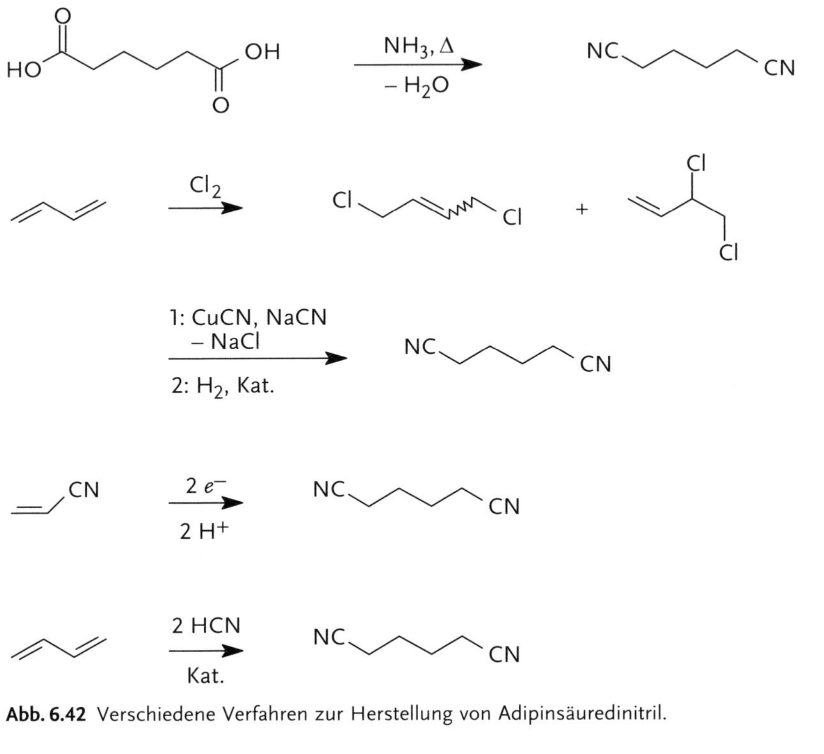

Abb. 6.42 Verschiedene Verfahren zur Herstellung von Adipinsäuredinitril.

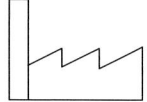

Übungsaufgabe

6.10–1 Welche Faktoren bestimmen neben der chemischen Machbarkeit die Qualität eines industriellen Herstellungsverfahrens?

6.11
Metallorganik

Metallorganische Verbindungen[73] der allgemeinen Formel R-M besitzen mehr oder weniger **stark polarisierte Bindungen** zwischen einem Kohlenstoffatom (δ–) und einem Metall (δ+). Diese Verbindungen sind Kohlenstoff-Nucleophile. Sie entsprechen in ihrer Reaktivität somit Carbanionen, obwohl sie in der Regel nicht als solche, sondern als polarisierte, kovalente Verbindungen vorliegen. Metallorganische Verbindungen werden seit der Entdeckung der **Grignard-Reagenzien** (Abschnitt 5.3.2.3),[74] d. h. seit etwa 100 Jahren, in der organischen Synthese verwendet. Die wichtigste Anwendung von Metallorganylen ist die Reaktion mit Elektrophilen, insbesondere Carbonylverbindungen, unter Bildung neuer C-C-Bindungen. Von allen in der organischen Synthese verwendeten metallorganischen Reagenzien haben **lithiumorganische Verbindungen**[75] die größte Bedeutung. Lithiumorganische Verbindungen treten je nach Lösungsmittel und Temperatur oligomer auf. Ihre Reaktivität kann durch Zusätze wie Tetramethylethylendiamin (TMEDA) durch Aufbrechen der oligomeren Struktur erheblich gesteigert werden. Die wichtigsten Herstellungsmethoden sind in Abb. 6.43 zusammengestellt. Auf analoge Weise sind auch andere Metallorganyle zugänglich.[76] Wird *tert*-Butyllithium für den Halogen-Metall-Austausch verwendet, so werden zwei Äquivalente *tert*-BuLi benötigt, da das zunächst gebildete *tert*-Butylhalogenid mit *tert*-BuLi sofort zu Isobuten, Isobutan und Lithiumhalogenid reagiert. Vorteilhaft ist dabei, dass nach dem Austausch im Reaktionsgemisch kein Alkylhalogenid mehr vorliegt und die Reaktion daher einen eindeutigen Verlauf nimmt.

Magnesiumorganische Verbindungen sind ähnlich wie Lithiumorganyle durch Umsetzung von Magnesiumspänen mit Alkyl-, Alkenyl- oder Arylhalogeniden zugänglich und hochreaktiv (Abb. 6.44). Da die Reaktion exotherm ist, muss auf eine effiziente Wärmeabfuhr geachtet werden, beispielsweise durch Siedekühlung.

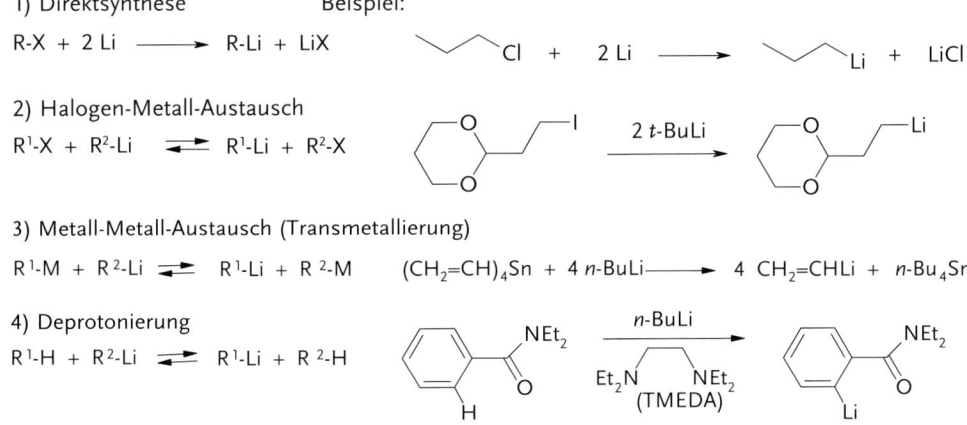

Abb. 6.43 Darstellung lithiumorganischer Verbindungen.

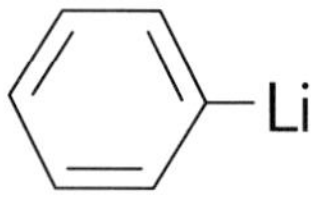

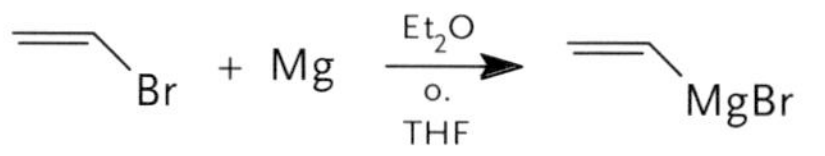

6 Spezial- und Grenzgebiete der Organischen Chemie

Abb. 6.44 Synthese eine Alkenyl-Grignard-Reagenzes.

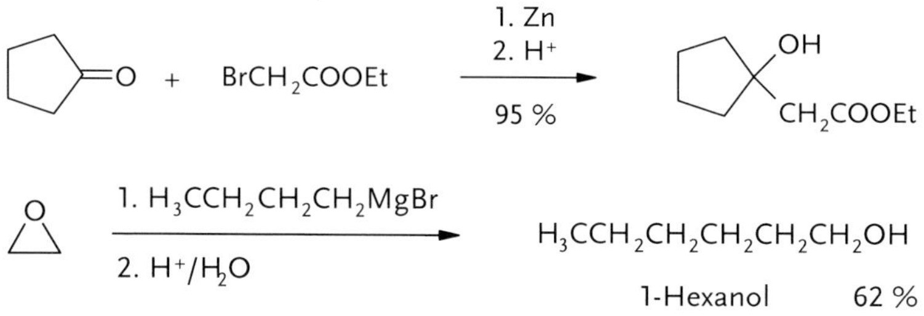

Abb. 6.45 Additions- und Substitutionsreaktion mit Metallorganylen.

Zinkorganyle,[77] die meist durch Direktsynthese erhalten werden, sind weniger nucleophil und reagieren meist selektiver als Grignard-Verbindungen. Magnesium-, Lithium- und Zinkorganyle reagieren mit Carbonylverbindungen in **Additionsreaktionen** (Abb. 6.45; Abschnitt 5.12.2.6). Mit Halogenalkanen können Magnesium- und Lithiumorganische Verbindungen in **Substitutionsreaktionen** reagieren, und mit Oxiranen erfolgt nucleophile Ringöffnung (Abb. 6.45; Abschnitt 5.10.2.4). Mit den weniger basischen und stärker Lewis-aciden Grignard-Reagenzien können dabei – im Gegensatz zu den reaktiveren Lithiumorganylen – auch Substitutionsreaktionen tertiärer Halogenalkane durchgeführt werden.

Kupferorganische Verbindungen[78] werden in der Regel durch Transmetallierung von Lithium-, Magnesium- oder Zinkorganylen mit Kupfer(I)salzen dargestellt. Durch Reaktion von zwei Äquivalenten RLi mit einem Äquivalent eines Kupfer-(I)halogenids entstehen reaktive **Organocuprate** der Stöchiometrie **R$_2$CuLi**. Daneben haben die mit Kupfer(I)cyanid zugänglichen **Cyanocuprate** Bedeutung erlangt. Hier entsteht bereits im ersten Transmetallierungsschritt ein Cuprat RCu(CN)Li, da das gebildete Lithiumcyanid Bestandteil des Metallorganyls bleibt. Die Umsetzung mit einem zweiten Äquivalent Lithiumorganyl ergibt dann ein Kupferreagenz, dessen exakte Struktur aber noch umstritten ist. Diese Verbindungen werden auch als „**higher-order cyanocuprates**" bezeichnet, während für die Kupferspezies R$_2$Cu(CN)Li$_2$, die vor Zugabe eines weiteren Äquivalents RLi vorliegt, der Begriff „**lower-order cyanocuprates**" geprägt wurde. Nach dem HSAB-Prinzip (Abschnitt 4.5.4) sind Kupferorganyle typische **weiche Nucleophile**, die mit Alkylhalogeniden in S$_N$-Reaktionen zu C-C-Kupplungsprodukten führen. Mit Akzeptor-substituierten Mehrfachbindungssystemen gehen sie **Michael-Additionen** (Abb. 6.46; Abschnitt 5.12.2.18) ein.

Lithiumorganyle können mit Silyl- oder Stannylhalogeniden zu Silanen und Stannanen umgesetzt werden. Da Silicium und Zinn als Elemente höherer Perioden über d-Orbitale verfügen, ermöglichen sie Reaktionsweisen, die mit entsprechenden Kohlenstoffanaloga so nicht möglich sind. So lassen sich Silane an den α-Kohlenstoffatomen mit Basen deprotonieren, da die gebildeten Carbanionen die negative Ladung in die unbesetzten d-Orbitale des Siliciumatoms delokalisieren

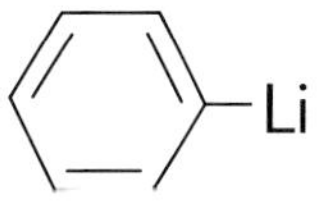

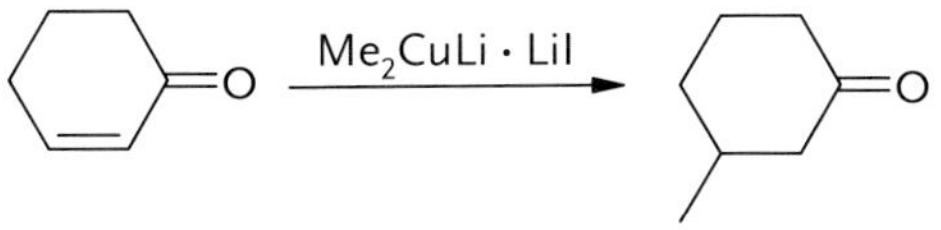

6.11 Metallorganik

Abb. 6.46 Bildung und Reaktionen kupferorganischer Verbindungen.

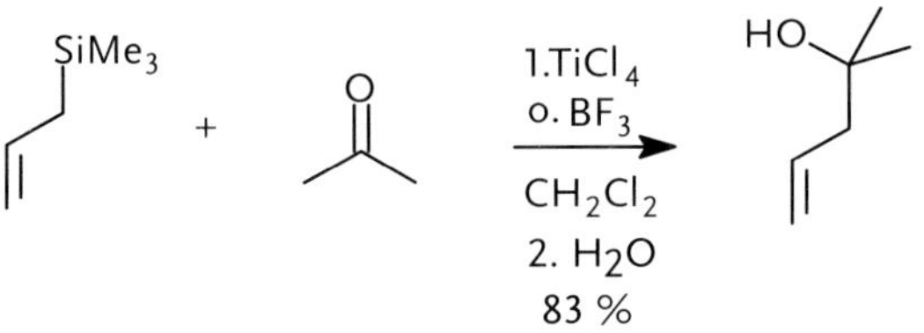

$$CuX \xrightarrow{RLi} RCu\downarrow + LiX \xrightarrow{RLi} R_2CuLi \cdot LiX$$

Abb. 6.47 Sakurai-Reaktion.

können. Die Tributylstannylgruppe wird oft als Platzhalter für Lithium benutzt, da die Umsetzung von R-SnBu$_3$ mit Butyllithium über einen assoziativen Mechanismus mit fünffach koordiniertem Zinn unter Abspaltung von SnBu$_4$ mit Butyllithium zum Lithiumorganyl RLi führt. Allylsilane addieren in Gegenwart von Lewis-Säuren wie TiCl$_4$ oder BF$_3$ an Carbonylverbindungen (**Sakurai-Reaktion**, Abb. 6.47).[79]

Neben den bisher diskutierten Verbindungen der Hauptgruppenmetalle haben metallorganische Verbindungen von Übergangsmetallen, die auch als **Übergangsmetallkomplexe** bezeichnet werden, eine erhebliche Bedeutung.[80] Aufgrund der Beteiligung von d-Orbitalen der Metalle sind solche Komplexe besonders stabil, die der **18-Elektronen-Regel** gehorchen (1 s-, 3 p- und 5 d-Orbitale, jeweils doppelt besetzt). Beispiele solcher 18-Elektronen-Komplexe sind Ferrocen [Bis(η^5-cyclopentadienyl)eisen(II)], Hydridotetracarbonylcobalt(I)[81] sowie Biscyclooctadien)nickel(0) (Abb. 6.48). Übergangsmetallkomplexe enthalten oft Metallatome in sehr niedrigen Oxidationsstufen und sind daher oft oxidationsempfindlich, was das Arbeiten unter Schutzgas (Stickstoff, Argon) erforderlich macht.[82]

Die Anzahl der d-Elektronen (d^n) in Übergangsmetallkomplexen kann mit Hilfe von Tab. 6.1 in Abhängigkeit von der Oxidationsstufe ermittelt werden:

Beispiele von Übergangsmetallkomplexen

Ferrocen   Hydridotetracarbonylcobalt(I)   Bis(1,5-cyclooctadien)nickel(0)
Bis(η^5-cyclopentadienyl)eisen(II)

Abb. 6.48 Beispiele von 18-Elektronen-Übergangsmetallkomplexen.

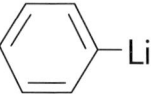

6 Spezial- und Grenzgebiete der Organischen Chemie

Tab. 6.1 Die Anzahl der d-Elektronen (d^n, grau hinterlegt) in Übergangsmetallkomplexen in Abhängigkeit von der Oxidationsstufe.

Gruppe		4	5	6	7	8	9	10	11
1. Reihe	3d	Ti	V	Cr	Mn	Fe	Co	Ni	Cu
2. Reihe	4d	Zr	Nb	Mo	Tc	Ru	Rh	Pd	Ag
3. Reihe	5d	Hf	Ta	W	Re	Os	Ir	Pt	Au
Oxidationsstufe	0	4	5	6	7	8	9	10	–
	I	3	4	5	6	7	8	9	10
	II	2	3	4	5	6	7	8	9
	III	1	2	3	4	5	6	7	8
	IV	0	1	2	3	4	5	6	7

Die mit dem Übergangsmetallatom verbundenen organischen Moleküle werden auch als **Liganden** bezeichnet, die über ihre freien Elektronenpaare oder über π-Elektronen gebunden werden. Der Bindungstyp wird als **koordinative Bindung** bezeichnet und setzt sich aus zwei Teilen zusammen: Der **dativen Bindung**, die ähnlich einem Lewis-Säure-Base-Paar durch Besetzung einer Elektronenlücke am Metallatom durch n- oder π-Elektronen des Liganden zustande kommt, und der **Rückbindung**. Die Rückbindung entsteht, indem aus besetzten d-Orbitalen des Metallatoms Elektronendichte in *antibindende* π^*-Ligandenorbitale verschoben wird (Abb. 6.49). Dadurch wird zwar die entsprechende Bindung im Liganden geschwächt, aber die Bindung zwischen Metallatom und Ligand gestärkt.[83]

Sonst instabile Moleküle können als Liganden von Übergangsmetallkomplexen stabilisiert werden. So sind Komplexe des antiaromatischen Cyclobutadiens stabil, und Carbenkomplexe haben sich in einer Reihe auch katalytischer Reaktionen als besonders wertvoll erwiesen. Auch das instabile Tautomer des Phenols, 2,4-Cyclohexadienon, kann als Ligand stabilisiert werden (Abb. 6.50).

Hinsichtlich der Reaktionen von Übergangsmetallkomplexen hat man Reaktionen am Liganden und Reaktionen am Metallatom zu unterscheiden (Abb. 6.51). Ein Beispiel für eine Reaktion am Liganden ist die elektrophile Acetylierung von Ferrocen, die mechanistisch der Friedel-Crafts-Alkanoylierung entspricht. Ein Beispiel für eine Reaktion am Metall, eine Insertionsreaktion, ist die Reaktion von Tetra-

Bindung von CO und Alkenen an Metallatome

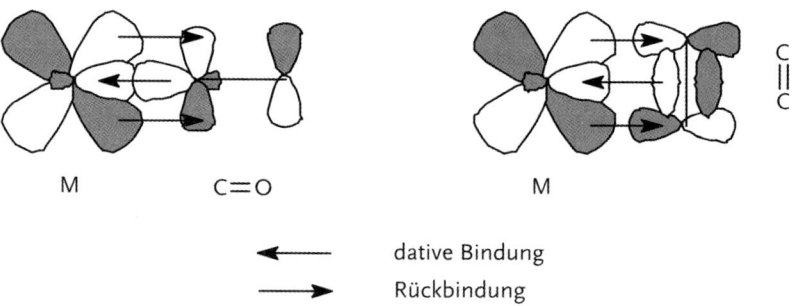

Abb. 6.49 Orbitalschema der Bindung von CO und Alkenen an Übergangsmetallatome.

6.11 Metallorganik

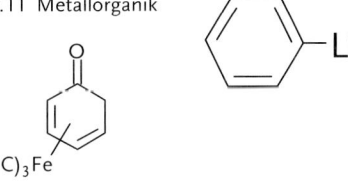

Tricarbonyl(cyclobutadien)eisen(0)

Tricarbonyl(2,4-cyclohexadienon)eisen(0)

Pentacarbonyl(methoxymethylcarben)chrom(0)

Abb. 6.50 Stabilisierung sonst instabiler Moleküle als Ligand in einem Übergangsmetallkomplex.

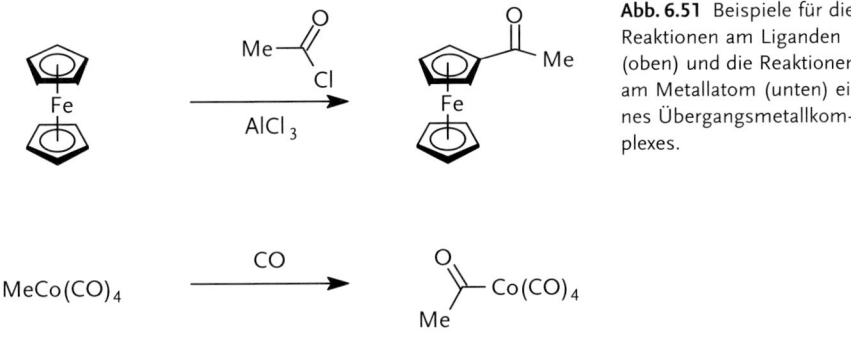

Abb. 6.51 Beispiele für die Reaktionen am Liganden (oben) und die Reaktionen am Metallatom (unten) eines Übergangsmetallkomplexes.

carbonyl(methyl)cobalt(I) mit CO zum entsprechenden Acetylkomplex. Heute haben Übergangsmetallkomplexe eine erhebliche Bedeutung für die präparative Organische Chemie.[84]

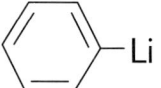

6 Spezial- und Grenzgebiete der Organischen Chemie

Übungsaufgabe

6.11–1 Warum gilt Methyllithium als hart und Lithiumdimethylcuprat als weich?

6.12
Katalyse

Katalysierte Reaktionen[85] sind als industrielle Verfahren,[86] aber auch für die Laborsynthese von großer Bedeutung. Sie besitzen im Vergleich zu Reaktionen, die stöchiometrische Mengen eines Reagenzes benötigen, eine höhere **Atomökonomie**,[87] es wird weniger Abfall produziert. Generell kann zwischen **homogen** und **heterogen katalysierten Reaktionen** unterschieden werden. Die vor allem für technische Prozesse wichtige heterogene Katalyse wird hier nicht näher vorgestellt. Heterogene Katalysen zeichnen sich durch hohe Umsätze und lange Lebensdauern bzw. leichte Regenerierbarkeit der Katalysatoren aus. Die Effizienz einer heterogenen Katalyse liegt heute in den meisten Fällen noch weit über der einer homogenen Katalyse. Umgekehrt gelingt das rationale Katalysatordesign im Falle der homogenen Umsetzungen meist besser.[88] Zur praktischen Beurteilung der Effizienz katalysierter Reaktionen ist die benötigte Katalysatormenge bedeutsam. Dabei ist die „turnover number" **(TON)**, der Quotient von Produkt [mol] und Katalysator [mol], ein Maß für die Beständigkeit des Katalysators. Die „turnover frequency" (**TOF** = Produkt [mol] / Katalysator [mol] · Zeit [h]) kennzeichnet die Geschwindigkeit der Katalyse. Neben Säure- und Basenkatalyse (Kapitel 5) haben vor allem die **Übergangsmetallkatalyse**,[89] die **Enzymkatalyse**[90] und neuerdings die **Organokatalyse**[91] erhebliche Bedeutung für die Organische Chemie. Aus der Vielzahl der Übergangsmetall-katalysierten Reaktionen werden im Folgenden einige Beispiele vorgestellt. Beispiele katalytischer Hydrierungen und Epoxidierungen von Alkenen sind in Abschnitt 5.4.2.2 bzw. 5.4.2.6 zu finden. Ein wichtiges Katalysatormetall für C–C-Knüpfungsreaktionen ist Palladium. Mit Hilfe eines Palladiumkatalysators gelingt auf eindrucksvolle Weise die Cycloisomerisierung[92] eines ungesättigten, linearen Vorläufers zum Polyspirocyclus (Abb. 6.52).[93] Dabei bildet sich zunächst durch oxidative Addition von Essigsäure an Pd(0) ein Palladium-Hydridokomplex,

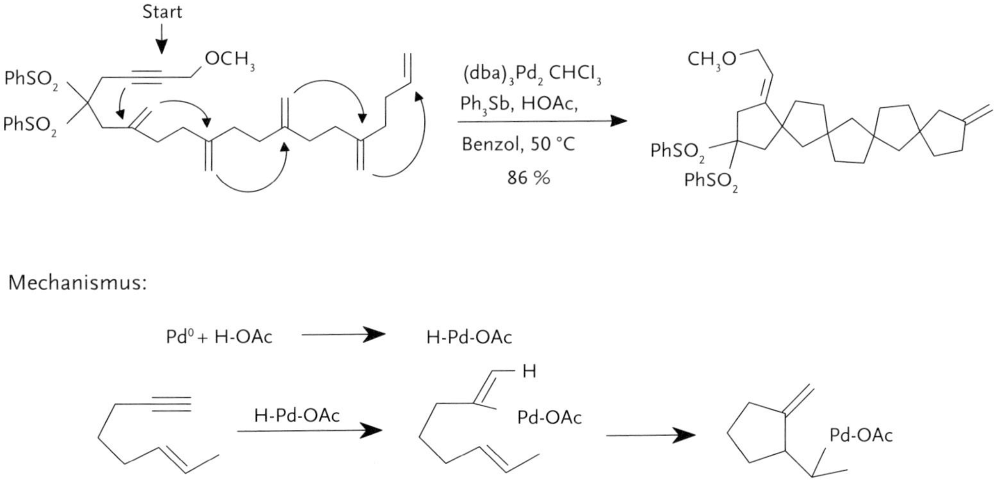

Abb. 6.52 Palladium-katalysierte Cyclisierungsreaktion. dba = Dibenzylidenaceton; der $(dba)_3Pd_2 \cdot CHCl_3$-Komplex wird als stabile Palladium(0)-Quelle genutzt.

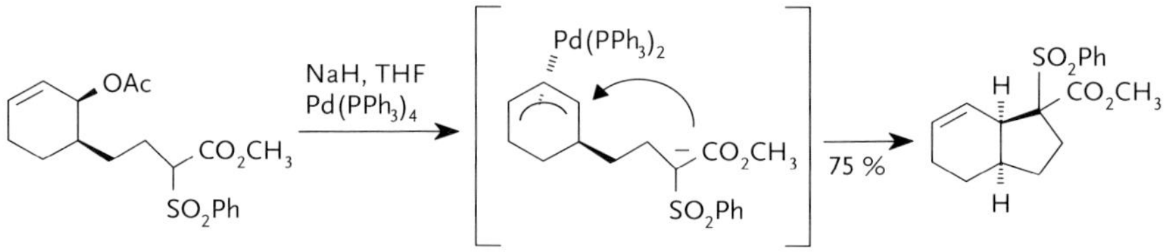

Abb. 6.53 Allylische Alkylierung.

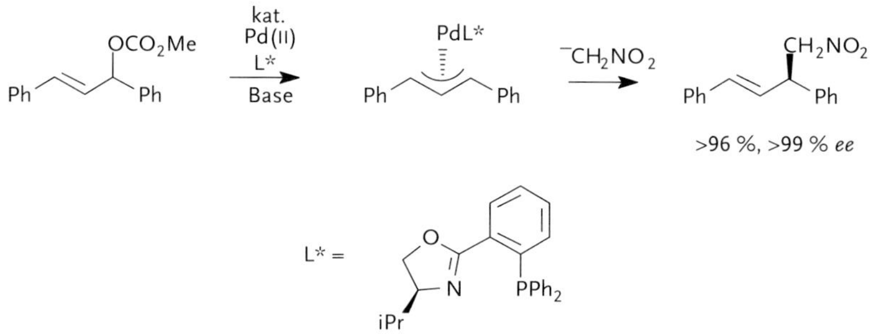

Abb. 6.54 Enantioselektive allylische Alkylierung.

dessen Pd-H-Bindung an die Dreifachbindung addiert (Hydropalladierung). In einer Reaktionskaskade addiert die entstandene Palladium-Kohlenstoff-Spezies sukzessive an die Doppelbindungen (Carbopalladierung) und wird schließlich unter Rückbildung des Katalysators abgespalten.

Ebenfalls durch Palladium(0)-Katalysatoren werden **allylische Alkylierungen** (Abb. 6.53) katalysiert.[94] Palladium-vermittelt tritt dabei eine Abgangsgruppe, z. B. Acetat, unter Inversion aus. Es bildet sich ein **Allylpalladiumkomplex**. Dieser wird unter erneuter Inversion nucleophil angegriffen, so dass ein Substitutionsprodukt mit der ursprünglichen Konfiguration entsteht. Die TON der Katalyse beträgt allerdings nur ca. 50.

In Gegenwart enantiomerenreiner chiraler Hilfsliganden gelingt auch die *enantioselektiv* katalysierte allylische Substitution (Abb. 6.54). Dabei ist der intermediäre Allylpalladiumkomplex im Bereich des Allylliganden symmetrisch, und der chirale Hilfsligand bestimmt, welches Ende des Allylliganden das eintretende Nucleophil von der dem Palladiumatom abgewandten Seite her angreift.

Das nächste Beispiel ist eine industrielle Synthese von Pantothensäure durch enantioselektive[95] Hydrierung einer Carbonylgruppe an einem chiralen Katalysator RhL* (Abb. 6.55).[96] Der Enantiomerenüberschuss der Produkte beträgt 91 % *ee*. Durch Destillation und Umkristallisation wird die Enantiomerenreinheit des *R*-Pantolactons auf > 99.9 % *ee* gesteigert. Bemerkenswert ist die hohe TON der Katalyse von 100 000–200 000, d. h. es werden nur äußerst geringe Mengen des Rhodiumkatalysators und des chiralen Liganden zur Umsetzung großer Substanzmengen benötigt. Der untere Reaktionspfad zeigt einen konventionellen, nicht-katalytischen Reaktionsweg, der in diesem Fall weit weniger effizient ist.

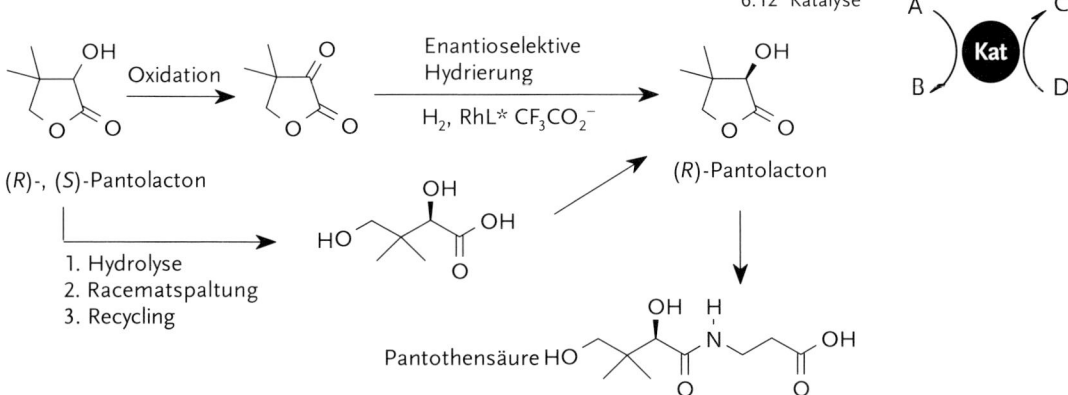

Abb. 6.55 Synthese von Pantothensäure. Der chirale Ligand L* ist ein Pyrrolidinderivat mit zwei Phosphan- und einer Phosphanoxidgruppe.

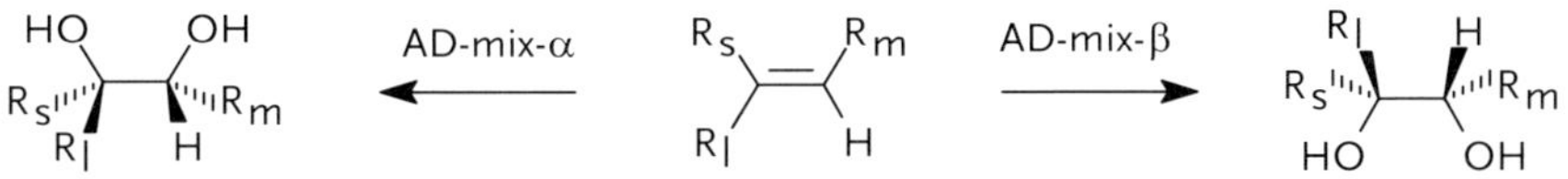

Abb. 6.56 Asymmetrische Dihydroxylierung eines Alkens.

Ein wichtiger Beitrag zur asymmetrischen Katalyse wurde mit der Entwicklung der **asymmetrischen Dihydroxylierung** (AD; Abb. 6.56) durch Sharpless geleistet.[97] Dabei wird ein Alken mit einem großen (R_l), einem mittelgroßen (R_m) und einem kleinen Substituenten (R_s) mit einem optimierten Reagenziengemisch (AD-mix-α bzw. AD-mix-β) wahlweise zum einen oder zum anderen Enantiomeren des Dihydroxylierungsprodukts umgesetzt. Diese Reagenzien enthalten neben einer katalytischen Menge der Osmiumverbindung $K_2OsO_2(OH)_4$ Kaliumcarbonat, $K_3[Fe(CN)_6]$ zur Reoxidation des Osmiums sowie als Quelle der chiralen Information eine katalytische Menge einer von Cinchona-Alkaloiden abgeleiteten Verbindung.[98]

Eine weitere Übergangsmetall-katalysierte Reaktion, die sich in den letzten zehn Jahren als außerordentlich wichtig für die Organische Chemie erwiesen hat, ist die **Alkenmetathese**. Die Reaktion wurde bereits früher unter drastischen Reaktionsbedingungen in der Petrochemie angewandt. Die Entwicklung moderner Katalysatoren, die die Reaktion unter milden Bedingungen in Gegenwart einer Vielzahl funktioneller Gruppen erlauben, machte die Reaktion zu einer besonders wertvollen Methode zur Bildung von C=C-Doppelbindungen. Als Katalysatoren dienen meist Ruthenium-Carbenkomplexe. Neben der ringöffnenden Metathese-Polymerisation (ROMP, Abschnitt 5.4.1.4) sind die Ringschlussmetathese (ring closing metathesis, RCM; Abb. 6.57) und die Kreuzmetathese (Abb. 6.58) besonders wichtig.[99] Die Alkenmetathese wird heute in vielen Varianten in Naturstoffsynthesen eingesetzt. Mechanistisch verläuft die Alkenmetathese über eine Folge von [2+2]-Cycloadditionen und [2+2]-Cycloreversionen (Abb. 6.59).

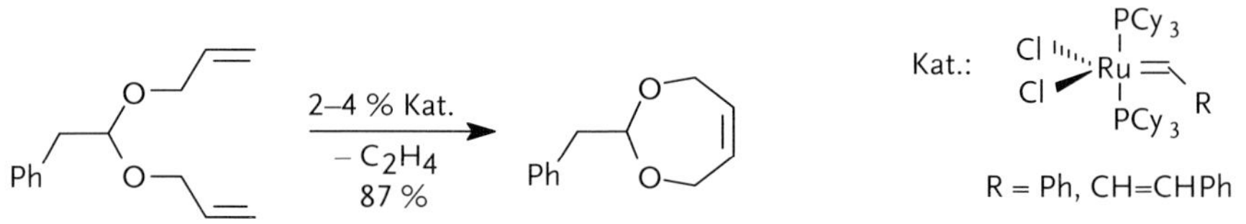

Abb. 6.57 Ringschließende Olefinmetathese (RCM).

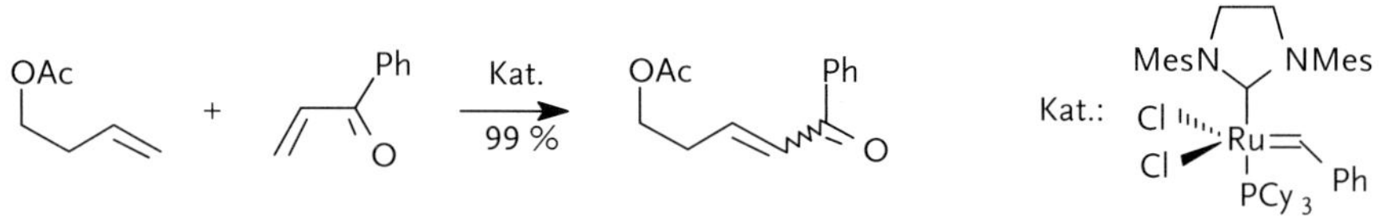

Abb. 6.58 Kreuzmetathese (CM).

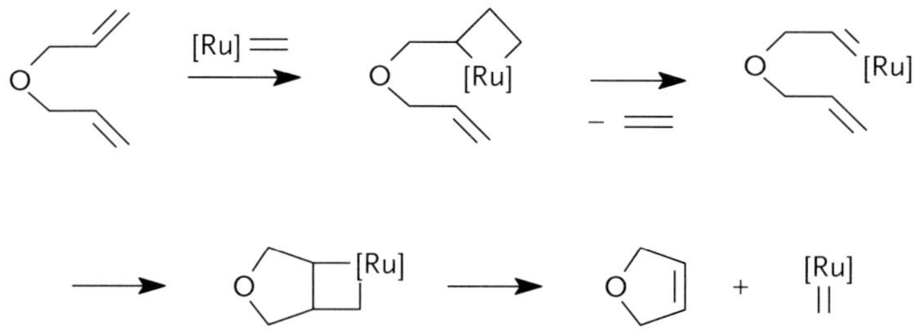

Abb. 6.59 Mechanismus der RCM am Beispiel der Bildung von 2,5-Dihydrofuran.

Die **Enzymkatalyse**[100] nutzt keine synthetischen Katalysatoren, sondern aus Organismen gewonnene Enzyme (Biokatalysatoren). Diese katalysieren eine Reihe oft enantioselektiver Reaktionen unter milden Bedingungen. Die üblicherweise angewendeten Enzyme, die mit EC-Nummern eindeutig bezeichnet werden, unterteilt man in **Oxidoreduktasen** (Katalyse von Redoxreaktionen), **Transferasen** (Übertragung von Atomgruppen), **Hydrolasen** (Hydrolyse), **Lyasen** (Eliminierung oder Addition an Doppelbindungen), **Isomerasen** (Isomerisierungen) sowie **Ligasen** (Bildung von Einfachbindungen zu Kohlenstoffatomen unter gleichzeitiger Hydrolyse von Adenosintriphosphat). Enzymatische Katalysatoren sind in der Regel große Polypeptide von komplizierter räumlicher Gestalt, die sich durch hydrophile und hydrophobe Taschen und Hohlräume auszeichnet. Entsprechend der Chiralität der beteiligten Aminosäuren sind auch diese Hohlräume und Taschen chiral. Durch nichtkovalente Wechselwirkungen, beispielsweise Wasserstoffbrücken, kann das **aktive Zentrum** mit dem Substrat in Wechselwirkung treten und dieses für eine bestimmte Reaktion aktivieren. Während früher die starre mechanistische Vorstellung von Schlüssel und Schloss hierfür favorisiert wurde, weiß man heute, dass sich das Enzym in seiner Gestalt durchaus einem Substrat anpassen kann (induced fit). Der so gebildete Enzym-Substrat-Komplex reagiert nun zum Enzym-Produkt-Komplex, aus dem das Produkt dann freigesetzt wird. Damit hängt die Geschwin-

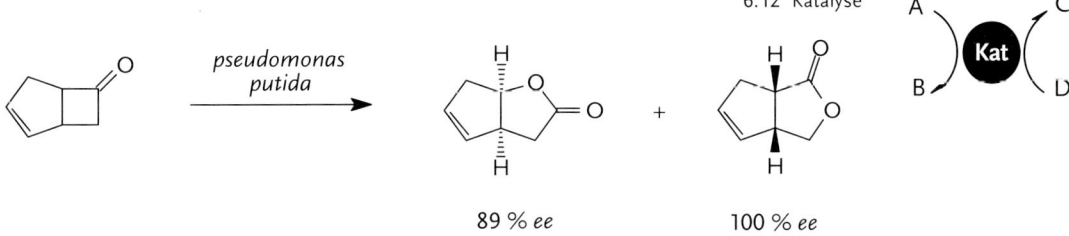

Abb. 6.60 Enzymatische Bayer-Villiger-Oxidation.

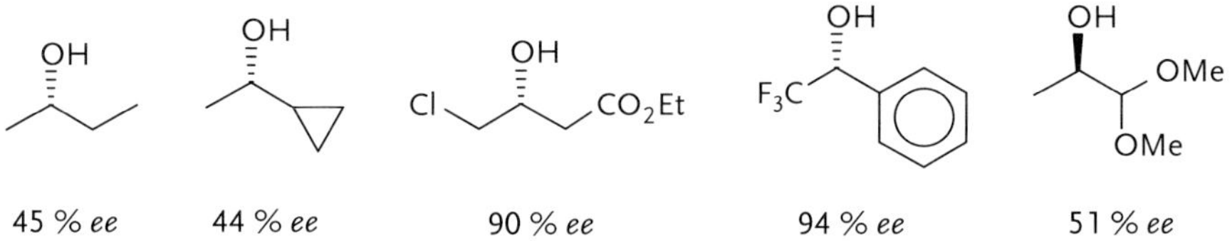

Abb. 6.61 Enantiomerenüberschüsse chiraler Alkoholen, die durch Hefereduktion aus Carbonylverbindungen erhalten wurden.

digkeit der Katalyse direkt von der Zahl der verfügbaren aktiven Zentren ab (Michaelis-Menten-Kinetik).[101] Diese können durch Inhibitoren blockiert werden, was man sich in der Medizin zunutze macht, um bestimmte, durch Enzyme katalysierte physiologische Prozesse zu unterbinden. Häufig erfordert die katalytische Aktivität eines Enzyms die Gegenwart einer anderen Spezies, beipielsweise eines Metall-Ions, das dann als **Cofaktor** bezeichnet wird. Während die Effizienz enzymatischer Katalysen oft durch die Raum-Zeit-Ausbeuten begrenzt wird, liegt ihr besonderer Wert für die Organische Chemie in der Enantioselektivität der durch sie ermöglichten Reaktionen.

Besonders nützlich sind Enzyme als Katalysatoren bei der Herstellung enantiomerenreiner organischer Verbindungen. Dies soll im Folgenden an einigen Beispielen verdeutlicht werden. So reagiert Bicyclo[3.2.0]hept-2-en-6-on in Gegenwart einer aus *pseudomonas putida* NCIMB 10007 gewonnenen Monooxigenase in einer Bayer-Villiger-Oxidation zu zwei trennbaren isomeren Lactonen, die in 89 und 100 % ee anfallen (Abb. 6.60).[102]

In der organischen Synthese spielt die durch Bäcker- oder Brauerhefe (meist *Saccharomyces cerevisiae*) katalysierte Reduktion prochiraler Aldehyde und Ketone eine gewisse Rolle. Das darin enthaltene Enzym Hefe-Alkohol-Dehydrogenase (YADH, EC 1.1.1.1) ist in unterschiedlichen Formen auch kommerziell erhältlich, wobei die Resultate der Umsetzung mit dem Ganzzellpräparat deutlich anders sind als die mit dem reinen Enzym, was man auf die Wirkung anderer in den Zellen enthaltenen Oxidoreduktasen zurückführt. In Abb. 6.61 sind einige auf diesem Wege erhaltene Alkohole mit den erzielten Enantiomerenüberschüssen zusammengestellt.[103]

Auch das Enzym Pferdeleber-Alkohol-Dehydrogenase (engl. horse liver alcohol dehydrogenase, HLADH) ermöglicht die enantioselektive Reduktion von Aldehyden zu den entsprechenden Alkoholen (Abb. 6.62).[104]

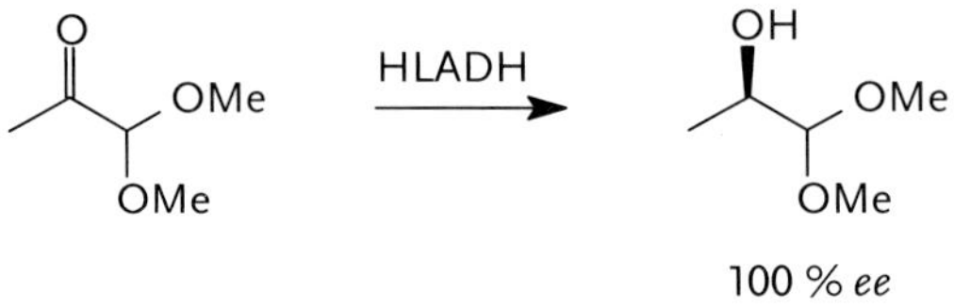

Abb. 6.62 Enantioselektive Reduktion von Aldehyden mit Pferdeleber-Alkohol-Dehydrogenase.

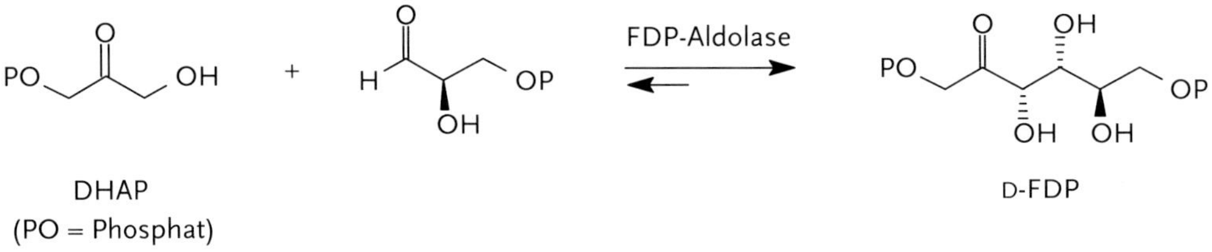

Abb. 6.63 Enzymkatalyse mit Aldolasen.

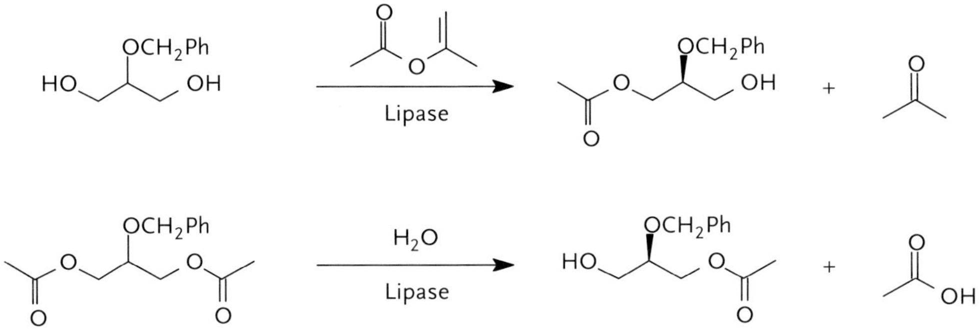

Abb. 6.64 Lipase-katalysierte Desymmetrisierung durch kinetische Racematspaltung.

Enzyme können aber auch zur Katalyse von Aldolreaktionen unter stereoselektiver Bildung von C–C-Bindungen herangezogen werden.[105] Ein Beispiel dafür ist die Bildung von D-Fructose-1,6-diphosphat (FDP) aus Dihydroxyacetonphosphat (DHAP) und D-Glyceraldehyd-3-phosphat (Abb. 6.63).

Eine besonders interessante Anwendung der Enzymkatalyse ist die **Desymmetrisierung** von meso-Verbindungen durch kinetische Racematspaltung. Dabei reagiert enzymkatalysiert überwiegend oder ausschließlich eine der beiden enantiotopen funktionellen Gruppen. In Abb. 6.64 ist die Lipase-katalysierte Umesterung des 2-Acetylpropens mit an C-2 Benzyl-geschütztem Glycerin gezeigt. Interessant ist, dass die enzymatisch katalysierte Hydrolyse des Diesters das andere Enantiomere des Monoesters liefert.[106]

Unter dem Begriff **Organokatalyse**[107] werden Reaktionen zusammengefasst, die durch metallfreie, rein organische Verbindungen katalysiert werden. Meist werden gut verfügbare chirale Katalysatoren in enantiomerenreiner Form eingesetzt. Die Katalyse wird dabei oft durch eine elektrophile oder nucleophile Additionsreaktion des Organokatalysators an die Ausgangsverbindung oder durch eine Protonierung

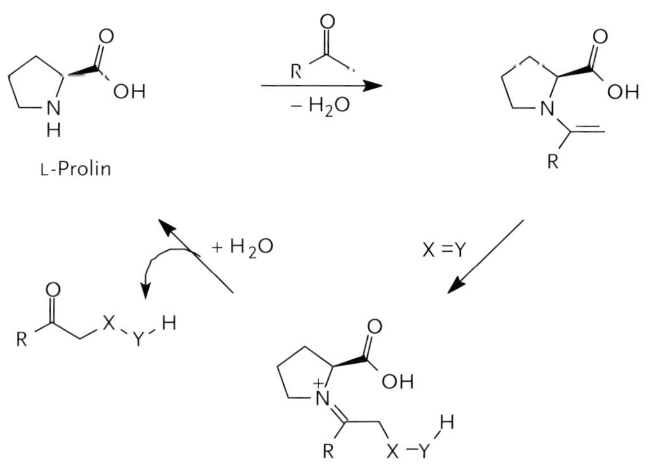

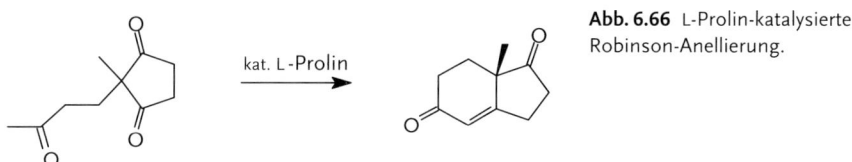

Abb. 6.65 Allgemeiner Katalysecyclus der Organokatalyse mit L-Prolin: Aldoladdition: X=Y = C=O; Michael-Addition: X=Y = C=C–C=O; Mannich-Reaktion: X=Y = C=N$^+$.

Abb. 6.66 L-Prolin-katalysierte Robinson-Anellierung.

oder Deprotonierung durch den Organokatalysator eingeleitet. Organokatalysatoren sind oft stabiler als Enzyme oder Übergangsmetall-Katalysatoren und weisen zum Teil ein breites Anwendungsspektrum auf. Bereits in den 1970er Jahren wurden die ersten Beispiele von Hajos[108] und Wiechert[109] publiziert, die in Gegenwart der Aminosäure L-Prolin enantioselektive Robinson-Anellierungen beobachteten. Dabei geht man davon aus, dass L-Prolin mit einem Keton das entsprechende chirale Enamin bildet, welches als Enol-Analogon diastereoselektiv mit einer Carbonylkomponente im Sinne einer Aldoladdition reagiert und nach Hydrolyse das Reaktionsprodukt sowie L-Prolin als Katalysator freisetzt (Abb. 6.65). Das intermediäre chirale Enamin kann auch mit α,β-ungesättigten Carbonylverbindungen in einer Michael-Addition oder mit Iminium-Ionen in einer Mannich-Reaktion reagieren.

In der organokatalytischen Robinson-Anellierung reagiert das Michael-Addukt aus 2-Methyl-1,3-cyclopentandion und Butenon in Gegenwart einer katalytischen Menge L-Prolin enantioselektiv zum bicyclischen Steroidbaustein (S)-5-Methylbicyclo[4.3.0]non-1(2)-en-3,7-dion (Abb. 6.66).

Ein Beispiel für eine enantioselektive L-Prolin-katalysierte gekreuzte Aldoladdition (Abb. 6.67) ist die Reaktion von Aceton mit Aldehyden zu S-konfigurierten Aldolen. Neben L-Prolin gibt es eine Reihe von L-Prolin-Analoga (Abb. 6.68, oben), die in der Organokatalyse Anwendung finden. Es gibt jedoch auch Organokatalysatoren, die sich nicht vom L-Prolin ableiten. Als ein Beispiel sei ein Derivat des Imidazolidinons genannt, welches enantioselektive intramolekulare Diels-Alder-

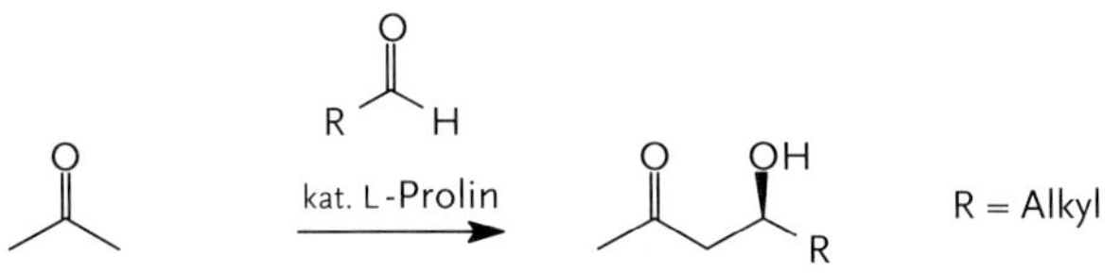

6 Spezial- und Grenzgebiete der Organischen Chemie

Abb. 6.67 L-Prolin-katalysierte Aldoladdition.

Von L-Prolin abgeleitete Organokatalysatoren:

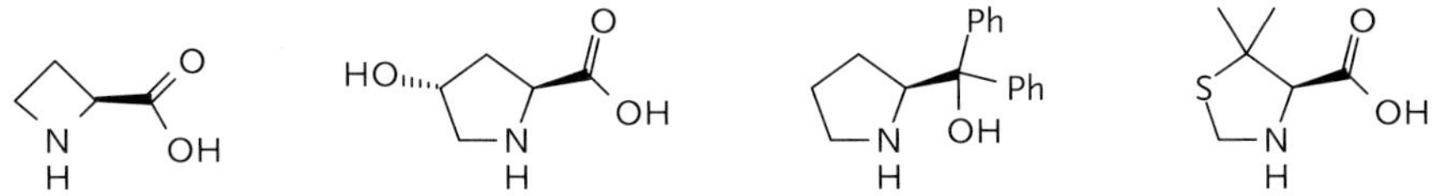

Imidazolidinon-katalysierte intramolekulare Diels-Alder-Cycloaddition:

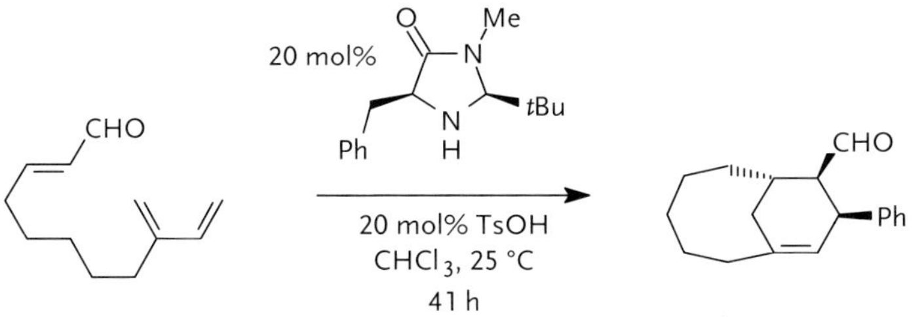

Abb. 6.68 Vom L-Prolin und vom Imidazolidinon abgeleitete Organokatalysatoren.

Cycloadditionen katalysiert (Abb. 6.68, unten). An der beispielhaft wiedergegebenen Reaktion wird auch deutlich, dass bisweilen noch erhebliche Katalysatormengen benötigt werden (20 mol%!) und dass die Reaktionszeiten lang sein können (41 h).[110]

Auch bestimmte chirale Brønsted-Säuren und Lewis-Basen werden als Organokatalysatoren für die asymmetrische Synthese eingesetzt. Diese leiten sich u. a. vom axial-chiralen Binaphthyl oder von Thioharnstoffen ab.[111] Dabei muss die Wirkung eines Organokatalysators nicht auf der Bildung definierter Intermediate beruhen, sondern kann beispielsweise auch auf nichtkovalente Wechselwirkungen wie Wasserstoffbrücken zurückgeführt werden.

Insbesondere die Übergangsmetallkatalyse und die Organokatalyse können bisweilen als komplementär betrachtet werden, da Übergangsmetallkomplexe in katalysierten Reaktionen wegen ihrer freien Koordinationsstelle eher Lewis-sauer reagieren, während die meisten Organokatalysatoren an Heteroatomen mit freien Elektronenpaaren ausgestattet sind und so eher Lewis-basischen Charakter aufweisen. Insgesamt ergänzen sich die Übergangsmetallkatalyse, die Enzymkatalyse und die Organokatalyse heutzutage gut in der asymmetrischen Synthese komplexer organischer Verbindungen.

Übungsaufgabe

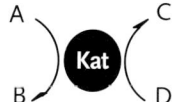

6.12–1 a) Worin liegen die wesentlichen Unterschiede zwischen heterogener und homogener Katalyse? b) Warum verwendet man für enzymkatalysierte Umesterungen, z. B. in der kinetischen Racematspaltung, Vinylester als Acylierungsmittel?

$H\Psi = E\Psi$

6 Spezial- und Grenzgebiete der Organischen Chemie

6.13
Computermethoden

Bei der Anwendung von Computern in der Organischen Chemie[112] werden zwei Bereiche unterschieden: 1) **nichtnumerische Methoden**, die Datenbanken (Kapitel 2) und Expertensysteme umfassen, und 2) **numerische Methoden**, wie z. B. Molekülmechanik, quantenchemische Methoden oder Moleküldynamik. Das Anwenden dieser Methoden auf praktische Probleme in der Molekülchemie wird auch als Molecular Modeling bezeichnet (Abb. 6.69). Chemiespezifische Computerprogramme, die lediglich als Hilfsmittel dienen, wie spezielle Zeichenprogramme oder elektronische Laborjournale wurden in Kapitel 2 angesprochen.

Die einfachste Art der Berechung von Moleküleigenschaften sind **molekülmechanische** (MM-) oder **Kraftfeldmethoden**.[113] Das Kraftfeld ist dabei ein analytischer Ausdruck für die potentielle Energie eines Moleküls in Abhängigkeit von dessen Atomkern-Koordinaten. Seine Parameter werden durch Vergleich von berechneten Eigenschaften mit den entsprechenden experimentellen Größen angepasst oder mit aufwendigen quantenchemischen Methoden berechnet. Die Kräfte zum Strecken von Bindungen und Biegen von Bindungswinkeln beschreibt man üblicherweise vereinfacht mit einem harmonischen Potential (Hook'sches Gesetz). Torsionspotentiale werden mit Fourier-Funktionen angenähert. Hinzu kommen Potentiale, die Wechselwirkungen zwischen nichtkovalent gebundenen Atomen beschreiben. Dazu gehören vor allem die van-der-Waals-Wechselwirkung (z. B. Lennard-Jones-Potential) und Dipol-Wechselwirkungen (Coulomb'sches Gesetz). Die meisten Kraftfeldprogramme enthalten zusätzlich Parameter für Wasserstoffbrückenbindungen vor allem, um Biomoleküle wie Proteine und Nucleinsäuren genauer zu beschreiben. Gebräuchliche Kraftfelder sind **MM2**, **MM3**, **MMFF94**, **Sybil** oder **Amber**. Vor allem für Kohlenwasserstoffe, Proteine und Oligonucleotide liegen gut ausgearbeitete Kraftfelder vor. Kraftfeldmethoden werden heute routinemäßig zur Klärung experimenteller Probleme herangezogen. Aufgrund des geringen Rechenaufwands können auch komplexe, ausgedehnte Strukturen berechnet werden. Ein wesentlicher Nachteil der Kraftfeldrechnungen liegt in ihrer begrenzten Anwendbarkeit und Übertragbarkeit auf wenige Molekülfamilien. Es ist praktisch unmöglich alle Atomkombinationen aller chemischen Elemente zu parametrisieren. Die Berechnungen sind auf den elektronischen Grundzustand be-

Numerische Methoden	Nichtnumerische Methoden
Molekülmechanik	**Datenbanken**
(Kraftfeldrechnungen)	(CAS-online, SciFinder, Beilstein)
Quantenchemische Methoden	**Expertensysteme**
– semiempirisch	– Prozesssteuerung
– *ab initio*	– Syntheseplanung
– dichtefunktional	– automatische Spektrenauswertung

Abb. 6.69 Computeranwendungen in der Chemie.

6.13 Computermethoden $H\Psi = E\Psi$

schränkt. Reaktionen, d. h. Knüpfen und Bruch von kovalenten Bindungen, können im Kraftfeldansatz nicht beschrieben werden, da er auf klassischer Mechanik beruht (harmonisches Potential, s. o.). Auch andere elektronische Eigenschaften, wie Elektronenaffinität, Ionisierungspotential oder magnetische Eigenschaften lassen sich grundsätzlich nicht mit Kraftfeldmethoden berechnen. Probleme bereiten auch konjugierte Systeme und Übergangsmetalle. Bei den meisten Anwendungen begnügt man sich mit der Berechnung von Geometrien (durch Minimierung der potentiellen Energie) und relativen Energien (z. B. zwischen verschiedenen Konformeren oder Isomeren).

Eine bessere und vor allem allgemeiner anwendbare Beschreibung von Moleküleigenschaften gelingt mit Hilfe von quantenchemischen Methoden. Da die komplette Lösung der **Schrödinger-Gleichung** für mehratomige Moleküle zu aufwendig ist, sind Vereinfachungen nötig. So werden in der einfachsten Form quantenchemischer Rechungen, der **extended-Hückel**-Methode, nur die Zweizentren-Überlappungsintegrale berechnet und alle weiteren Integrale durch Parameter ersetzt. Mit **semiempirischen Methoden**,[114] wie **CNDO, MNDO, AM1** oder **PM3**, werden die „differential overlap"-Integrale vernachlässigt und nur die Valenzelektronen explizit berücksichtigt. Fehler, die durch diese Vereinfachung zwangsläufig auftreten, werden teilweise durch Parameter korrigiert. Die **Hartree-Fock-Näherung** vereinfacht die Elektron-Elektron-Wechselwirkung und berücksichtigt nur die Wechselwirkung jedes einzelnen Elektrons im Feld der übrigen Elektronen. Die **Korrelationsenergie** (Energiedifferenz zwischen Hartree-Fock-Näherung und exakter Lösung der Schrödinger-Gleichung), die man anschaulich als die Fähigkeit der Elektronen interpretieren kann, sich auf ihren Bahnen auszuweichen, wird vernachlässigt. Die iterative Methode zur Lösung der Hartree-Fock-Gleichungen nennt man Methode der selbstkonsistenten Felder (self consistent field, SCF). Die Korrelationsenergie kann man mit aufwendigeren Methoden, den so genannten post-SCF-Methoden berücksichtigen. Wichtige Verfahren sind Møller-Plesset (MP2, MP4 ...), coupled cluster (CCSD, CCSD(T)..., Multikonfigurationsmethoden (MCSCF, CASSCF, ...). SCF- und post-SCF-Methoden werden als **ab-initio**-Verfahren bezeichnet. **Dichtefunktional-Methoden** (BLYP, SVWN, PW91 ...) berücksichtigen einen großen Teil der Korrelationsenergie implizit und sind in der Regel weniger Rechenzeit-intensiv. Eine für quantenchemische Rechnungen sehr wichtige und in fast allen Verfahren benutzte Vereinfachung trifft die **Born-Oppenheimer-Näherung**, die die Bewegung von Atomkern und Elektron separiert und eine getrennte Lösung der Schrödinger-Gleichung für Elektronen und Atomkerne erlaubt. Ab-initio- und **Dichtefunktional-Methoden**[115] sind die genauesten heute verfügbaren Rechenverfahren. Mit Hilfe quantenchemischer Rechnungen[116] können verschiedenste Moleküleigenschaften, wie Energie, Geometrie, Dipolmoment, Polarisierbarkeit, Infrarotspektren, UV-Absorptionen oder NMR-Spektren berechnet werden. Aber auch bei der Ermittlung chemischer Eigenschaften, wie Reaktivität oder Regio- bzw. Stereoselektivität von Reaktionen und Reaktionsmechanismen kann die Anwendung quantenchemischer Rechnungen helfen. Die Zuverlässigkeit der Ergebnisse steigt im Allgemeinen mit dem verwendeten Rechenniveau, d. h. mit einer Abnahme der getroffenen Vereinfachungen. Da dabei aber der Rechenaufwand erheblich zunimmt, ist die Anwendung sehr exakter Methoden

$H\Psi = E\Psi$ 6 Spezial- und Grenzgebiete der Organischen Chemie

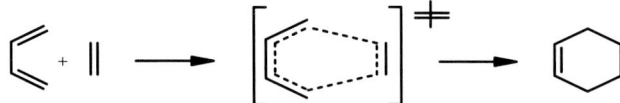

Methode	Reaktions-enthalphie [kJ mol⁻¹]	Fehler	Aktivierungs-enthalphie [kJ mol⁻¹]	Fehler	Rechenzeit
Experiment	–38,4		27,5 (+/–2)		
semiempirisch:					
MNDO	–54,5	–16,3	49,4	+21,9	ca. 30 s
AM1	–57,2	–18,8	23,0	–4,5	ca. 30 s
PM3	–53,2	–14,6	26,4	–1,1	ca. 30 s
ab initio:					
RHF/6-31G*	–36,0	+2,4	47,4	+19,9	3 h
MP2/6-31G*	–45,9	–7,5	20,0	–7,5	20 h
QCISD(T)/6-31G*	——	——	29,9	+1,6	mehrere Wochen
Dichtefunktional:					
Becke3LYP/6-31G*	–36,6	+1,8	24,8	–2,7	6 h

Abb. 6.70 Quantenchemische Methoden im Vergleich.

auf kleine und hochsymmetrische Moleküle beschränkt. Ein Vergleich der berechneten Reaktionsenthalphie und Aktivierungsenthalphie der Diels-Alder-Reaktion von Butadien und Ethen zeigt die Annäherung an den experimentellen Wert mit zunehmendem Rechenaufwand und besseren Methoden (Abb. 6.70).[117]

Mit konventionellen molekülmechanischen und quantenchemischen Rechenmethoden berechnet man in der Regel ein Molekül oder kleine supramolekulare Aggregate von Molekülen. Darüber hinaus nimmt man an, dass sich das Molekül im Vakuum bei 0 K befindet. Zur Bestimmung von Gleichgewichtsgeometrien, relativen potentiellen Energien und vielen anderen molekularen Eigenschaften reicht dies oft aus.

Der experimentellen Wirklichkeit näher kommt man mit den so genannten Simulationsverfahren, „**Moleküldynamik**" (MD) und „**Monte Carlo**" (MC). Moleküle sind keine statischen Gebilde. Sie besitzen kinetische Energie, durch Anregung interner Freiheitsgrade (z. B. Schwingungen, Torsionen um Einfachbindungen, Konformationsänderungen) und Translation und Rotation. Dazu kommen in einem System mit vielen Molekülen oder gar in Lösung intermolekulare Wechselwirkungen. Mit den Simulationsmethoden MD und MC kann man diesen Parametern Rechnung tragen. Im Prinzip führt man mit MD und MC numerische, statistische Thermodynamik durch. Bei der Moleküldynamik legt man im einfachsten Fall (mikrocanonisches Ensemble) die Temperatur und alle Atompositionen als Ausgangsbedingungen fest. Ein Zufallsgenerator ordnet dann allen Atomen, gewichtet nach der Boltzmann-Verteilung eine Geschwindigkeit zu. Die eigentliche Rechnung wird anschließend durch numerische Lösung der Newton'schen Bewegungsgleichungen für jedes Atom durchgeführt. Dazu werden als

6.13 Computermethoden

$H\Psi = E\Psi$

zusätzliche Parameter, außer Masse und Geschwindigkeit (Impuls) und Ort nur noch die Kräfte benötigt, die zwischen den Atomen herrschen. Kennt man Impuls und Kräfte zu einem Zeitpunkt $t = t_0$ kann man diese Parameter zu jedem späteren Zeitpunkt $t_0 + \Delta t$ berechnen. Zur numerischen Lösung der Bewegungsgleichungen führt man in Zeitabständen von etwa 1 fs eine Kraftfeldrechnung (oder wenn es der Rechenzeitaufwand erlaubt quantenchemische Rechnungen) durch und bestimmt die Kräfte. Das Ergebnis kann man mit einer Art „Film" vergleichen, der aus fortlaufenden Bildern besteht, wobei alle fs die Position und die Geschwindigkeit (Impuls) der Atome festgehalten sind. Den „Film" nennt man Trajektorie und den Orts/Impuls-Raum, in dem sich die Atome bewegen Phasenraum (6-dimensional, 3 Orts- und 3 Impulskoordinaten pro Atom).

Durch statistische Auswertung der Trajektorie kann man thermodynamische Daten wie freie Energie, chemisches Potential, Wärmekapazität, Verdampfungsenthalpie und Phasenübergänge, wie z. B. Schmelzpunkt und Siedepunkt, von reinen Stoffen berechnen. Darüber hinaus erlaubt die Moleküldynamik auch die Simulation von Lösungen und damit z. B. die Bestimmung von Solvatationsenergien oder auch Adsorptionsphänomenen an Oberflächen.

In der Biochemie wird die Moleküldynamik häufig zur Bestimmung von Konformationen großer Biomoleküle verwendet. Im typischen Fall wird z. B. ein Protein in einer Box mit Lösungsmittel (Wasser) simuliert. Probleme, die sich durch die aus Rechenzeitgründen notwendige geringe Größe der Box ergeben (z. B. Stöße mit der Wand), vermeidet man durch Definition von periodischen Randbedingungen. Das Protein durchläuft während der Simulation eine Reihe von Konformationen, die in einer idealen Rechnung (gute Parametrisierung, lange Simulationszeit) dem natürlichen Faltungsprozess recht nahe kommen. Bislang sind die Simulationen auf sehr kleine Proteine begrenzt. Die der einfachen Moleküldynamik zugrunde liegende Theorie ist recht einfach (s. o). Probleme bereitet eher der Rechenzeitaufwand. Man benötigt lange Simulationszeiten, um zu statistisch sinnvollen Aussagen zu kommen. Es gibt daher eine ganze Reihe von Tricks die Rechenzeit zu verkürzen, ohne die Zuverlässigkeit der Aussagen erheblich zu verringern (z. B. restrained dynamics, Einbeziehung experimenteller Daten usw.). Ein eindrucksvolles Beispiel für das, was mit MD-Methoden schon möglich ist, liefert die Simulation des Kanalproteins Aquaporin in einem Ausschnitt der Zellmembran: http://nobelprize.org/nobel_prizes/chemistry/laureates/2003/animations.html.

$H\Psi = E\Psi$

Übungsaufgabe

6.13–1 Worin besteht der wesentliche Unterschied zwischen Molekülmechanik- und *ab-initio*-Rechnungen?

6.14
Organische Photochemie

Die Organische Photochemie befasst sich mit Reaktionen, die durch Bestrahlung mit Licht ausgelöst werden.[118] Damit ein organisches Molekül photochemisch umgesetzt werden kann, muss es Licht (Photonen) absorbieren (Abb. 6.71). Durch die Energieaufnahme ändert sich die Elektronenkonfiguration des Moleküls. Das **Franck-Condon-Prinzip** besagt, dass Schweratomkerne ihre Position während der Elektronenanregung nicht ändern. Dies führt zu einer initialen Geometrie des angeregten Zustands, die typischerweise nicht dem Energieminimum entspricht. Während der Anregung bleiben die Elektronenspins unverändert, da eine Spininversion quantenmechanisch verboten und daher unwahrscheinlich ist. Direkt nach der Anregung des Moleküls durch Licht können verschiedene Prozesse ablaufen:

1. Durch Schwingungsrelaxation gelangt das Molekül schnell in eine neue energetisch günstigere Struktur für den angeregten Zustand.
2. Durch **Intersystem Crossing** entsteht aus einem Singulettzustand durch Spinumkehr ein Triplettzustand.
3. Licht wird emittiert (**Lumineszenz**, **Fluoreszenz**, **Phosphoreszenz**),[119] und das Molekül kehrt in den energetischen Grundzustand zurück.
4. Das Molekül im angeregten Zustand transferiert seine Energie auf ein anderes Molekül mit dem es zusammenstößt. Die Emissionsintensität nimmt dadurch ab; man spricht auch vom „Quenchen" der Emission. Diffusionskontrolliertes dynamisches Quenchen wird in der **Stern-Vollmer-Auftragung** (1/Quantenausbeute *vs* Konzentration des Quenchermoleküls) analysiert. Üblicherweise sind 1000fache Überschüsse des Quenchermoleküls zur Emissionslöschung nötig.
5. Strahlungslose Deaktivierung überführt das angeregte Molekül in den Grundzustand, indem die aufgenommene Energie als Wärme an das Lösungsmittel abgegeben wird.

Als Alternative und in Konkurrenz zu all diesen physikalischen Prozessen kann eine photochemische Reaktion ablaufen.[120] Photochemische Reaktionen zeigen, im Vergleich zu thermisch induzierten Reaktionen, einige Besonderheiten. Ange-

Typischer Absorptionsbereich

Einfache Alkene	190 – 200 nm
Acyclische Diene	220 – 250 nm
Cyclische Diene	250 – 270 nm
Styrol (Vinylbenzol)	270 – 300 nm
Dialkylketone	270 – 280 nm
α,β-ungesättigte Ketone	310 – 330 nm
Aromatische Ketone und Aldehyde	280 – 300 nm
Aromatische Verbindungen	250 – 280 nm

Abb. 6.71 Typische Absortionsbereiche wichtiger organischer Stoffklassen.

6 Spezial- und Grenzgebiete der Organischen Chemie

regte Molekülzustände sind sehr energiereich, und es können daher Reaktionen ausgelöst werden, die im Grundzustand stark endotherm wären. Über die Gleichung $E = h \cdot \nu$ lässt sich berechnen, dass ein Energieeintrag mit Licht der Wellenlänge 350 nm ungefähr 343 kJ mol^{-1} entspricht. Im angeregten Zustand werden zudem antibindende Orbitale besetzt und es werden Reaktionen möglich, die im Grundzustand aus elektronischen Gründen unmöglich sind. Zudem können photochemische Reaktionen Singulett- und Triplettzustände umfassen, während bei thermischen Reaktionen normalerweise nur Singulettzustände auftreten.

Photochemische Umsetzungen erfordern besondere experimentelle Bedingungen.[121] Die Ausgangsmaterialien dürfen keine Verunreinigungen enthalten, die den Lichtanregungsprozess stören können. Das verwendete Lösungsmittel muss im Bereich der Lichtanregung der Reaktanden völlig transparent sein und die verwendete Lichtquelle muss eine ausreichend intensive und möglichst gleichmäßige Strahlung im benötigten Wellenlängenbereich abgeben. Typische Lichtquellen für photochemische Reaktionen sind: Die Sonne (300–1400 nm), Quecksilberniederdrucklampen (Hg-Dampfdruck ca. 10^{-5} atm; 185 nm (5 %); 254 (95 %)), Quecksilberhochdrucklampen (Hg-Dampfdruck ca. 100 atm, 360–600 nm), Natriumdampflampen (ca. 600 nm), Tageslichthalogenlampen und zunehmend Leuchtdioden mit hoher Leistung und Laserdioden. Leucht- und Laserdioden liefern ein sehr definiertes Emissionsspektrum.[122] Bei weniger gut definierten Lichtquellen muss der Spektralbereich durch Filter eingeschränkt werden, um unerwünschte Nebenreaktionen zu vermeiden. Um eine unerwünschte Peroxidbildung (z. B. durch Reaktion eines angeregten Moleküls im Triplettzustand mit molekularem Sauerstoff) auszuschließen, werden photochemische Reaktionen meist unter Ausschluss von Sauerstoff unter Schutzgasatmosphäre durchgeführt.

Besitzt das umzusetzende Molekül keinen geeigneten Chromophor für die Lichtabsorption oder ist die Ausbildung des gewünschten angeregten Zustands ineffizient, werden **Sensibilisatoren**[123] (engl.: sensitizers) verwendet. Der Vorgang entspricht dem zuvor beschriebenen „Quenchen": Anregungsenergie wird vom Sensibilisator auf den Reaktanden übertragen. Die Farbstoffe Eosin oder Methylenblau sind typische Sensibilisatoren; Benzophenon (Diphenylketon) ist ein Triplettsensibilisator.

Die Effizienz einer photochemischen Reaktion wird durch die **Quantenausbeute** angegeben, die als Quotient aus der Zahl ausgelöster Reaktionen und aufgenommener Photonen definiert ist. Typische Quantenausbeuten liegen im Bereich von 0–100, wobei 0 keiner Reaktion und 100 einer stöchiometrischen Umsetzung (eine Reaktion pro Photon) entspricht. Es sind aber auch Quantenausbeuten von 100 000 und mehr möglich, z. B. in lichtinduzierten Kettenreaktionen.

Um festzustellen, wie viel Licht im Reaktionsgefäß ankommt, bedient man sich spezieller Messgeräte (Luxmeter) oder der **Aktinometrie**. In der chemischen Aktinometrie nutzt man Reaktionen, deren Abhängigkeit von der eingestrahlten Lichtmenge genau bekannt ist und bestimmt den zeitabhängigen Umsatz. Für die Umsetzung von *ortho*-Nitrobenzaldehyd zu *ortho*-Nitrosobenzoesäure (Abb. 6.72) beträgt die Quantenausbeute der intramolekularen Redoxreaktion 0.5 bei Bestrahlung mit Licht einer Wellenlänge zwischen 300 und 400 nm. Aus der Umsatzbestimmung kann auf die eingestrahlte Lichtmenge rückgeschlossen werden.[124]

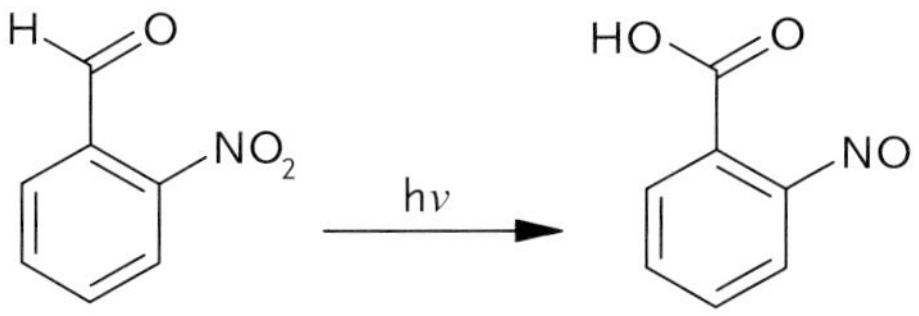

6.14 Organische Photochemie

Abb. 6.72 Aktinometrische Bestimmung von Lichtmengen; $-d[Act]/dt$ = Abnahme der Konzentration der zur Aktinometrie genutzten Substanz mit der Zeit bei Bestrahlung; I_0 = Lichtintensität; φ = Quantenausbeute der Reaktion (0.5); f = Fraktion des absorbierten Lichts (1).

$$-\frac{d[Act]}{dt} = I_0\,\varphi f$$

Aus der Vielzahl bekannter photochemischer Umsetzungen kann hier nur ein kleiner Ausschnitt vorgestellt werden.

Norrish-Typ-I-Spaltungsreaktionen[125] (α-Spaltungen; Abb. 6.73) sind typische photochemische Prozesse von Aldehyden und Ketonen in der Gasphase. Unter Extrusion von Kohlenmonoxid entstehen Radikalzwischenstufen, die rekombinieren.

In der **Norrish-Typ-II-Photoeliminierungsreaktion**[126] (Abb. 6.74) stabilisiert sich das intermediäre Acylradikal durch Wanderung eines Wasserstoffatoms. Es entsteht ein ungesättigter Aldehyd. Bei geeigneter Anordnung einer Carbonyl- und einer C–H-Gruppe wird die Bildung von Cyclobutanolen in der **Norrish-Yang-**

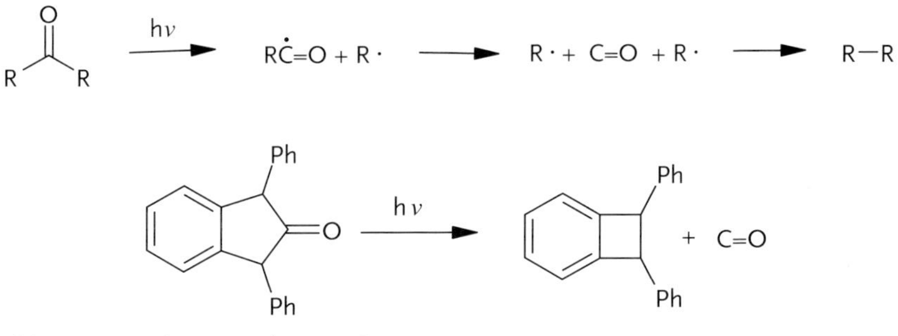

Abb. 6.73 Norrish-Typ-I-Spaltungsreaktion.

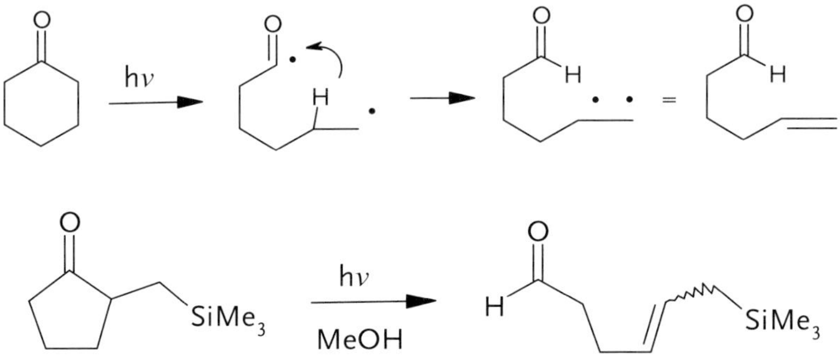

Abb. 6.74 Norrish-Typ-II-Photoeliminierungsreaktion.

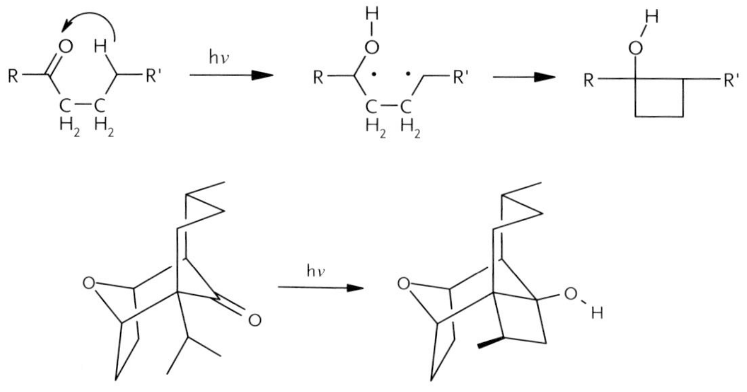

Abb. 6.75 Norrish-Yang-Reaktion.

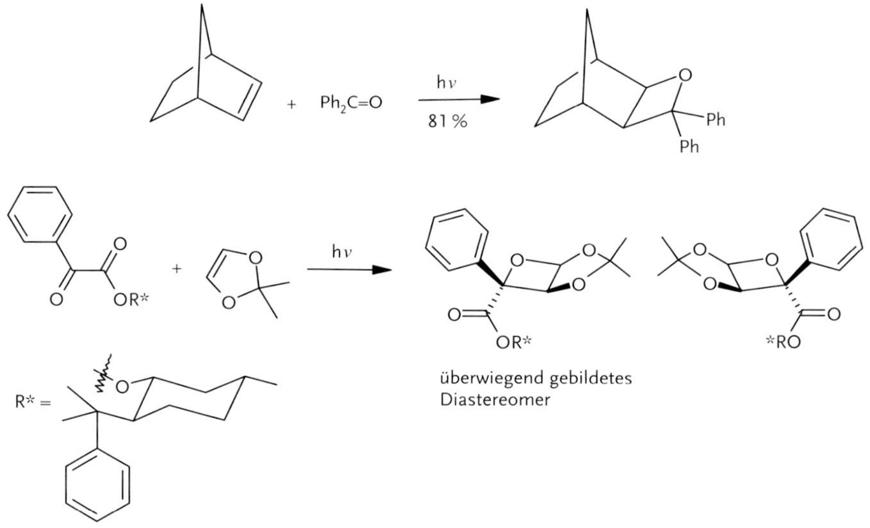

Abb. 6.76 Paternó-Büchi-Reaktion.

Reaktion[127] (Abb. 6.75) beobachtet. Die präparativ wichtige photochemische [2+2]-Cycloaddition eines Alkens und einer Carbonylgruppe heißt **Paternó-Büchi-Reaktion** und liefert Oxetane.[128] Die Reaktion kann inter- oder intramolekular ablaufen. Enthalten die Ausgangsmaterialien stereogene Zentren, ist ein diastereoselektiver Reaktionsverlauf möglich (Abb. 6.76).

Einfache Alkene werden durch einen $\pi\pi^*$-Übergang in den angeregten Singulettzustand überführt. Für präparative Umsetzungen werden meist substituierte Alkene verwendet, da die für unsubstituierte Alkene nötige Anregungswellenlänge von 200–210 nm experimentell schlecht realisierbar ist. 1,2-Disubstituierte Alkene zeigen bei Bestrahlung eine *E/Z*-**Isomerie** (Abb. 6.77). In Abhängigkeit von der eingestrahlten Lichtwellenlänge, den Absorptionseigenschaften der beiden Isomere und thermischen Rückreaktionen stellt sich ein **photostationärer Zustand** ein. Ein anderes typisches Beispiel für einen photochromen Prozess, eine durch Licht

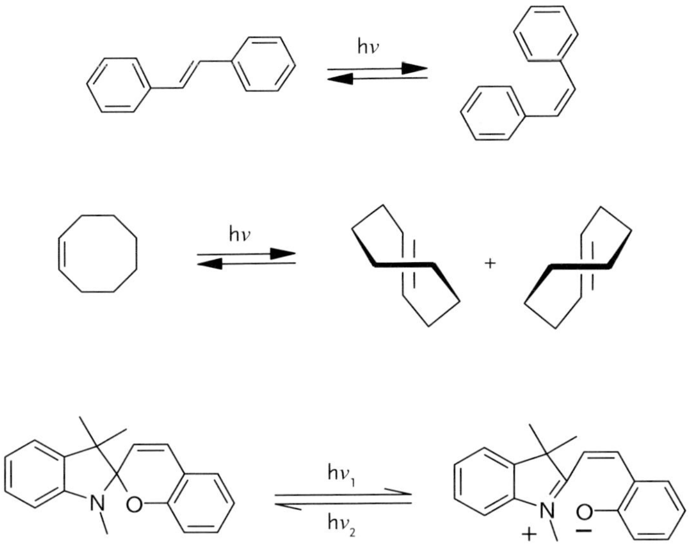

6.14 Organische Photochemie

Abb. 6.77 E/Z-Photoisomerie disubstiuierter Alkene (oben) und Spiropyran-Merocyanin-Gleichgewicht (unten).

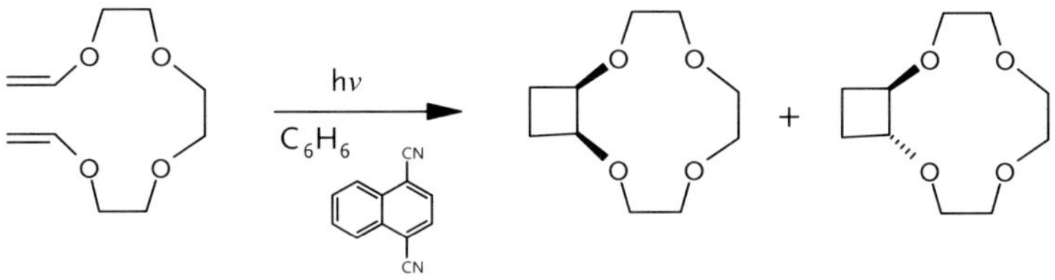

Abb. 6.78 [2+2]Alkencycloaddition; Dicyanonaphthalin dient als Sensibilisator.

ausgelöste reversible Reaktion, ist das Spiropyran-Merocyaninfarbstoff-Gleichgewicht (Abb. 6.77, unten). Hier wandeln sich, je nach eingestrahlter Lichtwellenlänge, die offenkettige und die geschlossene Form ineinander um. Derartige durch Licht schaltbare Systeme sind als optische Informationsspeicher von Interesse.

[2+2]-Cycloadditionen von Alkenen gehören zu den klassischen Reaktionen, die durch die Woodward-Hoffmann-Regeln beschrieben werden können.[129] Die Reaktion ist nur photochemisch erlaubt und liefert Cyclobutanderivate (Abb. 6.78). Photochemisch kann mit verschiedenen Sensibilisatoren **Singulett-Sauerstoff** als interessantes Reagenz hergestellt werden. Singulett-Sauerstoff reagiert mit organischen Molekülen konzentriert und stereospezifisch u. a. zu reaktiven Hydro- oder Endoperoxiden (Abb. 6.79), die wichtige Syntheseintermediate darstellen.

Das sich gegenwärtig schnell entwickelnde Gebiet der **Organischen Leuchtdioden**, kurz **OLED** (Kurzform für engl.: „organic light-emitting diode"),[130] ist eine Anwendung der Emissionseigenschaften organischer Moleküle. Ein OLED besteht aus mehreren organischen Schichten, die aus leitenden Polymeren und Farbstoffen aufgebaut sind. Von der Kathodenseite des Schichtaufbaus werden im Betrieb

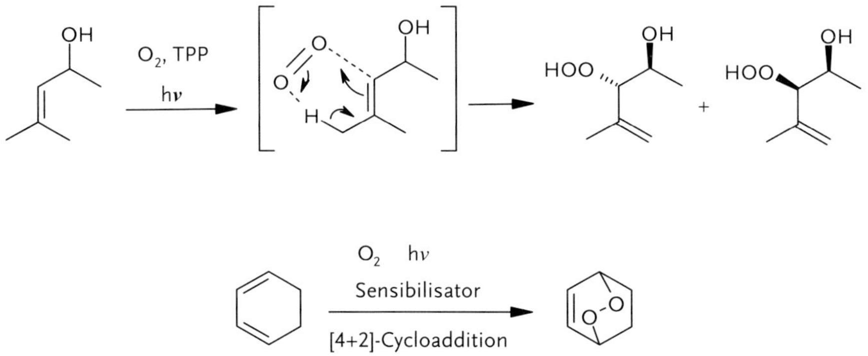

6 Spezial- und Grenzgebiete der Organischen Chemie

Abb. 6.79 Hydro- und Endoperoxidbildung mit Singulett-Sauerstoff als Reagenz. TPP = Tetraphenylporphyrin dient als Sensibilisator für die Singulett-Sauerstoff-Herstellung.

Elektronen (= negative Ladung) injiziert, während die Anodenseite Löcher (= positive Ladung) bereitstellt. In der Rekombinationsschicht treffen beide aufeinander, was die Energie zur Anregung eines Farbstoffmoleküls liefert. Bei der Rückkehr des Farbstoffs vom angeregten Zustand in den Grundzustand sendet dieser Licht aus. Die Wellenlänge des emittierten Lichts ändert sich mit dem eingesetzten Farbstoff. OLEDs können im Vergleich zu Flüssigkristallen und anorganischen Leuchtdioden leichter in beliebigen Formen hergestellt werden, allerdings ist die Langzeitstabilität gegenwärtig oft noch nicht ausreichend. Mögliche Anwendungen der OLED-Technologie könnten Bildschirme, großflächige Raumbeleuchtungen, aber auch biegsame Anzeigen z. B. für elektronische Zeitungen (E-paper) sein.

Übungsaufgabe

6.14–1 Geben Sie die Produkte der beiden folgenden photochemischen Reaktionen an.

GREEN CHEMISTRY

6 Spezial- und Grenzgebiete der Organischen Chemie

6.15
Nachhaltige Chemie – „Green Chemistry"

Angesichts wachsender Weltbevölkerung und begrenzter Rohstoffreserven ist das Leitbild der **nachhaltigen Entwicklung** zum roten Faden der Weltentwicklung im 21. Jahrhundert geworden (engl. Sustainable Development, Agenda 21).[131] Es fordert eine Entwicklung, die den Bedürfnissen der heutigen Generation entspricht, ohne die Möglichkeiten künftiger Generationen zu gefährden, ihre eigenen Bedürfnisse zu befriedigen. In Europa ursprünglich auf die Waldbewirtschaftung (Nürnberger Waldverordnung von 1294) zurückzuführen,[132] ist das sich über die Bereiche Ökonomie, Ökologie und soziale Gerechtigkeit erstreckende Ziel einer nachhaltigen Entwicklung heute für fast alle Lebensbereiche bedeutsam.[133]

Nachhaltigkeit beginnt in Wissenschaft und Technik bereits in der Phase der Problemlösung oder der Entwicklung neuer Technologien auf der Basis wissenschaftlicher Ergebnisse. Der Organischen Chemie kommt dabei eine zentrale Rolle zu.[134] Nur chemische Prozesse, die nach gründlicher Planung zu maximaler Effizienz optimiert werden, führen später zu nachhaltiger chemischer Produktion und nachhaltigen Produkten. Überlegungen zur Effizienz von Reaktionen und zur Sicherheit von Stoffen müssen schon früh im Erfindungs- und Entwicklungsprozess angestellt werden, um teure späte Korrekturen (z. B. Abgasfilter; „end-of-pipe"-Technologie) oder Spätfolgen von Stoffen (z. B. Asbestproblematik) zu vermeiden. Wesentliche Prinzipien sind dabei Abfall zu vermeiden, Ressourcen zu schonen und die Verwendung gesundheitsgefährdender Stoffe und damit Unfall- und Umweltrisiken zu minimieren.[135] Im angelsächsischen Sprachraum ist der Begriff der **„Green Chemistry"** für Anstrengungen speziell in diesem Bereich geprägt worden.[136]

Die Effizienz chemischer Synthesen zu erhöhen, war natürlich schon immer ein wichtiges Ziel der Chemie. Die Produktausbeute dient dabei als wesentlicher Indikator. Zur umfassenderen Effizienzbeurteilung chemischer Reaktionen müssen jedoch weitere Parameter berücksichtigt werden. Schon vor Reaktionsdurchführung und ohne Kenntnis der chemischen Ausbeute kann über die stöchiometrische Gleichung die **Atomökonomie** der Umsetzung abgeschätzt werden (Abschnitt 4.6). Sie gibt an, wie viele der auf der Eduktseite der stöchiometrischen Gleichung stehenden Atome oder Atommassen im Produkt zu finden sind. Isomerisierungen oder Additionsreaktionen sind prinzipiell atomökonomischer als Eliminierungen oder Substitutionsreaktionen. Katalytische Umsetzungen sind atomökonomischer als der Einsatz stöchiometrischer Reagenzien. So wird eine Alkensynthese durch katalytische Metathesereaktion meist atomökonomischer sein, als eine Wittig-Reaktion, bei der Triphenylphosphanoxid in stöchiometrischer Menge anfällt. Dies bedeutet nicht, dass Alkene grundsätzlich besser durch Metathesereaktion als durch Wittig-Reaktion herzustellen sind, da nicht berücksichtigte Parameter, wie die Verfügbarkeit der Ausgangsstoffe oder die Selektivität und Ausbeute der Reaktion für den Vergleich entscheidend sind. Der Atomökonomie-Vergleich beider Prozesse zeigt nur die bessere Stoffeffizienz der Metathesereaktion auf. Bei ansonsten völlig gleichen Randbedingungen und einer Reaktion im großen Maßstab, ist die Metathesereaktion daher der Wittig-Reaktion vorzuziehen.

6.15 Nachhaltige Chemie – „Green Chemistry"

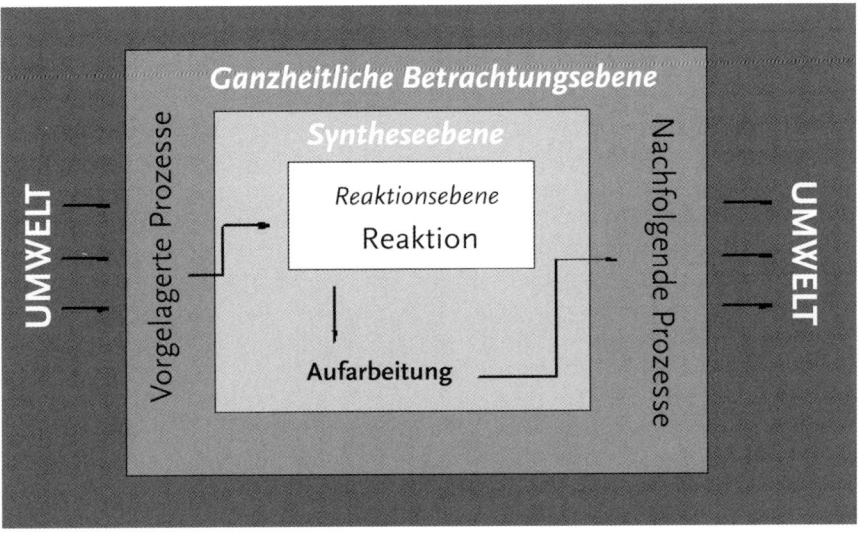

Abb. 6.80 Verschiedene Bilanzrahmen in denen eine Reaktion betrachtet werden kann.

Gegebenenfalls müssen aber auch Stoffe, die nicht direkt an der Reaktion teilnehmen (Lösungsmittel, Trockenmittel, Filtermaterial), der Energieverbrauch, die individuelle Toxizität und die Herkunft verwendeter Stoffe in die vergleichende Bewertung von Prozessen mit einbezogen werden. Verschiedene Kennzahlen (z. B. E = environmental aceptability von Sheldon[137]; Abschnitt 4.6) und Bewertungsverfahren (z. B. Ökoeffizienzanalyse der BASF, Programm EATOS)[138] sind für unterschiedliche Fragestellungen der Bewertung entwickelt worden. Noch einen Schritt weiter geht die Ökobilanzierung einer Reaktion, eines chemischen Verfahrens oder einer Substanz. Nach der Festlegung des Bilanzrahmens, also der Grenzen der Betrachtung, werden alle vor- und nachgelagerten Faktoren in die Analyse mit einbezogen. Bei Substanzen (Chemikalien, Werkstoffe) wird je nach Bilanzrahmen der gesamte Herstellungsprozess mit Vorstufen und Maschinen sowie die Entsorgung der Substanz nach Verwendung betrachtet (Abb. 6.80). Interessant ist die Ökobilanzierung für den Vergleich konkurrierender Herstellungsverfahren, da die Frage, welcher Prozess „besser" ist, umfassender und vorausschauender beantwortet werden kann.

Chemische Produkte, vom Medikament über Düngemittel bis zu modernen Werkstoffen, sind unverzichtbar für die Bedürfnisse der Industrienationen, aber auch um die großen Herausforderungen der Zukunft zu lösen, wie die Ernährung einer wachsenden Weltbevölkerung und eine nachhaltigere Energieerzeugung und -nutzung. Mit jeder neu hergestellten Substanz stellt sich die Frage, welche Auswirkungen ein beabsichtigtes (z. B. als Pflanzenschutzmittel, Dämmstoff oder Schutzanstrich) oder unbeabsichtigtes (Unfall, ungeregelte Abfallentsorgung) Ausbringen in die Umwelt haben kann. Physikochemische (Wasser- und Fettlöslichkeit, Lichtbeständigkeit, Flammpunkt, Zersetzungstemperatur) und physiologische Eigenschaften (Toxizität, Ökotoxizität und metabolischer Abbau) können durch Testverfahren ermittelt werden. Die Ergebnisse werden in Datenbanken zusam-

GREEN CHEMISTRY

6 Spezial- und Grenzgebiete der Organischen Chemie

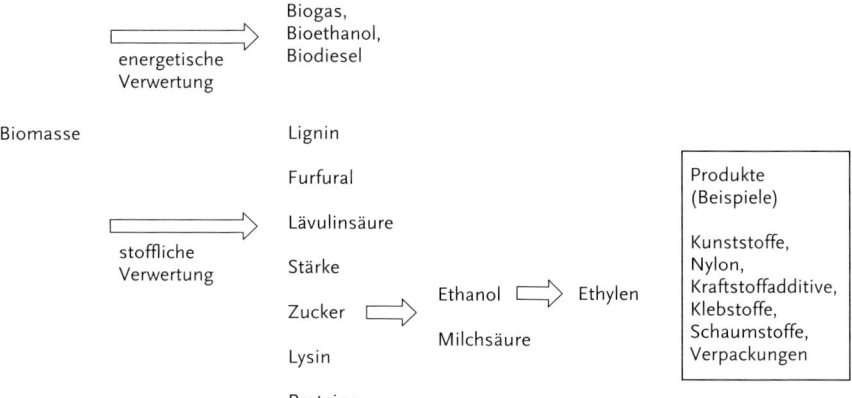

Abb. 6.81 Stoffströme in einer Bioraffinerie.

mengefasst.[139] Ähnlich wie bei der Wirkstoffentwicklung, können **Struktur-Eigenschaft-Beziehungen** aufgestellt werden, die gewisse Vorhersagen von Substanzeigenschaften aus der Molekülstruktur erlauben. Dafür sind Computerprogramme entwickelt worden. Die Europäische Union versucht mit der **REACH-Gesetzesinitiative**,[140] mögliche Risiken im Umgang mit Chemikalien noch besser einzugrenzen. Die Initiative ist nicht unumstritten, da insbesondere die Untersuchung von in kleinen Mengen verwendeten oder bereits länger bekannten Substanzen hohe Kosten verursacht.

Heute basieren die Grundstoffe der organischen Synthesechemie noch weitgehend auf fossilen Rohstoffen, wie Öl, Kohle und Erdgas. Da diese natürlichen Rohstoffquellen endlich sind, müssen zukünftig andere Ausgangsmaterialien für die organische Synthese identifiziert werden. Als nachwachsende Rohstoffe bezeichnet man Rohstoffquellen für den Nichtnahrungsbereich, die durch landwirtschaftliche Produktion erhalten werden und damit regenerativ sind. Aus Pflanzen gewonnene Stärke, Kohlenhydrate, Öle und Fette, aber auch Fasern, Proteine, Wirk- und Farbstoffe können in chemischen Verfahren zu wertvollen End- und Zwischenprodukten weiterverarbeitet werden. Im Jahr 2002 lag der Anteil an Chemikalien und Materialien, die aus biogenen Materialien chemisch produziert wurden, in den USA bei knapp 3 %, in Deutschland bei 8 %. Der Anteil soll bis 2030 auf 25 % gesteigert werden. Um Biomasse im großindustriellen Maßstab umzusetzen, werden **Bioraffinerie**n genutzt (Abb. 6.81).[141] Im Gegensatz zur Erdölraffinerie ist das Ausgangsmaterial Biomasse, aus dem zum einen Energie und Energieträger (Biogas, flüssige Brennstoffe), zum anderen über stoffliche Verwertung Basischemikalien gewonnen werden.

Die meisten organischen Reaktionen werden in verdünnter Lösung in einem organischen Lösungsmittel durchgeführt. So wird eine optimale Vermischung und Temperaturkontrolle erreicht; die Reaktionsbedingungen können gut kontrolliert werden. Betrachtet man die Gesamtstoffbilanz einer Reaktion, so macht die Lösungsmittelmenge oft den größten Anteil aus. Durch Recycling können Lösungsmittel nach der Verwendung wiedergewonnen werden, es gibt aber auch Reaktions-

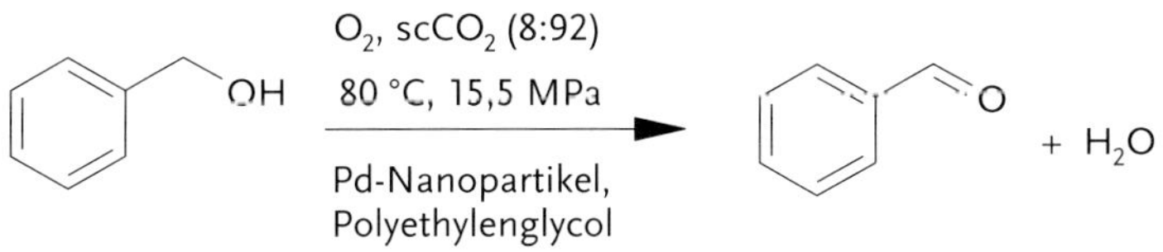

Abb. 6.82 Organische Reaktion in überkritischem Kohlendioxid (scCO$_2$).

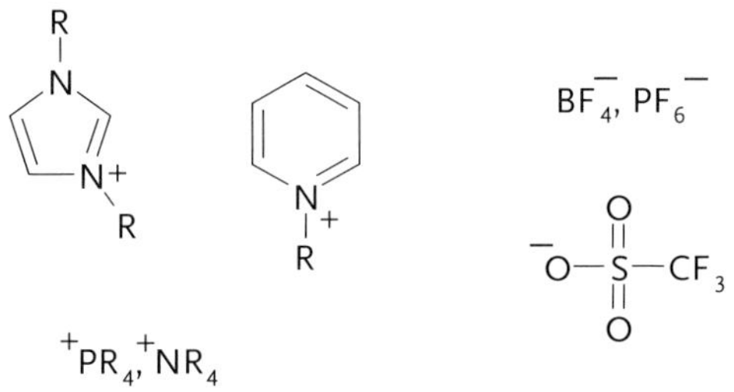

Abb. 6.83 Einige typische Kationen und Anionen, die in ionischen Flüssigkeiten verwendet werden. R = Alkylrest.

medien, die organische Lösungsmittel ersetzen können. Organische Reaktionen ohne Lösungsmittel im Feststoffgemisch (z. B. in Kugelmühlen) oder in der Schmelze der Ausgangsmaterialien sind bekannt. Schwierige Durchmischung und Wärmeabfuhr schließen aber eine allgemeine Anwendung aus. Wasser kann als Lösungsmittel für bestimmte organische Reaktionen genutzt werden und den Reaktionsverlauf günstig beeinflussen, z. B. in Cycloadditionen. Mangelnde Löslichkeit vieler organischer Substanzen und der hohe Energieaufwand, um wässrige Lösungen abzudampfen, schränken die Anwendungsmöglichkeiten aber sehr ein. Als Ersatz für organische Lösungsmittel wird auch **überkritisches Kohlendioxid** verwendet. In einem bestimmten Druck- und Temperaturbereich ist Kohlendioxid überkritisch und eignet sich als Lösungsmittel für zahlreiche organische Reaktionen (Abb. 6.82).[142] Bei Raumtemperatur flüssige Salze werden als **ionische Flüssigkeiten** (Abb. 6.83) bezeichnet und stellen eine weitere Alternative zu organischen Lösungsmitteln dar.[143] Vorteile ionischer Flüssigkeiten sind ihr sehr geringer Dampfdruck und die variablen physikochemischen Eigenschaften (Polarität, Mischbarkeit mit Wasser und organischen Lösungsmitteln), die durch die Wahl der Komponenten eingestellt werden können. Ionische Flüssigkeiten sind auch aus nachwachsenden Rohstoffen zugänglich.

Viele organische Reaktionen laufen erst bei höheren Temperaturen als Raumtemperatur ab oder müssen gekühlt werden. Während die dafür benötigte Energie (der Energieaufwand zum Kühlen ist oft besonders hoch; Eis- und Trockeneisherstellung) im Syntheselabor unbedeutend ist, spielt sie bei industriellen Verfahren eine entscheidende Rolle. Der Energieeintrag in eine chemische Reaktion kann neben dem klassischen Heizen im Ölbad oder Heizmantel auch durch **Mikrowellenstrahlung** erfolgen, was mit geringeren Energieverlusten und viel kürzeren Aufheizzeiten, aber auch mit einem höheren technischen Aufwand verbunden ist. In Labor-Mikrowellengeräten verlaufen Reaktionen oft schneller und mit geringerer Nebenproduktbildung ab. Auch Ultraschall und photochemische Bestrahlung führen einem chemischen Reaktionsansatz Energie zu.

GREEN CHEMISTRY

6 Spezial- und Grenzgebiete der Organischen Chemie

Die Mehrzahl der organischen Reaktionen im Syntheselabor werden klassisch im „batch"-Verfahren durchgeführt: Alle Reaktanden werden im Reaktionskolben unter den nötigen Bedingungen gemischt und zur Reaktion gebracht. In industriellen Verfahren sind kontinuierliche Reaktionsführungen in Reaktoren viel gebräuchlicher. In Form von **Mikroreaktoren** kann dieses Prinzip auf den Labormaßstab übertragen werden. Dazu werden Lösungen der Reaktanden kontinuierlich einem Mikroreaktor zugeführt und in mikrostrukturierten Mischkammern schnell gemischt. Die Reaktionsbedingungen (Temperatur, Belichtung, Verweildauer) können im Mikroreaktor exakt kontrolliert und leicht variiert werden. Dadurch ist eine leichtere Optimierung der Reaktionsbedingungen möglich, was letztendlich zu effizienteren chemischen Verfahren führt.

Übungsaufgabe

6.15–1 Schlagen Sie eine Synthese von 1,4-Di-*tert*-butylbenzol ohne Verwendung halogenhaltiger Substanzen vor.

Literaturhinweise

1. K. C. Nicolaou, E. J. Sorensen, *Classics in Total Synthesis*, VCH, Weinheim, **1996**; K. C. Nicolaou, S. A. Snyder, *Classics in Total Synthesis II*, Wiley-VCH, Weinheim, **2003**; J. Mulzer (Hrsg.), *Natural Product Synthesis I + II*, Top. Curr. Chem. Bd. 243+244, Springer, Heidelberg, **2005**; Beispiele effizienter Naturstoffsynthesen: P. A. Wender (Hrsg.), *Chem. Rev.* **1996**, *96*, 1–600; E. J. Corey, X.-M. Cheng, *The Logic of Chemical Synthesis*, Wiley, New York, **1989**.

2. R. Willstätter, *Liebigs Ann.* **1901**, *317*, 204–265; R. Willstätter, *Liebigs Ann.* **1903**, *326*, 1–42; R. Robinson, *J. Chem. Soc.* **1917**, *111*, 762–768.

3. L. F. Tietze, G. Brasche, K. Gericke, *Domino Reactions in Organic Synthesis*, Wiley-VCH, Weinheim, **2006**; L. F. Tietze, N. Rackelmann, *Pure Appl. Chem.* **2004**, *76*, 1967–1983; L. F. Tietze, *Chem. Rev.* **1996**, *96*, 115–136; K. C. Nicolaou, T. Montagnon, S. A. Snyder, *J. Chem. Soc., Chem. Commun.* **2003**, 551–564.

4. Für ein weiteres Beispiel einer biomimetischen Dominosynthese eines Alkaloids siehe: C. H. Heathcock, *Angew. Chem.* **1992**, *104*, 675–691; *Angew. Chem. Int. Ed. Engl.* **1992**, *31*, 665–681.

5. C. Schöpf, G. Lehmann, W. Arnold, *Angew. Chem.* **1937**, *50*, 779–787.

6. W. S. Johnson, *Angew. Chem.* **1976**, *88*, 33–66; *Angew. Chem. Int. Ed. Engl.* **1976**, *15*, 9–42.

7. E. J. Corey, W. E. Russey, P. R. Ortiz de Montellano, *J. Am. Chem. Soc.* **1966**, *88*, 4750–4752; E. J. Corey, S. C. Virgil, *J. Am. Chem. Soc.* **1991**, *113*, 4025–4026 und 8171–8172; E. J. Corey, S. C. Virgil, D. R. Liu, S. Sarshar, *J. Am. Chem. Soc.* **1992**, *114*, 1524–1525; G. D. Brown, *Nat. Prod. Rep.* **1998**, *15*, 653–696; R. Bohlmann, *Angew. Chem.* **1992**, *104*, 596–599; *Angew. Chem. Int. Ed. Engl.* **1992**, *31*, 582–584.

8. T. Lindel, *Angew. Chem.* **1998**, *110*, 806–808; *Angew. Chem. Int. Ed. Engl.* **1998**, *37*, 774–776.

9. K. C. Nicolaou, *Angew. Chem.* **1996**, *108*, 644–664; *Angew. Chem. Int. Ed. Engl.* **1996**, *35*, 589–607; F. P. Marmsater, F. G. West, *Chem. Eur. J.* **2002**, *8*, 4347–4353.

10. S. F. Martin, J. M. Humphrey, A. Ali, T. Rein, M. C. Hillier, *J. Am. Chem. Soc.* **1999**, *121*, 866–867; J. M. Humphrey, Y. Liao, A. Ali, T. Rein, Y.-L. Wong, H.-J. Chen, A. K. Courtney, S. F. Martin, *J. Am. Chem. Soc.* **2002**, *124*, 8584–8592.

11. J. Piel, *Nat. Prod. Rep.* **2004**, *21*, 519–538.

12. D. J. Abraham, *Burger's Medicinal Chemistry and Drug Discovery*, 6 Bände, Wiley, Chichester, **2003**; G. Thomas, *Fundamentals of Medicinal Chemistry*, Wiley, Chichester, **2003**; P. M. Dewick, *Medicinal Natural Products*, 2. Aufl., Wiley, Chichester, **2001**; X.-T. Liang, W.-S. Fang (Hrsg.), *Medicinal Chemistry of Bioactive Natural Products*, Wiley, Chichester, **2006**; A. Gringauz, *Introduction to Medicinal Chemistry*, VCH, New York, **1996**.

13. Durchschnittliche Kosten nach Angaben des Verbandes Forschender Arzneimittelhersteller, **2006**. Die Kosten schwanken je nach therapeutischem Gebiet außerordentlich stark.

14. E. Thall, *J. Chem. Edu.* **1996**, *73*, 481–484.

15. W. Bannwarth, B. Hinzen (Hrsg.), *Combinatorial Chemistry*, 2. Aufl., Wiley-VCH, Weinheim, **2006**; G. Jung (Hrsg.), *Combinatorial Chemistry*, Wiley-VCH, Weinheim, **1999**; K. C. Nicolaou, R. Hanko, W. Hartwig, *Handbook of Combinatorial Chemistry*, Wiley-VCH, Weinheim, **2002**; F. Balkenhohl, C. von dem Bussche-Hünnefeld, A. Lansky, C. Zechel, *Angew. Chem.* **1996**, *108*, 2436–2488; *Angew. Chem. Int. Ed. Engl.* **1996**, *35*, 2288–2337; K. Frobel, T. Krämer, *Chem Unserer Zeit* **1996**, *30*, 270–285; O. Reiser, *Nachr. Chem. Tech. Lab.* **1996**, *44*, 1182–1188; G. Lowe, *Chemical Society Reviews* **1995**, 309–317; N. K. Terrett, M. Gardener, D. W. Gordon, R. J. Kobylecki, J. Steele, *Tetrahedron* **1995**, *51*, 8135–8173; E. R. Fleder, *Chimia* **1994**, *48*, 531–541; komb. Peptidsynthese: G. Jung, A. G. Beck-Sickinger, *Angew. Chem.* **1992**,

104, 375–391; *Angew. Chem. Int. Ed. Engl.* **1992**, *31*, 367–383; komb. RNA-Synthese: M. Famulok, J. W. Szostak, *Angew. Chem.* **1992**, *104*, 1001–1011; *Angew. Chem. Int. Ed. Engl.* **1992**, *31*, 979–989; komb. Oligosaccharidsynthese: R. Liang, L. Yan, J. Loebach, M. Ge, Y. Uozumi, K. Sekanina, N. Horan, J. Gildersleeve, C. Thompson, A. Smith, W. C. Still, D. Kahne, *Science* **1996**, *274*, 1520–1522; P. H. Seeberger (Hrsg.), *Solid Support Oligosaccharide Synthesis and Combinatorial Carbohydrate Libraries*, Wiley, Chichester, **2001**.

16 M. M. Murphy, J. R. Schullek, E. M. Gordon, M. A. Gallop, *J. Am. Chem. Soc.* **1995**, *117*, 7029–7030.

17 M. S. Congreve, S. V. Ley, J. J. Scicinski, *Chem. Eur. J.* **2002**, *8*, 1768–1776; L. A. Thompson, J. A. Ellman, *Chem. Rev.* **1996**, *96*, 555–600; W. C. Still, *Acc. Chem. Res.* **1996**, *29*, 155–163; D. Macmillan, A. M. Daines, *Curr. Med. Chem.* **2003**, *10*, 2733–2773; P. Eckes, *Angew. Chem.* **1994**, *106*, 1649–1651; *Angew. Chem. Int. Ed. Engl.* **1994**, *33*, 1573–1575; K. D. Janda, *Proc. Natl. Acad. Sci. USA* **1994**, *91*, 10 779–10 785.

18 K. C. Nicolaou, X.-Y. Xiao, Z. Parandoosh, A. Senyei, M. P. Nova, *Angew. Chem.* **1995**, *107*, 2476–2470; *Angew. Chem. Int. Ed. Engl.* **1995**, *34*, 2289–2291.

19 I. Huc, J.-M. Lehn, *Proc. Natl. Acad. Sci. USA* **1997**, *94*, 2106–2110.

20 http://www.affymetrix.com/corporate/outreach/educator.affx

21 K. Burgess, H.-J. Lim, *Angew. Chem.* **1996**, *108*, 192–194; *Angew. Chem. Int. Ed. Engl.* **1996**, *35*, 220–222; G. Liu, J. A. Ellman, *J. Org. Chem.* **1995**, *60*, 7712–7713; L. C. Hsieh-Wilson, X.-D. Xiang, P. G. Schultz, *Acc. Chem. Res.* **1996**, *29*, 164–170; K. L. Ding, *Pure Appl. Chem.* **2005**, *77*, 1251–1257; A. Kirschning, G. Jas, *Top. Curr. Chem.* **2004**, *242*, 209–239; A. M. Harned, D. A. Probst, P. R. Hanson in *Handbook of Metathesis*, Bd. 2 (R. H. Grubbs, Hrsg.), Wiley-VCH, Weinheim, **2003**, 361–402; S. Bräse, J. H. Kirchhoff, J. Kobberling, *Tetrahedron* **2003**, *59*, 885–939.

22 F. Vögtle, *Reizvolle Moleküle in der Organischen Chemie*, Teubner, Stuttgart, **1989**; E. Heilbronner, J. D. Dunitz, *Reflections on Symmetry*, Verlag Helvetica Chimica Acta, Zürich, **1992**.

23 H. Hopf, *Classics in Hydrocarbon Chemistry*, Wiley-VCH, Weinheim, **2000**, Kap. 5; W. Grahn, *Chem. Unserer Zeit* **1981**, *15*, 52–61.

24 R. Pinkos, J.-P. Melder, K. Weber, D. Hunkler, H. Prinzbach, *J. Am. Chem. Soc.* **1993**, *115*, 7173–7191; J.-P. Melder, R. Pinkos, H. Fritz, J. Wörth, H. Prinzbach, *J. Am. Chem. Soc.* **1992**, *114*, 10 213–10 231; R. Pinkos, J.-P. Melder, K. Weber, D. Hunkler, H. Prinzbach, *J. Am. Chem. Soc.* **1993**, *115*, 7173–7191; H. Prinzbach, K. Weber, *Angew. Chem.* **1994**, *106*, 2329–2348; *Angew. Chem. Int. Ed. Engl.* **1994**, *33*, 2239–2258; M. Bertau, J. Leonhardt, A. Weiler, K. Weber, H. Prinzbach, *Chem. Eur. J.* **1996**, *2*, 570–579; H. Prinzbach, A. Weller, P. Landenberger, F. Wahl, J. Wörth, L. T. Scott, M. Gelmont, D. Olevano, B. v. Issendorff, *Nature* **2000**, *407*, 60–63.

25 P. E. Eaton, T. W. Cole. Jr., *J. Am. Chem. Soc.* **1964**, *86*, 3157–3158; T.-Y. Luh, L. M. Stock, *J. Org. Chem.* **1972**, *37*, 338–339; A. Bashir-Hashemi, S. Iyer, J. Alster, N. Slagg, *Chem. & Ind.* **1995**, *17*, 551–555; G. K. S. Prakash, G. Rasul, N. J. Head, A. Mitra, G. A. Olah in *Advances in Strained and Interesting Organic Molecules, Supplement 1* (K. K. Laali Hrsg.), Jai Press, Stamford, **1999**, 109–145; P. Politzer, P. Lane, J. J. M. Wiener, *ibid.* 73–85; H. Irngartinger, S. Strack, F. Gredel *ibid.* 53–72; J. Tsanaktsidis in *Advances in Strain in Organic Chemistry*, Bd. 6 (B. Halton, Hrsg.), Jai, Greenwich, **1997**, 67–95; H. Higuchi, I. Ueda in *Carbocyclic Cage Compounds: Chemistry and Applications* (E. Osawa, O. Yonemitsu, Hrsg.), VCH, New York, **1992**, 217–247; P. E. Eaton, *Angew. Chem.* **1992**, *104*, 1447–1462; *Angew. Chem. Int. Ed. Engl.* **1992**, *31*, 1421–1436.

26 H. Prinzbach, K. Weber, *Angew. Chem.* **1994**, *106*, 2329–2349; *Angew. Chem. Int. Ed. Engl.* **1994**, *33*, 2239–2257. Pagodan kann zu Dodecahedran isomerisiert werden.

27 G. A. Olah (Hrsg.), *Cage Hydrocarbons*, Wiley, New York, **1990**; E. Osawa, O.

Yonemitsu (Hrsg.), *Carbocyclic Cage Compounds*, VCH, Weinheim, **1992**.

28 M. D. Levin, P. Kaszynski, J. Michl, *Chem. Rev.* **2000**, *100*, 169–234; Y. Tobe in *Advances in Strained and Interesting Organic Molecules*, Bd. 7 (B. Halton, Hrsg.), Jai Press, Stamford, **1999**, 153–184; Y. Tobe, T. Fujii, H. Matsumoto, K. Naemura, *Pure Appl. Chem.* **1996**, *68*, 239–242; J. Jamrozik, W. Zeslawski, *Pol. J. Chem.* **1996**, *70*, 1365–1372; Y. Tobe in *Carbocyclic Cage Compounds: Chemistry and Applications* (E. Osawa, O. Yonemitsu, Hrsg.), VCH, Weinheim, **1992**, 125–153; G. Szeimies in *Advances in Strain in Organic Chemistry*, Bd. 2 (B. Halton, Hrsg.), Jai Press, Greenwich, **1992**, 1–55; K. Wiberg, *Chem. Rev.* **1989**, *89*, 975–983; D. Ginsburg, *Acc. Chem. Res.* **1972**, *5*, 249–256.

29 R. H. Martin, *Angew. Chem.* **1974**, *86*, 727–738; *Angew. Chem. Int. Ed. Engl.* **1974**, *13*, 649–660; K. Yamamoto, *Pure Appl. Chem.* **1993**, *65*, 157–163.

30 H. Hopf, *Classics in Hydrocarbon Chemistry I*, Wiley-VCH, Weinheim, **2000**, Abschnitt 12.3; P. M. Keehn, S. M. Rosenfeld, *Cyclophanes, I, II*. Academic Press, New York, **1983**; F. Vögtle, *Cyclophan-Chemie*, Teubner, Stuttgart, **1990**; G. J. Bodwell, *Angew. Chem.* **1996**, *108*, 2220–2224; *Angew. Chem. Int. Ed. Engl.* **1996**, *35*, 2084; K. Campbell, R. R. Tykwinski in *Carbon-Rich Compounds* (M. M. Haley, R. R. Tykwinski, Hrsg.), Wiley-VCH, Weinheim, **2006**, 229–294.

31 H. Hopf, I. Böhm, J. Kleinschroth, *Org. Synth.* **1981**, *60*, 41–48; H. Hopf, *Chem. Unserer Zeit* **1976**, *10*, 114–119; aktuelle Arbeiten zu [2.2]Paracyclophanen: Z. A. Starikova, I. V. Fedyanin, M. Y. Antipin, *Russian Chemical Bulletin* **2004**, *53*, 1779–1805; D. Klee, N. Weiss, J. Lahann in *Modern Cyclophane Chemistry* (R. Gleiter, H. Hopf, Hrsg.), Wiley-VCH, Weinheim, **2004**, 463–484; S. Bräse, S. Dahmen, S. Hoefener, F. Lauterwasser, M. Kreis, R. E. Ziegert, *Synlett* **2004**, 2647–2669; S. E. Gibson, J. D. Knight, *Org. Biomolec. Chem.* **2003**, *1*, 1256–1269; T. Tsuji, M. Ohkita, H. Kawai, *Bull. Chem. Soc. Jpn.* **2002**, *75*, 415–433; T. Tsuji in *Advances in Strained and Interesting Organic Molecules*, Bd. 7 (B. Halton, Hrsg.), Jai Press, Stamford, **1999**, 103–152; A. de Meijere, B. König, *Synlett* **1997**, 1221–1232.

32 H. E. Simmons, III, J. E. Maggio, *Tetrahedron Lett.* **1981**, *22*, 287–290; L. A. Paquette, M. Vazeux, *Tetrahedron Lett.* **1981**, *22*, 291–294.

33 O. S. Miljanic, K. P. C. Vollhardt in *Carbon Rich Compounds* (M. M. Haley, R. R. Tykwinski, Hrsg.), Wiley-VCH, Weinheim, **2006**, 140–197; R. Diercks, K. P. C. Vollhardt, *J. Am. Chem. Soc.* **1986**, *108*, 3150–3152.

34 B. Dietrich, P. Viout, J.-M. Lehn, *Macrocyclic Chemistry*, VCH, Weinheim, **1993**; G. Gokel, *Crown Ethers and Cryptands* in *Monographs in Supramolecular Chemistry* (J. F. Stoddart, Hrsg.), The Royal Society of Chemistry, Cambridge, **1991**; D. Parker, *Macrocycle Synthesis*, Oxford University Press, Oxford, **1996**; R. M. Izatt, J. L. Christensen, *Synthesis of Macrocycles*, Wiley, New York, **1987**.

35 C. J. Pedersen, *Angew. Chem.* **1988**, *100*, 1053–1059; *Angew. Chem. Int. Ed. Engl.* **1988**, *27*, 1021–1027; S. R. Cooper, *Crown Compounds*, VCH, New York, **1992**; A. D. Hamilton, *Crown Ethers and Cryptands* in *Comprehensive Heterocyclic Chemistry* (A. R. Katritzky, C. W. Rees, Hrsg.), Pergamon Press, Oxford, **1984**; J. F. Stoddart, *Pure Appl. Chem.* **1988**, *60*, 467–472.

36 L. Rossa, F. Vögtle, *Top. Curr. Chem.* **1983**, *113*, 1–86.

37 D. H. Busch, *Top. Curr. Chem.* **2005**, *249*, 1–65; F. Aricó, J. D. Badjic, S. J. Cantrill, A. H. Flood, K. C. F. Leung, Y. Liu, J. F. Stoddart, *Top. Curr. Chem.* **2005**, *249*, 203–259; C. A. Schalley, T. Weilandt, J. Bruggemann, F. Vögtle, *Top. Curr. Chem.* **2004**, *248*, 141–200; C. A. Schalley, *J. Phys. Org. Chem.* **2004**, *17*, 967–972; V. Rozenberg, E. Sergeeva, H. Hopf in *Modern Cyclophane Chemistry* (R. Gleiter, H. Hopf, Hrsg.), Wiley-VCH, Weinheim, **2004**, 435–462; A. Minatti, K. H. Dötz, *Top. Organomet. Chem.* **2004**, *13*, 123–156; L. R. MacGillivray, G. S. Papaefstathiou, T. Friscic, D. B. Varshney, T. D. Hamilton, *Top. Curr. Chem.* **2004**, *248*,

201–221; R. Hoss, F. Vögtle, *Angew. Chem.* **1994**, *106*, 389–398; *Angew. Chem. Int. Ed. Engl.* **1994**, *33*, 375–384; T. J. McMurry, K. N. Raymond, P. H. Smith, *Science* **1989**, *244*, 938–943.

38 J.-P. Sauvage, *J. Chem. Soc., Chem. Commun.* **2005**, 1507–1510; C. A. Schalley, T. Weilandt, J. Bruggemann, F. Vögtle, *Top. Curr. Chem.* **2004**, *248*, 141–200; C. Dietrich-Buchecker, M. C. Jimenez-Molero, V. Sartor, J. P. Sauvage, *Pure Appl. Chem.* **2003**, *75*, 1383–1393; F. Vögtle, O. Safarowsky, C. Heim, A. Affeld, O. Braun, A. Mohry, *Pure Appl. Chem.* **1999**, *71*, 247–251; J. P. Sauvage, C. Dietrich-Buchecker (Hrsg.), *Molecular Catenanes, Rotaxanes and Knots: A Journey Through the World of Molecular Topology*, Wiley-VCH, Weinheim, **1999**; J.-P. Sauvage, *Acc. Chem. Res.* **1990**, *23*, 319–327; R. Jäger, F. Vögtle, *Angew. Chem.* **1997**, *109*, 966–980; *Angew. Chem. Int. Ed. Engl.* **1997**, *36*, 930–944.

39 J.-P. Sauvage, *J. Chem. Soc., Chem. Commun.* **2005**, 1507–1510; M.-J. Blanco, J.-C. Chambron, M. C. Jimenez, J.-P. Sauvage, *Top. Stereochem.* **2003**, *23*, 125–173; I. G. Panova, I. N. Topchieva, *Russ. Chem. Rev. (Engl. Transl.)* **2001**, *70*, 23–44; C. Reuter, R. Schmieder, F. Vögtle, *Pure Appl. Chem.* **2000**, *72*, 2233–2241; F. Vögtle, O. Safarowsky, C. Heim, A. Affeld, O. Braun, A. Mohry, *Pure Appl. Chem.* **1999**, *71*, 247–251; J. P. Sauvage, C. Dietrich-Buchecker (Hrsg.), *Molecular Catenanes, Rotaxanes and Knots: A Journey Through the World of Molecular Topology*, Wiley-VCH, Weinheim, **1999**; R. Isnin, A. E. Kaifer, *Pure Appl. Chem.* **1993**, *65*, 495–498.

40 K. Kadish (Hrsg.), *The Porphyrin Handbook*, Bd. 1–20, Academic Press, San Diego, **2000**, **2003**; K. M. Smith in *Comprehensive Heterocyclic Chemistry II*, Bd. 4 (A. R. Katritzky, C. W. Rees, E. F. V. Scriven, Hrsg.), Pergamon, Oxford, **1996**.

41 T. Inabe, H. Tajima, *Chem. Rev.* **2004**, *104*, 5503–5533; D. Dini, G. Y. Yang, M. Hanack, D. Spinelli in *Targets Heterocyclic Systems. Chemistry and Properties*, Bd. 8 (O. A. Attanasi, Hrsg.), Societa Chimica Italiana, Rome, **2004**, 1; A. C. Tedesco, J. C. G. Rotta, C. N. Lunardi, *Curr. Org. Chem.* **2003**, *7*, 187–196; K. M. Kadish, K. M. Smith, R. Guilard (Hrsg.), *The Porphyrin Handbook*, Bd. 15–17, 19, 20, Academic Press, San Diego, **2003**.

42 L. Mandolini, R. Ungaro (Hrsg.), *Calixarenes in Action*, Imperial Coll Press, London, **2000**; C. D. Gutsche, *Calixarenes* in *Monographs in Supramolecular Chemistry* (J. F. Stoddart, Hrsg.), The Royal Society of Chemistry, Cambridge, **1992**; V. Böhmer, *Angew. Chem.* **1995**, *107*, 785–818; *Angew. Chem. Int. Ed. Engl.* **1995**, *34*, 713–745.

43 H. Dodziuk (Hrsg.), *Cyclodextrins and Their Complexes*, Wiley-VCH, Weinheim, **2006**; G. Wenz, *Angew. Chem.* **1994**, *106*, 851–870; *Angew. Chem. Int. Ed. Engl.* **1994**, *33*, 803–822; S. Li, W. C. Purdy, *Chem. Rev.* **1992**, *92*, 1457–1470.

44 J. W. Steed, J. L. Atwood, *Supramolecular Chemistry*, Wiley, Chichester, **2000**; P. Cragg, *A Practical Guide to Supramolecular Chemistry*, Wiley, Chichester, **2005**; J. W. Steed, D. R. Turner, K. Wallace, *Core Concepts in Supramolecular Chemistry and Nanochemistry*, Wiley, Chichester, **2007**; J. L. Atwood, J. E. D. Davies, D. D. Macnicol, F. Vögtle, J.-M. Lehn, *Comprehensive Supramolecular Chemistry*, Bd. 1–11, Pergamon, Oxford, **1996**; J.-M. Lehn, *Supramolecular Chemistry*, VCH, Weinheim, **1995**; D. J. Cram, J. M. Cram, *Container Molecules and Their Guests* (J. F. Stoddart, Hrsg.), The Royal Society of Chemistry, Cambridge, **1994**; J.-H. Fuhrhop, J. Köning, *Membranes and Molecular Assemblies: The Synkinetic Approach* (J. F. Stoddart, Hrsg.), The Royal Society of Chemistry, Cambridge, **1994**; C. Hunter, *Chem. Soc. Rev.* **1994**, *23*, 101–108; F. Cramer (Hrsg.), *Erkennen als geistiger und molekularer Prozeß*, VCH, Weinheim, **1991**.

45 E. Fischer, *Ber. Deutsch. Chem. Ges.* **1894**, *27*, 2985.

46 D. E. Koshland, *Angew. Chem.* **1994**, *106*, 2468–2472; *Angew. Chem. Int. Ed. Engl.* **1994**, *33*, 2375–2378; A. Eschenmoser, R. Krishnamurthy, *Pure Appl. Chem.* **2000**, *72*, 343–345.

47 K. L. Wolf, G. Metzger, *Liebigs Ann.* **1949**, *563*, 157–175.

48 A. E. Martell, R. J. Motekaitis, *Determination and Use of Stability Constants*, VCH, New York, **1992**; K. A. Connors, *Binding Constants*, Wiley, New York, **1987**; J. Pranata, S. G. Wierschke, W. L. Jorgenson, *J. Am. Chem. Soc.* **1991**, *113*, 2810–2819; A. M. Kelly-Rowley, V. M. Lynch, E. V. Anslyn, *J. Am. Chem. Soc.* **1995**, *117*, 3438–3447.

49 Weitere Beispiele und Übersichten: Y. D. Tretyakov, *Russ. Chem. Rev. (Engl. Transl.)* **2003**, *72*, 651–679; B. Boury, R. J. P. Corriu, *J. Chem. Soc., Chem. Commun.* **2002**, 795–802; V. Balzani, M. Gomez-Lopez, J. F. Stoddart, *Acc. Chem. Res.* **1998**, *31*, 405–414; J. V. Metzger, M. C. Chanon, C. M. Roussel, *Rev. Heteroatom Chem.* **1997**, *16*, 1–45; D. Bradley, *Chem. Soc. Rev.* **1995**, 379–382; P. Ball, *Chemie der Zukunft – Magie oder Design?*, Wiley-VCH, Weinheim, **1996**; F. Venema, A. E. Rowan, R. E. Nolte, *J. Am. Chem. Soc.* **1996**, *118*, 257–258; R. Krämer, J.-M. Lehn, A. Marquis-Rigault, *Proc. Natl. Acad. Sci. USA* **1993**, *90*, 5394–5398; J. Kang, J. Rebek, Jr., *Nature* **1996**, *382*, 239–241.

50 R. Krämer, J.-M. Lehn, A. Marquis-Rigault, *Proc. Natl. Acad. Sci. U.S.A.* **1993**, *90*, 5394–5398; B. Hasenknopf, J.-M. Lehn, B. O. Kneisel, G. Baum, D. Fenske, *Angew. Chem.* **1996**, *108*, 1987–1990; *Angew. Chem. Int. Ed. Engl.* **1996**, *35*, 1838–1840.

51 T. D. James in *Boronic Acids* (D. G. Hall, Hrsg.), Wiley-VCH, Weinheim, **2005**, 441–480; R. Jelinek, S. Kolusheva, *Chem. Rev.* **2004**, *104*, 5987–6015; W. Wang, X. M. Gao, B. H. Wang, *Curr. Org. Chem.* **2002**, *6*, 1285–1317; F. S. Ligler, C. A. Rowe Taitt, *Optical Biosensors: Present and Future*, Elsevier Science, Oxford, **2002**; T. D. James, S. Shinkai, *Top. Curr. Chem.* **2002**, *218*, 159–200; J. M. Zen, A. S. Kumar, *Acc. Chem. Res.* **2001**, *34*, 772–780; Z. Asfari, V. Bohmer, J. Harrowfield, J. Vicens, (Hrsg.), *Calixarenes* **2001**, Kluwer, Dordrecht, **2001**, 627–641; A. W. Czarnik (Hrsg.), *Fluorescent Chemosensors for Ion and Molecule Recognition*, ACS, Washington, **1992**; R. Y. Tsien, *Chem. Eng. News* (Special Report) **1994**, 34–44.

52 Y. Kubo, S. Maeda, S. Tokida, M. Kubo, *Nature* **1996**, *362*, 522–524.

53 U. Diedrichsen, T. K. Lindhorst, B. Westermann, L. Wessjohann (Hrsg.), *Bioorganic Chemistry*, Wiley-VCH, Weinheim, **1999**; C. Schmuck, H. Wennemers, *Highlights in Bioorganic Chemistry*, Wiley-VCH, Weinheim, **2004**; J.-H. Fuhrhop, *Bio-organische Chemie*, Thieme, Stuttgart, **1982**.

54 K. Hinterding, D. Alonso-Diáz, H. Waldmann, *Angew. Chem.* **1998**, *110*, 716–780; *Angew. Chem. Int. Ed.* **1998**, *37*, 688–749.

55 R. M. Roat-Malone, *Bioinorganic Chemistry*, Wiley, Chichester, **2003**; K. B. Kraatz, N. Metzler-Nolte (Hrsg.), *Concepts and Models in Bioinorganic Chemistry*, Wiley-VCH, Weinheim, **2006**; W. Kaim, B. Schwederski, *Bioanorganische Chemie*, Teubner, Stuttgart, **1991**; R. J. P. Williams, *Coord. Chem. Rev.* **1990**, *100*, 573–610.

56 J. W. Trauger, E. E. Baird, P. B. Dervan, *Nature* **1996**, *382*, 559–561.

57 A. Eschenmoser, R. Krishnamurthy, *Pure Appl. Chem.* **2000**, *72*, 343–345; A. Eschenmoser, E. Loewenthal, *Chem. Soc. Rev.* **1992**, 1–13; A. Eschenmoser, M. V. Kisakürek, *Helv. Chim. Acta* **1996**, *79*, 1249–1259.

58 H. Zollinger, *Color Chemistry*, 3. Aufl., Verlag Helvetica Chimica Acta, Zürich, **2003**; G. Wittke, *Farbstoffchemie*, Diesterweg, Frankfurt, **1992**; der Fonds der Chemischen Industrie (siehe Kap. 2) gibt eine Folienserie mit Begleitheft (Nr. 15) zum Thema Farbstoffe und Pigmente heraus.

59 W. Herbst, K. Hunger, *Industrial Organic Pigments*, 3. Aufl., Wiley-VCH, Weinheim, **2004**; G. Buxbaum, G. Pfaff (Hrsg.), *Industrial Inorganic Pigments*, 3. Aufl., Wiley-VCH, Weinheim, **2005**.

60 H. Schmidt, *Chem. Unserer Zeit* **1997**, *31*, 121–128.

61 J. Griffiths, *Chem. Unserer Zeit* **1993**, *27*, 21–31.

62 Verordnung über die Zulassungen Zusatzstoffen zu Lebensmitteln zu technologischen Zwecken vom 29.1.1998 (Abk. ZZulV 1998,

Satz I, S. 230, 231, mehrfach geändert).

63 Vormals Gesetz über die Verwendung gesundheitsschädlicher Farben bei der Herstellung von Nahrungsmitteln, Genussmitteln und Gebrauchsgegenständen vom 5.7.1887 (RGBl. S. 277) i. d. F. v. 16.12.1977 (Satz I, S. 2589).

64 H. G. Elias, *An Introduction to Plastics*, Wiley-VCH, Weinheim, **2003**; H.-G. Elias, *Macromolecules*, Bd. 1+2, Wiley-VCH, Weinheim, **2005**, **2006**; H.-G. Elias, *Makromoleküle*, 4 Bde., Wiley-VCH, Weinheim, **2002**; R. N. Boyd, P. J. Phillips, *The Science of Polymer Molecules*, Cambridge Univ. Press, Cambridge, **1993**; G. Strobl, *The Physics of Polymers-Concepts for Understanding their Structures and Behaviour*, Springer, Heidelberg, **1996**; Übersichtsartikel finden sich in *Advances in Polymer Science*, Springer, Heidelberg.

65 K. Ziegler, *Angew. Chem.* **1964**, *76*, 545–566; G. Wilke, *Angew. Chem.* **2003**, *115*, 5150–5159; *Angew. Chem. Int. Ed.* **2003**, *115*, 5150–5159; H. H. Brintzinger, D. Fischer, R. Mühlhaupt, B. Rieger. R. Waymouth, *Angew. Chem.* **1995**, *107*, 1255–1283; *Angew. Chem. Int. Ed. Engl.* **1995**, *34*, 1143–1170; I. Boor, *Ziegler-Natta Catalysis and Polymerisation*, Academic Press, New York, **1979**; G. Fink, R. Mühlhaupt, H. H. Brintzinger (Hrsg.), *Ziegler Catalysis*, Springer, Berlin, **1995**. Zur historischen Entwicklung siehe auch: H. Martin, *Polymere und Patente*, Wiley-VCH, Weinheim, **2002**.

66 M. A. Brook, *Silicon in Organic, Organometallic, and Polymer Chemistry*, Wiley, Chichester, **2000**; V. Bazant, J. Joklik, J. Rathousky, *Angew. Chem.* **1968**, *80*, 133–140; *Angew. Chem. Int. Ed. Engl.* **1968**, *7*, 112–120.

67 H. J. Arpe, *Industrielle Organische Chemie*, 6. Aufl., Wiley-VCH, Weinheim, **2006**, H. J. Arpe (Hrsg.), *Ullmann´s Encyclopedia of Industrial Chemistry*, 36 Bände, VCH, Weinheim, **1985–1996**.

68 M. Misono, *Top. Catal.* **2002**, *21*, 89–96.

69 A. Bielanski, M. Najbar, *Appl. Catal. A* **1997**, *157*, 223–261.

70 S. N. Bizzari, M. Blagoev, A. Kishi, *Chem. Ind. Newslett.* **2006**, *9*, 5–6; (http://www.sriconsulting.com/nl/Public/2006Sept.pdf).

71 B. Cornils, W. A. Herrmann (Hrsg.), *Applied Homogeneous Catalysis with Organometallic Compounds*, 2. Aufl., Wiley-VCH, Weinheim, **2002**, Kap. 2; W. A. Herrmann, *Angew. Chem.* **1993**, *105*, 1588–1609; *Angew. Chem. Int. Ed. Engl.* **1993**, *32*, 1524–1545.

72 H. J. Arpe, *Industrielle Organische Chemie*, 6. Aufl., Wiley-VCH, Weinheim, **2006**, Kap. 10.

73 C. Elschenbroich, *Organometallchemie*, 5. Aufl., Teubner, Stuttgart, **2005**; M. Schlosser (Hrsg.), *Organometallics in Synthesis*, 2. Aufl., Wiley, Chichester, **2004**; R. H. Crabtree, *The Organometallic Chemistry of the Transition Metals*, 4. Aufl., Wiley, Chichester, **2005**.

74 Grignard-Reagenzien aus chemisch aktiviertem Magnesium: Y. H. Lai, *Synthesis* **1981**, 585–604. Bildung von Grignard-Reagenzien: J. F. Garst, *Acc. Chem. Res.* **1991**, *24*, 95–97; P. Knochel, W. Dohle, N. Gommermann, F. F. Kneisel, F. Kopp, T. Korn, I. Sapountzis, V. A. Vu, *Angew. Chem.* **2003**, *115*, 4438–4456; *Angew. Chem. Int. Ed.* **2003**, *42*, 4302–4320; W. Oppolzer, *Angew. Chem.* **1989**, *101*, 39–53; *Angew. Chem. Int. Ed. Engl.* **1989**, *28*, 38–52; H. Ila, O. Baron, A. J. Wagner, P. Knochel, *Chem. Commun.* **2006**, 583–593.

75 B. J. Wakefield, *Organolithium Methods*, Academic Press, New York, **1988**; J. Clayden, *Organolithiums: Selectivity for Synthesis*, Pergamon, Amsterdam, **2002**; L. Brandsma, H. Verkruijsse, *Preparative Polar Organotallic Chemistry 1*, Springer-Verlag, Berlin, **1987**; L. Brandsma, *Preparative Polar Organometallic Chemistry 2*, Springer-Verlag, Berlin, **1990**; historischer Essay: D. Seyferth, *Organometallics* **2006**, *25*, 2–24.

76 C. Elschenbroich, *Organometallchemie*, 5. Aufl., Teubner, Stuttgart, **2005**; H. Gilman, *Org. React.* **1954**, *8*, 258–304; V. Sniekus, *Chem. Rev.* **1990**, *90*, 879–933; Li-X-Austausch: W. F. Bailey, J. J. Patricia, *J. Orgmet. Chem.* **1988**, *352*, 1–46.

77 P. Knochel, *Comprehensive Organometallic Chemistry II*, Bd. 11 (E. W. Abel, F. G. A. Stone, G. Wilkinson, Hrsg.),

Pergamon, Oxford, **1995**, 159–183. P. Knochel, R. D. Singer, *Chem. Rev.* **1993**, *93*, 2117–2188; P. Knochel, *Synlett* **1995**, 393–403; E. Erdik, *Tetrahedron* **1992**, *48*, 9577–9648.

78 N. Krause (Hrsg.), *Modern Organocopper Chemistry*, Wiley-VCH, Weinheim, **2002**; B. H. Lipshutz, S. Sengupta, *Org. React.* **1992**, *41*, 135–632; B. H. Lipshutz, *Tetrahedron Symposium-in-Print* **1989**, *45*, 349; R. J. K. Taylor, *Organocopper Reagents*, Oxford University Press, Oxford, U.K., **1994**; N. Krause, A. Gerold, *Angew. Chem.* **1997**, *109*, 194–213; *Angew. Chem. Int. Ed. Engl.* **1997**, *36*, 186–204.

79 A. Hosomi, H. Sakurai, *Tetrahedron Lett.* **1976**, *17*, 1295–1298; M. Kira, T. Hino, H. Sakurai, *Tetrahedron Lett.* **1989**, *30*, 1099–1102; C. Chuit, R. J. P. Corriu, C. Reye, J. C. Young, *Chem. Rev.* **1993**, *93*, 1371–1448.

80 C. Elschenbroich, *Organometallchemie*, 5. Aufl., Teubner, Stuttgart, **2005**; A. Yamamoto, *Organotransitionmetal Chemistry*, Wiley, New York, **1986**.

81 A. Togni, T. Hayashi (Hrsg.), *Ferrocenes*, VCH, Weinheim, **1995**.

82 D. F. Shriver, M. A. Drezdon, *The Manipulation of Air-Sensitive Compounds*, 2. Aufl., Wiley, New York, **1986**.

83 J. Chatt, L. A. Duncanson, *J. Chem. Soc.* **1953**, 2939–2947; G. J. Leigh, N. Winterton (Hrsg.), *Modern Coordination Chemistry: The Legacy of Joseph Chatt.*, Royal Society of Chemistry, Cambridge, **2002**, Bd. 386.

84 M. Beller, C. Bolm (Hrsg.), *Transition Metals for Organic Synthesis*, Bd. 1–2, 2. Aufl., Wiley-VCH, Weinheim, **2004**.

85 B. Cornils, W. A. Herrmann, R. Schlögl, C.-H. Wong (Hrsg.), *Catalysis from A to Z*, 3. Aufl., Bd. 1–3, Wiley-VCH, Weinheim, **2007**; I. T. Horvath (Hrsg.), *Encyclopedia of Catalysis*, Bd. 1–6, Wiley, Chichester, **2003**; J. R. Kosak, T. A. Johnson, *Catalysis of Organic Reactions*, Marcel Decker, New York, **1994**; J. J. Spivey, S. K. Agarwal, *Catalysis*, Royal Society of Chemistry, Cambridge, U.K., **1994**; R. Breslow, *Acc. Chem. Res.* **1995**, *28*, 146–153; Liganden-beschleunigte Katalyse: D. J. Berrisford, C. Bolm, K. B. Sharpless, *Angew. Chem.* **1995**, *107*, 1159–1171; *Angew. Chem. Int. Ed. Engl.* **1995**, *34*, 1059–1070; W. A. Herrmann, B. Cornils, *Angew. Chem.* **1997**, *109*, 1074–1095, *Angew. Chem. Int. Ed. Engl.* **1997**, *36*, 1047–1067; B. Cornils, W. A. Herrmann (Hrsg.), *Applied Homogeneous Catalysis with Organometallic Compounds*, 2. Aufl., Bd. 1–3, Wiley-VCH, Weinheim, **2002**; B. Cornils, W. A. Herrmann (Hrsg.), *Aqueous-Phase Organometallic Catalysis*, Wiley-VCH, Weinheim, **2004**; A. Berkessel, H. Gröger, *Asymmetric Organocatalysis*, Wiley-VCH, Weinheim, **2005**.

86 J. Hagen, *Technische Katalyse*, 2. Aufl., Wiley-VCH, Weinheim, **2005**; H. U. Blaser, E. Schmidt (Hrsg.), *Asymmetric Catalysis on Industrial Scale*, Wiley-VCH, Weinheim, **2003**.

87 B. M. Trost, *Angew. Chem.* **1995**, *107*, 285–307; *Angew. Chem. Int. Ed. Engl.* **1995**, *34*, 259–281; B. M. Trost, *Science* **1991**, *254*, 1471–1477; B. M. Trost, *Pure Appl. Chem.* **1992**, *64*, 315–322; B. M. Trost, *Acc. Chem. Res.* **2002**, *35*, 695–705.

88 H. Hattori, *Chem. Rev.* **1995**, *95*, 537–558; V. B. Kazanskii, *Russ. Chem. Rev. (Engl. Transl.)* **1988**, *57*, 1109–1123; S. Bhaduri, D. Mukesh, *Homogeneous Catalysis*, Wiley, Chichester, **2000**. Asymmetrische heterogene Katalyse: M. Heitbaum, F. Glorius, I. Escher, *Angew. Chem.* **2006**, *118*, 4850–4881; *Angew. Chem. Int. Ed.* **2006**, *45*, 4732–4762.

89 Liganden-beschleunigte Katalyse: D. J. Berrisford, C. Bolm, K. B. Sharpless, *Angew. Chem.* **1995**, *107*, 1159–1171; *Angew. Chem. Int. Ed. Engl.* **1995**, *34*, 1059–1070; W. A. Herrmann, B. Cornils, *Angew. Chem.* **1997**, *109*, 1074–1095, *Angew. Chem. Int. Ed. Engl.* **1997**, *36*, 1047–1067; B. Cornils, W. A. Herrmann (Hrsg.), *Applied Homogeneous Catalysis with Organometallic Compounds*, 2. Aufl., Bd. 1–3, Wiley-VCH, Weinheim, **2002**; B. Cornils, W. A. Herrmann, Hrsg., *Aqueous-Phase Organometallic Catalysis*, Wiley-VCH, Weinheim, **2004**.

90 K. Drauz, H. Waldmann (Hrsg.), *Enzyme Catalysis in Organic Synthesis*, 2. Aufl., Wiley-VCH, Weinheim, **2002**; X.

Y. Zhang, K. N. Houk, *Acc. Chem. Res.* **2005**, *38*, 379–385; C. M. Thomas, T. R. Ward, *Chem. Soc. Rev.* **2005**, *34*, 337–346; J. Sukumaran, U. Hanefeld, *Chem. Soc. Rev.* **2005**, *34*, 530–542; S. Marti, M. Roca, J. Andres, V. Moliner, E. Silla, I. Tunon, J. Bertran, *Chem. Soc. Rev.* **2004**, *33*, 98–107; U. T. Bornscheuer, R. J. Kazlauskas, *Angew. Chem. Int. Ed. Engl.* **2004**, *43*, 6032–6040; B. G. Davis, V. Borer, *Nat. Prod. Rep.* **2001**, *18*, 618–640.

91 A. Berkessel, H. Gröger, *Asymmetric Organocatalysis*, Wiley-VCH, Weinheim, **2005**.

92 A. de Meijere, F. Meyer, *Angew. Chem.* **1994**, *106*, 2473–2506; *Angew. Chem. Int. Ed. Engl.* **1994**, *33*, 2397–2430; J. Tsuji, *Palladium Reagents and Catalysts*, Wiley, Chichester, **2004**; E.-I. Negishi, A. de Meijere (Hrsg.), *Handbook of Organopalladium Chemistry for Organic Synthesis*, Wiley, Chichester, **2002**.

93 B. M. Trost, Y. Shi, *J. Am. Chem. Soc.* **1991**, *113*, 701–703.

94 A. Heumann in *Transition Metals for Organic Synthesis*, Bd. 1 (M. Beller, C. Bolm, Hrsg.), Wiley-VCH, Weinheim, **2004**, 307–320; B. M. Trost, M. L. Crawley, *Chem. Rev.* **2003**, *103*, 2921–2943; J. Tsuji in *Handbook of Organopalladium Chemistry for Organic Synthesis*, Bd. 2 (E.-I. Negishi, A. de Meijere, Hrsg.), Wiley, Chichester, **2002**, 1669–1687; B. M. Trost, *Angew. Chem.* **1989**, *101*, 1199–1218; *Angew. Chem. Int. Ed. Engl.* **1989**, *28*, 1173–1192.

95 E. N. Jacobson, A. Pfaltz, H. Yamamoto (Hrsg.), *Comprehensive Asymmetric Catalysis*, Bd. 1–3 und Suppl. 1–2, Springer, Heidelberg, **1999–2004**; H. Brunner, *Pure Appl. Chem.* **1990**, *62*, 589–594; H. Brunner, W. Zettlmeier, *Handbook of Enantioselective Catalysis*, VCH, Weinheim, **1993**; G. Consiglio, R. M. Waymouth, *Chem. Rev.* **1989**, *89*, 257–276; R. Noyori, *Asymmetric Catalysis in Organic Synthesis*, Wiley, New York, **1994**.

96 R. Schmid, *Chimia* **1996**, *50*, 110–113.

97 H. C. Kolb, K. B. Sharpless in *Transition Metals for Organic Synthesis*, 2. Aufl., Bd. 2 (M. Beller, C. Bolm, Hrsg.), Wiley-VCH, Weinheim, **2004**, Abschnitt 2.5.

98 www.organic-chemistry.org/frames.htm? http://www.organic-chemistry.org/namedreactions/sharpless-dihydroxylation.shtm

99 M. Schuster, S. Blechert, *Angew. Chem.* **1997**, *109*, 2124–2144; *Angew. Chem. Int. Ed. Engl.* **1997**, *36*, 2036–2055; S. J. Connon, S. Blechert, *Angew. Chem.* **2003**, *115*, 1944–1968; *Angew. Chem. Int. Ed.* **2003**, *42*, 1900–1923.

100 C.-H. Wong, G. M. Whitesides, *Enzymes in Synthetic Organic Chemistry*, Pergamon, Oxford, **1994**.

101 A. Fersht, *Structure and Mechanism in Protein Science, A Guide to Enzyme Catalysis and Protein Folding*, Freeman, New York, **1999**.

102 G. Grogan, S. M. Roberts, A. J. Willetts, *J. Chem. Soc., Chem. Commun.* **1993**, 699–701.

103 E. Keinan, E. K. Jafeli, K. K. Seth, *J. Am. Chem. Soc.* **1986**, *108*, 162–169; C.-H. Wong, D. G. Drueckhammer, H. M. Sweers, *J. Am. Chem. Soc.* **1985**, *107*, 4028–4031.

104 C.-H Wong, D. G. Drueckhammer, H. M. Sweers, *J. Am. Chem. Soc.* **1985**, *107*, 4028–4031.

105 L. J. Whalen, C.-H. Wong, *Aldrichim. Acta* **2006**, *39*, 63–71.

106 Y. F. Wang, C.-H. Wong, *J. Org. Chem.* **1988**, *53*, 3127–3129.

107 P. I. Dalko, L. Moisan, *Angew. Chem.* **2004**, *116*, 5248–5286; *Angew. Chem. Int. Ed.* **2004**, *43*, 5138–5175; A. Berkessel, H. Gröger, *Asymmetric Organocatalysis*, Wiley-VCH, Weinheim, **2005**; P. I. Dalko (Hrsg.), *Enantioselective Organocatalysis*, Wiley-VCH, Weinheim, **2007**.

108 Z. G. Hajos, D. R. Parrish, *J. Org. Chem.* **1974**, *39*, 1615–1621.

109 U. Eder, G. Sauer, R. Wiechert, *Angew. Chem.* **1971**, *83*, 492–493; *Angew. Chem. Int. Ed. Engl.* **1971**, *10*, 496–497.

110 G. Lelais, D. W. C. MacMillan, *Aldrichim. Acta* **2006**, *39*, 79–87.

111 B. List, J. W. Yang, *Science*, **2006**, *313*, 1584–1586.

112 Molecular Modelling Lehrnumgebung im Internet: http://scholle.oc.uni-kiel.de/herges/modeling/gliederung.html
A. Hinchcliffe, *Modelling Molecular Structures*, 2. Aufl., Wiley, Chichester,

2000; A. Hinchcliffe, *Molecular Modelling for Beginners*, Wiley, Chichester, **2003**; H.-D. Höltje, G. Folkers, *Molecular Modeling*, VCH, Weinheim, **1996**; W. Koch, M. C. Holthausen, *A Chemist's Guide to Density Functional Theory*, 2. Aufl., Wiley-VCH, Weinheim, **2001**; D. Young, *Computational Chemistry*, Wiley, Chichester, **2001**; D. W. Rogers, *Computational Chemistry Using the PC*, 3. Aufl., Wiley, Chichester, **2003**; P. v. R. Schleyer (Hrsg.), *Encyclopedia of Computational Chemistry*, Wiley, Chichester, **1998**.

113 U. Burkert, N. L. Allinger, *Molecular Mechanics*, ACS Monograph 177, American Chemical Society, Washington D.C., **1982**; R. W. Kunz, *Molecular Modelling für Anwender*, 2. Aufl., Teubner, Stuttgart, **1997**; A. Hinchcliffe, *Modelling Molecular Structures*, 2. Aufl., Wiley, Chichester, **2000**; A. Hinchcliffe, *Molecular Modelling for Beginners*, Wiley, Chichester, **2003**; H.-D. Höltje, G. Folkers, *Molecular Modeling*, VCH, Weinheim, **1996**; E. Osawa, H. Musso, *Angew. Chem.* **1983**, *95*, 1–12; *Angew. Chem. Int. Ed. Engl.* **1983**, *22*, 1–12.

114 Computerprogramme für semiempirische Rechnungen: MOPAC, AMPAC, VAMP, GAUSSIAN.

115 Computerprogramme: GAUSSIAN, CADPAC, GAMESS, MOLCAS, GAUSSIAN94, DGAUSS.

116 T. Clark, *A Handbook of Computational Chemistry. A Praktical Guide to Chemical Structure and Energy Calculations*, Wiley, New York, **1985**; J. B. Foresman, A. Frisch, *Exploring Chemistry with Electronic Structure Methods. A Guide to Using Gaussian*, Gaussian, Inc., **1993**.

117 Rechenzeit für die Optimierung von Edukten, Produkt und Übergangszustand: R. Herges, Technische Universität Braunschweig; Programm: Gaussian94, CPU MIPS 4600.

118 D. Wöhrle, M. W. Tausch, W.-D. Stohrer, *Photochemie*, Wiley-VCH, Weinheim, **1998**; C. E. Wayne, R. P. Wayne, *Photochemistry*, Oxford University Press, Oxford, **1996**.

119 B. Valeur, *Molecular Fluorescence*, Wiley-VCH, Weinheim, **2002**.

120 F. A. Carey, R. J. Sundberg, *Advanced Organic Chemistry*, Plenum Publishing Corporation, **2000**; N. J. Turro, *Modern Molecular Photochemistry* **1991**, University Science Books, Mill-Valley, California; A. Gillbert, J. Baggott, *Essentials of Molecular Photochemistry* **1991**, Blackwell Scientific Publications, London; M. Klessinger, J. Michl, *Excited States and Photochemistry of Organic Molecules*, Wiley-VCH, New York, **1994**.

121 J. Mattay, A. G. Griesbeck: *Photochemical Key Steps in Organic Synthesis*, Wiley-VCH, Weinheim **1994**.

122 D. L. Andrews, *Lasers in Chemistry*, Springer, New York, **1990**; R. Bini, *Acc. Chem. Res.* **2004**, *37*, 95–101.

123 H. Ali, J. E. van Lier, *Chem. Rev.* **1999**, *99*, 2379–2450.

124 K. L. Willett, R. A. Hites, *J. Chem. Edu.* **2000**, *77*, 900–902.

125 J. Kopecky, *Organic Photochemistry*, VCH, Weinheim, **1991**, 119–122.

126 J. Kopecky, *Organic Photochemistry*, VCH, Weinheim, **1991**, 123–125.

127 A. G. Griesbeck, J. Matthay (Hrsg.), *Synthetic Organic Photochemistry*, Marcel Dekker, New York, **2005**, 41.

128 I. Nonomiya, T. Naito, *Photochemical Synthesis*, Academic Press, New York, **1989**, 138–151; A. G. Griesbeck, M. Abe, S. Bondock, *Acc. Chem. Res.* **2004**, *37*, 919–928; M. D'Auria, L. Emanuele, R. Racioppi, G. Romaniello,*Curr. Org. Chem.* **2003**, *7*, 1443–1459; T. Bach, *Synlett* **2000**, 1699–1707; T. Bach, *Synthesis* **1998**, 683–703; T. Bach, *Liebigs Ann. Chem.* **1997**, 1627–1634; J. A. Porco, S. L. Schreiber in *Comprehensive Organic Synthesis*, Bd. 5 (B. M. Trost, I. Fleming, Hrsg.), Pergamon Press, Oxford, **1991**, 151.

129 S. Kobayashi, K. A. Jørgensen, *Cycloaddition Reactions in Organic Synthesis*, Wiley-VCH, Weinheim, **2001**; N. T. Anh, *Die Woodward-Hoffmann-Regeln und ihre Anwendung*, Verlag Chemie, Weinheim, **1972**; I. Fleming, *Grenzorbitale und Reaktionen Organischer Verbindungen*, Verlag Chemie, Weinheim, **1979**.

130 O. R. Hild, *Kunststoffe* **2006**, *96*, 40–43; J. Shinar, Joseph (Hrsg.), *Organic Light-Emitting Devices: A Survey*, Springer, New York, **2004**; A. Zukauskas, M. S. Shur, R. Gaska, *Introduction to Solid State Lighting*, Wiley, Chichester, **2002**.

131 http://www.un.org/esa/sustdev/documents/agenda21/english/agenda21-toc.htm
132 M. Held, *Geschichte der Nachhaltigkeit*; *Natur und Kultur* **2000**, *1*, 17–31.
133 www.nachhaltigkeit.info
134 Nachhaltigeres organisch-chemisches Praktikum: www.oc-praktikum.de.
135 M. Eissen, J. O. Metzger, *Chem. Eur. J.* **2002**, *8*, 3580–3585.
136 *Green Chemistry* ist auch Name einer entsprechenden Fachzeitschrift: http://www.rsc.org/Publishing/Journals/gc/index.asp
137 R. A. Sheldon, *Chem. Tech.* **1994**, 38–47; K. van Aken, L. Strekowski, L. Patiny, *Beilstein J. Org. Chem.* **2006**, *2*, 3, doi: 10.1186/1860-5397-2-3.
138 http://corporate.basf.com/en/sustainability/; http://www.chemie.uni-oldenburg.de/oc/metzger/eatos/
139 Berufsgenossenschaftliche Institut für Arbeitsschutz; GESTIS: http://www.hvbg.de/d/bia/gestis/index.html; amerikanische Nationalbibliothek: http://toxnet.nlm.nih.gov/; USA Umweltschutzbehörde: http://www.epa.gov/; Metabolischer Abbau: http://umbbd.msi.umn.edu/; Physikalische Daten: http://webbook.nist.gov/chemistry/; Wassergefährdungsklassen: http://www.umwcltbundesamt.de/wgs/; USA National Institute of Health: http://chem.sis.nlm.nih.gov/chemidplus/.
140 http://www.reach-info.de
141 http://www.bioraffinerie.de
142 W. Leitner in Modern Solvent Systems (P. Knochel, Hrsg.), *Top. Current Chem.* **1999**, 206, 107–132; T. Matsuda, T. Harada, K. Nakamura, *Curr. Org. Chem.* **2005**, *9*, 299–315.
143 T. Welton, *Chem. Rev.* **1999**, *99*, 2071–2083; P. J. Scammells, J. L. Scott, R. D. Singer, *Aust. J. Chem.* **2005**, *58*, 155–169; N. Jain, A. Kumar, S. Chauhan, S. M. S. Chauhan, *Tetrahedron* **2005**, *61*, 1015–1060; S. T. Handy, *Curr. Org. Chem.* **2005**, *9*, 959–988; J. Ding, D. W. Armstrong, *Chirality* **2005**, *17*, 281–292; C. Chiappe, D. Pieraccini, *J. Phys. Org. Chem.* **2005**, *18*, 275–297; P. Wasserscheid in *Transition Metals for Organic Synthesis*, Bd. 2 (M. Beller, C. Bolm, Hrsg.), Wiley-VCH, Weinheim, **2004**, 559–572; C. E. Song, *J. Chem. Soc., Chem. Commun.* **2004**, 1033–1043.

7
Antworten zu den Übungsaufgaben

Kapitel 1

1.1

1.1–1   Diese Frage wird gerne in mündlichen Abschlussprüfungen gestellt. Die Antwort finden Sie unter http://nobelprize.org im Internet. Der Chemienobelpreis wird im Herbst jeden Jahres vergeben.

1.1–2   Justus von Liebig unterrichtet um 1826 an der Universität Gießen erstmals Organische Chemie in einem Unterrichtslaboratorium.

1.1–3   Curl, Kroto und Schmalley wurden 1996 für die Entdeckung der bis dahin unbekannten Kohlenstoffmodifikation C_{60} mit dem Nobelpreis ausgezeichnet.

Kapitel 3

3.1

3.1–1   Die Arbeiten im Laboratorium sind einzustellen und die oder der Verantwortliche ist zu informieren. Die Arbeiten dürfen erst dann fortgesetzt werden, wenn der Abzug funktioniert.

3.2

3.2–1   Die Apparatur ist so aufzubauen, dass die Heizquelle leicht entfernt werden kann.

3.3

3.3–1 l = leichter als Wasser, s = schwerer als Wasser, m = in jedem Verhältnis mischbar mit Wasser.
Diethylether l, Pentan l, Dichlormethan s, Ethanol m, Toluol l, Aceton m, Ethylacetat (Essigester) l, Chloroform s, *tert*-Butylmethylether l, Tetrachlormethan s, Essigsäure m.

3.3–2   Verunreinigungen reichern sich beim Abdestillieren der relativ großen Laufmittelmengen an.

3.3–3   Bei einer chromatographischen Racematspaltung muss entweder die mobile oder die stationäre Phase chiral und enantiomerenrein sein. Aus Kostengründen benutzt man chirale stationäre Phasen, beispielsweise Acetylcellulose. Chromatographische Racematspaltungen finden insbesondere in der Gaschromatographie und in der HPLC Anwendung.

7 Antworten zu den Übungsaufgaben

3.4

3.4–1 $I/I_0 = 0.8566$, also ist $A = -\lg 0.8566 = 0.0672 = \varepsilon \cdot 3.2 \cdot 10^{-6}$ mol L^{-1} 1 cm. Daraus folgt $\varepsilon = 21\,000$ L mol^{-1} cm^{-1} (Lambert-Beer'sches-Gesetz).

3.4–2 *trans*-4-Octen besitzt im Gegensatz zum *cis*-Isomeren in der Mitte der C=C-Doppelbindung ein Symmetriezentrum. Daher ist die dazu symmetrische Valenzschwingung nicht mit einer Änderung des Dipolmoments verbunden und somit IR-inaktiv.

3.4–3 Primäre Amine zeigen bei 3300–3500 cm^{-1} zwei, sekundäre eine, tertiäre keine N–H-Valenzschwingungsbande.

3.4–4 In der Gasphase sind intermolekulare Wechselwirkungen stark reduziert. Auch treten keine Wechselwirkungen zu einem Lösungsmittel oder der Nujolmatrix auf.

3.4–5 Der Frequenzunterschied zweier NMR-Signale in Hz ist von der Messfrequenz des Geräts abhängig, die Kopplungskonstante ist jedoch eine Stoffkonstante und von der Messfrequenz unabhängig. Man misst die Probe also mit zwei Geräten unterschiedlicher Messfrequenz. Wenn der Frequenzunterschied der Linien in Hz unverändert ist, handelt es sich um ein Signal (Dublett). Wenn der Frequenzunterschied sich entsprechend mit der Messfrequenz ändert, handelt es sich um zwei unterschiedliche Signale (Singuletts).

3.4–6 1,1-Dimethylcyclopropan: ^{1}H-NMR, 2 Signale, ^{13}C-NMR, 3 Signale; *trans*-1,2-Dimethylcyclopropan: ^{1}H-NMR, 3 Signale, ^{13}C-NMR, 3 Signale; *cis*-1,2-Dimethylcyclopropan: ^{1}H-NMR, 4 Signale, ^{13}C-NMR, 3 Signale.

3.4–7 40–60° oder 120–140°.

3.4–8 Die Kopplungskonstante zeigt eine *sp*-Hybridisierung an, demnach liegt ein terminales Alkin vor.

3.4–9 Es handelt sich um eine Monobromverbindung. Die Brom-Isotope ^{79}Br und ^{81}Br treten annähernd im natürlichen Isotopenverhältnis 1:1 auf.

3.4–10 Es handelt sich wahrscheinlich um eine Monostickstoff-Verbindung. Offensichtlich hat sich nicht das einfach geladene Molekül-Ion M$^+$ gebildet, sondern das zweifach geladene M^{2+}.

Kapitel 4

4.1

4.1–1

4.1–2 a) 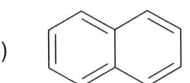 b) 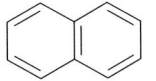 c) 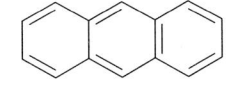 d)

4.1–3 a)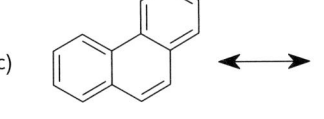

b)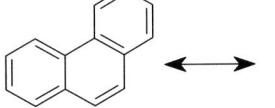

c)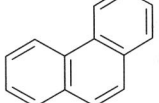

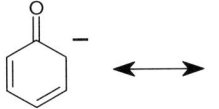

d)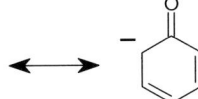

e)

7 Antworten zu den Übungsaufgaben

4.2

4.2–1 a) Die Bindung ist kürzer, da zwischen C-2 und C-3 zusätzlich zur σ-Bindung im doppelt besetzten Molekülorbital π_1 eine bindende π-Wechselwirkung besteht.

b) Die Bindung ist im 1,3-Butadien-Monoanion kürzer als im 1,3-Butadien, da sich das zusätzliche Elektron im Molekülorbital π_3 befindet, welches zwischen C-2 und C-3 eine bindende Wechselwirkung ausübt. Allerdings sind die Bindungen zwischen C-1 und C-2 sowie zwischen C-3 und C-4 im Monoanion länger, da dieses Orbital hier Knotenebenen aufweist.

4.2–2 Während *trans*-1-Dimethylamino-2-buten das Produkt einer normalen nucleophilen Substitution ist, die nach S_N1 oder nach S_N2 ablaufen kann, ist 2-Dimethylamino-1-buten das Produkt einer S_N2'-Reaktion, bei der das andere Ende des Allylsystems nucleophil angegriffen wird.

4.2–3 Sind bei einer Reaktion mehrere unterschiedliche Produkte denkbar, kann man die Reaktion bisweilen durch die Reaktionsbedingungen steuern. Arbeitet man bei vergleichsweise niedrigen Temperaturen, z. B. −78 °C, und kurzer Reaktionsdauer, so bildet sich bevorzugt das Produkt kinetischer Reaktionskontrolle, welches das thermodynamisch weniger stabile Produkt ist. Das kinetische Reaktionsprodukt bildet sich am schnellsten; der Übergangszustand der Reaktion hat demnach die geringste Energie. Wenn man bei vergleichsweise hohen Temperaturen arbeitet, z. B. 0 °C oder 25 °C, und längere Reaktionszeiten zulässt, so bildet sich eher das Produkt thermodynamischer Reaktionskontrolle, welches das thermodynamisch stabilere Produkt ist. Dann steht genug Aktivierungsenergie zur Verfügung, um bei längerer Reaktionsdauer auch einen energiereicheren Übergangszustand zu durchlaufen. Auch bei thermodynamischer Reaktionskontrolle bildet sich zunächst das Produkt kinetischer Reaktionskontrolle; dieses kann dann jedoch zum Produkt thermodynamischer Reaktionskontrolle weiterreagieren.

4.2–4 a) und e) alternierend, b)–d) nicht alternierend.

4.3
4.3–1 **R,S**

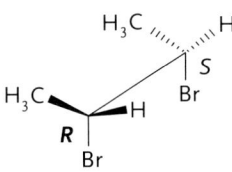

ekliptisch   gestaffelt

achiral, *meso*
(Symmetrieebene, Symmetriezentrum)

R,R

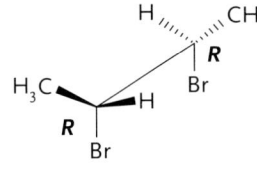
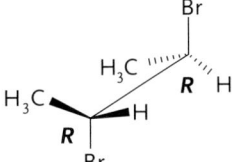

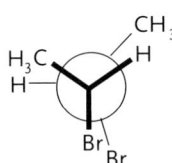

ekliptisch   gestaffelt

chiral
(keine Symmetrieebene, kein Symmetriezentrum)

4.3–2

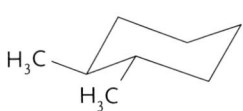

4.3–3

a) 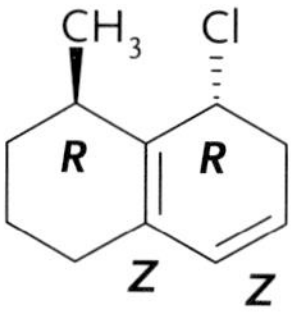

b) 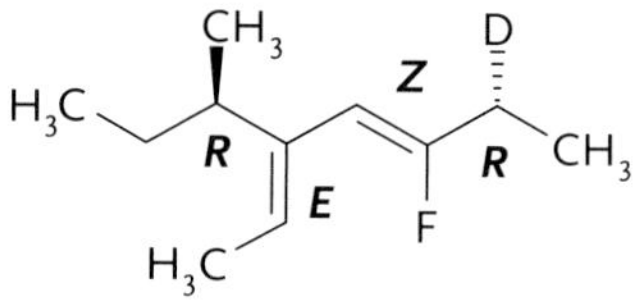

c) 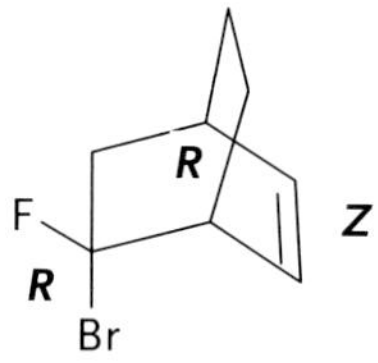

d) 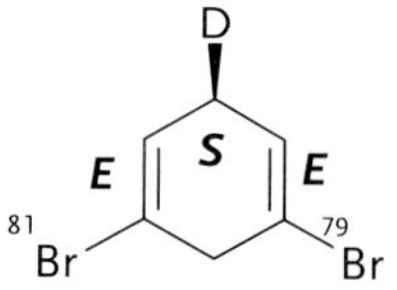

4.3–4 Es werden nur die nicht olefinischen CH_2-Gruppen betrachtet. a) diastereotop, b) nicht diastereotop, nicht enantiotop, c) enantiotop, d) diastereotop, e) enantiotop.

4.4

4.4–1

a) 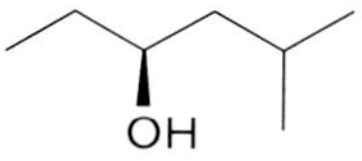

b) 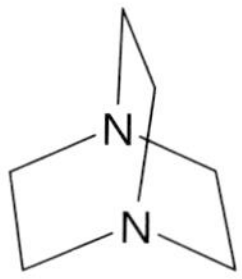

c) 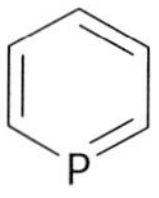

d) 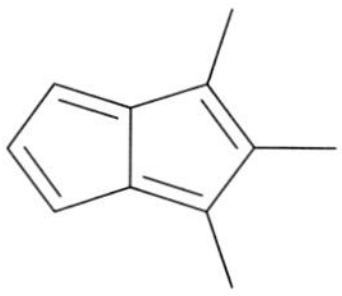

4.4–2 a) 6,6-Difluorcyclohexa-2,4-dienon, b) Spiro[3.5]nona-5,8-dien, c) *trans*-Cycloocten (chiral!), d) Methoxycarbonylcyclopentan.

4.4–3

a) 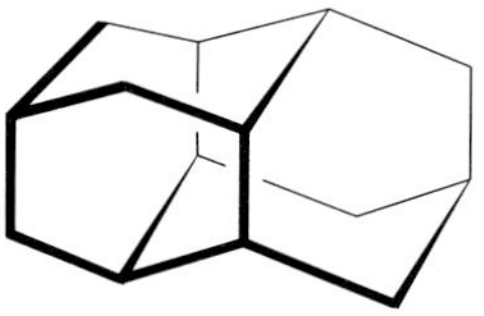

b) 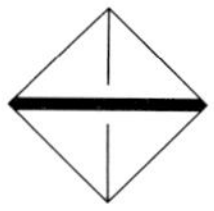

c) 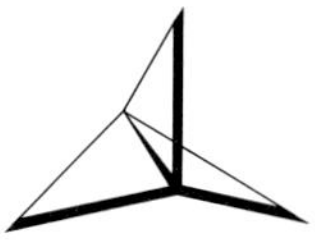

d) 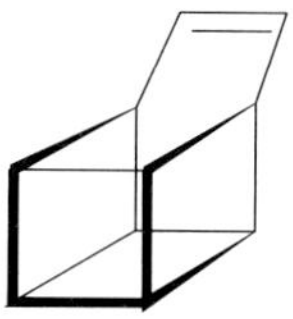

e) 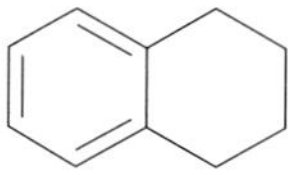

4.5

4.5–1 a) +5.69, –2.72, –17.12 kJ mol^{-1}; b) +2.72, –3.43, –17.12 kJ mol^{-1}.

4.5–2 $E_a = 272$ kJ mol^{-1}; k (25 °C) = $2.10 \cdot 10^{-48}$ s^{-1}.

4.5–3 a) **C > A > B**; b) **E > D** (in **D** kann das Carbenium-Ion keine planare Struktur bilden), **G > F** (in **F** ist die Stabilisierung durch Hyperkonjugation nicht möglich).

4.6

4.6–1

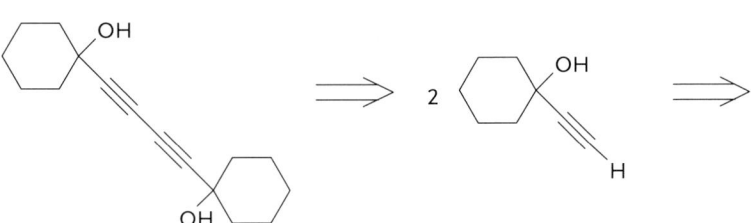

M = MgBr oder Li

Phenyllithium und Phenylmagnesiumbromid, Methyllithium und Methylmagnesiumbromid sowie Acetophenon (Acetylbenzol) sind käuflich erhältlich. Cyclopropanoylbenzol lässt sich leicht durch eine Friedel-Crafts-Alkanoylierung herstellen.

4.6–2

M = MgBr oder Li;
terminale Alkine lassen sich durch Glaser-Kupplung (vgl. Abschnitt 5.5.2.2) oxidativ kuppeln

7 Antworten zu den Übungsaufgaben

Kapitel 5

5.1
5.1–1

a) Cl₂C=C=O — Dichlorketen

b) γ-Butyrolacton / Oxa-2-cyclopentanon

c) ε-Caprolactam / Aza-2-cycloheptanon

d) H₃C–N(CH₃)–C(=O)–OH — N,N-Dimethylcarbamidsäure

e) H₃C–N=C=O — Methylisocyanat

f) 2,4,6-Trinitrotoluol (TNT)

g) Dimethylphenylsilan

5.2

5.2–1 Die relative Reaktivität sekundärer und primärer C–H-Bindungen wird durch Berücksichtigung des statistischen Faktors berechnet. Jede der sechs primären C–H-Bindungen ist an den isolierten 43 % 1-Chlorpropan zu einem Sechstel, also zu 7.2 % beteiligt. Jede der beiden sekundären C–H-Bindungen ist an den 57 % isolierten 2-Chlorpropans zur Hälfte, also mit 28.5 % beteiligt. Demnach beträgt das Verhältnis der Reaktivität 28.5 %:7.2 % = 4:1. Ähnliche Überlegungen unter Berücksichtigung *tertiärer* C–H-Bindungen führen zu einem relativen Verhältnis der Reaktivitäten tertiärer, sekundärer und primärer C–H-Bindungen von 5:4:1.

5.2–2 Kettenstart und Kettenabbruch gehen in die Energiebilanz der Reaktion praktisch nicht ein, da sie im Prinzip nur einmal ablaufen, während sich die Kettenfortpflanzungsschritte viele Male wiederholen und entsprechend stark in die Energiebilanz eingehen.

5.2–3 R· + Cl₂ → RCl + Cl·

Das so gebildete Chlor-Radikal tritt in den Kettenfortpflanzungsschritt ein.

Kapitel 5

5.3

5.3–1 Retention durch doppelte Inversion: Man setzt die Ausgangsverbindung zunächst in einer S_N2-Reaktion mit Iodid um, es bildet sich unter Inversion (S)-2-Iodoctan. Anschließende S_N2-Reaktion mit Thiolat führt unter nochmaliger Inversion zum R-konfigurierten Produkt.

5.3–2 Die positive Ladung des intermediären Carbenium-Ions kann auf den aromatischen Ring delokalisiert werden:

5.3–3 Die sterisch gehinderte Base kann nur an der Peripherie des Substrats deprotonieren, während die sterisch nicht gehinderte Base eher in der Lage ist, schwerer zugängliche Protonen im „Inneren" des Moleküls anzugreifen. Das Saytzev-Produkt ist thermodynamisch stabiler als das Hofmann-Produkt, da das gebildete Alken höher substituiert ist.

5.3–4

5.4

5.4–1

5.4–2 trans-2-Buten, cis-2-Buten, trans-2-Buten, cis-2-Buten

Br$_2$ | Br$_2$ | D$_2$, Pd | D$_2$, Pd

achiral | chiral | chiral | achiral

7 Antworten zu den Übungsaufgaben

5.4–3 a), 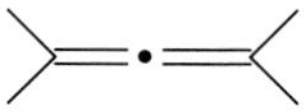 b), 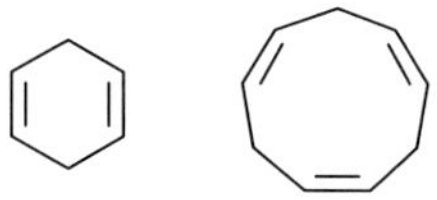 c), 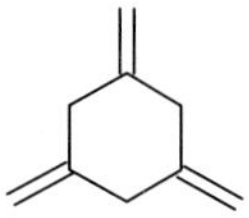 d), 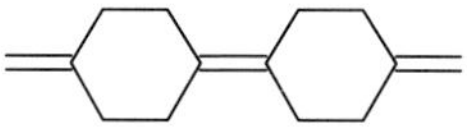 e)

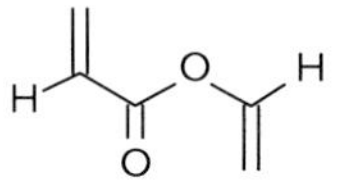

5.4–4 a), 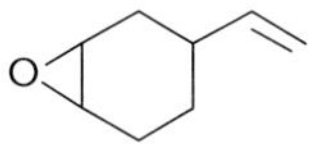 b)

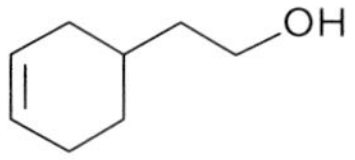

5.4–5 a) 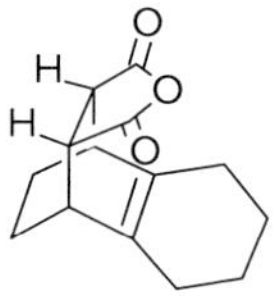 *endo*, b), 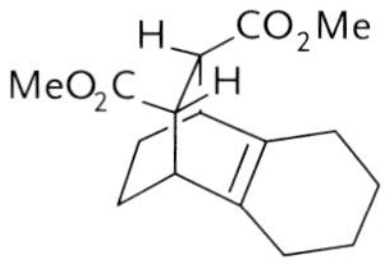 c) 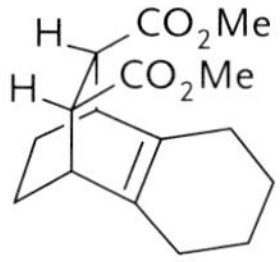 *endo*, d)

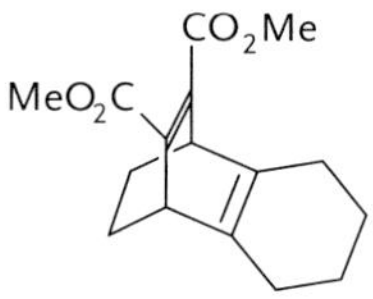

5.4–6

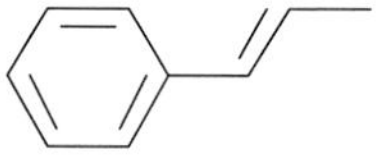

5.5

5.5–1

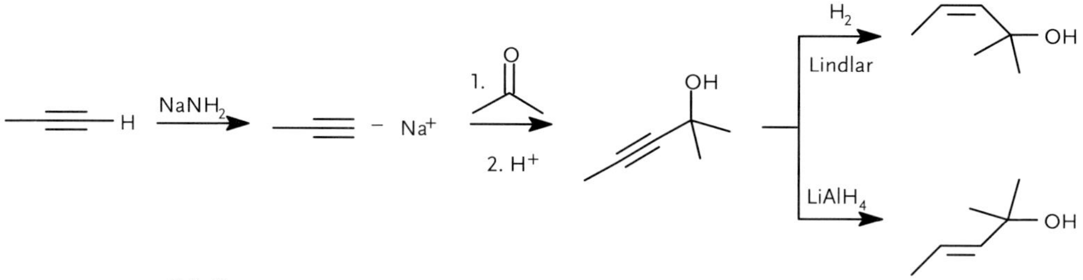

5.5–2 a), 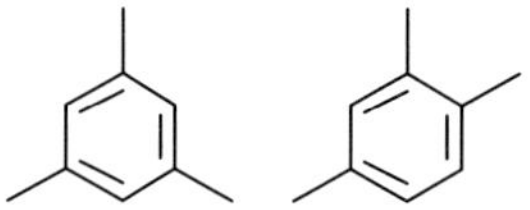 b)

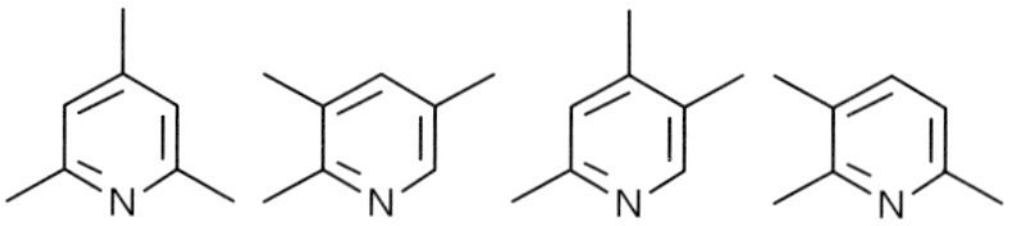

Kapitel 5

5.5–3

5.5–4

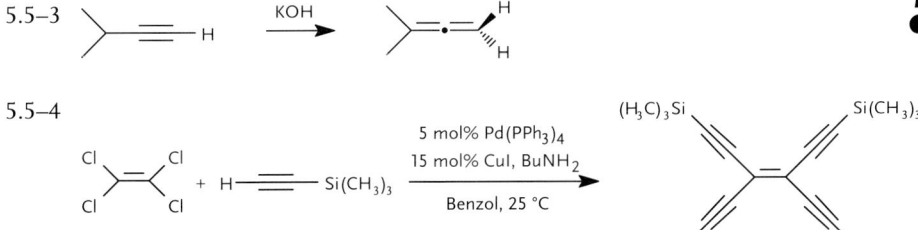

5.6 5.6–1	Anzahl der ^{1}H-NMR-Signale (Integral)	Anzahl der ^{13}C-NMR-Signale
Ladenburg-Benzol (Prisman)	1	1
Dewar-Benzol	2 (2:1)	2
Benzvalen	3 (1:1:1)	3
Dicyclopropenyl	2 (2:1)	2

5.6–2

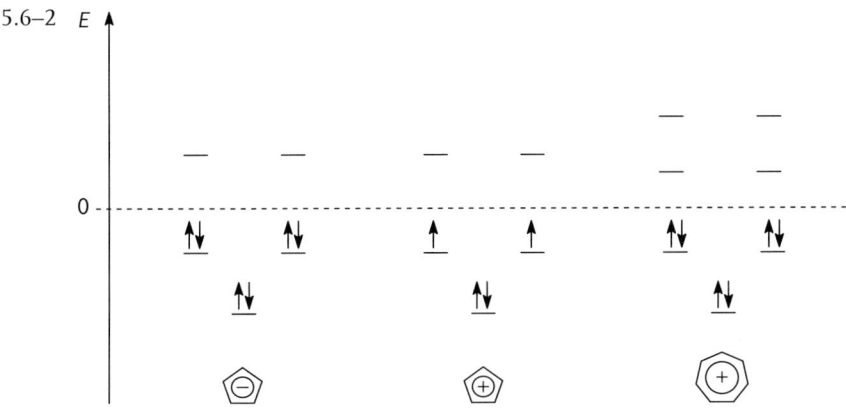

Das Cyclopentadienyl-Kation ist nicht aromatisch, da es nur 4 π-Elektronen besitzt. Das MO-Schema des Cyclopentadienyl-Kations weist im Gegensatz zu denen des Cyclopentadienyl-Anions und des Cycloheptatrienyl-Kations zwei ungepaarte Elektronen auf.

5.6–3 a) In Gegenwart der Lewis-Säure findet eine Umlagerung zum stabileren, sekundären 2-Propyl-Kation statt, das dann als Elektrophil wirkt. b) Die Lewis-Säure wird an eines der freien Elektronenpaare der Carbonylgruppe gebunden. Erst die hydrolytische Aufarbeitung setzt das Keton frei, wobei allerdings auch die Lewis-Säure hydrolysiert wird. Daher muss sie in stöchiometrischer Menge eingesetzt werden.

5.6–4 Benz-in ist aromatisch. Am cyclisch delokalisierten π-System sind 6 π-Elektronen beteiligt. Die beiden übrigen, die Dreifachbindung bildenden π-Elektronen befinden sich in einem π-Orbital, welches zum cyclischen 6π-System senkrecht steht und daher mit diesem nicht in Wechselwirkung tritt.

7 Antworten zu den Übungsaufgaben

5.7

5.7–1

5.7–2

5.7–3

5.8
5.8–1 a)

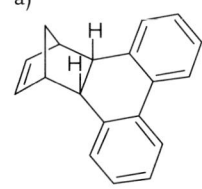

b)

Da im Cyclohexanring keine Rotationen um die C,C-Bindungen möglich sind, würde als Zwischenprodukt der Pd-H-Eliminierung zunächst das 3-Cyclohexenylderivat entstehen. Aus diesem wäre allerdings durch eine säurekatalysierte Isomerisierung Verbindung A erhältlich, da diese eine höher substituierte Doppelbindung enthält.

5.8–2

5.8–3 Es liegt axiale Chiralität vor, da die Rotation um die die beiden Naphthyl-systeme verbindende C–C-Einfachbindung sterisch stark gehindert ist: Die Wasserstoffatome an den benachbarten Benzolringen können nicht aneinander vorbei.

5.9
5.9–1

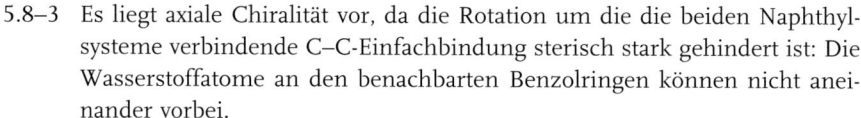

Das Triphenylmethyl-Carbenium-Ion ist wegen der Delokalisierung der positiven Ladung über alle drei Phenylringe stark stabilisiert. Zeichnen Sie Resonanzformeln!

5.9–2 Im Anion der Pikrinsäure wird die negative Ladung nicht nur auf die *ortho*- und *para*-Positionen delokalisiert, sondern auch auf alle drei Nitrogruppen:

5.9–3

5.10
5.10–1 Hydrochinon + Base + 1,12-Dodecandiol. Durch Arbeiten unter hoher Verdünnung wird nach der ersten Williamson-Ethersynthese der intramolekulare Ringschluss zum Zielmolekül gegenüber einer intermolekularen Oligomerisierung begünstigt (Verdünnungsprinzip).

5.10–2

[Reaktionsschema: But-2-en + Br₂ in THF/H₂O (2:3) → Bromhydrin (HO, H, CH₃, Br, H₃C stereochemisch); darunter: 1 Äquiv. Base → Epoxid (H₃C, CH₃); H₃CO⁻/H₃COH → Methoxyalkohol (HO, H, CH₃, OCH₃, H₃C)]

Die beiden Intermediate und das Endprodukt sind chiral. Sie fallen diastereomerenrein an, da alle Teilreaktionen stereospezifisch verlaufen.

5.10–3 Beide Verbindungen bilden mit Luftsauerstoff sehr leicht explosive Hydroperoxide. Dafür sind insbesondere die C–H-Bindungen der Isopropylreste prädestiniert, da diese schwächer sind als die der Methylgruppen. Daher sollten diese Verbindungen unter Luftausschluss oder in Gegenwart von Stoffen aufbewahrt werden, die Hydroperoxide zersetzen, z. B. KOH. Vor dem Erwärmen der Verbindungen, insbesondere bei Destillationen, muss der Hydroperoxidgehalt durch käufliche Teststäbchen geprüft werden.

5.11

5.11–1 (R)-2-Bromdecan + NaSH (S_N2)

5.11–2 Die Bildung des Schwefel-Ylids ist möglich, da es neben der ladungsgetrennten Resonanzformel eine weitere neutrale Formel gibt. In dieser weist das Schwefelatom 10 Valenzelektronen auf, was nicht der Oktettregel entspricht. Im Schwefelatom ist dies aufgrund der vorhandenen d-Orbitale möglich, nicht jedoch im Sauerstoffatom, für das als Element der 2. Periode des Periodensystems die Oktettregel streng gilt.

[Resonanzstrukturen: (H₃C)₂S⁺–CH₂⁻ ↔ (H₃C)₂S=CH₂]

5.11–3 a) [Struktur: Phenyl-S(=O)-CH₃ mit Stereochemie]

b) [Resonanzstrukturen: H₂C⁻–S(=O)–CH₃ ↔ H₂C=S(–O⁻)–CH₃]

7 Antworten zu den Übungsaufgaben

5.12

5.12–1 a)

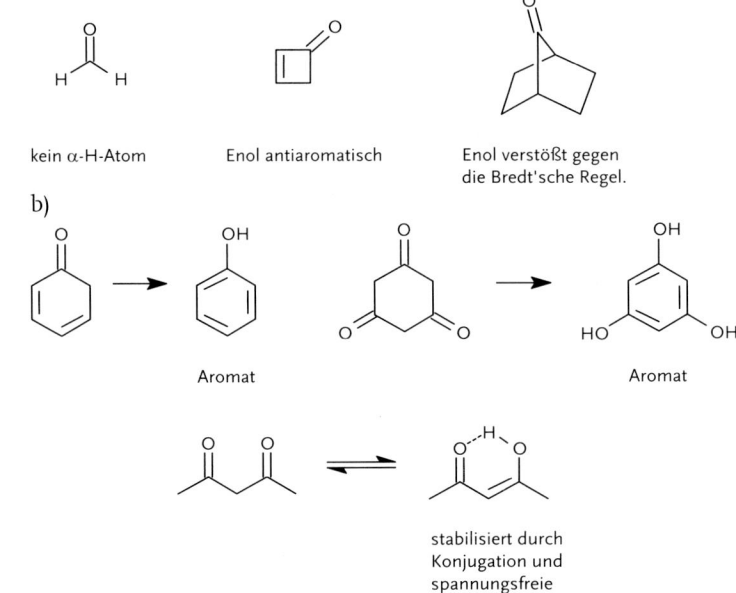

kein α-H-Atom Enol antiaromatisch Enol verstößt gegen die Bredt'sche Regel.

b)

Aromat Aromat

stabilisiert durch Konjugation und spannungsfreie Chelatbildung

5.12–2

5.12–3 Der Zerfall offener Acetale zur Carbonylverbindung und dem Alkohol ist entropisch begünstigt, aus zwei Molekülen entstehen drei. Dagegen entstehen beim Zerfall cyclischer Acetale aus zwei Molekülen nur zwei.

5.12–4 Wenn man von Butanon ausgeht, ergeben sich zwei unterschiedliche Imine mit E- und Z-Konfiguration der C=N-Doppelbindung. Im Falle symmetrischer Ketone wie dem Cyclopentanon sind beide Formen identisch.

5.12–5

a) b) c)

5.12–6 Unter basischen Bedingungen kommt es zur Mehrfachbromierung, weil die Enolatbildung durch das (die) bereits eingebaute(n) Bromatom(e) aufgrund der hohen Elektronegativität begünstigt ist. Damit gewinnt die am höchsten bromierte Verbindung die Konkurrenz um das vorhandene Brom. Jeder Folgeschritt ist schneller als der vorangehende, die Reaktion kann nicht nach der ersten Bromierung angehalten werden. Es kommt letztlich zur Haloformreaktion.

Unter sauren Reaktionsbedingungen gilt das Gegenteil. Die Enolbildung erfolgt über eine Protonierung des Carbonyl-Sauerstoffatoms. Diese wird mit zunehmendem Elektronenzug durch bereits vorhandene Bromatome erschwert, so dass unter sauren Reaktionsbedingungen jeder Folgeschritt langsamer ist als der vorangehende. Erst wenn die Erstbromierung vollständig ist, kann es zur Zweitbromierung kommen, so dass die Reaktion hier durchaus nach der Erstbromierung angehalten werden kann.

5.12–7

Für eine selektive gekreuzte Aldoladdition legt man eine nicht enolisierbare Carbonylverbindung mit der Base oder Säure vor und tropft eine hoch verdünnte Lösung einer enolisierbaren Carbonylverbindung dazu.

5.12–8 a) Thermodynamische, b) kinetische Reaktionskontrolle.

Diastereomerengemisch, das *cis*-Proddukt wird überwiegen, da beide Substituenten äquatorial stehen können

5.12–9

aus sterischen Gründen überwiegend *trans*

5.13

5.13–1

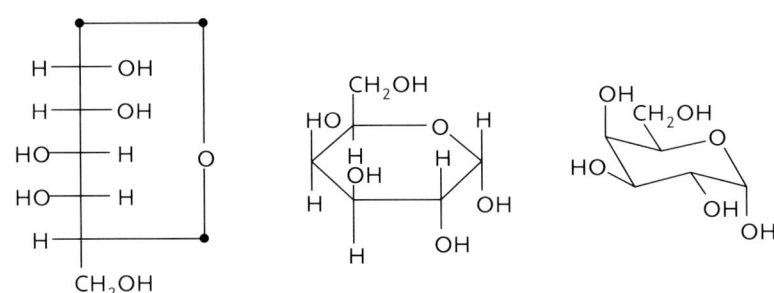

- symbolisieren *keine* CH$_2$-Gruppen.

5.13–2 Verbindung A ist ein Halbacetal und unterliegt der Mutarotation, also der Einstellung des Gleichgewichts aus α- und β-Form, Furanosen und offener Form. Dagegen ist B ein Vollacetal, welches stabil ist und keine Mutarotation eingeht.

5.13–3

```
      CHO
HO ──┼── H
 H ──┼── OH        D-(−)-Arabinose
 H ──┼── OH
     CH₂OH
```

5.14

5.14–1 a) Der gemessene pK_a-Wert setzt sich aus kinetischer und thermodynamischer Acidität zusammen. Die kinetische Acidität der Essigsäure, also die Leichtigkeit der Abspaltung des Protons der OH-Gruppe, wird durch den Elektronenzug der Carbonylgruppe gesteigert, welche im Ethanol nicht vorhanden ist. Die thermodynamische Acidität wird durch die Ladungsdelokalisation im gebildeten Acetat-Ion gesteigert, was man durch Resonanzformeln verdeutlichen kann. Diese Möglichkeit der Ladungsdelokalisation hat das Ethoxid-Ion nicht.

b) Carbonsäuren bilden recht stabile Dimere, die durch Wasserstoffbrücken zusammengehalten werden:

Kapitel 5

5.14–2

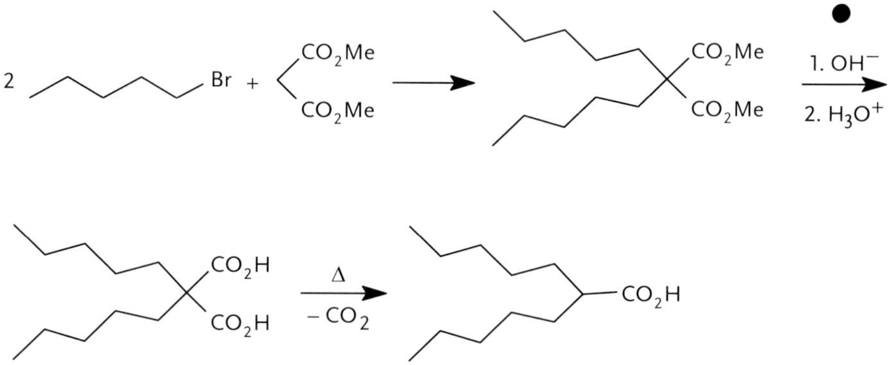

[Reaktionsschema: 2 Pentylbromid + CH₂(CO₂Me)₂ → Dialkyliertes Malonat, dann 1. OH⁻, 2. H₃O⁺ → Disäure → Δ, –CO₂ → Monocarbonsäure]

5.14–3

[Reaktionsschema: Propansäure → LiAlH₄ → Propanol → HBr → Propylbromid → Mg → PropylMgBr → 1. CO₂, 2. H₃O⁺ → Buttersäure]

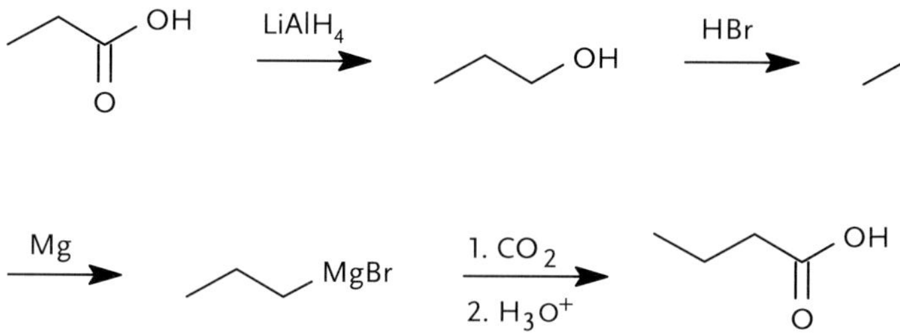

5.15

5.15–1 Die rechte Resonanzformel hat bei Amiden deutliches Gewicht. Das Carbonyl-Kohlenstoffatom trägt hier keine positive Partialladung, d. h. seine Elektrophilie ist drastisch reduziert. Die Resonanz verleiht der C,N-Bindung partiellen Doppelbindungscharakter, was sich in gehinderter Drehbarkeit äußert. Bei tiefen Temperaturen lassen sich E- und Z-Methylgruppen im N,N-Dimethylformamid NMR-spektroskopisch unterscheiden, bei höheren Temperatur steht genügend Aktivierungsenergie zur Verfügung, damit die Dimethylaminogruppe relativ zur NMR-Zeitskala schnell rotieren kann und die Methylgruppen ununterscheidbar werden. Bei Carbonsäurechloriden spielt die rechte Resonanzformel wegen der höheren Elektronegativität des Chlors keine Rolle.

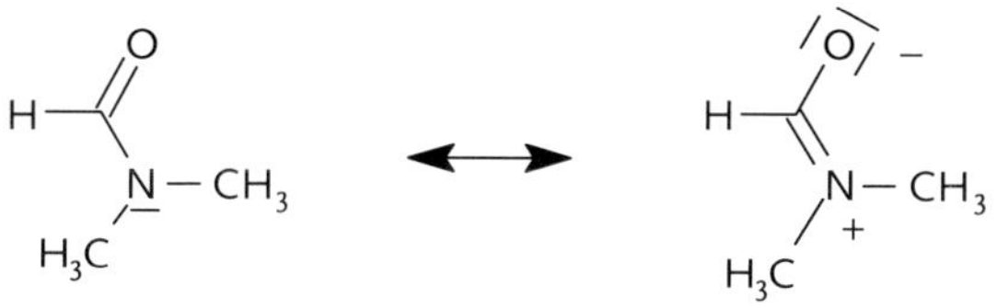

[Resonanzstrukturen von DMF]

5.15–2

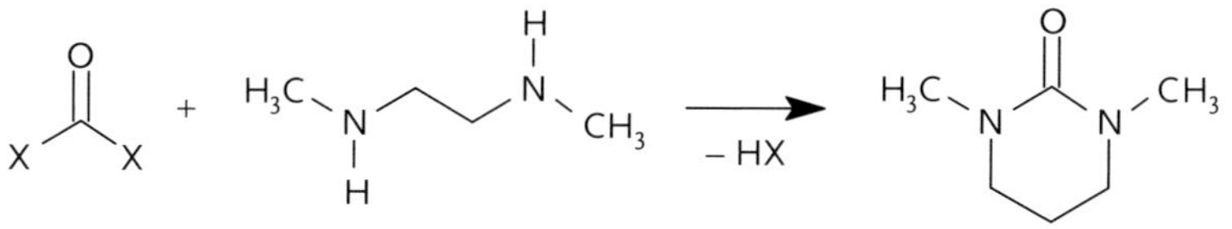

[Reaktionsschema: X–C(=O)–X + H₃C–NH–CH₂–CH₂–NH–CH₃ → –HX → DMPU]

X = Cl, OAlk

5.15–3

Dreiding hat gezeigt, dass sich ausschließlich das *endo*-Phenylisomere bildet.

5.15–4

5.15–5 a) Das Primärprodukt Benzophenon hat eine höhere Carbonylreaktivität als die Ausgangsverbindung Ethylbenzoat. Daher gewinnt bereits gebildetes Benzophenon die Konkurrenz um noch vorhandenes Grignard-Reagenz. Ethylbenzoat reagiert erst dann, wenn alles Benzophenon verbraucht ist. b) Man erhält Benzophenon, wenn man Phenylmagnesiumbromid mit Benzoylchlorid (Benzoesäurechlorid) umsetzt. Alternativ kann man eine Friedel-Crafts-Alkanoylierung von Benzol mit Benzoylchlorid durchführen.

5.15–6 (*Z*)-3,4-Dimethyl-3-hexen

5.15–7 Die N–H-Bindungen sind stärker acide als die C–H-Bindungen. Daher bildet sich das Amidat und nicht ein Amid-Enolat.

5.15–8

5.16

5.16–1

5.16–2

5.16–3 Es wird Dimethylhydroxylamin eliminiert.

5.17

5.17–1

5.17–2 α-Diazoester weisen eine Enolat-Teilstruktur auf und sind am α-Kohlenstoffatom sp^2-hybridisiert. Damit geht die aus chiralen Aminosäuren eingebrachte chirale Information verloren.

5.17–3 Umsetzung mit Diazomethan.

5.18

5.18–1 Alle sind *S*-konfiguriert mit Ausnahme von Cystein, welches *R*-konfiguriert ist. Glycin ist achiral. Im Isoleucin hat C-3 *S*-Konfiguration, im Threonin *R*-Konfiguration.

5.18–2 Man setzt Säurechloride mit Aminoalkoholen um. Diese erhält man enantiomerenrein aus den natürlich vorkommenden Aminosäuren durch Reduktion mit LiAlH$_4$. Das Chiralitätszentrum wird von der Reduktion nicht berührt.

5.18–3 Dipeptide: $\quad 20^2 = 400$
Tripeptide: $\quad 20^3 = 8000$
Tetrapeptide: $20^4 = 160\,000$
Decapeptide: $20^{10} = 1\,024\,000\,000\,000$

7 Antworten zu den Übungsaufgaben

5.18–4 Das Carboxylat-DCC Addukt kann intramolekular zum acylierten Harnstoff umlagern. Diese Verbindung ist dann nicht mehr reaktiv gegenüber Aminen, da bereits ein Amid vorliegt. Die Kupplung bricht ab. Durch den Zusatz von HOBt wird eine schnelle Umesterung des Carboxylat-Dcc Addukts zum stabilen HOBt Aktivester erreicht, der dann mit der Aminkupplungskomponente zum gewünschten Amid abreagiert.

5.18–5 Es wird immer in der Richtung vom C- zum N-Terminus des Peptids synthetisiert. Die erste Aminosäure wird also mit der Carboxylgruppe am Trägerharz fixiert und nach Entschützung der Aminogruppe mit einer an der Carboxylgruppe aktivierten, Aminogeschützten, Aminosäure zur Reaktion gebracht. So wird eine Racemisierung über den Oxazolonmechanismus verhindert. Wird bei der Synthese in umgekehrter Richtung die Carboxylgruppe des am Träger fixierten Peptids z. B. durch DCC aktiviert, kann es zur Oxazolonbildung mit dem Carbonylsauerstoff der vorangehenden Aminosäure kommen. Im heteroaromatischen Intermediat geht durch Deprotonierungs- und Reprotonierungsschritte die Chiralität der Aminosäure verloren. Es würden in einer solchen Synthese Peptide aus racemisierten Aminosäuren erhalten werden.

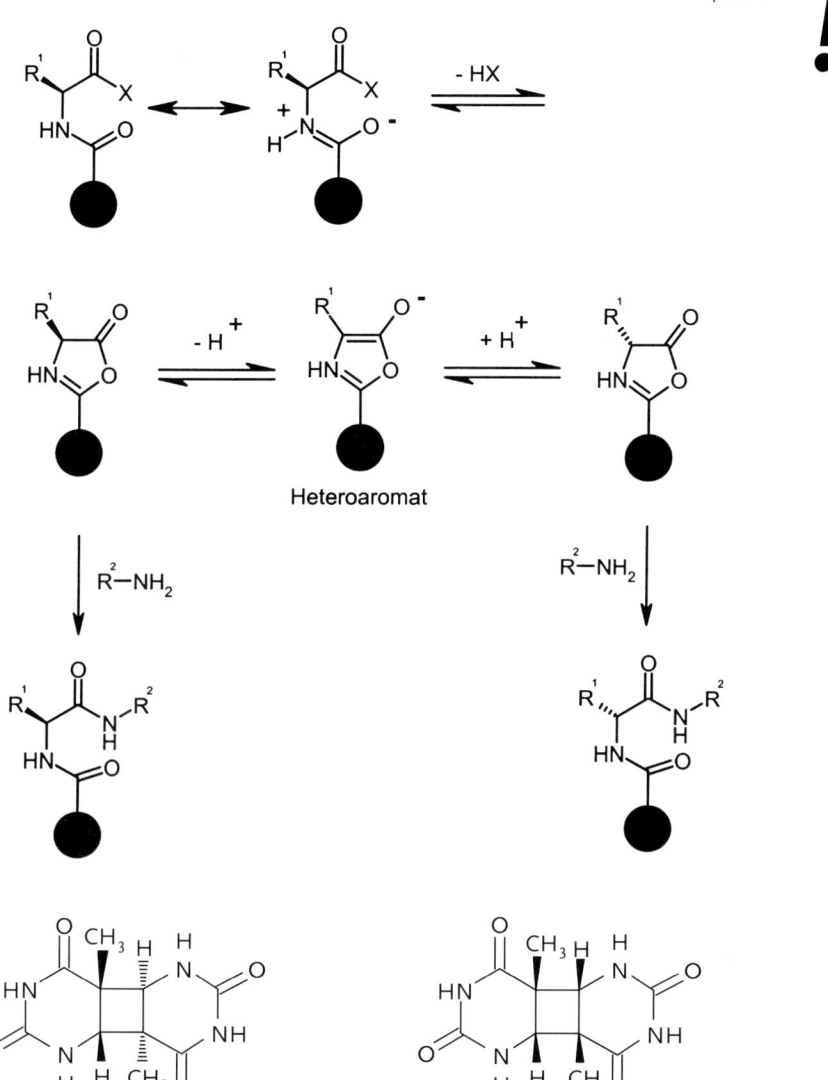

5.19

5.19–1

5.19–2 Ketteninitiation-Asp-Gly-Gly-Ser-Tyr-His-Kettenbeendigung

5.20

5.20–1 Pyridin ist stärker basisch als Pyrrol. Das freie Elektronenpaar des Stickstoffatoms in Pyridin steht zur Bindung eines Protons zur Verfügung. Das freie Elektronenpaar des Stickstoffatoms im Pyrrol ist zur Ausbildung des aromatischen 6π-Elektronensystems erforderlich. Um ein Proton zu binden, müsste die Aromatizität des Pyrrols aufgehoben werden. Tatsächlich wird Pyrrol, welches mit einem pK_a-Wert von 16.5 relativ sauer reagiert, nicht am Stickstoffatom, sondern an einem der α-Kohlenstoffatome protoniert.

7 Antworten zu den Übungsaufgaben

5.20–2

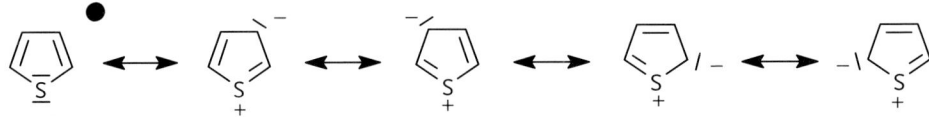

5.20–3 Aus den Resonanzformeln ergibt sich, dass Pyrrol elektronenreich und Pyridin elektronenarm ist. Daher geht Pyrrol bevorzugt elektrophile und Pyridin bevorzugt nucleophile Substitutionen ein. Die Resonanzformeln der aus einem elektrophilen Angriff auf Pyrrol auf C-2 bzw. C-3 gebildeten Intermediate zeigen, dass der Angriff auf C-2 bevorzugt ist, denn dafür gibt es drei Resonanzformeln, während für das aus dem Angriff auf C-3 resultierende Intermediat nur zwei Resonanzformeln gezeichnet werden können. Die Resonanzformeln des Pyridins weisen eine positive Partialladung an C-2, C-4 und C-6 auf, weswegen ein nucleophiler Angriff bevorzugt in diesen Positionen erfolgt.

5.20–4 Cyclohexanon wird mit Hydroxylamin zum entsprechenden Oxim umgesetzt, welches unter sauren Reaktionsbedingungen eine Beckmann-Umlagerung (siehe Abschnitt 5.16) zum ε-Caprolactam eingeht. Die Verbindung ist Ausgangsmaterial für die Nylonherstellung, einem Polyamid.

5.21

5.21–1

5.21–2

Arecolin, Atropin
(Betelnuss)

Hauptalkaloid der Tollkirsche

Kapitel 6

6.1

6.1–1

Die beiden Verbindungen unterscheiden sich nur im Ring A: Während im Östradiol eine Phenol-Teilstruktur gegeben ist, liegt im Testosteron ein methyliertes Cyclohexenon vor. Wenn man sich vergegenwärtigt, dass es sich beim Phenol um das Enol des Cyclohexadienons handelt, wird die Ähnlichkeit der Verbindungen noch augenfälliger.

6.2

6.2–1 Es wird immer das am stärksten basische Stickstoffatom protoniert. Die anderen sind als Sulfonamid-, Lactam- oder Imin-Stickstoffatome weniger basisch. Das Methyl-substituierte Stickstoffatom im aromatischen Fünfring stellt sein Elektronenpaar nicht zur Verfügung, um die Aromatizität aufrechtzuerhalten. Das sp^2-hybridisierte Stickstoffatom im Fünfring könnte zwar ein Proton binden, weist jedoch eine geringere Basenstärke auf als ein sp^3-substituiertes Amin-Stickstoffatom.

6.3

6.3–1 $7^9 = 40\,353\,607$

6.4

6.4–1 a) Dodecahedran zeigt 1 Signal im ^{1}H- wie auch im ^{13}C-NMR-Spektrum. Pagodan zeigt 4 Signale im ^{1}H- und 4 Signale ^{13}C-NMR-Spektrum.

b)

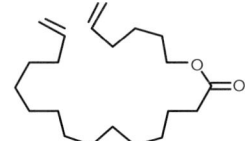

6.5

6.5–1

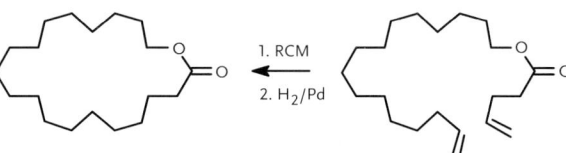

Es gibt noch über ein Dutzend anderer Möglichkeiten. Welche für die Synthese tatsächlich ausgewählt wird, hängt von der Verfügbarkeit des betreffenden Alkohols und der betreffenden Säure ab, aus denen der als Ausgangsverbindung der Metathese dienende Ester hergestellt wird.

6.6

6.6–1 Das „Gastgeber"-Molekül (host) muss selbst chiral sein, so dass sich mit den beiden Enantiomeren der zu untersuchenden Substanz Diastereomere mit unterschiedlichen Eigenschaften bilden. Das Prinzip ähnelt dem der Shift-Reagenzien in der NMR-Spektroskopie.

6.7

6.7–1 Während normale DNA aus Pentoseeinheiten aufgebaut ist, besteht HOMO-DNA aus entsprechenden Hexoseeinheiten. HOMO-DNA wurde von Eschenmoser untersucht, der die Unterschiede zur normalen DNA aufgeklärt hat.

6.8

6.8–1 Baumwolle besteht weitgehend aus Cellulose, ist also ein Kohlenhydrat mit vielen OH-Gruppen, mittels derer der Farbstoff auf der Faser fixiert werden kann. Demgegenüber ist Wolle ein Polypeptid, auf dem Farbstoffe anders fixiert werden müssen.

6.9

6.9–1 Bei der Verformung gleiten die Polymerketten aneinander vorbei. Durch die Bestrahlung werden C–H-Bindungen gebrochen, und die so gebildeten Radikale kombinieren. Das führt zu einer Vernetzung der Polymerketten, die nun nicht mehr aneinander vorbei gleiten können.

6.10

6.10–1 Es gibt eine Vielzahl von Faktoren, die nur stichwortartig zusammengefasst werden können: Sicherheit, Verfügbarkeit der Ausgangsverbindungen, Entsorgung bzw. Weiterverwendung von Nebenprodukten, Umweltverträglichkeit, Patent- bzw. Schutzrechtssituation, Energieverbrauch, Kosten im Vergleich zu konkurrierenden Verfahren, politisches Umfeld, ethische Probleme, Verfügbarkeit geeigneten Personals und so weiter.

6.11

6.11–1 Während die negative Ladung im Methyllithium von einer Methylgruppe getragen wird, ist sie im Lithiumdimethylcuprat auf zwei Methylgruppen und das Kupferatom verteilt. Damit ist das Cuprat viel stärker polarisierbar und damit weicher.

6.12

6.12–1 a) Die heterogene Katalyse ist gekennzeichnet durch leichte Abtrennbarkeit des Katalysators. Nur die für das Substrat zugänglichen aktiven Stellen an der Oberfläche des Katalysators sind wirksam. In der homogenen Katalyse ist im Prinzip jedes Katalysatormolekül aktiv, so dass man entsprechend weniger Katalysator benötigt. Allerdings ist die Abtrennung des Katalysators oft schwierig. Bei besonders aktiven Katalysatoren wird gelegentlich nur so wenig Katalysator benötigt, dass auf eine Abtrennung verzichtet werden kann.

b) Enzyme beschleunigen, wie alle Katalysatoren, eine Reaktion, verändern aber nicht die Gleichgewichtslage. Da bei der Umesterung eines Vinylesters Vinylalkohole frei werden, die sofort über das Keto-Enol-Gleichgewicht zu

Kapitel 6

Carbonylverbindungen tautomerisieren, verschiebt diese Folgereaktion die Gleichgewichtslage der Reaktion.

6.13

6.13–1 Bei der Molekülmechanik werden die Kräfte die zwischen den Atomen in einem Molekül herrschen, durch einfache klassische Potentiale beschrieben. Deshalb können eine Reihe von Eigenschaften, die die explizite Berücksichtigung der Elektronen voraussetzen (z. B. Orbitalenergien) nicht berechnet werden.

6.14

6.14–1 Im ersten Beispiel bildet sich über eine Paterno-Büchi-Reaktion ein Oxetanring. Es entstehen zwei Regioisomere, je nachdem welche Doppelbindung des Methylfuran reagiert, und verschiedene Stereoisomere.

Das zweite Beispiel liefert durch intramolekulare [2+2]Photocycloaddition ein benzoanneliertes tricyclisches Molekül. Es bildet sich nur das gezeigte Regioisomer als Racemat. Mit Hilfe chiraler Template kann die Reaktion enantioselektiv verlaufen.

6.15

6.15–1 Für die Friedel-Crafts Alkylierung wird ein *tert*-Butyl-Carbenium-Ion als Elektrophil benötigt, was in der klassischen Laborvariante aus *tert*-Butylchlorid und $AlCl_3$ erzeugt wird. Alternativ könnte das Elektrophil aber auch aus *tert*-Butylalkohol durch säurekatalysierte Wasserabspaltung (erster Schritt der E1-Eliminierung) oder, noch atomökonomischer, durch elektrophile Addition eines Protons an Isobuten (erster Schritt einer Halogenwasserstoffaddition), erhalten werden.

Index

a

Abgangsgruppe 113
ab-initio-Methoden 377
absolute Konfiguration 71
Abstoßung, 1,3-diaxiale 70
Acetaldehyd 194
Acetessigestersynthese 224
Acetylaceton 195
Acetylen 136
Acomplia 327
Acrolein 358
 – Herstellung 358
Acrylharze 352
Acyloinkondensation 238
Adalat 326
Adamantan 333, 334
Addition von Wasser 128
Additions-Eliminierungs-Mechanismus 151
Adipinsäure 359
Adipinsäuredinitril 359
ADMET-Eigenschaften 326
AD-Mix 130
 – α 369
 – β 369
Agenda 21 388
Aggregate 340
Agonist 326
AH-Salz 249
Aktinometrie 382
aktives Zentrum 370
Aktivierungsenergie 82
Alanin 262
Aldarsäuren 214
Aldehyde 194, 207
Alder, K. 3
Alditole 214
Aldolreaktion 178
Aldonsäuren 214
Aldosen 211

Alkaloide 3
[2+2]-Alkencyloaddition 385
Alkene 120
Alkenmetathese 125, 369
Alkincyclisierung 137
Alkinhydrierung 126
Alkohole
 – primäre 178, 222, 229
 – sekundäre 121, 172
 – tertiäre 172
Alkylhalogenide, tertiäre 204
Alkylierung 204
Alkylpalladiumkomplex 368
Alkylthioalkane 190
Allgemeine Betriebsanweisung 15
allylische Alkylierung 368
 – enantioselektive 368
Allylsystem 64
AM 1 377
Amber 376
Ambidente Nucleophile 113
Amide
 – sekundäre 37
 – tertiäre 239
Amine
 – sekundäre 35
 – tertiäre 233
Aminierung 162
2-Aminopyridin 340
Aminosäuren 262
Aminosäuresynthese nach Schöll-
   kopf 264
Aminoxide 250
Ammoniak 19
Amphiphile 228
Ampicillin 327
Amylopektin 218
Amylose 217
Analytik 28

433

Anilingelb 347
Annulene 148
a-Nomenklatur 79
Anomere 212
anomerer Effekt 213
Ansaverbindungen 334
Antagonist 326
Anthracen 169
Anthranilsäure 157
anti-Markovnikov-Orientierung 129
antiaromatisch 147
Arbeitsschutz 15
Arendiazoniumsalze 156
Arin 157
Aromaten 145
Aromatizitätskriterien 148
Arrhenius-Gleichung 83
Asparaginsäure 263
asymmetrische Atome 72
Atombau 57
Atomorbitale 58
Atomspektren 30
Atomökonomie 91, 367, 388
Ausschlusschromatographie 27
Austauschnomenklatur 281
Auswahlregeln 30
Autoklaven 18
Autoxidation 186
Auxiliar 74
axiale Position 69
azeotropes Gemisch 21
Azidreduktion 247
Aziridine 281
Azlactone 266
Azobenzol 257
Azofarbstoff 156, 346
Azokupplung 156, 257

b

Baeyer, A. von 2
Bakelit 155
Bandenspektren 30
Barbital 327
Basenkatalyse 87
Basenpaare 274, 343
Basispeak 47
Basizität 113
bathochromer Effekt 31
Bathochromie 349
BBN 129
Bedingungen von Schlosser 123
Beilstein 9
Benzil 224
Benzol 145
Benzolderivate 160

Benzol-Wasser-Azeotrop 21
Bergman, T. 1
Berzelius, J. 1
Betainstruktur 262
Bildungsenthalpie 81
Bindungsalternanz 149
Bindungsenergie 81
Bindungslänge 62, 145, 167, 194
Bindungsstärke 343
Bindungswinkel 194
bioanorganische Chemie 343
biomimetische Synthese 321
bioorganische Chemie 343
Biopolymere 351
Bioraffinerie 390
Biosynthese 322
Bischler-Napieralski-Synthese 285
bis-(1,5-Cyclooctadien) nickel (0) 363
Bislactimether 265
Blitzlichtphotolyse 86
Boltzmann-Verteilung 39
Boot-Konformation 70
Boran 128, 140, 177
Bouveault-Blanc-Reduktion 238
Bredt'sche Regel 71, 120
Breitband-entkoppelte Spektren 45
Brenztraubensäure 222
Brevetoxin 320
Bromaddition 111, 138, 168
Bromcyan 270
Bromierung, von Allylpositionen 107
Bromonium-Ion 111
N-Bromsuccinimid 107
Brown, H. C. 3
Brückenkopfolefin 71
Buchner, E. 2
Butadien 31, 66, 68
Butenandt, A. 3
n-Butyllithium 117

c

C_{60} 4, 170
Cadiot-Chodkiewicz-Kupplung 140
Cahn-Ingold-Prelog-Regeln 71
Calciumcarbid 137
Calixarene 338
Cannizzaro-Reaktion 202
Carbamidsäure 240
Carbanionen 84
Carbene 259
Carbenium-Ionen 84
Carbonsäureamide 239
Carbonsäureanhydride 234
Carbonsäurederivate 231
Carbonsäureester 181, 234

Carbonsäurehalogenide 232
Carbonsäuren 203
Carbonylgruppe 194
Carbonylverbindungen 194, 205, 207
– ungesättigte 36
Carbopalladierung 133
Carbopeptidase 269
Carboxylgruppe 220
β-Carotin 346, 347
Catenane 337
Cellulose 217
Celluloseacetat 355
Cellulosenitrat 355
C-H-Aktivierung 108, 178
C-H-Analyse 1
charge-transfer 25
Chemical Abstracts 76
Chemiedozententagung 10
chemische Apparaturen 16
chemische Bindung 57
chemische Verschiebung 41
Chemosensor 341
Chinin 289
chirales Hilfsreagenz 74
Chiralität 71
Chlorchemie 110
Chloropren 354
Chloroquin 327
N-Chlorsuccinimid 107
Chromatographie 3, 22
Chromophor 31, 348
Chromtrioxid 178
CIP-Regeln 71–72
Claisen-Umlagerung 132
Clausius-Clapeyron'sche Gleichung 21
Clemmensen-Reduktion 162
CNDO 377
C-NMR-Spektroskopie 45
codierte Bibliothek 330
Cofaktor 371
Coffein 289
Computermethoden 376
Cope-Eliminierung 250
Cope-Umlagerung 132
Copolymere 351
Corey, E. J. 3
COSY 46
Cram, D. J. 3
Cryptanden 337
Cuban 333
Cumol-Phenol-Verfahren 175
Cuprate 117, 362
Curtius-Reaktion 248
Cyanessigestersynthese 224
Cyanhydrinbildung 199

Cyanocuprate 362
– higher-order 362
– lower-order 362
Cycloaddition
– 1,3-dipolare 129
– [2+2] 132, 233, 282
– [4+2] 67, 131
Cyclobutadien 147
Cyclodextrine 28, 338
Cycloheptatrienyl-Kation 147
Cyclohexanring 70
Cyclohexatrien 145
Cycloisomerisierung 367
Cyclooctatetraen 147
Cyclopentadienyl-Anion 147
Cyclopeptide 338
Cyclophane 334
Cyclopropan 130, 259
Cyclopropanierung 130
Cystein 263

d

Dampfdruck 20–21, 23
Darlon 352
Datenbanken 376
dative Bindung 364
DCC 267
Dehydratisierung 121, 180, 184
Dehydrierung 149–150, 357
Dehydroaromaten 157
Dehydrohalogenierung 138
Dekonvolution 330
Delokalisierungsenergie 146
DEPT 46
Desoxyribonucleinsäure 273
Destillation 21
Desymmetrisierung 372
Detektoren, gaschromatographische 23
Deutsche Forschungsgemeinschaft 10
Dewar-Benzol 145
Dewar-Resonanzenergie 148
DFG 10
Diacetylen 138
Diamant 169
Diastereomere 73
Diastereomerenverhältnis 73
diastereotop 75
Diazepam 327
Diazoessigester 250
Diazoester 258
Diazogruppenübertragung 258
Diazomethan 258
Diazoniumsalze 256
Dibenzylidenauton (dba) 367
Dicarbonsäuren 214, 240, 353

Dicarbonylverbindungen 36, 207, 283
Dichlorcarben 130
Dicyclohexylcarbodiimid 267
Dieckmann-Kondensation 238
Diels, O. 3
Diels-Alder-Reaktion 168
Diestermethode 273
Differenzkalorimetrie 50
Differenzthermoanalyse 50
Dilcoran 326
Dimethylsulfoxid 24
dipolare Cycloaddition 282
Dipolmoment 61
directed aldol 206
Direktsynthese 361, 362
Dirigierende Wirkung 161
Disconnection 89
Dispersionsfarbstoffe 346
Disproportionierung 106
Disulfid 191
Disulfide 266
DNA 273, 343
– HOMO 343
DNA-Array 331
DNA-Chip 331
Dodecahedran 333
Doppelbindungen
– isolierte 120
– konjugierte 120
– kumulierte 120
Doppelhelix 274
Dreifachbindung 136
DSC 50
Dünnschichtchromatographie 24
Duromere 351

e

Edman-Abbau 269
ee 73
EI 47
Elastomere 351, 354
elektrocyclische Reaktionen 131
Elektrolyse 19
Elektronegativität 61
Elektronenaffinität 87
18-Elektronen-Regel 363
Elektronenspektroskopie 29
Elektronenübergänge 30
elektroorganische Synthese 19
elektrophile Addition 127
elektrophile aromatische Substitution 151
Eliminierung 121
Eliminierungs-Additions-Mechanismus 157
Emulsionspolymerisation 352

Enamin 201
Enantiomer 71
Enantiomerenerkennung 341
Enantiomerenüberschuss 73
Enantiomeric Excess 73
enantiotop 75
endo-Addition 131
ENDOR-Spektroskopie 47
endotherm 81
Enolat-Anionen 195
Enolether 66, 199
Enolform 195
Enthalpie 81
Entropie 81
Entschwefelung 198
Enzym 108, 216, 269
Enzymkatalyse 367, 372, 374
Epibatidin 289
Epimere 212
Epoxid 34, 129, 281
Epoxidharze 354
E1-Reaktion 114
Erdölraffination 105
ESR-Spektroskopie 46
Essigester 24
Essigsäure 220
Ester 234
– Amidbildung 237
– Enolate 238
– Herstellung 236
– Hydrolyse 236
– Umesterung 237
Esterspaltung 239
ET-Werte 25
Ethen 30–31, 121, 175, 185, 224
Ether, cyclische 185
Etherspaltung 186
Ethin 136
Ethylenoxid 185
Evipan 327
exotherm 81
Expertensysteme 376
extended-Hückel-Methode 377
Extraktion 22

f

^{19}F-NMR 29
FAB 48
Farbstoffe 2, 346
– Indanthren 346
Färbereagenzien 26
Fehling-Reagenz 203, 214
Ferrocen 363, 364
Festphasensynthese nach Merrifield 268
Fette 175, 222, 235

Fettsäuren 235
– ungesättigte 235
FID 40
Fingerprint-Bereich 33
Fischer, E. 2
Fischer, E. O. 3
Fischer, H. 2
Fischer-Projektion 211
Flammenionisationsdetektor 23
Flash-Chromatographie 26
Fluoren 167
Fluoreszenz 381
Formaldehyd 155, 338
Formaldehyd-Herstellung 357
Fourier-Transform-Impulsverfahren 39
Franck-Condon-Prinzip 30, 381
Friedel-Crafts-Acylierung 154
Friedländer-Synthese 285
Frost-Musulin-Diagramm 147
Fructose 212
Fullerene 169
Functional Group Interconversion 92
funktionelle Gruppe 101
Furan 285
Furanosen 212

g

Gabriel-Synthese 247, 263
Galactose 217
Gaschromatographie 22
Gattermann-Koch-Synthese 154
Gattermann-Synthese nach Adams 155
GC 22
GDCh 9
Gefahrstoffverordnung 15
gekoppelte Spektren 46
Gelpermeationschromatographie 27
geschwindigkeitsbestimmender
 Schritt 82
Geschwindigkeitsgesetz 81
Geschwindigkeitskonstante 82
Gesellschaft Deutscher Chemiker 9
Gibbs-Helmholtz-Gleichung 81
Glaser-Kupplung 140
Gleichgewichtskonstante 81
Glucose 212
Glutaminsäure 263
Glycerin 172, 175
Glycerintrinitrat 326
Glycin 262
Glycogen 218
Glycoside 215
Graduiertenförderung 10
Graphit 169
Green Chemistry 388

Grignard, V. 2
Grignard-Reagenzien 199, 224, 361
Grignard-Reaktion 117
Guttapercha 354, 355

h

Hajos, Z. G. 373
Halbacetal 212
Halbacetalbildung 200
Halbaminal 201
Haloformreaktion 203
Halogenierung 152
– radikalische 106
Halogen-Metall-Austausch 361
Hammett-Gleichung 83
Hämoglobin 3, 270, 337
Hantzsch-Pyridinsynthese 284
Hantzsch-Widman-Nomenklatur 281
Harnstoff 1
Hartree-Fock-Näherung 377
Haworth, W. N. 2
Haworth-Formel 212
Hay-Kupplung 140
Heck-Kupplung 164
Hefe-Alkohol-Dehydrogenase
 (YADH) 371
Hefereduktion 371
[7] Helicen 333, 334
Helix 217, 270, 274
Hell-Volhard-Zelinsky-Reaktion 263
Heroin 289
Heterocyclen
– aromatische 283
– nichtaromatische 280
heterogene Katalyse 367
Hexobarbital 327
Hexosen 211
Histidin 263
historische Entwicklung 1
Hochleistungs-Flüssigkeitschromatographie 26
Hofmann-Eliminierung 251
Hofmann-Orientierung 116
Hofmann-Umlagerung 241
HOMO 31
homogene Katalyse 367
homologe Reihe 104
Hooke'sches Gesetz 33
Horner-Wittig-Reaktion 123
Hostaflon 352
Houben-Hoesch-Ketonsynthese 155
HPLC 27
HRMS 48
Hybridisierung 59
Hydratbildung 200

Index

Hydratisierung 128
Hydrazin 201, 214, 247
Hydrazon 201
Hydridotetracarbonylcobalt (I) 363
Hydrierkatalysator
– heterogen 127
– homogen 127
Hydrierung 2, 18, 150, 176, 197
– asymmetrische 265
Hydrierungswärmen 145
Hydrierwäme 67
Hydroborierung 128, 141
Hydrochinon 180
Hydrocracken 149
Hydrocyanierung 359
Hydroformylierung 358
Hydrolasen 370
Hydrolyse 176
– von Carbonsäureestern 236
Hydropalladierung 368
Hydroperoxide 186
Hydroxybenzotriazol 267
Hydroxylgruppe 172–173
Hyperfeinstruktur 47
Hyperkonjugation 84
hypsochromer Effekt 31
Hypsochromie 348

i

Imine 201
Iminium-Ionen 251
Impfkristall 20
INADEQUATE 46
Indigo 346
Indigweiß 346
Indikator 346
Indol 283
Informationssysteme 8
Integration 41
Intermediat 83
inverser Elektronenbedarf 131
Inversion der Konformation 70
Invertzucker 216
Intersystem Crossing 381
Ionenaustauschchromatographie 27
Ionenbindung 57
Ionenerzeugung 47
ionische Flüssigkeiten 391
Ionisierung 47
ipso-Substitution 156
Ireland-Claisen-Umlagerung 132
IR-Spektroskopie 32
Isocyanate 248
isoelektrischer Punkt 262
Isomerasen 370

Isomere 61, 64, 73, 120, 134, 212, 257
Isotopenmarkierung 85
IUPAC 76

j

Jacobsen-Katalysator 130
Jahn-Teller-Verzerrung 147
Jones-Reagenz 178

k

Kaliumpermanganat 130
Karminsäure 346, 347
Karplus-Kurve 44
kata-kondensiert 167
Katalysatoren, wasserlösliche 359
Katalyse 367
Kautschuk 354
Kekulé, F. A. 1
Kern-Overhauser-Effekt 45
Kernresonanz 38
Kernspin 38, 45
Ketene 233
Keto-Enol-Gleichgewicht 172, 195
Ketone 194
Ketosen 211
Kettenreaktion 106, 352
Kevlar 355
Kiliani-Fischer-Synthese 216
Kinetik 81
kinetische Racematspaltung 372
kinetischer Isotopieeffekt 85
Knotenebene 58
Koaleszenztemperatur 45
Koenigs-Knorr-Methode 216
Kohlendioxid 224
Kohlenhydrate 2, 211
Kohlenstoffatome
– sekundäre 45, 104
– tertiäre 46, 104
Kohlenwasserstoffe 104, 120, 136
– ungesättigte 120
Kolbe, H. 1
Kolonne 21
kombinatorische Chemie 329
kombinatorische Synthese 325
Konformation 3, 69
– *cis* 69
– *trans* 69
Konjugation 64
konjugierte Doppelbindungen 67
konjugierte Systeme
– alternierend 68
– cyclisch 67
– gekreuzt 67
Konstitution 68

Konzepte 57
konzertierte Reaktionen 131
koordinative Bindung 364
Kopplungskonstante 43
Koronarinsuffizienz 326
Korrelationsenergie 377
kovalente Bindung 57, 60
Kreuzmetathese (CM) 369, 370
Kristallisation 20
Kronenether 337
Kuhn, R. 3
Kumulene 233
Küpenfarbstoffe 346
Küpensalz 346
kupferorganische Verbindungen 362

l

Laborrichtlinien 15
Lactame 240
Lactide 221
Lactone 36, 202
Lactose 217
Ladenburg-Benzol 145
Lambert-Beer'sches Gesetz 30
Laufmittel 24
Lavoisier, A. 1
LCAO 58
LD 48
Lehn, J.-M. 3
Lehrbücher 7
Leitstruktur 325
Leuchtdioden 362
– organische (OLED) 385
– anorganische 386
Leukobase 346
Leukoform 346
Leucin 262
Lewis-Säure 133, 152, 154
Lichtabsorption 30, 348
Lichtbogenverfahren 137
Liebig, J. von 1
ligandenbeschleunigte Katalyse 130
Ligasen 370
Lindlar-Katalysator 126, 139
Linienspektrum 30
Lipide 235
Lithiumaluminiumhydrid 176, 197, 225, 238, 240
lithiumorganische Verbindungen 361, 362
Lithiumorganyle 117, 361
Löslichkeit 20
Lossen-Reaktion 248
Lumineszenz 381
LUMO 31, 150

Lösungsmittel 20
Lyasen 370

m

M^+-Peak 47
Magnetfeld 40
Makrocyclen 337, 338
Makrolactam 338
Makrolacton 338
Makrolon 353
makromolekulare Chemie 351
– Herstellung 357
MALDI 48
Maleinsäureanhydrid 357
Malonestersynthese 223
Mangan-Salen-Komplex 130
Mannich-Reaktion 251
Manzamin A 321
MAO 352
Markovnikov-Orientierung 127
Massenspektrometrie 47
Matrixspektroskopie 85
Mauvein 346
Max-Planck-Gesellschaft 10
McConnell-Beziehung 47
McLafferty-Umlagerung 49
McMurry-Reaktion 125
Medizinische Chemie 325
Melamin-Formaldehyd-Harze 353
Mercaptane 190
Mercurierung 128
Merrifield 3, 268
meso-Verbindung 72
mesomere Grenzformeln 62, 145
[2.2] Metacyclophan 334
Metallierung 158
Metallocene 134
Metallocenkomplexe 352
Metallorganik 361
Methan 48, 59, 104–105, 137, 178, 233
Methionin 263, 358
Methoden
– dichtefunktionale 377
– nichtnumerische 376
– numerisch 376
– Kraftfeld 376
– quantenchemische 376, 378
– semiempirische 377
Methylalumoxan (MAO) 352
Micellen 228
Michael-Addition 207
Michaelis-Arbuzov-Reaktion 123
Mikroreaktion 392
Mikrowellenstrahlung 391
Millo-Nixon-Effekt 335

Index

MM2 376
MM3 376
MNDO 377
Molekulargewicht 27, 48, 262
Molekulargewichtsverteilung 351
Moleküldynamik (MD) 378
Molekülion 47
Molekülmechanik (MM) 376
Molekülorbitale 58
Molekülschwingungen 33
Molekülspektren 30
Monomer 121, 133, 211, 352
Monsanto-EHD-Verfahren 359
Monte Carlo (MC) 378
Morphin 289
Müller-Rochow-Synthese 355
Mulliken 3
Multimetallkatalysatoren 358
Multiplizität 43
Mutarotation 213

n

nachhaltige Chemie 388
Naphthalin 169
Natriumamid 156, 174
Natriumborhydrid 176, 197
Natta, G. 3
Naturkautschuk 354
Naturstoffe 259, 262, 278, 283, 289, 346
Naturstoffsynthese 320
NBS 107
Nernst'scher Verteilungssatz 22
Newman-Projektion 69
Nicotin 289
Nifedipin 326
Ninhydrin 266
Nitrene 281
Nitriersäure 152
Nitrierung 152
Nitrile 223, 241
Nitrobenzol 160
Nitroglycerin 326
Nitronium-Ion 152
Nitrosamin 250
Nitrosierung 153
Nitrosonium-Ion 250
Nitrosyl-Kation 153
NMR 38
NMR-Lösungsmittel 40
NMR-Spektroskopie 38
NMR-Standards 40
Nobel, A. 2
Nobelpreis 2
NOE 45
NOESY 46

Nomenklatur 13, 76
Normaldruck-Polymerisation 134
Norrish
– Typ-I 383
– Typ-II 383
– Yang-Reaktion 383
Nuclear Magnetic Resonance 38
Nucleinbasen 273
nucleophile Addition 208
nucleophile Substitution 112, 176
Nucleosid 273
Nucleotide 3, 273
Nylon 249, 353

o

Ökoeffizienzanalyse 389
Oktettregel 57
Olah, G. A. 4
Olefine 120
Oleum 153
optischer Aufheller 346
Orbital 29, 58, 65, 71, 146, 256, 285, 348
Orbitalparität 30
Orbitalwechselwirkungen, sekundäre 131
ORCHEM-Tagung 10
Organocuprate 362
Organokatalyse 367, 372–374
Organometallchemie 3
[2.2] Orthocyclophan 334
Osazon 215
Oshima-Lombardo-Reagenz 125
Osmiumtetroxid 130
Oxacyclopropane 129, 281
Oxaphosphetan 122
Oxidation
– enzymatische Bayer-Villinger 371
– von Alkinen 139
– von Alkoholen 176, 178, 222
– von Aren-Seitenketten 222
– von Benzaldehyd 85
– von Benzol 357
– von Buten 357
– von Hydrochinon 180
– von Phenolen 178
– von Propen 358
– von Thiolen 191
– von Thiophen 286
Oxidoreduktasen 370, 371
Oxim 201
Oxiran 185, 281
Oxonium-Ion 184
Oxoniumsalze 186
Oxosynthese 358
Oxydehydrierung von Methanol 357

Oxymercurierungs-Demercurierungs-
  Reaktion 128
Ozonid 19, 129
Ozonolyse 19, 129

p

Paal-Knorr-Synthese 283
PAH 167
Pagodan 333, 334
Palladium 132, 140, 164, 367
– auf Aktivkohle 127
Pantolacton 368, 369
Pantothensäure 368, 369
Paracyclophan 334
Parallelsynthese 329
Partialladung 61
Pascal'sches Dreieck 43
Paterno-Büchi-Reaktion 185, 282, 384
Pauling, L. C. 3
PCR 274
Pearson, R. 100
Penicilline 240
Pentacarbonyl(methoxymethylcarben)
  chrom(0) 365
Pentosen 211
Peptidbindung 266
Peptidsynthese 266
pericyclische Reaktionen 132
peri-kondensiert 167
Persäuren 226
Perylen-Pigment 348
PET (Polyethylenterephthalat) 353
Peterson, C. 3
Petrolether 24
Pferdeleber-Alkohol-Dehydrogenase 371, 372
Pharmawirkstoffe 325
Phase
– chirale 28
– mobile 22
– stationäre 22
– Umkehr- 27
Phasentransferkatalysator 245
Phenol-Formaldehyd-Harze 155
Phenol-Formaldehyd-Kondensations-
  harze 353
Phenolat-Ion 174
Phenole 172
Phenolphthalein 346
Phenyl-Kation 256
Phenylalanin 263
[4] Phenylen 334
Phenylosazon 214
Phosphane 251
– tertiäre 252

Phosphonium-Ylide 122
Phosphoramiditmethode 273
Photochemie 381
E/Z-Photoisometrie 385
photostationärer Zustand 384
Phosphortribromid 180
Phthalocyanine 337
Physikalisch-organische Chemie 333
Pigmente 346
Pikrinsäure 172
pK_a-Wert
– Alkohole 172
– Aminosäuren 262
– Benzol 158
– Ester 238
– Ethin 136
– Ketone 194
– Nitrile 242
– PM 3 377
– Thiole 190
Plasmadesorption 48
Platforming 149
platonische Körper 333
Polarisierbarkeit 32
Polyacrylnitril 352
Polyacrylsäureester 352
Polyaddition 354
Polyamid 353
Polycarbonat 353
Polycyclische Aromaten 167
Polyester 353, 357
Polyethylen 352
Polyethylenterephthalat 353
Polykondensation 249, 353
Polymerase-Kettenreaktion 274
Polymere 110, 134, 217, 224, 271, 351
Polymerisation 3, 133, 352
Polymerisationsgrad 351
Polypropylen 351, 352
Polysiloxane 355
Polystyrol 351, 352
Polytetrafluorethylen 352
Polyurethane 354
– Phosphoreszenz 381
Polyvinylchlorid (PVC) 352
Porphyrine 337
post-doc-Stipendien 10
Praktikumstechnik 16
Präorganisation 337
Prelog, V. 3
primärer Alkohol 203
Primärozonid 129
Primärstruktur 269
Prinzip der mikroskopischen
  Reversibilität 82

Prioritäten der Substituenten 71
Prisman 145
prochiral 75
Progesteron 320
L-Prolin 373
– katalysierte Robinson-Anellierung 373
– katalysierte Aldoladdition 373
Promotionsstipendien 10
prostereogen 75
Protease 270
Proteine 262
Purpur 347
PVC 352
Pyranosen 212
Pyren 169
Pyridin 281
Pyrolyse 21, 168
Pyrrol 283
Pyrrolidin 263, 280

q
Quantenausbeute 381
quantenchemische Rechnungen 377
Quartärstruktur 270
Quecksilberacetat 128
Quecksilberhochdrucklampen 382
Quecksilberniederdrucklampen 382

r
Racemat 73
Racematspaltung 264
racemisches Gemisch 73
Radikale 84
Radikalkation 47
Radikalkettenpolymerisation 133
Radikalkettenreaktion 106
Radikalstarter 106
Rational Drug Design 326
RCM 321
REACH-Gesetzesinitiative 390
Reaktion erster Ordnung 81
Reaktion zweiter Ordnung 82
Reaktionsdatenbanken 9
Reaktionsgeschwindigkeit 74, 81
Reaktionskonstante 83
Reaktionskontrolle
– kinetische 65
– thermodynamische 65
Reaktionskoordinate 82
Reaktionsmechanismus 82
reaktive Zwischenstufen 83
Reaktivfarbstoffe 346
Reaktiv-Goldgelb 346
Redox 191
Reduktion

– enantioselektive 177
– von Acylchloriden 233
– von Aldehyden 197
– von Carbonsäureamiden 247
– von Carbonsäurederivaten 305
– von Carbonsäuren 225
– von Carbonylverbindungen 176
– von Nitrilen 242
– von Nitroaromaten 248
– von Phosphinoxiden 252
– zum Aldehyd 238
– zum Kohlenwasserstoff 198, 209
reduktive Aminierung 247
reduktive Eliminierung 133
Reforming 149
Regel nach Saytzev 116
Regel von Markovnikov 111
Rekombination von Radikalen 106
Rektifikation 21
relative Konfiguration 70
Replikation 276
Reppe-Verfahren 137
Resonanzbedingung 39
Resonanzformeln 62, 145
Resonanzhybride 63
Resopal 353
Resorchin 327
Retentionszeit 23
Retrosynthese 88
retrosynthetische Analyse 88
Reversed-Phase 25
Rezeptortheorie 325
R_f-Wert 24
Rhodiumkatalysator 368
Ribonucleinsäuren 273
Ribose 212
Rimonabant 327
ringöffnende Metathese-Polymerisation (ROMP) 369
Ringschlussmetathese (RCM) 369
Ringspannung 34, 125, 187, 283
RNA 273
Robinson-Anellierung 373
Rohrzucker 216
ROMP 125
Röntgenstrukturanalyse 8, 68, 145, 270
Rosenmund-Reduktion 233
Rotation 30, 69, 76, 105
Rotaxane 337
Rückbindung 364
Ruff-Abbau 216

s

s-*cis*-Konformation 67
Sabatier, P. 2
Saccharose 216
Sägebock-Formel 69
Sakurai-Reaktion 363
Sandmeyer-Reaktion 256
Sanger, F. 3
Säulenchromatographie 26
Säure-Base-Reaktion 225
Säureamid 36–37, 228, 239
Säurefarbstoffe 346
Säurekatalyse 87
Saytzev 116
Schiemann-Reaktion 256
Schiff'sche Basen 201
Schlenk-Gleichgewicht 117
Schlenk-Technik 17
Schlüssel-Schloss-Prinzip 340
Schmelzpunkt 21
Schrödinger-Gleichung 377
Schutzgruppe 267
Schwefel-Ylid 191
Seife 228
sekundäre
– Amine 245
– Halogenalkane 154
Sekundärozonid 129
Sekundärstruktur 270
Selbstorganisation 340
Semicarbazon 201
Semiempirische Methoden 377
Sensibilisatoren 382
Sesselkonformation 69
Sesselprojektion 212
sicheres Arbeiten 52
Sicherheit 12
Sicherheitsvorschriften 15
Sidenafilcitrat 327
Siedepunkt
– Alkane 104
– Amine 246
– im Vakuum 21
Silane 252
Silberoxid 251
Silberspiegel 203
Silicon 355
Simmons-Smith-Reaktion 130
Singulett 30, 43
– Sauerstoff 385
S_N2-Reaktion 113
Solvatation 31, 113, 246
Soxhlet-Extraktor 22
Spartein 289
spektroskopische Methoden 29

spezifische Drehung 73
Spiegelbild 71, 212
Spin-Spin-Kopplung 43
Spin-Verbot 30
Spiropyran-Merocyanin-Gleichgewicht 385
split-mix-Methode 329
Standard-Apparaturen 16
Staudinger, H. 3
Stärke 217
stellvertretende aromatische Substitution 156
Stereochemie 3
Stereoisomere 73
Stereozentren 71
Stern-Vollmer-Auftragung 381
Steroide 320
Stilben 121
Stille-Kupplung 164
strahlungslose Deaktivierung 381
Strecker-Synthese 223, 264
Struktur-Eigenschafts-Beziehung 380
Struktursuche 8
Struktur-Wirkungs-Beziehung 325
Strychnin 289
Sublimation 21
Substanzklassen 101
Substituentenkonstante 83
Sulfide 190
Sulfonamide 228
Sulfonbildung 153
Sulfone 191
Sulfonierung 153
Sulfoniumsalze 190
Sulfonsäuren 153, 227
Sulfoxide 191
Sulfurylchlorid 107
Superphan 334
supramolekulare Chemie 3, 340
Suspensionspolymerisation 352
Sustainable Development 388
Suzuki-Kupplung 163
Sybil 376
Symmetrie-Verbot 30
Symmetrieebene 72
syn-Addition 128
syn-Eliminierung 122, 239
Synthon 90

t

Tabakmosaikvirus 340
Tautomere 172, 195
Tebbe-Reagenz 125
Teflon 352, 355
Template 337

Tenside 228
tertiäre Amine 245
Tertiärstruktur 270
Tetrahedran 333
Tetrahydrofuran 19, 280
Tetramethylethylendiamin (TMEDA) 361
Tetramethylsilan 40
Tetraphenylporphyrin (TPP) 386
Thermoanalyse 50
Thermogravimetrie 50
Thermolyse 137
Thermoplaste 351, 354
Thielepape-Aufsatz 22
Thioacetale 201
Thiole 190
Thionylchlorid 232
Thiophen 285
Thorpe-Ziegler-Reaktion 242
threo 122, 206
Titan 125, 130, 199
TMS 40
TOF 367
Tollens-Nachweis 203
Tollens-Reagenz 214
Toluolsulfonsäure 227
TON 367
Totalsynthese 320
Transmetallierung 361
Transferasen 370
Trennkraft 23
Trevira 353
Tricarbonyl(cyclobutadien)eisen(0) 365
Tricarbonyl(2,4-cyclohexadicnon)
  eisen(0) 365
Triestermethode 273
Triglyceride 235
Trinitrotoluol 174
Triphenylcyclopropyl-Kation 333, 334
Triphenylphosphan 112, 122, 252
Triplett 30, 43, 270
Trivialnamen 79
Tropinon 320
Tropylium-Ion 147
Tryptophan 263
Turnover Frequency (TOF) 367
Turnover Number (TON) 367
Twist-Konformation 70

u
Übergangsmetallkatalyse 367
Übergangsmetallkomplexe 363
Übergangszustand 82
überkritisches Kohlendioxid 391
Überstrukturen 340

Umgang mit Chemikalien 16
Umkristallisation 20
Umlagerung
– am Stickstoffatom 248
– Benzilsäure 224
– Claisen 132
– Cope 132
– Hofmann 241
– kationische 181
– McLafferty- 49
– Pinakol- 181
– sigmatrope 132
– Wagner-Meerwein- 181
– Wolff 259
Unfallverhütung 15
unimolekulare Reaktion 65, 114
Uracil 271
Urethane 240
UV/VIS-Spektroskopie 29

v
Vakuum-Inertgas-Linie 17
Valenzelektronen 377
Valenzisomere 145
Valin 262
Valinomycin 338
Valium 327
van-Deemter-Gleichung 23
van-der-Waals-Kräfte 105
Verbindungsbibliothek 329
Verbrennung 105
Verdünnungsprinzip 337
Veresterung 181
Vernetzung 354, 355
Veronal 326
Verschiebungsreagenzien 44
Verseifung 235
Viagra 327
Vinyl 120, 140–141
Vinylacetat 224
Vinylchlorid 121
Vinylhalogenid 132
Viren 277
Vitamine 3
Viton 355
Volkswagen-Stiftung 10
Vulkanisation 354

w
Wachse 235
Walden-Umkehr 113
Wallach, O. 2
Waschmittel 228
wasserlösliche Katalysatoren 359

Wasserstoffatome
- heterotop 74
- homotop 74
Wasserstoffbrückenbindungen 173, 190, 195, 217, 229, 245, 274
Wasserstoffperoxid 130, 226
Wärmeleitfähigkeitsdetektor 23
Weinsäure 130
Wellenfunktion 58
Wellenlänge 18, 29, 33, 73, 257
Wellenzahl 33
Wiechert, R. 373
Wieland, H. 2
Wilkinson, G. 3
Wilkinson-Katalysator 127
Williamson'sche Ethersynthese 180, 185
Willstätter, R. 2
Windaus, A. 2
Wirkstoffe 325
Wittig, G. 3
Wittig-Reaktion 122, 252
Wohl-Abbau 216
Wolff-Umlagerung 259
Woodward, R. B. 3
Woodward-Hoffmann-Regeln 132
Wöhler, F. 1

x
Xanthogenat 217

y
Yellow 97 348
Ylide 122

z
Zeitschriften 7
Ziegler, K. 3
Ziegler-Natta-Verfahren 352
Zimtsäure 43
Zink 125, 233, 362
Zinkorganyle 362
Zucker 211
Zuckeralkohole 214
Zweitsubstitution 160
Zwischenprodukt 89, 134, 153, 222, 231
Zwitter-Ion 262

Lehrbücher bei Wiley-VCH

Hart, H., Craine, L. E., Hart, D. J., Hadad, C. M.
Organische Chemie
2007
ISBN: 978-3-527-31801-8

Vollhardt, K. P. C., Schore, N. E.
Organische Chemie
2005
ISBN-: 978-3-527-31380-8

Schore, N. E.
Arbeitsbuch Organische Chemie
2006
ISBN: 978-3-527-31526-0

Schwetlick, K.
Organikum
2004
ISBN: 978-3-527-31148-4

Bräse, S., Bülle, J., Hüttermann, A.
Organische und bioorganische Chemie
Das Basiswissen für Master- und Diplomprüfungen
2007
ISBN-13: 978-3-527-32012-7